普通高等院校计算机教育“十四五”规划教材

计算机组成与体系结构

何欣枫　宋　鑫　谢博鋆　李继民◎编著

中国铁道出版社有限公司
CHINA RAILWAY PUBLISHING HOUSE CO., LTD.

内 容 简 介

本书对“计算机组成原理”和“计算机体系结构”两门高等院校计算机科学与技术学科课程内容进行了有机的融合，既与课程体系的纵向整合、建立“学科基础课程群”的理念相适应，又可较好地适应高校缩减学分、学时的需求。

本书采用自顶向下的分析方法，从计算机整体结构框架入手，由表及里，由浅入深，层层细化，逐步深入到计算机的内核，论述了冯·诺依曼结构计算机的组成结构、实现方式及整机的工作原理，提升计算机性能的技术，性能模型及评价方法。全书讲解了系统互连结构、存储系统、外围设备、输入/输出系统、信息表示、运算方法与运算器、指令系统、CPU 的结构与功能、控制器的功能与设计、指令流水线、并行计算机系统、多处理机系统、计算机性能量化评价方法等内容。

本书适合作为高等学校计算科学与技术专业，以及人工智能、通信工程、电子工程等专业的教材，也可供从事计算机相关工作的科技人员参考。

图书在版编目（CIP）数据

计算机组成与体系结构/何欣枫等编著. —北京：中国铁道出版社有限公司，2024.5

普通高等院校计算机教育“十四五”规划教材

ISBN 978-7-113-30820-9

Ⅰ. ①计… Ⅱ. ①何… Ⅲ. ①计算机体系结构-高等学校-教材 Ⅳ. ①TP303

中国国家版本馆 CIP 数据核字（2023）第 246868 号

书　　名：计算机组成与体系结构

作　　者：何欣枫　宋　鑫　谢博鋆　李继民

策　　划：刘丽丽　　　**编辑部电话**：（010）51873202

责任编辑：刘丽丽　张　彤

封面设计：刘　颖

责任校对：苗　丹

责任印制：樊启鹏

出版发行：中国铁道出版社有限公司（100054，北京市西城区右安门西街 8 号）

网　　址：https://www.tdpress.com/51eds/

印　　刷：天津嘉恒印务有限公司

版　　次：2024 年 5 月第 1 版　2024 年 5 月第 1 次印刷

开　　本：787 mm×1 092 mm 1/16　**印张**：26.75　**字数**：684 千

书　　号：ISBN 978-7-113-30820-9

定　　价：75.00 元

前　言

党的二十大报告明确要求："必须坚持科技是第一生产力、人才是第一资源、创新是第一动力，深入实施科教兴国战略、人才强国战略、创新驱动发展战略，开辟发展新领域新赛道，不断塑造发展新动能新优势。"当前社会各个领域都在向信息化、数字化、智能化方向发展，计算机系统已成为现代社会的基础设施，理解其基本工作原理，使用其进行问题求解也已经成为工程技术人员必备技能之一。

"计算机组成原理"（computer organization）是计算机专业的一门核心主干课程，主要讲授计算机硬件子系统主要功能部件的组成结构、工作原理、设计方法及其相互连接。"计算机体系结构"（computer architecture）重点论述计算机系统各种基本结构、设计技术和性能分析方法，使学生了解计算机系统的各种基本结构，掌握在计算机设计各个环节中影响性能的因素，以及提高性能的各种理论和方法。近年来，随着计算机技术的飞速发展，两门课程的内容有逐渐融合的趋势，界线变得模糊，"计算机体系结构"内容越来越多地被"下移"到"计算机组成原理"课程中，例如存储层次、流水线技术、多处理机等。此外，为保障学生自主学习能力及综合素质水平的提升，高校在教学改革举措中，将教学学时与学分逐年压缩，课程体系纵向整合，建立"学科基础课程群"成为当前倡导的新理念。为适应上述变化，本书把"计算机组成原理"和"计算机体系结构"两门课程的内容有机地结合起来，并参考研究生入学统考大纲，以培养专业能力、注重实践创新能力和综合素质为目标，结合编者多年一线教学和科研经验编写而成。

本书采用自顶向下的分析方法，从计算机整体结构框架入手，由表及里，由浅入深，层层细化，逐步深入到计算机的内核，论述了冯·诺依曼结构计算机系统的内部组成和整机的工作原理，提升计算机性能的技术，性能模型及评

价方法。本书按照计算机的层次结构组织如下:

第 1 章介绍计算机的发展简史、计算机系统的基本概念和现代计算机的体系结构等;

第 2、3、4、5 章重点讲解计算机硬件子系统的组成部分:系统互连结构、存储系统、外围设备和输入/输出系统;

第 6、7、8、9 章重点讲解信息在计算机中的表示、运算方法与运算器、指令系统以及 CPU 的结构与功能;

第 10、11 章按照控制器的功能分析和设计思路组织内容,并以一个模型机的分析设计贯穿这部分内容,以使学生建立起一个完整的计算机系统的概念;

第 12、13、14 章重点论述了现代计算机提升性能的主要途径、高性能计算机的组成以及计算机性能量化评价方法。

本书由何欣枫、宋鑫、谢博鋆、李继民编著。其中第 1、2 章由李继民编写,第 3、5、6、7 章由谢博鋆编写,第 4、8、9、10、11 章由宋鑫编写,第 12、13、14 章由何欣枫编写,全书由何欣枫、李继民统稿。

本书借鉴了国内外相关经典教材,吸取了它们各自的优点,并将其内容有机地结合在一起。在内容选取上,力求充分反映当前计算机体系结构的新发展、新技术。本书配套资源丰富,电子教案、习题答案等可以到中国铁道出版社有限公司教育资源数字化平台免费下载,网址为 http://www.tdpress.com/51eds/。本书在编写过程中,得到了许多专家的大力支持,在此表示诚挚的谢意。

限于编者的水平,书中难免有不妥之处,欢迎广大读者指正。

编著者

2023 年 6 月

目 录

第 1 章
计算机系统概述

本章内容提要

- 计算机软、硬件概念；
- 计算机系统的层次结构；
- 计算机的基本组成、冯·诺依曼计算机的特点；
- 计算机的硬件框图及工作过程；
- 计算机硬件的主要技术指标；
- 计算机的发展及应用。

计算机系统是硬件和软件的综合体。本章主要介绍计算机系统基本部件的功能和结构，以及计算机的层次结构、发展及应用，使读者对计算机系统有一个整体的概念。计算机内部的工作过程是指令流和数据流在基于冯·诺依曼的结构系统中，由 I/O→存储器→CPU→存储器→I/O 的过程，是通过逐条取指令、分析指令和执行指令来运行程序的。

1.1 计算机系统简介

“计算机（computer）”这个词在英语中的历史可以追溯到 1646 年，1940 年以前出版的词典中 computer 的定义是“执行计算任务的人”。当时，为执行计算任务而设计的机器被称为计算器（calculator），而不是计算机。计算机从字面上讲是能够完成数值计算功能的工具，例如，算盘、计算尺、机械式计算机等。

1.1.1 计算机简史

现在说的计算机通常指的是电子数字计算机系统。直到 20 世纪 40 年代，当第一台电子计算装置问世时，人们才开始使用“计算机”这一术语，赋予了它现代的定义，并对人类社会的发展产生了深远的影响。

图 1-1 第一台计算机 ENIAC

ENIAC（electronic numerical integrator and computer，电子数字积分计算机）是第一台正式运转的通用电子计算机（见图 1-1），它于 1946 年

2 月 15 日，在美国宾夕法尼亚大学的物理学家莫克利（Mauchly）和工程师埃克特（Eckert）的领导下研制成功。

1942 年在宾夕法尼亚大学任教的莫克利提出了用电子管组成计算机的设想，这一方案得到了美国陆军弹道研究所高尔斯特丹（Goldstine）的关注。当时正值第二次世界大战之际，新武器研制中的弹道问题涉及许多复杂计算，单靠手工计算已远远满足不了要求，急需自动计算的机器。于是在美国陆军部的资助下，1943 年开始了 ENIAC 的研制，并于 1946 年完成。当时 ENIAC 的功能出类拔萃，例如它可以在 1 s 内进行 5 000 次加法运算，3 ms 便可进行 1 次乘法运算。

这台机器约有 18 800 只电子管、1 500 个继电器、70 000 只电阻及其他各类电气元件，运行时的功率为 140 kW，有 8 英尺（1 英尺≈30.48 cm）高，3 英尺宽，100 英尺长，重达 30 t，而运算速度只有 5 000 次/s。它的存储容量很小，只能存 20 个字长（每个字长为 10 位的十进制数），而且用线路连接的方法来编排程序，因此每次解题都要靠人工改连接线，准备时间大大超过实际计算时间。另外，电子管的损耗率相当高，几乎每 15 min 就可能烧掉一支电子管，操作人员需花 15 min 以上的时间才能找出坏掉的电子管，因此使用极不方便。

ENIAC 的基本结构和机电式计算机没有本质的差别，它显示了电子元件在初等运算速度上的优越性。

和现在的计算机相比，ENIAC 还不如一些高级袖珍计算器，但它的诞生为人类开辟了一个崭新的信息时代，使得人类社会发生了巨大的变化。

ENIAC 确实存在着一些缺陷，主要有：

（1）采用十进制。

（2）无存储器，只有 20 个 10 位的累加器，只能存储 20 个 10 位的十进制数。

（3）它与后来的“存储程序”型的计算机不同，它的程序是“外插型”的，即是采用线路连接的方式来实现的，不便于使用。

ENIAC 研制组想尽快着手研制另一台计算机，以便克服这些缺陷。

1944 年，冯·诺依曼参加 ENIAC 研制小组，便和富有创新精神的年轻科技人员一起，向着更高的目标进军。1945 年，他们在共同讨论的基础上，发表了一个全新的“存储程序通用电子计算机方案”——EDVAC（electronic discrete variable automatic computer）。

EDVAC 方案明确了新机器由五个部分组成，包括运算器、逻辑控制装置、存储器、输入设备和输出设备，并描述了这五部分的功能和相互关系。EDVAC 还有两个非常重大的改进：

（1）采用了二进制，不但数据采用二进制，指令也采用二进制。

（2）使用存储程序方式，将指令和数据一起放在存储器里，并采用相同的处理方式，简化了计算机的结构，大大提高了计算机的速度。

上述内容就是现代计算机普遍采用的冯·诺依曼体系结构的主要思想。具体内容可参考后续章节。

以现代人的眼光来看，ENIAC 耗费很大，功能不完善，但却是科学史上一次划时代的创新，它奠定了电子计算机的基础。自从 ENIAC 问世以来，从使用的元器件角度来看，计算机的发展大致经历了四代。

1. 第一代（1946—1954 年）电子管计算机

第一代计算机的运算速度一般为每秒几千次至几万次，其体积庞大，成本很高，可靠性较低。在此期间，形成了计算机的基本体系，确定了程序设计的基本方法，“数据处理机”开始得到应用。

此时的计算机没有系统软件，用机器语言和汇编语言编程，只能在少数尖端领域中得到应用，一般用于科学、军事和财务等方面的计算。尽管存在这些局限性，但它却奠定了计算机发展的基础。

2. 第二代（1955—1964 年）晶体管计算机

第二代计算机的运算速度提高到每秒几万次至几十万次，其性能提高，体积缩小，成本降低。在此期间，“工业控制机”开始得到应用。

系统软件出现了监控程序，提出了操作系统的概念，出现了高级语言，如 FORTRAN、ALGOL 60 等。

3. 第三代（1965—1973 年）集成电路计算机

第三代计算机的可靠性进一步提高，体积进一步缩小，成本进一步下降，运算速度提高到每秒几十万次至几百万次。在此期间形成机种多样化、生产系列化、使用系统化，“小型计算机”开始出现。

系统软件有了很大发展，出现了分时操作系统和会话式语言，采用结构化程序设计方法，为研制复杂的软件提供了技术上的保证。

4. 第四代（1974 年至今）大规模和超大规模集成电路计算机

第四代计算机的可靠性进一步提高，体积进一步缩小，成本进一步降低，运算速度提高到每秒几百万次至几千万次。由大规模集成电路组成的“微型计算机”开始出现。

操作系统不断完善，应用软件已成为现代工业的一部分，计算机的发展进入了以计算机网络为特征的时代。

目前使用的计算机属于第四代计算机。从 20 世纪 80 年代开始，发达国家开始研制第五代计算机，研究的目标是能够打破以往计算机固有的体系结构，使计算机能够具有像人一样的思维、推理和判断能力，向智能化发展，进而接近人的思维方式。

在技术和经济的推动下，计算机芯片的集成度每年都不断地提高，芯片中集成的晶体管越多，就意味着计算机具有更大的内存及更强的处理能力。

1.1.2 摩尔定律

1965 年，时任仙童半导体公司（Fairchild Semiconductor）研究开发实验室主任的戈登·摩尔（Gordon Moore，Intel 公司的创始人之一），应邀为《电子学》杂志 35 周年专刊就未来十年半导体元件工业的发展趋势做出预言。据他推算，到 1975 年，在面积仅为 1/4 平方英寸（1 平方英寸≈ 6.451 6 cm^2）的单块硅芯片上，将有可能集成 65 000 个元件。他是根据器件的复杂性（电路密度提高而价格降低）和时间之间的线性关系做出这一推断的。他的原话是这样说的：“最低元件价格下的复杂性每年大约增加一倍。可以确信，短期内这一增长率会继续保持……这一增长率至少在未来十年内几乎维持为一个常数。”这就是后来被称为“摩尔定律”（Moore’s law）的最初原型。

“摩尔定律”归纳起来，主要有以下三种“说法”：

（1）集成电路芯片上所集成的电路的数目，每隔 18 个月就翻一番。

（2）微处理器的性能每隔 18 个月提高一倍，而价格下降一半。

（3）用一美元所能买到的计算机性能，每隔 18 个月翻两番。

以上几种说法中，以第一种说法最为普遍，第二、三种说法涉及价格因素，其实质是一样的。

摩尔当初预测这个假定只能维持十年左右的时间。然而，芯片制造技术的进步让摩尔定律保持了四十多年。

然而，采用当前的技术，摩尔定律所指出的集成电路的发展趋势受物理和资金上的限制不可能永远保持下去。当然，集成电路的技术发展还存在着许多制约因素，费用问题也许就是一个最终的限制。Intel 公司的早期投资人及金融学家 Arthur Rock 曾提出了所谓的 Rock 定律，它可以作为摩尔定律的一个推论，即“制造半导体集成电路所需要的主要设备的成本每 4 年就要翻一番”，他发现新的芯片生产设备的价格从 1968 年的大约 12 000 美元逐步升高到 20 世纪 90 年代后期的 1 200 万美元，按照这样的速度发展下去，到 2035 年不但存储器单元的尺寸会小于一个原子，而且制造一个芯片就需要花费掉全世界的所有财富。

如果摩尔定律保持正确，那么 Rock 定律必定失败。显然，如果上面这两种情况都发生的话，计算机制造必须采用全新的技术。有关新的计算范式的研究已经着手进行，在生物计算、超导、分子物理和量子计算等领域已经出现了新型计算机的实验室原型。量子计算机采用量子力学的思想解决计算问题，与以前所使用的任何一种计算方法相比，量子计算机方法不但在运算速度上成指数增加，而且对计算问题的定义方式也有革命性的变革。

1.1.3 计算机系统

计算机系统就是按人的要求接收和存储信息，自动地进行数据处理和计算，并输出结果信息的系统。计算机是人类脑力的延伸和扩充，是现代科学的重大成就之一。

1. 计算机系统组成

计算机系统由硬件（子）系统和软件（子）系统组成。前者是借助电、磁、光、机械等原理构成的各种物理部件的有机组合，是系统赖以工作的实体。后者是各种程序和文件，用于指挥全系统按指定的要求进行工作。

2. 计算机硬件

计算机硬件是指计算机系统中由电子、机械和光电元件等组成的各种部件和设备。由这些部件和设备依据计算机系统结构的要求构成的有机整体，称为计算机硬件系统。

硬件系统是计算机系统快速、可靠、自动工作的基础。计算机硬件就其逻辑功能来说，主要是完成信息变换、信息存储、信息传输和信息处理等功能，它为软件提供具体实现的基础。计算机硬件系统主要由运算器、内存储器、控制器、I/O（输入/输出）控制系统、辅助存储设备等功能部件组成。

3. 计算机软件

计算机软件是指安装在计算机系统中的程序和有关的文件。程序是对计算任务的处理对象和处理规则的描述；文件是为了便于了解程序所需的资料说明。程序必须装入计算机内部才能工作；文件一般是给人看的，不一定装入计算机。程序作为一种具有逻辑结构的信息，精确而完整地描述了计算任务中的处理对象和处理规则。这一描述还必须通过相应的实体才能体现，这个实体就是硬件。

软件是用户与硬件之间的接口界面。使用计算机就必须针对待解决的问题拟定算法，用计算机所能识别的语言对有关的数据和算法进行描述，即必须编写程序和软件。用户主要是通过软件与计算机进行交互。软件是计算机系统中的指挥者，它规定计算机系统的工作，包括各项计算任务内部的工作内容和工作流程，以及各项任务之间的调度和协调。软件是计算机系统结构设计的重要依据。为了方便用户，在设计计算机系统时，必须全面考虑软件与硬件的结构，以及用户的要求和软件的要求。

按照应用的观点，软件可分为系统软件、支撑软件和应用软件三类。

1）系统软件

系统软件是位于计算机系统中最靠近硬件的一层。其他软件一般都通过系统软件发挥作用。它与具体的应用领域无关，如编译程序和操作系统等。编译程序把程序设计人员用高级语言书写的程序翻译成与之等价的、可执行的低级语言程序；操作系统则负责管理系统的各种资源、控制程序的执行。在任何计算机系统的设计中，系统软件都要优先考虑。

2）支撑软件

支撑软件即支撑其他软件的编制和维护的软件。随着计算机科学技术的发展，软件的编制和维护代价在整个计算机系统中所占的比重不断增大，远远超过硬件。因此，对支撑软件的研究具有重要意义，直接促进软件的发展。当然，编译程序和操作系统等系统软件也可算做支撑软件。20 世纪 70 年代中期和后期发展起来的软件支撑环境可看成是现代支撑软件的代表，主要包括各种接口软件和工具组。

3）应用软件

应用软件即特定应用领域专用的软件，如字处理软件。

系统软件、支撑软件以及应用软件之间既有分工又有结合，是不可分割的整体。

1.1.4　计算机的应用和发展趋势

1. 应用

随着计算机技术的不断发展，计算机的应用领域越来越广泛，应用水平越来越高，已经渗透各行各业，改变着人们传统的工作、学习和生活方式，推动着人类社会的不断发展。

1）科学计算

科学计算也称为数值计算，是指用于完成科学研究和工程技术中提出的数学问题的计算。通过计算机可以解决人工无法解决的复杂计算问题。自计算机出现后的几十年来，一些现代尖端科学技术的发展，都是建立在计算机基础上的，如卫星轨迹计算、气象预报等。

2）数据处理

数据处理也称为非数值处理或事务处理，是指对大量信息进行存储、加工、分类、统计、查询及制作报表等操作。一般来说，科学计算的数据量不大，但计算过程比较复杂；而数据处理的数据量则很大，但计算方法较简单。

3）过程控制

过程控制也称为实时控制，是指利用计算机及时采集检测数据，按最佳值迅速地对控制对象进行自动控制或自动调节，如对数控机床和流水线的控制。在日常生产中，有一些控制问题是无法人工亲自操作的，如核反应堆。有了计算机就可以精确地控制计算机来代替人完成那些烦琐或危险的工作。

4）人工智能

人工智能是用计算机模拟人类的智能活动，如模拟人脑学习、推理、判断、理解、问题求解等过程，帮助人作出决策。人工智能是计算机科学研究领域最前沿的学科，近些年来已具体应用于机器人、医疗诊断、计算机辅助教育等方面。

5）计算机辅助工程

计算机辅助工程是以计算机为工具，配备专用软件帮助人们完成特定任务的工作，以提高工作效率和工作质量。

计算机辅助设计（computer-aided design，CAD）技术，是指综合利用计算机的工程计算、逻辑判断、数据处理功能与人的经验与判断能力相结合，形成一个专门系统，用来进行各种图形设计和图形绘制，对所设计的部件、构件或系统进行综合分析与模拟仿真实验。它是近十几年来形成的一个重要的计算机应用领域。目前在汽车、飞机、船舶、集成电路、大型自动控制系统的设计中，CAD 技术有着愈来愈重要的地位。

计算机辅助制造（computer-aided manufacturing，CAM）技术，是指利用计算机对生产设备进行控制和管理，实现无图纸加工。

计算机基础教育（computer based education，CBE）主要包括计算机辅助教学（computer-aided instruction，CAI）、计算机辅助测试（computer-aided testing，CAT）和计算机管理教学（computer managed instruction，CMI）等。其中，CAI 技术是利用计算机模拟教师的教学行为进行授课，学生通过计算机教学软件进行学习并自测学习效果，是提高教学效率和教学质量的新途径。近年来由于多媒体技术和网络技术的发展，推动了 CBE 的发展，网上教学和现代远程教育已在许多学校展开。开展 CBE 不仅使学校教育发生了根本变化，还可以使学生在学校里就能熟练掌握计算机的应用，有助于新世纪的复合型人才的培养。

电子设计自动化（electronic design automation，EDA）技术，利用计算机中安装的专用软件和接口设备，用硬件描述语言开发可编程芯片，将软件进行固化，从而扩充硬件系统的功能，提高系统的可靠性和运行速度。

6）信息高速公路

信息高速公路是指将美国的所有信息库及信息网络连成一个全国性的大网络，把大网络与所有的机构和家庭的计算机连接，让各种各样的信息都能在大网络里交互传输。美国在 1993 年正式宣布实施“国家信息基础设施”计划，即“信息高速公路”计划，预计在 20 年内耗资 4 000 亿美元，于 1997—2000 年初步建成。该计划在当时引起了世界各发达国家、新兴工业国家和地区的极大震动，纷纷提出了自己的发展信息高速公路计划的设想，积极加入这场世纪之交的竞争中去，我国也不例外。

国家信息基础设施，除了通信、计算机、信息本身和人力资源四个关键要素外，还包括标准、准则、政策、法规和道德等软环境，其中最主要的是“人才”。针对我国信息技术发展现状，有关专家提出我国的“信息基础设施”应该加上两个关键部分，即民族信息产业和信息科学技术。

7）电子商务

电子商务是指通过计算机和网络进行商务活动，是在 Internet 的广阔联系与传统信息技术的丰富资源相结合的背景下应运而生的一种网上相互关联的动态商务活动。

电子商务是在 1996 年开始的，起步时间虽然不长，但因其效率高、支付低、收益高和全球性等特点，很快受到各国政府和企业的广泛重视，有着广阔的发展前景。目前，世界各地的许多公司已经开始通过 Internet 进行商业交易，采用网络方式与顾客、批发商和供货商等联系，在网上进行业务往来。

2. 发展趋势

随着社会需求的不断增长和微电子技术的不断发展，计算机的系统结构仍在继续发展，其发展趋势是：

（1）由于计算机网络和分布式计算机系统能为信息处理提供廉价的服务，因此计算机系统进一步发展的最终目标是将有线电视、数据通信和电话“三网合一”，进入以通信为中心的体系结构。

（2）计算机智能化的进一步发展，使各种知识库及人工智能技术逐渐普及，人们将用自然语言和机器对话。计算机从以数值计算为主过渡到以知识推理为主，从而使计算机进入知识处理阶段。

（3）随着大规模集成电路的发展，用多处理机技术不仅可以实现并行计算机的功能，还会出现计算机的动态结构，即所谓模块化计算机系统结构。

（4）多媒体技术将有重大突破和发展，并在微处理器、计算机网络与通信等方面引起重大变革。

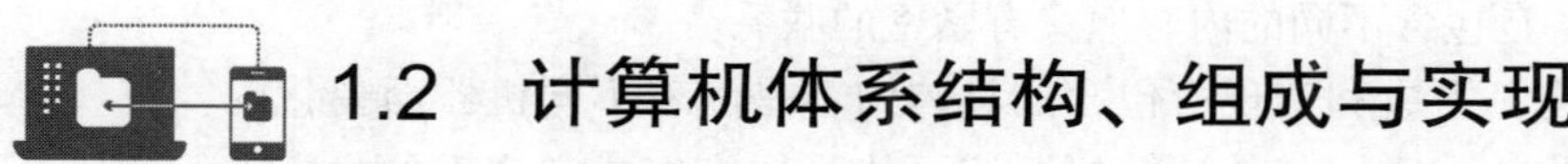

1.2　计算机体系结构、组成与实现

在学习计算机组成与体系结构时，应注意区别计算机体系结构（computer architecture）、计算机组成（computer organization）、计算机实现（computer implementation）这些基本概念。

1. 计算机体系结构

计算机体系结构是指程序员所看到的计算机系统的属性，即概念性的结构与功能特性，通常是指用机器语言编程的程序员（也包括汇编语言程序设计者和汇编程序设计者）所看到的传统机器的属性，其中最重要的问题都直接和计算机的指令系统有关，包括指令集、数据类型、存储器寻址技术、I/O 处理等，大都属于抽象的属性。

由于计算机系统具有多级层次结构，因此，在不同层次上编程的程序员所看到的计算机属性也是各不相同的。例如，用高级语言编程的程序员，可以把 IBM PC 与 RS6000 两种机器看成是同一属性的机器。可是，对使用汇编语言编程的程序员来说，IBM PC 与 RS6000 是两种截然不同的机器。因为汇编语言程序员所看到的这两种机器的属性，如指令集、数据类型、寻址技术等都完全不同，因此认为这两种机器的结构是各不相同的。

计算机体系结构主要研究硬件和软件功能的划分，确定硬件和软件的交界面，即哪些功能划分到硬件子系统完成，哪些功能划分到软件子系统完成。

2. 计算机组成

计算机组成是指计算机体系结构的逻辑实现。计算机体系结构确定了分配给硬件子系统的功能后，计算机组成的任务是研究各组成部分的内部结构和相互联系，主要包括机器内部的数据流和控制流的组成以及逻辑设计等，按照所希望的性价比，最佳、最合理地把各种设备和部件组成计算机，以实现机器指令的各种功能和特性，它包含了许多对程序员来说是透明的（即程序员不知道的）硬件细节，包括硬件部件的构造和如何连接这些部件组成一个计算机系统。例如，指令系统体现了机器的属性，这是属于计算机体系结构的问题。但指令的实现，即如何取指令、分析指令、取操作数、运算、送结果等，都属于计算机组成问题。因此，当两台机器指令系统相同时，只能认为它们具有相同的结构。至于这两台机器如何实现其指令，完全可以不同，我们认为它们的组成方式是不同的。例如，一台机器是否具备乘法指令的功能，这是一个结构的问题，可是，实现乘法指令采用什么方式，则是一个组成问题。实现乘法指令可以采用一个专门的乘法电路，也可以采用连续相加的加法电路来实现，这两者的区别就是计算机组成的区别。究竟应该采用哪种方式来组成计算机，要考虑到各种因素，如乘法指令使用的频度、两种方法的运行速度，以及两种电路的体积、价格、可靠性等。

3. 计算机实现

计算机实现指计算机组成的物理实现。它包括处理机、主存等部件的物理结构，器件的集成度和速度，信号传输，器件、模块、插件、底板的划分与连接，专用器件的设计，电源、冷却、装配等技术以及有关的制造工艺和技术等。

计算机体系结构、计算机组成和计算机实现是三个不同的概念。体系结构是计算机系统的软、硬件的界面；计算机组成是计算机系统结构的逻辑实现；计算机实现是计算机组成的物理实现。它们各自包含不同的内容但又有紧密的联系。

体系结构、组成和实现所包含的具体内容是随着不同机器而变化的。有些计算机系统是作为体系结构的内容，其他计算机系统可能是作为组成和实现的内容。例如，高速缓冲存储器一般是作为组成提出来的，其中存放的信息全部由硬件自动管理，对程序员来说是透明的。然而，有的机器为了提高其使用效率，设置了高速缓冲存储器管理指令，使程序员能参与高速缓冲存储器的管理。这样，高速缓冲存储器又成为系统结构的一部分，对程序员来说是不透明的。

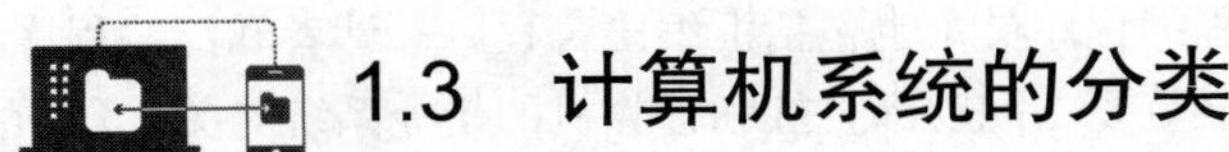

1.3 计算机系统的分类

1.3.1 分类依据与方法

计算机的分类方法有很多，主要有如下几种：

1. 按所处理的信号分类

1）模拟计算机

模拟计算机的电子电路处理连续变化的模拟量，如电压、电流、温度等。这种计算机精度低，抗干扰能力差，应用面窄，已基本被数字计算机所取代。

2）数字计算机

数字计算机的电子电路处理的是按脉冲的有无、电压的高低等形式表示的非连续变化的（离散的）物理信号。该离散信号可以表示 0 和 1 组成的二进制数字。数字计算机的计算精度高，抗干扰能力强。

现在大多数计算机是数字计算机。

2. 按硬件的组合及用途分类

1）专用计算机

专用计算机的软/硬件全部根据应用系统的要求配置，因此，具有很好的性能价格比，但只能完成某个专门任务，如 IOP（输入/输出处理器）、DSP（digital signal processor，数字信号处理器）等。

2）通用计算机

通用计算机的硬件系统是标准的计算机硬件系统，并具有扩展性，装上各种软件就可以做不同的工作。它可进行科学计算，也可用于信息处理，如果在扩展槽中插入相关的硬件，还可实现数据采集、实时测控等任务。因此，它的通用性强，应用范围广。

3. 按计算机的规模分类

1989 年 11 月，电气电子工程师学会（IEEE）提出一个分类报告，它根据计算机在信息处理系统中的地位与作用，考虑到计算机分类的演变过程和可能的发展趋势，把计算机分成六大类，这是当前应用较多的一种分类方法。

1）微型计算机（microcomputer）

这种计算机是为个人使用而设计的。PC（personal computer）是现在比较流行的微型计算机。PC 最初是由美国 IBM 公司在 1975 年推出的。

2）工作站（work station，WS）

工作站是介于 PC 和小型计算机之间的高档微型机，通常配有大屏幕显示器和大容量存储器，并具有较强的网络通信功能，多用于计算机辅助设计和图像处理（网络系统中的用户节点计算机也称为工作站，两者完全不是一回事，防止混淆）。

3）小型计算机（minicomputer）

小型计算机结构简单、成本较低、易于维护和使用，其规模按照满足一个中、小型部门的工作需要进行设计和配置。

4）主机（mainframe）

主机亦称大型主机，具有大容量存储器、多种类型的 I/O 通道，能同时支持批处理和分时处理等多种工作方式。其规模按照满足一个大、中型部门的工作需要进行设计和配置，相当于一个计算中心所要求的条件。

5）小巨型计算机（minisupercomputer）

小巨型计算机亦称桌上型超级计算机。与巨型计算机相比，其最大的特点是价格便宜，具有更好的性能价格比。

6）巨型计算机（supercomputer）

巨型计算机亦称超级计算机，具有极高的性能和极大的规模，价格昂贵，多用于尖端科技领域。生产这类计算机的能力可以反映一个国家的计算机科学水平。我国是世界上能够生产巨型计算机的少数国家之一。

1.3.2 微型计算机

微型计算机简称“微型机”“微机”，由于其具备人脑的某些功能，所以也称为“微电脑”。微型计算机是由大规模集成电路组成的、体积较小的电子计算机。它是以微处理器为基础，配以内存储器及输入/输出（I/O）接口电路和相应的辅助电路而构成的裸机。

1. 组成

一个完整的微型计算机系统包括硬件系统和软件系统两大部分。硬件系统由运算器、控制器、存储器（含内存、外存和缓存）、各种输入/输出设备组成，采用“指令驱动”方式工作。

软件系统可分为系统软件和应用软件。

系统软件是指管理、监控和维护计算机资源（包括硬件和软件）的软件。它主要包括操作系统、各种语言处理程序、数据库管理系统以及各种工具软件等。其中，操作系统是系统软件的核心，用户只有通过操作系统才能完成对计算机的各种操作。

应用软件是为某种应用目的而编制的计算机程序，如文字处理软件、图形图像处理软件、网络通信软件、财务管理软件、CAD 软件、各种程序包等。

2. 特点

微型机的特点是体积小、灵活性大、价格便宜、使用方便。自 1981 年美国 IBM 公司推出第一代微型计算机 IBM-PC 以来，微型机以其执行结果精确、处理速度快捷、性价比高、轻便小巧等特点迅速进入社会各个领域，且技术不断更新、产品快速换代，从单纯的计算工具发展成为能够处理数字、符号、文字、语言、图形、图像、音频、视频等多种信息的强大多媒体工具。如今的微型机产品无论从运算速度、多媒体功能、软硬件支持还是易用性等方面都比早期产品有了很大飞跃。

3. 发展

1971 年 1 月，Intel 公司的霍夫工程师研制成功世界上第一个字长为 4 位的微处理器芯片 Intel 4004，标志着第一代微处理器问世，微型计算机时代从此开始，后续历经五代。

第一代，低档微处理器时代（1971—1973 年），典型产品是 Intel 4004 和 Intel 8008 微处理器和分别由它们组成的 MCS-4 和 MCS-8 微机。该阶段产品的基本特点是采用 PMOS 工艺，集成度低，系统结构和指令系统都比较简单，主要采用机器语言或简单的汇编语言，指令数目较少，多用于家电和简单控制场合。

第二代，8 位中高档微处理器时代（1974—1977 年），典型产品有 Intel 公司的 Intel 8080/8085、Motorola 公司的 MC6800 及美国 Zilog 公司的 Z80 等，以及各种 8 位单片机，如 Intel 公司的 8048、Motorola 公司的 MC6801、 Zilog 公司的 Z8 等。该阶段产品的基本特点是采用 NMOS 工艺，集成度提高约 4 倍，运算速度提高 10~15 倍，指令系统比较完善，具有典型的计算机体系结构和中断、DMA 等控制功能。

第三代，16 位微处理器时代（1978—1984 年）。1978 年 6 月，Intel 公司推出主频为 4.77 MHz 的字长 16 位的微处理器芯片 Intel 8086。8086 微处理器的诞生标志着第三代微处理器问世。该阶段的典型产品包括 Intel 公司的 8086/8088、80286，Motorola 公司的 M68000，Zilog 公司的

Z8000 等微处理器。其特点是采用 HMOS 工艺，集成度和运算速度都比第二代提高了一个数量级。指令系统更加丰富、完善，采用多级中断、多种寻址方式、段式存储结构、硬件乘除部件，并配置了软件系统。

第四代，32 位微处理器时代（1985—1992 年）。1985 年 10 月，Intel 公司推出了 80386DX 微处理器，标志着进入了字长为 32 位的数据总线时代。该阶段典型产品包括 Intel 公司的 80386/80486，Motorola 公司的 M68030/68040 等。其特点是采用 HMOS 或 CMOS 工艺，集成度高达 100 万晶体管/片，具有 32 位地址线和 32 位数据总线。每秒可完成 600 万条指令。微机的功能已经达到甚至超过超级小型计算机，完全可以胜任多任务、多用户的作业。

第五代，Pentium 系列微处理器时代（1993 年以后），典型产品是 Intel 公司的奔腾系列芯片及与之兼容的 AMD 的 K6 系列微处理器芯片。该阶段产品内部采用了超标量指令流水线结构，并具有相互独立的指令和数据高速缓存。随着 MMX（multi media extended）微处理器的出现，使微机的发展在网络化、多媒体化和智能化等方面跨上了更高的台阶。

4. 我国的微处理器和微型计算机

龙芯是中国科学院计算所自主研发的通用 CPU，采用自主 LoongISA 指令系统，兼容 MIPS 指令。2002 年 8 月 10 日诞生的“龙芯一号”是我国首枚拥有自主知识产权的通用高性能微处理芯片。龙芯从 2001 年至今共开发了一号、二号、三号三个系列处理器和龙芯桥片系列，在政企、安全、金融、能源等应用场景得到了广泛的应用。龙芯一号系列为 32 位低功耗、低成本处理器，主要面向低端嵌入式和专用应用领域；龙芯二号系列为 64 位低功耗单核或双核系列处理器，主要面向工控和终端等领域；龙芯三号系列为 64 位多核系列处理器，主要面向桌面和服务器等领域。

以龙芯为核心，我国生产制造了自主软硬件的微型计算机。如龙芯天玥系列微型计算机系统，基于国产龙芯 3A3000 四核处理器平台，采用国产昆仑固件和中标麒麟桌面操作系统研制的通用型计算机，可支持主要国产品牌办公软件、数据库运行，可提供多种对外接口，可用于各办公场所和信息中心等固定环境中，支撑实现日常办公、网络管理等功能。

1.3.3　超级计算机

超级计算机是指信息处理能力比个人计算机快一到两个数量级以上的计算机，它在密集计算、海量数据处理等领域发挥着举足轻重的作用。作为高性能计算技术产品的超级计算机，又称巨型机，是与高性能计算机或高端计算机相对应的概念。

超级计算机具有很强的计算和处理数据的能力，主要特点表现为高速度和大容量，配有多种外围设备及丰富的、多功能的软件系统。超级计算机采用涡轮式设计，每个刀片就是一个服务器，能实现协同工作，并可根据应用需要随时增减。以我国第一台全部采用国产处理器构建的“神威·太湖之光”为例，它的持续性能为 9.3 亿亿次/s，峰值性能可以达到 12.5 亿亿次/s。通过先进的架构和设计，它实现了存储和运算的分开，确保用户数据、资料在软件系统更新或 CPU 升级时不受任何影响，保障了存储信息的安全，真正实现了保持长时、高效、可靠的运算并易于升级和维护的优势。

1. 分类

根据处理器的不同，超级计算机可以分为两类，即采用专用处理器和采用标准兼容处理器。前者可以高效地处理同一类型问题，而后者则可一机多用，使用范围比较灵活、广泛。专一用途计算机多见于天体物理学、密码破译等领域。国际的象棋高手“深蓝”、“地球模拟器”都属于这样的超级计算机。很多超级计算机是非专用系统，服务于军事、医药、气象、金融、能源、环境和制造业等众多领域。

2. 发展

1976 年美国克雷公司推出了世界上首台运算速度达每秒 2.5 亿次的超级计算机。自 2009 年我国国防科技大学发布峰值运算速度为每秒 1.206 千万亿次的“天河一号”超级计算机，我国成为继美国之后第二个可以独立研制千万亿次超级计算机的国家。尤其 2016 年“神威·太湖之光”的出现，更是标志我国进入超级计算机世界领先地位。超级计算机可以代表一个国家在信息数据领域的综合实力，甚至可以说影响到国家在世界科学技术上的地位。不仅如此，在大数据时代，超级计算机的实际应用也相当可观。

巨型计算机的发展是电子计算机的一个重要发展方向。它的研制水平标志着一个国家的科学技术和工业发展的程度，体现了国家经济发展的实力。一些发达国家正在投入大量资金和人力、物力，研制运算速度达几百万亿次的超级大型计算机。

3. 组成

超级计算机的硬件组成与个人计算机组成基本相同，主要是由运算器、控制器、存储器、输入设备和输出设备组成。但是超级计算机超强的数据分析处理能力、超大的存储容量、巨大的能耗是个人计算机无法比拟的。

高性能计算机在硬件方面是非常强大的，但是同时为了发挥出它最大的性能，软件方面也很重要。现在的超级计算机 60%以上都是使用了 Linux 操作系统。大多数超级计算机的系统是基于 Linux 来适应不同应用而量身定制的。

4. 应用

超级计算机利用其强大的数据处理能力，帮助人们改变了解自然世界的方式，为社会提供巨大的利益。它模拟大气、气候和海洋，可以精准预测地震和海啸，可以更好地理解龙卷风和飓风，或破译引起地磁暴的力量。黄石超级计算机和 NWSC（全国气象卫星中心）将带来更好的预测，并更好地保护公众的经济，用于复杂的气象分析，处理全球气象卫星数据。超级计算机的快速数据处理能力，能预知全球气象，对气象卫星侦察的信息进行集中化数据处理、量化分析、建模分析。

利用超级计算机强大的计算密度，在一些事故发生率较高、生命安全造成极大威胁的高危行业，如地下采煤、高空作业、爆破工作和石油勘探等，可对其数据进行处理和分析。这里的计算密度指的是超级计算机在一定体积和面积内的计算能力，这是计算精度和计算能力的体现。例如，2007 年曙光 4000L 超级计算机就曾在发现储量高达 10 亿吨的渤海湾冀东南堡油田的过程中发挥了关键作用，而其后的曙光 5000A 超级计算机的应用，则进一步达到了地下数千米的勘探深度。

生物信息学成为超级计算机新的应用领域，如人类基因组测序过程中产生的海量数据处理就离不开超级计算机。在医学领域，也利用超级计算机来模拟人体各个器官的工作机理及人体内各种生化反应等。开发一种新的药品，通常需要研制和试验的步骤很多，一般需要大约 15 年的时间，而利用超级计算机则可以对药物研制、治疗效果和不良反应等进行模拟试验，从而将新药的研发周期缩短 3～5 年，且可显著降低研发成本。除此之外，在超级计算机的支撑之下，

还解决了很多其他应用领域的关键问题，促进了相关领域的快速发展，如人工智能、深度学习、生物医药、基因工程、金融分析等。

1.4 现代计算机的体系结构

计算机是一种能按照事先存储的程序自动、高速地进行大量数值计算和各种信息处理的现代化智能电子装置。它是由一系列电子元器件组成的机器，具有计算和存储信息的能力。当用计算机进行数据处理时，首先把要解决的实际问题用计算机可以识别的语言编写成计算机程序，然后将程序送入计算机，计算机按程序要求一步一步地进行各种运算，直到存入的整个程序执行完毕为止。

1.4.1 冯·诺依曼结构

1. 采用二进制形式表示数据和指令

数据和指令在代码的外形上并无区别，都是由 0 和 1 组成的代码序列，只是各自约定的含义不同而已。采用二进制使信息数字化容易实现，可以用布尔代数进行处理。程序信息本身也可以作为被处理的对象，进行加工处理。例如对照程序进行编译，就是将源程序当作被加工处理的对象。

2. 采用存储程序方式

存储程序方式是冯·诺依曼思想的核心内容，主要是将事先编制好的程序（包含指令和数据）存入主存储器中，计算机在运行程序时就能自动地、连续地从存储器中依次取出指令并执行，不需要人工干预，直到程序执行结束为止。这是计算机能高速自动运行的基础。计算机的工作体现为执行程序，计算机功能的扩展在很大程度上体现为所存储程序的扩展。计算机的许多具体工作方式也是由此派生的。

冯·诺依曼结构的这种工作方式，可称为控制流（指令流）驱动方式，即按照指令的执行序列依次读取指令，根据指令所含的控制信息，调用数据进行处理。因此执行程序的过程始终以控制信息流为驱动工作的因素，而数据信息流则是被动地被调用处理。

为了控制指令序列的执行顺序，需设置一个程序（指令）计数器（program counter，PC），让它存放当前指令所在的存储单元的地址。如果程序现在是顺序执行的，每取出一条指令后 PC 内容加1，指示下一条指令该从何处取得。如果程序将转移到某处，就将转移后的地址送入 PC，以便按新地址读取后续指令。所以，PC 就像一个指针，一直指示着程序的执行进程，也就是指示控制流的形成。虽然程序与数据都采用二进制代码，仍可按照 PC 的内容作为地址读取指令，再按照指令给出的操作数地址去读取数据。由于多数情况下程序是顺序执行的，所以大多数指令需要依次地紧挨着存放。除了个别即将使用的数据可以紧挨着指令存放外，一般将指令和数据分别存放在不同的区域。

3. 计算机系统由五大部件组成

计算机系统由运算器、存储器、控制器、输入设备和输出设备五大部件组成，并规定了这五部分的基本功能。

上述这些概念奠定了现代计算机的基本结构思想，并开创了程序设计的新时代。

典型的冯·诺依曼结构计算机是以运算器为中心的，如图 1-2 所示。其中，输入/输出设备与存储器之间的数据传输都需通过运算器。图中实线为数据线，虚线为控制线和反馈线。

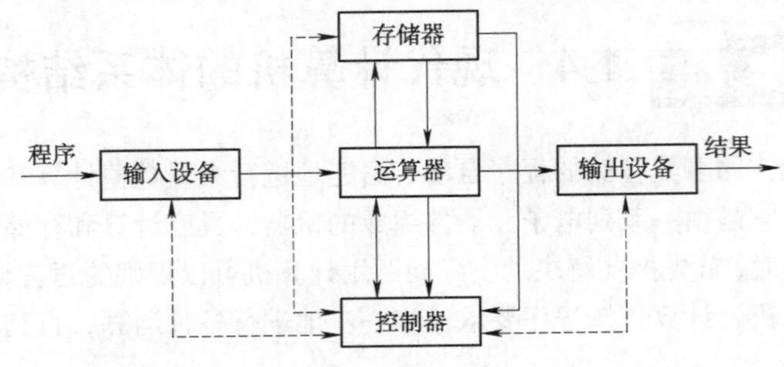

图 1-2 冯·诺依曼计算机框图

现代的计算机已转化为以存储器为中心，如图 1-3 所示。图中实线为数据线，虚线为控制线和反馈线。

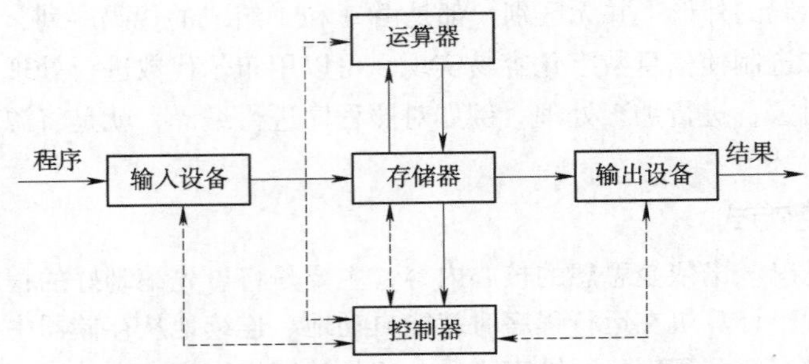

图 1-3 以存储器为中心的计算机结构框图

图中各部件的功能如下：

（1）运算器用来完成算术运算和逻辑运算，并将运算的中间结果暂存在运算器内。

（2）存储器用来存放数据和程序。

（3）控制器用来控制、指挥程序和数据的输入、运行以及处理运算结果。

（4）输入设备用来将人们熟悉的信息形式转换为机器能识别的信息形式，主要有键盘、鼠标等。

（5）输出设备可将机器运算结果转换为人们熟悉的信息形式，主要有打印机、显示器等。

计算机的五大部件在控制器的统一指挥下，有条不紊地自动工作。

由于运算器和控制器在逻辑关系和电路结构上联系十分紧密，尤其在大规模集成电路制作工艺出现后，这两大部件往往合成在同一芯片上，因此，通常将它们合起来统称为中央处理器（central processing unit，CPU），它的主要功能是控制计算机的操作并完成数据处理工作。输入设备与输出设备简称为 I/O 设备，主要功能是在计算机和外部环境之间传输数据。

1.4.2 哈佛结构

哈佛结构的计算机分为三大部件：CPU、程序存储器、数据存储器。它的特点是将程序指令和数据分开存储，由于数据存储器与程序存储器采用不同的总线，因而较大地提高了存储器的带宽，使之数字信号处理性能更加优越。

中央处理器首先到程序指令存储器中读取程序指令内容，解码后得到数据地址，再到相应的数据存储器中读取数据，并进行下一步的操作（通常是执行）。程序指令存储和数据存储分开，可以使指令和数据有不同的数据宽度，如 Microchip 公司的 PIC16 芯片的程序指令是 14 位宽度，而数据是 8 位宽度。

为避免将程序和指令共同存储在存储器中，并共用同一条总线，使得 CPU 和内存的信息流访问存取成为系统的瓶颈，人们设计了哈佛结构，原则是将程序和指令分别存储在不同的存储器中，分别访问。如此设计克服了数据流传输瓶颈，提高了运算速度，但结构复杂，对外围设备的连接与处理要求高，不适合外围存储器的扩展，实现成本高，所以哈佛结构未能得到大范围的应用。但是作为冯 · 诺依曼存储程序的改良手段，哈佛结构在 CPU 内的高速缓存 Cache 中得到了应用。通过设置指令缓存和数据缓存，指令和数据分开读取，提高了数据交换速度，极大克服了计算机的数据瓶颈。通过增加处理器数量，中央处理器从最初的单核向双核、四核的方向发展，在冯 · 诺依曼计算机的简单结构下，增加处理器数量，也极大提高了计算机的运算性能。存储程序的方式使得计算机擅长数值处理而限制了其在非数值处理方面的发展。

哈佛结构处理器有两个明显的特点：使用两个独立的存储模块，分别存储指令和数据，每个存储模块都不允许指令和数据并存；使用独立的两条总线，分别作为 CPU 与每个存储器之间的专用通信路径，而这两条总线之间毫无关联。

改进的哈佛结构，其结构特点为：以便实现并行处理；具有一条独立的地址总线和一条独立的数据总线，利用公用地址总线访问两个存储模块（程序存储模块和数据存储模块），公用数据总线则被用来完成程序存储模块或数据存储模块与 CPU 之间的数据传输。

冯 · 诺依曼理论的要点是：数字计算机的数制采用二进制；计算机应该按照程序顺序执行。人们把冯 · 诺依曼的这个理论称为冯 · 诺依曼体系结构。从 ENIAC 到当前最先进的计算机都采用的是冯 · 诺依曼体系结构。所以冯 · 诺依曼是当之无愧的数字计算机之父。

根据冯 · 诺依曼体系结构构成的计算机，必须具有如下功能：把需要的程序和数据送至计算机中；必须具有长期记忆程序、数据、中间结果及最终运算结果的能力；能够完成各种算术、逻辑运算和数据传送等数据加工处理的能力；能够根据需要控制程序走向，并能根据指令控制机器的各部件协调操作；能够按照要求将处理结果输出给用户。

哈佛结构是为了高速数据处理而采用的，因为可以同时读取指令和数据（分开存储的）。大大提高了数据吞吐率，缺点是结构复杂。通用微机指令和数据是混合存储的，结构上简单，成本低。假设是哈佛结构，需要在计算机中安装两块硬盘，一块装程序，一块装数据；内存装两根，一根存储指令，一根存储数据。

是什么结构需要看总线结构？51 单片机虽然数据指令存储区是分开的，但总线是分时复用的，所以顶多算改进型的哈佛结构。ARM9 虽然是哈佛结构，但是之前的版本也还是冯 · 诺依曼结构。早期的 x86 能迅速占有市场，一条很重要的原因，正是因为冯 · 诺依曼这种实现简单、成本低的总线结构。处理器虽然外部总线上看是冯 · 诺依曼结构的，但是由于内部 Cache 的存在，因此实际上内部来看已经算是改进型哈佛结构。

1.4.3　非冯 · 诺依曼计算机

典型的冯 · 诺依曼计算机从本质上讲是采取串行顺序处理的工作机制，即使有关数据已经准备好，也必须逐条执行指令序列，而提高计算机性能的根本方向之一是并行处理。因此，近年来人们在谋求突破传统冯·诺依曼体制的束缚，这种努力被称为非冯·诺依曼化。对所谓非冯·诺依曼化的探讨仍在争议中，一般认为它表现在以下三个方面的努力：

① 在冯·诺依曼体制范畴内，对传统冯·诺依曼机进行改造，如采用多个处理部件形成流水处理，依靠时间上的重叠提高处理效率；又如组成阵列机结构，形成单指令流多数据流，提高处理速度。这些方向已比较成熟，已成为标准结构。

② 用多个冯·诺依曼机组成多机系统，支持并行算法结构。这方面的研究目前比较活跃。

③ 从根本上改变冯·诺依曼机的控制流驱动方式。例如，采用数据流驱动工作方式的数据流计算机，只要数据已经准备好，有关的指令就可并行地执行。这是真正非冯·诺依曼化的计算机，它为并行处理开辟了新的前景，但由于控制的复杂性，仍处于实验探索之中。

1.5 计算机系统的组织

从计算机操作者的角度、从程序设计员的角度和从硬件工程师的角度，所看到的计算机系统具有完全不同的属性。为了更好地表达和分析这些属性，采用层次结构观点描述系统的组成与功能，按层次结构方法分析、设计计算机。下面以虚拟机的概念划分计算机的层次结构。

1.5.1 虚拟机的概念

计算机是通过执行人们给出的指令来解决问题的机器。早期的计算机只有机器语言（即用 0 和 1 代码表示的语言），用户必须用二进制代码（0 和 1）来编写程序（即机器语言程序）。这就要求程序员对他们所使用的计算机的硬件及指令系统十分熟悉，编写程序难度很大，操作过程也极容易出错。但用户编写的机器语言程序，可以直接在机器上执行，把直接执行机器语言的实际机器称为 M_1。

虚拟机（virtual machine）是一个抽象的计算机，它将提供给用户的功能抽象出来，使之脱离具体的物理机器，用户可以不关心真实的计算机及其细节，它由软件实现，并与实际机器一样，都具有一个指令集并可以使用不同的存储区域。例如，一台机器上配有 C 语言和 Pascal 语言的编译程序，对 C 语言用户来说，这台机器就是以 C 语言为机器语言的虚拟机；对 Pascal 语言用户来说，这台机器就是以 Pascal 语言为机器语言的虚拟机。

1.5.2 虚拟机的层次结构

虚拟机可分为操作系统虚拟机、汇编语言虚拟机、高级语言虚拟机和应用语言虚拟机等几个层次。下面，从语言的角度给出计算机系统的层次结构图，如图 1-4 所示。

当机器（实际机器或虚拟机）确定下来后，所识别的语言也随之确定；反之，当一种语言形式化后，所需要支撑的机器也可以确定下来。这有助于正确理解各种语言的实质和实现途径，从计算机系统的层次结构图中可以清晰地看到这种机器与语言的关系。

引入虚拟机的概念，推动了计算机体系结构的发展。由于各层次虚拟机均可以识别相应层次的计算机语言，从而摆脱了这些语言必须在同一台实际机器上执行的状况，为多处理计算机系统、分布式处理系统以及计算机网络、并行计算机系统等新的计算机体系结构的出现奠定了基础。

本书主要讨论传统机器 M_1 和微程序机器 M_0 的组成原理和设计思想。

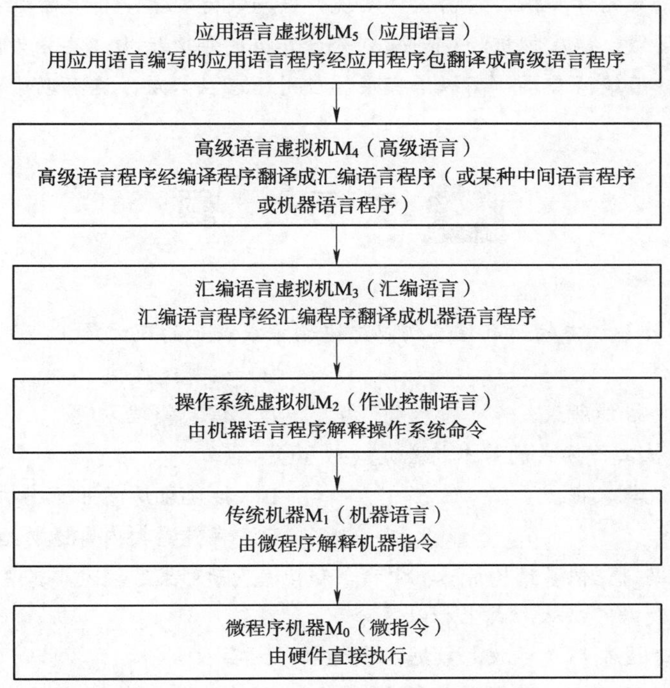

图 1-4　计算机系统的层次结构图

1.5.3　硬件和软件的逻辑等价性

计算机系统由硬件和软件组成。在早期的计算机中，硬件和软件之间的界限十分清楚，然而，随着时间的推移，由于计算机层次不断地变化，界限变得越来越模糊。

硬件和软件在逻辑上是等价的。任何由软件实现的操作都可直接由硬件来完成，“硬件就是固化的软件”；任何由硬件实现的指令都可由软件来模拟。将某些特定的功能由硬件实现，而另外的功能由软件实现，是根据当时的成本、速度、可靠性等因素来决定的，并且会随着计算机技术的发展趋势和计算机应用范围的变化而改变。

小　结

电子计算机系统对人类社会的发展产生了深远的影响。Intel 的创始人之一戈登·摩尔（Gordon Moore）于 1965 年提出了著名的摩尔定律，预言单位平方英寸芯片的晶体管数目每 18 个月就将增加一倍。

计算机系统由硬件和软件组成，硬件和软件在逻辑上是等价的。任何由软件实现的操作都可直接由硬件来完成；任何由硬件实现的指令都可由软件来模拟。软/硬件功能的分配要考虑成本、速度、可靠性等因素。

本章重点介绍了冯·诺依曼计算机的基本组成和工作原理。典型的冯·诺依曼计算机采用二进制形式表示数据和指令，由运算器、存储器、控制器、输入设备和输出设备五大部件组成，采用“存储程序”的思想来执行程序。

虚拟机是一个抽象的计算机，它由软件实现，并与实际机器一样，都具有一个指令集并可以使用不同的存储区域。以虚拟机的观点来划分计算机的层次结构，共分为微指令层、机器语言层、操作系统层、汇编语言层、高级语言层和应用语言层六层，这有助于正确理解各种语言的实质和实现途径。

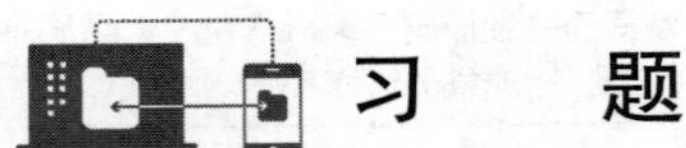

习 题

一、选择题

1. 至今为止，计算机中的所有信息仍以二进制方式表示的理由是（　　）。

   A. 节约元件　　B. 运算速度快

   C. 物理器件性能所致　　D. 信息处理方便

2. 冯·诺依曼机工作方式的基本特点是（　　）。

   A. 多指令流单数据流　　B. 按地址访问并顺序执行命令

   C. 堆栈操作　　D. 存储器按内部选择地址

3. 以下是关于冯·诺依曼结构计算机中指令和数据表示形式的叙述，其中正确的是（　　）。

   A. 指令和数据可以从形式上加以区分

   B. 指令以二进制形式存放，数据以十进制形式存放

   C. 指令和数据都以二进制形式存放

   D. 指令和数据都以十进制形式存放

4. 以下是有关控制器中各部件功能的描述，其中错误的是（　　）。

   A. 核心部件是控制单元（CU），主要用于对指令操作码进行译码，送出控制信号

   B. PC 称为程序计数器，用于存放下一条要执行的指令的地址

   C. 通过 PC+1→PC 可以实现指令的按序执行

   D. IR 称为指令计数器，用来存放指令操作码

5. 计算机硬件能直接识别和执行的只有（　　）。

   A. 高级语言　　B. 符号语言

   C. 汇编语言　　D. 机器语言

6. 计算机中，运算器的基本功能是（　　）。

   A. 存储各种控制信息　　B. 保持各种控制状态

   C. 控制机器各个部件协调一致工作　　D. 进行算术运算和逻辑运算

7. 计算机的软件系统可分为（　　）。

   A. 程序和数据　　B. 操作系统和语言处理系统

   C. 程序、数据和文档　　D. 系统软件和应用软件

8. 办公自动化是计算机的一种应用，按计算机应用分类，它属于（　　）。

   A. 科学计算　　B. 实时控制

   C. 数据处理　　D. 辅助设计

9. 以下有关摩尔定律的描述中，错误的是（　　）。

A. 自从发明了半导体技术以来，集成电路技术就基本上遵循摩尔定律的发展

B. 摩尔定律内容之一：每 18 个月，集成电路芯片上集成的晶体管数将翻一番

C. 摩尔定律内容之二：每 18 个月，集成电路芯片的速度将提高一倍

D. 摩尔定律内容之三：每 18 个月，集成电路芯片的价格将降低一半

二、解释术语

1. 计算机
2. 存储程序
3. 虚拟机
4. 摩尔定律

三、简答题

1. 什么是计算机系统？什么是硬件？什么是软件？软件和硬件在什么情况下等价？在什么情况下不等价？

2. 如何理解计算机组成和计算机体系结构。

3. 冯·诺依曼计算机的特点是什么？

4. 画出计算机硬件组成框图，说明各部件的功能和性能指标。

5. 计算机系统的层次结构是如何划分的？这样划分的意义是什么？

四、思考题

1. 指令和数据都存在主存中，计算机如何区分它们？

2. 在 IBM 360 的 Model 65 中，地址交错放在两个独立的内存单元中（例如，所有的奇数字放在一个单元中，所有的偶数字放在另一个单元中），采用这一技术的目的是什么？

3. 查阅资料，讨论一下未来计算机的发展趋势。

第 2 章 系统互连结构

本章内容提要

总线的基本概念和基本技术，主要包括总线的特性、总线性能指标、总线标准、总线连接方式、总线仲裁、总线定时，以及总线数据传输模式、PCI 总线。

计算机系统的主要部件（处理器、主存、I/O 模块）为了交换数据和控制信号，需要进行互连，由多条线组成的共享总线是构成计算机系统的互连机构。在当代系统中，通常采用层次式总线以改善性能。

对称式系统或分布式系统中的节点互连一般通过互连网络，这些节点可能是处理器、存储模块或者其他设备，它们通过互连网络进行信息交换。在拓扑上，互连网络为输入和输出两组节点之间提供一组互连或映像。本章讨论静态互连网络的通信特性和拓扑结构。

2.1 计算机系统互连结构

计算机是由一组相互之间通信的三种基本类型（CPU、存储器和 I/O）组件组成的。因此，必须有使它们连接在一起的通路，这些通路的集合称为计算机互连结构。这一结构的设计取决于模块之间所必须交换的信息。

2.1.1 互连结构的作用

图 2-1 通过指定每种模块类型的主要输入/输出形式给出了所需的信息交换的种类。

（1）存储器：通常，存储器模块由 N 个相同长度的字组成。每个字分配了一个唯一的数值地址（0，1，…，N–1）。操作的性质由读/写控制信号指示。操作单元由地址指定。

（2）I/O 接口：从（计算机系统）内部的观点看，I/O 在功能上与存储器相似。它们都有两类操作，即读和写。此外，I/O 接口可以控制多个外设。把每个与外围设备交换信息的寄存器称为端口，并给它分配一个唯一的地址。此外，还有向外围设备输入/输出数据的外部数据路径。最后，I/O 接口可给 CPU 发送中断信号。

（3）CPU：CPU 读入指令和数据，并在处理之后写出数据，它还用控制信号控制整个系统的操作，也可接收中断信号。

以上定义了交换的数据，互连结构还必须支持下列类型的传输：

（1）存储器到 CPU：CPU 从存储器中读指令或一个单元的数据。

（2）CPU 到存储器：CPU 向存储器写一个单元的数据。

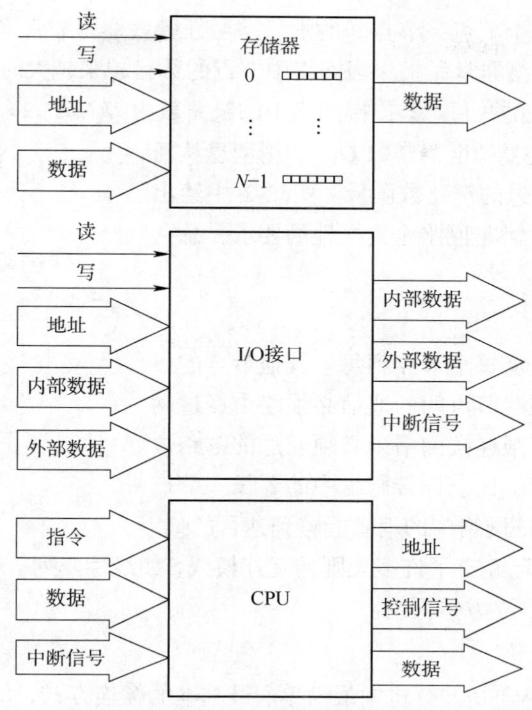

图 2-1　计算机的组成模块

（3）I/O 到 CPU：CPU 通过 I/O 接口从 I/O 设备中读数据。

（4）CPU 到 I/O：CPU 向 I/O 设备发送数据。

（5）I/O 和存储器之间：对于这种情况，I/O 接口允许同存储器直接交换数据，使用直接存储器访问（DMA）方式，数据交换不通过 CPU。

人们曾经尝试过多种多样的互连结构，早期使用分散连接，即部件之间使用单独的连线，连线复杂，影响了 CPU 的效率；迄今为止最普遍的是使用总线连接，即各部件连到一组公共的信息传输线上，它是各部件共享的传输介质。本章后续部分将专门讨论总线结构。

2.1.2　静态互连网络

静态互连网络的特性是处理器间有单向或双向的固定通路。下述定义经常用来描述静态互连网络的属性。

节点度（node degree）：射入或射出一个节点的边数。在单向网络中，入射和出射边之和称为节点度。节点度越大，节点和网络的结构相对就越复杂。

网络直径（network diameter）：网络中任何两个节点之间的最长距离，即最大路径数。

对称（symmetry）：如果从任一节点观看网络都一样，则称网络为对称的。

1. 全连接网络

静态网络从总体上可分为全连接网络（completely connected network，CCN）和有限连接网络（limited connected network，LCN）两种。

在一个全连接网络中，每个节点与网络中的所有其他节点相连。全连接网络保证消息能从任何源节点到任何目的节点的快速传递（只需经过一条链路）。还要注意的是，因为在网络中每一个节点被连接到其他每个节点，节点间的消息路由任务就变得非常简单，但是构造这种结构所需的链路使得全连接网络非常昂贵。当网络中节点的数目越来越大时，此缺点就越加明显。

假设 N 为网络中节点的数目，全连接网络中的链路数由 $N(N-1)/2$ 给定，故网络的复杂度为 $O(N^2)$。全连接网络的延迟复杂度为常数 $O(1)$，用消息从任何源路由到任何目的所经过的链路数衡量。图 2-2 中给出了一个 N=6 的例子，为了满足网络全连接性的要求，总共需要 15 条链路。

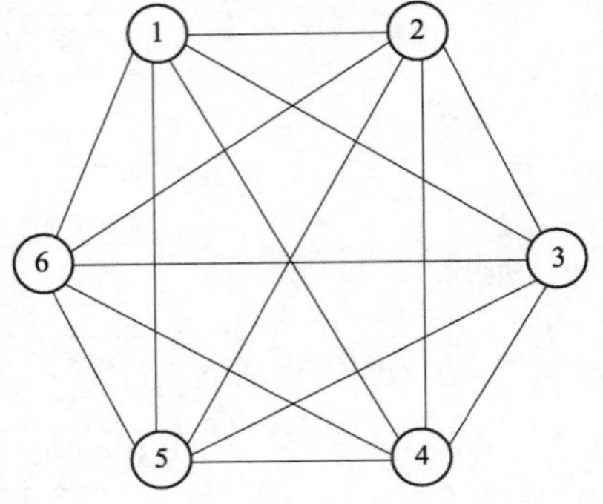

图 2-2　全连接网络示例

2. 有限连接网络

有限连接网络不提供从每个节点到每个其他节点的一条直接链路，而是采用某些节点间的通信必须路由经过网络中其他节点的方法。有限连接网络中必须经过的链路数衡量的节点间的通路长度，比全连接网络中的要长。节点间需要一种路由机制，保证网络中的消息能够到达目的地。

目前，有限连接网络已经有了许多规则的互连模式，如线性阵列、环状网络、二维阵列（最近邻居网格）、树状网络、立方体网络。

3. 线性阵列与环

线性阵列（linear array）是并行机中最简单、最基本的互连方式，每个节点只与它的两个直接邻居节点相连，阵列两端的两个节点只与它的单个直接邻居相连，如图 2-3（a）所示。N 个节点用 N–1 条边相连，内节点度为 2，直径为 N–1，对剖宽度为 1。若节点 i 要与节点 j（$j>i$）通信，则消息从节点 i 必须经过 i+1，i+2，…，j–i。同样，当节点 j 要返回消息给节点 i 时，也要经过类似的路径。在最坏的情况下，当节点 1 必须发送一个消息到节点 N 时，该消息在到达它的目的地之前必须经历总共 N–1 个节点。所以虽然线性阵列的体系结构简单，且有简单的路由机制，但速度太慢，当节点数 N 增大时这个问题就更为突出。线性阵列的网络复杂度和时间复杂度都为 $O(N)$。

若将线性阵列网络两端的节点连接起来，则该网络就成了环。环可以是单向的或双向的，其节点度恒为 2，直径为 $\lfloor N/2 \rfloor$（$\lfloor\ \rfloor$为向下取整）（双向环）或为 N–1（单向环），对剖宽度为 2，如图 2-3（b）所示。

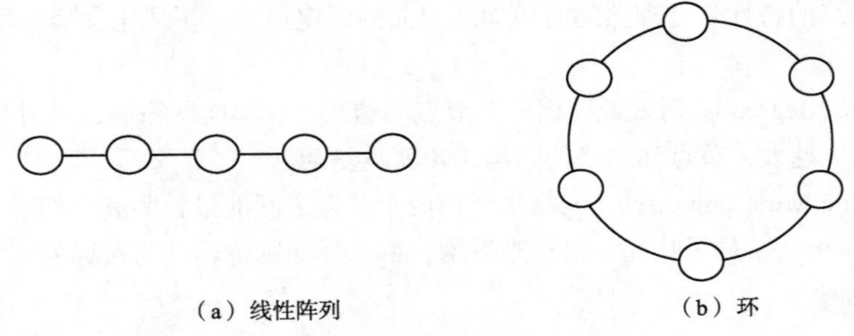
（a）线性阵列　　（b）环

图 2-3　线性阵列与环

4. 树

树状网络中，若在 i 级（根节点为 0 级）上的一个节点要与 j 级（$i>j$）的一个节点进行通信，

且目的节点与源节点属于相同根节点的子树，则需将消息沿树上行遍历 i–1，i–2，…，j+1 级上的节点直至到达目的节点。在最差情况下，消息必须通过 0 级的根节点进行中转。

二叉树是树状网络的一个特例，二叉树除了根节点和叶节点外，每个内节点只与其父节点和两个子节点相连，如图 2-4（a）所示。一个 k 级二叉树系统中，节点数为 2^k-1，网络复杂度是 $O(2^k)$，节点度为 3，对剖宽度为 1，而树的直径为 $2(\lceil \log N \rceil -1)$。

为了减少直径，可使用 X-Tree，它将同级的兄弟节点彼此相连。如果增大节点度为 N–1，则直径缩小为 2，此时就变成了星状网了，如图 2-4（b）所示，其对剖宽度为 $\lfloor N/2 \rfloor$。

传统的二叉树的主要问题是根容易成为通信瓶颈。1985 年，Leiserson 提出的胖树（fat tree）可缓解此问题，如图 2-4（c）所示。胖树节点间的通路自叶向根逐渐变宽，它更像一棵真实的树，连向根部的枝杈变得越来越粗。

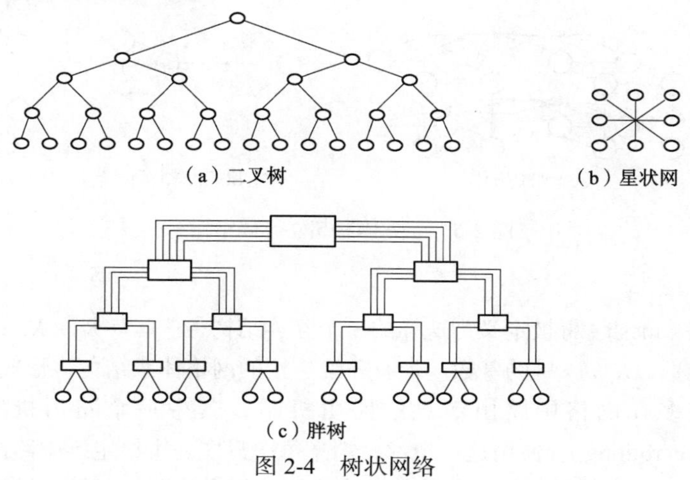

图 2-4　树状网络

5. 立方体和超立方体

立方体连接网络模仿立方体结构。一个 n 立方体（n 阶超立方体）定义为一个有向无环图，它具有标号从 0 到 2^n-1 的 2^n 个顶点，且在一对给定的顶点间有一条边，当且仅当它们的二进制位地址表示仅有一位不相同时。图 2-5（a）中给出了一个 3 立方体。

在基于立方体的多处理机系统中，处理单元表示为图的顶点。图的边表示处理器间的点对点通信链路。从图 2-5（a）中可以看到，3 立方体中的每个处理器与其他 3 个处理器相连接。在一个 n 立方体中，每个处理器都有通信链路与其他 n 个处理器相连接。在一个超立方体中，在一对给定的顶点间有一条边，当且仅当它们的二进制位地址表示仅有一位不相同。这一性质使得人们可以采用一个简单的路由机制。从源节点 i 到目的节点 j 的消息路由，可以通过异或 i 和 j 的二进制位地址表示得到。若给定位的异或操作结果为 1，则消息必须沿与该地址位对应维的跨接链路传送。

例如，若要将一个消息从源（S）节点 0101 传送到目的（D）节点 1011，0101 XOR 1011=1110。这就意味着为到达目的地，该消息必须沿维 2、3 和 4（从右到左计算）传送。消息遍历这三维的先后顺序并不重要，消息以任何顺序遍历这三维后将到达它的目的地。

在一个 n 立方体中，每个节点的度为 n，不相交通路数的上限是 n。超立方体被视为是对数的体系结构，这是因为在含有 $N=2^n$ 个节点的 n 立方体中，一个消息为到达它的目的地必须遍历的最大链路数为 $\log_2 N=n$。超立方体网络的优势之一是其构造的递归性。一个 n 立方体可由两个子立方体构成，其中每个子立方体的度为 $n-1$，并且可以将两个子立方体中具有类似地址的节点连在一起。可以看到图 2-5（b）中的 4 立方体是由两个度为 3 的子立方体所组成的。还可看到由两个 3 立方体构成的 4 立方体需要每个节点增加一个度。

Intel 的 iPSC 是一个基于超立方体的商用多处理机系统。

现在已经出现了以下对基本超立方的改进方案，其中之一是立方环（cube-connected cycle）体系结构。这种结构中，2^{n+r} 个节点被连接成 n 立方形式，并以 r 个节点编组在每个立方体顶点上构成一个环。例如，一个 $r=3$ 的三立方环将在三立方体的每个顶点上由 3 个节点（处理器）构成一个环，如图 2-5（c）、（d）所示。

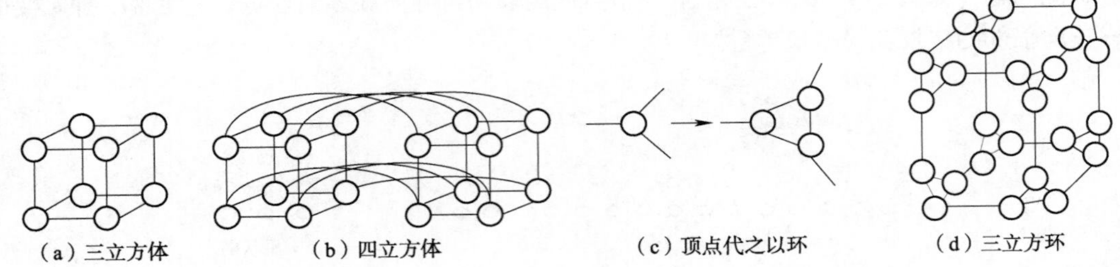

图 2-5 立方体和超立方体结构

6. 网格结构

一个 n 维网格（mesh）可被定义为这样的一个互连结构，它具有 $K_0 \times K_1 \times \cdots \times K_{n-1}$ 个节点，其中 n 为网络的维数，K_i 为 i 维的基数。带有环绕连接的网格体系结构将形成一个环绕（torus）网络。已经有许多在网格中路由消息的路由机制，其中一个路由机制称为维序路由（dimension-ordering routing）。使用这一技术，消息每次只在一个给定维中路由，在进入下一维之前先在每一维中到达合适的坐标。其他的路由机制包括逆维路由、转向模型路由和节点标号路由。对于 N 个节点的网格互连网络，任何两个节点间的最长距离为 $O(\sqrt{N})$。

网格互连网络模式的多处理机系统能够非常有效地支持许多科学计算。它的另一个引人注目之处是 n 维网格能在 n 维上用短导线加以布局，并使用相同的插件板，每块板仅需少量的引脚与其他插件板连接。网格互连网络的另一个优点是它的可扩展性。更大的网格可由较小的网格组成而不用改变节点度。由于这一特性，大量的分布式存储器并行计算机都使用网格互连网络。例如，Goodyear Aerospace 公司的 MPP、Intel 公司的 Paragon 和 MIT（麻省理工学院）的 J-Machine。

7. *k* 元 *n* 立方体

k 元 n 立方体是一个基数为 k 的 n 维立方体。基数意味着在每一维上有 k 个节点。一个 8 元一立方体就是一个 8 节点的环，而一个 8 元二立方体就是一个 8 个 8 节点的环，并将它们的节点与所有与它们的地址只有一位差别的节点相互连接起来，如图 2-6 所示。一个 k 元 n 立方体中，节点数是 $N=k^n$，而当 $k=2$ 时就变为一个二元 n 立方体。在一个 k 元 n 立方体中，消息路由可采用在网格网络中的类似方法。图 2-6 说明了从一个源节点（S）向目的节点（D）发送一个消息的可能路由。注意：根据节点间链路的方向就可确定可能的路由。在一个 k 元 n 立方体中，路由选择的另一个因素是路由的最小性。它是用一个消息在到达它的目的地之前所遍历的跳数

（链路）衡量的。图 2-6 中 S 和 D 之间的路由长度是 6。可以看到在 S 和 D 之间还存在其他路由，但它们均比所指明的路由要长。在一个 k 元 n 立方体网络中，两个任意节点间的最长遍历距离为 $O(n \times k)$。

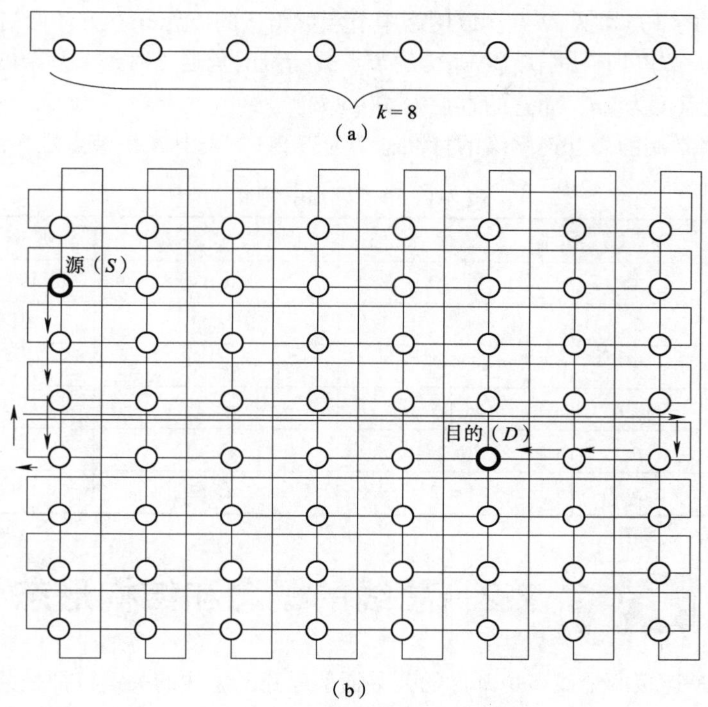

图 2-6　k 元 n 立方体

2.1.3　静态互连网络性能分析

在全连接网络中，每个节点与网络中所有其他节点相连。因此，以网络中链路数衡量的 N 节全连接网络的成本为 $N(N-1)/2$，即 $O(N^2)$。以消息从任何源到任何目的所遍历的链路数衡量的全互连网络的延迟（时延）复杂度为常数，即 $O(1)$，节点度为 $N-1$，即 $O(N)$，而直径为 $O(1)$。

在线性阵列网络中，每个节点与两个直接邻接节点相连接。网络两端的两节点只与一个直接邻接节点相连。以线性阵列中的节点数衡量的网络成本（复杂度）为 $O(N)$。以从源节点到目的节平均需遍历的节点数衡量的延迟（时延）复杂度为 $N/2$，即 $O(N)$。线性阵列的节点度为 2，即 $O(1)$，而直径为 $N-1$，即 $O(N)$。

在树状网络中，一个给定节点与它的父节点和所有子节点相连。在一个 k 级满二叉树中，以网络节点数衡量的网络成本（复杂度）为 $O(2^k)$，而延迟（时延）复杂度为 $O(\log_2 N)$。二叉树网络的节点度为 3，即 $O(1)$，而直径为 $O(\log_2 N)$。

一个 n 立方体网络有 2^n 个节点，若其中任意两个节点它们的二进制位地址表示仅有一位不同就相互连接。以立方体网络中节点数衡量的网络成本（复杂度）为 $O(2^n)$，以从源节点到目的节点需遍历的节点数衡量的延迟（时延）复杂度为 $O(\log_2 N)$。n 立方体网络的节点度为 $O(\log_2 N)$，而 n 立方体网络的直径为 $O(\log_2 N)$。

二维网格体系结构需要连接 $n \times n$ 个节点，以使得位于(i, j)的节点与位于$(i \pm 1, j \pm 1)$的邻接节点相连接。以网络中节点数衡量的二维网格网络成本（复杂度）为 $O(n^2)$，而以从源节点到目的节点需遍历的节点数衡量的延迟（时延）复杂度为 $O(n)$。二维网格的节点度为 4，而它的直径为 $O(n)$。

k 元 n 立方体的节点数为 $N=k^n$。以网络中节点数衡量的 k 元 n 立方体网络成本（复杂度）为 $O(k^n)$，而以从源节点到目的节点需遍历的节点数衡量的延迟（时延）复杂度为 $O(n+k)$。k 元 n 立方体网络的节点度为 $2n$，而它的直径为 $O(n \times k)$。

综上所述，将常用静态互连网络的特性总结为表 2-1，表中 N 是节点数，而 n 是维数。

表 2-1 静态网络的特性

互连网络	节点度	直径	成本（链路数）	对称性	最大延迟
全连接	$N-1$	1	$N(N-1)/2$	是	1
线性阵列	2	$N-1$	$N-1$	否	N
二叉树	3	$2(\lfloor \log_2 N \rfloor - 1)$	$N-1$	否	$\log_2 N$
n 立方体	$\log_2 N$	$\log_2 N$	$nN/2$	是	$\log_2 N$
二维网络	4	$2(n-1)$	$2(N-n)$	否	$\sqrt{N}$
k 元 n 立方体	$2n$	$N\lfloor k/2 \rfloor$	$n \times N$	是	$k \times \log_2 N$

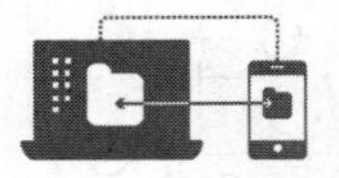

2.2 总线的概念和结构形态

总线（bus）是连接两个或多个部件的公共通信通路。总线的关键特征是共享传输介质。当多种部件连接到总线上时，一个部件发出的信号可以被其他所有连接到总线上的部件所接收。如果两个或两个以上的部件同时发送信息，它们的信号将会重叠，这样会导致信号冲突，传输无效。因此，在某一时刻，只允许有一个部件向总线发送数据，而多个部件可以同时从总线上接收相同的数据。

多数情况下，总线由多条通信路径或线路组成，每条线能够传输代表二进制 1 和 0 的信号。一段时间里，一条线能传输一串二进制数字。几条线放在一起，总线就能同时并行地传输二进制数字。例如，一个 8 位的数据能通过总线中的 8 条线传输。

计算机系统含有多种总线，它们在计算机系统的各个层次提供部件之间的通路。

一个单处理器系统中的总线，大致分为三类：

（1）CPU 内部连接各寄存器及运算部件之间的总线，称为内部总线。

（2）CPU 同计算机系统的其他具有高速传输功能的部件，如存储器、通道等互相连接的总线，称为系统总线。

（3）中、低速 I/O 设备之间互相连接的总线，称为 I/O 总线。

最常见的计算机互连结构使用一个或多个系统总线。

2.2.1 总线特性

从物理角度来看，总线就是一组电导线，许多导线直接印制在电路板上延伸到各个部件。图 2-7 所示为各个部件与总线之间的物理摆放位置。

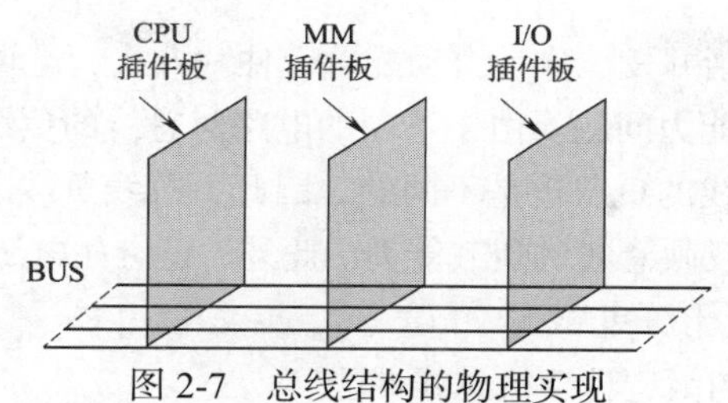

图 2-7 总线结构的物理实现

图 2-7 中 CPU、MM（主存）、I/O 都是部件插板，它们通过插头与水平方向总线插槽（按总线标准用印制电路板或一束电缆连接而成的多头插座）连接。为了保证机械上的可靠连接，必须规定其机械特性；为了确保电气上正确连接，必须规定其电气特性；为保证正确地连接不同部件，还需规定其功能特性和时间特性。

1. 机械特性

机械特性是指总线在机械连接方式上的一些性能，如插头与插座使用的标准，它们的几何尺寸、形状、引脚的个数以及排列的顺序，接头处的可靠接触等。

2. 电气特性

电气特性是指总线的每一根传输线上信号的传递方向和有效的电平范围。通常规定，由 CPU 发出的信号称为输出信号，送入 CPU 的信号称为输入信号。如地址总线属于单向输出线，数据总线属于双向传输线，它们都定义为高电平有效。控制总线的每一根都是单向的，但从整体看，有输入，也有输出。有的定义为高电平有效，有的定义为低电平有效，必须注意不同的规格。

3. 功能特性

功能特性是指总线中每根传输线的功能，如地址总线用来指出地址信息；数据总线传递数据；控制总线发出控制信号，既有 CPU 发出的，如存储器读/写、I/O 读/写；也有 I/O 向 CPU 发来的，如中断请求、DMA 请求等。可见，各条传输线功能不一。

4. 时间特性

时间特性是指总线中的任意一条线在什么时间内有效。每条总线上的各种信号，互相存在着一种有效时序的关系，因此，时间特性一般可用信号时序图来描述。

2.2.2 总线性能指标

总线性能指标包括：

（1）总线宽度。它是指数据总线的根数，用 bit（位）表示，如 8 位、16 位、32 位、64 位，即 8 根、16 根、32 根、64 根。

（2）标准传输率。即在总线上每秒能传输的最大字节量，用 MB/s（兆字节每秒）表示。如总线工作频率为 33 MHz，总线宽度为 32 位，则它最大的传输率为 132 MB/s。

（3）时钟同步/异步。总线上的数据与时钟同步工作的总线称为同步总线，与时钟不同步工作的总线称为异步总线。

（4）总线复用。通常地址总线与数据总线在物理上是分开的两种总线。地址总线传输地址码，数据总线传输数据信息。为了提高总线的利用率，优化设计，特将地址总线和数据总线共用一组物理线路，只是某一时刻该总线传输地址信号，另一时刻传输数据信号或命令信号，这称为总线的多路复用。

（5）总线控制方式。包括并发工作、自动配置、仲裁方式、逻辑方式、计数方式等。

（6）其他指标。如负载能力问题。由于不同的电路对总线的负载是不同的，即使同一电路板在不同的工作频率下，总线的负载也是不同的，因此，总线负载能力的指标不是太严格。通常用可连接扩增电路板数来反映总线的负载能力。此外，还有如电源电压是 5 V 还是 3.3 V、总线能否扩展 64 位宽度等，也十分重要。

表 2-2 列出了几种流行的微型计算机总线性能。

表 2-2　几种流行的微型计算机总线性能

名　称	ISA（PC-AT）	EISA	STD	VESA（VL-BUS）	MCA	PCI
通用机型	80286、386 486 系列机	386、486、586 IBM 系列机	Z-80、V20、V40 IBM-PC 系列机	i486、PC-AT 兼容机	IBM 个人机与工作站	P5 个人机、PowerPC、Alpha 工作站
最大传输率/（MB/s）	15	33	2	266	40	133
总线宽度/bit	16	32	8	32	32	32
总线工作频率/MHz	8	8.33	2	66	10	0～33
同步方式	同步	—	—	异步	同步	—
仲裁方式	集中	集中	集中	集中	—	—
地址宽度/bit	24	32	20	—	—	32/64
负载能力/个	8	6	无限制	6	无限制	3
信号线数/条	—	143	—	90	109	49
64 位扩展	不可	无规定	不可	可	可	可
并发工作	—	—	—	可	—	可
引脚使用	非多路复用	非多路复用	非多路复用	非多路复用	—	多路复用

2.2.3　总线内部结构

系统总线通常包含 50～100 条分立的导线，每条导线被赋予一个特定的含义或功能。虽然总线的设计有多种，但任何总线按传输信息的不同，都可以分成三个功能组：数据总线、地址总线和控制总线，还有为连接的模块提供电源的电源线，如图 2-8 所示。

数据总线提供系统模块间传输数据的路径，这些线组合在一起称为数据总线。典型的数据总线包含 8 根、16 根或 32 根，这些线的数目称为数据总线的宽度。因为每根线每次能传输 1 位，所以线的数目决定了每次能同时传输多少位。数据总线宽度是决定系统总体性能的关键因素。例如，如果数据总线为 8 位，而每条指令长 16 位，那么每条指令周期必须访问存储器模块两次。

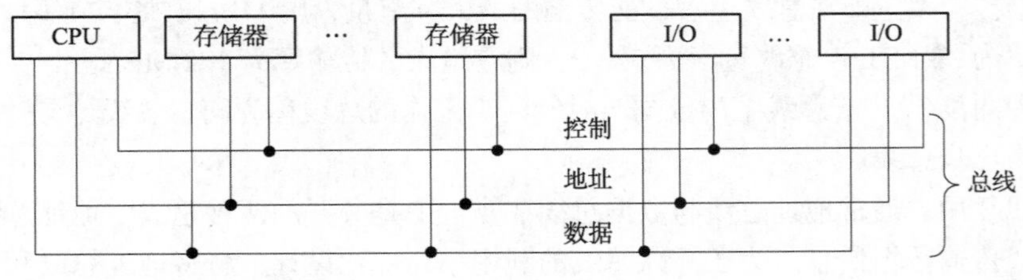

图 2-8　总线互连策略

地址总线用于指定数据总线上数据的来源和去向。例如，如果 CPU 希望从存储器中读一个字（8 位、16 位或 32 位），它将所需要字的地址放在地址总线上。显然，地址总线的宽度决定了系统能够使用的最大的存储器容量。而且，地址总线通常也用于 I/O 端口的寻址。在实际应用中，地址总线的高位用于选择总线上指定的模块（区域），低位用来选择模块内具体的存储器单元或 I/O 端口。例如，在 8 位总线上，小于或等于 01111111 的地址可以用来访问有 128 个字的存储器模块（模块 0），大于或等于 10000000 的地址可用来访问接在 I/O 模块上的设备（模块 1）。

控制总线用来控制对数据、地址总线的访问和使用。由于数据总线和地址总线被所有模块共享，因此必须用一种方法来控制它们的使用。控制信号在系统模块之间发送命令和定时信息。定时信号指定了数据和地址信息的有效性，命令信号指定了要执行的操作。典型的控制信号包括：

（1）存储器写（memory write）：将总线上的数据写入被寻址单元。

（2）存储器读（memory read）：使所寻址单元的数据放到总线上。

（3）I/O 写（I/O write）：将总线上的数据输出到被寻址的 I/O 端口。

（4）I/O 读（I/O read）：使被寻址的 I/O 端口的数据放到总线上。

（5）传输响应（transfer ack）：表示数据已经被接收，或已把数据放到了总线上。

（6）总线请求（bus request）：表示某个模块需要获得对总线的控制。

（7）总线允许（bus grant）：表示发出请求的模块已经被允许控制总线。

（8）中断请求（interrupt request）：表示某个中断源已发出请求。

（9）中断响应（interrupt ack）：保持中断请求被响应。

（10）时钟（clock）：用于同步操作。

（11）复位（reset）：初始化所有模块。

如果一个模块希望向另一个模块发送数据，它必须做两件事：

（1）获得总线的使用权。

（2）通过总线传输数据。

如果一个模块希望向另一个模块请求数据，它也必须做两件事：

（1）获得总线的使用权。

（2）通过适当的控制总线和地址总线向其他模块发送请求，然后它必须等待另一个模块发送数据。

从物理上讲，系统总线实际上是多条平行的导线。这些导线是在卡或板（印制电路板）上蚀刻出来的金属线。总线延伸至所有的系统部件，每一个系统部件连接于总线的全部或部分线。这一布置最便于使用，小配置的计算机系统可以在以后通过增加更多的板来扩展（更多的存储器、更多的 I/O）。如果板上的某个部分出现故障，将这块板拔下并替换即可。

2.2.4　总线连接方式

系统总线是计算机系统内各部件（CPU、存储器、I/O 接口等）间的公共通信线路。在现代计算机系统中，各大部件均以系统总线为基础进行互连，系统总线的结构有多种，一般采用的总线结构有单总线结构、双总线结构、多总线结构。

1. 单总线结构

在单总线系统中，CPU、主存储器以及所有 I/O 设备均通过一组总线连接，其结构简单，总线控制也较简单，系统易于扩展，如图 2-9 所示。

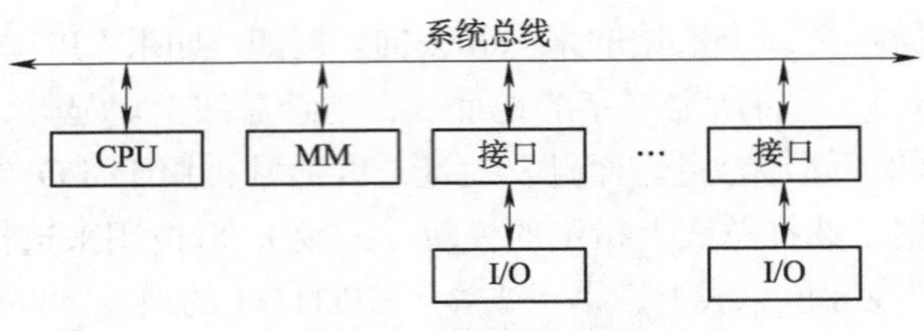

图 2-9 单总线结构

然而，如果大量的设备连到总线上，性能就会下降。这主要有两个原因：

（1）总的来说，总线上连接的设备越多，传输延迟就越大。而这个延迟决定于设备协调总线使用所花费的时间。当频繁地控制由一个设备传递到另一个设备时，传输延迟明显影响性能。

（2）当聚集的传输请求接近总线最大传输率时，总线便会成为性能瓶颈。通过提高总线的数据传输率或使用更宽的总线（例如，将数据总线由 32 位增加到 64 位），这个问题在某种程度上能够得以解决。但是挂接设备（例如，图形和视频控制器、网络接口）产生的数据传输率增长更快。在信息传输量相对较小的计算机系统中可考虑采用单总线结构。

因此，为克服单总线的缺点，多数计算机系统在体系结构中都选择使用多总线结构。

2. 双总线结构

由于 CPU 工作期间要不断地取指令、取操作数、送结果，CPU 与 MM 之间的信息流通量特别大，一种多总线结构是在这两个最繁忙的部件之间增设一组总线。这组总线通常称为存储总线，它属于局部总线。图 2-10 所示为带存储总线的双总线结构。

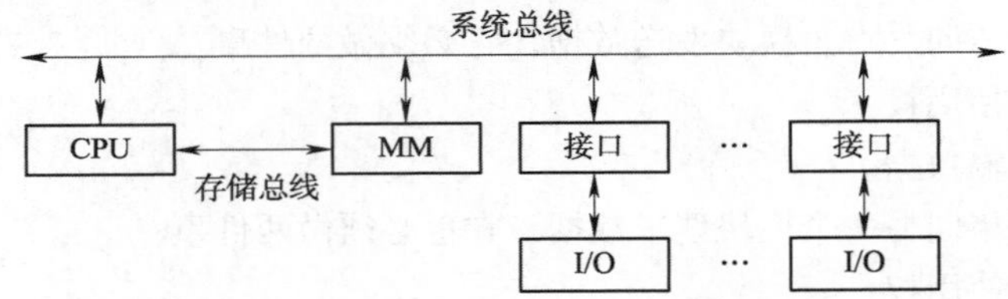

图 2-10 带存储总线的双总线结构

在具有众多 I/O 设备的计算机系统中，为了进一步提高 CPU 与 I/O 系统的并行性，往往由输入/输出处理机（IOP）来组织 I/O 设备。IOP 一方面通过 I/O 总线与众多外围设备相连，另一方面又与连接 CPU 和 MM 的系统总线相连。图 2-11 所示为带 IOP 的双总线结构。

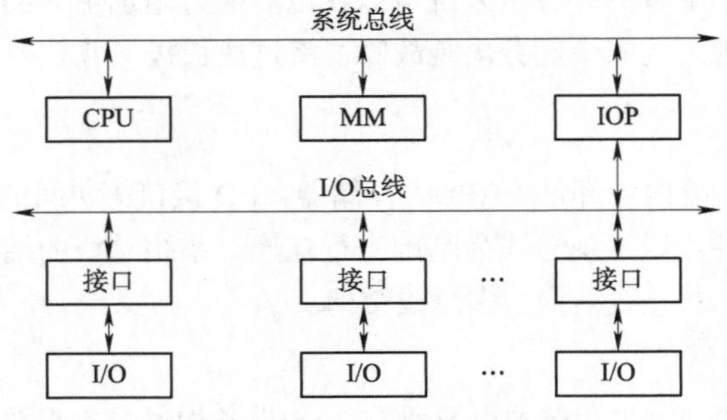

图 2-11 带 IOP 的双总线结构

3. 多总线结构

为了解决 MM 工作速度相对 CPU 太慢的问题，在 MM 与 CPU 之间增加高速缓存 Cache，并在 Cache 与 CPU 之间增设一组高速局部总线——Cache 总线，支持 CPU 与 Cache 之间的高速数据交换，如图 2-12 所示。其次，外围设备不直接挂在系统总线上，而是挂在扩展总线上，通过桥接器与系统总线相连。桥接器由总线控制器、数据缓冲区及总线加速器组成，总线控制器在总线争用时起仲裁作用。数据缓冲区的作用在于支持并行工作并尽快释放系统总线。

例如 CPU 要将一批数据写到连在扩展总线上的某一台外围设备，它可把这批数据连续地先写入桥接器的数据缓冲区内，然后由桥接器控制将这批数据送往指定设备，系统总线释放，CPU 又可执行其他操作。这种桥接器的作用在于将主机系统与外设系统分开，使外设系统具有更好的可扩展性和灵活性。当增加外设时不必考虑 CPU 主频的影响，同时使 CPU 与 MM 的通信与 I/O 分开，使整机性能得以提高。

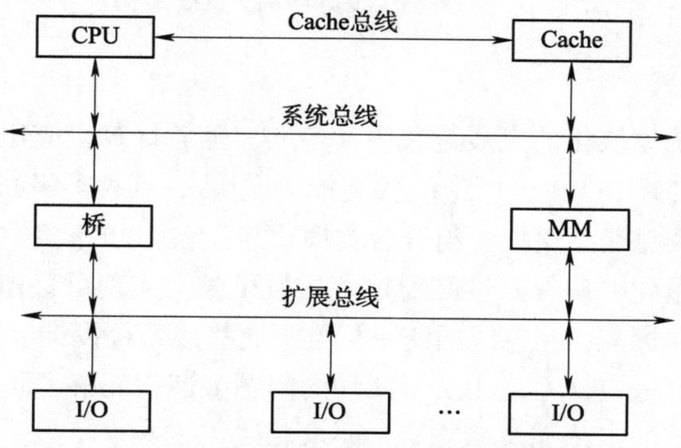

图 2-12　带 Cache 总线与桥接器的总线结构

这种传统的总线比较有效，但在性能越来越高的 I/O 设备面前，如多媒体技术与网络技术的发展，要求高速度、大容量的数据传输，这种传统的总线开始显得力不从心。为满足这些不断增长的需要，工业上采用的普遍方法是构造与系统其余部分紧密集成的高速总线，而它仅要求一个在处理器总线和高速总线之间建立连接。有人称这种方案为中间层结构。

图 2-13 表示了这种方法的典型实现，它也有连接处理器和高速缓存控制器的局部总线，而高速缓存控制器又连接到支持主存储器的系统总线上；高速缓存控制器集成到连接高速总线的桥或缓冲设备中。这一总线支持如 100 MB/s 快速以太网这样的高速 LAN、视频和图形工作站控制器以及包括 SCSI 和 FireWire 局部外设总线的接口控制器。后者是专门用来支持大容量 I/O 设备的高速总线。低速设备仍然由扩展总线支持，以接口来缓冲扩展总线和高速总线之间的通信流量。

这种安排的好处是，高速总线使高需求的设备与处理器有更紧密的集成，同时又独立于处理器。这样，处理器和高速总线速度及信号线定义的不同都可以容忍。处理器结构的变化不影响高速总线，反之亦然。

在上述几种多总线结构中，由于总线连接对象不同，分别称为系统总线、存储总线、I/O 总线、DMA 总线、扩展总线、高速总线等，但在分类上它们都属于系统总线。

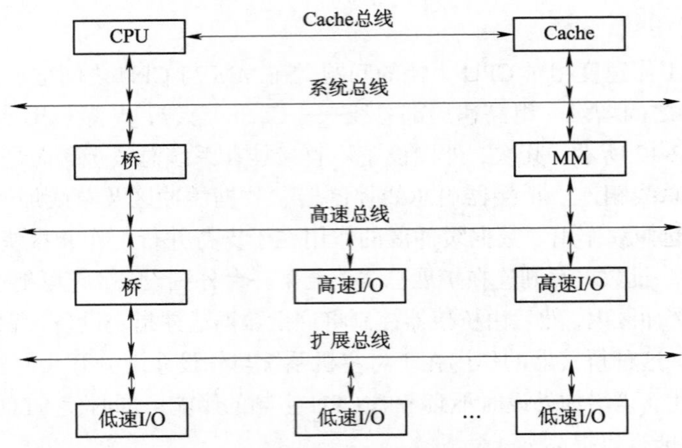

图 2-13　带高速总线的系统总线结构

2.2.5　总线标准

总线是在计算机系统模块化的发展过程中产生的。随着计算机应用领域的不断扩大，计算机系统中各类模块（特别是 I/O 设备所带的各类接口模块），其种类极其繁杂，往往出现一种模块要配一种总线，很难在总线上更换、组合各类模块或设备。20 世纪 70 年代末，为了使系统设计简化，模块生产批量化，确保其性能稳定，质量可靠，实现可移植化，便于维护等，人们开始研究如何使总线建立标准，在总线的统一标准下，完成系统设计、模块制作。这样，系统、模块、设备与总线之间不适应、不通用及不匹配的问题就迎刃而解了。

因此，为了获得广泛的工艺和法律支持，要求总线：

（1）支持众多性能不同的模块。

（2）支持批量生产，并要质量稳定、价格低廉。

（3）可替换、可组合。

所谓总线标准，可视为系统与各模块、模块与模块之间的一个互连的标准界面。这个界面对它两端的模块都是透明的，即界面的任一方只需根据总线标准的要求完成自身一面接口的功能要求，而无须了解对方接口与总线的连接要求。因此，按总线标准设计的接口可视为通用接口。

在微型计算机上流行过的总线标准有：

（1）ISA（industrial standard architecture）总线是 IBM 为了采用全 16 位的 CPU 而推出的，又称 AT 总线，它使用独立于 CPU 的总线时钟，因此 CPU 可以采用比总线频率更高的时钟，有利于 CPU 性能的提高。由于 ISA 总线不支持总线仲裁的硬件逻辑，因此它不能支持多台主设备（即不支持多台具有申请总线控制权的设备）系统，而且 ISA 上的所有数据的传输必须通过 CPU 或 DMA（直接存储器访问）接口来管理，因此使 CPU 花费了大量时间来控制与外围设备交换数据。ISA 总线时钟频率为 8 MHz，最大传输率为 16 MB/s，数据总线为 16 位，地址总线为 24 位。

（2）EISA（extended industrial standard architecture）是一种在 ISA 基础上扩充开放的总线标准，它与 ISA 可以完全兼容，它从 CPU 中分离出了总线控制权，是一种具有智能化的总线，能支持多总线主控和突发方式的传输。EISA 总线的时钟频率为 8 MHz，最大传输率可达 33 MB/s，数据总线为 32 位，地址总线为 32 位。

（3）VL-BUS 是由 VESA（Video Electronics Standards Association，视频电子标准协会）提出的局部总线标准。所谓局部总线，是指在系统外，为两个以上模块提供的高速传输信息通道。VL-BUS 是由 CPU 总线演化而来的，采用 CPU 的时钟频率达 33 MHz，数据总线为 32 位，配有局部控制器。通过局部控制器的判断，将高速 I/O 直接挂在 CPU 的总线上，实现 CPU 与高速外设之间的高速数据交换。

（4）PCI（peripheral component interconnect，外围设备互连总线）是由 Intel 公司提供的总线标准。它与 CPU 时钟频率无关，自身采用 33 MHz 总线时钟，数据总线为 32 位。数据传输率为 132～246 MB/s。具有很好的兼容性，与 ISA、EISA 总线均可兼容，可以转换为标准的 ISA、EISA。它能支持无限读/写突发方式，速度比直接使用 CPU 总线的局部总线快，它可视为 CPU 与外设间的一个中间层，通过 PCI 桥路（PCI 控制器）与 CPU 相连。

PCI 控制器有多级缓冲，可把一批数据快速写入缓冲器中。在这些数据不断写入 PCI 设备过程中，CPU 可以执行其他操作，即 PCI 总线上的外设与 CPU 可以并行工作。

PCI 总线支持两种电压标准：5 V 与 3.3 V。3.3 V 电压的 PCI 总线可用于便携式微机中。EISA 和 PCI 都具有即插即用（plug and play）的功能，即任何扩展卡只要插入系统便可工作，尤其是 PCI 采用的技术非常完善，它为用户提供了真正的即插即用功能。

PCI 总线可扩展性好，当总线驱动能力不足时，可以采用多层结构。每个 PCI 还配有一个延时器，它规定系统中设备使用 PCI 总线的最长时间周期，CPU 通过 PCI 总线上的所有设备延时器来优化系统的性能。

但是，并不是按总线标准把部件插上就能用。对于微型计算机来说，由于系统资源（中断向量、I/O 地址、存储器空间等）有限，几乎所有设备都要使用这些系统资源，因而可能引起两个或多个设备因使用相同的系统资源而产生“冲突”，一旦产生了冲突，系统就不能正常工作甚至不工作。为了避免与别的设备发生冲突，各个外设扩展卡厂家都将自己的设备设计得灵活一些，使其可使用的系统资源是可调整的，一旦某些资源已经被别的设备占用，可调整自己使用其他的资源。目前，外设的这种调整能力大多是靠跳线器实现的。经常看到某块卡的某组跳线短接 1-2 表示使用 IRQ3（即中断 3），短接 3-4 表示使用 IRQ5（即中断 5）等。扩展微机硬件系统时，必须调整各个外设的跳线，使整个系统资源不发生被占用的冲突。

对于微机的专业技术人员，要设置各种跳线器避免发生系统资源被占用的冲突，在系统及各配件的技术手册齐备的情况下也许不是一件难事，只要按照说明逐步调整即可。但是对非专业技术人员来说，这件事就较麻烦，即使有手册，其中涉及很多专业词汇和术语很令人头疼。在这种情况下，急需一种为广大用户提供方便的技术，让非专业技术人员也能够根据自己的需要扩充系统功能。这种技术就是即插即用技术。

简单地说，即插即用技术为微机系统提供了这样一种功能：只要将扩展卡插入微机的扩展槽中，微机系统就能自动进行扩展卡的配置工作，保证系统资源空间的合理分配，避免发生系统资源占用的冲突。这一切都是由系统自动进行，无须操作人员的干预。这就使得非专业技术人员进行微机系统的扩展成为可能。

即插即用功能主要取决于微机的系统总线结构，像 EISA 和 PCI 总线结构本身就采用了这种技术，提供这种功能。EISA 采用的即插即用技术还不太完善，在扩展 EISA 卡时需要配置程序进行系统的配置工作；PCI 采用的技术非常完善，它为用户提供真正的即插即用功能。

2.3 总线设计要素

在设计总线时，主要考虑的要素包括总线仲裁机制、定时方式、数据传输模式、宽度和复用方式等，下面分别介绍相关的内容。

2.3.1 总线仲裁

总线上连接多个部件，何时由哪个部件发送数据，如何对信息传输定时，如何防止信息丢失，如何避免多个部件同时发送，如何规定接收信息的部件等问题需要一种仲裁方法。

仲裁方法可大致划分为“集中式”和“分布式”两类。在集中式方法中，一个称为总线控制器或仲裁器的硬件设备负责分配总线时间。这个设备可以是独立的模块，也可以是CPU的一部分。在分布式的方法中，没有中央控制器，而是在每个模块中包含访问控制逻辑，这些模块共同作用，共享总线。这两种仲裁方法的目的都是为了指定一个设备，CPU或I/O模块作为主控器。然后这个主控器启动与其他设备进行数据传输（例如，读或写），其他设备在这一次数据交换中作为从属设备。

1. 集中式仲裁

集中式仲裁中每个功能模块有两条线连到中央仲裁器：一条是送往仲裁器的总线请求信号线BR，一条是仲裁器送出的总线授权信号线BG。

（1）链式查询方式：为减少总线授权线数量，采用图2-14（a）所示的菊花链查询方式，BS（总线忙）线为1，表示总线正被某外设使用。

链式查询方式的主要特点是，总线授权信号BG通过串行方式，从一个I/O接口传输到下一个I/O接口。假如BG到达的接口无总线请求，则继续往下查询，假如BG到达的接口有总线请求，BG信号便不再往下查问。这意味着该I/O接口获得了总线控制权。作为思考题，读者不妨画出链式查询电路的逻辑结构图。

可见，在查询链中离中央仲裁器最近的设备具有最高优先级，离中央仲裁器越远，优先级越低。因此，链式查询是通过接口的优先级排队电路来实现的。

链式查询方式的优点是，只用很少几根线就能按一定优先级实现总线仲裁，并且这种链式结构很容易扩充设备。

链式查询方式的缺点是，对询问链的电路故障很敏感，如果第 i 个设备的接口中有关链的电路有故障，那么第 i 个以后的设备都不能工作。另外，查询链的优先级是固定的，如果优先级高的设备频繁出现请求时，那么优先级较低的设备可能长期不能使用总线。

（2）计数器定时查询方式：计数器定时查询方式原理如图2-14（b）所示。总线上的任一设备要求使用总线时，通过BR线发出总线请求。中央仲裁器接到请求信号以后，在BS线为“0”的情况下让计数器开始计数，计数值通过一组地址总线发向各设备。每个设备接口都有一个设备地址判别电路，当地址总线上的计数值与请求总线的设备地址相一致时，该设备置BS线为“1”，获得了总线使用权，此时中止计数查询。

每次计数可以从“0”开始，也可以从中止点开始。如果从“0”开始，各设备的优先级与链式查询方式相同，优先级是固定的。如果从中止点开始，则每个设备使用总线的优先级相等。

计数器的初值也可用程序来设置，这就可以方便地改变优先级，显然这种灵活性是以增加线数为代价的。

（3）独立请求方式：独立请求方式原理如图 2-14（c）所示。在独立请求方式中，每一个共享总线的设备均有一对总线请求线 BR_i（i 取值为 $0 \sim n$）和总线授权线 BG_i。当设备要求使用总线时，便发出该设备的请求信号。中央仲裁器中有一个排队电路，它根据一定的优先级决定首先响应哪个设备的请求，给设备以授权信号 BG_i。

独立请求方式的优点是响应时间快，即确定优先响应的设备所花费的时间少，用不着一个设备接一个设备地查询。其次，对优先级的控制相当灵活。它可以预先固定，例如 BR_0 优先级最高，BR_1 次之……BR_n 最低；也可以通过程序来改变优先级；用屏蔽（禁止）某个请求的办法，不响应来自无效设备的请求。因此，当代总线标准普遍采用独立请求方式。

对于单处理器系统总线而言，中央仲裁器又称总线控制器，它是 CPU 的一部分。按照目前的总线标准，中央仲裁器一般是一个单独的功能模块。

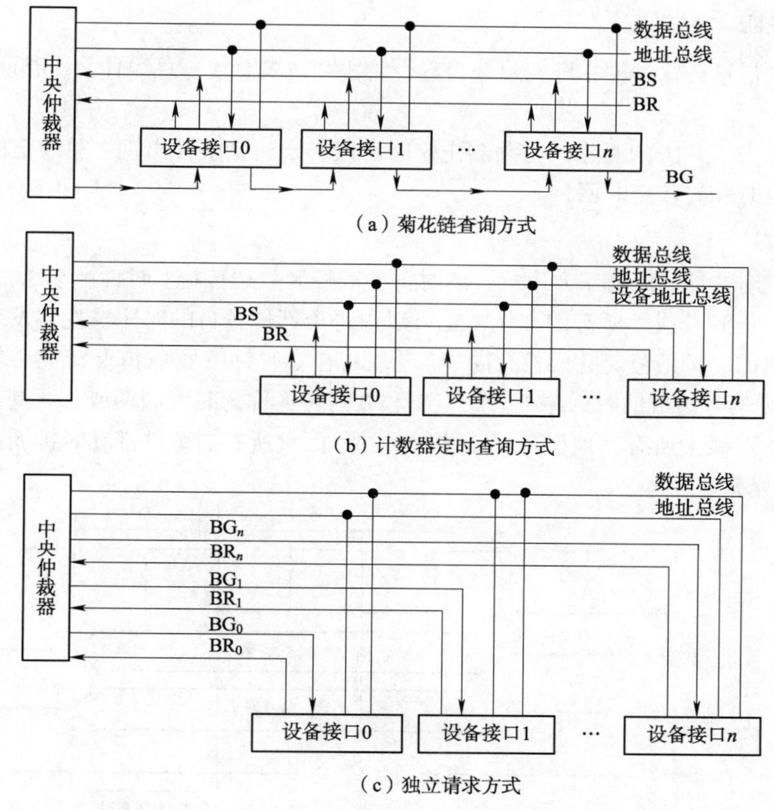

（a）菊花链查询方式

（b）计数器定时查询方式

（c）独立请求方式

图 2-14　集中式总线仲裁方式

2. 分布式仲裁

分布式仲裁不需要中央仲裁器，每个潜在的主方功能模块都有自己的仲裁号和仲裁器。当它们有总线请求时，把它们唯一的仲裁号发送到共享的仲裁总线上，每个仲裁器将仲裁总线上得到的号与自己的号进行比较，如果仲裁总线上的号大，则它的总线请求不予响应，并撤销它的仲裁号。最后，获胜者的仲裁号保留在仲裁总线上。显然，分布式仲裁是以优先级仲裁策略为基础的。

【例 2-1】试比较链式查询方式、计数器定时查询方式和独立请求方式各自的特点。

答：链式查询方式只需一条总线请求线（BR），一条总线忙线（BS）和一条总线同意线（BG）。BG 线像链条一样，串联所有的设备，设备的优先级是固定的，结构简单，容易扩充设备，但对电路故障十分敏感，一旦第 i 个设备的接口电路有故障，则第 i 个设备以后的设备都不能进行工作。

计数器定时查询方式的总线请求线（BR）和总线忙线（BS）是各设备共用的，但还需 $\log_2 N$（N 为设备数）根设备地址总线实现查询。设备的优先级可以不固定，控制比链式查询复杂，电路故障不如链式查询方式敏感。

独立请求方式控制总线数量多，N 个设备共有 N 根总线请求线和 N 根总线同意线。总线仲裁线路更复杂，但响应时间短，且设备优先级的次序控制灵活，可以预先固定，也可通过程序来改变优先次序，还可在必要时屏蔽某些设备的请求。

2.3.2 总线定时

总线的一次信息传输过程，可大致分为五个阶段：请求总线、总线仲裁、寻址、信息传输、状态返回。

为了同步主方、从方的操作，必须制定定时协议。定时指事件出现在总线上的时序关系，一般分为同步定时和异步定时两种。

1. 同步定时

对于同步定时协议，通信双方由统一的时钟标准控制数据传输。时钟标准通常由 CPU 的总线控制器发出，送到总线上所有的部件，也可以由每个部件各自的时序发生器发出，但必须由总线控制器发出的时钟信号对它们进行同步。总线中包含时钟信号（clock），它传输相同长度的 0、1 交替的规则信号组成的时钟序列。一次 1 和 0 的转换称为时钟周期或总线周期，它定义了一个时间间隔。总线上所有其他设备都能读取时钟，而且所有的事件都在时钟周期的开始时发生，如图 2-15 所示。

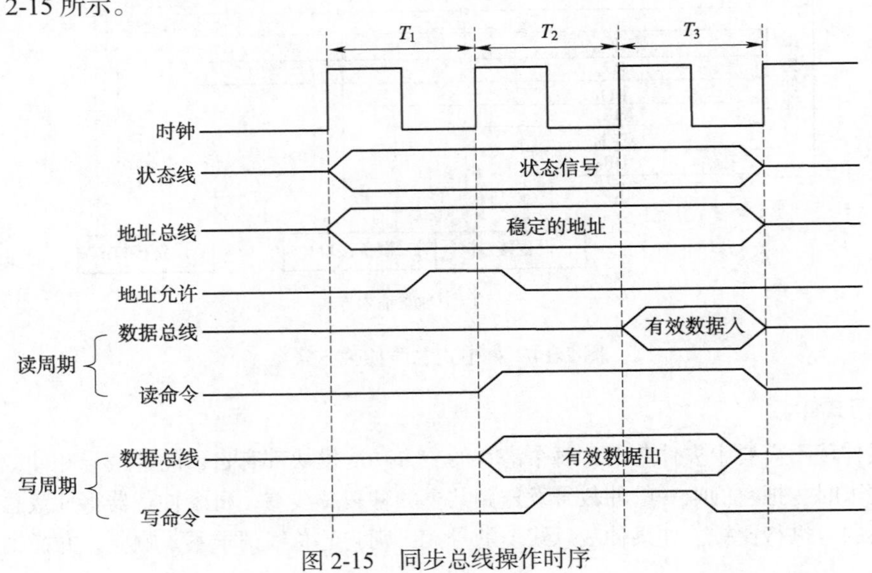

图 2-15 同步总线操作时序

图 2-15 为同步总线操作时序图，其他总线信号可以在时钟上升沿发生（稍有延迟）。大多数事件占用一个时钟周期。在这个简单的例子中，CPU 发出地址信号将存储器地址放到地址总线上。它亦可发出起始信号来标识总线上地址和控制信号的出现。第 2 个时钟周期发出一个读命令，存储器模块识别地址，在延迟 1 个周期后，将数据和响应信号放到总线上，被 CPU 读取。如果是写操作，CPU 在第 2 个时钟周期开始将数据放到数据总线上，等数据稳定后，CPU 发出一个写命令，存储器模块在第 3 个时钟周期存入数据。

由于采用了公共时钟，每个功能模块在什么时间发送和接收信息有统一的时钟规定。因此，同步定时具有较高的传输率，适用于各功能模块存取时间比较接近的情况，这是因为同步总线必须按最慢的模块来设计时钟。

2. 异步定时

对异步定时协议来说，克服了同步通信的缺点，允许各模块速度的不一致性，它没有公共的时钟标准，不要求所有部件统一操作时间，而是采用应答的方式（又称握手方式），即当主模块发出"请求"（request）信号时，一直等待从模块反馈回来"响应"（acknowledge）信号后，才开始通信。总线上一个事件的发生取决于前一事件的发生。

图 2-16（a）为系统总线读周期时序图。CPU 发送地址信号和读状态信号到总线上；等这些信号稳定后，它发出读命令，指示有效地址和控制信号的出现。存储器模块进行地址译码并将数据放到数据总线上。一旦数据总线上的信号稳定，则存储器模块使确认线有效，通知 CPU 数据可用。CPU 由数据总线上读取数据后，立即撤销读状态信号，从而引起存储器模块撤销数据和确认信号。最后，确认信号的撤销又使 CPU 撤销地址信息。

图 2-16（b）为系统总线写周期时序图。CPU 将数据放到数据总线上，与此同时启动状态线和地址总线。存储器模块接收写命令，从数据总线上写入数据，并使确认线上信号有效。然后，CPU 撤销写命令，存储器模块撤销确认信号。

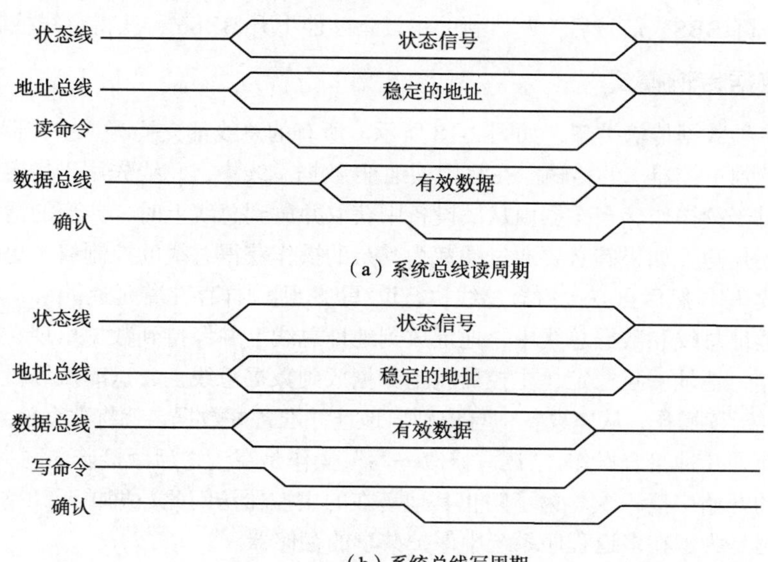

图 2-16　异步总线操作时序

同步时序的实现和测试都更简单，它没有异步时序灵活。因为同步总线上的所有设备都遵循固定的时钟频率，系统不能发挥高性能设备的优势。对于异步时序，不论设备是快还是慢，使用的技术是新还是旧，都可以共享总线。

【例 2-2】某 CPU 采用集中式仲裁方式，使用独立请求与菊花链查询相结合的二维总线控制结构。每一对请求线 BR_i 和授权线 BG_i 组成一对菊花链查询电路。每一根请求线可以被若干个传输速率接近的设备共享。当这些设备要求传输时，通过 BR_i 线向仲裁器发出请求，对应的 BG_i 线则串行查询每个设备，从而确定哪个设备享有总线控制权。请分析说明图 2-17 所示的总线仲裁时序图。

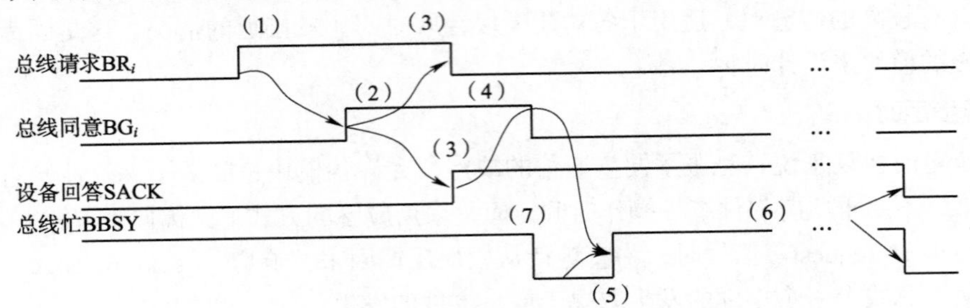

图 2-17 总线仲裁时序图

答：从时序图看出，该总线采用异步定时协议。

当某个设备请求使用总线时，在该设备所属的请求线上发出请求信号 BR_i（1）。CPU 按优先原则同意后给出授权信号 BG_i 作为回答（2）。BG_i 链式查询各设备，并上升从设备回答 SACK 信号，证实已收到 BG_i 信号（3）。CPU 接到 SACK 信号后下降 BG_i 作为回答（4）。在总线忙标志 BBSY 为“0”的情况该设备上升 BBSY，表示该设备获得了总线控制权，成为控制总线的主设备（5）。在设备用完总线后，下降 BBSY 和 SACK（6）释放总线。

在上述选择主设备过程中，可能现行的主从设备正在进行传输。此时需等待现行传输结束，即现行主设备下降 BBSY 信号后（7），新的主设备才能上升 BBSY，获得总线控制权。

2.3.3 总线数据传输模式

总线支持各种数据传输类型，如图 2-18 所示。所有的总线都支持写（主控器到从属设备）和读（从属设备到主控器）的传输。在复用型地址/数据总线中，总线先用于指定地址，然后用于传输数据。对于读操作，当数据由从属设备中获取并放到总线上时，典型的情况是有一个等待。无论是读还是写，如果有必要通过仲裁为其余的操作获得总线的控制权（也就是说，先占有总线来请求读/写，然后再一次占有总线执行读/写），则同样存在着延迟。

在专用的地址总线和数据总线中，地址放到地址总线上并保持到数据出现在数据总线上之前。对于写操作，地址一旦稳定，主控器就把数据放到数据总线上，这时从属设备已经有机会识别其地址。对于读操作，从属设备一旦识别出地址并准备好数据，就将数据放到数据总线上。

某些总线允许几种组合操作。“读—修改—写”操作是在读之后紧接着向同一地址写数据，地址仅在操作的开始广播一次。为了防止其他潜在的主控器访问此数据单元，整个操作是不可分的。这一原则是为了在多道程序系统中保护共享的存储器。

“写后读”也是一种不可分割的操作。它是指写之后紧接着对同一个地址的读取，这个读操作可用于校验。

有些总线还支持数据的“成块传输”。在这种情况中，一个地址周期后面跟着 n 个数据周期。第 1 个数据项传输使用指定的地址，其余的数据项传输使用后续地址。

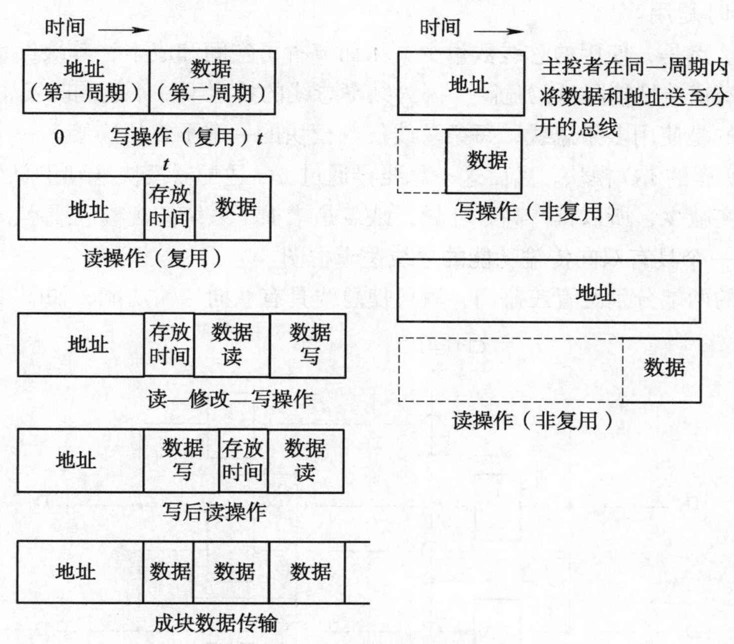

图 2-18　总线数据传输类型

2.3.4　总线宽度

前面已经介绍了总线宽度的概念。数据总线的宽度对系统性能有重要影响，数据总线越宽，一次能传输的位数就越多。地址总线的宽度对系统容量有重要影响，地址总线越宽，可以访问的单元就越多。

【例 2-3】 假设总线的时钟频率为 100 MHz，总线的传输周期为 4 个时钟周期，总线的宽度为 32 位，试求总线的数据传输率。若想提高一倍数据传输率，可采取什么措施？

答： 根据总线时钟频率为 100 MHz，可得

1 个时钟周期为 1/100 MHz = 0.01 μs。

总线传输周期为 0.01 μs×4 = 0.04 μs。

由于总线的宽度为 32 bit= 4 B，故总线的数据传输率为 4 B/(0.04 μs) = 100 MB/s。

若想提高一倍数据传输率，可以在不改变总线时钟频率的前提下，使数据总线宽度改为 64 位，也可以仍保持数据宽度为 32 位，但使总线的时钟频率增加到 200 MHz。

2.3.5　总线复用

总线的信号线可以归为两类，即专用的和复用的。专用总线始终只负责一项功能，或始终分配给计算机部件的一个物理子集。

功能专用的一个例子是使用独立专用的地址总线和数据总线，这种情况在许多总线中很常见。但这不是必要的。例如，用地址有效控制总线来控制，地址和数据信息就可以通过同一组线传输。在数据传输的开始，地址放到总线上，地址有效控制信号被激活。在这

一点，每个模块在规定的一段时间内传输地址，并判断自己是不是被寻址的模块。然后地址从总线上撤销，相同的总线连线随后用于读/写数据的传输。这种将相同的线用于多种目的的方法称为分时复用。

分时复用的优点是，使用的总线数量少，从而节省了空间和成本；其缺点是，控制电路略显复杂，而且还潜伏着性能降低的危险，因为共享总线的特定事件不能同时发生。

专用总线指的是使用多条总线，每条总线仅与模块的一个子集相连接。一个典型的例子是用 I/O 总线连接所有的 I/O 模块，然后这一总线再通过 I/O 适配器模块连到主总线上。物理专用的优点是总线冲突减少，所以具有高吞吐量，缺点是增加了系统的规模和成本。

【例 2-4】画一个具有双向传输功能的总线逻辑框图。

答：在总线的两端分别配置三态门，就可使总线具有双向传输功能，如图 2-19 所示。

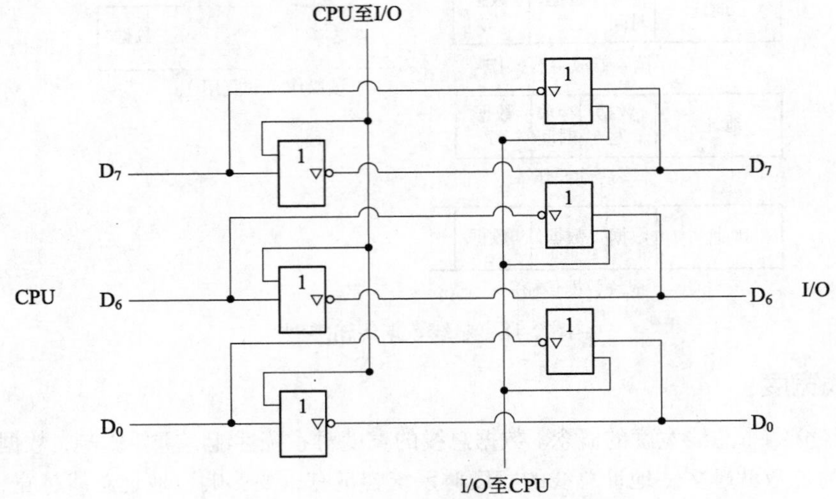

图 2-19 具有双向传输功能的总线逻辑框图

2.4 PCI 总线

2.4.1 PCI 多总线分级结构

图 2-20 表示了一个在单处理器系统中使用 PCI 的典型例子。它通过 PCI 控制器和 PCI 加速器（合称 PCI 桥路，扮演着“数据缓冲”的角色）与 CPU 总线相连。这种使 PCI 与 CPU 总线相隔离的结构，与其他普通的总线规范相比，具有更高的灵活性，为高速的 I/O 子系统（例如，图形显示适配器、网络接口控制器、磁盘控制器等）提供了更好的性能。当前的标准允许在 33 MHz 的频率下使用多达 64 根数据总线。理论上讲，它的速率可达到 264 MB/s。然而，PCI 的诱人之处不仅仅是它的高速度，PCI 是专门为满足现代系统的 I/O 要求而设计的较经济的总线。实现它只要很少的芯片，而且它支持其他的总线连到 PCI 总线上。

PCI 支持广泛的基于微处理器的配置，包括单处理器和多处理器的系统。相应地，它提供了组通用的功能，并使用同步时序以及集中式仲裁机制。

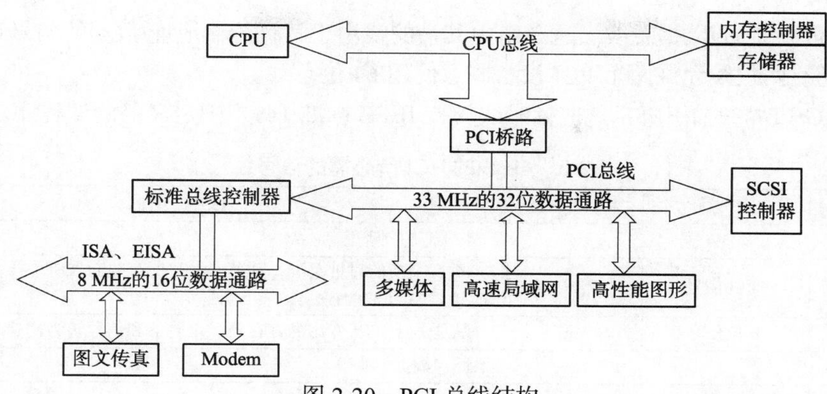

图 2-20　PCI 总线结构

在 PCI 总线体系结构中，桥路起着重要的作用。PCI 桥路又是 PCI 总线控制器，含有中央仲裁器。桥路连接两条总线，使彼此间相互通信。桥路又是一个总线转换部件，可以把一条总线的地址空间映射到另一条总线的地址空间上，从而使系统中任意一个总线主设备都能看到同样的一份地址表。桥路本身的结构可以十分简单，如只有信号缓冲能力和信号电平转换逻辑；也可以相当复杂，如有规程转换、数据快存、装拆数据等。

PCI 总线的基本传输机制是猝发式传输，利用桥路可以实现总线间的猝发式传输。写操作时，桥路把上层总线的写周期先缓存起来，以后的时间再在下层总线上生成写周期，即延迟写。读操作时，桥路可早于上层总线，直接在下层总线上进行预读。无论延迟写和预读，桥路的作用可使所有的存取都按 CPU 的需要出现在总线上。

由此可见，以桥路连接实现的 PCI 总线结构具有很好的扩展性和兼容性，允许多条总线并行工作。它与处理器无关，不论 CPU 总线上是单 CPU 还是多 CPU，也不论 CPU 是什么型号，只要有相应的 PCI 桥芯片（组），就可与 PCI 总线相连。

2.4.2　PCI 总线内部结构

PCI 可以配置成 32 位或 64 位总线。表 2-3 定义了 49 线的 PCI 所必需的信号线，它们按照功能分为以下几组：

（1）系统引脚：包括时钟和复位引脚。

（2）地址和数据引脚：包含 32 根分时复用的地址/数据总线。在此 PCI 布线方案中，用其他信号线来解释并使传输的地址和数据的信号线有效。

（3）接口控制引脚：控制数据交换的时序，并提供发送端和接收端的协调。

（4）仲裁引脚：不同于其他的 PCI 信号线，它们是非共享的线，每个 PCI 主控器有自己的一对仲裁线，它们直接连到 PCI 总线仲裁器上。

（5）错误报告引脚：用于报告奇偶校验错误以及其他错误。

此外，PCI 规范还定义了 51 个可选的信号线，见表 2-4。它们分为以下几个功能组：

（1）中断引脚：它们提供给需要请求服务的 PCI 设备。同仲裁引脚一样，它们是非共享的。PCI 设备有自己的中断线或连接到中断控制器的线。

（2）高速缓存支持引脚：需要用这些引脚来支持在处理器或其他设备中能被高速缓存的 PCI 上的存储器。这些引脚支持高速缓存监听协议。

（3）64 位总线扩展引脚：包含 32 根分时复用的地址/数据总线。它们与必有的地址/数据总线一同形成 64 位地址/数据总线。这一组中其余的线用于解释传输地址/数据的信号线并使之有效。最后，还有两根线允许两个 PCI 设备同意使用 64 位总线。

（4）JTAG/边界扫描引脚：这些信号线支持 IEEE 标准 149.1 中定义的测试程序。

表 2-3　49 线的 PCI 所必需的信号线

符号名	中文名	类型	说明
			系统引脚
CLK	时钟信号	in	所有交换的时钟基准，其上升沿被所有的输入所采样，支持的最高时钟频率为 33 MHz
$\overline{RST}$	复位信号	in	强迫所有 PCI 专用的寄存器、定时器和信号转为初始状态
			地址和数据引脚
AD[31::0]	地址/数据总线	t/s	共 32 条地址和数据复用引脚
C/ $\overline{BE}$[31::0]	命令/字节指示信号	t/s	复用的总线命令和字节允许信号。在传输数据阶段，这 4 条线指示 4 个字节通路中的哪个字节（或全部）有效
PAR	校验信号	t/s	比 AD 和 C/ $\overline{BE}$ 延后一个时钟周期，提供“偶校验”。主控器（master）在写数据阶段驱动 PAR，接收端设备则在读数据阶段驱动 PAR
			接口控制引脚
$\overline{FRAME}$	帧有效信号	s/t/s	当前的主控器用其指示本次传输开始并在整个传输过程中保持有效。$\overline{FRAME}$ 在传输开始时呈低电平（有效），当发送端准备开始最后的数据交换阶段时撤销
$\overline{IRDY}$	IO 就续	s/t/s	由当前的总线主控器（交换的发送端）驱动。在读操作周期，$\overline{IRDY}$ 有效（低电平）则表示主控器准备好接收数据；在写操作周期，$\overline{IRDY}$ 有效表示有效数据已经放到地址/数据总线上
$\overline{TRDY}$	传输就续	s/t/s	由接收端（被选中的设备）驱动。在读操作周期，$\overline{TRDY}$ 有效（低电平）则表示有效数据已经放到地址/数据总线上；在写操作周期，表示接收端已准备好接收数据
$\overline{STOP}$	停止信号	s/t/s	当本信号有效时，表示接收端希望发出端暂停当前的交换
IDSEL	IO 设备选中	in	可初始化被选择设备，在读/写交换时常作为片选信号
$\overline{DEVSEI}$	设备选择	in	由接收端驱动，在识别出有效地址时有效，用以向当前的发送端指示接收设备被选中
			仲裁引脚
$\overline{REQ}$	请求信号	t/s	向仲裁器申请使用总线，它是一条设备专用的直接连接信号线
$\overline{GNT}$	准许信号	t/s	仲裁器允许使用请求设备总线，它是一条设备专用的直接连接信号线
			错误报告引脚
$\overline{PERR}$	奇偶校验位	s/t/s	表示在写数据阶段接收端检测到一个数据的奇偶校验错，或在读数据阶段由发起端检测到奇偶校验错
$\overline{SERR}$	系统错误	o/d	可由任何设备发出，用以报告地址奇偶校验错和除奇偶校验错以外的其他严重错误

注：in——单向输入信号；
out——单向输出信号；
t/s——双向、三态 I/O 信号；
s/t/s——每次只能由一个拥有者驱动的持续三态信号；
o/d——集电极开路，允许多个设备通过“线或”连接。

表 2-4　可选的 PCI 信号线

符号名	中文名	类型	说明
			中断引脚
$\overline{INTA}$	中断请求 A	o/d	用于请求中断

续表

符号名	中文名	类型	说明
$\overline{INTB}$	中断请求 B	o/d	用于请求中断，仅对多功能设备有意义
$\overline{INTC}$	中断请求 C	o/d	用于请求中断，仅对多功能设备有意义
$\overline{INTD}$	中断请求 D	o/d	用于请求中断，仅对多功能设备有意义
高速缓存支持引脚			
$\overline{SOB}$	探测撤销	in/out	表示命中了某个已修改的行
SDONE	探测完成	in/out	仅表示当前探测状态，当前的探测完成时有效
64 位总线扩展引脚			
AD[63::32]	扩展的地址/数据总线	t/s	将总线扩展到 64 位的地址/数据复用线
C/ $\overline{BE}$[7::4]	扩展的命令/字节	t/s	总线命令和字节允许信号的复用线。在地址阶段，这些线提供了额外的总线命令。在数据阶段，这些线用于指示 4 个扩展的字节通道中的哪几个有效
$\overline{REQ64}$	64 位请求信号	s/t/s	用于请求 64 位传输
$\overline{ACK64}$	64 位响应信号	s/t/s	表示接收端希望执行 64 位传输
PAR64	64 位校验信号	t / s	比 AD 和 C/ $\overline{BE}$ 延后一个时钟周期，通过先提供 64 位偶校验
JTAG/边界扫描引脚			
TCK	测试时钟	in	在边界扫描阶段用于为状态信息和测试数据输入/输出设备提供时钟
TDI	测试输入	in	用于串行地将数据和指令移入设备
TDO	测试输出	out	用于串行地将数据和指令移出设备
TMS	测试模式选择	in	用于控制测试访问端口控制器的状态
$\overline{TRST}$	测试复位	in	用于初始化测试访问端口控制器

2.4.3　PCI 总线周期类型

在发送端（或称主控器）与接收端之间进行数据交换时，调用总线周期。当总线的主控器获得总线控制权时，由主控器决定即将发生交换的类型。PCI 总线周期类型由主设备在 C/ $\overline{BE}$ [3-0] 线上送出的 4 位总线命令代码指明，被目标设备译码确认，然后主从双方协调配合完成指定的总线周期操作。4 位代码组合可指定 16 种总线命令，但实际给出 12 种。这些命令有：① 中断响应；② 特殊周期；③ I/O 读；④ I/O 写；⑤ 存储器读；⑥ 存储器行读；⑦ 存储器多读；⑧ 存储器写；⑨ 存储器写和无效作用；⑩ 配置读；⑪ 配置写；⑫ 双地址周期。

中断响应是一条读命令，其目的是让 PCI 总线上的中断控制器设备进行操作，此时地址传输周期中，地址线并不使用，而字节允许信号可返回中断标识号。

特殊周期命令用来由发出端向一个或多个目标发送广播消息。

I/O 读和 I/O 写命令用来在发送端和 I/O 控制器之间传输数据。每个 I/O 设备有自己的地址，地址/数据总线用于指出特定的设备并向指定设备发送或从设备接收的数据。

存储器读和存储器写命令用于激发数据的传输。数据传输占用一个或多个时钟周期。这些命令的解释依赖于总线上的存储器、控制器是否支持在存储器和高速缓存之间进行传输。如果 PCI 协议支持，与存储器之间的数据传输一般是以高速缓存行，或称为块来进行。

PCI 读命令的用途见表 2-5。存储器写命令用于向存储器传输数据，它占用一个或多个数据周期。存储器写和无效作用命令用一个或多个周期传输数据。而且，它保证至少有一个高速缓存行是写操作。这条命令支持向存储器回写一行的高速缓存操作。

两个配置命令使主控器能够读和更新与 PCI 相连的设备的配置参数。每个 PCI 设备可能包含最多 256 个内部寄存器，它们用来在系统初始化时配置设备。

双总线周期命令由发送端来指示它使用 64 位寻址。

表 2-5　PCI 读命令的用途

读命令类型	对于有 Cache 能力的存储器	对于无 Cache 能力的存储器
存储器读	猝发式读取 Cache 行的一半或更多	猝发式读取 1～2 个存储字
存储器读行	猝发长度为 0.5～3 个 Cache 行	猝发长度为 3～12 个存储字
存储器多重读	猝发长度大于 3 个 Cache 行	猝发长度大于 12 个存储字

2.4.4　PCI 总线周期操作

PCI 上的数据传输是由一个地址周期和一个或多个数据周期组成的一次交换过程。在上述讨论中，说明了读操作，写操作的过程与之相似。图 2-21 显示了读操作的时序。所有事件均在时钟的下降沿同步，即在每个时钟周期的中央。总线设备在总线周期开始时的上升沿对总线采样。下面是图 2-21 中所标出的重要事件：

（1）一旦总线的主控器获得总线的控制权，它通过使 $\overline{\text{FRAME}}$ 有效（降为低电平）开始总线交换周期，$\overline{\text{FRAME}}$ 线将一直保持有效，直到发送端设备预备完成最后一次的数据传输。$\overline{\text{FRAME}}$ 有效之后，发送端把起始地址放到地址总线上，而 C/$\overline{\text{BE}}$ 信号线则首先送出“读命令”信号。

（2）当 CLK②开始时，目标设备将会识别 AD 线上的地址信号。

（3）发送端停止驱动 AD 线。所有可能由多个设备驱动的信号线要求一个切换周期（用两个环形的箭头表示），这样，地址信号会失效而使总线被目标设备所用。发送端修改 C/$\overline{\text{BE}}$ 线上的信号，以指示 AD 线传输数据中哪些字节有效（1～4 字节）。发送端同时使 $\overline{\text{IRDY}}$ 降为低电平（有效），表示它已准备接收第 1 个数据项。

（4）被选中的目标的 $\overline{\text{DEVSEL}}$ 信号有效（降为低电平），表示收到了有效的地址，并将响应。目标设备将所有数据放到 AD 线上并使 $\overline{\text{TRDY}}$ 信号有效（降为低电平），表示已将合法的数据放在了 AD 线上。

（5）发送端在 CLK④的开始时读数据，并改变 C/$\overline{\text{BE}}$ 字节指示信号，为下一次读做准备。

（6）在这个例子中，目标设备需要一些时间为第 2 块数据的传输做准备。因此，它将 $\overline{\text{TRDY}}$ 置为无效（高电平），以通知发送端“下一周期没有新的数据”。相应地，发送端在 CLK⑤开始时不会读数据，并且在这个周期中不改变字节允许信号。第 2 块数据在 CLK⑥开始时被读取。

（7）在 CLK⑥周期中，目标应将第 3 块数据项放到总线上。但是，在这个例子中，发送端没有准备好读数据（例如，它暂时处在缓冲区满的状态）。因此，它使 $\overline{\text{IRDY}}$ 无效（变为高电平），迫使目标设备的第 3 块数据项多保持一个时钟周期。

（8）发送端知道传输的第 3 个数据是最后一个，因此它使 $\overline{\text{FRAME}}$ 变为高电平（无效），以通知目标端这是最后一次数据传输。同时发送端再次使 $\overline{\text{IRDY}}$ 减为低电平（有效），表示它已准备好完成这次传输。

（9）完成传输后发送端取消 $\overline{\text{IRDY}}$，使总线变为空闲状态。同时目标端使 $\overline{\text{TRDY}}$ 和 $\overline{\text{DEVSEL}}$ 处于无效的“第三态”（既非高电平也非低电平的浮空态）。

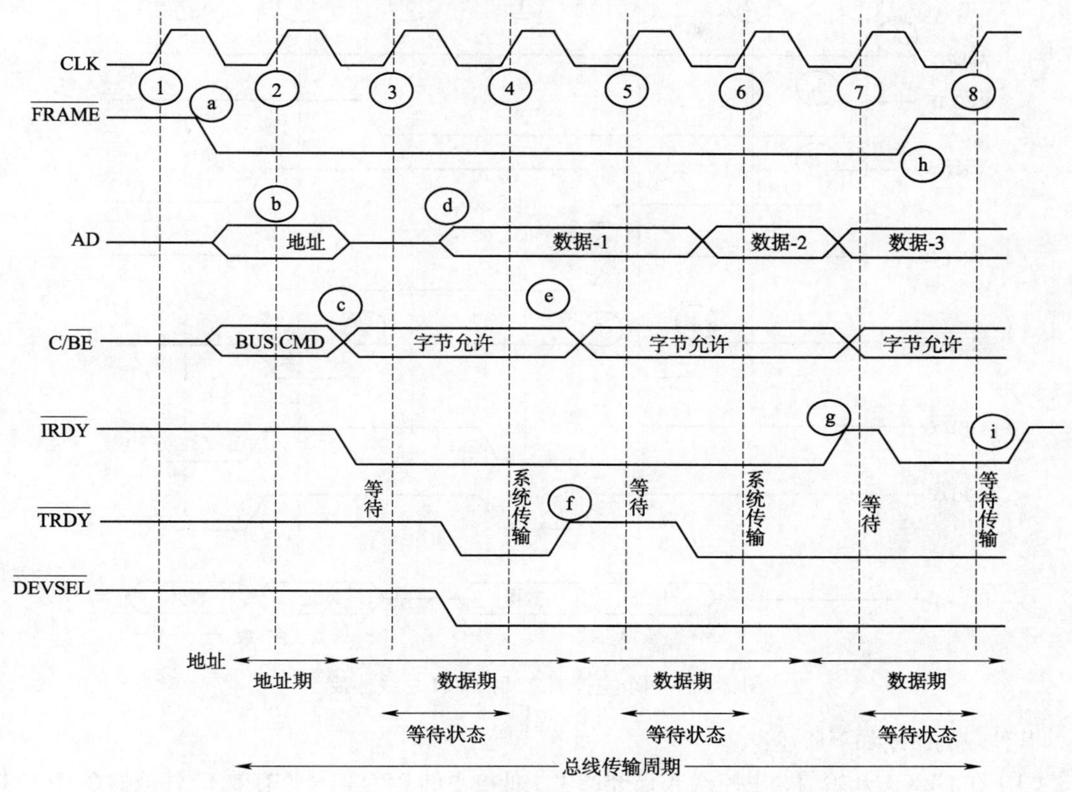

图 2-21　PCI 读操作

2.4.5　PCI 的总线仲裁

PCI 使用集中式的同步仲裁方法，它的每个主控器有独立的请求（$\overline{\text{REQ}}$）信号和准许（$\overline{\text{GNT}}$）信号。这些信号线连到中央仲裁器，如图 2-22 所示。它用简单的“请求/准许”的应答过程来允许对总线的访问。

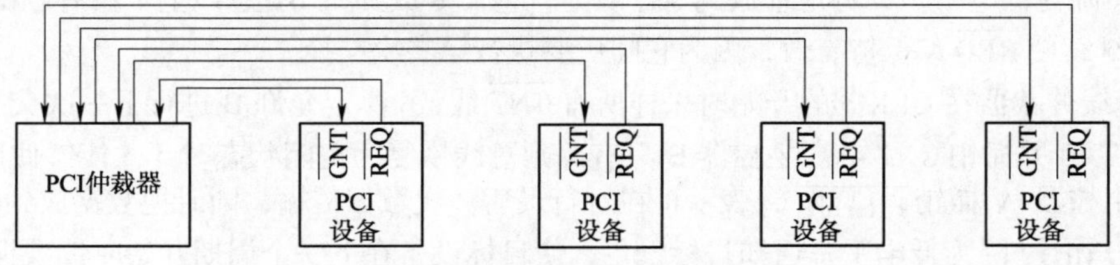

图 2-22　PCI 总线仲裁器

PCI 规范没有规定具体的仲裁算法。仲裁器能够使用“先到先服务”的方法、“轮转”方法或某种优先方法。PCI 必须为它所完成的每一次交换仲裁，单次交换包含一个地址周期，后面跟着一个或多个数据周期。

图 2-23 给出一个设备 A 和 B 为总线进行仲裁的例子。

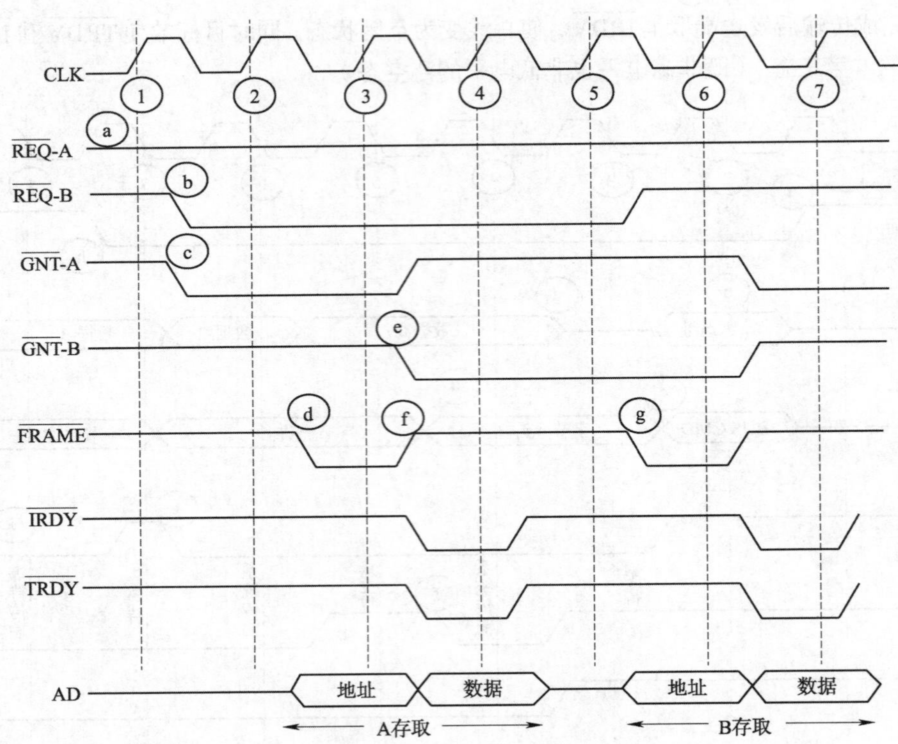

图 2-23 两个主控器之间的 PCI 总线仲裁

其仲裁的时序如下所述：

（1）在 CLK①开始前，主控器 A 已经产生了低电平的 $\overline{\text{REQ}}$ 信号（有效），仲裁器在 CLK①的开始时探测到这一信号。

（2）在 CLK①中，主控器 B 的 $\overline{\text{REQ}}$ 信号变为低电平（有效），请求使用总线。

（3）同时，仲裁器输出的 $\overline{\text{GNT}}$-A 变为低电平，准许 A 访问总线。

（4）主控器 A 在 CLK②的开始时采样并探测到 $\overline{\text{GNT}}$-A，知道它已经被允许访问总线。同时它发现 $\overline{\text{IRDY}}$ 和 $\overline{\text{TRDY}}$ 此时仍为无效的高电平，表明此时总线空闲。因此，主控器 A 使 $\overline{\text{FRAME}}$ 信号有效（降为低电平）并将地址放到 AD 线上，将命令放到 C/$\overline{\text{BE}}$ 总线上（没有画出）。同时主控器 A 继续使 $\overline{\text{REQ}}$ A 保持有效，因为它随后要执行第二次交换。

（5）总线仲裁器在 CLK③的开始时采样所有 $\overline{\text{GNT}}$ 线，并决定允许 B 进行下一次交换，然后，它声明 $\overline{\text{GNT}}$-B 并撤销 $\overline{\text{GNT}}$-A。主控器 B 只有等到总线恢复为空闲状态时，才能够使用总线。

（6）主控器 A 撤销 $\overline{\text{FRAME}}$，表示正在进行最后一次数据传输，同时把数据放到数据总线上，并通过 $\overline{\text{IRDY}}$ 降为低电平，通知目标设备，使目标设备在下一个周期开始时读数据。

（7）在 CLK⑤时钟周期开始时，主控器 B 发现 $\overline{\text{IRDY}}$ 和 $\overline{\text{FRAME}}$ 已经呈无效状态，因此将 $\overline{\text{FRAME}}$ 置为低电平申请控制总线。同时它取消 $\overline{\text{REQ}}$，因为它只想完成一次交换。

随后，主控器 B 被授予总线访问权，以进行下一次交换。

需要注意的是，仲裁可以在当前总线主控器进行数据传输的时候同时发生。因此，总线仲裁不浪费总线周期，这称为“隐式仲裁”。

2.5　固定连接和可重构连接

多处理机系统中的通信问题包括处理机与存储器、I/O 设备以及其他处理机之间的通信，它是决定一个系统整体性能的重要因素。如果为等待数据发送和接收而花费太多时间，即使是最快的处理机也不可能获得很高的性能。由于这个原因，多处理机系统使用了硬连接来实现计算机中的通信。

一个多处理机系统可能拥有固定的通信连接，也可能拥有在任务执行过程中或不同任务中可以改变的可重构连接。在这一节中，将介绍两种方式的互连。

2.5.1　固定连接

固定连接是不可变化的，一旦设计完毕就再也不能改变。尽管它灵活性差，但它对许多系统来说已经足够了，并且它比可重构通信机制成本要低得多。一种固定连接拓扑结构是群（clustering）。图 2-24 显示了一个由十六个处理机组成的多处理机系统，该系统分成了四个群，每个群又包括四个处理机。每个群中的处理机通过它们自己的共享总线连接在一起，该总线被称为群总线（cluster bus）。同一个群中的两个处理器通过它们的群总线进行通信，在理论和实践上，所有的群总线都能够在其群内并行地传输数据，因而能使得数据流量大而处理机延迟小。

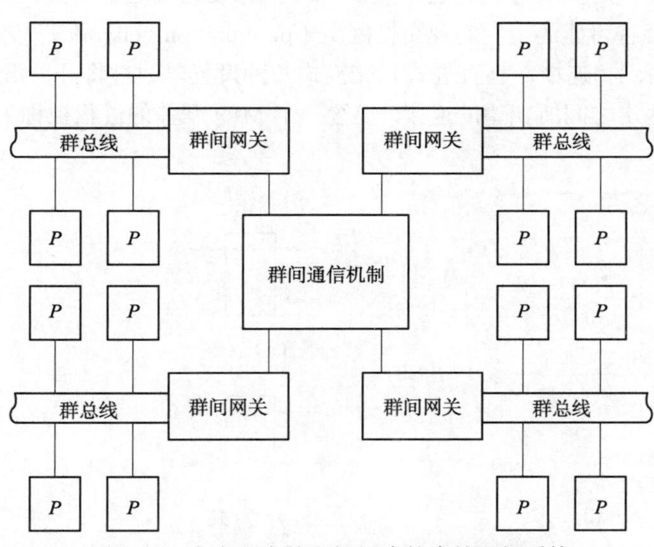

图 2-24　由十六个处理机组成的多处理机系统

调度程序通常将一个任务分配给同一个群内的处理机，以便处理机间的通信限制在群总线内。然而，一些任务可能会使用多个群中的处理机。例如，有的任务需要八个处理机，那么它必须使用至少两个群中的处理机。因此，有必要提供一种机制来支持不同群中的处理机间的通信。

每个群都包括了一个群间网关（intercluster gateway），由它来处理群间的数据传输。这些网关由一个群间通信机制来连接，该机制可能是一个可重构的交换网络，也可能是一个固定的拓扑结构，如共享总线、环等。如果一个群中的某个处理机必须向另一个群中的处理机传送数据，可由群间网关负责群间通信。

2.5.2 可重构连接

并不是所有的任务都需要相同的处理资源。对某些任务而言，两个处理机可能就够了；而对另一些任务，可能十六个处理机也不够。对一个通用多处理机来说，在处理机与存储器、I/O设备以及其他处理机之间的可重构连接能力可以使它满足不同任务的需要，从而使系统的性能更好。

一种可重构通信机制是交叉开关（crossbar switch）。如图 2-25 所示，一个交叉开关有 n 个输入端和 m 个输出端，称它为 $n \times m$ 大小；在实际中，n 和 m 通常取相同的值。开关中的每个交叉点（crosspoint）都是一个连接点，闭合该连接点可以连续输入和输出，而打开它则会断开连接。每一个可能的输入和输出组合都有一个交叉点，交叉开关可以实现所有可能的连接。在多处理机系统中，输入通常与处理机相连接，而输出则与存储模块或 I/O 设备相连接，也可以连回处理机实现处理机之间的通信。交叉开关最大的缺点就是它的规模。随着输入和输出数目的增加，其规模和硬件复杂度会显著增加。一个有 n 个输入和 n 个输出的交叉开关的硬件复杂度是 $O(n^2)$。而将输入和输出数目翻倍后，其规模将是原来的四倍。

为了减缓该问题的影响，出现了多级互连网络（multistage interconnection network，MIN）。这些网络使用较小规模的交叉开关（通常是 2×2 的），通过固定链路连接。图 2-26 给出的是 2×2 的开关，它有两种可能的设置实现交换网络（permutation network），交换网络仅能以一对一的方式将输入和输出相连接，有直进式和交换式两种设置。通过将开关设置为正确的状态，MIN 实现了输入和输出之间所期望的连接。设置一个 MIN 开关的过程被称为路由算法（routing algorithm）。

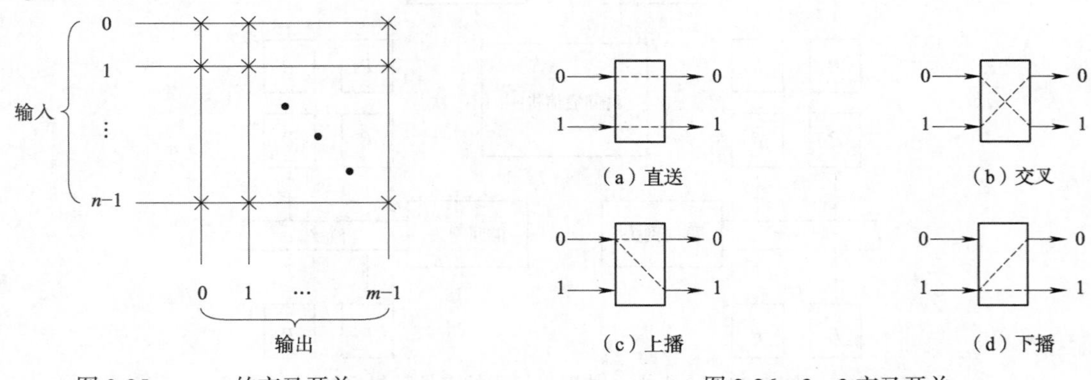

图 2-25 $n \times m$ 的交叉开关　　图 2-26 2×2 交叉开关

可以依据连接输入和输出的能力来对多级互连网络进行分类。大部分的 MIN 被设计用来实现输入和输出之间的一对一连接交换。非阻塞网络（nonblocking network）可以实现 n 个输入和 n 个输出的任何 $n!$ 种连接模式。如果该网络可以在不改变其他任何连接的情况下修改一个连接，则它就被称为严格的非阻塞（strictly nonblocking）网络。如果它能实现一个新连接，但必须重新路由一条通路，而该通路又是用来实现一个已存在的连接，则该网络被称为可重构的非阻塞（rearrangeably nonblocking）网络。相比较而言，阻塞网络（blocking network）不能实现其输入

到输出的所有置换。阻塞 MIN 可以实现大部分可能的输入/输出连接，但是某些连接则不能同时实现。

在非阻塞 MIN 中，Clos 网络（Clos network）是最广为人知的。它最初被开发用于电话交换系统，后来才适用于多处理机系统和网络交换。图 2-27 给出了一个普通的 Clos 网络。它有 $N=n\times k$ 个输入和输出以及三级开关。第一级由 k 个 $n\times m$ 大小的开关构成，也就是有 n 个输入和 m 个输出。中间级由 m 个 $k\times k$ 的开关构成，每个中间级开关从每个第一级开关中接收一个输入。最后一级包括了 k 个 $m\times n$ 的开关，它的每个开关从中间级开关中也只接收一个输入。如果 $m\geqslant n$，则该网络是可重构的非阻塞；如果 $m\geqslant 2n-1$，则它是严格的非阻塞。

可以修改设计参数 n、m 和 k 以产生不同的 Clos 网络。依据参数值的不同，硬件复杂度可以从 $O(n\log_2 n)$到 $O(n^2)$变化。实际上，网络中单独的开关可以递归地用更小的 Clos 网络所替代。

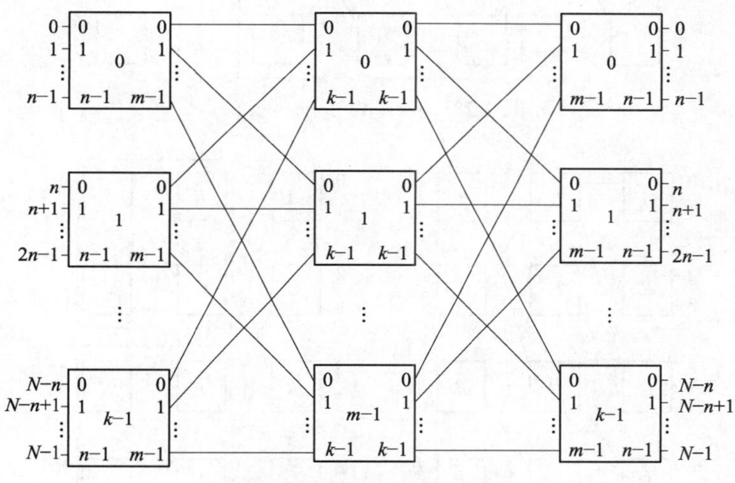

图 2-27　普通的 Clos 网络

通过设置 $n=m=2$ 和 $k=N/2$，并递归分解两个 $(N/2)\times(N/2)$ 开关，可以从 Clos 网络导出 Benes 网络（Benes network）。例如，为了建立一个 8×8 的 Benes 网络，首先建立一个 8×8 的 Clos 网络，它的第一级和最后一级都有四个 2×2 的开关，中间级有两个 4×4 的开关。就像任何 Clos 网络一样，将每个第一级开关的一个输出连到每个中间级开关的一个输入上，把每个最后一级开关的一个输入连到每个中间级开关的一个输出上。然后，把 4×4 的中间级开关转换成 4×4 的 Benes 网络。图 2-28 给出了一个 8×8 的 Benes 网络：虚线围着这些 4×4 开关，它们被进一步地分解为自己的 Benes 网络。这个网络是可重构的非阻塞，其硬件复杂度是 $O(n\log_2 n)$。

多处理机系统中使用的 MIN 并不都是非阻塞的。多处理机通常并不需要使用其 MIN 实现的每种可能交换。能够实现期望映像的阻塞网络是一种可行的低成本替代方法。并且阻塞网络的路由过程比非阻塞网络要快得多。

图 2-29 显示的是 8×8 的 Omega 网络（Omega network），这是一种周知的阻塞网络，其硬件复杂度为 $O(n\log_2 n)$。很容易看出这个网络是阻塞的。对于八个可能的输入，共有 8!=40 320 中不同的可能置换，或者是输入到输出的一对一的映像。然后，Omega 网络一共仅有 12 个开关，

每个开关有两种可能的状态。因此，所有开关共有 2^{12}=4 096 中不同的设置，仅仅能实现所有可能置换的 10%多一点，所以这个网络是阻塞的。

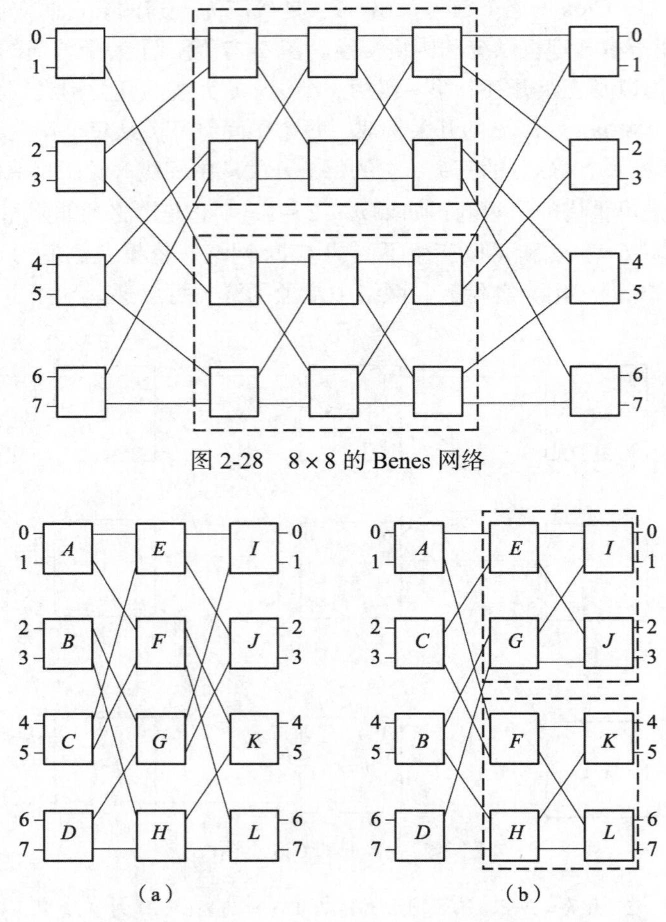

图 2-28 8 × 8 的 Benes 网络

图 2-29 8 × 8 的 Omega 网络

图 2-29 所示的 Omega 网络，前一级输出的前半部分和后半部分交叉，每两级之间的固定链路是相同的，它们形成一种完全洗牌（perfect shuffle）。

在多级互连网络（MIN）中，需要路由算法来设置各级的开关状态，路由算法的好坏对 MIN 的性能起到非常关键的作用。缓慢的路由算法会显著降低多处理机系统的整体性能。

2.6 交换式互连结构

2.6.1 PCI Express

PCI Express（peripheral component interconnect express）总线是 Intel 公司 2001 年推出的一种高速串行计算机扩展总线标准，用于替代 PCI、PCI-X 和 AGP 总线。PCI Express 的引入是为了克服 PCI 总线的局限性。PCI 总线工作于 33 MHz、32 位，峰值理论带宽可达 132 MB/s，它

采用共享总线拓扑，总线带宽被分配给多台设备，不同设备可通过总线进行通信。随着设备的发展，对带宽的占用量越来越大。最终，总线上这些占用大量带宽的设备将使其他设备无法分享到任何带宽，造成 PCI 总线上带宽供给紧张。

相比于 PCI，PCI Express 最显著的优势在于点对点的总线拓扑。PCI Express 将 PCI 上的共享总线替换为共享开关，每台设备均可以通过专用通道直接与总线相连。与 PCI 总线上的设备共享带宽不同，PCI Express 为每台设备提供专用的数据通道，其结构如图 2-30 所示。数据封装成包后以成对的发送信号和接收信号方式串行传输，称为信道（lane）。每条信道的单向带宽为 250 MB/s。多条信道可组合成×1（单条），×2，×4，×8，×12 及×16 的信道带宽，从而增加每条槽的带宽，最高可达 4 GB/s 的总吞吐量，如图 2-31 所示。

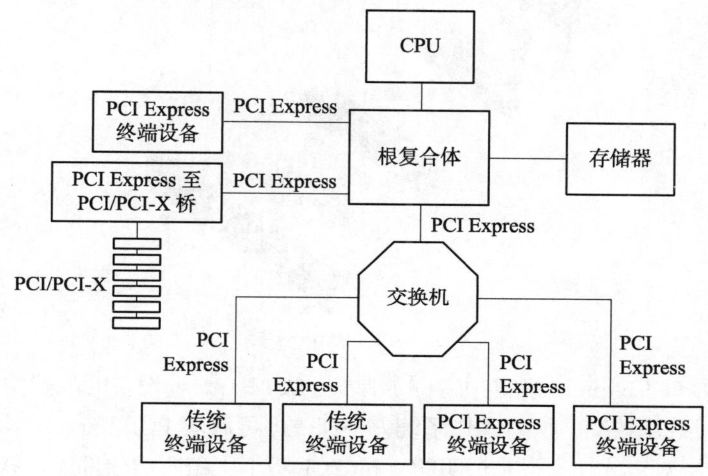

图 2-30　PCI Express 总线拓扑

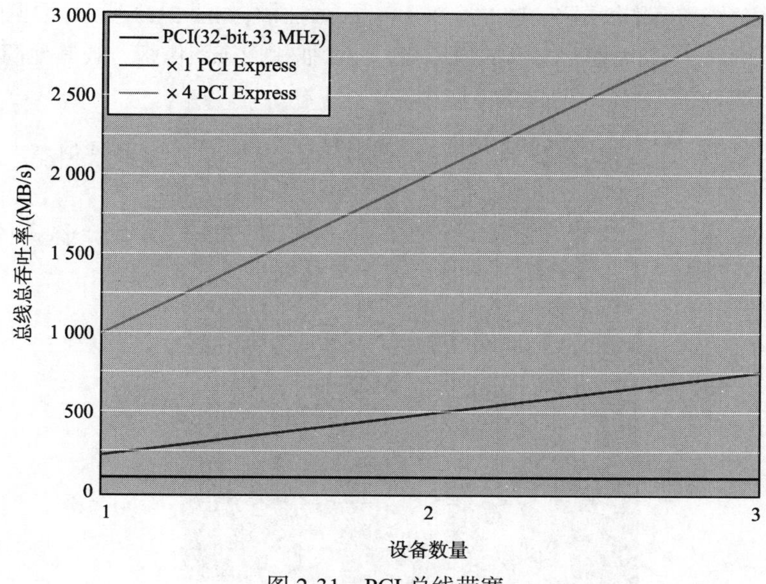

图 2-31　PCI 总线带宽

诸如数据采集或波形生成等应用，需要足够的总线带宽确保数据能够及时传输到 PC 存储器，不允许出现数据流失或覆盖等传输错误。使用 PCI Express 可以极大地改善数据带宽的紧张局面，数据传输速率足够快，减少了对板载内存的依赖。配合使用数据存储技术，例如 RAID（独立磁盘冗余阵列），高速设备生成的大量数据能够连续传输并存储，用于进一步分析。PCI Express 总线也是 PXI Express 这类新型总线技术的基础，为 PXI 总线带来了同样的技术优势。

PCI Express 保持与传统 PCI 软件兼容的同时，将物理总线替换为高速（2.5 Gbit/s）串口总线。由于硬件构架的更改，接口本身将不再兼容。具有较小接口的设备可以“上行插入”主板上较大的主机接口，从而改善硬件的兼容性与灵活性。然而，不能支持“下行插入”较小的接口。PCI Express 接口如图 2-32 所示。

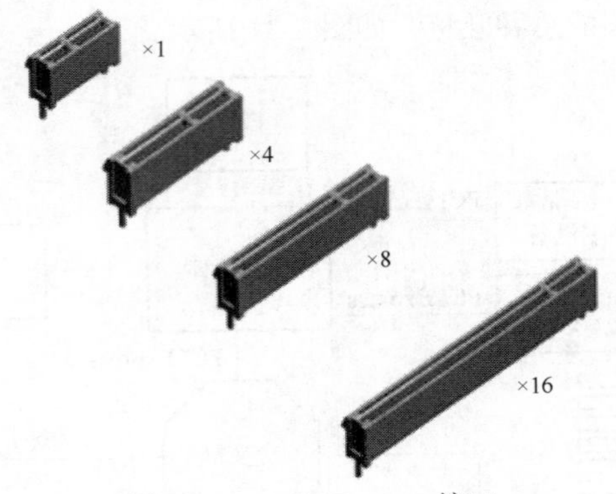

图 2-32　PCI Express 接口

软件兼容性从 PCI Express 规范中得到了保证。PCI Express 设备的配置空间及编程能力与传统 PCI 方法相比并未改变。所有操作系统无须修改即可启动 PCI Express 构架。此外，由于 PCI Express 物理层对于软件来说是透明的，在 PCI 板卡上编写的软件无须修改即可用于 PCI Express 板卡。PCI Express 软件的向后兼容性是保留开发商及用户软件开发投入的关键。

如今，绝大多数 PC 都同时配有 PCI 及 PCI Express 插槽，如图 2-33 所示。常见的 PCI Express 插槽尺寸为×1 及×16。×1 插槽是典型的通用槽，×16 插槽用于图像板卡或其他高性能设备。一般，×4 及×8 插槽仅在服务器级的设备中使用。

图 2-33　现代计算机上的 PCI 和 PCI Express 插槽

2.6.2　InfiniBand

InfiniBand 总线是由 InfiniBand 行业协会推出的，该协会的主要成员包括 Compaq、Dell、HP、IBM、Intel、Microsoft 等公司。

InfiniBand 是一种网络通信协议，它提供了一种基于交换的架构，由处理器节点之间、处理器节点和输入/输出节点（如磁盘或存储）之间的点对点双向串行链路构成，如图 2-34 所示。每个链路都有一个连接到链路两端的设备，这样在每个链路两端控制传输（发送和接收）的特性就被很好地定义和控制了。

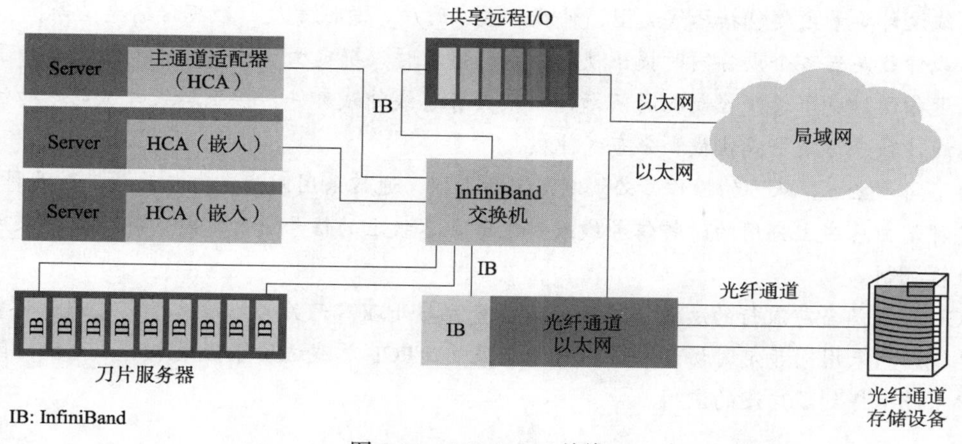

图 2-34　InfiniBand 总线

InfiniBand 通过交换机在节点之间直接创建一个私有的、受保护的通道，进行数据和消息的传输，无须 CPU 参与远程直接内存访问（RDMA）和发送/接收由 InfiniBand 适配器管理和执行的负载。

适配器通过 PCI Express 接口一端连接到 CPU，另一端通过 InfiniBand 网络端口连接到 InfiniBand 子网。与其他网络通信协议相比，这提供了明显的优势，包括更高的带宽、更低的延迟和增强的可伸缩性。

InfiniBand 是 PCI 总线的替代品，采用了与 PCI 完全不同的架构，具有极高带宽和灵活的扩展能力，理论带宽可以达到 500 MB/s、2 GB/s 和 6 GB/s。

InfiniBand 解决了 PCI 总线中设备的距离问题，外围设备可以放到距离服务器很远的地方工作（如果使用的是光缆，最远距离可以达到 0.3～10 km）。

小　结

总线是构成计算机系统的互连机构，是多个系统功能部件之间的公共信息传输通道，并在争用资源的基础上进行工作。共享和分时是总线的两个基本特征。共享指多个部件连接在同一条总线上，各部件通过它来进行信息交换，分时指在同一时刻，总线上只能传输一个部件发送过来的信息。

总线有物理特性、功能特性、电气特性、机械特性，因此必须标准化。微型计算机系统的标准总线从 ISA 总线（16 位）发展到 EISA 总线（32 位）和 VESA 总线（32 位），又进一步发展到 PCI 总线（64 位）。衡量总线性能的重要指标是总线带宽，它定义为总线本身所能达到的最高传输速率。

总线的内部结构主要包括数据总线、地址总线和控制总线，以及为连接的模块提供电源的电源线。

总线的连接方式一般可分为单总线系统与多总线系统两大类。为克服单总线的缺点，多数计算机系统在体系结构中都选择使用多总线结构。

总线设计要素主要包括总线类型、仲裁方式、时序、总线宽度、数据传输类型等。

总线仲裁是当多个设备同时提出使用总线的请求时，确定由哪个设备控制总线。为了解决多个主设备同时竞争总线控制权的问题，必须具有总线仲裁部件。按照总线仲裁电路的位置不同，总线仲裁分为集中式仲裁和分布式仲裁。

为了同步主方、从方的操作，必须制定定时协议。通常采用同步定时与异步定时两种方式。同步定时是由总线上公用的时钟信号线来对设备在总线上的信号进行定时，异步定时采用控制信号应答机制。

PCI 总线是当前流行的总线，是一个高带宽且与处理器无关的标准总线，又是至关重要的层次总线。它采用同步定时协议和集中式仲裁策略。PCI 总线适用于低成本的小系统，因此在微型机系统中得到了广泛的应用。

习 题

一、选择题

1. 系统总线中地址总线的功用是（　　）。
   A. 用于选择主存单元
   B. 用于选择进行信息传输的设备
   C. 用于选择主存单元和 I/O 设备接口电路地址
   D. 用于传输主存物理地址和逻辑地址
2. 下列叙述中不正确的是（　　）。
   A. 在双总线系统中，访问操作和输入/输出操作各有不同的指令
   B. 系统吞吐量主要取决于主存的存取周期
   C. 总线的功能特性定义每一根线上的信号的传递方向及有效电平范围
   D. 早期的总线结构以 CPU 为核心，而在当代的总线系统中，由总线控制器完成多个总线请求者之间的协调与仲裁
3. 在集中式总线仲裁中，（　　）方式响应时间最快，（　　）方式对电路故障最敏感。
   A. 菊花链　　B. 独立请求　　C. 计数器定时查询
4. 同步通信之所以比异步通信具有较高的传输速率，是因为同步通信（　　）。
   A. 不需要应答信号　　B. 总线长度较短

C. 用一个公共时钟信号进行同步　　D. 各部件存取时间比较接近

5. 一个适配器必须有两个接口：一是和系统总线 CPU 的接口，CPU 和适配器的数据交换是（　　）方式；二是和外设的接口，适配器和外设的数据交换是（　　）方式。

A. 并行　　B. 串行　　C. 并行或串行　　D. 分时传输

6. 下列叙述中不正确的是（　　）。

A. 总线传输方式可以提高数据的传输速率

B. 与独立请求方式相比，链式查询方式对电路的故障更敏感

C. PCI 总线采取同步时序协调和集中式仲裁策略

D. 总线的带宽是总线本身所能达到的最高传输速率

7. 下列各项中，（　　）是同步传输的特点。

A. 需要应答信号　　B. 各部件的存取时间比较接近

C. 总线长度较长　　D. 总线周期长度可变

8. 计算机系统的输入/输出接口是（　　）之间的交接界面。

A. CPU 与存储器　　B. 主机与外围设备

C. 存储器与外围设备　　D. CPU 与系统总线

9. 下面描述当代流行总线结构的基本概念中，正确的是（　　）。

A. 当代流行总线结构不是标准总线

B. 当代总线结构中，CPU 和它私有的 Cache 一起作为一个模块与总线连接

C. 系统中只允许一个 CPU 模块

D. 总线结构采用分布式仲裁

10. 系统总线中控制总线的功能是（　　）。

A. 提供主存、I/O 接口设备的控制信号和响应信号

B. 提供数据信息

C. 提供时序信号

D. 提供主存、I/O 接口设备的响应信号

11. 假定一个同步总线的工作频率为 33 MHz，总线宽度为 32 位，则该总线的最大数据传输速率为（　　）。

A. 66 MB/s　　B. 1 056 MB/s　　C. 132 MB/s　　D. 528 MB/s

二、解释术语

1. 总线

2. 总线复用、总线带宽、总线仲裁

3. 同步总线、异步总线

4. 系统总线

三、简答题

1. 总线上挂两个设备，每个设备能收能发，还能从电气上和总线断开，画出逻辑图，并做简要说明。

2. 画出菊花链方式的优先级判决逻辑电路图。

3. 画出独立请求方式的优先级判决逻辑电路图。

4. 说明存储器总线周期与I/O总线周期的异同点。

5. 总线的一次信息传输过程大致分哪几个阶段？若采用同步定时协议，请画出读数据的同步时序图。

6. 某总线在一个总线周期中并行传输8字节的信息，假设一个总线周期等于一个总线时钟周期，总线时钟频率为70 MHz，总线带宽是多少？

7. 某总线在一个总线周期中并行传输4字节的数据，假如一个总线周期等于一个总线时钟周期，总线时钟频率为33 MHz，总线宽带是多少？如果一个总线周期中并行传输64位数据，总线时钟频率升为66 MHz，总线宽带是多少？分析哪些因素影响带宽？

8. 考虑一个微处理器产生16位地址（例如，程序计数器和地址寄存器都是16位），并且有16位数据总线。

（1）如果处理器连到“16位存储器”，那么它能直接访问的最大存储器地址空间是多少？

（2）如果处理器连到“8位存储器”，那么它能直接访问的最大存储器地址空间是多少？

（3）结构上的什么特点允许处理器访问独立的“I/O空间”？

（4）如果输入和输出指令能够指定一个8位的I/O端口号，那么处理器能支持多少个8位的I/O端口？它能支持多少个16位的I/O端口？请解释。

9. 一个32位微处理器，它有16位外部数据总线，由8 MHz输入时钟驱动。假设这个微处理器的总线周期的最小持续时间等于4个输入时钟周期，这个处理器能够维持的最大数据传输率是多少？如果将它的外部数据总线扩展为32位，或使提供给处理器的外部时钟频率加倍，能否提高它的性能？请陈述所做其他假设的理由，并加以解释。

10. 一个32位微处理器采用32位指令格式，这种指令有两个部分，第1个字节包含操作码，其余部分是立即操作数或操作数的地址。

（1）最大可直接寻址的存储器容量是多少（以字节为单位）？

（2）讨论下面的微处理器总线对系统的影响：

① 32位局部地址总线和16位局部数据总线。

② 16位局部地址总线和16位局部数据总线。

（3）程序计数器和指令寄存器需要多少位？

四、思考题

1. 计算机系统采用“面向总线”的设计有何优点？

2. 同一个总线不能既采用同步总线又采用异步总线，此种说法是否正确？

第 3 章 存储系统

本章内容提要

- 存储系统层次结构的概念；
- “缓存-主存”和“主存-辅存”层次的工作原理；
- 局部性原理；
- 各类存储器的工作原理和技术指标，在存储层次结构中的作用；
- 存储器与 CPU 连接；
- 高速缓冲存储器（Cache）工作原理；
- 虚拟存储器工作原理；
- 提高访存速度的方法。

存储器是计算机中的记忆单元，如同人的大脑具有记忆功能一样，用来存放程序和数据。目前还没有一种最佳性能的存储器能满足计算机系统对存储器的需求，因此，计算机系统通常配备分层结构的存储子系统，一些在系统的内部（由处理器直接处理），一些在系统外部（处理器通过 I/O 模块存取）。围绕着计算机速度的提高，容量的扩大，促使存储器从基本组成元件到整体结构都在不断地发展和完善。

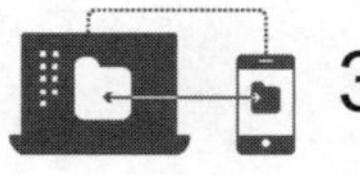

3.1 存储器的特性与分类

随着计算机系统的不断发展，对存储器设计的目标之一就是以较小的成本使存储器的容量尽可能大，速度与 CPU 相匹配。所以，计算机系统对存储器的要求越来越高，存储器的种类越来越多。

3.1.1 存储器的特性

存放一个机器字的存储单元，通常称为字存储单元，相应的单元地址称为字地址。而存放一个字节的单元，称为字节存储单元，相应的地址称为字节地址。如果计算机中可编址的最小单位是字存储单元，则该计算机称为按字寻址的计算机；如果计算机中可编址的最小单位是字节，则该计算机称为按字节寻址的计算机。

一个机器字可以包含数个字节，所以一个存储单元也可包含数个能够单独编址的字节地址。例如，一个 16 位二进制的字存储单元可存放两个字节，可以按字地址寻址，也可以按字节地址寻址。当用字节地址寻址时，16 位的存储单元占两个字节地址。

存储器的性能主要用以下几个参数表征：

1. 存储容量

在一个存储器中可以存取的二进制信息量的总位数称为存储容量，即

$$存储容量=存储单元个数\times存储字长$$

存储字长即存储单元的位数，存储容量越大，能存储的信息就越多。

存储容量常用字数或字节数（B）来表示，如 64 KB、512 KB、64 MB。外存中为了表示更大的存储容量，采用 GB、TB 等单位。其中 1 KB=2^{10} B=1 024 B，1 MB=2^{10} KB，1 GB=2^{10} MB，1 TB=2^{10} GB，B 表示字节，一个字节定义为 8 个二进制位，所以计算机中一个字的字长通常是 8 的倍数。存储容量这一概念反映了计算机存储空间的大小。

2. 存取时间

存取时间 t_a 又称存储器访问时间（memory access time），是执行一次读操作或写操作所需的时间，即从地址传输给存储器的这一刻到数据已经被存储或能够使用为止所用的时间。而对于非随机存储器，存取时间是把读/写机构定位到所存储的位置所花费的时间。

3. 存取周期

存取周期（memory cycle time）是指连续启动两次读（或写）操作所需的最小时间间隔，等于存取时间加上下一存取开始之前所要求的附加时间，用 t_c 表示，时间单位为 ns。一般情况下，$t_a \leqslant t_c$，t_c 主要用于随机存储器，这段附加时间用于信号线上瞬变的消失或数据被破坏后的刷新时间。

4. 存储器带宽

与存取周期密切相关的指标是存储器带宽，又称数据传输率，表示单位时间内存储器存取的信息量，单位用字/秒、字节/秒或位/秒表示。对于随机存储器，传输率为 $1/t_c$。带宽是衡量数据传输率的重要技术指标。

5. 价格

价格是存储器的一个经济指标，一般用每位价格来表示。设 C 是具有 S 存储容量的存储器的总价格，则每位价格 $g=C/S$。

3.1.2 存储器的分类

随着计算机系统结构的发展和微电子技术的进步，存储器的种类越来越多，可以按照不同的方法对存储器进行分类。

1. 按存储介质划分

作为存储介质的基本要求，必须有两个明显区别的物理状态，分别二进制代码 0 和 1 表示。存储器的存取速度取决于这种物理状态的改变速度。一个双稳态半导体电路，一个 CMOS 晶体管或磁性材料的存储元，均可以存储一位二进制代码。这个二进制代码位是存储器中最小的存储单位，称为一个存储位或存储元。由若干个存储元组成一个存储单元，然后再由许多存储单元组成一个存储器。

目前，计算机主存使用的大多是半导体器件，外存一般为磁表面存储器和光盘存储器。

1）半导体存储器

存储元件由半导体器件组成的称为半导体存储器。现代半导体存储器都用超大规模集成电

路工艺制成芯片，优点是体积小、功耗低、存取时间短。

半导体存储器又可按其材料的不同，分为双极型（TTL）半导体存储器和 MOS 半导体存储器两种。前者具有高速的特点，后者具有高集成度的特点，并且制造简单、成本低廉、功耗小，故 MOS 半导体存储器被广泛应用。

2）磁表面存储器

磁表面存储器是在金属或塑料基体的表面上涂一层磁性材料作为存储记录的介质，工作时磁层随载磁体高速运转，用磁头在磁层上进行读/写操作，故称为磁表面存储器。按记载磁体形状的不同，可分为磁盘、磁带和磁鼓。现代计算机已很少采用磁鼓。由于用具有矩形磁滞回线特性的材料做磁表面物质，它们按其剩磁状态的不同而区分“0”或“1”，而且剩磁状态不会轻易丢失，故这类存储器具有非易失性的特点。

3）光盘存储器

光盘存储器是应用激光在记录介质（磁光材料）上进行读/写的存储器，具有非易失性的特点。光盘存储器具有记录密度高、耐用性好、可靠性高和可互换性强等特点。

2. 按数据存取方法划分

存储器按照数据存取方法分类，可以分为四类。

1）顺序存取

存储器组织成许多称为记录的数据单位，以特定的线性顺序方式存取。存储的地址信息用于分隔记录和帮助检索。采用共享读/写机构，经过一个个的中间记录，从当前的存储位置移动到所要求的位置，因此，存取不同记录的时间相差很大。例如，磁带系统采用顺序存取方式，不论数据存放在何处，读/写时必须从其介质的开始端顺序寻找。

2）直接存取

同顺序存取一样，直接存取也采用共享读/写机构。但是，单个的块或记录有唯一的物理存储位置（地址）。存取通过采用直接存取到达所需块处，然后在块中顺序搜索，最终到达所需的存储位置。同样，存取不同记录的时间也不相同。例如，磁盘系统采用直接存取的方式读/写数据时，首先直接找到磁盘上的数据块（磁道），然后再顺序访问，直到找到位置。

3）随机存取

存储器中每一个可寻址的存储位置有唯一的寻址机制。任何一个存储单元的内容都可以随机存取，而且与存取时间和存储单元的物理位置无关。例如，随机存储器（RAM）系统采用随机存取方式。

4）相联存取

这是一种随机存取类的存储器，它允许对存储单元中的某些指定位进行检查比较，看是否与特定的样式相匹配，而且能在整个存储器的各个单元中同时进行查找。因此，可以按指定内容找到其所在的位置及其他相关内容，每个存储位置有自己的寻址机制，检索时间是固定的，而与所存位置无关。例如，有的高速缓存采用相联存取方式。

3. 按读/写功能划分

有些半导体存储器存储的内容是固定不变的，即只能读出而不能写入，因此这种半导体存储器称为只读存储器（ROM）。

既能读出又能写入的半导体存储器，称为随机存储器（RAM）。

4. 按信息的可保存性划分

断电后信息随即消失的存储器，称为非永久记忆的存储器。断电后仍能保存信息的存储器，称为永久性记忆的存储器。磁性材料做成的存储器是永久性存储器，半导体读/写存储器是非永久性存储器。

5. 按在系统中的作用划分

根据存储器在计算机系统中所起的作用，可分为主存储器（主存）、辅助存储器（辅存、外存）和高速缓冲存储器（Cache）。

主存的主要特点是它可以和CPU直接交换信息。辅存是主存储器的后援存储器，用来存放当前暂时不用的程序和数据，它不能与CPU直接交换信息。两者相比，主存速度快、容量小、每位价格高；辅存速度慢、容量大、每位价格低。高速缓冲存储器用在两个速度不同的部件之中，如CPU与主存之间可设置一个高速缓冲存储器，起到缓冲作用。

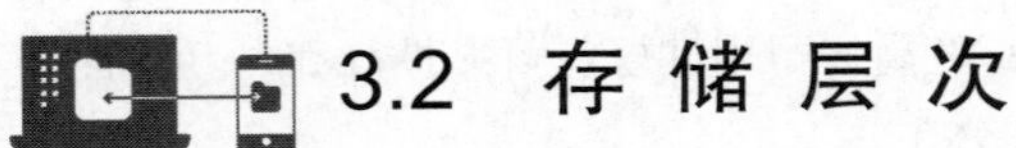

3.2 存储层次

3.2.1 存储器设计的关键问题

存储器是计算机的核心部件之一，其性能的高低直接关系到整个计算机系统性能的高低，如何以合理的价格，设计出容量和速度满足计算机系统要求的存储器系统是人们关心的问题。

从用户的角度来看，存储器的三个主要指标是：容量、速度和每位价格（简称位价、价格）。那么，计算机存储器设计的关键问题是：一个存储器的容量应该是多大、速度应该是多快、价格应该是多高才比较合理。

这就要求在存储器设计时，对存储器的三个关键特性，即容量、速度和价格进行权衡。然而，人们对于存储器容量大、速度快、价格低的三个要求是相互矛盾的。综合考虑不同的存储器实现技术，可以发现：

（1）速度越快，价格越高。

（2）容量越大，价格越低。

（3）容量越大，速度越慢。

如果只采用其中的一种技术，存储器设计者就会陷入困境。从实现“容量大、价格低”的要求来看，应采用能提供大容量的存储器技术；但从满足性能需求的角度来看，又应采用昂贵且容量较小的快速存储器。

解决这个难题的方法是采用存储器层次结构（memory hierarchy），而不只是依赖单一的存储部件或技术。

3.2.2 常见存储层次

图3-1所示为一个通用的层次结构。图中从上至下存在下列情况：

（1）每位价格降低。

（2）容量越来越大。

（3）存取时间增长。

整个存储系统的设计目标：对用户来说，其容量似乎与层次结构中最大一级存储器相同，而访问速度与最快一级存储器相当。

因此，容量较小、价格较贵、速度较快的存储器可作为容量较大、价格较便宜、速度较慢的存储器的补充。这种组织方法成功的关键是最后一项，即访问频率降低。

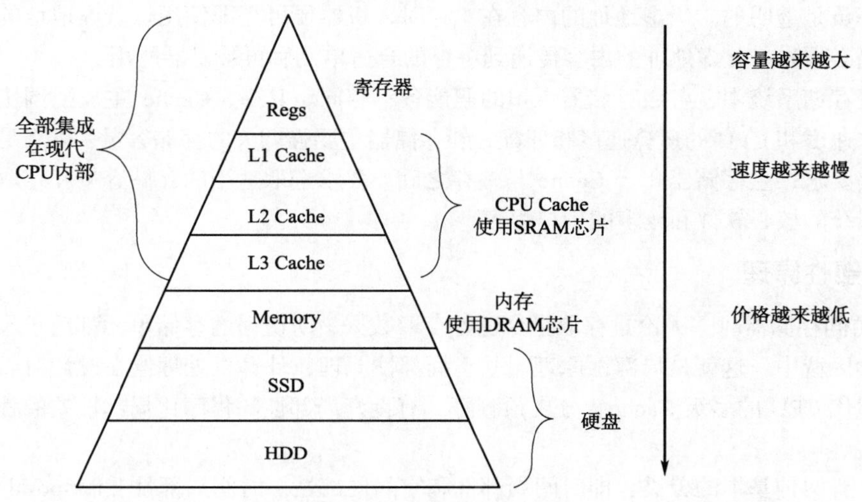

图 3-1　存储器的层次结构

在现代计算机系统中，通常采用多级存储体系结构，即 Cache、主存和辅存三级体系结构，主要表现在缓存-主存、主存-辅存这两个存储层次上，如图 3-2 所示。

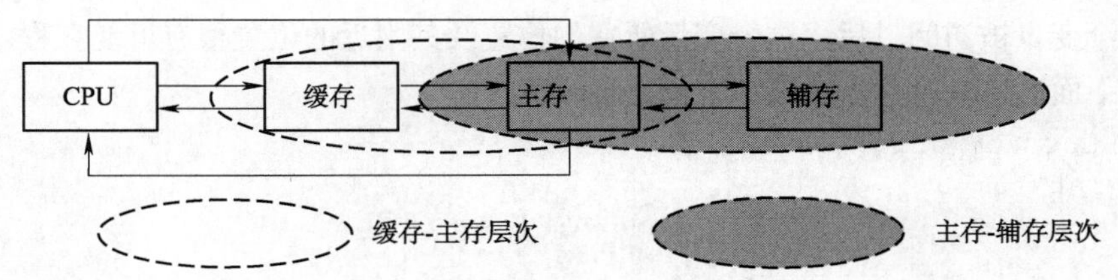

图 3-2　缓存-主存层次和主存-辅存层次

CPU 能直接访问的存储器称为内存储器，它包括高速缓冲存储器和主存储器。CPU 不能直接访问外存储器，外存储器的信息必须调入内存储器后才能被 CPU 处理。

从 CPU 角度来看，缓存-主存这一层次的速度接近于缓存，高于主存，其容量和位价却接近于主存。这就从速度和成本的矛盾中获得了理想的解决办法。主存-辅存这一层次，从整体分析，其速度接近于主存，容量接近于辅存，平均位价也接近于低速、廉价的辅存，这又解决了速度、容量、成本这三者矛盾。现代的计算机系统几乎都具有这两个存储层次，构成了缓存、主存和辅存三级存储系统。

在主存-辅存这一层次的不断发展中，形成了虚拟存储系统。在这个系统中，程序员编程的地址范围与虚拟存储器的地址空间相对应。例如，机器指令地址码为 24 位，则虚拟存储器的存储单元可达 16 M。可是这个数与主存的实际存储单元个数相比要大得多，称这类指令地址码为虚地址（虚存地址、虚拟地址）或逻辑地址。把主存的实际地址称为物理地址或实地址，物理地址是程序在执行过程中能够真正访问的地址，也是真实存在于主存的存储地址。对具有虚拟存储器的计算机系统而言，编程时可用的地址空间远大于主存空间，使程序员以为自己占有一个容量极大的主存，其实这个主存并不存在，这就是将其称为虚拟存储器的原因。对虚拟存储器而言，其逻辑地址变换为物理地址的工作，是由计算机系统的硬件设备和操作系统自动完成的，对程序员是透明的。当虚地址的内容在主存时，机器便可立即使用；若虚地址的内容不在主存时，则必须先将此虚地址的内容传递到主存的合适单元后再被机器所用。

在三级存储系统中，各级存储器承担的职能各不相同。其中，Cache 主要强调快速存取，以便使存取速度和 CPU 的运算速度相匹配，外存储器主要强调大的存储容量，以满足计算机的大容量存储要求；主存储器介于 Cache 与辅存之间，要求选取适当的存储容量和存取周期，使它能容纳系统的核心软件和较多的用户程序。

3.2.3 局部性原理

CPU 访问存储器时，无论是存取指令还是存取数据，所访问的存储单元都趋于聚集在一个较小的连续区域中，这就是局部性原理。基于局部性原理，计算机处理器在设计时做了各种优化，比如现代 CPU 的多级 Cache、分支预测等，有良好局部性的程序比局部性差的程序运行得更快。

局部性有两种基本的分类，即时间局部性和空间局部性。时间局部性（temporal locality）是指如果某个信息这次被访问，那它有可能在不久的将来被多次访问。空间局部性（spatial locality）是指如果某个位置的信息被访问，那和它相邻的信息也很有可能被访问到。访问内存时，大概率会访问连续的块，而不是单一的内存地址，这就是空间局部性在内存上的体现。

简单来说，就是一个变量在程序运行过程中，如果被引用过一次，那后续很有可能会再被引用到；一个变量被访问过后，这个变量所在的位置及其附近的位置很有可能在程序后续运行中被访问。下面通过一段代码来进一步解释局部性原理：

```
public int sum(int[] array) {
        int sum=0;
        for (int i=0; i<array.length; i++) {
            sum=sum+array[i];
        }
        return sum;
    }
```

从上面的这段代码来看，其功能就是一个很简单的数组元素求和。变量 sum 在每次循环中都会用到，符合上面提到的时间局部性，再访问一次后还会被继续访问到，但是它不存在空间局部性。相反的，array 数组中的每个元素只访问一次，另外，数组的存储是连续的，所以 array 数组符合上面提到的空间局部性，但是不符合时间局部性。

局部性原理其实在日常使用的软件中随处可见，并且在操作系统中也很多。例如，CPU 的速度非常快，而且 CPU 与内存之间有多级缓存（见图 3-1）。为了充分利用 CPU，操作系统会利用局部性原理，将访问高频的数据从内存中加载到缓存中，从而加快 CPU 的处理速度。

其实，局部性原理不仅是上面提到的狭义局部性，还可以是广义的局部性。例如，通过 Redis 缓存热点数据，通过 CDN（内容分发网络）提前加载图片或者视频资源等，都是因为这些数据

本身就符合局部性原理。合理的利用局部性可以得到能效、成本上的提升。

*3.2.4　存储层次的设计与性能分析

存储层次结构在不同层次间进行数据的复制与替换。因此，首先需要考虑不同层次之间传输数据单位（块，block）大小，例如，缓存-主存间的单位就是块，主存-辅存间的单位就是页或者段。另外，还需要考虑命中率和失效率，本质上希望在高层存储器上命中率越高越好，失效率越低越好。除此之外，存储层次设计还需要遵循包含性原则和一致性原则。包含性原则是指处在内层存储器中的信息一定被包含在其外层的存储器中，反之则不成立，即内层存储器中的全部信息是其相邻外层存储器中一部分信息的复制品。例如，Cache 内容为主存某一部分内容的副本；一致性原则是指同一个信息可以处在不同层次存储器中，此时，这一信息在几个级别的存储器中应保持相同的值，即不同层次存储器内容保持一致。

下面，将对存储层次的性能做简单的量化分析。假定采用二级存储 M_1 和 M_2，M_1 和 M_2 的容量、价格还有访问时间分别为 S_1、C_1、t_{a1}，S_2、C_2、t_{a2}。

存储层次的平均每位价格 C 为

$$C = (C_1 \times S_1 + C_2 \times S_2) / (S_1 + S_2)$$

当访问的内容在存储系统的较高层次上，其中 N_1 次在 M_1 中找到所需数据，N_2 次在 M_2 中找到所需数据，则命中率 H 为

$$H = N_1 / (N_1 + N_2)$$

命中时间为访问较高层的时间 t_{a1}。

当访问的内容不再存储系统较高层次上，这时需要考虑失效率为

$$\text{MissRate} = 1 - H = N_2 / (N_1 + N_2)$$

当在 M_1 没有命中时，一般都是从 M_2 中将所访问的数据搬到 M_1 中，然后 CPU 才能下次在 M_1 中访问。假定传送数据从 M_2 到 M_1 的时间设为 t_b，则不命中时的访问时间为

$$t_{a2}+t_b+t_{a1}=t_{a1}+t_M$$

式中，t_M 为失效开销。

平均访存时间为

$$t_a = H \times t_{a1} + (1-H) \times (t_{a1} + t_M) = t_{a1} + (1-H)t_M$$

3.3　半导体存储器的组织

目前，较为常用的半导体器件有两种：双极型半导体器件和 MOS 型半导体器件。

（1）双极型半导体器件（transistor-transistor logic，TTL），速度高，驱动能力强，但集成度低，功耗大，价格高，主要用于小容量高速存储器。

（2）MOS 型半导体器件（metal oxide semiconductor，MOS），集成度高，功耗小，工艺简单，成本低，但速度较低，主要用于大容量存储器。

在计算机中，MOS 器件组成的存储器是最为常用的。按所用的半导体工艺区分，存储器的芯片分为静态存储器（SRAM）和动态存储器（DRAM）两种类型。

3.3.1 存储位元

存储器的构成单元是存储位元，用于保存一位二进制的信息，存储位元需要具备以下三个条件：

（1）呈现两种稳态（或半稳态），分别代表二进制的 1 和 0。

（2）能够写入（至少一次）来设置状态。

（3）能够读出状态。

图 3-3 所示为一个存储位元的操作示意图。最普通的，每个位元有三个能传输信号的接线端。选择端用于选择一个进行读或写操作的存储位元。控制端表示操作是读还是写。对于写操作，数据输入端提供设置位元状态为 1 或 0 的电信号；对于读操作，数据输出端用于输出位元状态。每个存储位元，可被选择用于读操作或写操作。

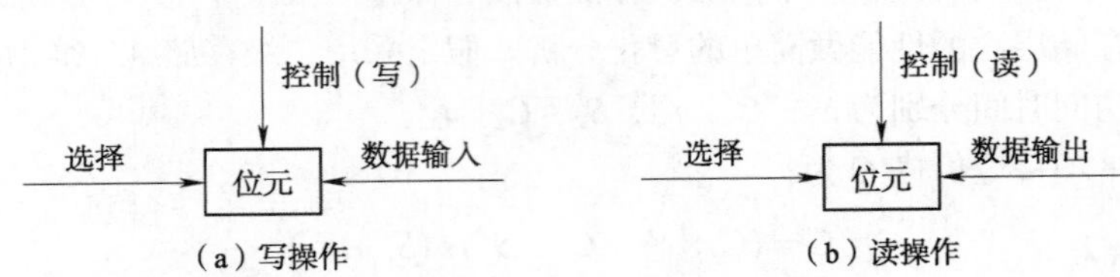

图 3-3　存储位元的操作示意图

3.3.2 半导体存储器的分类

表 3-1 所示为半导体存储器的主要类型，表中的所有类型都是随机存取的。

表 3-1　半导体存储器的主要类型

存储类型	种　类	可擦除性	写机制	易失性
随机存储器（RAM）	读/写存储器	电，字节级	电信号	易失
掩模型只读存储器（MROM）	厂家写一次，读多次	不能	掩模位写	非易失
可编程 ROM（PROM）	用户写一次，读多次	不能	电信号	非易失
可擦可编程 ROM（EPROM）	写一次，读多次	紫外线，芯片级	电信号	非易失
电可擦可编程 ROM（EEPROM）	写多次，读多次	电，字节级	电信号	非易失
闪存（Flash memory）	写多次，读多次	电，块级	电信号	非易失

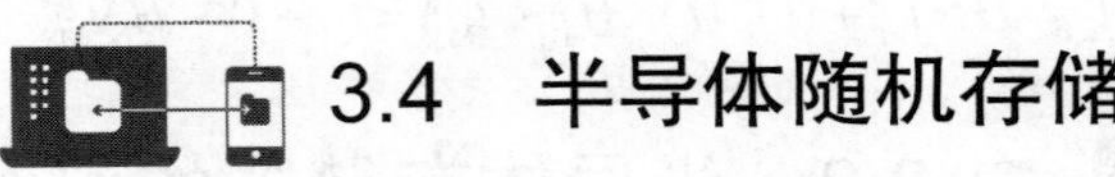

3.4 半导体随机存储器

半导体随机存储器分为静态随机存储器（SRAM）和动态随机存储器（DRAM）两种类型。

3.4.1 SRAM

1. SRAM 存储位元

静态随机存储器（static random access memory，SRAM）是随机存储器的一种。所谓的“静态”，是指这种存储器只要保持通电，里面存储的数据就可以保持。然而，当电力供应停止时，SRAM 存储的数据还是会消失，这与在断电后还能存储资料的 ROM 或闪存是不同的。

SRAM 不需要刷新电路就能保存它内部存储的数据，因此 SRAM 具有较高的性能，但是

SRAM 也有它的缺点，即它的集成度较低，功耗较高。相同容量的 DRAM 内存可以设计为较小的体积，但是 SRAM 却需要很大的体积。同样面积的硅片可以做出更大容量的 DRAM，因此 SRAM 更贵。通常用作高速缓冲存储器（Cache）。

图 3-4 为常用的 SRAM 存储位元结构，存储位是用触发器线路来记忆数据的。图中字线 W 功能对应图 3-3 中的选择线，位线 D 的功能对应数据输入/输出端。

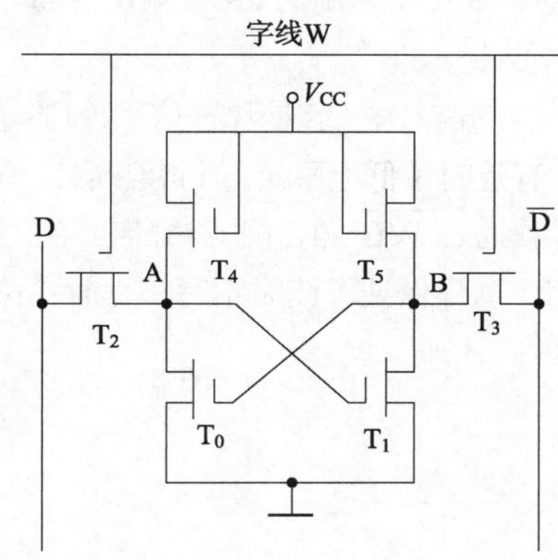

图 3-4　MOS 管 SRAM 存储位元电路图（字线选择）

通常一个 SRAM 存储位由六个 MOS 组成。T_0、T_1 交叉耦合成一个双稳态触发器。例如，T_0 管处于导通状态（T_1 管一定处于截止状态），表示存储的是 1 信号；反之，T_1 管处于导通状态（T_0 管一定处于截止状态），表示存储的是 0 信号。再加上必要的工作线路，就构成了图 3-4 所示的静态存储位元电路。

当字线 W 为低电平时，该记忆单元未被选中，T_2、T_3 管截止，触发器与位线隔开，原来信息不会改变，电路处于双稳态触发器工作状态，此时称为保持状态。由电源 V_{CC} 不断给 T_0、T_1 管供电，以保存信息。只要电源被切断，电路中保存的信息便会丢失，这就是半导体存储器的易失性。

当字线 W 为高电平时，该记忆单元被选中，T_2、T_3 管导通，可进行读/写，位线 D 被称为读/写 1 线，位线 $\overline{D}$ 被称为读/写 0 线，存储位的读/写过程如下：

1）读操作

先使两个位线充电至高电平，当字线送来高电平时，使触发器的两个输出端与位线 D、位线 $\overline{D}$ 连通。若触发器存储的是数据 1（即 T_0 管处于导通状态），则位线 D 就会经 T_2 管产生流向 T_0 管的电流，从而在位线 D 上出现一个负脉冲，而位线 $\overline{D}$ 上就不会出现负脉冲；反之，若触发器存储的是数据 0（即 T_1 管处于导通状态 ），则位线 $\overline{D}$ 上就会经 T_3 管产生流向 T_1 管的电流，从而在位线 $\overline{D}$ 上出现一个负脉冲，而位线 D 上就不会出现负脉冲。这样，就可以通过检查哪一条位线上出现一个负脉冲来判断触发器状态，即区分读出来的数据是 1 或是 0。

2）写操作

通过两条位线提供写入的数据信号，如写入数据 1 时，在位线 D 送低电平信号，在位线 $\overline{D}$ 送高电平信号，当字线送来高电平时，T_2 和 T_3 导通，或使触发器状态保持不变（已存储 1 信号），或使触发器状态翻转为 1 状态（原存储的是 0 信号）。要写入 0 信号，则需在位线 D 送高电平信号，在位线 $\overline{D}$ 送低电平信号。

2. SRAM 实例

目前的 SRAM 芯片采用双译码方式，以便组织更大的存储容量。这种译码方式的实质是采用了二级译码：将地址分成 x 向、y 向两部分，第一级进行 x 向（行译码）和 y 向（列译码）的对立译码，然后在存储阵列中完成第二级的交叉译码。而数据宽度有 1 位、4 位、8 位，甚至有更多的字节。

图 3-5 是容量为 32 K×8 位的 SRAM 逻辑结构图。它的地址线共 15 条，其中 x 方向 8 条（$A_0 \sim A_7$），经行译码输出 256 行，y 方向 7 条（$A_8 \sim A_{14}$），经列译码输出 128 列，存储阵列

为三维结构，即 256 行×128 列×8 位。双向数据线有 8 条，即 $I/O_0 \sim I/O_7$。向 SRAM 写入时，8 个输入缓冲器被打开，而 8 个输出缓冲器被关闭，因而 8 条 I/O 数据线上的数据写入存储阵列中。从 SRAM 读出时，8 个输出缓冲器被打开，8 个输入缓冲器被关闭，读出的数据送到 8 条 I/O 数据线上。

控制信号中 $\overline{CS}$ 是片选信号，$\overline{CS}$ 有效时（低电平），门 G_1、G_2 均被打开。$\overline{OE}$ 为读出使能信号，$\overline{OE}$ 有效时（低电平），门 G_2 开启，写命令 $\overline{WE}$ =1 时（高电平），门 G_1 关闭，存储器进行读操作。写操作时，$\overline{WE}$ =0，门 G_1 开启，门 G_2 关闭。注意：门 G_1 和 G_2 是互锁的，一个开启时另一个必定关闭，这样保证了读时不写，写时不读。

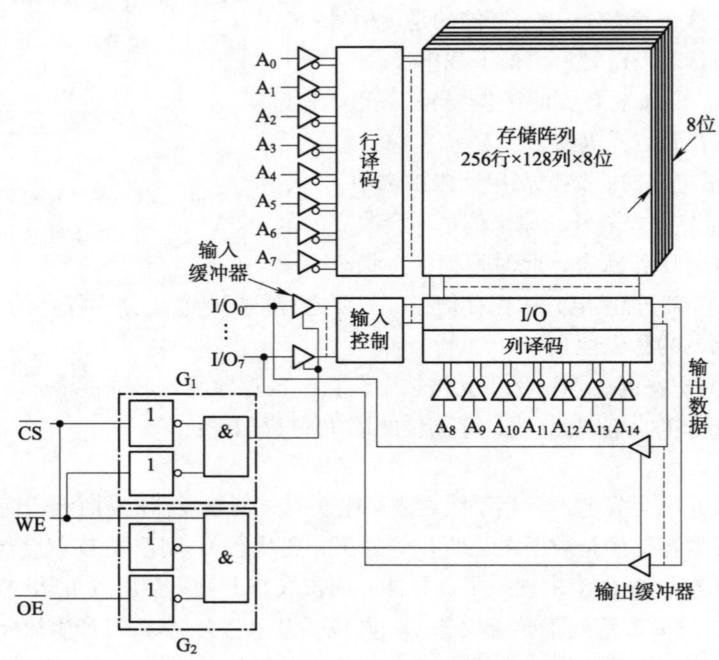

图 3-5　32 K×8 位的 SRAM 逻辑结构图

3.4.2　DRAM

动态随机存储器（dynamic random access memory，DRAM）是目前在个人计算机中使用最多的存储器形式。“动态”的含义是指这种存储器必须定时地进行刷新操作，否则，其存储的数据就会丢失。

1. DRAM 存储位元

动态随机存储器的存储位元一般利用电容来记忆数据。图 3-6 所示为单管 MOS DRAM 存储位元电路图。动态存储位通常用一个 MOS 管和一个存储电容来组成。数据被存储在 MOS 管 T 的源极的存储电容 C_s 中，如果 C_s 中存储有电荷表示 1，无电荷则表示 0。

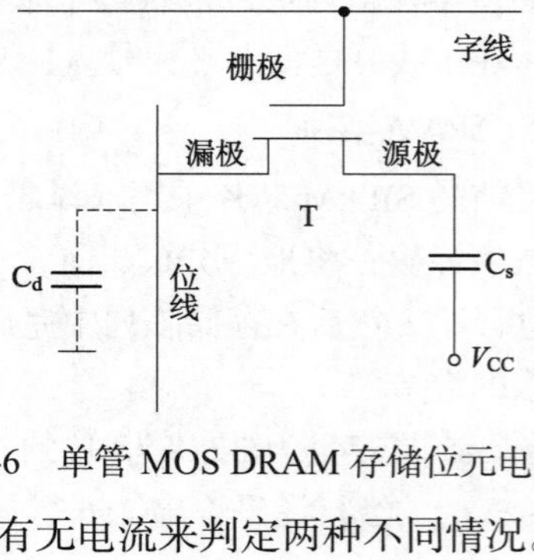

字线
栅极
漏极
源极
T
C_d
位线
C_s
V_{CC}

图 3-6　单管 MOS DRAM 存储位元电路图

当字线为高电平时，该电路被选中，MOS 管 T 导通，电容通过 MOS 管 T 进行充放电操作。通过判断位线上有无电流来判定两种不同情况。

（1）写操作：若写入 1，位线为高电平，对电容 C_s 充电；若写入 0，位线为低电平，对电容 C_s 放电。

（2）读操作：若原存 1，C_s 上有电荷，经 T 管在位线上产生读电流，完成读 1 操作；若原存 0，C_s 上无电荷，经 T 管在位线上不产生读电流，完成读 0 操作。

存储电容的容量不可能做得很大，只能保留几毫秒的时间，所以必须定时进行刷新操作。

单管动态存储位和六管静态存储位相比各有优缺点：静态存储位结构复杂、集成度低、成本较高，但是读操作不会破坏所存信息，读/写速度快，所需外围电路比较简单；动态存储位电路的元件数量少、集成度高，但读数据会破坏所存信息，读数据时，位线上的电平差别很小，这样所需的外围电路比较复杂。

2. DRAM 实例

图 3-7 表示了 4 M×4 位的 DRAM 的一种结构。逻辑上，存储器组织成 2 048×2 048×4 存储阵列，采用的物理排列方式是：阵列元素由行（row）控制线和列（column）控制线连接，每根行控制线连接到它所在行中每个位元的选择端口，每根列控制线连接到相应列中每个位元的数据输入/读出端口，当存储位元的这两个控制信号同时有效时，可以对芯片进行读操作或写操作，此芯片一次读或写 4 位数据，即每个存储单元有四个存储位元。

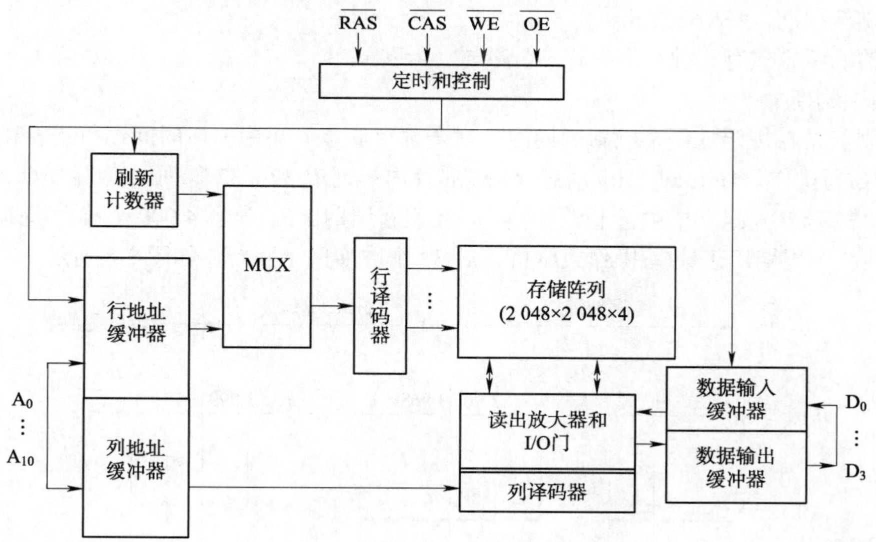

图 3-7　典型的 16 M 位 DRAM（4 M×4 位）

地址线提供了被选择存储单元的地址，总共需要 22 条线。在图 3-7 所示的结构中，需要 11 根地址线来选中 2 048 行中的一行，这 11 根地址线连接“行译码器”的输入线。行译码器有 11 根输入线和 2 048 根输出线，另外的 11 根地址线可选中 2 048 列中的一列，和行译码器的输出共同选通一个存储单元，每个存储单元由 4 位组成。4 根数据线用于与数据缓冲区交换 4 位数据。在输入（写）时，位放大器根据相应数据线的值激活为 1 或 0；输出（读）时，每一存储位元的值经过读出放大器，并放到数据线上。

在芯片中，11 根地址线（A_0～A_{10}）只可选中 2 048×2 048 阵列数的一半，这样做是为了节省引脚数。通过连接芯片外部的选择逻辑，通过 11 根地址线的复用，就可以得到所需的 22 位地址。在行地址选通（$\overline{RAS}$）信号和列地址选通（$\overline{CAS}$）信号的控制下，用两次分别送入行、列地址缓冲器。

由于采用地址线的复用和方阵型行列结构，每增加一个专用的地址引脚，便使得行地址和列地址的指示范围加倍，因此存储器芯片的容量以4的倍数增长。

图3-7中还包含了刷新电路，所有的DRAM都需要刷新操作。简单的刷新技术是，当刷新所有数据位元时，DRAM芯片并不进行实际的读/写操作。刷新计数器产生行地址，刷新计数器的值被当作行地址输出到行译码器，并且激活$\overline{RAS}$线，从而使得相应行的所有位元被刷新。

3. DRAM的刷新

由于存储单元被访问是随机的，有可能某些存储单元长期得不到访问，无读出也就无重写，其原信息必然消失，为此，必须采用定时刷新的方法。

动态MOS存储器采用“读出”方式进行刷新。因为在读出过程中恢复了存储单元的MOS栅极电容电荷，并保持原单元的内容，所以读出过程就是刷新过程。通常，在刷新过程中只改变行选择线地址，每次刷新一行。依次对存储器的每一行进行读出，就可完成对整个DRAM的刷新。从上一次对整个存储器刷新结束到下一次对整个存储器全部刷新一次为止，这一段时间间隔称为刷新周期，一般为2 ms。

常用的刷新方式有三种：集中式、分散式、异步式。

1）集中刷新

集中刷新是在规定的一个刷新周期内，对全部存储单元集中一段时间逐行进行刷新，此刻必须停止读/写操作。如Intel 1103动态RAM芯片内排列成32×32阵列，读/写周期为0.5 μs，连续刷新32行需16 μs（占32个读/写周期）。在刷新周期2 ms内含4 000个读/写周期，实际分配是前3 968个周期用于读/写操作或维持，后32个周期用于刷新，如图3-8所示。

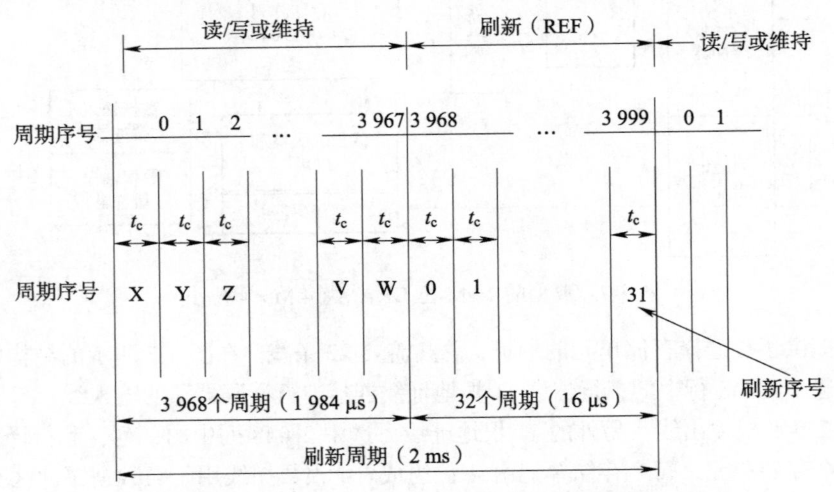

图3-8 集中刷新时间分配示意图

这种刷新方式的缺点在于出现了访存“死区”，即用于刷新的32个周期，所其占比例为32/4 000×100%=0.8%，显然对高速高效的计算机系统工作是不利的。

2）分散刷新

分散刷新是指对每行存储单元的刷新分散到每个读/写周期内完成。把存取周期分成两段，前半段用来读/写或维持，后半段用来刷新。例如，对 128×128 阵列的存储器，每经过 128 个系统周期，整个存储器刷新一遍，如图 3-9 所示，其中 t_M 为读写周期，t_R 为刷新周期，t_c 为存储周期。

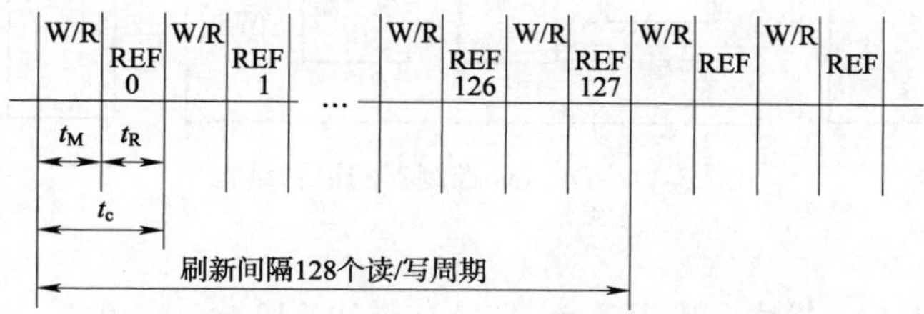

图 3-9　分散刷新时间分配示意图

显然，这种刷新克服了集中刷新出现“死区”的缺点，但它并不能提高系统的工作效率。因为尽管刷新分散在读/写周期之后，但刷新同样需要一个读/写周期时间，结果使机器存取周期由 0.5 μs 变成 1 μs，使系统工作效率下降。

3）异步刷新

为了真正提高系统的工作效率，应该采用集中与分散相结合的方式，既克服出现“死区”，又充分利用最大刷新间隔为 2 ms 的特点。例如，对于 128×128 的存储芯片，可采取在 2 ms 内对 128 行各刷新一遍，即每隔 2 ms/128≈15.6 μs 刷新一行，而每行刷新所有的时间仍为读/写周期 0.5 μs，如图 3-10 所示。

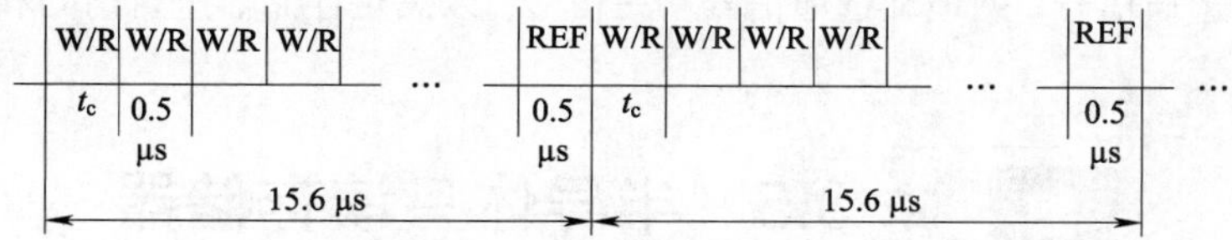

图 3-10　异步刷新时间分配示意图

这样，刷新一行只停止一个读/写周期，即对每行来说，刷新时间仍为 2 ms，而“死区”缩短为 0.5 μs。在 CPU 对指令的译码阶段，即不访问主存的这段时间，可以安排动态 RAM 的刷新操作。这样，既不会出现集中刷新的“死区”问题，又解决了分散刷新独立占据 0.5 μs 的读/写周期问题，因此，从根本上提高了系统的工作效率。

4. DRAM 控制器

在实际应用中，经常使用 DRAM 控制器与 DRAM 配合使用。DRAM 控制器是 CPU 与 DRAM 芯片之间的接口电路，负责完成刷新、刷新/访存裁决等操作。DRAM 控制器的逻辑结构如图 3-11 所示。借助 DRAM 控制器，可把 DRAM 看成 SRAM 一样使用，为系统设计带来很大方便。

DRAM 控制器由如下部分组成：

1）地址多路开关

由于要向 DRAM 芯片分时送出行地址和列地址，所以必须用多路开关进行选择。

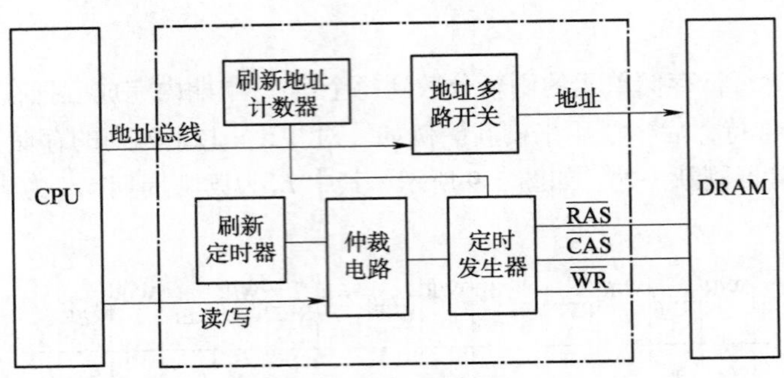

图 3-11 DRAM 控制器的逻辑结构

2）刷新定时器

例如 1 M 位 DRAM 芯片，要求 8 ms 内逐次送出 512 个刷新地址。定时电路用来提供刷新请求。

3）刷新地址计数器

对于片内无地址刷新计数器的 DRAM 芯片，DRAM 控制器需要提供刷新地址计数器。例如，对于 1 M 位的 DRAM 芯片，需要 512 个地址，故要求刷新地址计数器为 9 位。目前，很多大容量的 DRAM 芯片在内部具有刷新地址计数器。

4）仲裁电路

来自 CPU 的访问存储器的请求和来自刷新定时器的刷新请求同时产生，要由仲裁电路对二者的优先权进行裁定。

5）定时发生器

提供行地址选通信号、列地址选通信号和写信号，以满足存储器进行访问和对 DRAM 进行刷新的要求。

3.5 半导体只读存储器

计算机中使用的半导体存储器主要有两类：半导体 RAM（random access memory）和半导体 ROM（read only memory）。RAM 具有易失性，而 ROM 是非易失性的。

ROM 主要用于存放系统程序、常用功能的库例程和功能表。当程序或数据需要永久保存在主存中，不需要从辅助存储器中调入时，存放在 ROM 中。

ROM 的具体分类有掩模只读存储器（MROM）、可编程只读存储器（PROM）、可擦可编程只读存储器（EPROM）、电擦除可编程只读存储器（EEPROM）和 Flash 存储器等。

3.5.1 掩模只读存储器（MROM）

MROM 保存了不能改变的永久性数据，在制造过程中数据就烧结在芯片中。可以从其 MROM 中读取数据，但不能写入新的数据。图 3-12 为 MOS 只读存储器的结构图。

3.5.2 可编程只读存储器（PROM）

PROM 只允许用户写入一次数据。对于 PROM，写过程是用特殊设备的电信号写入，由供应商或用户在芯片出厂后一次写入，使用灵活、方便。

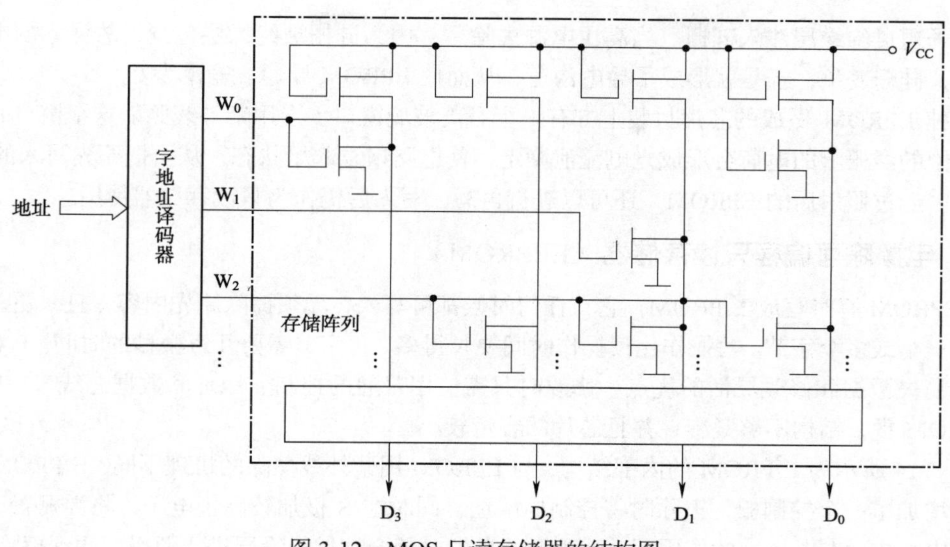

图 3-12　MOS 只读存储器的结构图

3.5.3　可擦可编程只读存储器（EPROM）

EPROM 与 PROM 一样可读可写，但在写入操作前，需要将芯片在紫外线中长时间照射，使所有存储单元都还原成初始化状态。这种擦除过程可重复进行，每次擦除需要约 20 min。EPROM 和 ROM、PROM 一样可长久保存数据，但由于 EPROM 可修改多次，EPROM 比 PROM 更贵。

图 3-13（a）为 P 沟道 EPROM 基本存储电路结构示意图。它与普通 P 沟道增强型 MOS 管相似，在 N 型基片上生长了两个高浓度的 P 型区，它们通过欧姆接触，分别引出源极（S）和漏极（D）。在 S 极与 D 极之间，有一个由多晶硅做的栅极，但它是浮空的，被绝缘物 SiO_2 所包围。管子制造好时，硅栅上没有电荷，因此 MOS 管内没有导电沟道，D 极和 S 极之间是不导电的，如图 3-13（b）所示。

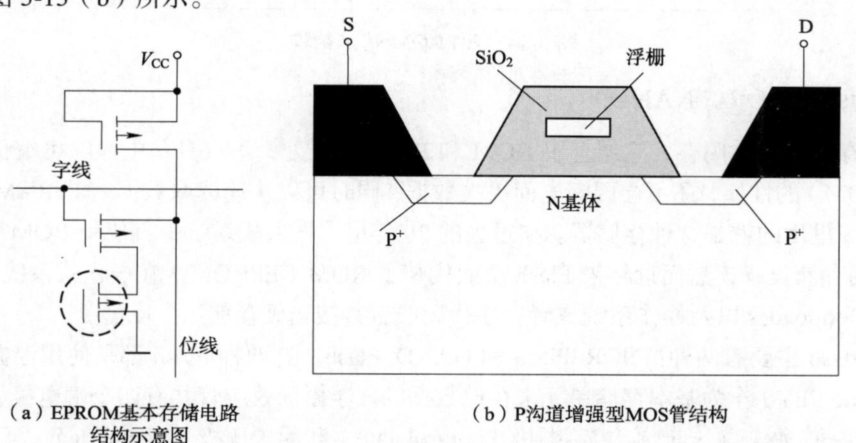

（a）EPROM基本存储电路结构示意图　（b）P沟道增强型MOS管结构

图 3-13　EPROM 基本结构

当把 EPROM 管用于存储阵列时，这种电路所组成的存储阵列输出为全 1。当写入 0 时，在 D 极和 S 极之间加上 25 V 高压（S 极接地，D 极接负电压，使 PN 结负偏置），另外加上编程脉冲（其宽度约为 50 ms），所选中的单元在这个电压作用下，D 极和 S 极之间被瞬间击穿，于是有热电子通过绝缘层注入硅栅。当高压电源去除后，因为硅栅被绝缘层包围，故注入的电子无处泄漏，硅栅变负，于是就形成了导电沟道，从而使 EPROM 导通，输出为 0。

这种 EPROM 做成的芯片封装上方有一个石英玻璃窗口。当用紫外线照射这个窗口时，所有电路中的浮栅上的电荷会形成光电流泄漏走，使电路恢复起始状态，从而把原先写入的 0 信息擦去。经过照射后的 EPROM，还可以进行再写，写入后仍作为只读存储器使用。

3.5.4 电擦除可编程只读存储器（EEPROM）

EEPROM 有时写成 E^2PROM，它在任何时候都可写入，无须擦除原先内容，且只更新寻址得到的一个或多个字节。写操作比读操作时间要长得多，每字节需要几百微秒的时间。E^2PROM 具有非易失数据和修改灵活的优点，修改时只需使用普通的控制、地址和数据总线。E^2PROM 比 EPROM 贵，结构不够紧凑，并且芯片的容量较小。

图 3-14 所示为 E^2PROM 的内部结构，与 EPROM 用紫外线擦除的机理不同，E^2PROM 在浮栅上又增加了一个控制栅，擦除时将控制栅接地，同时在 S 极加较高正电压，将浮栅置于一个较强的电场中，在电场力的作用下，浮栅上的自由电子会越过绝缘层进入源极，达到擦除目的。E^2PROM 擦除一个单元所需时间约为 10 ms，需专用写入器。

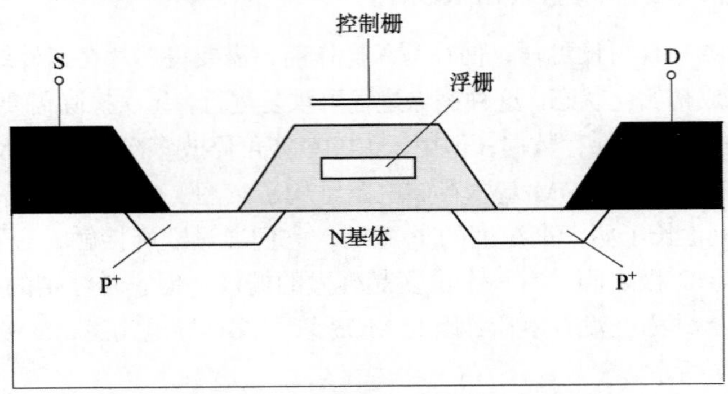

图 3-14 E^2PROM 基本结构

3.5.5 Flash（NOR、NAND）

Flash 存储器又称闪存，它结合了 ROM 和 RAM 的长处，不仅具备电擦除可编程只读存储器（EEPROM）的性能，还不会因断电而丢失数据，同时可以快速读取数据（NVRAM 的优势），U 盘和 MP3 里用的就是这种存储器。在过去的 20 年里，嵌入式系统一直使用 ROM（EPROM）作为它们的存储设备，然而近年来 Flash 全面代替了 ROM（EPROM）在嵌入式系统中的地位，用作存储 Bootloader 以及操作系统或者程序代码或者直接当硬盘使用（U 盘）。

目前 Flash 主要有两种：NOR Flash 和 NAND Flash。这两种 Flash 都是使用浮栅场效应管（floating gate FET）作为基本存储单元来存储数据的。浮栅场效应管共有四个端电极，分别是为源极（source）、漏极（drain）、控制栅极（control gate）和浮置栅极（floating gate）。Flash 就是利用浮栅是否存储电荷来表征数字“0”和“1”的，当向浮栅注入电荷后，D 极和 S 极之间存在导电沟道，从 D 极读到“0”；当浮栅中没有电荷时，D 极和 S 极间没有导电沟道，从 D 极读到“1”，原理示意图如图 3-15 所示。

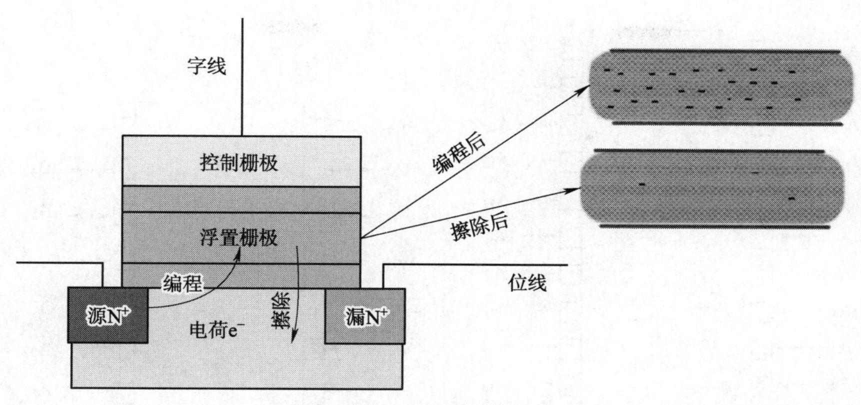

图 3-15　Flash 原理示意图

两种 Flash 具有相同的存储单元，工作原理也一样。为了缩短存取时间并不是对每个单元进行单独的存取操作，而是对一定数量的存取单元进行集体操作。NAND Flash 各存储单元之间是串联的，而 NOR Flash 各单元之间是并联的。为了对全部的存储单元有效管理，必须对存储单元进行统一编址。

NAND 的全部存储单元分为若干个块，每个块又分为若干页，每页是 512 B，就是 512 个 8 位数，就是说每页有 512 条位线，每条位线下有 8 个存储单元；那么每页存储的数据正好跟硬盘的一个扇区存储的数据相同，这是设计时为了方便与磁盘进行数据交换而特意安排的，块就类似硬盘的簇；容量不同，块的数量不同，组成块的页的数量也不同。在读取数据时，当字线和位线锁定某个晶体管时，该晶体管的控制极不加偏置电压，其他的 7 个都加上偏置电压而导通。如果这个晶体管的浮栅中有电荷就会导通使位线为低电平，读出的数就是 0，反之就是 1。NOR 的每个存储单元以并联的方式连接到位线，方便对每一位进行随机存取；具有专用的地址线，可以实现一次性的直接寻址；缩短了 Flash 对处理器指令的执行时间。

NAND Flash 和 NOR Flash 从性能上来看，NOR 的读速度比 NAND 稍快一些；NAND 的写速度比 NOR 快很多；NAND 的擦除速度远比 NOR 的快；大多数写入操作需要先进行擦除操作；NAND 的擦除单元更小，相应的擦除电路更少。

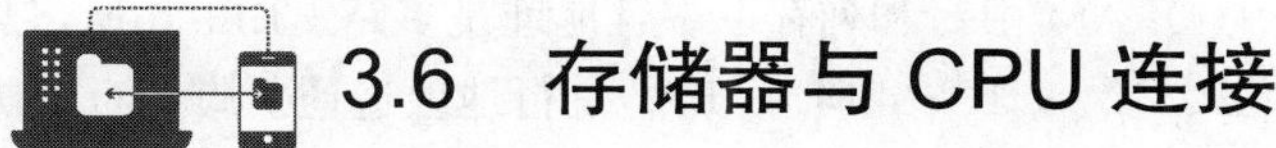

3.6　存储器与 CPU 连接

存储器与 CPU 的连接，必须按照芯片提供的引脚特征进行连接。CPU 对存储器进行读/写操作，首先由地址总线给出地址信号，然后发出读操作或写操作的控制信号，最后在数据总线上进行信息交流。因此，存储器与 CPU 连接时，要完成地址总线、数据总线和控制总线的连接。

3.6.1　芯片的引脚

集成电路封装在陶瓷外壳中，并引出与外界相连接的引脚。

图 3-16（a）所示是一个 8 M 位 EPROM 芯片。这种组织是由单个芯片提供整个字的形式。芯片有 32 个引脚，属于标准的芯片组件尺寸，其引脚包含了下列信号线：

（1）地址线，对于 1 M 字，总共需要 20 根引脚（A_0～A_{19}），寻址空间为 2^{20}=1 M。

（2）数据线 8 根（D_0～D_7）。

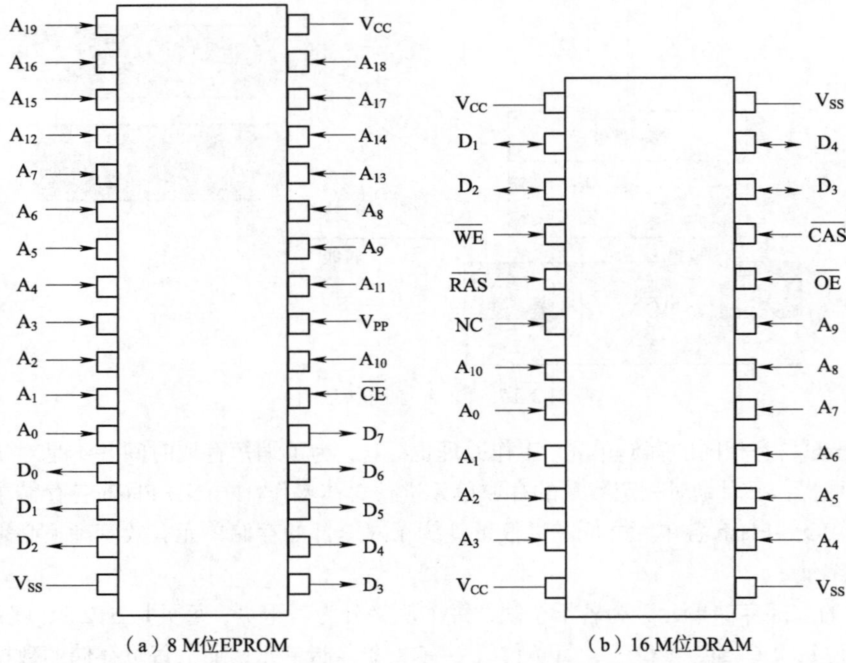

（a）8 M位EPROM （b）16 M位DRAM

图 3-16 典型的存储器芯片的引脚图

（3）电源（V_{CC}）。

（4）地线（V_{SS}）。

（5）芯片允许（$\overline{CE}$）引脚。因为可能有多个存储器芯片，每片都可连接到相同的地址总线，此引脚用于指示地址线上的地址对本芯片是否有效。$\overline{CE}$ 引脚通过连接到地址总线的高位（如高于 A_{19} 地址位）逻辑激活。有的芯片此引脚用芯片选择信号（$\overline{CS}$）表示。

（6）程序电压（V_{PP}），在编程（写操作）时提供。

图 3-16（b）为一个典型 16 M 位 DRAM 芯片引脚图。它与 ROM 芯片有所不同。由于 RAM 能修改，因此数据引脚兼备输入/输出功能。写允许（$\overline{WE}$）和输出允许（$\overline{OE}$）引脚表示是写操作还是读操作。因为 DRAM 由行和列存取，且地址是多路复用的，所以只需 11 根地址引脚，指定 4 M 行/列组合（$2^{11} \times 2^{11} = 2^{22} = 4$ M）。$\overline{RAS}$ 是行地址选通引脚，$\overline{CAS}$ 是列地址选通引脚。

3.6.2 存储容量的扩展

每个存储芯片的容量是有限的，在字长和字数方面不能满足实际的需要，需要将若干存储芯片连在一起才能组成足够容量的存储器，这就称为存储容量的扩展，通常采用位扩展法、字扩展法和字位同时扩展法。

1. 位扩展法

位扩展是指增加存储字长，如 2 片 1 K×4 位的芯片可组成 1 K×8 位的存储器，如图 3-17 所示。图中两片 2114 的地址线 A_9～A_0、$\overline{CS}$、$\overline{WE}$ 都分别连在一起，其中一片的数据线连接 CPU 的高 4 位 D_7～D_4，另一片的数据线连接 CPU 的低 4 位 D_3～D_0。这样，便构成了一个 1 K×8 位的存储器。

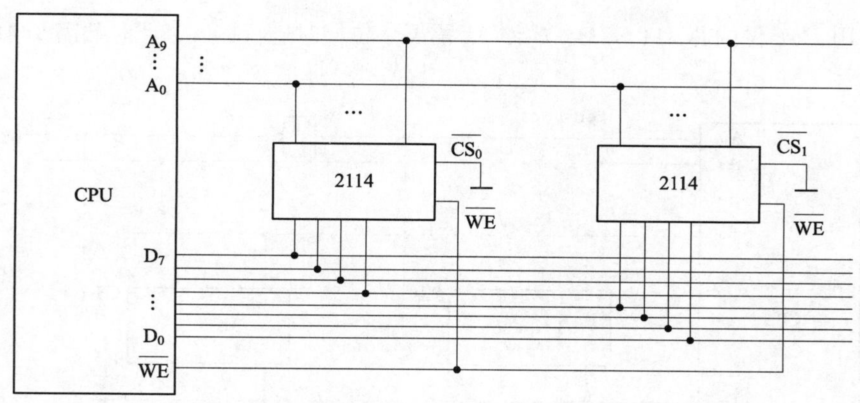

图 3-17　由 2 片 1 K × 4 位的芯片组成 1 K × 8 位的存储器

在这种方式中，对芯片没有选片要求，就是说芯片已经按选中来考虑。如果有芯片选择输入端（ $\overline{CS}$ ），可将它们直接接地。

又如，将 8 片 16 K × 1 位的存储芯片连接，可组成一个 16 K × 8 位的存储器，每个芯片有一根数据线，分别连 CPU 的一根数据线，如图 3-18 所示。

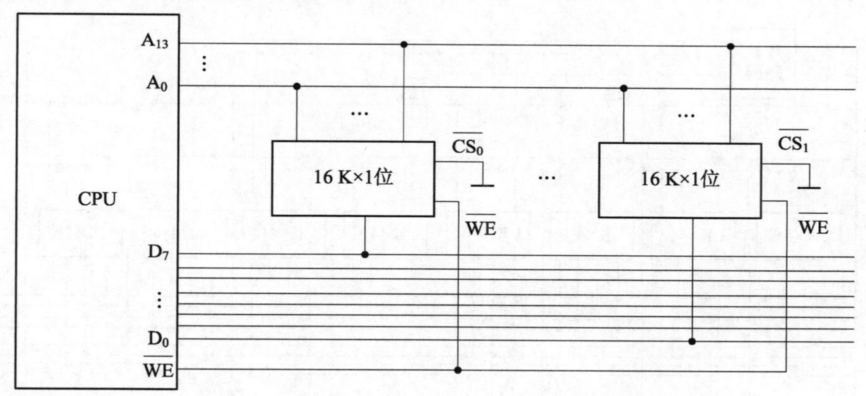

图 3-18　由 8 片 16 K × 1 位的芯片组成 16 K × 8 位的存储器

2. 字扩展法

字扩展是指仅增加存储器字的数量，而存储字长不变，因此将芯片的地址线、数据线、读/写控制线并联，而由芯片选择信号来区分各芯片的地址范围，所以芯片选择信号端连接到片选译码器的输出端。

如用 2 片 1 K × 8 位的存储芯片，可组成一个 2 K × 8 位的存储器，即存储字增加了一倍，如图 3-19 所示。

在此，将 A_{10} 用作片选信号。由于存储芯片的片选输入端要求低电平有效，故当 A_{10} 为低时，$\overline{CS_0}$ 有效，选中左边的 1 K × 8 位芯片；当 A_{10} 为高时，非门后面有效，选中右边的 1 K × 8 位芯片的 $\overline{CS_1}$ 。

3. 字位同时扩展法

字位同时扩展是指既增加存储字的数量，又增加存储字长。一个存储器的容量假定为 $M\times$

N 位，若使用 $l\times k$ 位的芯片（$l<M$，$k<N$），需要字位同时进行扩展，此时共需要$(M/l)\times(N/k)$个存储器芯片。

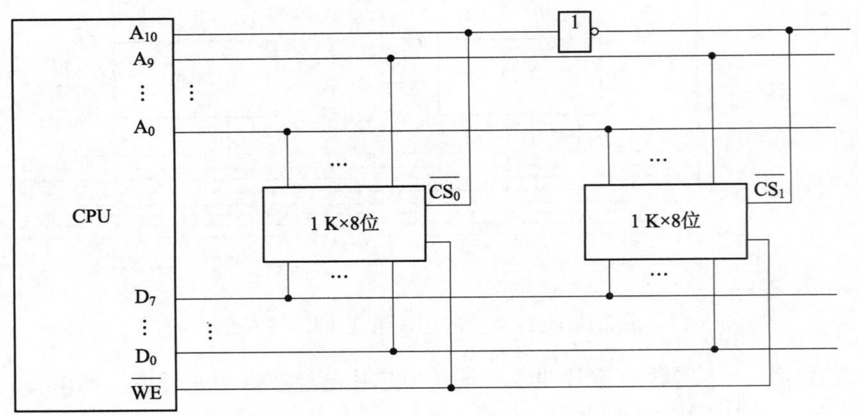

图 3-19　由 2 片 1 K × 8 位的芯片组成 2 K × 8 位的存储器

如图 3-20 所示，用 8 片 1 K × 4 位的芯片组成 4 K × 8 位的存储器。

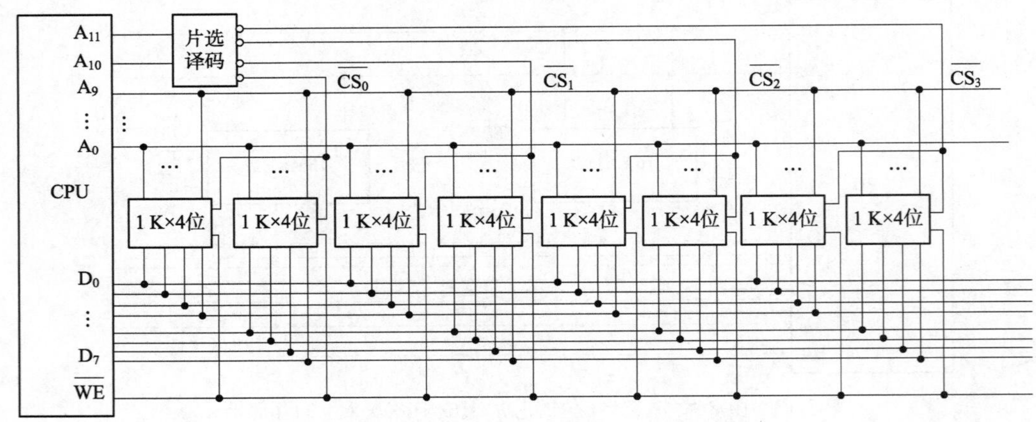

图 3-20　由 8 片 1 K × 4 位的芯片组成 4 K × 8 位的存储器

由图 3-20 可见，两片 1 K × 4 位芯片可构成 1 K × 8 位的存储器，4 组两片 1 K × 4 位芯片便构成 4 K × 8 位的存储器。地址线 A_{11}、A_{10} 经片选译码器得 4 个片选信号 $\overline{CS_0}$ 、$\overline{CS_1}$ 、$\overline{CS_2}$ 、$\overline{CS_3}$ ，分别选择其中 1 K × 8 位的存储芯片。$\overline{WE}$ 为读/写控制信号。

3.6.3　计算机中主存储器的连接

存储芯片与 CPU 芯片相连时，特别要注意芯片与芯片之间的地址总线、数据总线和控制总线的连接。

1. 地址总线的连接

存储芯片容量不同，其地址总线数量也不同，而 CPU 的地址总线数量往往比存储芯片的地址总线数量要多。通常总是将 CPU 地址总线的低位与存储芯片的地址总线相连。CPU 地址总线的高位或做存储芯片扩充时用或做其他用法，如做片选信号等。

例如，设 CPU 地址总线为 16 位 A_{15}～A_0，1 K×4 位的存储芯片仅有 10 根地址线 A_9～A_0，此时，可将 CPU 的低位地址 A_9～A_0 与存储芯片地址线 A_9～A_0 相连。又如当用 16 K×1 位存储芯片时，则其地址线有 14 根 A_{13}～A_0，此时，可将 CPU 的低位地址 A_{13}～A_0 与存储芯片地址线 A_{13}～A_0 相连。

2. 数据总线的连接

同样，CPU 的数据总线数量与存储芯片的数据总线数量也不一定相等。此时，必须对存储芯片进行位扩展，使其数据位数与 CPU 的数据线数量相等。

3. 读/写命令线的连接

CPU 读/写命令线一般可直接与存储芯片的读/写控制端相连，通常高电平为读，低电平为写。

4. 片选线的连接

片选信号的连接是 CPU 与存储芯片正确工作的关键。由于存储器由许多存储芯片叠加组成,哪一片被选中完全取决于该存储芯片的片选控制端 $\overline{CS}$ 是否能接收到来自 CPU 的片选有效信号。

片选有效信号与 CPU 的访存控制信号 $\overline{MREQ}$（低电平有效）有关，因为只有当 CPU 要求访存时，才要求选择存储芯片。若 CPU 访问 I/O，则 $\overline{MREQ}$ 为高，表示不访问存储器。此外，片选有效信号还和地址有关，因为 CPU 给出的存储单元地址的位数往往大于存储芯片的地址总线数，故那些未与存储芯片连上的高位地址必须和访存控制信号共同作用，产生存储器的片选信号。通常需用到一些逻辑电路，如译码器及其他各种门电路。

5. 合理选择存储芯片

合理选择存储芯片主要是指存储芯片类型（RAM 或 ROM）和数量的选择。通常选用 ROM 存放系统程序、标准子程序和各类常数等。RAM 则是为用户编程而设置的。此外，在考虑芯片数量时，要尽量使连线简单方便。

在实际应用 CPU 与存储芯片时，还会遇到两者时序的配合问题、速度问题、负载匹配等问题，建议通过实验和实际工作进一步加深体会。

下面用一个实例来剖析 CPU 与存储芯片的连接方式。

【例 3-1】 设 CPU 有 16 根地址总线，8 根数据总线，并用 $\overline{MREQ}$ 作为访存控制信号（低电平有效），用 $R/\overline{W}$ 作为读/写控制信号（高电平为读，低电平为写）。现有下列存储芯片：1 K×4 位 RAM、4 K×8 位 RAM、8 K×8 位 RAM、2 K×8 位 ROM、4 K×8 位 ROM、8 K×8 位 ROM 及 74LS138 译码器和各种门电路。画出 CPU 与存储器的连接图，要求：

（1）主存地址空间分配：6000H～67FFH 为系统程序区；6800H～6BFFH 为用户程序区。

（2）合理选用上述存储芯片，说明各选几片。

（3）详细画出存储芯片的片选逻辑图。

答：（1）先将十六进制地址范围写成二进制地址码，并确定其总容量。

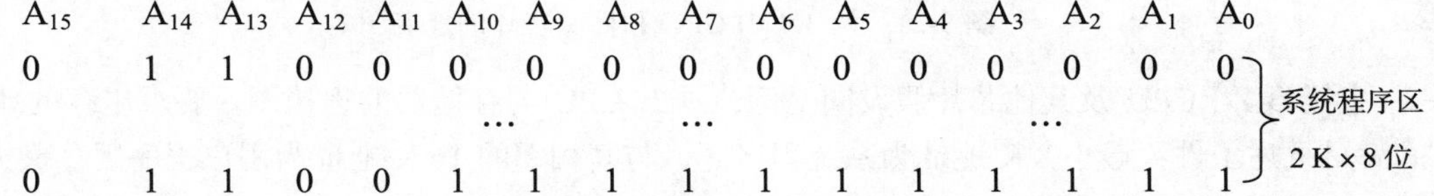

A_{15}	A_{14}	A_{13}	A_{12}	A_{11}	A_{10}	A_9	A_8	A_7	A_6	A_5	A_4	A_3	A_2	A_1	A_0	
0	1	1	0	0	0	0	0	0	0	0	0	0	0	0	0	系统程序区
						…		…				…				2 K×8 位
0	1	1	0	0	1	1	1	1	1	1	1	1	1	1	1	

0	1	1	0	1	0	0	0	0	0	0	0	0	0	0	0	用户程序区
						…		…				…				1 K×8 位
0	1	1	0	1	0	1	1	1	1	1	1	1	1	1	1	

（2）根据地址范围的容量以及该范围在计算机系统中的作用，选择存储芯片。

由 6000H～67FFH 系统程序区的范围，应选 1 片 2 K×8 位的 ROM，无须选 4 K×8 位和 8 K×8 位的 ROM，否则就浪费了。

由 6800H～6BFFH 用户程序区的范围，应选 2 片 1 K×4 位的 RAM 芯片，选其他芯片也必然浪费。

（3）分配 CPU 的地址线。根据地址范围和选择的芯片，明确芯片外部的地址选择信号的逻辑和芯片内部的地址范围（主要根据芯片地址线的条数确定）。将 CPU 的低 11 位地址 A_{10}～A_0 与 2 K×8 位的 ROM 地址线相连；将 CPU 的低 10 位地址 A_9～A_0 与 2 片 1 K×4 位的 RAM 地址线相连。剩下的高位地址与访存控制信号 $\overline{MREQ}$ 共同产生存储芯片的片选信号。

（4）片选信号的形成。由题目给出的 74LS138 译码器输入逻辑关系可知，必须保证控制端 G_1 为高，$\overline{G_{2A}}$ 与 $\overline{G_{2B}}$ 为低，如图 3-21 所示。图中 A_{15} 为低，接到 $\overline{G_{2A}}$，A_{14} 为高，接到 G_1，$\overline{MREQ}$ 为低，接到 $\overline{G_{2B}}$，保证了三个控制端的要求；A_{13}、A_{12}、A_{11} 接到译码器 C、B、A 输入端，其输出 $\overline{Y_4}$ 有效时，选中 1 片 ROM，$\overline{Y_5}$ 与 A_{10} 同时为低电平时，选中 2 片 RAM。ROM 芯片接地端为 $\overline{PD}$/Progr，读出时低电平有效。RAM 芯片的读/写控制端与 CPU 的读/写命令端相连。ROM 的 8 根数据线是单向的，与 CPU 数据总线单向相连，2 片 RAM 的数据线分别与数据总线高 4 位和低 4 位双向相连。

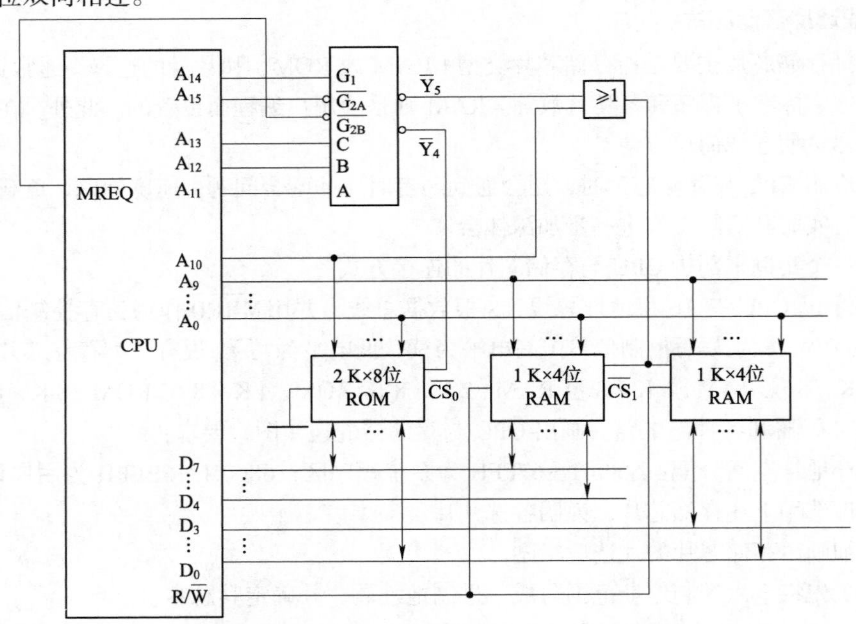

图 3-21 例 3-1 中 CPU 和存储芯片的连接图

【例 3-2】CPU 及其他芯片假设同上例，画出 CPU 与存储器的连接图。要求主存的地址空间满足下述条件：最小 8 K 地址为系统程序区，与其相邻的 16 K 地址为用户程序区，最大 4 K 地址空间为系统程序工作区。详细画出存储芯片的片选逻辑并指出存储芯片的种类及片数。

答：（1）根据题目的地址范围写出相应的二进制地址码。

A_{15}	A_{14}	A_{13}	A_{12}	A_{11}	A_{10}	A_9	A_8	A_7	A_6	A_5	A_4	A_3	A_2	A_1	A_0	
0	0	0	0	0	0	0	0	0	0	0	0	0	0	0	0	系统程序区
						…			…				…			8 K × 8 位
0	0	0	1	1	1	1	1	1	1	1	1	1	1	1	1	
0	0	1	0	0	0	0	0	0	0	0	0	0	0	0	0	用户程序区
						…			…				…			16 K × 8 位
0	1	0	1	1	1	1	1	1	1	1	1	1	1	1	1	
1	1	1	1	0	0	0	0	0	0	0	0	0	0	0	0	系统程序区
						…			…				…			4 K × 8 位
1	1	1	1	1	1	1	1	1	1	1	1	1	1	1	1	

（2）根据地址范围及其在计算机系统中的作用，最小 8 K 系统程序区选 1 片 8 K × 8 位 ROM；与其相邻的 16 K 用户程序区选 2 片 8 K × 8 位 RAM；最大 4 K 系统程序区选 1 片 4 K × 8 位 ROM。

（3）分配 CPU 地址线。根据地址范围和选择的芯片，明确芯片外部的地址选择信号的逻辑和芯片内部的地址范围。将 CPU 的低 13 位地址总线 A_{12}～A_0 与 1 片 8 K × 8 位 ROM 和 2 片 8 K × 8 位 RAM 的地址总线相连；将 CPU 的低 12 位地址总线 A_{11}～A_0 与 1 片 4 K × 8 位 ROM 的地址总线相连。

（4）形成片选信号。将 74LS138 译码器的控制端 G_1 接+5V，$\overline{G_{2A}}$ 和 $\overline{G_{2B}}$ 接 $\overline{MREQ}$，以保证译码器正常工作。CPU 的 A_{15}、A_{14}、A_{13} 分别接在译码器的 C、B、A 端，作为变量输入，则其输出 $\overline{Y_0}$、$\overline{Y_1}$、$\overline{Y_2}$ 分别做 ROM_1、RAM_2 和 RAM_3 的片选信号。此外，根据题意，最大 4 K 地址范围的 A_{12} 为高，故经反相后再与 $\overline{Y_7}$ 相“与”，其输出作为 4 K × 8 位 ROM_4 的片选信号，如图 3-22 所示。

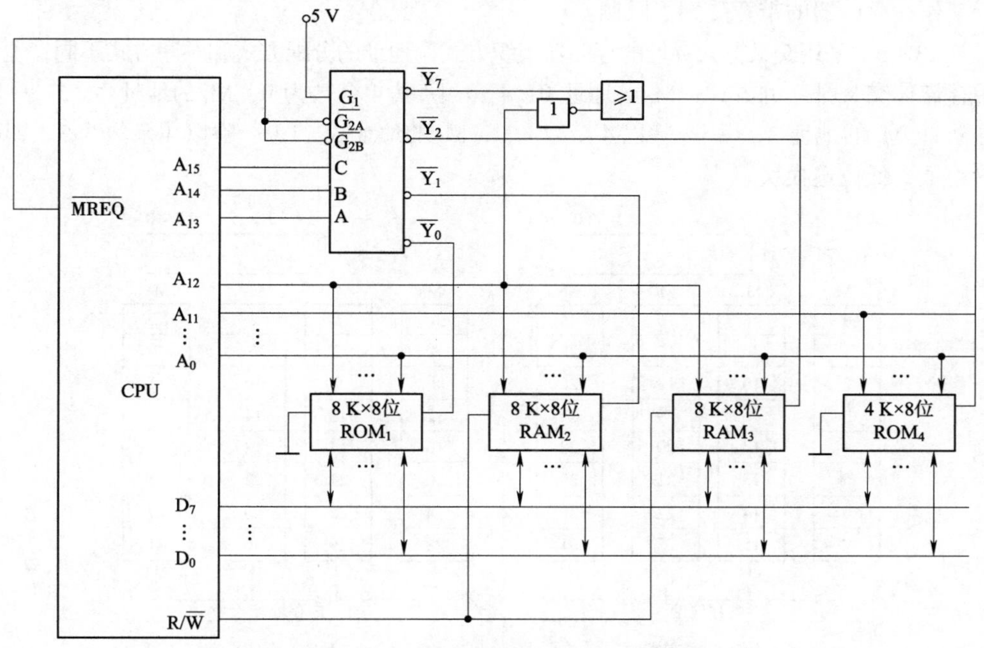

图 3-22　例 3-2 中 CPU 和存储芯片的连接图

3.6.4 提高访存速度的措施

由于 CPU 和主存的发展方向不太一样，CPU 重点提高的是处理速度，而主存重点是提高容量，兼顾访问速度的提高。不同的发展策略导致 CPU 和主存的速度差异越来越大，使主存的存取速度成为计算机系统的瓶颈。

为了使 CPU 不至因为等待存储器读/写操作的完成而无事可做，可以采取一些加速 CPU 和存储器之间有效传输的特殊措施，这可以通过下列几种途径来实现：

（1）主存储器采用更高速的技术来缩短存储器的读出时间，或加长存储器的字长。

（2）采用空间并行技术的双端口存储器。

（3）采用时间并行技术的多体交叉存储器，在每个存储器周期中存取几个字。

（4）在 CPU 和主存储器之间插入一个高速缓冲存储器（Cache），以缩短读出时间。

3.6.5 多体交叉存储器

1. 存储器的模块化组织

一个由若干个模块组成的主存储器是线性编址的。这些地址在各模块中如何安排，有两种方式：一种是顺序方式，另一种是交叉方式。

在常规的主存储器设计中，访问地址采用顺序方式，如图 3-23（a）所示。例如，设存储器容量为 32 字，存储体有 M_0～M_3 共四个模块，则每个模块 8 个字，访问地址按顺序分配一个模块后，接着为下一个模块分配地址空间，内存地址的 32 个字由 5 位地址寄存器表示，其中高 2 位选择模块中的一个，低 3 位选择每个模块中的 8 个字，即高位选模块，低位选块内地址。

这种顺序组织方式的特点是，当某个模块进行存取时，其他模块不工作，优点是某一模块出现故障时，其他模块可以照常工作，通过增添模块来扩充存储器容量比较方便。缺点是各模块串行工作，存储器的带宽受到了限制。

图 3-23（b）采用交叉方式寻址的存储器组织方式，地址的分配方式和顺序方式不同，地址分配采用存储体交叉排序的方式：M_0 的地址 0，4……除以 4 余数为 0；M_1 的地址 1，5……除以 4 余数为 1；M_2 的地址 2，6……除以 4 余数为 2；M_3 的地址 3，7……除以 4 余数为 3，即高位选块内地址，低位选模块。

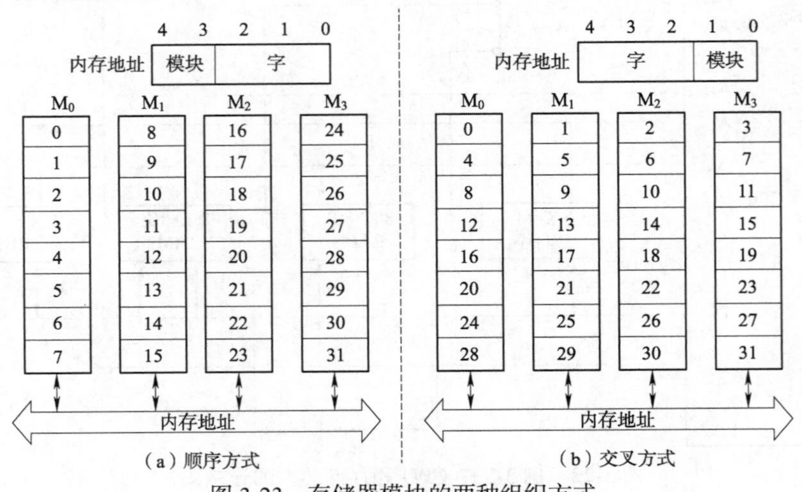

图 3-23　存储器模块的两种组织方式

这种交叉组织方式的特点是，连续地址分布在相邻的不同模块内，同一个模块内的地址都是不连续的。优点是对连续字的成块传输可实现多模块流水式并行存取，大大提高存储器的带宽，使用场合为成批数据读取。

从定性分析，对连续字的成块传输，交叉方式的存储器可以实现多模块流水并行存取，大大提高了存储器的带宽。由于 CPU 的速度比主存快，假设能同时从主存取出 n 条指令，必然会提高机器的运行速度。多体交叉存储器就是基于这种思想提出来的。

2. 多体交叉存储器的基本结构

图 3-24 为四体交叉存储器结构框图。主存被分成四个相互独立、容量相同的模块 M_0、M_1、M_2、M_3，每个存储体都有自己的读/写控制电路、地址寄存器和数据寄存器，各自以等同的方式与 CPU 传输信息。在理想情况下，如果程序段或数据块都是连续地在主存中存取，那么将大大提高主存的访问速度。

CPU 同时访问四个存储体，由存储器控制部件控制它们分时使用数据总线进行信息传递。对每一个存储体来说，从 CPU 给出访存命令直到读出信息仍然使用了一个存取周期时间，而对 CPU 来说，可以在一个存取周期内连续访问四个存储体。各存储器的读/写过程可以重叠进行，所以多模块交叉存储器是一种并行存储器结构。

假设每个存储体的字长等于数据总线宽度，存储体存取一个字的存取周期为 T，总线传输周期为 τ，存储器的交叉模块数为 m，那么为了实现流水方式存取，应当满足

$$T=m\tau$$

即成块传输可以按 τ 间隔流水方式进行，每经过 τ 时间延迟后启动下一个模块。图 3-25 为 m=4 的流水线方式存取示意图。

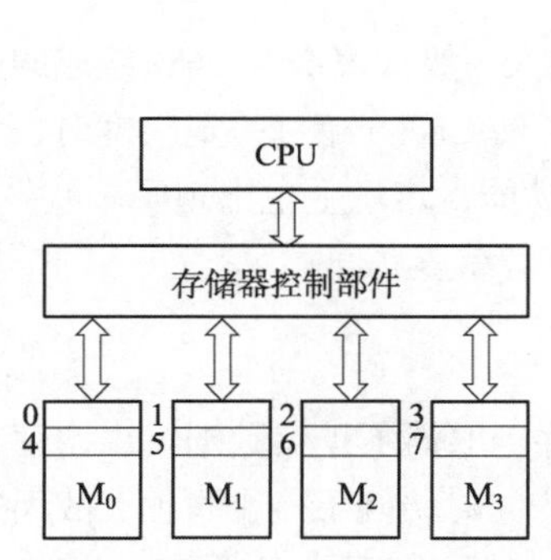

图 3-24　四体交叉存储器结构框图

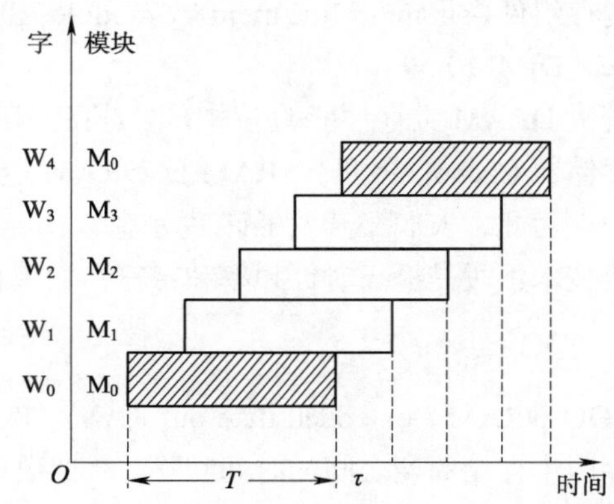

图 3-25　m=4 的流水线方式存取示意图

$m=T/\tau$ 称为交叉存取度，交叉存储器要求模块数必须等于 m，以保证启动某一模块后经 $m\tau$ 时间再次启动此模块时，它的上次存取操作已经完成。这样连续存取 m 个字所需要的时间为

$$t_1=T+(m-1)\tau$$

而顺序方式存储器连续读取 m 个字所需要的时间为

$$t_2=mT$$

【**例 3-3**】设存储器容量为 32 字，字长 64 位，模块数 m=4，分别用顺序方式和交叉方式进行组织。存取周期 T=200 ns，数据总线宽度为 64 位，总线传输周期 τ=50 ns。若连续读出 4 个

字，顺序存储器和交叉存储器的带宽各是多少？

答：顺序存储器和交叉存储器连续读出 m=4 个字的信息总量都是

$$q=64\ \text{bit}\times4=256\ \text{bit}$$

顺序存储器和交叉存储器连续读出 4 个字所需的时间分别是

$$t_2= mT=4\times200\ \text{ns}=800\ \text{ns}=8\times10^{-7}\ \text{s}$$

$$t_1=T+(m-1)\tau=200\ \text{ns}+150\ \text{ns}=350\ \text{ns}=3.5\times10^{-7}\ \text{s}$$

顺序存储器和交叉存储器的带宽分别是

$$W_2=q/t_2=256\ \text{bit}/(8\times10^{-7})\ \text{s}=320\ \text{Mbit/s}$$

$$W_1=q/t_1=256\ \text{bit}/(3.5\times10^{-7})\ \text{s}=730\ \text{Mbit/s}$$

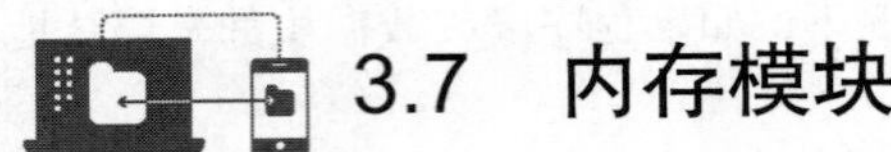

3.7 内存模块

在计算机中，存储器模块一般称为“内存条”，是将内存芯片焊接到事先设计好的印制电路板上，而计算机主板也改用内存插槽，这样内容就可以方便地安装和更换了。

在 80286 主板发布之前，内存直接固化在主板上，容量只有 64～256 KB。随着发展，软件和硬件对内存性能提出了更高要求，为了提高速度，扩大容量，内存必须以独立的封装形式出现，因而诞生了“内存条”的概念。

内存条的接口类型是根据内存条上导电触片（金手指）的数量来划分的。金手指上的导电触片也习惯称为针脚数（P_{in}）。因为不同的内存采用的接口类型不相同，对应于不同接口类型所采用的不同的针脚数，内存插槽类型也各不相同。大多数现代的系统采用的接口类型有单列直插式内存组件（single in-line memory module，SIMM）、双列直插式内存组件（dual in-line memory module，DIMM）等。

解决 DRAM 主存性能的一种方法是在主存与 CPU 之间插入一级或多级 SRAM 组成的高速缓冲存储器 Cache。但是，SRAM 比 DRAM 造价要高很多，扩展 Cache 超过一定限度时，将得不偿失。为此，人们又开发了许多对基本 DRAM 结构的增强功能，市场上也出现了一些产品。其主要技术手段是提高时钟频率和带宽，缩短存取周期。下面做简要介绍。

3.7.1 EDO

EDO DRAM（extended date out RAM，扩展数据输出内存）取消了扩展数据输出内存与传输内存两个存储周期之间的时间间隔，在把数据发送给 CPU 的同时访问下一个页面，故而速度要比普通 DRAM 快 15%～30%。工作电压一般为 5 V，带宽 32 bit，存取时间在 40 ns 以上，其主要应用在 486 及早期的 Pentium 计算机上。

3.7.2 SDRAM

SDRAM 即 synchronous DRAM（同步动态随机存储器），它的工作速度是与系统总线速度同步的。SDRAM 内存又分为 PC66、PC100、PC133 等不同规格，而规格后面的数字就代表着该内存最大所能正常工作的系统总线速度，比如 PC100，那就说明此内存可以在系统总线为 100 MHz 的计算机中同步工作。

与系统总线速度同步，也就是与系统时钟同步，这样就避免了不必要的等待周期，减少数据存储时间。同步还使存储控制器知道在哪一个时钟脉冲由数据请求使用，因此数据可在脉冲上升沿便开始传输。SDRAM 采用 3.3 V 工作电压，168 pin 的 DIMM 接口，带宽为 64 bit。SDRAM 不仅应用在内存上，在显存上也较为常见。

3.7.3　DDR

严格地说，DDR 应该称为 DDR SDRAM，是 double data rate SDRAM 的缩写，是双倍数据速率同步动态随机存储器的意思。DDR 内存是在 SDRAM 内存基础上发展而来的，仍然沿用 SDRAM 生产体系，因此对于内存厂商而言，只需对制造普通 SDRAM 的设备稍加改进，即可实现 DDR 内存的生产，可有效地降低成本。

SDRAM 在一个时钟周期内只传输一次数据，它是在时钟的上升沿进行数据传输；而 DDR 内存则是一个时钟周期内传输两次数据，它能够在时钟的上升沿和下降沿各传输一次数据，因此称为双倍速率同步动态随机存储器。DDR 内存可以在与 SDRAM 相同的总线频率下达到更高的数据传输率。

与 SDRAM 相比，DDR 运用了更先进的同步电路，使指定地址、数据的输入和输出主要步骤既独立执行，又保持与 CPU 完全同步；DDR 使用了 DLL（delay-locked loop，延时锁定环路）技术提供一个数据滤波信号，当数据有效时，存储控制器可使用这个数据滤波信号来精确定位数据，每 16 次输出一次，并重新同步来自不同存储器模块的数据。DDR 本质上不需要提高时钟频率就能加倍提高 SDRAM 的速度，它允许在时钟脉冲的上升沿和下降沿读出数据，因而其速度是标准 SDRAM 的两倍。

从外形体积上，DDR 与 SDRAM 相比差别并不大，它们具有同样的尺寸和同样的针脚距离。但 DDR 为 184 针脚，比 SDRAM 多出了 16 个针脚，主要包含了新的控制、时钟、电源和接地等信号。DDR 内存采用的是支持 2.5 V 电压的 SSTL2 标准，而不是 SDRAM 使用的 3.3 V 电压的 LVTTL 标准。

DDR 内存的频率可以用工作频率和等效频率两种方式表示。工作频率是内存芯片实际的工作频率，但是由于 DDR 内存可以在脉冲的上升沿和下降沿都传输数据，因此传输数据的等效频率是工作频率的两倍。

DDR 内存之后又出现了升级产品 DDR2（double data rate 2）SDRAM，它是由 JEDEC（电子设备工程联合委员会）进行开发的新生代内存技术标准，与上一代 DDR 内存技术标准最大的不同就是，虽然同是采用了在时钟的上升沿和下降沿同时进行数据传输的基本方式，但 DDR2 内存却拥有两倍于上一代 DDR 的内存预读取能力。换句话说，DDR2 内存每个时钟能够以 4 倍于外部总线的速度读/写数据，并且能够以 4 倍于内部控制总线的速度运行。

3.8　高速缓冲存储器

高速缓冲存储器（Cache）是为了解决 CPU 和主存之间速度不匹配而采取的一项重要技术。在前面的介绍中，对存储器有三个相互矛盾的要求：容量大、速度快和价格低。而矛盾的解决方法是使用存储分层结构，其主要是利用了程序局部性原理。

通过大量典型程序的统计分析，在一定时间内，只是对主存部分地址区域访问。这是由于指令和数据在主存内是连续存放的，并且有些指令和数据往往会多次调用（如循环、子程序等结构），即指令和数据在主存的地址分布不是随机的，而是相对的簇集，使得 CPU 在执行程序时，访存具有相对的局部性，即程序局部性原理。

根据这一原理，很容易设想，只要将 CPU 近期要访问的程序和数据提前从主存送到 Cache，那么就可以做到 CPU 在一定时间内只访问 Cache。一般 Cache 采用高速的 SRAM，其价格比主存贵，但其容量远小于主存，所以可以很好地解决速度和价格的矛盾。

3.8.1 基本原理

相对容量较大、速度较慢的主存储器与容量较小、速度较快的 Cache 连在一起，Cache 中存放主存储器中的部分副本。当 CPU 试图从存储器中读取一个字时，检查这个字是否在 Cache 中。如果是，则这个字传输给 CPU；如果不是，则主存储器中一块固定数目的字读入 Cache，然后再把这个字传输给 CPU。由于访问局部性，当把一块数据存入 Cache，以满足某次存储器访问时，将来访问块中的其他字的可能性是很大的，图 3-26 说明了这个概念。

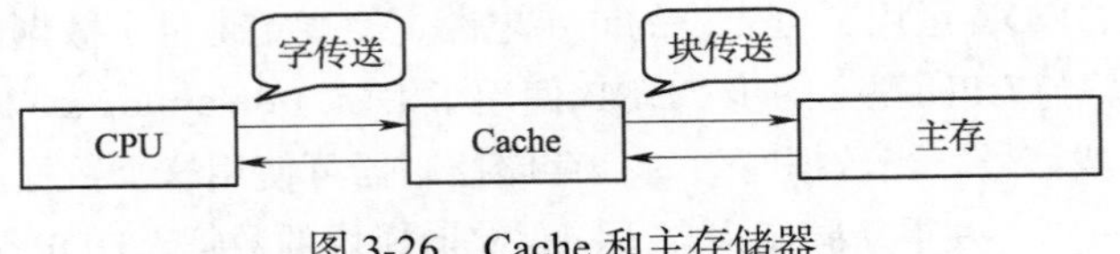

图 3-26 Cache 和主存储器

在 Cache 存储系统中，把 Cache 和主存储器都划分成相同大小的块。因此，主存地址由块号 B 和块内地址 w 两部分组成。同样，Cache 的地址也由块号 b 和块内地址 w 组成。Cache 的基本工作原理如图 3-27 所示。

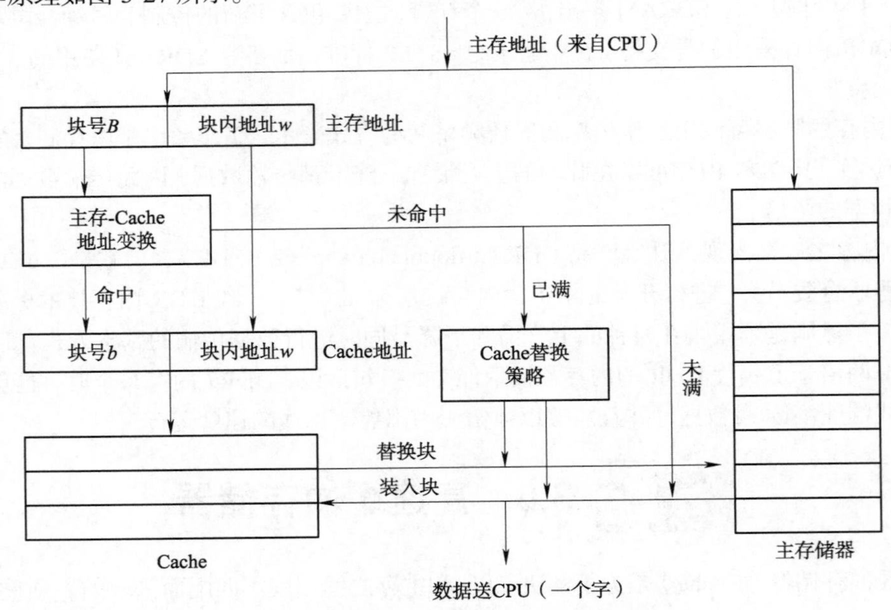

图 3-27 Cache 的基本工作原理

CPU 要访问 Cache 时，CPU 送来主存地址放入主存地址寄存器中。通过主存-Cache 地址变换部件把主存地址中的块号 B 变换成 Cache 的块号 b 放入 Cache 地址寄存器中，并且把主存地

址中的块内地址 w 直接作为 Cache 的块内地址 w 装入 Cache 地址寄存器中。

如果变换成功（称为 Cache 命中），就用所得到的 Cache 地址去访问 Cache，从 Cache 中取出数据送往 CPU。如果变换不成功，则产生 Cache 失效信息，并且用主存地址访问主存储器。从主存储器中读出一个字送往 CPU，同时，把包括被访问字在内的一整块都从主存储器中读出来，装入 Cache。

这时，如果 Cache 已满，则要采用某种 Cache 替换算法，把不常用的一块调出 Cache，存入主存储器中原来存放它的地方，以便腾出 Cache 空间来存放新调入的块。由于程序具有局部性特点，每次块失效时都把一块（由多个字组成）调入 Cache 中，这样可以提高 Cache 的命中率。

通常，Cache 的容量比较小，主存储器的容量要比它大得多。那么，Cache 中的块与主存储器中的块按照什么样的规则建立对应关系呢？在这种对应关系下，主存地址又是如何变换成 Cache 地址的呢？

【例 3-4】假设 Cache 的工作速度是主存的 5 倍，且 Cache 被访问命中的概率为 95%，则采用 Cache 后，存储器性能提高多少？

答：设 Cache 的存取周期为 T，主存的存取周期为 $5T$，则系统的平均访问时间为

$$t_a = 0.95 \times T + 0.05 \times 5T = 1.2T$$

性能为原来的 $5T/1.2T = 4.17$ 倍，即提高了 3.17 倍。

3.8.2　高速缓冲存储器的设计要素

在 Cache 系统的设计中，需要考虑的基本要素有：

（1）Cache 容量的大小。

（2）主存地址映射到 Cache 的方法，即当把一个块调入 Cache 时，可以放到哪些位置上（映像规则）。

（3）当所要访问的块在 Cache 时，如何找到该块（查找算法）。

（4）当新的数据块装入已经没有存放空间的 Cache 时，替换掉原数据块的策略（替换算法）。

（5）CPU 执行写访问时，应进行哪些操作（写策略）。

（6）数据块大小的选择。

（7）Cache 数目的选择。

下面分别介绍这些设计要素的解决思路。

1. Cache 容量

在设计 Cache 时，希望 Cache 容量小到使每位总的平均价格接近于单个主存储器的价格，同时希望 Cache 容量大到使总的平均存取时间接近于单个 Cache 的存取时间。还有几个因素倾向使用小容量 Cache。Cache 越大，寻址 Cache 中的门数就越多，结果是大的 Cache 比小的稍慢，即使是采用相同的集成电路技术制造并放在芯片和电路板的同一位置。Cache 容量也受到芯片和电路板面积的限制。

许多研究表明，Cache 容量为 1～512 KB 将是最有效的。因为 Cache 性能对工作负载的性质十分敏感，所以不可能有“最优”的 Cache 容量。

2. 地址映射

由于 Cache 的数据块比主存的数据块要少得多，必须按照某种函数关系把主存储器的数据块映射到 Cache 中，称为地址映射。在数据按照这种映射关系装入 Cache 后，执行程序时，应将主存地址变换成 Cache 地址，这个变换过程称为地址变换。地址的映射和变换是相互联系的。地址的映射和变换都采用硬件实现，软件开发人员感觉不到 Cache 的存在，这种特性称为 Cache 的透明性。

映射功能的选择决定了 Cache 的结构，通常采用三种技术，即直接映射、全相联映射和组相联映射。对于每一种技术，结合例子进行说明，上述三种情况的例子都包含下列元素：

（1）Cache 能存储 64 KB。

（2）在主存储器和 Cache 之间以每块 4 B 大小传输数据。这意味着 Cache 被组织成 16 K = 2^{14} 块。

（3）主存储器有 16 MB，每个字节通过 24 位地址可直接寻址（2^{24} = 16 M）。因此，为了实现映射，把主存储器看成由 4 M 块组成，每块有 4 B。

1）直接映射（direct mapping）

Cache 的数据块大小称为行，用 L_i 表示，其中 i=1，2，…，m−1，共有 $m=2^r$ 行，主存的数据块大小称为块，用 B_j 表示，其中 j=1，2，…，n−1，共有 $n=2^s$ 块，行与块是等长的。每个块（行）由 $k=2^w$ 个连续的字组成，字是 CPU 每次访问存储器时可取的最小单位。

直接映射方法最简单，是把主存储器的每块映射到一个固定可用的 Cache 块中，是一个多对一的映射关系。图 3-28 说明了这种常用机制，映射表示为

$$i = j \bmod m$$

式中，i 是 Cache 块号；j 是主存储器的块号；m 是 Cache 的块数。

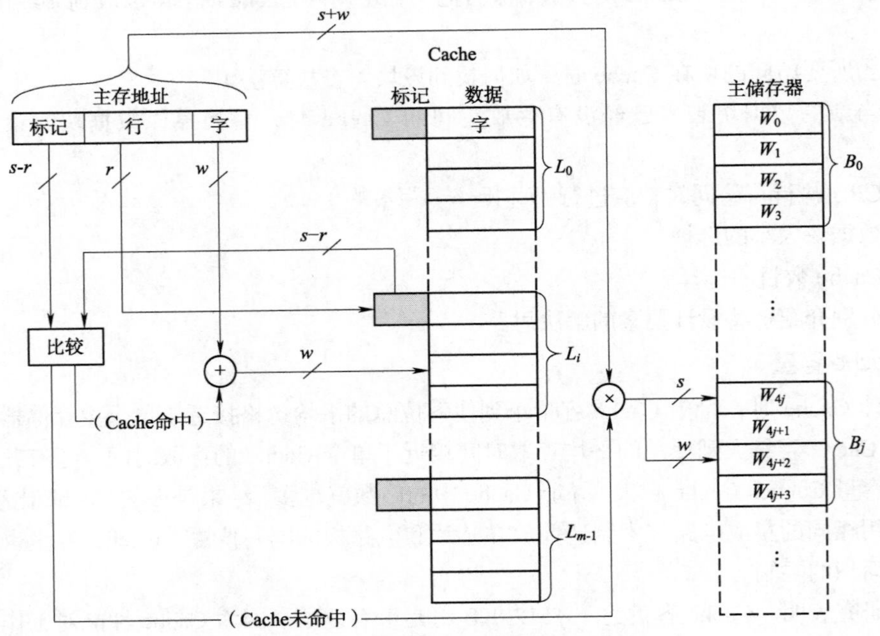

图 3-28 直接映射 Cache 的组织

此时主存的地址格式如下：

主存块标记 $s-r$	Cache 块地址 r	块内地址 w

Cache 地址格式如下：

Cache 块地址 r	块内地址 w

映射功能通过地址很易实现。为了实现 Cache 存取，每个主存储器地址定义为三个域。最低的 w 位标识主存储器中某个块中唯一的字或字节；在大多数当代的机器中，地址是字节级的。剩余的 s 位指定了主存储器 2^s 个块中的一个。Cache 逻辑将这 s 位解释为 $s-r$ 位（高位部分）的标记域及 r 位的块域，后者标识了 Cache $m = 2^r$ 个块中的一个。这种映射的结果是把主存储器中的块分配给表 3-2 的 Cache 块中。

因此，采用部分地址作为行号提供了主存储器中的每块到 Cache 的唯一映射。当一块读入到分配给它的行时，有必要给数据做标记，从而将它与其他能装入这一行的块区别开。最高的 $s-r$ 位用来做标记。

表 3-2　采用直接映射法 Cache 块号和被分配的主存储器的块号对应表

Cache 块号	被分配的主存储器的块号
0	$0, m, 2m, \cdots, 2^s-m$
1	$1, m+1, 2m+1, \cdots, 2^s-m+1$
⋮	⋮
$m-1$	$m-1, 2m-1, 3m-1, \cdots, 2^s-1$

在图 3-28 所示的读操作工作流程中，Cache 系统用 24 位地址表示，14 位行号用作索引，到 Cache 中去存取一个特定的行。如果 8 位标记数与当前存储在该行中的标记数相匹配，则用 2 位的字号选择该行中 4 个字节之一；否则，用 22 位的标记和行号从主存储器中取出一块。取块的实际地址是 22 位的标记和行号再接 2 位 0，因此，在块的边界起始读取 4 个字节。

直接映射的技术实现简单、花费少。它的主要缺点是对于给定的块，有固定的 Cache 位置。因此，如果一个程序恰巧重复引用两个映射到同一 Cache 块号中且来自主存不同块的字，则这些块将不断地交换到 Cache 中，命中率将会降低。

【例 3-5】假设主存容量为 512 KB，Cache 容量为 4 KB，每个字块为 16 个字，每个字 32 位，则：

（1）Cache 地址有多少位？可容纳多少块？

（2）主存地址有多少位？可容纳多少块？

（3）在直接映射方式下，主存的第几块映射到 Cache 中的第 5 块（设起始字块为第 1 块）？

（4）画出直接映射方式下主存地址字段中各段的位数。

答：（1）根据 Cache 容量为 4 KB（2^{12}=4 KB），Cache 地址为 12 位。由于每个字 32 位，则 Cache 共有 4 KB/4 B=1 K 字。因每个字块 16 个字，故 Cache 中有 1 K/16=64 块。

（2）根据主存容量为 512 KB（2^{19}=512 KB），主存地址为 19 位。由于每字 32 位，则主存共有 512 KB/4 B=128 K 字。因每个字块 16 个字，故主存中共 128 K/16=8 192 块。

（3）在直接映射方式下，由于 Cache 共有 64 块，主存共有 8 192 块，因此主存的 5，64+5，2 × 64+5，…，2^{13}–64+5 块能映射到 Cache 的第 5 块中。

（4）在直接映射方式下，主存地址字段的各段位数分配如图 3-29 所示。其中块内地址为 6 位（4 位表示 16 个字，2 位表示每个字 32 位），Cache 共 64 块，故 Cache 字块地址为 6 位，主存块标记为主存地址长度与 Cache 地址长度之差，即（19–12）位=7 位。

主存块标记	Cache块地址	块内地址w
7位	6位	6位

图 3-29 例 3-5 主存地址各字段的分配

2）全相联映射（associative mapping）

全相联映射通过允许每个主存储块装入 Cache 的任何一块中来克服直接映射的缺点。全相联映射的 Cache 控制逻辑简单地把存储器地址解释为标记（Tag）域和字（Word）域，标记域唯一标识主存储块。为了确定某块是否在 Cache 中，Cache 控制逻辑必须同时对每个块中的标记位进行检查，看其是否匹配。图 3-30 所示为全相联 Cache 组织。

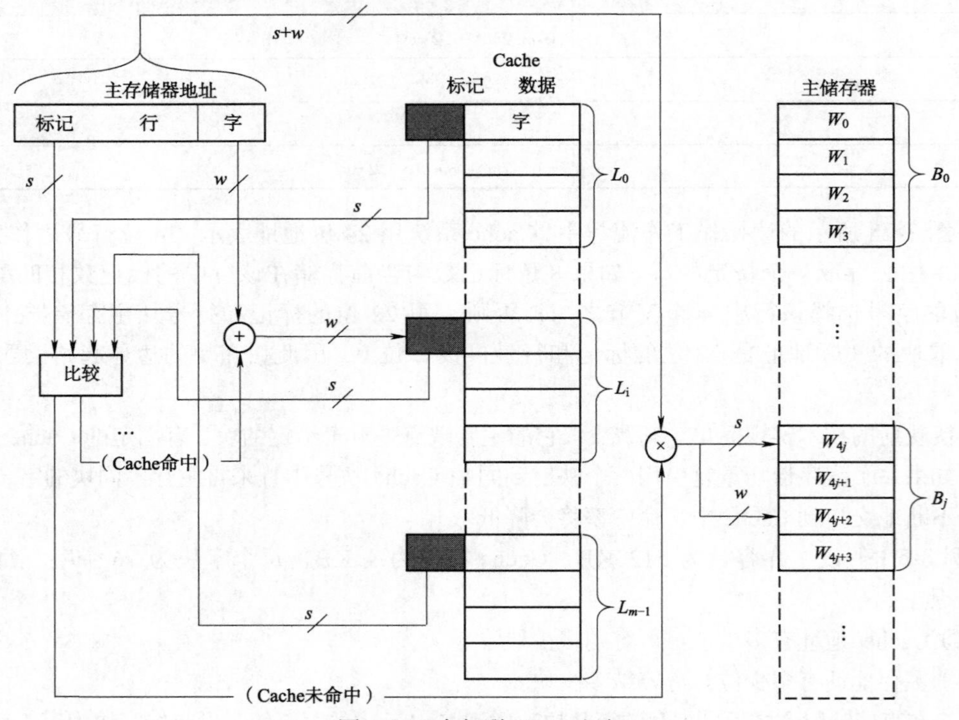

图 3-30 全相联 Cache 组织

对于全相联映射，当新的一块读入到行中时，替换旧的一块具有灵活性。全相联映射的主要缺点是，需要复杂的电路来并行检查所有 Cache 行的标记。

3）组相联映射（set associative mapping）

直接映射和全相联映射两种方式的优缺点正好相反，从存放位置的灵活性和命中率来看，

后者为优；从比较器电路简单和硬件成本来说，前者为佳。而组相联映射是两种方法的折中方案，兼顾了二者的优点而又尽量避免了二者的缺点，因此被普遍采用。

在组相联映射中，Cache 分为 v 组，每一组有 k 行，它们的关系为

$$m=v\times k,\qquad i=j \bmod v$$

式中，i 是 Cache 组号；j 是主存储器的块号；m 是 Cache 的块数。

块内存地址中 s 位块号分成两部分，低序的 d（$2^d=v$）位用于表示 Cache 的组号，高序的 $s-d$ 位作为标记（tag）与数据一起存于此组的某行中，该方式通过直接映射方式确定组号，在一个组内，则通过全相联映射方式确定块号。

采用组相联映射，块 B_j 能够映射到组 i 的任意一行中，这样，Cache 控制逻辑把存储器地址简单地解释为三个域：标记、组（set）和字。d 位指定了 $v=2^d$ 组中的一个，标记和组域的 s 位指定了主存储器中 2^s 块中的一块。

图 3-31 说明了这种 Cache 的控制逻辑。使用全相联映射，其存储地址中的标记部分相当大，并且要与 Cache 所有行的标记相比较。使用 k 路组相联映射，其存储地址中的标记部分要小得多，并且只与一组中的 k 个标记相比较。

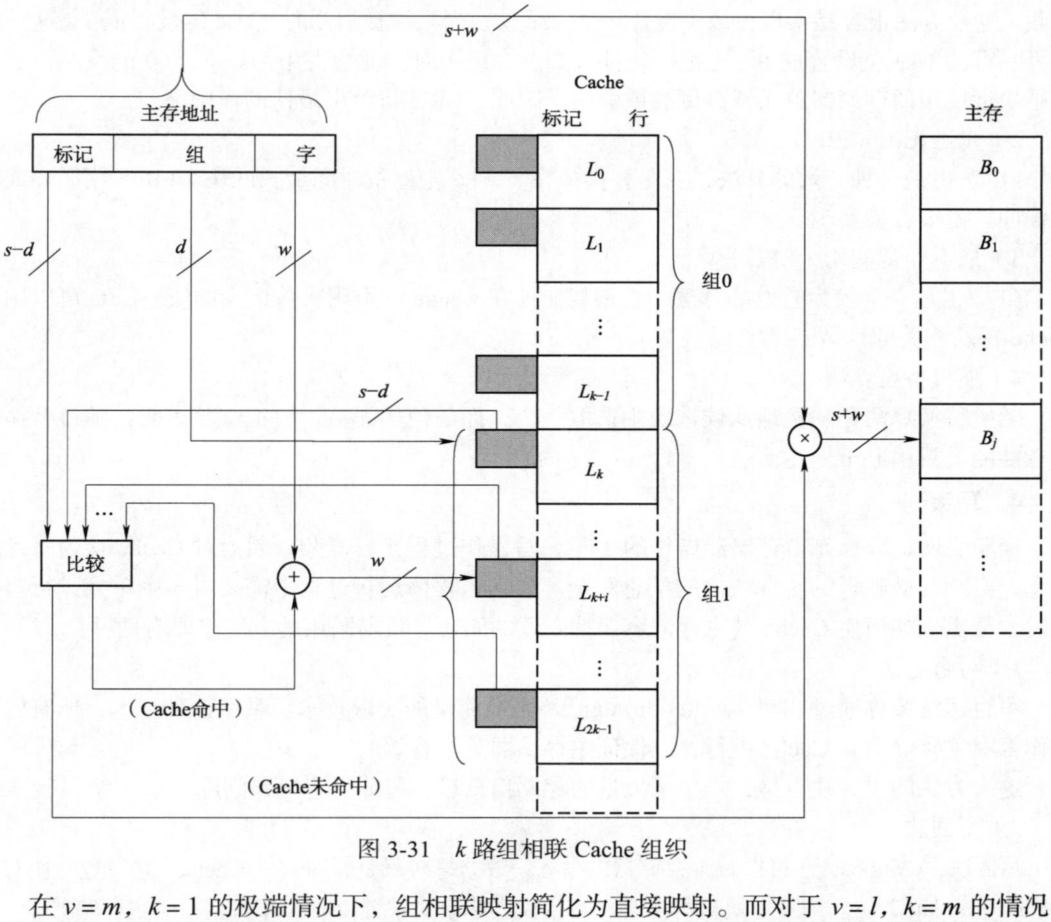

图 3-31　k 路组相联 Cache 组织

在 $v=m$，$k=1$ 的极端情况下，组相联映射简化为直接映射。而对于 $v=l$，$k=m$ 的情况，它简化为全相联映射。采用每组两块（$v=m/2$，$k=2$）是最常用的组相联结构。与直接映射相

比，它明显地提高了命中率，四路组相联（$v = m/4$，$k = 4$）用相对少的附加成本使命中率有一些提高，继续增加每组的行数几乎没有太大效果。

【例 3-6】设采用两路组相联方式，即 d=3，w=1，那么主存的第 15 块映射到 Cache 的哪个块中?

答：Cache 分为 $v=2^d=8$ 组，每一组有 $2^w=2$ 个行（块）。

$$i=j \bmod v = 15 \bmod 8 = 7$$

所以，主存的第 15 块映射到 Cache 的第 7 组，每组有 2 块，组内是全相联映射方式，所以主存的第 15 块映射到 Cache 的第 14、15 块中。

3. 替换策略

当新的一块数据装入 Cache 时，原存储的一块数据必须被替换掉。对于直接映射，某个特定的块只可能有一个相对应的 Cache 块。对于全相联和组相联映射需要一种替换算法。为了获得高速度，这种算法必须由硬件来实现。人们尝试过许多算法，下面介绍最常用的四种。

1）最近最少使用（LRU）算法

LRU 也许是最有效的算法，它替换掉 Cache 中驻留时间最长且未被引用的块。对于二路组相联，这种方法很容易实现，每块包含一个 Use 位。当某块被引用时，Use 位设置成 1，这一组中另一行的 Use 位设置成 0。当把一块读入到这一组中时，就会占用 Use 位为 0 的块。由于假定越最近使用的存储器单元越有可能被引用，因此，LRU 将给出最佳的命中率。

2）先进先出（FIFO）算法

FIFO 也是一种有效的算法，它是替换掉在 Cache 中停留时间最长的块。FIFO 用循环或环形缓冲技术很容易实现。

3）最不经常使用（LFU）算法

LFU 也是一个较为有效的算法，它是替换掉在 Cache 中引用次数最少的块。LFU 可以用与 Cache 每块相关的计数器来实现。

4）随机替换算法

随机替换算法是随机地从候选块中选取一个，而与使用无关。模拟试验表明，随机替换算法在性能上只稍逊于上述算法。

4. 写策略

经验表明，写操作占存储器操作的 15%，写操作过程比较复杂，因为对 Cache 块内写入的信息，必须与被映像的主存块内的信息完全一致。当程序运行过程中需要对某个单元进行写操作时，会出现如何使 Cache 与主存内容保持一致的问题。目前采用的方法主要有两种：

1）写直达法

写直达法又称通过式写（write through），是最简单的实现技术。采用这种技术，所有的写操作都对主存储器和 Cache 进行，以保证主存储器总是有效的。

这一方法的主要缺点是，产生了大量的存储信息量，可能引起瓶颈问题。

2）写回法

写回法（write back）可以减少存储器的写入。数据每次只是暂时写入 Cache，并设置与块有关的修改（update）位。当某个块被替换时，当且仅当修改位被置位时，才将它写回主存储器。

写回法的缺点是，部分存储器是无效的，因此 I/O 模块的存取只允许通过 Cache 进行。这样就造成了更复杂的电路和潜在的瓶颈问题。

在多处理器的系统中，各自都有独立的 Cache，且都共享主存储器，出现了一个新的问题，即如果某个 Cache 中的数据被修改，则它不但使主存储器中的相应字无效，而且也使其他 Cache 中的这个字无效（如果其他的 Cache 中恰巧也有相应的字）。即使采用了写直达法，其他 Cache 中仍可能有无效的数据。显然，解决系统中 Cache 一致性的问题很重要。Cache 一致性是一个活跃的研究领域，可通过查阅资料进一步探讨这个课题。

5. 数据块的大小

当一个数据块被检索并放入 Cache 时，不仅所要的字，而且一些相邻的字也被取出。当块的大小由很小变得较大时，命中率首先会增加。这是因为局部性原理，引用字附近的数据以后被引用的概率高。当块大小增大时，更多有用的数据被装入 Cache。但是，当块变得相当大并且使用新取出的信息的概率变得小于重用已被替代的信息的概率时，命中率开始下降。下面是块的两个特殊作用：

（1）较大的块能减少装入 Cache 的块数。因为每装入一块要改写 Cache 中原来的内容，少量的块导致了装入的数据很快被改写。

（2）当块变得较大时，每个附加的字离所要的字更远。因此，将被使用的可能性就更小。

块大小与命中率的关系是复杂的，它取决于特定程序的局部性特征，还没有找到确定的最优值。通常认为大小为 2～8 个可寻址单元（字或字节）接近最优值。

6. Cache 的数目

最早引入 Cache 时，通常系统只有一个 Cache。近年来，使用多个 Cache 已相当普遍。需要考虑两个设计问题是关于 Cache 的级数以及采用统一或分立的 Cache。

1）单级与两级 Cache

由于集成度的提高，将 Cache 与处理器置于同一芯片——片内 Cache 成为可能。与通过外部总线连接的 Cache 相比，片内 Cache 减少了处理器在外部总线上的活动，因而加快了执行时间，提高了系统总性能。当所要的指令或数据能在片内 Cache 中找到时，就减少了对总线的访问。因为与总线长度相比，处理器内部的数据路径较短，所以存取片内 Cache 甚至比零等待状态的总线周期还要快。而且，在这段时间内，总线空闲，可用于其他传输。

片内 Cache 又提出另一问题，是否仍需要使用一个外部的 Cache。通常，答案是肯定的，多数当代的设计包含了片内 Cache 和外部 Cache 两种。这种结构称为二级 Cache，其中片内 Cache 为第 1 级（L1），外部 Cache 为第 2 级（L2）。

包含 L2 Cache 的理由如下：如果没有 L2 Cache，处理器要求访问一个不在 L1 Cache 的存储单元时，则处理器必须通过总线访问 DRAM 或 ROM。由于总线速度和存储器存取时间通常较慢，这就导致了较低的性能。另一方面，如果使用了 L2 SRAM（静态 RAM）Cache，则经常丢失的信息可以很快被取来。如果 SRAM 快得足以与总线速度相匹配，则数据能够用零等待状态来存取，这是总线传输最快的一种类型。

若想使用 L2 Cache 来节省时间，则取决于 L1 和 L2 的命中率。一些研究已经表明，使用二级 Cache 确实可以提高性能。

2）统一和分立 Cache

当片内 Cache 首次出现时，许多设计采用单个 Cache 存放数据和指令，分为两部分：一个专用于指令，另一个专用于数据。

统一 Cache 有一些潜在的优点：

（1）对于给定的 Cache 容量，统一 Cache 比分立 Cache 有较高的命中率。因为它在获取指令和数据的负载之间自动进行平衡，即如果执行方式中取指令比取数据多得多，则 Cache 就被指令填满。如果执行方式中有相对较多的要读取的数据，则会出现相反的情况。

（2）只需设计和实现一个 Cache。尽管统一 Cache 有这些优点，但分立 Cache 是一种发展趋势，特别适用于如 Pentium II 和 PowerPC 的超标量机器，它们强调并行指令执行和预取未来执行的指令。

分立 Cache 设计的主要优点是取消了 Cache 在指令处理器和执行单元间的竞争，它在任何基于指令流水线的设计中都是十分重要的。通常处理器会提前获取指令，并把将要执行的指令装入缓冲器或流水线。假设现在有统一指令/数据 Cache，当执行单元执行存储器存取以装载和存储数据时，这一请求提交给统一 Cache。如果同时指令存储器为取指令向 Cache 发出读请求，则后一请求会暂时阻塞，这样，Cache 能首先为执行单元服务，使它能够完成当前的指令执行。这种对 Cache 的竞争会降低性能，因为它干扰了指令流水线的有效使用，而分立的 Cache 结构解决了这一问题。

【例 3-7】假设主存容量为 512 K × 16 位，Cache 容量为 4 096 × 16 位，块长为 4 个 16 位的字，访存地址为字地址。

（1）在直接映射方式下，设计主存的地址格式。

（2）在全相联映射方式下，设计主存的地址格式。

（3）在二路组相联映射方式下，设计主存的地址格式。

（4）若主存容量为 512 K × 32 位，块长不变，在四路组相联映射方式下，设计主存的地址格式。

答：（1）根据 Cache 容量为 4 096=2^{12} 字，得 Cache 地址为 12 位。根据块长为 4，且访存地址为字地址，得块内地址为 2 位，即 $w = 2$，且 Cache 共有 4 096/4=1 024=2^{10} 块，即 $r = 10$。根据主存容量为 512 K=2^{19} 字，得主存地址为 19 位。在直接映射方式下，主存块标记为 19−12=7。

主存的地址格式如图 3-32（a）所示。

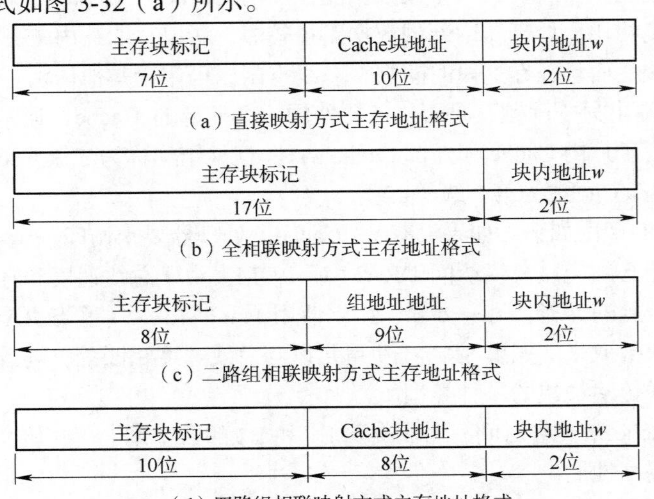

图 3-32　例 3-7 主存地址各字段的分配

（2）在全相联映射方式下，主存字块标记为 $19-w=19-2=17$ 位，其地址格式如图 3-32（b）所示。

（3）在二路组相联映射方式下，一组内有 2 块，得 Cache 共分 1 024/2=512=2^d 组，即 $d=9$，主存块标记为 $19-d-w=19-9-2=8$ 位，其地址格式如图 3-32（c）所示。

（4）若主存容量改为 512 K × 32 位，即双字宽存储器，块长仍为 4 个 16 位的字，访存地址仍为字地址，则主存容量可写为 1 024 K × 16 位，得主存地址为 20 位。由四路组相联，得 Cache 共分 $1\ 024/4=256=2^d$ 组，即 $d=8$。在该条件下，主存块标记为 20–8–2=10 位，其地址格式如图 3-32（d）所示。

3.8.3 高速缓冲存储器系统实例

可以从 Intel 微处理器的演变中清晰地看到 Cache 组织的演变。80386 不包含片内 Cache。

80486 包含 8 KB 的片内 Cache，它采用每行 16 B 的四路组相联结构。Pentium 包含两个片内 Cache，一个用于数据，一个用于指令。每个 Cache 有 8 KB，采用了每行 32 B 的两路组相联结构。Pentium Pro 和 Pentium II 也包含两个 LI 片内 Cache，最初的处理器是一个 8 KB 的四路组相联的指令 Cache 和一个 8 KB 的两路组相联的数据 Cache。Pentium Pro 和 Pentium II 还在处理器模块内（核心芯片外）包含一个四路组相联的 L2 Cache，容量范围为 256 KB～1 MB。

图 3-33 描述了 L_1 数据 Cache 的关键元素。Cache 中的数据由 128 个组组成，每组两块数据。这在逻辑上组成两个 4 KB 的“通路”。与每块相关的是标记和两个状态位；在逻辑上组成两个目录，每个 Cache 块有一个目录项；标记是数据存储地址的高 24 位。Cache 控制器采用最近最少使用（LRU）替换算法，同组中的两块数据共用一个 LRU 位。

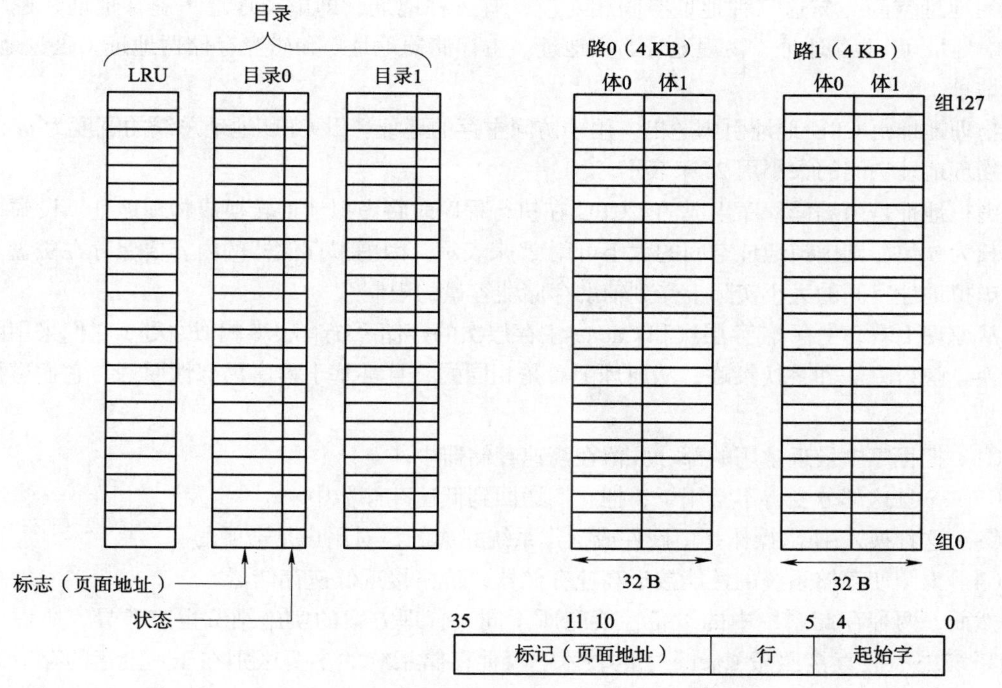

图 3-33　Pentium II 数据 Cache 结构

数据 Cache 采用回写策略，仅当修改过的数据由 Cache 移走时，才写回主存。Pentium II 处理器也能动态配置成支持写直达法的高速缓存。

3.9 虚拟存储器

程序预先放在外存储器（一般是硬盘）中，当计算机需要用到这段程序时，程序调入内存，被 CPU 执行，从 CPU 角度看到的是一个速度接近内存，同时具有外存容量的虚拟存储器。

3.9.1 虚拟存储器的基本概念

1. 设计原理

虚拟存储器是指存储器层次结构中主存-辅存层次的存储系统。它以透明的方式给用户提供了一个比实际主存空间大得多的程序地址空间。虚拟存储器不仅是解决存储容量和存取速度矛盾的一种方法，而且也是管理存储设备的有效方法。

有了虚拟存储器，用户不用考虑所编程序在主存中是否放得下或放在什么位置等问题。虚拟存储器只是一个容量非常大的存储器的逻辑模型，不是任何实际的物理存储器。它借助于磁盘等辅助存储器来扩大主存容量，使之能被更大或更多的程序所使用。

CPU 不能直接访问辅存，必须对数据块进行调度和进行地址的映像和变换。在虚拟存储器中有三种地址空间：第一种是虚拟地址空间，又称虚存空间或虚拟存储器空间，它是应用程序员用来编写程序的地址空间，这个地址空间非常大；第二种是主存储器的地址空间，称为主存地址空间，又称主存物理空间或实存地址空间；第三种是辅存地址空间，也就是磁盘存储器的地址空间。与这三种地址空间相对应，有三种地址，即虚拟地址（虚存地址、逻辑地址、虚地址）、主存地址（物理地址、实地址、主存储器地址）和磁盘存储器地址（磁盘地址、辅存地址）。

物理地址由 CPU 地址引脚送出，用于访问主存的地址。设 CPU 地址总线的宽度为 m 位，那么物理地址空间的大小用 2^m 来表示。

虚拟地址是由编译程序生成的。CPU 在执行程序时将虚拟地址转换成物理地址。设虚拟地址字长为 n 位，则虚拟地址空间的大小可用 2^n 来表示。因虚拟存储器的内容要保存在磁盘上，所以虚拟地址空间的大小实际上受到辅助存储器容量的限制。

从原理上看，主存-辅存层次和 Cache-主存层次的存储系统有很多相似之处，它们采用的地址变换、映射方法和替换策略，从原理上看是相同的，且都基于程序局部性原理。它们遵循的原则是：

（1）把程序中最近常用的部分驻留在高速存储器中。

（2）一旦这部分变得不常用了，把它们送回到低速存储器中。

（3）这种换入/换出操作是由硬件或操作系统完成的，对用户是透明的。

（4）力图使存储系统的性能接近高速存储器，价格接近低速存储器。

然而，两种存储系统中的设备性能有所不同，管理方案的实施细节也有差异，所以虚拟存储系统中不能直接照搬 Cache 中的技术。两种存储系统的主要区别在于：主存的存取时间是 Cache 存取时间的 5～10 倍，而磁盘的存取时间是主存存取时间的上千倍，因而未命中时系统的相对性能损失有很大的不同。具体地说，在虚拟存储器中未命中的性能损失要远大于 Cache 系统中未命中的损失。

2. 主存-辅存层次的存储系统的基本信息传输单位

主存-辅存层次的存储系统的基本信息传输单位可采用几种不同的方案：段、页或段页。

段是利用程序的模块化性质，按照程序的逻辑结构划分成多个相对独立的部分，例如，过程、子程序、数据表、阵列等。段作为独立的逻辑单位可以被其他程序段调用，这样就形成段间连接，产生规模较大的程序。因此，把段作为基本信息单位，在主存-外存之间传输和定位是比较合理的。一般用段表来指明各段在主存中的位置。每段都有它的名称（用户名、数据结构名或段号）、段起点、段长等。段表本身也是主存储器的一个可再定位段。

把主存按段分配的存储管理方式称为段式管理。段式管理系统的优点是段的分界与程序的自然分界相对应；段的逻辑独立性使它易于编译、管理、修改和保护，也便于多道程序共享；某些类型的段（堆栈、队列）具有动态可变长度，允许自由调度以便有效利用主存空间。但是，正因为段的长度各不相同，段的起点和终点不定，给主存空间分配带来麻烦，而且容易在段间留下许多空余的零碎存储空间不好利用，造成浪费。

页式管理系统的基本信息传输单位是定长的页。主存的物理空间被划分为等长的固定区域，称为页面。页面的起点地址和终点地址是固定的，给创建页表带来了方便。新页调入主存也很容易掌握，只要有空白页面就可容纳。唯一可能造成浪费的是程序最后一页的零头的页内空间，它比段式管理系统的段外空间浪费要小得多。页式管理系统的缺点和段式管理系统相反，由于页不是逻辑上独立的实体，所以处理、保护和共享都不及段式方便。

段式存储管理和页式存储管理各有其优缺点，可以采用分段和分页结合的段页式管理系统。程序按模块分段，段内再分页，进入主存仍以页为基本信息传输单位，用段表和页表（每段一个页表）进行两级定位管理。

3.9.2　页式虚拟存储器

在页式虚拟存储器中，把虚拟空间分成页，称为逻辑页；主存空间也分成同样大小的页，称为物理页。假设逻辑页号为 0，1，2，…，m，物理页号为 0，1，…，n，显然有 $m>n$。由于页的大小都取 2 的整数幂个字，所以，页的起点都落在低位字段为空的地址上。因此，虚存地址分为两个字段，高位字段为逻辑页号，低位字段为页内行地址。实存地址也分两个字段，高位字段为物理页号，低位字段为页内行地址。由于两者的页面大小一样，所以页内行地址是相等的。

虚拟地址到主存实地址的变换是由放在主存的页表来实现的。在页表中，对应每一个虚存逻辑页号有一个表目，表目内容至少要包含该逻辑页所在的主存页面地址（物理页号），用它作为实（主）存地址的高字段，与虚存地址的页内行地址字段相拼接，就产生了完整的实存地址，据此来访问主存。页式虚拟存储器地址变换如图 3-34 所示。

通常，在页表的表项中还包括装入位（有效位）、修改位、替换控制位及其他保护位等组成的控制字段。如装入位为 1，表示该逻辑页已从外存调入主存；如装入位为 0，表示对应的逻辑页尚未调入内存。如访问该页就要产生页面失效中断，启动输入/输出子系统，根据页表项目中查得外存地址，由磁盘等外存中读出新的页到主存中来。修改位指出主存页面中的内容是否被修改过，替换时是否要写回主存，替换控制位指出需替换的页等。

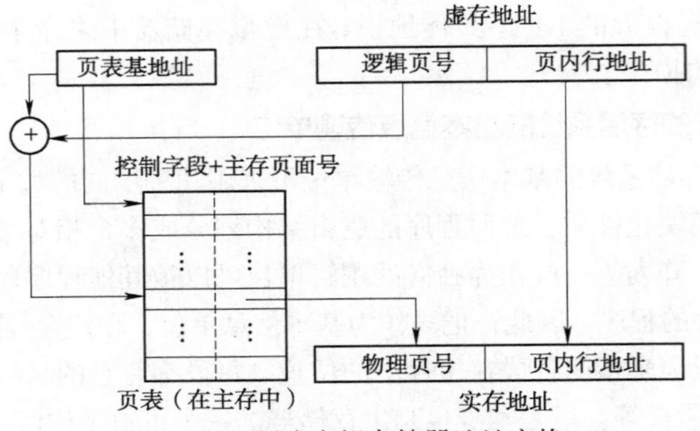

图 3-34　页式虚拟存储器地址变换

假设页表已保存或已调入主存储器中，在访问存储器时，首先要查页表，即使页面命中，也得先访问一次主存去查页表，再访问主存才能取出数据，这就相当于主存速度降低了一半。如果页面失效，还要进行页面替换、页面修改，访问主存的次数就更多了。

由于程序在执行过程中具有局部性，因此，对页表中各存储字的访问并不是完全随机的。也就是说，在一段时间内，对页表的访问只是局限在少数几个存储字内。根据这一特点，可大大缩小目录表的存储容量。例如，容量为 8～16 个存储字，访问速度与 CPU 中的通用寄存器相当。这个小容量的页表称为快表（translation lookaside buffer，TLB），快表采用相联方式访问。当快表中查不到时，再从存放在主存储器中的页表中查找实页号。与快表相对应，存放在主存储器中的页表称为慢表。慢表是一个全表，快表只是慢表的一个部分副本，而且只存放了慢表中很少的一部分。

实际上，快表与慢表也构成了一个由两级存储器组成的存储系统。与虚拟存储器和 Cache 存储器类似。在这个快、慢表的存储系统中，访问速度接近于快表的速度，存储容量是慢表的容量。

快表和慢表的地址变换过程如图 3-35 所示，快表由硬件组成，它比页表小得多。查表时，由逻辑页号同时去查快表和慢表。当在快表中有此逻辑页号时，就能很快地找到对应的物理页号送入实存地址寄存器，并使此表的查找作废，从而就能做到虽采用虚拟存储器但访问主存速度几乎没有下降。如果在快表中查不到，那就要花费一个访问主存时间查慢表，从中查到物理页号送入实存地址寄存器，并将此逻辑页号和对应的物理页号送入快表，替换快表中应该移掉的内容，这也要用到替换算法。

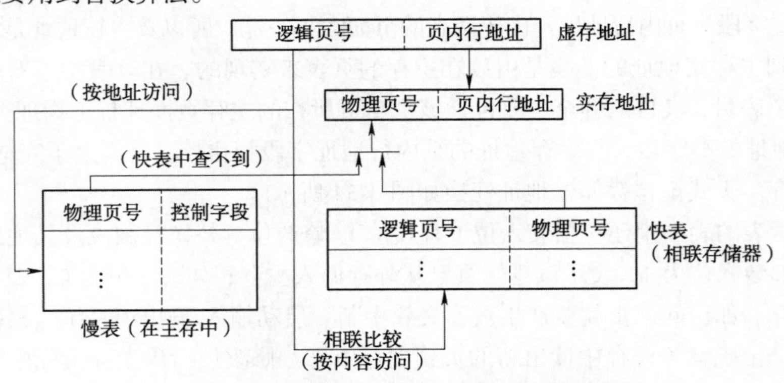

图 3-35　快表和慢表的地址变换过程

页式虚拟存储器的主要优点是：

（1）主存储器的利用率比较高。每个用户程序只有不到一页（平均为半页）的空间浪费，与段式虚拟存储器每两个程序段之间都有浪费相比要节省许多。

（2）页表相对比较简单。它需要保存的字段数比较少，一些关键字段的长度要短许多，因此，节省了页表的存储容量。

（3）地址映像和变换的速度比较快。在把用户程序装入主存储器的过程中，只要建立用户程序的虚页号与主存储器的实页号之间的对应关系即可，不必使用整个主存的地址长度，也不必考虑每页的长度等。

（4）对辅存的管理比较容易，因为页的大小一般取磁盘存储器物理块大小（512 B）的整倍数。

页式虚拟存储器的缺点主要有两个：

（1）程序的模块化性能不好。由于用户程序是强制按照固定大小的页来划分的，而程序段的实际长度一般是不固定的。因此，页式虚拟存储器中一页通常不能表示一个完整的程序功能。一页可能只是一个程序段中的一部分，也可能在一页中包含了两个或两个以上程序段。

（2）页表很长，需要占用很大的存储空间。通常，虚拟存储器中的每一页在页表中都要占有一个存储字。假设有一个页式虚拟存储器，它的虚拟存储空间大小为 4 GB，每一页的大小为 1 KB，则页表的容量为 4 M 存储字。如果每个页表存储字占用 4 B，则页表的存储容量为 16 MB。

3.9.3　段式虚拟存储器

在段式虚拟存储器中，段是按照程序的逻辑结构划分的，各个段的长度因程序而异。虚拟地址由段号和段内地址组成，如图 3-36 所示。

为了把虚拟地址变换成实存地址，需要一个段表，其格式如图 3-36（a）所示。装入位为 1 表示该段已调入主存，为 0 则表示该段不在主存中；段的长度可大可小，所以，段表中需要有长度指示。在访问某段时，如果段内地址值超过段的长度，则发生地址越界中断。段表也是一个段，可以存在外存中，需要时再调入主存。但一般是驻留在主存中。

图 3-36（b）所示为虚存地址向实存地址的变换过程。

3.9.4　段页式虚拟存储器

为了能够同时获得段式虚拟存储器在程序模块化方面的优点和页式虚拟存储器在管理主存和辅存物理空间方面的优点，把两种虚拟存储器结合起来就成为段页式虚拟存储器。在这种方式中，把程序按逻辑单位分段以后，再把每段分成固定大小的页。程序对主存的调入/调出是按页面进行的，但它又可以按段实现共享和保护。

段页式虚拟存储器一方面具有段式虚拟存储器的主要优点，例如，用户程序可以模块化编写，程序段的共享和信息的保护都比较方便，程序可以在执行时再动态链接等；另一方面也具有页式虚拟存储器的主要优点，例如，主存储器的利用率比较高，对辅助存储器（磁盘存储器）的管理比较容易等。

其缺点是在地址映像过程中需要多次查表。在段页式虚拟存储器中，每道程序是通过一个段表和一组页表来进行定位的。段表中的每个表目对应一个段，每个表目有一个指向该段的页表起始地址（页号）及该段的控制保护信息。页表指明该段各页在主存中的位置以及是否已装入、已修改等状态信息。计算机中一般都采用这种段页式存储管理方式。

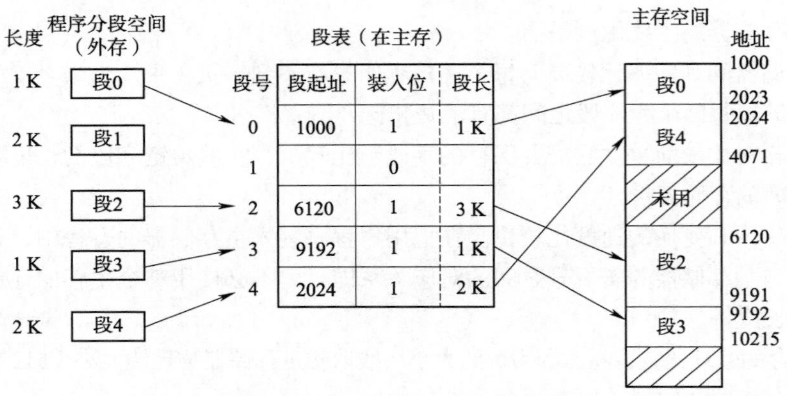

（a）虚拟地址空间到物理地址空间的映射

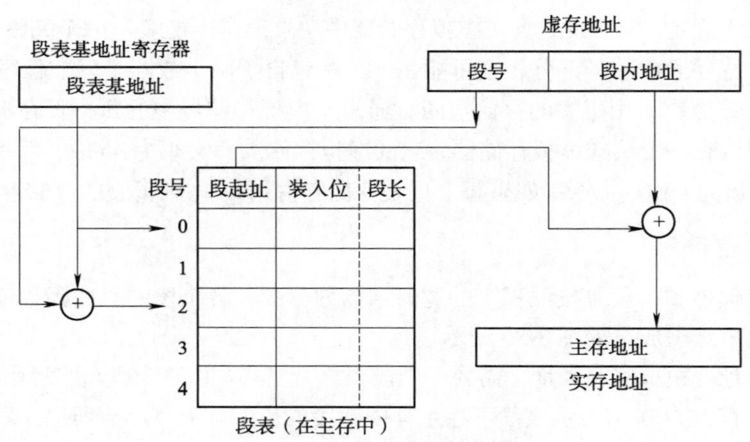

（b）虚存地址变换为实存地址

图 3-36 段式虚拟存储器地址

如果有多个用户在机器上运行，即称为多道程序。多道程序的每一道（每个用户）需要一个基号（用户标志号），可由它指明该道程序的段表起始地址（存放在基址寄存器中）。这样，虚拟地址应包括基号、段号、页号、页内地址，其格式如下：

基号	段号	页号	页内地址

每道程序可由若干段组成，而每段又由若干页组成，由段表指明该段页表的起始地址，由页表指明该段各页在主存中的位置以及是否已装入等控制信息。

【例 3-8】假设有三道程序（用户标志号为 A、B、C），其基址寄存器内容分别为 S_A、S_B、S_C，逻辑地址到物理地址的变换过程如图 3-37 所示。在主存中，每道程序都有一张段表，A 程序有四段，C 程序有三段。每段应有一张页表，段表的每行就表示相应页表的起始位置，而页表内的每行即为相应的物理页号。请说明虚实地址的变换过程。

答：地址变换过程为

（1）根据基号 C，执行 S_C（基址寄存器内容）+1（段号）操作，得到段表相应的行地址，其内容为页表起始地址 b。

（2）执行 b（页表起始地址）+2（页号），得到物理页号的地址，其内容即为物理页 10。

（3）物理页号与页内地址拼接即得到物理地址。

假如该计算机只有一个基址寄存器，那么基号可以不要，在多道程序切换时，则操作系统修改基址寄存器内容。

另外，上述每一张表的每一行都要设置一个有效位。在上面讨论时假设相应行的有效位均为 1，否则表示相应的表还未建立，访问失败，发出中断请求以启动操作系统建表。

可以看出，段页式虚拟存储器由虚拟地址向实存地址的变换至少需查两次表（段表与页表）。段、页表构成表层次。当然，表层次不只段页式有，页表也会有，这是因为整个页表是连续存储的。当一个页表的大小超过一个页面的大小时，页表就可能分成几个页，分存于几个不连续的主存页面中，然后，将这些页表的起始地址又放入一个新页表中。这样，就形成了二级页表层次。一个大的程序可能需要多级页表层次。对于多级页表层次，在程序运行时，除了第一级页表需驻留在主存之外，大部分可存于外存，需要时再由第一级页表调入，从而可减少每道程序占用的主存空间。

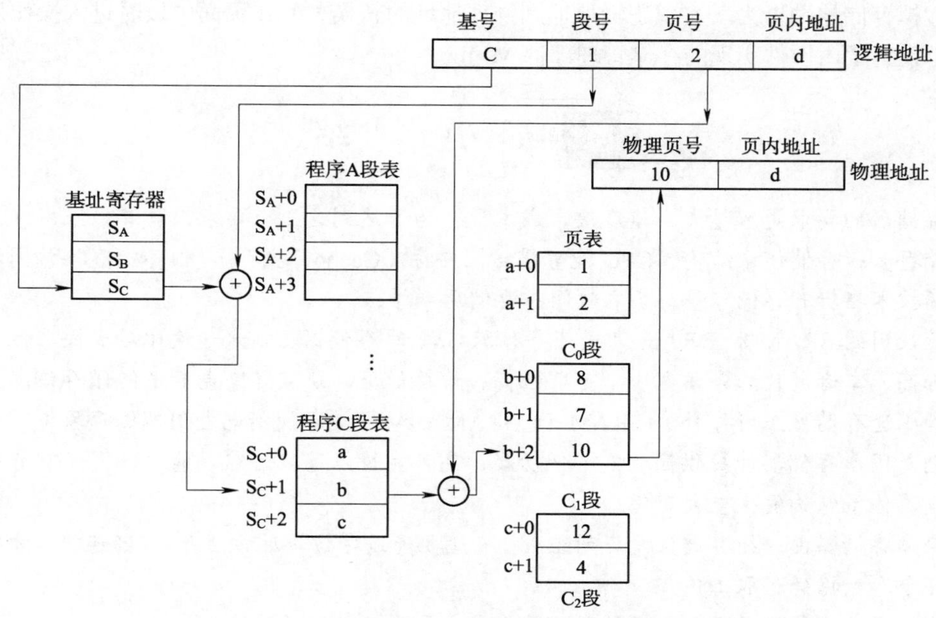

图 3-37　段页式虚拟存储器地址变换过程

3.9.5　替换算法

当 CPU 要用到的数据或指令不在主存时，产生页面失效（缺页），此时要求从外存调进包含有这条指令或数据的页面。假如主存页面已全部被占满，那么用什么规则来替换主存的哪一页以接纳要调进的页面呢？

虚拟存储器中的页面替换策略和 Cache 中的行替换策略有很多相似之处，但有三点显著不同：

（1）缺页至少要涉及前一次磁盘存取，以读取所缺的页面，因此缺页使系统蒙受的损失要比 Cache 未命中大得多。

（2）页面替换是由操作系统软件实现的。

（3）页面替换的选择余地很大，属于一个进程的页面都可替换。为了以较多的 CPU 时间和硬件为代价来换取更高的命中率，虚拟存储器中的替换策略一般采用 LRU 算法、LFU 算法、FIFO 算法，或将其中两种算法结合起来使用。

对于将被替换出去的页面是否要进行某些处理呢？由于在主存中的每一页在外存中都留有副本，假如该页调入主存后没有被修改（即写入）过，那么就不必进行处理，否则就应该把该页重新写入外存，以保证外存中数据的正确性。为此在页表的每一行可设置一修改位，当该页刚调入主存时，此位为 0，当对该页内任一地址进行写入时，就把该位修改为 1。在该页被替换时，检查其修改位，如为 1，则先将该页内容从主存写入外存，然后再从外存接收新的一页。

评价一个页面替换算法好坏的标准主要有两个：一是命中率要高，二是算法要容易实现。要提高一个页面替换算法的命中率，首先要使这种算法能正确反映程序的局限性，其次是这种算法要能够充分利用主存中页面调度情况的历史信息，或者能够预测主存中将要发生的页面调度情况。

在虚拟存储器中，为了实现逻辑地址到物理地址的转换，并在页面失效时进入操作系统环境，人们设置了由硬件实现的存储管理部件 MMU。

小　结

对存储器的要求是容量大、速度快、成本低。为了达到这三个要求，计算机采用 Cache、主存和外存多级存储体系结构。CPU 能直接访问内存（Cache、主存），但不能直接访问外存。存储器的技术指标有存储容量、存取时间、存储周期等。

广泛使用的 SRAM 和 DRAM 都是半导体随机读/写存储器，前者速度比后者快，但集成度不如后者高。二者的优点是体积小、可靠性高、价格低廉，缺点是断电后不能保存信息。只读存储器和闪速存储器正好弥补了 SRAM 和 DRAM 的缺点，即使断电也仍然保存原先写入的数据。特别是闪速存储器能提供高性能、低功耗、高可靠性以及瞬时启动能力，因而有可能使现有的存储器体系结构发生重大变化。

半导体存储器由一组存储位元阵列组成，一般要通过字位扩展方法和 CPU 连接，才能进行正常的指令和数据的存取工作。

多模块交叉存储器属于并行存储器结构，它主要采用时间并行技术。

Cache 是一种高速缓冲存储器，是为了解决 CPU 和主存之间速度不匹配而采用的一项重要的硬件技术，并发展为多级 Cache 体系，指令 Cache 与数据 Cache 分设体系。Cache 的命中率接近于 1。主存与 Cache 的地址映射有直接映射、全相联映射、组相联映射三种方式。其中，组相联映射方式是前两者的折中方案，适度地兼顾了两者的优点又尽量避免其缺点，从灵活性、命中率、硬件投资来说较为理想，因而得到了普遍采用。

虚拟存储器指的是主存-外存层次的存储系统，它给用户提供了一个比实际主存空间大得多的虚拟地址空间。因此虚拟存储器只是一个容量非常大的存储器的逻辑模型，不是任何实际的物理存储器。按照主存-外存层次的信息传输单位不同，虚拟存储器有页式、段式、段页式三类。

习　题

一、选择题

1. 存储器是计算机系统中的记忆设备，它主要用来（　　）。

A. 存放数据　　B. 存放程序　　C. 存放数据和程序　　D. 存放微程序

2. 计算机的存储器采用分级存储体系的主要目的是（　　）。

A. 便于读/写数据

B. 减小机箱的体积

C. 便于系统升级

D. 解决存储容量、价格和存取速度之间的矛盾

3. 某 SRAM 芯片的存储容量为 64 K×16 位，该芯片的地址线和数据线数目为（　　）。

A. 64, 16　　B. 16, 64　　C. 64, 8　　D. 16, 16

4. 主存储器和 CPU 之间增加 Cache 的目的是（　　）。

A. 解决 CPU 和主存之间的速度匹配问题

B. 扩大主存储器的容量

C. 扩大 CPU 通用寄存器的数量

D. 既扩大主存容量又扩大 CPU 通用寄存器数量

5. 采用虚拟存储器的主要目的是（　　）。

A. 提高主存储器的存取速度

B. 扩大主存储器的存储空间，并能进行自动管理和调度

C. 提高外存储器的存取速度

D. 扩大外存储器的存储空间

6. 下列说法中不正确的是（　　）。

A. 每个程序的虚地址空间可以远大于实地址空间，也可以远小于实地址空间

B. 多级存储体系由 Cache、主存和虚拟存储器构成

C. Cache 和虚拟存储器这两种存储器管理策略都利用了程序的局部性原理

D. 当 Cache 未命中时，CPU 可以直接访问主存，而外存与 CPU 之间则没有直接通路

7. 以下（　　）能使 Cache 的效率发挥最好。

A. 程序中不含有过多的 I/O 操作

B. 程序的大小不超过实际的内存容量

C. 程序具有较好的访问局部性

D. 程序的指令间相关性不多

二、解释术语

1. 存取时间、存取周期
2. 存储器带宽
3. 低位交叉编址
4. 局部性原理、时间局部性、空间局部性

5. 存储器的层次化结构

6. 高速缓冲存储器（Cache）、命中率

7. 虚拟存储器

三、简答题

1. 计算机存储系统分为哪几个层次？其存储容量、速度和价格的相对关系如何？

2. 设有一个具有 20 位地址和 32 位字长的存储器，试问：

（1）该存储器能存储多少个字节的信息？

（2）如果存储器由 512 K×8 位的 SRAM 芯片组成，需要多少片？

（3）需要多少位地址做芯片选择？

3. 用 16 K×8 位的 DRAM 芯片构成 64 K×32 位的存储器，要求：

（1）画出该存储器的组成逻辑框图。

（2）设存储器读/写周期为 0.5 μs，CPU 在 1 μs 内至少要访问一次。试问采用哪种刷新方式比较合理？两次刷新的最大时间间隔是多少？对全部存储单元刷新一遍所需的实际刷新时间是多少？

4. 要求用 256 K×16 位 SRAM 芯片设计 1 024 K×32 位的存储器。SRAM 芯片有两个控制端，当 $\overline{CS}$ 有效时，该片选中。当 $\overline{WE}$ = 1 时，执行读操作；当 $\overline{WE}$ = 0 时，执行写操作。

5. 用 32 K×8 位的 EPROM 芯片组成 128 K×16 位的只读存储器，试问：

（1）数据寄存器是多少位？

（2）地址寄存器是多少位？

（3）共需多少个 EPROM 芯片？

（4）画出此存储器的组成框图。

6. 某存储器容量为 4 KB，其中 ROM 为 2 KB，选用 EPROM 2 K×8 位；RAM 2KB，选用 RAM 1 K×8 位；地址总线为 A_{15}～A_0。写出全部片选信号的逻辑式。

7. 某机器中，已知配有一个地址空间为 0000H～3FFFH 的 ROM 区域。现在再用一个 RAM 芯片（8 K×8 位）形成 40 K×16 位的 RAM 区域，起始地址为 6000H。假设 RAM 芯片有信号控制端。CPU 的地址总线为 A_{15}～A_0，数据总线为 D_{15}～D_0，控制信号为 $R/\overline{W}$（读/写）、$\overline{MREQ}$（访存），要求：

（1）画出地址译码方案。

（2）将 ROM 与 RAM 同 CPU 连接。

8. 设主存的容量是 1 MB，Cache 的容量是 16 KB，块的大小是 512 B。

（1）写出主存地址格式。

（2）写出 Cache 的地址格式。

（3）页表的容量为多大？

（4）画出直接地址映射的示意图。

9. 有一个 Cache 的容量为 2 K 字，每块为 16 字，试问：

（1）该 Cache 可容纳多少个块？

（2）如果主存的容量是 256 K 字，则有多少个块？

（3）在直接映射方式下，主存中的第 i 块映射到 Cache 中哪一个块？

（4）进行地址映射时，存储器地址分成哪几段？各段分别有多少位？

10. 某计算机有 64 KB 的主存和 4 KB 的 Cache，Cache 每组 4 字块，每字块 64 B。存储系统按组相联方式工作。试问：

（1）主存地址的标志字段、组字段和块内地址字段各有多少位？

（2）若 Cache 原来是空的，CPU 依次从 0 号地址单元顺序访问到 4344 号单元，采用 LRU 替换算法。若访问 Cache 的时间为 20 ns，访问主存的时间为 200 ns，试估计 CPU 访存的平均时间。

11. 主存容量为 4 MB，虚存容量为 1 GB，则虚拟地址和物理地址各为多少位？如页面大小为 4 KB，则页表长度是多少？

12. 假设可供用户程序使用的主存容量为 200 KB，而某用户的程序和数据所占的主存容量超过 200 KB，但小于逻辑地址所表示的范围。则具有虚存与不具有虚存对用户有何影响？

13. 某机器采用四体交叉存储器，执行一段小循环程序，此程序放在存储器的连续地址单元中。假设每条指令的执行时间相等，而且不需要到存储器存取数据，问下面两种情况中（执行的指令数相等），程序运行的时间是否相等？

（1）循环程序由 6 条指令组成，重复执行 80 次。

（2）循环程序由 8 条指令组成，重复执行 60 次。

四、思考题

（1）寄存器和主存储器都是用来存放信息的，它们有什么不同？

（2）主存和 Cache 分块时，是否字块越大，命中率越高？

第 4 章 外围设备

本章内容提要

- 键盘;
- 显示设备;
- 打印设备;
- 外部存储器。

外围设备的功能是在计算机和其他设备之间，以及计算机与用户之间提供联系，主要用来完成数据的输入/输出、成批存储数据和对数据的加工处理等。本章首先介绍常用的输入/输出设备的逻辑组成与工作原理，然后介绍外存设备，最后讨论 I/O 接口与外界之间的连接——外部 I/O 接口。叙述的重点仍以基本概念和基本原理为主。

4.1 概 述

中央处理器（CPU）和主存储器构成计算机的主机。除主机外，围绕主机设备的各种硬件装置称为外围设备或外部设备（peripheral device），简称外设（peripheral），它们主要用来完成数据的输入/输出、成批存储数据和对数据的加工处理等任务。

4.1.1 外围设备的一般功能与组成

I/O 操作是通过各种外围设备来完成的，这些外围设备提供了在外部环境和计算机之间交换数据的手段。外围设备通过连接到 I/O 接口的连线与计算机系统连接，这些连线用来在 I/O 接口和外围设备间交换控制、状态和数据信息。

图 4-1 所示为外围设备的组成示意图。I/O 接口以控制、状态和数据信号的形式出现。数据信号是一组以位的形式发送到 I/O 接口或接收来自 I/O 接口的信号。控制信号确定设备执行的功能，例如，发送数据到 I/O 接口（Input 或 Read）、接收来自 I/O 接口的数据（Output 或 Write）、记录状态或执行一些对特定设备的控制（例如定位磁头）。状态信号表示设备的状态，如 Ready/Not-Ready 表示进行数据传输的设备是否就绪。

与设备相关的控制逻辑控制设备的操作，以响应来自 I/O 接口的命令。输出时，变换器把数据从电信号转换成其他形式；输入时，变换器把其他信号转换成电信号。通常，缓冲器与变换器有关，它暂存将在 I/O 接口和外部环境间传输的数据，缓冲器的大小一般为 8 位或 16 位。

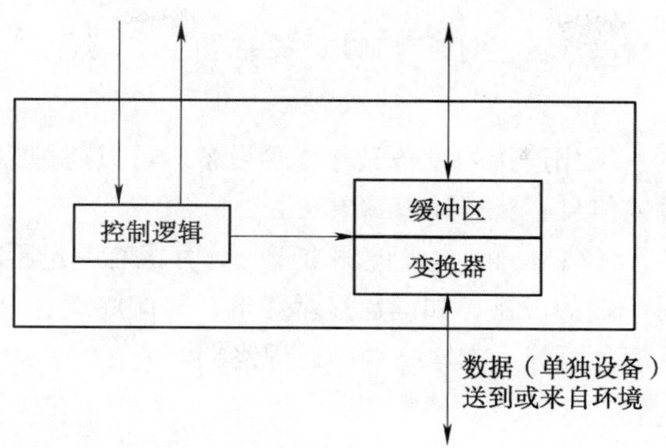

图 4-1　外围设备组成示意图

4.1.2　外围设备的分类

外围设备的一个显著特点就是多样性，这也导致了多种分类的角度，如按功能与用途、工作原理、速度快慢、传输格式等。从广义上看，把外设分成三类：

（1）人可读的：适用于与计算机用户通信。

（2）机器可读的：适用于与设备通信。

（3）通信设备：适用于与远程设备通信。

人可读的设备有视频显示终端和打印机。机器可读的设备有磁盘和磁带系统以及传感器和动臂机构，例如，机器人的应用。通信设备允许计算机与远程设备交换数据，它可以是人可读的设备，如终端一样，也可以是机器可读的设备，甚至可以是另一台计算机。

如果不是从设备研制本身，而是从计算机系统组成的角度，按设备在系统中的作用来分类，可将它们划分为五类。同一种设备可能具有其中几种功能。

1. 输入设备

输入设备将外部的信息输入主机，通常是将操作者（或广义的应用环境）所提供的原始信息，转换为计算机所能识别的信息，然后送入主机。例如，将符号形式（如字符、数字等）或非符号形式（如图形、图像、声音等）的输入信息，转换成代码形式的电信号。常见的输入设备有键盘、穿孔输入设备、数据站（脱机录入设备）、图形数字化仪、字符输入与识别、语音输入与识别设备、光笔、鼠标、跟踪球、操纵杆等辅助设备。

2. 输出设备

输出设备将计算机处理结果输出到外部，通常是将处理结果从数字代码形式转换成人或其他系统所能识别的信息形式。例如，显示器或打印机提供人能识别与理解的信息，或是程序执行的结果，或是运行状态，或是人机对话中计算机发出的询问、提示等。又如，计算机将结果输出到磁盘、磁带，下次可再输入计算机（本身或其他计算机）进行处理，因而是其他系统所能识别的信息。常见的输出设备有显示器、打印机、绘图仪、复印机、电传机等办公设备，语音输出设备，以及早期的穿孔输出设备（纸带穿孔机、卡片穿孔机）等。

3. 外存储器

外存储器是指主机之外的一些存储器。它们既是存储器子系统的一部分，也是一种输入/输出设备，既是输入设备也是输出设备。外存储器的任务是存储或读取数字代码形式的信息，一般不担负信息转换工作，所以常将它们视为I/O设备中专门的一类。

4. 终端设备

与计算机信息网络的一端相连接的设备又称终端设备。可以通过终端设备在一定距离之外操作计算机，通过终端输入信息、获得处理结果。

在计算机信息网络中，终端一词的含义更侧重于与计算机有一定距离，需由通信线路连接，即在计算机通信线路的另一端的设备，如键盘显示终端、打印终端、电传终端或其他通信终端等。按与计算机之间的距离，可分为本地终端和远程终端两类。

5. 其他广义外围设备

除了常规配置的输入/输出设备之外，计算机在各种应用领域中还可能连接一些相关的设备。从广义上讲，这些设备也可视为计算机外围设备，它们和主机间也存在输入/输出的联系，例如在自动检测与控制中的数据采集设备、各种执行元件与传感器、A/D 转换器与 D/A 转换器等。

4.1.3 调用 I/O 设备的层次

从逻辑组成的角度讲，I/O 设备的工作需要由设备控制器进行控制，而 I/O 设备与主机之间一般需要一个接口部件。在常用的微型计算机系统中，磁盘控制器与接口合为一体，称为磁盘适配卡，显示器的控制器也与接口合为一体，称为显示器适配卡。打印机控制器则常与打印机本身合为一体，而打印机适配卡往往是一种可以通用的接口。许多设备控制器与接口都是可编程控制的，甚至采用了微处理器与局部存储器，可以存放与执行设备有关的控制程序。

键盘操作一般由用户主动进行，主机以中断方式被动处理，接收并识别键码。大多数 I/O 设备如显示器、打印机、磁盘、磁带等，在宏观上由主机主动调用，微观上可能采用中断方式或 DMA 方式进行处理。对 I/O 设备的调用过程与设备的工作，大致可分为下述四个层次。

1. 调用 I/O 设备的用户界面

操作系统为用户调用 I/O 设备提供了统一而方便的操作界面。例如，微机常用的操作系统 PC-DOS 为用户提供了两种界面：通过按键发出 DOS 命令，或在程序中通过软中断进行系统功能调用。这些键盘命令或功能调用命令，可以指定磁盘读/写、显示、打印等操作，也可以从纯软件角度按文件名进行对文件的有关操作。

2. 设备驱动程序

在操作系统中，包含若干个对常用 I/O 设备的驱动程序。每个驱动程序又有若干功能子程序提供对该设备的操作功能，供用户选择。当用户在编程中以软中断方式调用某 I/O 设备时，可根据系统的技术手册，以中断号调用某个驱动程序，以功能编号指定所需的操作类型。由于机器指令系统只能提供通用的基本操作功能，所以驱动程序往往以送出命令字或命令块（多字节）方式，向接口送出针对该设备的具体控制信息，并以取回状态字的形式，判别操作结果与设备运行状态。

如果系统中使用了新的 I/O 设备，或要求 I/O 设备完成新的操作，那就需要编制新的设备驱动程序，或修改原有的驱动程序，或在用户程序中编制相应的调用模块。

3. 设备控制器及控制程序

驱动程序通过接口部件，向设备控制器发出命令字。命令字代码的各位表达了要求 I/O 设备进行的操作，通过相应的逻辑部件实现。由于微处理器价格已很低廉，像磁盘控制器、打印机控制器一类功能较复杂的设备控制器，广泛采用微处理器与半导体存储器，构成所谓智能型接口与控制器，其中用 ROM 固化设备控制程序。当驱动程序送出命令之后，就启动设备控制器中的微处理器，通过执行设备控制程序实现有关操作。

4. I/O 设备的具体操作

设备在设备控制程序控制下执行有关的操作。

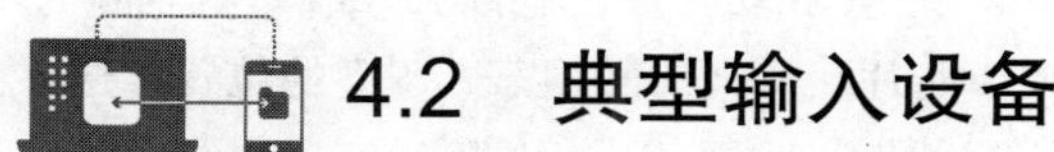

4.2　典型输入设备

计算机与用户交互最常用的方式是键盘/显示器设备，用户通过键盘输入，此输入传输到计算机内，也可在显示器上显示。

4.2.1　键盘

如何由按键动作产生相应的按键编码呢？在通用键盘上，键的数量较多时，一般采用扫描方式产生键码。将键连接成阵列，每个键位于某行、某列交点上，先通过扫描方法找到按下的键的行列位置，称为位置码或扫描码，再查表（ROM 构成或软件实现）将位置码转换为按键编码。键盘逻辑固定后，某一位置上的键具有固定的位置码；更换转换表的内容，即可重新定义键名与键码。

扫描式键盘分为硬件扫描键盘和软件扫描键盘。

1. 硬件扫描键盘

在键盘上，可将各键连接成阵列，即分成 n 行 × m 列，每个键连接于某个行线与某个列线之间。通过硬件扫描或软件扫描，识别所按下的键的行列位置，称为位置码或扫描码。如果由硬件逻辑实现扫描，这种键盘称为硬件扫描键盘，或称为电子扫描式编码键盘。所用的硬件逻辑可称为广义上的编码器。

如图 4-2 所示，硬件扫描键盘的逻辑组成包括：键盘阵列、振荡器、计数器、行译码器、列译码器、符合比较器、ROM、接口、去抖电路等。

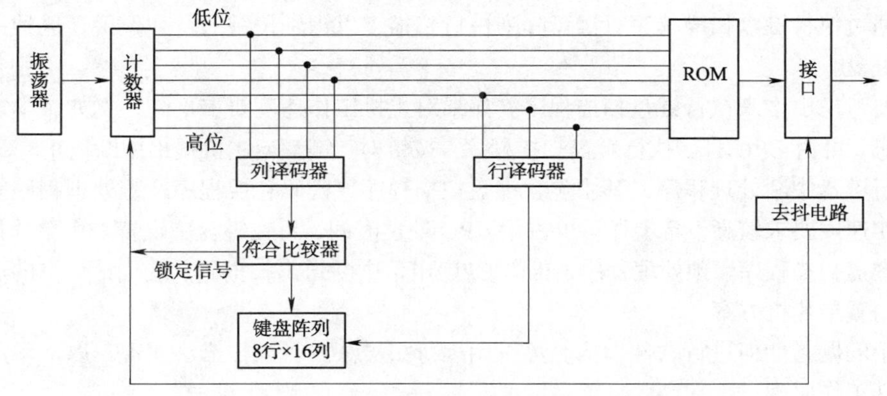

图 4-2　硬件扫描式键盘原理框图

假定键盘阵列为 8 行 × 16 列，可安装 128 个键，则位置码需要 7 位，相应地设置一个 7 位计数器。振荡器提供计数脉冲，计数器以 128 为模循环计数。计数器输出 7 位代码，其中高 3 位经译码输出，送键盘阵列行线。计数器输出的低 4 位送列译码器，列译码器输出送符合比较器。键盘阵列的列线输出也送符合比较器，二者进行符合比较。

假定按下的键位于第 1 行、第 1 列（序号从 0 开始），则当计数值为 0010001 时，行线 1 被行译码器输出置为低电平。由于该键闭合，使第 1 行与第 1 列接通，则列线 1 也为低电平，低 4 位代码 0001 译码输出与列线输出相同，符合比较器输出一个锁定信号，使计数器停止计数，其输出代码维持为 0010001，就是按键的行列位置码，或称为扫描码。

用一个只读存储器 ROM 芯片装入代码转换表，按键的位置码送往 ROM 作为地址输入，从 ROM 中读出对应的按键字符编码或功能编码。更换 ROM 中写入的内容，即可重新定义各键的编码与功能含义。

由 ROM 输出的键码，经接口芯片送往 CPU。要注意一个问题，即键在闭合过程中往往存在一些难以避免的机械性抖动，使输出信号也产生抖动。抖动发生在前沿部分，对于接触式键，这种抖动可达到数十毫秒。若不避开抖动区，有可能被误认为多次操作。因此，在硬件扫描键盘中设置硬件延时电路（如单稳电路），延迟数十毫秒之后才识别读取键码，此时键已稳定闭合。这种电路称为去抖电路。

还需注意一个问题，即重键问题。当快速按键时，有可能发生这样一种情况，前一次按键的键码尚未送出，后面按键产生了新键码，造成键码的重复混乱。在图 4-2 所示的逻辑中，是依靠锁定信号来防止重键现象的。在扫描找到第一次按键位置时，符合比较器输出锁定信号，使计数器停止计数，只认可第一次按键产生的键码。仅当键码送出之后，才解除对计数器的封锁，允许扫描识别后面按下的键。当然，这种暂停扫描的方法只能防止两键重叠，如果由于 CPU 延缓接收而发生多键重叠，中间的按键编码就会丢失。所以在功能更强的键盘中，采取存储多个键码的方法，来解决重键问题。

硬件扫描键盘的优点是不需要主机担负扫描任务。当键盘产生键码之后，才向主机发出中断请求，CPU 以响应中断方式，接收随机按键产生的键码。用户已很少用小规模集成电路来构成这种硬件扫描键盘，而是尽可能利用全集成化的键盘接口芯片，如 Intel 8279。

2. 软件扫描键盘

可以通过执行键盘扫描程序对键盘阵列进行扫描，以识别按键的行列位置，这种键盘称为软件扫描键盘。

首先要考虑由谁来执行键盘扫描程序。如果对主机工作速度要求不高，例如教学实验用的单板计算机，可由 CPU 自己执行键盘扫描程序。按键时，键盘向主机提出中断请求，CPU 响应后转去执行键盘中断处理程序，其中包含键盘扫描程序、键码转换程序及键处理程序等。如果对主机工作速度要求较高，希望尽量少占用 CPU 处理时间，可在键盘中设置一个单片机，由它负责执行键盘扫描程序、预处理程序，再向 CPU 申请中断送出扫描码。现代计算机的通用键盘大多采用内置单片机方案。

第二个问题是如何进行软件扫描。可采用逐行扫描法或行列扫描法实现。以下采用逐行扫描法说明其工作原理。

图 4-3 是一种在单板机中广泛采用的键盘阵列示意图。16 个字键连接成 4 行 × 4 列，4 条列线分别通过上拉电阻接+5 V 电源，若没有行线的影响，则列线输出高电平。在执行键盘扫描程

序时，CPU 数据输出送往行线，并将列线输出取回，判别按键位置。

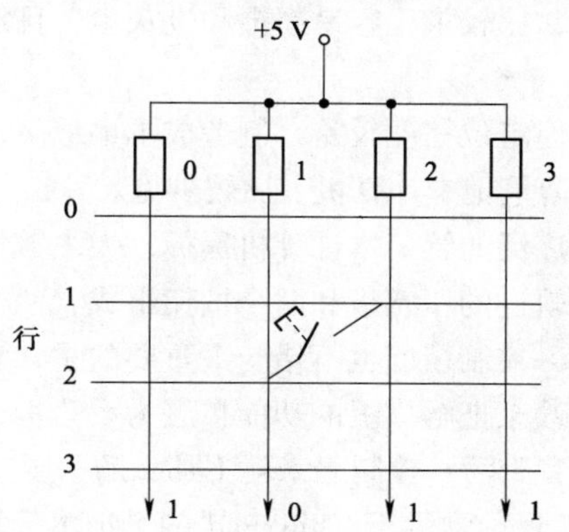

图 4-3　简易扫描式键盘阵列

当有键按下时，键盘产生中断请求信号，CPU 响应后执行键盘扫描子程序。在单板机监控程序中一般含有扫描子程序，其流程图如图 4-4 所示。

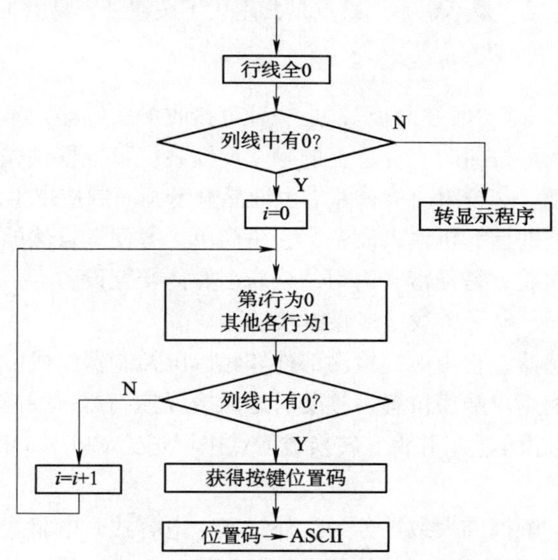

图 4-4　逐行扫描法程序流程

CPU 通过数据线输出代码，送往行线。从第 0 行开始，逐行为 0，其余各行为 1。将列线输出取回至 CPU。判别其中是否有一位为 0，是哪一位为 0。假定按下的键将第 1 行第 1 列接通。则当第 1 行行线为 0 时，第 1 列列线也为 0，其余各列线为 1。由此可知按键位置，即位置码（扫描码），再查表转换为对应的 ASCII 码。此程序也可由专门的单片机负责执行。

在程序中可插入延时程序，以避开闭合初期的抖动阶段。

4.2.2　指点设备

由于受到体积上的限制，笔记本计算机的主要输入设备——鼠标和键盘都与台式机有一些区别。目前笔记本计算机内置的常见鼠标设备（确切地说应是指点设备）有四种，它们分别是轨迹球、触摸屏、触摸板和指点杆，其外观都与标准鼠标大相径庭，但功能是一致的。

轨迹球的特点是体积较大，比较重，容易磨损和进灰尘，且定位精度的能力一般，现在轨迹球已经被淘汰了。

触摸屏使用起来最方便，但定位精度较差，制造成本也最高，目前多用于超便携笔记本计算机之中，在全内置和超轻超薄笔记本计算机上比较少见。

触摸板是目前使用得最为广泛的笔记本计算机鼠标，大多数笔记本计算机配有触摸板。触摸板由一块能够感应手指运行轨迹的压感板和两个按钮组成，两个按钮相当于标准鼠标的左右键。触摸板是没有机械磨损的，控制精度也不错，最重要的是，它操作起来很方便，初学者很容易上手，一些笔记本计算机甚至把触摸板的功能扩展为手写板，可用于手写汉字输入。缺点是，如果使用者的手指潮湿或者脏污，控制起来就不那么顺手了。

指点杆是由 IBM 发明的，目前常见于 ThinkPad 的笔记本计算机中，它有一个小按钮位于键盘的 G、B、H 三键之间，在空白键下方还有两个大按钮，其中小按钮能够感应手指推力的大小和方向，并由此来控制鼠标的移动轨迹，而大按钮相当于标准鼠标的左右键。指点杆的特点是移动速度快，定位精确，但控制起来却有点困难，初学者不容易上手，但不少用户在掌握了指点杆的使用诀窍后，往往对它爱不释手。缺点是，用久了按钮外套易磨损脱落，需要更换。

4.2.3 触摸屏

触摸屏又称为“触控屏”“触控面板”，是一种可接收触头等输入讯号的感应式液晶显示装置，当接触了屏幕上的图形按钮时，屏幕上的触觉反馈系统可根据预先编程的程式驱动各种连结装置，可用以取代机械式的按钮面板，并借由液晶显示画面制造出生动的影音效果。

触摸屏作为一种最新的计算机输入设备，它是简单、方便、自然的一种人机交互方式。它赋予了多媒体以崭新的面貌，是极富吸引力的全新多媒体交互设备。主要应用于公共信息的查询、工业控制、军事指挥、电子游戏、多媒体教学等。

触摸屏的本质是传感器，它由触摸检测部件和触摸屏控制器组成。触摸检测部件安装在显示器屏幕前面，用于检测用户触摸位置，接受后送触摸屏控制器；触摸屏控制器的主要作用是从触摸点检测装置接收触摸信息，并将它转换成触点坐标送给 CPU，同时能接收 CPU 发来的命令并加以执行。

根据传感器的类型，触摸屏大致被分为红外线式、电容式、电阻式和表面声波式触摸屏四种。红外线技术触摸屏价格低廉，但其外框易碎，容易产生光干扰，曲面情况下失真；电容技术触摸屏设计构思合理，但其图像失真问题很难得到根本解决；电阻技术触摸屏的定位准确，但其价格颇高，且怕刮易损；表面声波触摸屏解决了以往触摸屏的各种缺陷，清晰不容易被损坏，适于各种场合，缺点是屏幕表面如果有水滴和尘土会使触摸屏变得迟钝，甚至不工作。

随着多媒体信息查询设备的与日俱增，人们越来越多地谈到触摸屏，因为触摸屏不仅适用于中文多媒体信息查询的国情，而且触摸屏具有坚固耐用、反应速度快、节省空间、易于交流等许多优点。利用这种技术，用户只要用手指轻轻地碰计算机显示屏上的图符或文字就能实现对主机操作，从而使人机交互更为直截了当，这种技术大大方便了那些不懂计算机操作的用户。

触摸屏在我国的应用范围非常广阔，主要是公共信息的查询，如电信局、税务局、银行、电力等部门的业务查询，以及城市街头的信息查询；此外，应用于领导办公、工业控制、军事指挥、电子游戏、点歌点菜、多媒体教学、房地产预售等。

4.3　典型输出设备

4.3.1　显示设备

显示设备是计算机系统重要的输出设备之一。软件设计与执行的效果往往以字符或图形的形式在屏幕上显示出来，供操作人员观察，它是目前计算机系统中应用最广泛的人机界面设备。

人们可以根据显示情况，通过键盘、光笔、鼠标等，将有关的数据和命令送入计算机，以便对程序的执行随时进行人工干预和控制。

显示器屏幕上的字符、图形不能永久记录下来；一旦关机，屏幕上的信息也就消失了，所以显示器又称“软拷贝”装置。

显示设备子系统的硬件组成一般包括显示器件（或称显示器）、控制器和接口，在微机系统中，通常接口和控制器合为一个整体，称为显示器适配器。其软件组成有包含在操作系统中的驱动程序，可由操作系统命令调用；提供专门图形功能的各种图形软件包等。

1. 分类

显示器的显示方式可分为两大类。

1）字符/数字方式

在这种方式中，以字符为显示内容的基本单元，又称文本显示方式。实际上，字符是由点阵组成的，在显示过程中需将字符 ASCII 码转换为字符点阵代码。

2）图形方式

图形方式不如字符方式那样规整，图形信息更具随机性。不论是字符还是图形，实际上都由许多亮度不同的或色彩不同的像点所组成。每一个像点称为一个像素（pixel），或称为像元。可用分辨率这一指标衡量显示规格。对于字符方式，分辨率指一帧画面最多可显示的字符行数与列数，一般列数大于行数，进一步描述的指标是每个字符点阵的组成，即横向点数与纵向点数。对于图形方式，分辨率指一帧画面最多可显示的像点数，即可显示的水平线数与每线的点数。显然，分辨率越高，画面越清晰，显示容量越大。

显示器按显示器件的不同可分为阴极射线管（CRT）显示器、等离子显示器（PDP）、发光二极管（LED）显示器、液晶显示器（LCD）等。

显示器分为单色显示器（单显）与彩色显示器（彩显）两类。对于单色显示器，可用不同灰度提供画面的多层次；对于彩色显示器，则以不同颜色提供更好的显示效果。相应地，可提供的灰度等级或色数也是显示规格中的重要指标。

显示规格取决于显示器控制器（适配卡）提供的显示规格（又称显示方式）、显示器所能满足的分辨率两方面要求。随着计算机技术的发展，显示设备的不断升级换代是极为重要的一个方面，它直接影响到用户所感受到的功能强弱。为此，除了提高显示器本身的分辨率和清晰度外，还应不断推出新的显示器适配卡。

IBM 公司为个人计算机先后推出了四种彩显适配卡：

① 彩色图形适配器（color graphics adapter，CGA）。

② 增强彩色图形适配器（enhanced graphics adapter，EGA）。

③ 多彩色图形阵列（multicolor graphics array，MCGA）。

④ 视频图形阵列（video graphics array，VGA）。

在每种适配卡中，允许编程选择几种显示规格。这些显示标准被称为 IBM-PC 视屏标准（方式）。VGA 由于良好的性能，在当时迅速开始流行并逐步对它进行扩充，VESA（Video Electronics Standards Association，视频电子标准协会）的 Super VGA（super video graphics array）模式，简称 SVGA，属于 VGA 屏幕的替代品。现在的显卡和显示器都支持 SVGA 模式。不管是 VGA 还是 SVGA，使用的连线都是 15 针的梯形插头，传输模拟信号。

2. 性能指标

1）显像管尺寸

显像管尺寸与电视机的尺寸标注方法是一样的，都是指显像管的对角线长度。不过显像管的尺寸并不等于可视面积，因为显像管的边框占了一部分空间。常见的 17 英寸（1 英寸≈2.54 cm）纯平显示器的对角线长度大概在 15.8～16.1 英寸。

2）分辨率

分辨率是指显示器所能显示的点数的多少，由于屏幕上的点、线和面都是由点组成的，显示器可显示的点数越多，画面就越精细，同样的屏幕区域内能显示的信息也越多，所以分辨率是个非常重要的性能指标。

3）刷新率

刷新率指的是屏幕每秒刷新的次数，又称场频或垂直扫描频率。CRT 显示器上显示的图像是由很多荧光点组成的，每个荧光点都由于受到电子束的击打而发光，不过荧光点发光的时间很短，所以要不断地有电子束击打荧光粉使之持续发光。显像管内部的电子枪在扫描时是从第一行的最左端至最右端，然后再从第二行的最左端至最右端，接下来是第三行、第四行……直至扫描到右下角，此时整个屏幕都已经扫描了一遍，也就是完成了一次刷新。从理论上来讲，只要刷新率达到 85 Hz，也就是每秒刷新 85 次，人眼就感觉不到屏幕的闪烁了，但实际使用中往往有人能看出 85 Hz 刷新率和 100 Hz 刷新率之间的区别，所以从保护眼睛的角度出发，刷新率仍然是越高越好。

4）行频

行频也是一个很重要的指标，它是指显示器电子枪每秒钟所扫描的水平线行数，又称水平扫描频率，单位是 kHz，行频与分辨率、刷新率之间的关系是

$$行频=行数\times场频$$

5）场频

场频又称为“垂直扫描频率”，也就是屏幕的刷新频率。通常以赫兹（Hz）单位，它可以理解为每秒刷新屏幕的次数，以 85 Hz 刷新率为例，表示屏幕上的内容每秒钟刷新 85 次。行频和场频结合在一起就可以决定分辨率的高低。另外，它与图像内容的变化没有任何关系，即便屏幕上显示的是静止图像，电子枪也照常更新。垂直扫描频率越高，所感受到的闪烁情况也就越不明显，因此眼睛也就越不容易疲劳。例如 800×600 分辨率、85 Hz 场频，显示器的行频至少应为 600×85 Hz=51 kHz。

6）带宽

带宽的全称为“视频放大器频带宽度”，代表显示器的电子枪每秒能够扫描的像素个数。带

宽的计算公式为

带宽=水平分辨率×行频

不过这只是理论值，实际上由于过扫描系数的存在，显示器的实际带宽往往要比理论值高一些。

7）点距

点距主要是针对使用孔状荫罩的 CRT 显示器来说的，指荧光屏上两个同样颜色荧光点之间的距离。举例来说，就是一个红色的荧光点与相邻的红色荧光点之间的对角距离，通常以毫米（mm）为单位。荫罩上的点距越小，影像看起来也就越精细，其边和线也就越平顺。现在的 15 英寸和 17 英寸显示器的点距一般都低于 0.28 mm，否则显示图像会模糊。条栅状荫罩显示器则是使用线间距或者是光栅间距来计算荧光条之间的水平距离。由于点距和栅距的计算方式完全不同，因此不能拿来做比较。

3.光栅扫描成像原理

CRT 显示器所用的显示器件是阴极射线管，其结构原理如图 4-5 所示。

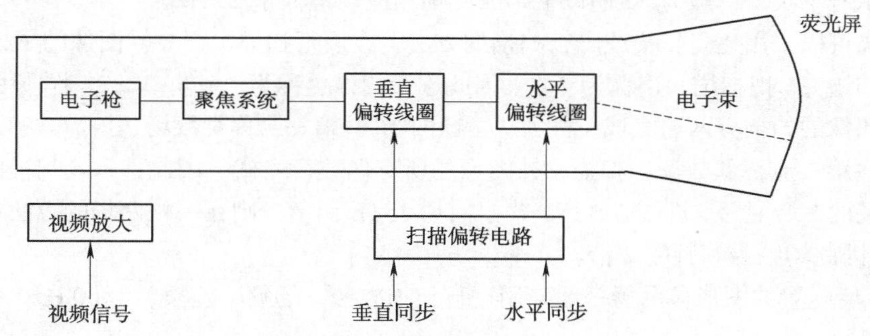

图 4-5　显示器结构原理

CRT 主要由电子枪、视频放大系统、扫描偏转系统、荧光屏等几部分组成。人们之所以能在 CRT 荧光屏上看见所显示的字符或图形，是因为阴极射线管的电子枪所发射的电子流经聚焦后形成电子束，轰击荧光屏，使屏上所涂的荧光粉发出可见光。要在屏幕上指定的位置进行显示，需要通过扫描偏转系统产生两个互相垂直的电磁场，控制电子束在 X 方向或 Y 方向偏转，从而将电子束引向屏幕的相应位置。

CRT 显示器可以采用多种扫描方式进行工作，但用得最多的是光栅扫描和随机扫描两种方式。在随机扫描方式中，电子束没有固定的扫描路径，只在要显示字符或图形的地方扫描。因此，扫描控制信号随显示内容的不同而有所变化，这就使扫描电路比较复杂。光栅扫描则有固定的格式，不管屏幕上需要显示或不需显示的地方，都按统一路径全屏幕扫描。因此，扫描控制信号不随显示画面变化，使得扫描电路比较简单。目前，随机扫描方式只用于图形显示器，而光栅扫描因控制简单，被广泛用于字符显示和图形显示器中。

1）光栅的形成

在光栅扫描方式中，电子束从荧光屏的左上角开始，沿着稍稍倾斜的水平方向匀速地向右扫描，到达屏幕右端后迅速水平回扫到左端下一行位置，又从左向右匀速地扫描。这样一行一行地扫描，直到屏幕最后一行的右端。然后又垂直回扫，返回屏幕左上角，重复前面的扫描过程。经过电子束如此反复地从左至右、自上而下的全屏幕扫描，便在荧光屏上形成了一条一条的垂直分布于整个屏幕的水平扫描线，如图 4-6 所示。这些扫描线称为光栅，代表了电子束在屏幕上的运动轨迹。水平回扫和垂直回扫时，荧光屏上不出现亮线，CRT 处于“消隐”状态，如图 4-6 中虚线所示。

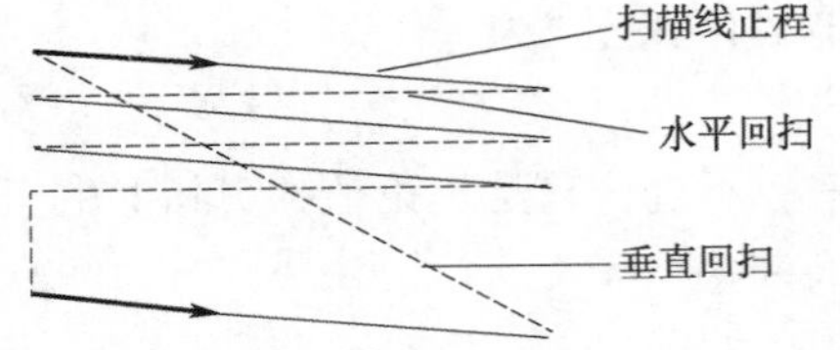

图 4-6 光栅–电子束的运动轨迹

为了实现这种有规律的光栅扫描，应该通过磁场的变化，控制电子束既作水平方向的运动，又作垂直方向的运动。因此，需要在 CRT 的水平偏转线圈和垂直偏转线圈中，分别通过按不同频率作线性变化的锯齿波电流或加锯齿波电压。水平方向的锯齿波扫描电流引起的磁场变化控制电子束运动，形成水平扫描线（行扫描）；垂直方向的锯齿波扫描电流引起的磁场变化则造成扫描线的垂直移动（场扫描）。这些锯齿波电流是由 CRT 控制器送来的水平同步和垂直同步信号触发扫描电路中的锯齿波发生器产生的。

光的亮度要随时间衰减，为了在屏幕上得到稳定的不闪烁的图像，要求一帧画面每秒钟内必须反复显示若干次，一般为 25 遍以上，因此帧频应该不低于 25 Hz。

光栅扫描可以采用逐行扫描或隔行扫描的方法。在逐行扫描中，一帧图像的 625 条光栅只需一遍就能扫描完。把扫描一遍称为一场，因此逐行扫描也称为“一帧一场”。若采用隔行扫描，需要将一幅图像的扫描分两遍完成，称为“一帧两场”。第一遍称奇数场，扫描一帧图像的所有奇数行光栅；第二遍称偶数场，扫描一帧图像的所有偶数行光栅。因此，每场扫描的光栅行数只有一帧一场的二分之一，即 312.5 行。若按帧频 25 Hz 计算，则在一帧两场的方法中每秒钟要扫描 50 场，因此场频为帧频的 2 倍。

IBM-PC 所配置的图形显示器一般采用逐行扫描方法，场频（帧频）为 60 Hz，使显示的画面更稳定。

2）一帧画面的组成

由前述可知，一帧画面是由一定数量的平行的水平扫描线组成的，每条扫描线由若干像点组成。每个像点的位置和亮度取决于下面的基本因素。电子束 x 向和 y 向的偏转决定像点的位置，电子束的通、断、强、弱则决定像点的亮度。

由水平同步和垂直同步信号经扫描电路产生的行、场扫描电流能够通过磁场的变化控制电子束的 x 偏转和 y 偏转，那么电子束的强弱由什么信号来控制呢？如前所述，电子束由 CRT 管电子枪中的阴极发射的电子流经聚焦而成。在电子枪中还设有一个控制栅，用控制栅和阴极之间的电位差来控制电子束电流的大小。因此，可以将控制像点亮度的视频信号（亮度信号）通过视频放大电路加在控制栅上，这样便可以用外部信号来调整控制栅极电位的高低，以控制电子枪所发射的电子束的强弱，从而使像点的亮度发生变化。

如果画面是彩色的，那么每个像点还要受颜色的控制。彩色 CRT 根据三基色原理，在显示头中设有三个电子枪，分别发射能产生红、绿、蓝三种基色的电子束。它们受三套视频放大电路的控制，将红、绿、蓝三基色视频信号 R、G、B 分别送到相应的放大电路，用 R、G、B 与加亮信号 I 的不同组合控制三束电子流的强弱。相应地荧光屏上的像点由能发出红、绿、蓝光的荧光粉小点组成，当一束（或两束、三束）电子流轰击对应的荧光粉小点时，屏上的像点便出现红、绿、蓝三基色之一或者由三基色合成的其他颜色。

3）字符点阵图形的形成

在 CRT 显示器中，画面上的字符或图形都是由若干个点组成的，每个字符横向、纵向均占有一定的点数，称为字符的点阵结构。常用的字符点阵结构有 5×7 点阵、5×8 点阵、7×9 点阵等。所谓 5×7 点阵，即每个字符由横向 5 个点，纵向 7 个点，共 35 个点组成。其中，需要显示的部分为亮点，不需要显示的部分则为暗点，字符点阵结构所包含的点数越多，所显示的字迹就越清晰，而且字符曲线表示得更逼真，所以用 7×9 点阵可以形象地显示小写字符。

在 CRT 显示器中，用来产生字符点阵图形的器件称为字符发生器。它有专用的芯片 2513，采用 5×8 点阵，能产生 64 种字符的点阵信息。也可以用通用 ROM 作为字符发生器，如 PC，用 8 KB ROM 空间存放 256 种字符的点阵代码，有三套字体，即每个字符可采用 7×9、7×7、5×7 点阵。

2513 芯片的核心部分是一个 ROM，存储 64 种字符的点阵码。每个字符排成 5 列 ×8 行的点阵形式，如图 4-7（a）所示。点阵图中，字符（例如 H）需要显示的点（亮点）均用代码 1 表示，不需要显示的点（暗点）则用代码 0 表示，如图 4-7（b）所示。每个字符都以这种点阵图形的代码形式存放在 ROM 中，一行代码占 1 个存储单元，因此一个字符的点阵代码占 8 个存储单元，每个单元 5 位。

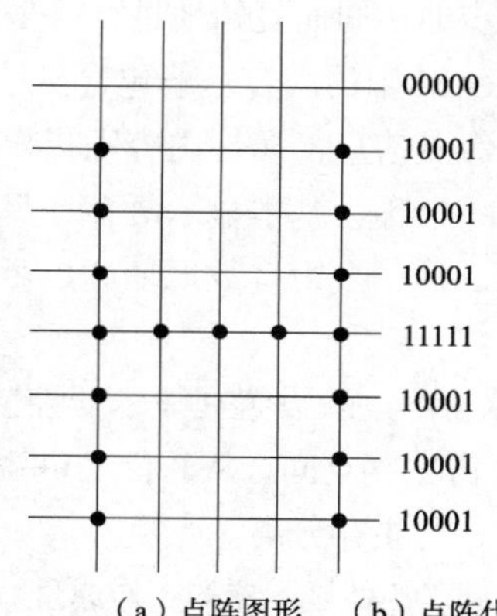

图 4-7　5×8 字符点阵图形与点阵代码

64 个字符以各自编码的 6 位作为字符发生器的高位地址，当需要在屏幕上显示字符时，按该字符的 6 位编码访问 ROM，选中这一字符的点阵。该字符的点阵信息是按行输出的，并且要与电子束的扫描保持同步。因此，可用 CRT 控制器提供的扫描时序（扫描线序号）作为字符发生器的低 3 位地址，经译码后依次取出字符点阵的 8 行代码。

在屏幕上，每个字符行一般要显示多个字符，而电子束在进行全屏幕扫描时，是沿屏幕从左向右的方向扫描完一行光栅，再扫描第二行光栅。按照这种扫描方式，在显示字符时，并不是对一排的每个字符单独进行点阵扫描（即扫描完一个字符的各行点阵，再扫描同排另一字符的各行点阵），而是采用对一排的所有字符的点阵进行逐行依次扫描。例如，某字符行欲显示的字符是 ABC…T，当电子束扫描该字符行第一条光栅时，显示电路根据各字符编码依次从字符发生器取出 A、B、C、…、T 各个字符的第一行点阵代码，并在字符行第一条扫描线位置上显示出这些字符的第一行点阵，然后再扫描下一条光栅，依次取出该排各个字符的第二行代码，并在屏幕上扫出它们的第二行点阵。如此循环，直到扫描完该字符行的全部光栅，那么每个字符的所有点阵（例如 8 行点阵）便全部显示在相应的扫描线位置上，屏幕上就出现了一排完整的字符。当显示下一排字符时，重复上述的扫描过程。

为了使屏幕上显示的字符不挤在一起，易于辨认，一排的各个字符之间要留出若干点的位置，作为字符间的横向间隔，这些点都是消隐的；在排与排之间也要留出若干条扫描线作为排间的纵向间隔，这些线也是消隐的。例如，PC 的显示器一般采用 7×9 字符点阵，而字符所占区间为 9×14 点阵。换句话说，字符间的横向间隔是 2 个消隐点，排间的纵向间隔是 5 条消隐线。

4. 屏幕显示与显示缓存间的对应关系

为了提供显示内容，需要设置一个显示缓冲存储器，称为视频随机存取存储器（VRAM），其中存放一帧画面的有关信息。显示器一方面对屏幕进行光栅扫描，一方面同步地从 VRAM 中读取显示内容，送往显示器件。因此，对 VRAM 的操作是显示器工作的软、硬接口所在。

从软件角度讲，执行显示软件的最终结果是向 VRAM 写入显示信息。为了在指定的屏幕位置显示某个字符，就需向 VRAM 的相应单元写入该字符编码。为了更新屏幕显示内容，就需相应地刷新 VRAM 的内容。为了使画面呈现某种动画效果，就需要使 VRAM 中的内容做相应变化，或者在读取时进行某种地址转换。

从硬件角度讲，显示器控制器的基本任务就是将 VRAM 内容同步地送往显示屏幕。为此，需要决定何时发出水平同步信号，何时发出垂直同步信号，何时访问 VRAM，地址码的产生，从 VRAM 中读出的代码是否要经过一定的转换以变为控制光点的信号等。这些工作以一定频率，同步地、周而复始地进行。采取不同显示规格，上述关系将不同。

VRAM 中的内容一般包含显示内容和属性内容两部分。显示内容提供显示字符代码，或是图像的像点信息；属性内容则提供有关显示内容的属性。这两部分可分别存放在两个缓冲存储器中，一个称为基本显示缓存，另一个称为属性缓存。常将这两个存储体统一编址，一个为偶数地址，另一个为奇数地址。也可以将两部分存放在一个缓存中，依靠地址码为偶数或奇数进行区分。

VRAM 一般设置在显示器控制器，如 CGA 卡、EGA 卡、VGA 卡中。在个人计算机中，VRAM 占主存空间，从软件上讲视为主存的一部分。在独立的显示终端中，VRAM 作为外围设备存在，与主存分离。

为了解各种显示器的工作原理，应当抓住屏幕显示与显示缓存 VRAM 之间的对应关系这样一条基本线索。即显示缓存中存放一些什么内容，需要多大容量，缓存地址的组织，如何由字符编码转换到字符点阵，如何通过一组同步计数器控制屏幕的水平扫描与垂直扫描，以及访问 VRAM 等。

1）基本显示缓存的容量和内容

CRT 显示器能以字符和图形两种方式工作。

当用字符方式显示时，在缓存 RAM 中存放的是一帧待显示的字符的 ASCII 码或其他形式的编码，字符的点阵信息则放在字符发生器（字库）中。在这种方式下，一个字符编码占缓存的一个字节，因此缓存的最小容量是由屏幕上字符显示的行列规格来决定的。例如，一帧字符的显示规格为 25 行 × 80 列，那么缓存的最小容量是 2 KB。缓存的容量也可以大于一帧字符数，用来存放几帧字符的编码。

如果采用图形方式显示，那么缓存中的内容就是一帧待显示的图形的像点信息，其代码 1 和 0 分别表示图形中的亮点和暗点。这些图形可以是几何图形、任意曲线图形、汉字或字符。这里需要特别说明的是，在图形方式下字符的点阵是以位图的形式直接存放在显示缓存中的，因此字符可按像素为单位在屏幕的任意位置上显示。这一点与字符方式是不同的，字符显示的缓存中存放字符的 ASCII 码。

图形方式中，缓存的容量不仅取决于屏幕分辨率的高低，还与显示的颜色种类有关。在单色显示（黑白显示）时，图形的每个点一般只用一位二进制代码来表示。该点若为白色（亮点），

该位代码取 1；若为黑色（暗点），该位代码取 0。因此，缓存的一个字节可以存放 8 个点；很显然，分辨率越高，缓存的容量就越大，例如，屏幕分辨率为 200 线 × 640 点，则需要一个 16 KB 的缓存来存放这一帧的像点信息。在彩色显示或单色多灰度显示时，每个点需要若干位代码来表示。例如，若用 2 位二进制代码表示一个点，那么每个点便能选择显示 4 种颜色，但是一个字节只能存放 4 个点；如果屏幕分辨率不变，缓存的容量要增加一倍。反之，若缓存容量一定，随着分辨率的增高，显示的颜色种类将减少。

2）属性信息与属性缓存

在某些情况下，人们希望屏幕上的字符能够闪烁，以做提示；或字符下画一横线，表示强调；或背景与字符着上不同的颜色，使显示效果更为生动等，我们称这些特色为字符的显示属性。屏幕上每个字符的属性信息可以存放在一个字节中，因此需要一个与显示缓存容量相同的存储器来存放一帧所有字符的属性信息，这个存储器称为属性缓存。例如，用来存放字符的显示缓存若为 2 KB，那么相应的属性缓存也应该有 2 KB 的容量。

在黑白显示和彩色显示下，属性字节的内容并不完全相同。图 4-8 所示为两种方式下属性字节的信息。

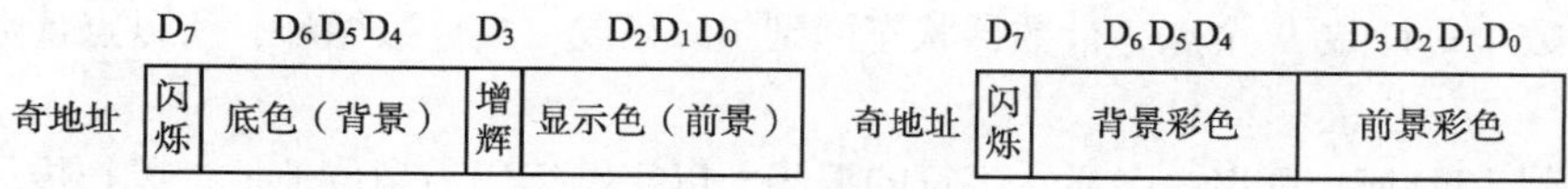

图 4-8 字符显示的属性字节与属性代码

3）地址组织

显示缓存中不论存放的是字符的代码信息还是图形的像点信息，每个数据位置都应该与屏幕位置一一对应，才能在屏幕的指定位置上获得所要显示的字符或图形。字符显示时，屏幕上每一个字符位置对应缓存中的一个字符编码字节，缓存各字节单元的地址随着屏幕由左向右，自上而下的显示顺序从低向高安排。也就是说，缓存 $0^{\#}$单元放的字符数据经字符发生器转换为字形后，显示在屏幕第一排字符左边第一个位置上，$1^{\#}$单元放的字符数据转换后显示在屏幕第一行左边第二个位置上……缓存最后一个单元放的字符数据转换后显示在屏幕最后一排右边最末一个位置上。缓存地址安排与屏幕位置的对应关系如图 4-9 所示。

图形显示时，用扫描行 × 列（像点的位置）对应缓存的一位（黑白显示）或多位（彩色显示）。缓存地址也按屏幕扫描顺序由低向高递增，各地址单元内高位存放的点先扫在屏幕上，低位存放的点后显示。

4）同步控制

不论字符显示还是图形显示，都要求行、场扫描和视频信号的发送在时间上要完全同步，即当电子束扫描到某字符或某像点的位置时，相应的视频信号必须同时输出。为此，在 CRT 显示器中设置了几个计数器，对显示器的主脉冲进行分频，产生各种时序信号来控制对 VRAM 的访问、对 CRT 的水平扫描和垂直扫描，以及视频信号的产生等。下面以常用微机的字符显示为例，说明几级同步计数器的设置、各级分频关系，以这几级计数器为基础所产生的控制信号及它们的作用。

在 PC 中最常用的显示规格为：每帧最大显示 25 行 × 80 列，字符点阵 7 × 9，字符区间 9 × 14。按照这种描述，将一排字符称为一行，每排字符由九条水平扫描线组成，排间间隔五条扫描线，对一条扫描线称为线，对一条线上的各像点称为点。

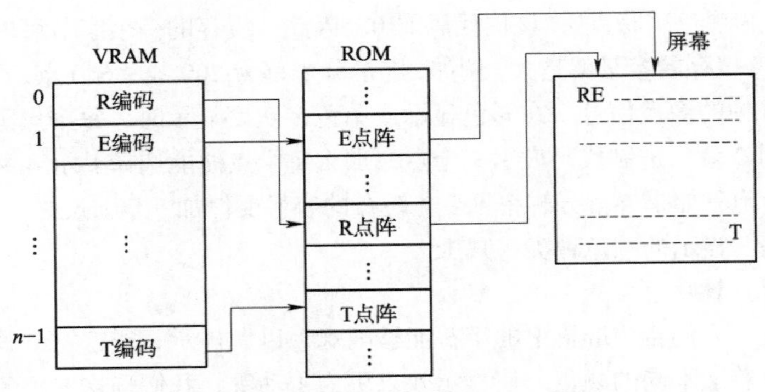

图 4-9　缓存地址与屏幕位置的对应关系

（1）点计数分频(7+2):1

设置点计数器的目的是为了提供下述控制信号：读 VRAM，控制一个字符区间内的横向间隔消隐，对字符计数器计数。

每个字符点阵横向 7 个点，间隔 2 个点。点脉冲一方面控制视频信号产生像点，一方面对点计数器计数。每计数 9 个点，计数器状态回到 0，完成一次计数循环，所以点计数器的分频关系为 9:1。

每次访问 VRAM，读出一个显示字符的编码。以字符编码为高位地址，以扫描线号为低位地址，访问字符发生器 ROM，从中读出 7 位代码。由点脉冲控制时间，在屏幕的一根扫描线上依次显示 7 个像点（亮或暗）。所以，每当点计数器完成一次计数循环，就应访问一次 VRAM，以读取下一次显示的字符的编码。同时向字符计数器提供一个计数脉冲，表示显示了一个字符的一线 7 点及 2 点间隔。

（2）字符计数分频(80+L):1

设置字符计数器的目的是为了提供 VRAM 低位地址信息，控制一条水平扫描线内的显示与消隐，向显示头提供水平同步信号，对线计数器发送计数等控制信号。

每显示一个字符，即点计数器一个计数循环后，字符计数器计数一次。X 锯齿波的充电过程导致一次正程扫描，而一行水平扫描线包含 80 个字符的显示区间。X 锯齿波的放电过程导致一次回扫，而回扫期间应当消隐，不显示。在水平扫描中，左右边缘部分的线性度可能不好，只取中间线性度较好的区间提供显示，因此边缘部分也应当消隐。将回扫与边缘部分等消隐段折合成 L 个字符位置，L 的值与显示器技术有关。因此，字符计数器计数(80+L)完成后，完成一次计数循环，分频关系为(80+L):1。每完成一次计数循环，产生一次水平同步信号，启动又一次水平扫描，并使下一级的线计数器计数一次。

访问 VRAM 的地址，取决于该字符在屏幕上的显示位置（行、列号）。因此，字符计数器提供的当前显示位置列号，可以作为产生缓存低位地址的依据。但是，在屏幕上列号以 80 为模，不是 2^n 形式，而 VRAM 地址采用二进制，所以实际计算地址值时，要将行、列号做整体的进制转换。

（3）线计数分频(9+5):1

设置线计数器的目的，是为了提供访问字符发生器 ROM 的低位地址，控制一行字符中哪些线显示、哪些线消隐，控制光标显示，对行计数器计数等控制信号。

每完成一次水平扫描（即字符计数器一个计数循环），则线计数器计数一次。一行字符占九条水平扫描线，然后是作为行间隔的五条水平扫描线。所以，线计数器计数十四次之后，完成一个计数循环，分频关系 14:1。完成一个计数循环后，对下一级的行计数器计数，启动新的一行字符显示。

如前所述，一行字符要分九次水平扫描才能完成显示。一个字符点阵信息占 ROM 的九个编址单元，每次访问 ROM，只能读取一个字符点阵的一线像点信息。线计数器的计数值反映了当前的水平线序号，可作为 ROM 的低位地址。

在十四次水平扫描中，第 1～9 线是显示段，第 10～14 线是消隐段。线计数器的计数值提供了对一行中显示与消隐的控制。在显示过程中一般都设置有光标，以低频闪烁指示下一个显示位置。光标位于第 10～14 线的区间，线计数值控制光标显示位置的线号。

（4）行计数分频(25+*M*):1

设置行计数器的目的是为了提供下述控制信号：提供 VRAM 高位地址信息，向显示器提供垂直同步信号，控制一场显示过程中的显示段与消隐段。

每显示完一行字符，即线计数器完成一个计数循环，则行计数器计数一次。Y 锯齿波的充电过程导致一次自上而下的正程扫描，可显示 25 行字符。回扫与线性度不好的边缘部分应当消除，折合为 *M* 行，*M* 的值与显示器制造技术有关。因此，行计数器计数(25+*M*)次之后，完成一个计数循环，分频关系(25+*M*):1。相应地实现一场显示，发出一次垂直同步信号。

如果选择逐行扫描方式，则一场就是一帧。通常选取帧频为 60 Hz，使视觉稳定，感觉不到闪烁。根据上述各级的计数分频关系，可由帧频推算出点脉冲频率及各级计数频率。这四级同步计数器与屏幕扫描之间的对应关系，如图 4-10 所示。

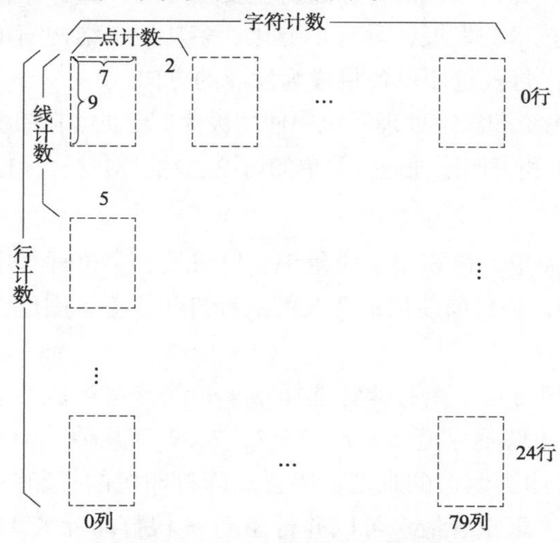

图 4-10　同步计数器与屏幕扫描

请读者考虑一下，如果是图形方式，则应设置哪几级计数器？其分频关系又该如何？如果想提高分辨率，缓存容量应增加多少？分频关系又该如何？如果想制造动画效果，或想放大字符点阵，则地址计算应当如何转换？

4.3.2　打印设备

打印设备是计算机的重要输出设备之一，它能将机器处理的结果以字符、图形等人们所能识别的形式记录在纸上，作为硬拷贝长期保存。相比之下，显示器在屏幕上的信息是无法长期保存的，故它不属于硬拷贝设备。

1. 打印设备的分类

打印设备品种繁多，根据不同的印字原理、工作方式和字符产生方式，可将打印设备分为如下几种类型。

1）按印字原理划分

按印字原理划分，有击打式和非击打式两大类。击打式打印机是利用机械动作使印字机构与色带和纸相撞击而打印字符，其特点是设备成本低，印字质量较好，但噪声大、速度慢。它又分为活字打印机和点阵针式打印机两种。活字打印机是将字符刻在印字机构的表面上，印字机构的形状有圆柱形、球形、菊花瓣形、鼓轮形、链形等，现在用得越来越少。点阵打印机的字符是点阵结构，它利用钢针撞击的原理印字，目前仍用得较普遍。非击打式打印机是采用电、磁、光、喷墨等物理、化学方法来印刷字符。如激光打印机、静电打印机、喷墨打印机等，它们速度快、噪声低，印字质量比击打式好，但价格比较贵，有的设备需用专用纸张印刷。

2）按工作方式划分

按工作方式划分，有串行打印机和行式打印机两种。前者是逐字打印，后者是逐行打印，故行式打印机比串行打印机速度快。

此外，按打印纸的宽度还可分为宽行打印机和窄行打印机，还有能输出图的图形/图像打印机，具有色彩效果好的彩色打印机等。

目前，广泛用于各种计算机系统的打印设备主要是点阵针式打印机、激光打印机及喷墨打印机等。今后，随着科学技术的发展，具有小型化、多功能、结构简单、可靠性高、印刷质量好等特点的各种新型的非击打式打印设备将成为发展的方向。

下面主要介绍在微机系统和汉字处理系统中使用极为广泛的点阵针式打印机、激光打印机和喷墨打印机，对它们的结构和工作原理进行简单的讨论。然后对这三种打印机进行比较。

2. 点阵针式打印机

点阵针式打印机结构简单、体积小、质量小、价格低、字符种类不受限制，易实现汉字打印，还可以打印图形/图像，是目前使用最普及的一种打印设备，因此在微小型机中都配置这种打印机。

点阵针式打印机的印字方法是由打印针选择 $n\times m$ 个点阵组成的字符图形。显然点越多，印字质量越高。西文字符点阵通常有 5×7、7×7、7×9 等几种，中文汉字至少要 16×16 或 24×24 点阵。为了减少打印头制造的难度，串行点阵打印机的打印头中只装有一列 m 根打印针，每根针可以单独驱动（意味着最多可以并行驱动 m 根打印针），印完一列后打印头沿水平方向移动一步微小距离，n 步以后，可形成一个 $n\times m$ 点阵的字符。以后又照此逐个字符进行打印。

串行针式打印机有单向打印和双向打印两种。当打印完一行字符后，打印纸在输纸机构控制下前进一行，同时打印头回到一行起始位置，重新自左向右打印，这种过程称为单向打印。双向打印是自左向右打印完一行后，打印头无须回最左端，在输纸的同时，打印头走到反向起始位置，自右向左打印一行。反向打印结束后，打印头又回到正向打印起始位置。由于省去了空换行时间，使打印速度大大提高。

图 4-11 所示为针式打印机构原理示意图。它由打印头与字车、输纸机构、色带与控制器四部分组成。

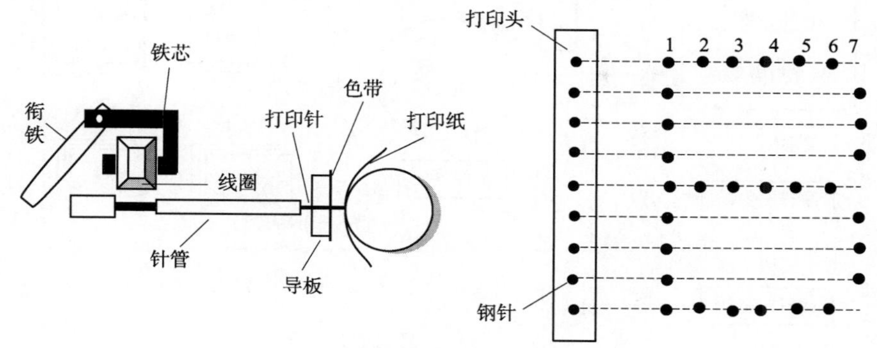

图 4-11　针式打印机构原理示意图

打印头由打印针、磁铁、衔铁等组成。打印针由钢针或合金材料制成，有 7 根或 9 根在打印位置垂直排列。有的打印头有两列各 7 根或 9 根交错排列，同时打印两列点阵。

输纸机构由步进电机驱动，每打印完一行字符，按给定要求走纸，走纸的步距由字符行间距离决定。

色带的作用是供给色源，在打印过程中色带不断移动，改变其受击打的位置，以免破损。驱动色带不断移动的装置称为色带机构。针式打印机中多用环形色带，装在一个塑料袋盒内，色带可以随打印头的动作自动循环。

打印控制器与显示控制器类似，主要包括字符缓冲存储器、字符发生器、时序控制电路和接口四部分。主机将要打印的字符通过接口送到缓存，在打印时序控制下，从缓存顺序取出字符代码，对字符代码进行译码，得到字符发生器 ROM 的地址，逐列取出字符点阵并驱动打印头，形成字符点阵。打印速度约每秒 100 个字符。

行式点阵打印机是将多根打印针沿横向（而不是纵向）排成一行，安装在一块梳形板上，每根针均由一个电磁铁驱动。例如 44 针行式打印机沿水平方向均匀排列 44 根打印针，每根针负责打印 3 个字符，打印行宽为 $44\times3=132$ 列字符。在打印针往复运动中，当到达指定的打印位置时，激励电磁铁驱动打印针执行击打动作。梳形板向右或向左移动一次则打印出一行印点，当梳形板改变运动方向时，走纸机构移动一个印点间距，再打印下一行印点。如此重复多次，才打印出完整的一行字符。

3. 激光打印机

激光打印机采用了激光技术和照相技术，由于它的印字质量好，在各种计算机系统中广泛被采用。图 4-12 所示为激光打印机原理框图。

激光打印机由激光扫描系统、电子照相系统、字符发生器和接口控制器几部分组成。接口控制器接收计算机输出的二进制字符编码及其他控制信号。字符发生器可将二进制字符编码转换成字符点阵脉冲信号。激光扫描系统的光源是激光器，该系统受字符点阵脉冲信号的控制，能输出很细的激光束，该激光束对进行圆周运动的感光鼓进行轴向（垂直于纸面）扫描。感光鼓是电子照相系统的核心部件，鼓面上涂有一层具有光敏特性的感光材料，通常用硒，故又有硒鼓之称。

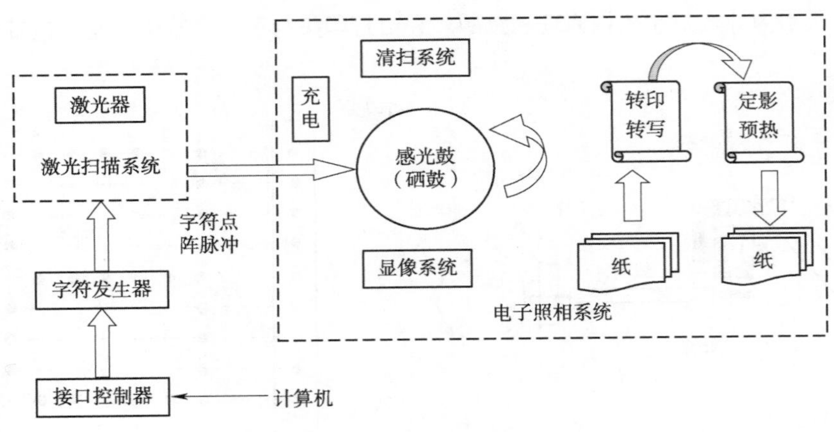

图 4-12 激光打印机原理框图

感光鼓在未被激光扫描之前，先在黑暗中充电，使鼓表面均匀地沉积一层电荷，扫描时激光束对鼓表面有选择地曝光，被曝光的部分产生放电现象，未被曝光的部分仍保留充电时的电荷，这就形成了“潜像”。随着鼓的圆周运动，“潜像”部分通过装有碳粉盒的显像系统，使“潜像”部分（实际上是具有字符信息的区域）吸附上碳粉，达到“显影”的目的。当鼓上的字符信息区和打印纸接触时，由于纸的背面施以反向的静电电荷，则鼓面上的碳粉就会被吸附到纸面上，这就是“转印”或“转写”过程。最后经过定影系统就将碳粉永久性地粘在纸上。转印后的鼓面还留有残余的碳粉，故先要除去鼓面上的电荷，经清扫系统将残余碳粉全部清除，然后再重复上述充电、曝光、显形、转印、定彩等一系列过程。

激光打印机可以使用普通纸张，输出速度高，一般可达 10 000 行/min（高速的可达 70 000 行/min），印字质量好，普通激光打印机的印字分辨率可达 300 dpi（每英寸 300 个点）或 400 dpi。字体字形可任意选择，还可打印图形、图像、表格、各种字母、数字和汉字等字符。

激光打印机是非击打式硬拷贝输出设备，是逐页输出的，故又有“页式输出设备”之称。普通击打式打印机是逐字或逐行输出的。页式输出设备的速度以每分钟输出页数（pages per minute，ppm）来描述。高速激光打印机的速度在 100 ppm 以上，中速为 30～60 ppm，它们主要用于大型计算机系统。低速激光打印机的速度为 10～20 ppm 或 10 ppm 以下，主要用于办公室自动化系统和文字编辑系统。

4. 喷墨打印机

喷墨打印机是串行非击打式打印机，印字原理是将墨水喷射到普通打印纸上。若采用红、绿、蓝三色喷墨头，便可实现彩色打印。随着喷墨打印技术的不断提高，使其输出效果接近于激光打印机，而价格又与点阵针式打印机相当，因此，在计算机系统中被广泛应用。

电荷控制式喷墨打印机主要由喷头、充电电极、墨水供应、过滤回收系统及相应的控制电路组成。

喷墨头后部的压电陶瓷受振荡脉冲激励，使喷墨头喷出具有一定速度的一串不连续、不带电的墨水滴。墨水滴通过充电电极时被充上电荷，其电荷量的大小由字符发生器的输出控制。字符发生器可将字符编码转换成字符点阵信息。由于各点的位置不同，充电电极所加的电压也不同，电压越高，充电电荷越多，墨滴经偏转电极后偏移的距离也越大，最后墨滴落在印字纸

上。由于有一对垂直方向的偏转电极，因此墨滴能在垂直方向偏移。若垂直线段上某处不需喷点（对应字符在此处无点阵信息），则相应墨滴不充电，在偏转电场中不发生偏转，而射入回收器中。横向可没有偏转电极，靠喷头相对于记录纸做横向移动来完成横向偏转。

5. 几种打印机的比较

以上介绍的三种打印机都配有一个字符发生器，它们的共同点是都能将字符编码信息变为点阵信息，不同的是这些点阵信息的控制对象不同。点阵针式打印机的字符点阵用于控制打印针的驱动电路；激光打印机的字符点阵脉冲信号用于控制激光束；喷墨打印机的字符点阵信息控制油墨的运动轨迹。

此外，点阵针式打印机属于击打式的打印机，可以逐字打印也可以逐行打印，喷墨打印机只能逐字打印，激光打印机属于页式输出设备。后两种都属非击打式打印机。

不同种类的打印机其性能和价格差别很大，用户可根据不同需要合理选用。要求印字质量高的场合可选用激光打印机；要求价格便宜的或只需具有文字处理功能的个人计算机，可配置串行点阵针式打印机；要求处理的信息量很大，速度又要快，应该配行式打印机或高速激光打印机。

4.4 外部存储器

磁盘存储器是主要的外部存储器，主要包括硬磁盘和软磁盘。它的优点是，存储容量大、价格低、存储介质可以重复使用、记录信息可以长期保存而不丢失。

4.4.1 磁表面存储器

磁表面存储器是目前使用最广泛的外部存储器。所谓磁表面存储，是用某些磁性材料薄薄地涂在金属铝或塑料表面作为载磁体来存储信息。根据记录载体（介质及基体）的外形，磁表面存储器有磁鼓、磁带、磁盘、磁卡等。由于外形尺寸大而记录面积有限，磁鼓已被淘汰。磁卡的记录信息量较少，主要用于某些专用设备之中。因此，在计算机系统中广泛使用的是磁盘和磁带，特别是磁盘，几乎成为计算机系统的基本配置。

在计算机中，用于存储设备的磁性材料，是一种具有矩形磁滞回线的磁性材料。这种磁性材料在外加磁场的作用下，其磁感应强度 B 与外加磁场 H 的关系可以用矩形磁滞回线来描述，如图 4-13 所示。

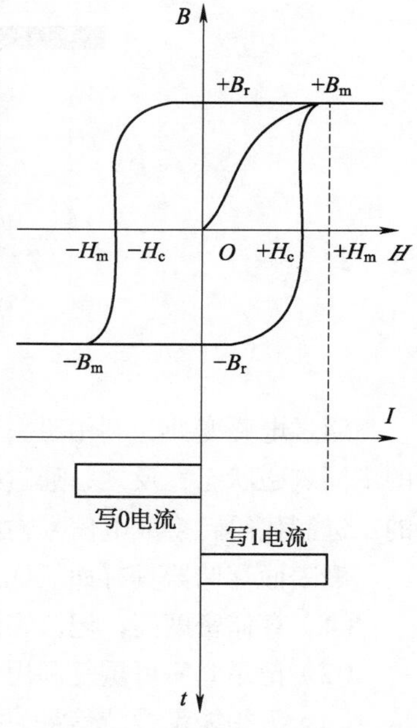

图 4-13　磁性材料的磁滞回线

从磁滞回线可以看出，磁性材料被磁化以后，工作点总是在磁滞回线上。只要外加的正向脉冲电流（即外加磁场）幅度足够大，那么在电流消失后磁感应强度 B 并不等于零，而是处在 $+B_r$ 状态（正剩磁状态）。反之，当外加负向脉冲电流时，磁感应强度 B 将处在 $-B_r$ 状态（负剩磁状态）。这就是说，当磁性材料被磁化后，会形成两个稳定的剩磁状态，就像触发器电路有两个稳定的状态一样。如果规定用 $+B_r$ 状态表示代码 1，$-B_r$ 状态表示代码

0，那么要使磁性材料记忆 1，就要加正向脉冲电流，使磁性材料正向磁化；要使磁性材料记忆 0，则要加负向脉冲电流，使磁性材料反向磁化。磁性材料上呈现剩磁状态的地方形成了一个磁化元或存储元，它是记录一个二进制信息位的最小单位。

在磁表面存储器中，利用一种称为磁头的装置来形成和判别磁层中的不同磁化状态。换句话说，写入时，利用磁头使载磁体（盘片）具有不同的磁化状态，而在读出时又利用磁头来判别这些不同的磁化状态。磁头实际上是由软磁材料做铁芯绕有读/写线圈的电磁铁。图 4-14 和图 4-15 所示为磁表面存储器的写原理和读原理。

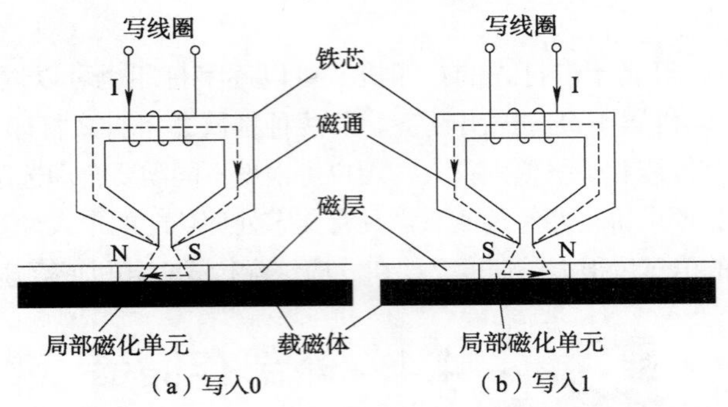

图 4-14　磁表面存储器的写原理

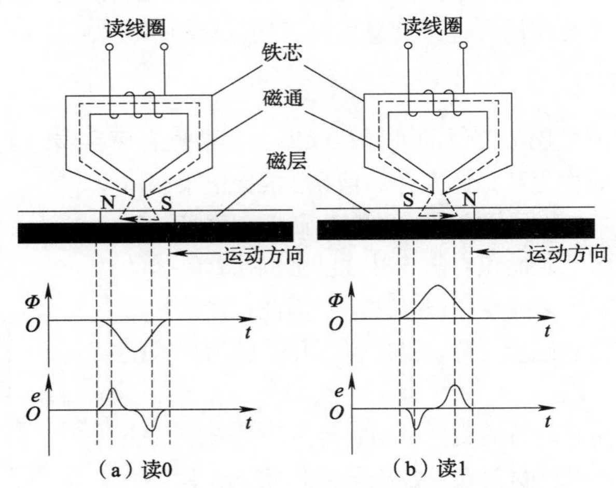

图 4-15　磁表面存储器的读原理

通过电磁变换，利用磁头写线圈中的脉冲电流，可把一位二进制代码转换成载磁体存储元的不同剩磁状态；反之，通过磁电变换，利用磁头读线圈，可将由存储元的不同剩磁状态表示的二进制代码转换成电信号输出。这就是磁表面存储器存取信息的原理。

磁表面存储器具有如下优点：

（1）存储密度高，记录容量大，每位价格低。

（2）记录介质可重复利用（通过改变剩磁状态）。

（3）无须能量维持信息，掉电信息不丢失，记录信息可长久保持。

（4）利用电磁感应读出信号，非破坏性读/写。

但磁表面存储器还是存在一些缺点的，主要体现在：

（1）只能顺序存取，不能随机存取。

（2）读/写时要靠机械运动，存取速度慢。

（3）读/写可靠性差，必须加校验码。

（4）由于使用机械结构，对工作环境要求高。

4.4.2　磁盘存储器

磁盘是目前应用最广泛的磁表面存储器。在磁表面存储器中，磁盘的存取速度较快，具有较大的存储容量，适用于调用较频繁的场合，往往作为主存的直接后援，为虚拟存储提供物质基础。磁盘是一个由金属或塑料制成的圆盘，其表面涂有一层磁性材料。在磁盘上记录数据，并可通过感应线圈（俗称磁头）读出数据。在读或写操作时，磁头固定而磁盘在它下面旋转。按照磁盘的物理组织可进行如下分类：按盘片结构分成可换盘片式与固定盘片式两种；磁头也分为可移动磁头（每个面一个）和固定磁头（每磁道一个）两种，如图 4-16 所示。

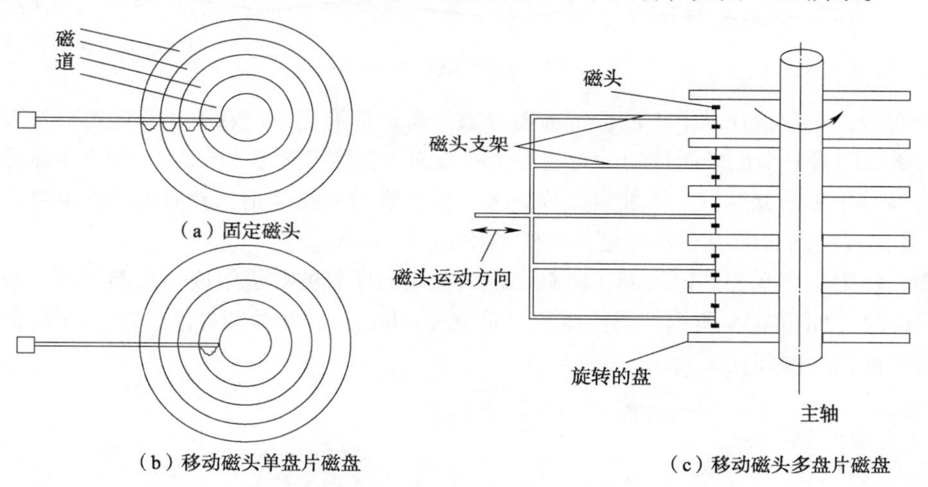

图 4-16　磁盘的物理组织

具体可分为如下几种磁盘：

（1）可移动磁头固定盘片的磁盘机。特点是一片或一组盘片固定在主轴上，盘片不可更换。盘片每面只有一个磁头，存取数据时磁头沿盘面径向移动。

（2）固定磁头磁盘机。特点是磁头位置固定，磁盘的每一个磁道对应一个磁头，盘片不可更换。优点是存取速度快，省去磁头寻道时间，缺点是结构复杂。

（3）可移动磁头可换盘片的磁盘机。盘片可以更换，磁头可沿盘面径向移动。优点是盘片可以脱机保存，同种型号的盘片具有互换性。

（4）温彻斯特磁盘机。温彻斯特磁盘简称温盘，是一种采用先进技术研制的可移动磁头固定盘片的磁盘机。它是一种密封组合式的硬磁盘，即磁头、盘片、电机等驱动部件乃至读/写电路等组装成一个不可随意拆卸的整体，如图 4-17 所示。工作时，高速旋转在盘面上形成的气垫将磁头平稳浮起。优点是防尘性能好，可靠性高，对使用环境要求不高。而普通的磁盘要求具有超净环境，只能用于大中型计算机中。

温盘的盘片直径有 8 英寸、5.25 英寸、3.5 英寸、2.5 英寸几种，用于 IBM PC 系列机的温盘一般是后两种。目前温盘应用最广，成为最有代表性的硬盘。

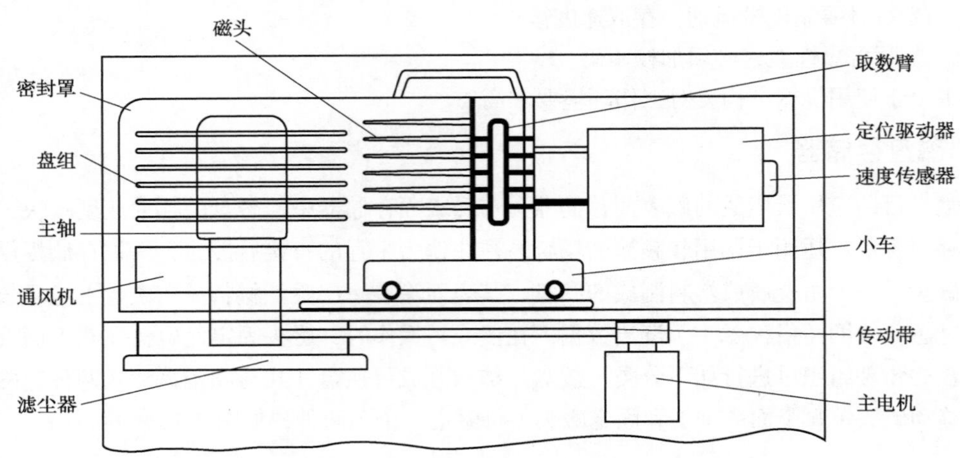

图 4-17 温彻斯特磁盘结构

一般而言，磁盘盘片的上下两面都覆盖着磁介质，都能记录信息，通常把磁盘片表面称为记录面。磁盘的每一个记录面被划分为若干个同心圆，被称为磁道（track）。每一条磁道使用一个唯一的编号作为区分标识，该编号被称为磁道号。磁道的编址是从外向内依次编号，一般从 0 开始，即最外的同心圆为 0 号磁道，如图 4-18 所示。

一个磁盘组往往有若干记录面，所有记录面上相同序号的磁道组成一个圆柱面，被称为柱面（cylinder），如图 4-19 所示。圆柱面号与磁道号相同，如 00 号圆柱面、79 号圆柱面等。每面的磁道数即盘组的圆柱面数。

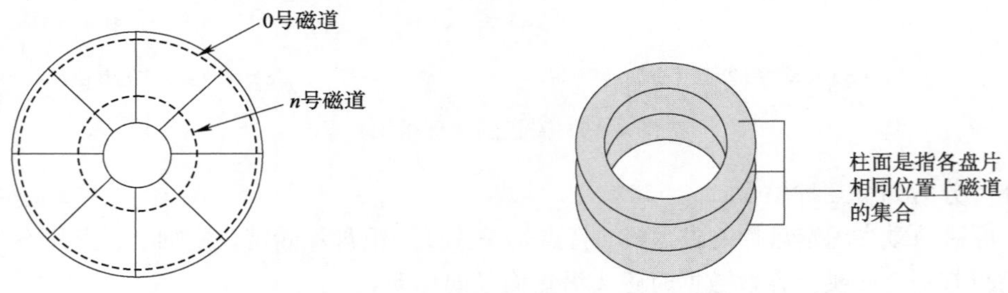

图 4-18 磁盘上的磁道　　　　图 4-19 磁盘组中的柱面

为什么要引用圆柱面这个概念呢？考虑这样一个问题：磁道上的信息通常以文件的形式组织并存储，如果一个磁道存放不完，是将它继续存放在同一记录面的相邻磁道上？还是将它继续存放于同一圆柱面的相邻记录面上？如果采用第一种方法，则更换磁道时必须进行寻址操作，所需时间较长。如果采取后一种方法，由于定位机构使所有记录面的磁头都对准同一序列磁头，大家都处于同一柱面中，只需通过译码电路选取相邻面的磁头，即可继续读/写，几乎没有时间延迟。所以引入圆柱面这一级，让文件尽可能地存储于同一圆柱面上，然后才是相邻圆柱面。

每个磁道又被划分为若干个数据块，称为扇区（sector）。扇区是磁盘能够寻址的最小单位，

如图 4-20 所示。扇区的编号有多种方法，可以连续编号，也可间隔编号。

在磁道上，信息是按扇区存放的，每个扇区中存放一定数量的字或字节，各个区存放的字或字节数是相同的。磁盘存储器的每个扇区记录定长的数据，因此读/写操作是以扇区为单位一位一位串行进行的。每一个扇区记录一个记录块。数据在磁盘上的记录格式的示例如图 4-21 所示。

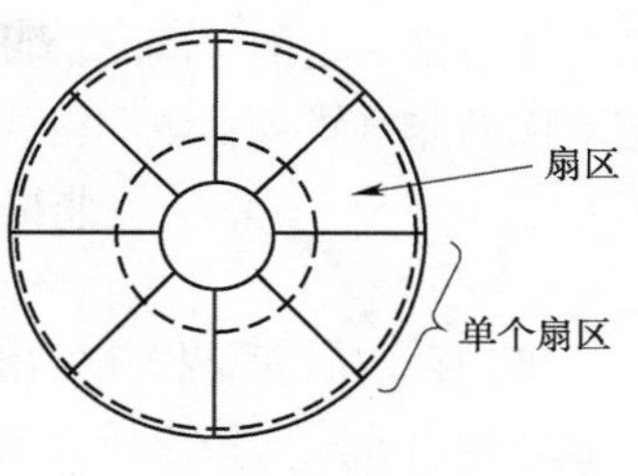

图 4-20　磁盘扇区

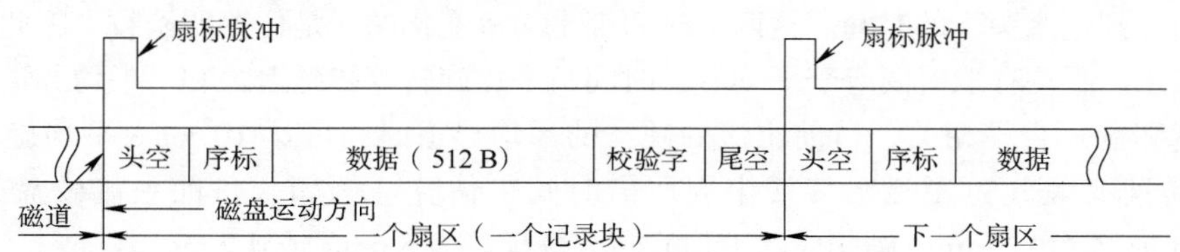

图 4-21　数据在磁盘上的记录格式的示例

每个扇区开始时由磁盘控制器产生一个扇标脉冲。扇标脉冲的出现即标志一个扇区的开始。两个扇标脉冲之间的一段磁道区域即为一个扇区（一个记录块）。每个记录块由头部空白段、序标段、数据段、校验字段及尾部空白段组成。其中，空白段用来留出一定的时间作为磁盘控制器的读/写准备时间，序标被用来作为磁盘控制器的同步定时信号。序标之后即为本扇区所记录的数据。数据之后是校验字，它用来校验磁盘读出的数据是否正确。

由于不同计算机系统的磁道格式可能不同，所以盘片在出厂时并没有写入上述格式信息。因此，空白盘片在使用前需要进行格式化，即用操作命令按其格式写入格式信息，进行扇区划分等，然后才能写入有效程序与数据。格式化的任务分为两个层次：

（1）建立磁盘记录格式，称为物理格式化或初级格式化。经过这一级格式化，磁道被化分为若干扇区，每个扇区又划分为标志区与数据区，并写入头空字段、序标等，但数据段空着，待写入信息。

（2）建立文件目录表、磁盘扇区分配表、磁盘参数表等，这称为逻辑格式化或高级格式化。这部分内容和具体操作系统相关。

通过上述介绍，可以总结出一个计算机系统中，某一磁盘的寻址信息。磁盘寻址采用如下的四元组形式：

（磁盘机编号，柱面号，磁头号/记录面号，扇区号）

磁盘存储器的主要指标包括存储密度、存储容量、存取时间及数据传输率等。

存储密度可分为道密度和位密度。道密度是沿磁盘半径方向单位长度上的磁道数，其单位一般采用道/英寸，记为 tpi（track per inch），也可采用道/毫米为单位。

位密度是指沿磁道圆周方向单位长度上所能记录的二进制位数，其单位一般采用位/英寸，记作 bpi（bit per inch），也可采用位/毫米为单位。需要注意的是，各条磁道的容量是一样的，但其长度并不相同，因此，在磁盘盘面上位密度是不一样的。磁盘内圈位密度高，而外圈位密度低。

存储容量是指一个磁盘装置所能存储二进制信息的总量。存储容量除了与存储密度有关，还与盘片的几何尺寸、盘片数量有直接关系。存储容量分非格式化容量和格式化容量，格式化

信息要占据一定的空间，因此格式化容量小于非格式化容量。下面两个公式可以用来计算一个记录面的非格式化容量和格式化容量

$$非格式化容量=位密度\times内圈磁道周长\times磁道总数$$

$$格式化容量=扇区容量\times每道扇区数\times磁道总数$$

平均存取时间是指从发出读/写命令后，磁头从某一起始位置移动至指定位置，到开始从盘片表面读出或写入信息所需要的时间。这段时间由两个因素所决定，寻道时间和旋转等待延迟。寻道时间是指将磁头定位至所要求的磁道上所需的时间；旋转等待延迟是寻道完成至磁道上需要访问的信息到达磁头下的时间。这两个时间都是随机变化的，是位置的函数，因此只能使用平均值来表示。平均存取时间等于平均寻道时间与平均旋转等待延迟之和。平均寻道时间与磁头移动速度和盘片直径相关，目前主流的硬盘的平均寻道时间可达 10 ms。平均旋转等待延迟和磁盘转速有关，可用磁盘旋转半周所需时间来估算。例如，目前主流硬盘的转速为 5 400 r/min 或 7 200 r/min，则相应的平均旋转等待延迟为 5.6 ms 或 4.2 ms。

当磁盘驱动器操作时，磁盘主轴电机带动盘片以恒定的速度旋转。为了读或写，磁头必须精确定位在所含数据的磁道和该磁道上所要扇区的起始处。磁道选择包括在可移动磁头系统中选择移动磁头或在固定磁头系统中选择某个磁头。在可移动磁头系统中，磁头从找到并定位到该磁道所花的时间称为寻道时间（seek time）。无论哪一种磁头系统，一旦磁道选定，磁头系统都将处于等待状态，直到相关扇区旋转到磁头可读/写位置，这段时间称为旋转延迟（rotational delay）。寻道时间和旋转延迟的总和称为存取时间（access time），即定位到读或写位置的时间。待磁头定位后，扇区旋转到磁头下时，就可完成读或写操作。这是整个操作的数据传输部分。

除存取时间和传输时间外，常有几个排队时间与磁盘 I/O 操作有关。当进程发出一个 I/O 请求后，它首先要在一个队列中等待所需设备变为可用，直到此设备被分配给该进程。若此设备与其他磁盘驱动器共享一个或一组 I/O 通道，则还可能附加一个等待延迟；直到 I/O 通道可用了，寻道操作才开始。

1. 寻道时间

寻道时间是移动磁头臂使磁头对准所要求磁道所花费的时间。这是一个难于准确定量的时间，它受到几个因素的影响，初始启动时间、加速到指定速度和跨越若干个磁道所用的时间。但是，跨越时间不是磁道数的线性函数。可用下面的线性公式来估算寻道时间

$$T_n=m\times n+s$$

式中 T_n——寻道时间估算值；

m——取决于磁盘驱动器的常数；

n——跨越的磁道数目；

s——启动时间。

例如，个人计算机所使用的不太昂贵的硬盘可用 m=0.3，s=20（单位：ms）来估算；更贵的大容量磁盘可能是 m=0.1，s=3（单位：ms）。

2. 旋转延迟

磁盘（非软盘）的典型旋转速率是 3 600 r/s，即每 16.7 ms 旋转一周。于是，平均的旋转延迟是 8.3 ms。软盘的旋转速率在 300～600 r/s 之间，平均旋转延迟将在 100～200 ms 之间。

3. 传输时间

向磁盘写入数据或由磁盘读出数据所用的传输时间，除与数据量大小有关之外，主要取决于磁盘的旋转速度，即

$$T=b/(r \times N)$$

式中 T——传输时间；

b——传输的字节数；

r——旋转速度，单位是每秒周数；

N——每磁道字节数。

4. 数据传输率

数据传输率指在单位时间内磁盘存储器可向主机传输数据的字节数。从主机接口逻辑考虑，应有足够快的传输速率向设备接收/发送信息。从存储设备考虑，可使用如下公式计算：

数据传输率=磁盘转速 × 每条磁道的容量（B/s）

【例 4-1】一台有三个盘片的磁盘组，共有四个记录面，转速为 7 200 r/min，盘面有效记录区域外径为 30 cm，内径为 20 cm，记录位密度为 110 位/mm，磁道密度为 8 道/mm，磁道分 16 个扇区，每扇区 512 B，设磁头移动速度为 2 m/s。

（1）计算盘组的非格式化容量和格式化容量。

（2）计算该磁盘的数据传输率、平均寻道时间和平均旋转等待时间。

（3）若一个文件超出一个磁道的容量，余下部分是存于同一个盘面还是存于同一柱面上？并给出一个合理的磁盘地址方案。

答：

（1）每个记录面共有磁道数为：[(30−20)/2] × 10 × 8=400 道

非格式化容量=(3.14 × 200 × 110 × 400 × 4)/ 8 B= 13 816 000 B

格式化容量=512 × 16 × 400 × 4 B=13 107 200 B

（2）数据传输率=512 × 16 × (7 200/60) B/s=983 040 B/s，平均寻道时间=半径/磁头移动速度/2= 0.025 s，平均旋转等待时间=磁盘旋转一周时间/2=4.2 ms

（3）由于不需要重新找道，数据存于同一柱面，使读/写速度快。磁盘地址格式如下：

（盘号，柱面号，磁头号，扇区号）

4.4.3 磁盘冗余阵列（RAID）

其他外部存储器有磁盘冗余阵列（RAID）、光盘存储设备和磁带存储设备等。

和计算机的其他性能一样，磁盘存储器设计者认识到，并行使用多个磁盘会获得更加的性能。这种思想导致开发了独立操作和并行处理的磁盘阵列。由于是多个盘，只要请求的数据驻留在分离的盘上，则分立的 I/O 请求可并行处理。而且，如果存取的数据块分布在多个盘上，则单个 I/O 请求也能够并行处理。

随着多盘的使用，出现了各种用多盘组织数据和增加数据冗余来提高其可靠性的方法。然而，这样就很难开发可用于多种操作平台和操作系统的数据库模式。对多盘数据库的设计，工业上通过了一个称为 RAID（磁盘冗余阵列）的标准方案。RAID 方案分为 7 级（0～

6级)。但这些级别不是简单地表示层次关系，而是表示具有下列三个共同特性的不同设计结构：

（1）RAID是一组物理磁盘驱动器，在操作系统下被视为一个单一的逻辑驱动器。

（2）数据分布在一组物理磁盘上。

（3）冗余磁盘容量用于存储奇偶校验信息，保证磁盘万一损坏时能恢复数据。

第（2）、（3）个特性的详细内容在不同的RAID级中是不同的，RAID 0不支持第（3）个特性。

RAID策略是用多个小容量磁盘代替一个大容量的磁盘。这种分布数据的方法能够同时从多个磁盘中存取数据，因而改善了I/O性能，增加了容量。

RAID方案的独特贡献是有效找到了对冗余的需求。尽管允许多个磁头和机械臂移动机构同时操作，以达到较高的I/O和传输速度，但多个设备的使用增加了出错概率。为了对这种可靠性的降低进行补偿，RAID使用存储的奇偶校验信息来恢复由于磁盘损坏而丢失的数据。

在讨论RAID的每一级之前，表4-1对7级进行了小结。其中，2、4级没有向商业应用公布，也不大可能被工业界所接受。

图4-22表示一个支持四个无冗余磁盘数据容量的7级RAID方案。此图突出了用户数据和冗余数据的分布，并指出不同级相应的存储容量需求。图4-22将贯穿下面讨论的整个过程。

表4-1 RAID分级

种　类	级	说　明	I/O请求速度（读/写）	数据传输率（读/写）	典型应用
条带化	0	无冗余	条带:优秀	小条带:优秀	高性能，用于非关键性数据
镜像	1	镜像	良好/一般	一般/一般	系统盘、重要文件
并行处理	2	数据冗余用于海明码	差	优秀	大容量的I/O请求，如图像、CAD
	3	码位交错奇偶校验	差	优秀	
独立存取	4	块交错奇偶校验	优秀/一般	一般/差	无
	5	块交错分布奇偶校验	优秀/一般	一般/差	高请求速度，读集中数据查询
	6	块交错双分布奇偶校验	优秀/差	一般/差	要求极高可用性的应用

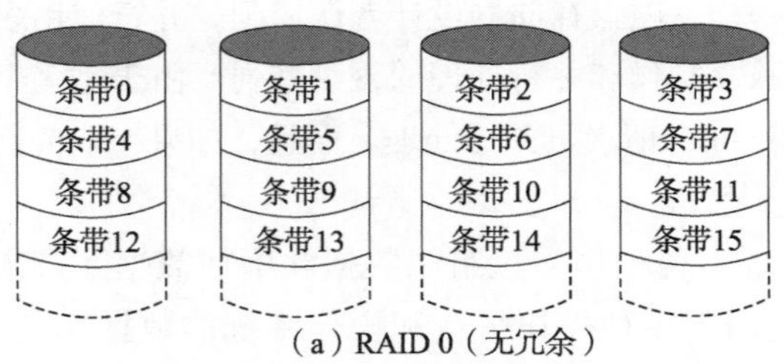

（a）RAID 0（无冗余）

图4-22 RAID级别

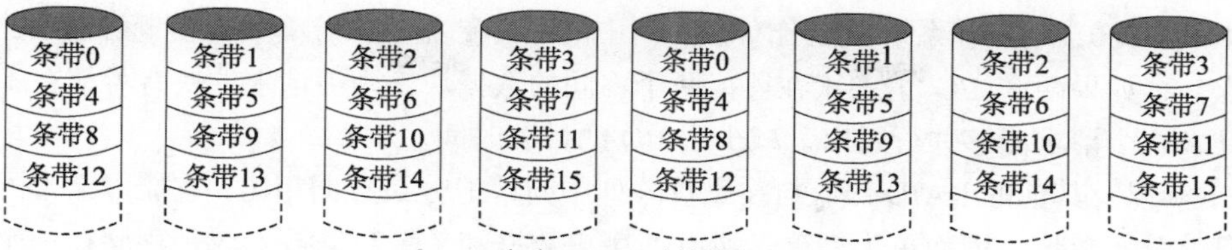

（b）RAID 1（镜像）

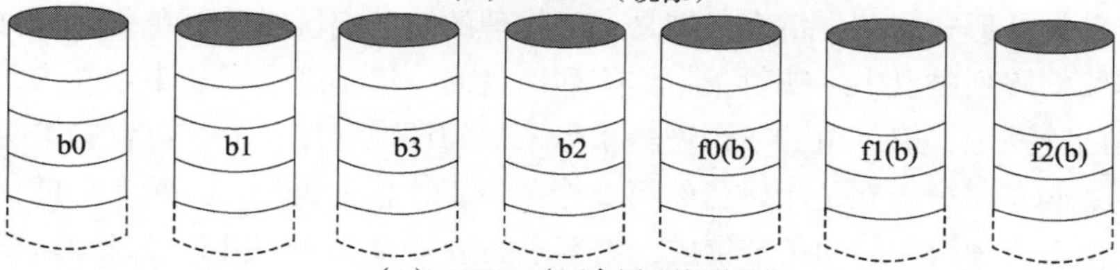

（c）RAID 2（冗余用于海明码）

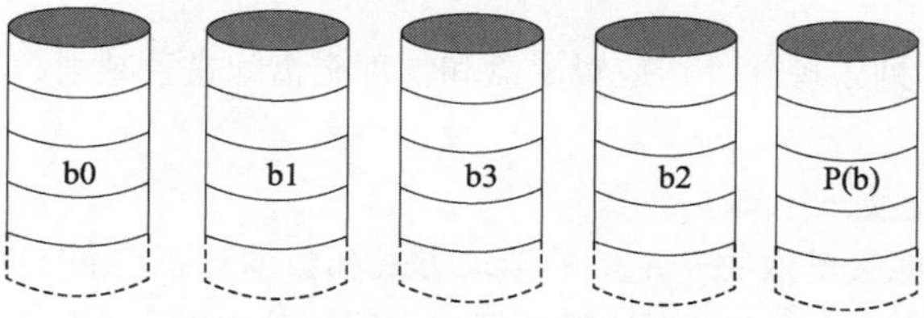

（d）RAID 3（位交错奇偶校验）

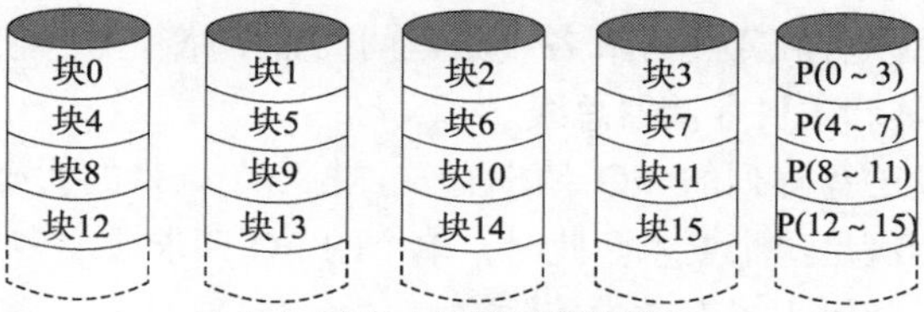

（e）RAID 4（块级奇偶校验）

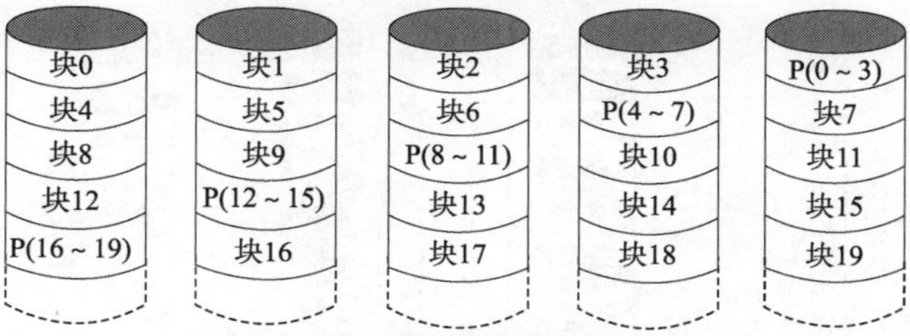

（f）RAID 5（块级分布式奇偶校验）

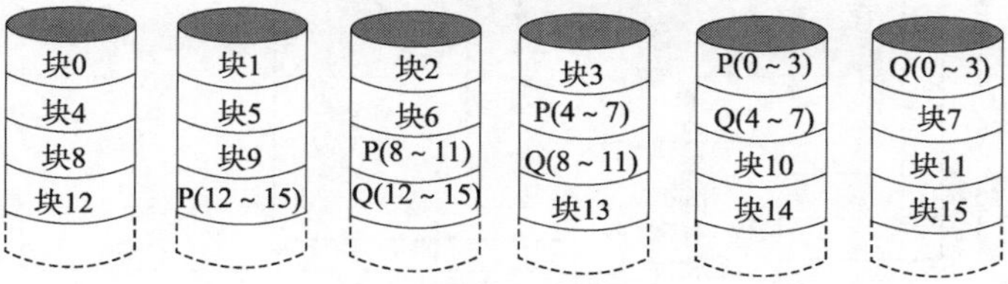

（g）RAID 6（双冗余度）

图 4-22　RAID 级别（续）

1. RAID 0 级

RAID 0 级不是 RAID 家族中的真正成员，因为它不采用冗余来改善性能。但是，它有一些应用，例如应用于超级计算机上时，其性能和容量仅是基本的考虑，低成本比改善可靠性更重要。

对于 RAID 0，用户和系统数据分布在阵列中的所有磁盘上，与单个大容量磁盘相比，它的显著优点是，如果两个 I/O 请求正在等待两个不同的数据块，则被请求的块有可能在不同的盘上。因此，两个请求能够并行发出，减少了 I/O 的排队时间。

RAID 0 以及其他的 RAID 级，与在磁盘阵列中简单地分布数据相比，它能以条带的形式在可用磁盘上分布数据，因而更为完善。所有的用户数据和系统数据被看成是存储在一个逻辑磁盘上，磁盘以条带的形式划分，每个条带是一些物理的块、扇区或其他单位。数据条带以轮转方式映射到连续的阵列磁盘中。映射条带到阵列磁盘的一组连续逻辑条带定义为条带集。在一个有 n 个磁盘的阵列中，第 1 组的 n 个逻辑条带依次物理地存储在 n 个磁盘的第 1 个条带上，第 2 组的 n 个逻辑条带分布在每个磁盘的第 2 个条带上，依此类推。这种布局的优点是，如果单个 I/O 请求由多个逻辑相邻的条带集成，则请求的 n 个条带可以并行处理，这样大大减少了 I/O 的传输时间。

图 4-23 表示使用阵列管理软件在逻辑磁盘和物理磁盘间进行映射，此软件可在磁盘子系统或主机上运行。

1）RAID 0 用于高速数据传输

任何 RAID 级的性能关键取决于主机的请求方式和数据分布。由于 RAID 0 的冗余不会影响分析，所以这些问题能在 RAID 0 中很清楚地得以说明。首先考虑使用 RAID 0 达到高速数据传输的情况。为了在应用中达到高速数据传输，必须满足两个要求：

（1）高速数据传输必须存在于主存和各个磁盘间的整个路径上。它包括内部控制总线、主系统 I/O 总线、I/O 适配器和主机存储器总线。

（2）应用必须使驱动磁盘阵列的 I/O 请求有效。与一个条带的大小相比，如果请求的是大量的逻辑相邻的数据，则满足这个要求。此时，单个的 I/O 请求涉及多个磁盘的并行数据传输，与单个磁盘传输相比，显然增大了有效的传输率。

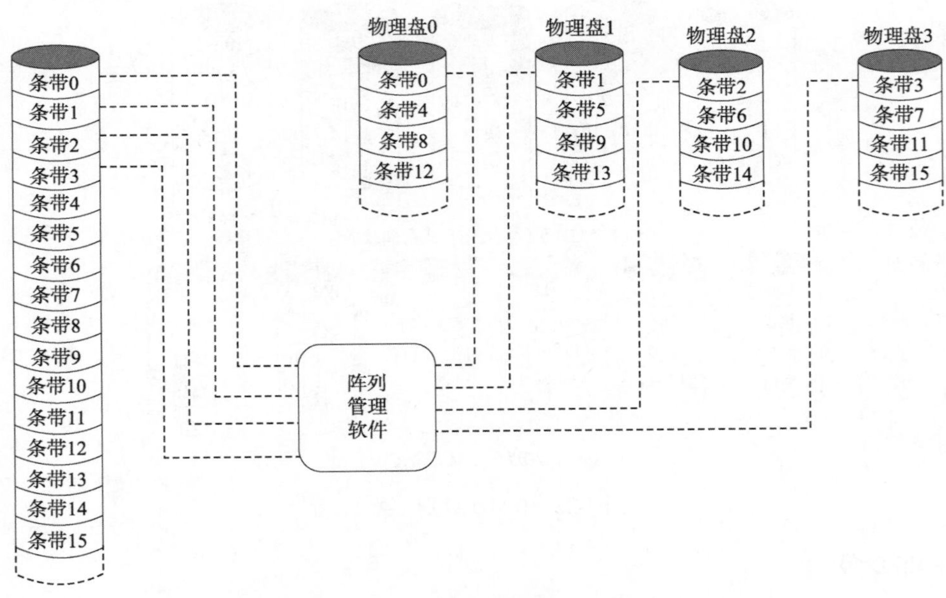

图 4-23　RAID 0 级阵列的数据块映射

2）RAID 0 用于高速的 I/O 请求

在面向事务处理环境中，用户普遍关心的是响应时间，而不是传输率。一个针对少量数据的单个 I/O 请求，其 I/O 时间由磁头的运动（寻道时间）和磁盘的运动（旋转延迟）决定。

在这一环境中，每秒有几百个 I/O 请求，通过平衡多磁盘中的 I/O 负载、磁盘阵列能提供高速的 I/O 执行速度。只有当多个 I/O 请求发出时，才能实现有效的负载平衡。这意味着存在多个独立应用或能进行多个 I/O 异步请求且面向事务的单个应用。性能也将受到条带大小的影响，如果条带容量相对大些，单个 I/O 请求只涉及一个磁盘存取，则多个等待 I/O 的请求能并行处理，这样就减少了每个请求的排队时间。

2. RAID 1 级

RAID 1 和其他 RAID 方案的区别在于实现冗余的方法。在 RAID 2～RAID 6 中，采用了某些形式的奇偶校验计算模式并引入了“冗余信息”。在 RAID 1 中，采用简单的备份所有数据的方法来实现冗余。RAID 1 同 RAID 0 一样，采用数据条带集，如图 4-22（b）所示，但它的每个逻辑条带映射到两个不同的物理磁盘组中，因此，阵列中的每个磁盘都有一个包含相同数据的镜像盘。

RAID 1 结构的优点如下：

（1）一个读请求可由包含请求数据的两个磁盘中的某一个提供，只要它的寻道时间加旋转延迟较小。

（2）一个写请求需要更新两个对应的条带，但这可以并行完成。因此，写性能由两者中较慢的一个写来决定，即包含较大的寻道时间和旋转延迟的那一个写。然而，RAID 1 无“写损失”。RAID 2～RAID 6 使用奇偶校验位，因此，当修改单个条带时，阵列管理软件必须先计算，然后在修改实际条带时也修改奇偶校验位。

（3）恢复一个损坏的磁盘很简单。当一个磁盘损坏时数据仍能从第 2 个磁盘中读取。

RAID 1 的主要缺点是价格昂贵，它需要支持两倍于逻辑磁盘的磁盘空间。因此，RAID 1 的配置只限于用在存储系统软件、数据和其他关键文件的驱动器中。在这种情况下，RAID 1 对所有的数据提供实时备份，在磁盘损坏时，所有的关键数据仍能立即可用。

在面向事务的环境中，如果有大批的读出请求，则 RAID 1 能实现高速的 I/O 速率。此时，RAID1 的性能达到 RAID 0 性能的两倍。然而，如果 I/O 请求有部分是写请求，则它不比 RAID 0 的性能好多少。对读请求的百分比高和数据传输密集的应用，RAID 1 也提供了对 RAID 0 改进的性能。如果应用把每个请求分割，使得两个磁盘都参加，则性能就会改善。

3. RAID 2 级

RAID 2 和 RAID 3 都使用了并行存取技术。当并行存取阵列时，所有的磁盘成员都参加每个 I/O 请求的执行。一般情况下，各个驱动器的轴是同步旋转的，因此，每个磁盘上的每个磁头在任何时刻都位于同一个位置。

和其他 RAID 方案一样，RAID 2 采用数据条带。在 RAID 2 和 RAID 3 中，条带非常小，经常小到一个字节或一个字。在 RAID 2 中，通过各个数据盘上的相应位计算纠错码，编码的位存储在多个奇偶校验盘的对应位。通常，采用海明码，它能纠正一位错误，检测两位错误。

尽管 RAID 2 比 RAID1 需要的磁盘少，但价格仍相当高，冗余磁盘的数目与数据磁盘数目的对数成正比。对于单个读，所有磁盘同时读取，请求的数据和相关的纠错码被传输到阵列控制器。如果有一位错误出现，则控制器马上识别并纠正错误，因此读取时间很快。对于单个写，所有数据盘和奇偶校验盘必须被访问以进行写操作。

RAID 2 是在多磁盘易出错环境中的有效选择。对于单个磁盘和磁盘驱动器，已给出高可靠性的情况，RAID 2 没有什么意义。

4. RAID 3 级

RAID 3 的组织方式与 RAID 2 相同，所不同的是，不管磁盘阵列多大，RAID 3 只需要一个冗余盘。RAID 3 采用并行存取，数据分布在较小的条带上；它不采用纠错码，而采用对所有数据盘上同一位置的一组位进行简单计算的奇偶校验位。

当某一驱动器损坏时，存取奇偶校验盘，并由其余设备重构数据。一旦损坏的磁盘被替换，在新盘上重新保存丢失的数据，恢复操作。数据的重新生成很简单。现在考虑一个 5 磁盘的阵列，X_0 到 X_1 保存数据，X_4 是奇偶校验盘，奇偶校验的第 i 位的计算公式如下：

$$X_4(i) = X_3(i) \oplus X_2(i) \oplus X_1(i) \oplus X_0(i)$$

假设，磁盘 X_1 损坏，上述等式两边同时异或 $X_4(i) \oplus X_1(i)$，则得到以下等式：

$$X_1(i) = X_4(i) \oplus X_3(i) \oplus X_2(i) \oplus X_0(i)$$

因此，阵列中某一数据盘中的任何数据条带的内容都能从剩余磁盘的相应条带中重新生成，这条原则适用于 RAID 第 3、4、5、6 级。

当磁盘损坏时，所有的数据仍有效的情况，称为简化模式。在这个模式下的读操作，利用异或运算可以立即重新生成丢失的数据。当数据写入简化模式的 RAID 3 阵列中时，要为以后的数据重新生成保持奇偶校验的一致性。整个操作需要更换损坏的磁盘，在新磁盘上重新生成损坏磁盘上的全部内容。

因为数据分成非常小的条带，RAID 3 可获得非常高的数据传输率。任何 I/O 请求将涉及所有数据盘的并行数据传输。对于大量传输，性能改善特别明显。

另一方面，一次只能执行一个 I/O 请求，在面向事务的环境中，性能将受损。

5. RAID 4 级

RAID 4～RAID 6 都采用一种独立的存取技术。在独立存取阵列中，每个磁盘成员的操作是独立的，各个 I/O 请求能够并行处理。因此，独立存取阵列更适合于高速 I/O 请求的应用，而较少用于需要高速数据传输的场合。

与其他 RAID 方案一样，它采用数据条带。RAID 4～RAID 6 的数据条带相对大些。在 RAID 4 中，通过每个数据盘上的相应条带来逐位计算奇偶校验条带，奇偶校验位存储在奇偶校验盘的对应条带上。

当执行较小规模的 I/O 写请求时，RAID 4 蒙受了写损失。对于每一次写操作，阵列管理软件不仅要修改用户数据，而且要修改相应的奇偶校验位。

为了计算新的奇偶校验位，阵列管理软件必须读取旧的数据条带和奇偶校验条带，然后用新的数据和新计算出的奇偶校验位修改上述两个条带，因此，每个条带的写操作包括两次读和两次写。

当涉及所有磁盘的数据条带较大的 I/O 写操作时，计算奇偶校验位非常容易，只要用新的数据位计算即可。因此，奇偶校验盘和数据磁盘并行更新，不再需要另外的读或写操作。

在任何情况下，每一次的写操作必然涉及奇偶校验盘，因此它成为一个瓶颈。

6. RAID 5 级

RAID 5 和 RAID 4 的组织方式相同，所不同的是，RAID 5 在所有磁盘上分布了奇偶校验条带。常用循环分配方案，如图 4-22（f）所示。对于一个 *n* 磁盘阵列，最初的 *n* 条带的奇偶校验条带位于不同的磁盘，然后以此样式重复。

在所有磁盘上分布奇偶校验条带避免了 RAID 4 级中潜在的 I/O 瓶颈问题。

7. RAID 6 级

RAID 6 是对 RAID 5 的扩展，用于要求对数据绝对不能出错的场合，其思想是进行两种不同的奇偶计算并将校验码以分开的块存于不同磁盘中。用户数据需要 *N* 个磁盘的 RAID 6 阵列，由 *N*+2 个磁盘组成。

图 4-22（g）说明了这种策略。*P* 和 *Q* 是两个不同的数据校验算法，其中一个是 RAID 4 曾使用的异或计算式的奇偶校验算法，另一个是与它完全无关的其他校验算法。这样，即使是两个数据盘都出故障了，数据照样能再生。

RAID 6 的优点是提供了极高的数据可用性，只有当平均修复时间间隔内 3 个磁盘都出了故障，才会使数据不可用。其缺点是，RAID 6 写数据的成本较高，因为每次写都要影响两个奇偶块。

4.5 网络存储器

4.5.1 存储区域网络（SAN）

1991 年，IBM 公司在 S/390 服务器中推出了 ESCON（enterprise system connection）技术，它是基于光纤介质，最大传输速率达 17 MB/s 的服务器访问存储器的一种连接方式。在此基础上，进一步推出了功能更强的 ESCON Director（一种 FC Switch），构建了一套最原始的 SAN 系统。

为了更好地满足从容量、性能、可用性、数据安全、数据共享、数据整合等方面的应用，对存储提出的要求，必须采用网络化的存储体系。存储网络化顺应了计算机服务器体系结构网络化的趋势，即目前的内部总线架构将逐渐走向消亡，形成交换式网络化发展方向的趋势。最初数据存储、计算处理和 I/O 是合为一体的，而目前数据存储部分已经独立出来，未来将是 I/O 和计算处理的进一步分离，形成数据存储、计算处理、I/O 吞吐三足鼎立的局面，这就是真正的服务器网络化体系结构，HPS（high performance server，高性能服务器）和存储区域网（storage area network，SAN），是这种趋势的两个重要体现。

SAN 专注于企业级存储的特有问题。当前企业存储方案所遇到的两个问题是：数据与应用系统紧密结合所产生的结构性限制，以及目前小型计算机系统接口（SCSI）标准的限制。SAN 中，存储设备通过专用交换机到一群计算机上。在该网络中提供了多主机连接，允许任何服务器连接到任何存储阵列，让多主机访问存储器和主机间互相访问一样方便，这样不管数据置放在哪里，服务器都可直接存取所需的数据。同时，随着存储容量的爆炸性增长，SAN 也允许企业独立地增加它们的存储容量。

SAN 的支撑技术是光纤通道（fibre channel，FC）技术，FC 是 ANSI 为网络和通道 I/O 接口建立的一个标准集成。支持 HIP、IPI、SCSI、IP、ATM 等多种高级协议，它的最大特性是将网络和设备的通信协议与传输物理介质隔离开。这样多种协议可在同一个物理连接上同时传送，高性能存储体和宽带网络使用单 I/O 接口，使得系统的成本和复杂程度大大降低。

光纤通道支持多种拓扑结构，主要有：点到点（Links）、仲裁环（FC-AL）、交换式网络结构（FC-XS）。点对点方式的例子是一台主机与一台磁盘阵列透过光纤通道连接，可以实现 DAS 应用。在 FC-XS 交换式架构下，主机和存储装置之间透过智能型的光纤通道交换器连接，并存储网络的管理软件统一管理，如图 4-24 所示，这种方式就是 SAN。

因为采用了 FC 技术，SAN 具有更高的带宽。FC 使用全双工串行通信原理传输数据，在 1 Gb FC 标准下，传输速率高达 1 062.5 Mbit/s，即 100 MB/s，双环可达 200 MB/s；在 2 Gb FC 标准下，上述数字将翻倍。FC 标准下可以通过同轴线、光纤介质进行设备间的信号传输，使用同轴线传输距离为 30 m，使用单模光纤传输距离可达 10 km 以上，这使得在 SAN 模式下实现物理上分离的、不在机房的存储变得非常容易。

现在 SAN 应用需求量逐步增大、成本逐步降低，更重要的是，随着 FC-SW 标准的确立，2 Gb FC 标准下的各种 SAN 设备已解决了互操作性问题，这已从成本和技术上解决了 SAN 的应用瓶颈。因为 SAN 解决方案是从基本功能剥离出存储功能，所以运行备份操作就无须考虑它们对网络总体性能的影响。SAN 方案简化了管理和集中控制，这对于全部存储设备都集中在信息中心，很有意义。

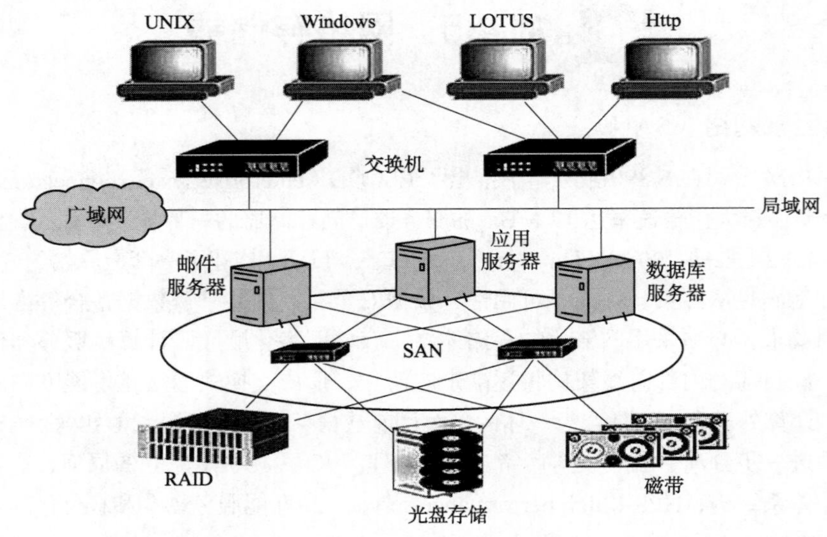

图 4-24　SAN 结构示例

SAN 主要用于存储量大的工作环境，如电信、银行、电子政务的信息中心等。随着各种用户数据量的剧增，对存储在可用性、可扩展性、管理性上要求的提高，SAN 的应用将更加光明。光纤通道标准目前是建立 SAN 架构的唯一选择，但是随着新技术和市场的双重作用，将来可能会用万兆以太网和/或 InfiniBand 架构（简称 IBA）来实现 SAN。

4.5.2　网络附加存储（NAS）

NAS 是英文 network attached storage 的缩写，通常翻译为网络附加存储。NAS 作为一种概念是 1996 年从美国硅谷提出的，其主要特征是把存储设备和网络接口，现在主要是以太网技术，集成在一起，直接通过以太网网络存取数据。也就是说，把存储功能从通用文件服务器中分离出来，使其更加专门化，从而获得更高的存取效率，更低的存储成本。

NAS 设备可靠稳定的性能、特别优化的文件管理系统和低廉的价格使 NAS 市场得到了一定的增长。NAS 作为一个网络附加存储设备，采用了信息技术中的流行技术——嵌入式技术。嵌入式技术的采用，使得 NAS 具有无人值守、高度职能、性能稳定、功能专一的特点。

NAS 设备内置优化的独立存储操作系统，可以有效、紧密地释放系统总线资源，全力支持 I/O 存储，同时 NAS 设备一般集成本地的备份软件，可以不经过服务器将 NAS 设备中的重要数据进行本地备份，而且 NAS 设备提供硬盘 RAID、冗余的电源和风扇以及冗余的控制器，可以满足保证 NAS 的稳定应用。

NAS 设备主要用来实现在不同操作系统平台下的文件共享应用，与传统的服务器或 DAS 存储设备相比，NAS 设备的安装、调试、使用和管理非常简单，采用 NAS 可以节省一定的设备管理与维护费用。NAS 设备提供 RJ-45 接口和单独的 IP 地址，可以将其直接挂接在主干网的交换机或其他局域网的集线器（Hub）上，通过简单的设置（如设置机器的 IP 地址等）就可以在网络即插即用地使用 NAS 设备，而且进行网络数据在线扩容时也无须停顿，从而保证数据流畅存储。

在 NAS 应用里，用户无须改造现有网络，就可通过不同的网络协议进入相同的文档，NAS 设备就可无缝混合应用在多种操作系统平台下。另外，NAS 对于已建立的网络的用户来说也不存在任何威胁，NAS 设备完全融合在已建立起来的网络中，它可以作为独立的数据存储设备搭配其他的各种服务器，既保护了用户的原有投资，又将整个网络的性能提高到一个新的层次。此外，NAS 设备采用集中式存储结构，摒弃了 DAS 的分散存储方式，网络管理员可以方便地管理数据和维护设备，NAS 应用案例如图 4-25 所示。

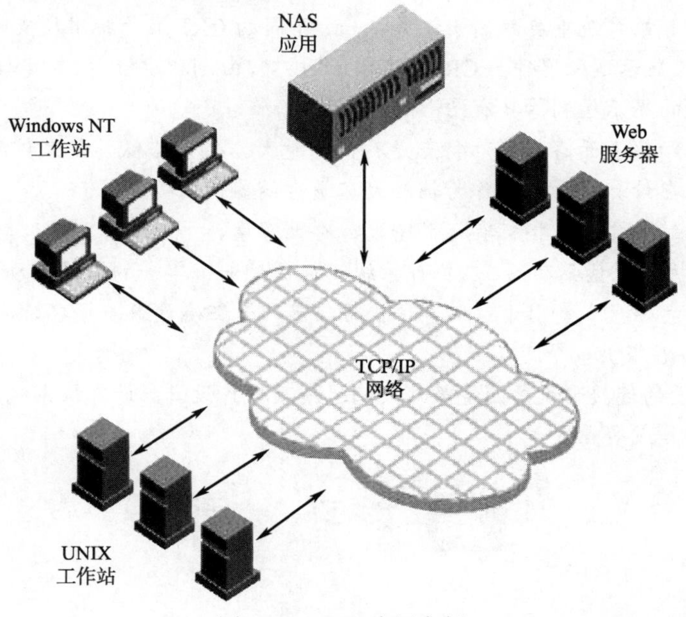

图 4-25　NAS 应用案例

NAS是在用户的局域网（LAN）上，以文件为单元，进行数据存取，也就是说利用网络文件系统、TCP/IP协议、以太网络设施，实现数据存取。以太网是目前绝大部分用户都采用的局域网络技术，NAS模式可以充分利用用户现有的局域网络设施，大大节省了用户在存储上的投资，这是NAS的一个优点。但这同样是NAS的一个弱点，以太网络的带宽目前是1 Gbit/s，和SCSI的160 MB/s，与FC（光纤通道）的2 Gbit/s相比，差距不小。并且TCP/IP的帧传输方式，使得带宽利用率不高，一般情况下，NAS设备的数据传输带宽仅能达到9～15 MB/s，另外，NAS是在TCP/IP技术上，以文件为单元进行传输，TCP/IP在帧传输时的丢包，也限制了NAS的速度，甚至威胁到数据唯一性和安全，速度、安全、性能成为NAS的一个弱点。目前大部分的（70%）数据都是基于关系型数据库进行存储的，关系型数据库在操作上，需要实时高速的数据读取和存储，一般数据库都采用“块”（block）的方式进行数据传输，这样NAS就无法在数据库领域得到有效应用。

从趋势上看，TOE（TCP/IP offload engine）技术已经逐步成熟，Intel、 Adaptec公司都已经有了成熟的产品，并将逐步应用在网络适配器上。同时，iSCSI 技术的产品方案也逐步成熟，这两种技术将大大推进NAS的应用。

小　结

外围设备用于计算机系统和外界进行信息交换，主要包括输入设备、输出设备、外存设备等。每一种设备，都是在它自己的设备控制器控制下进行工作的，而设备控制器则通过适配器（接口）和主机相连，并受主机控制。

键盘是计算机常用的输入设备。在通用键盘上，普遍采用扫描方式产生键码。扫描式键盘分为硬件扫描键盘和软件扫描键盘。

显示设备是计算机系统重要的输出设备之一。不同的CRT显示标准所支持的最大分辨率和颜色数目是不同的。显示适配器作为CRT与CPU的接口，由刷新存储器、显示控制器、ROM BIOS三部分组成。先进的显示控制器具有图形加速能力。

磁盘、磁带属于磁表面存储器，特点是存储容量大，位价格低，记录信息永久保存，但存取速度较慢，因此在计算机系统中作为辅助大容量存储器使用。

磁表面存储器的主要技术指标有存储密度、存储容量、平均存取时间、数据传输速率。

RAID是一组物理磁盘驱动器，在操作系统下被视为一个单一的逻辑驱动器。数据分布在一组物理磁盘上。冗余磁盘容量用于存储奇偶校验信息，保证磁盘万一损坏时能恢复数据。RAID方案分为7级（0～6级）。

I/O接口与外设的连接形式，围绕着外设的性质及操作设计。计算机系统中的I/O接口和外设的连接可用点对点或多点方式。

习　题

一、选择题

1. 计算机的外围设备是指（　　）。

A. 输入/输出设备　　B. 外部存储器
C. 输入/输出设备及外部存储器　　D. 除 CPU 和内存以外的其他设备

2. 下列设备中既是输入设备又是输出设备的是（　　）。

A. 鼠标　　B. 打印机　　C. 硬盘　　D. 扫描仪

3. I/O 接口位于（　　）。

A. 总线和设备之间　　B. CPU 和 I/O 设备之间
C. 主机和总线之间　　D. CPU 和主存储器之间

4. CRT 的分辨率为 1 024×1 024 像素，像素的颜色数为 256，刷新存储器的容量为（　　）。

A. 512 KB　　B. 1 MB　　C. 256 KB　　D. 2 MB

二、解释术语

1. 接口
2. 分辨率、场频、帧频、像点（像素、像元）、灰度
3. 冗余磁盘阵列（RAID）

三、简答题

1. 外围设备有哪些主要功能？可以分为哪些大类？各类中有哪些典型设备？

2. 举例说明一种实用的键码形成方法。

3. 简述光栅扫描成像原理。如果字符点阵为 7×9，则每扫描一帧字符对同一缓存单元应访问多少次？

4. 简述 CRT 显示器由字符代码到字符点阵的转换过程。

5. 刷新存储器的重要性能指标是它的带宽。若显示工作方式采用分辨率为 1 024×768 像素，颜色深度为 24 位，帧频（刷新速率）为 72 Hz，求：

（1）刷新存储器的存储容量是多少？

（2）刷新存储器的带宽是多少？

6. 某 CRT 显示器作字符显示，字符点阵为 5×7，字符横向间隔 2 点，行间间隔 4 点，分辨率 40 列×25 行。

（1）从工作原理上应设置哪几级为同步计数器？

（2）它们的分频关系如何？

（3）若要求帧频 60 Hz，则点频应为多少？

7. 某 CRT 显示器可显示 128 种 ASCII 字符，每帧可显示 80 字×25 排；每个字符字形采用 7×8 点阵，即横向 7 点，字间间隔 1 点，纵向 8 点，排间间隔 6 点；帧频 50 Hz，采用逐行扫描方式。试问：

（1）视频缓存容量有多大？

（2）字符发生器容量有多大？

（3）缓存中存放的是 ASCII 码还是点阵信息？

（4）缓存地址与屏幕显示位置如何对应？

（5）设置哪些计数器以控制缓存访问与屏幕扫描之间的同步？它们的分频关系如何？

8. 若要构成一个 16 键的小键盘，其中有 10 个数字键 0～9，启动、停止、温度、时间、置入、打印 6 个功能键。试为这些键分配相应的行列位置与编码，用逐行扫描法产生键码。画

出有关硬件逻辑，编制扫描程序。

9. 若要将图形显示的分辨率从800×600像素提高到1 024×1 024像素，在适配卡上应采取哪些措施？

10. 若要将显示字符从7×9点阵放大为14×18点阵，请提出一种实现方案。

11. 若设备的优先级依次为CD-ROM、扫描仪、硬盘、磁带机、打印机，请用SCSI进行配置，画出配置图。

12. 某双面磁盘，每面有220道，已知磁盘转速为4 000 r/min，数据传输率为185 000 B/s，求磁盘总容量。

13. 某磁盘存储器转速为3 000 r/min，共有4个记录面，每道记录信息为12 288 B，最小磁道直径为230 mm，共有275道。试问：

（1）磁盘存储器的存储容量是多少？

（2）最高位密度与最低位密度是多少？

（3）磁盘数据传输率是多少？

（4）平均等待时间是多少？

（5）给出一个磁盘地址格式方案。

14. 一台有3个盘片的磁盘组，共有4个记录面，转速为7 200 r/min，盘面有效记录区域外径为30 cm，内径为20 cm，记录位密度为110位/mm，磁道密度为8道/mm，磁道分16个扇区，每扇区512 B，设磁头移动速度为2 m/s。

（1）计算盘组的非格式化容量和格式化容量。

（2）计算该磁盘的数据传输率、平均寻道时间和平均旋转等待时间。

（3）若一个文件超出一个磁道的容量，余下部分是存于同一个盘面还是存于同一柱面上？并给出一个合理的磁盘地址方案。

15. 一台活动头磁盘机的盘片组共有20个可用的盘面，每个盘面直径18英寸，可供记录部分宽5英寸，已知道密度为100道/英寸，位密度为1 000位/英寸（量内道），并假定各磁道记录的信息位数相同。试问：

（1）盘片组总容量是多少兆位？

（2）若要求数据传输率为1 MB/s，磁盘机转速每分钟应是多少转？

四、思考题

1. 若要将显示画面（字符型）自下而上地滚动，请提出一种实现方案。

2. 试推导磁盘存储器读/写一块信息所用总时间的公式。

第 5 章 输入/输出系统

本章内容提要

- 输入/输出系统概述;
- 程序查询方式及其接口;
- 程序中断方式及其接口;
- DMA 方式及其接口;
- 通道方式及其接口。

输入/输出系统是人机对话和人机交互的纽带和桥梁。由于输入/输出设备工作速度与计算机主机的工作速度极不匹配，为此，既要考虑到输入/输出设备工作的准确可靠，又要充分挖掘主机的工作效率。输入/输出系统提供一种控制计算机与外部交互的系统化方式，并向操作系统提供必要的信息，以使其能够有效地管理 I/O 动作。

现代计算机系统的外围设备种类繁多，各类外围设备不仅结构和工作原理不同，而且与主机的连接方式也是复杂多样的。因此，计算机的输入/输出子系统成为整个计算机系统中最具有多样性和复杂性的部分，本章将比较详细地介绍几种典型的输入/输出子系统的工作原理。

5.1 外设接口原理

在计算机系统中，CPU与除主机之外的其他部件之间传输数据的软硬件机构统称为输入/输出系统，简称 I/O 系统。计算机 I/O 系统的作用是把计算机系统外的数据接收到计算机主机中，同时将计算机系统处理后的数据传输到计算机系统外。

随着计算机应用的不断扩大与深入，输入/输出设备的种类日益增多，I/O 系统就越来越重要。输入/输出设备是通过接口部件和计算机主机相连接的，组织合理的 I/O 系统、配备先进的 I/O 技术及接口部件是充分发挥计算机系统性能必不可少的条件。

除了处理器和一组存储模块外，一个计算机系统的第三个关键部件是输入/输出（I/O）接口。每个接口连接系统总线，并控制一个或多个外围设备。

5.1.1 输入/输出接口

输入/输出接口是完成外围设备和主机相互连接的功能界面，种类繁多、功能各异的外围设备要想接入系统总线，必须符合总线规定的物理、电气、功能、时间等特性，实现这些技术规范的功能部件就是输入/输出接口，它包含了在外设与总线之间执行通信功能的逻辑。

主机和外设之间进行信息交换为什么一定要通过接口呢？原因如下：

（1）各种外设使用不同的操作方法，将控制外设的必要逻辑全部放入处理器内是不切实际的。

（2）外设的数据传输率一般比存储器或处理器慢得多，使用高速的系统总线直接与外设通信是不切实际的。

（3）不同种类的外设使用的数据格式和字长度没有与处理器统一。

基于上述原因，需要有一个中间设备协调外设与主机之间的各种差异，这就是 I/O 接口。I/O 接口有如下两大功能：

（1）通过系统总线与主机连接。

（2）通过专用数据线与一个或多个外设连接。

5.1.2 接口的功能、基本组成和类型

1. 接口的功能

I/O 接口的主要功能划分成以下几种：

（1）控制和定时。

（2）与处理器或外设通信。

（3）数据缓冲。

（4）检错。

在某段时间内，处理器执行对 I/O 操作的程序，与一个或几个外设进行通信，此时内部资源，如主存和系统总线等，要执行数据输入/输出的一系列操作功能。因此，I/O 接口的功能必须包含控制和定时，用以协调内部资源和外设间的信息交换。

例如，从外设到处理器的数据传输包含以下几个步骤：

（1）处理器查询 I/O 接口，以检验连接设备的状态。

（2）I/O 接口回送设备状态。

（3）如果设备是可操作的，并准备传输，则处理器通过向 I/O 接口发出一条命令，请求数据传输。

（4）I/O 接口获得来自外设的一个数据单元（例如，8 位或 16 位）。

（5）数据从 I/O 接口传输到处理器。

I/O 接口必须具有与处理器或与外设间通信的能力，比如，处理器通信包括：

（1）命令译码：I/O 接口接收来自处理器的命令，这些命令一般作为信号发送到控制总线。例如，用于磁盘驱动器的 I/O 接口，能接收以下命令：read sector、write sector、seek 磁道号和 scan 记录标识。后两条命令中，每条都包含了发送到数据总线上的一个参数。

（2）数据：数据是在处理器和 I/O 接口间经由数据总线来交换的。

（3）状态报告：由于外设很慢，所以，I/O 接口的状态很重要。例如，如果 I/O 接口被要求发送数据到处理器（read），而处理器仍在处理先前的命令，对此请求未就绪。这种情况可用状态信号报告，常用的状态信号有忙（busy）和就绪（ready），也有报告各种出错情况的信号。

（4）像存储器中每个字有一个地址一样，每个 I/O 设备也有地址。因此，I/O 接口必须识别

它所控制外设的每个唯一的地址。

I/O 接口具有数据缓冲的功能。由于主存或处理器的数据访问速度很高，而多数外设速度较低，所以主存的数据通常以高速发送到 I/O 接口，数据首先保存在 I/O 接口的缓冲器中，然后以外设的数据传输率发送到外设。当反方向传输时，由于数据被缓冲，内存能以高速操作。因此，I/O 接口处理数据既能满足低速设备的要求，又能满足高速存储器的要求。

I/O 接口负责检错，并负责将差错信息报告给处理器。一类差错是设备机构和电路故障（例如，塞纸、磁道坏）。另一类差错是在信息从设备到 I/O 接口传输时，数据位发生变化。对于传输中的差错，需要用一些校验码进行检测。

2. 接口的基本组成

如上所述，接口中要分别传输数据信息、控制信息和状态信息，数据信息、控制信息和状态信息都通过数据总线来传输。大多数计算机都把外围设备的状态信息视为输入数据，而把控制信息看成输出数据，并在接口中分设各自相应的寄存器，赋以不同的端口地址，各种信息分时地使用数据总线传输到各自的寄存器中。接口的基本组成及与主机、外设间的连接示意图如图 5-1 所示。

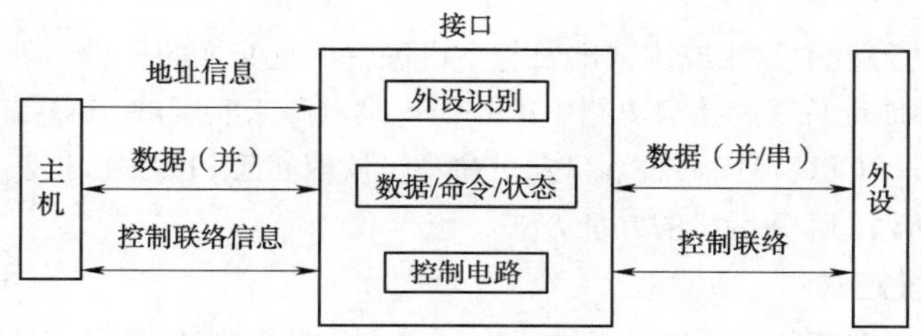

图 5-1　接口的基本组成及与主机、外设间的连接示意图

接口（interface）与端口（port）是两个不同的概念。端口是指接口电路中可以被 CPU 直接访问的寄存器，若干个端口加上相应的控制逻辑电路才组成接口。

通常，一个接口中包含有数据端口、命令端口和状态端口。存放数据信息的寄存器称为数据端口，存放控制命令的寄存器称为命令端口，存放状态信息的寄存器称为状态端口。CPU 通过输入指令可以从有关端口中读取信息，通过输出指令可以把信息写入有关端口。CPU 对不同端口的操作有所不同，有的端口只能写或只能读，有的端口既可以读又可以写。例如，对状态端口只能读，可将外设的状态标志送到 CPU 中去；对命令端口只能写，可将 CPU 的各种控制命令发送给外设。为了节省硬件，在有的接口电路中，状态信息和控制信息可以共用一个寄存器（端口），称为设备的控制/状态寄存器。

3. 接口的类型

输入/输出接口的分类可以从不同的角度来考虑。

1）按数据传输方式分类

可分为串行接口和并行接口。这里所说的数据传输方式指的是外设和接口一侧的传输方式，而在主机和接口一侧，数据总是并行传输的（见图 5-1）。在并行接口中，外设和接口间的传输宽度是一个字节（或字）的所有位，所以传输速率高，但传输线的数目将随着传输数据宽度的增加而增加。在串行接口中，外设和接口间的数据是一位一位串行传输的，传输速率低，但只需一根数据线。在远程终端和计算机网络等设备离主机较远的场合下，用串行接口比较经济合算。

2）按主机访问 I/O 设备的控制方式分类

可分为程序查询式接口、中断接口、DMA 接口，以及更复杂一些的通道控制器、I/O 处理机。

3）按功能选择的灵活性分类

可分为可编程接口和不可编程接口。可编程接口的功能及操作方式是由程序来改变或选择的，用编程的手段可使一块接口芯片执行多种不同的功能。不可编程接口则不能由程序来改变其功能，只能用硬连线逻辑来实现不同的功能。

4）按通用性分类

可分为通用接口和专用接口。通用接口是可供多种外设使用的标准接口，通用性强。专用接口是为某类外设或某种用途专门设计的。

5）按输入/输出的信号分类

可分为数字接口和模拟接口。数字接口的输入/输出全为数字信号，以上列举的并行接口和串行接口都是数字接口。而模/数转换器和数/模转换器属于模拟接口。

5.1.3 外设的识别与端口寻址

为了能在众多的外设中寻找或挑选出要与主机进行信息交换的外设，就必须对外设进行编址。外设识别是通过地址总线和接口电路中的外设识别电路来实现的，I/O 端口地址就是主机与外设直接通信的地址，CPU 可以通过端口发送命令、读取状态和传输数据。如何实现对这些端口的访问，这就是所谓的 I/O 端口的寻址方式。

1. 端口地址编址方式

I/O 端口寻址方式有两种：一种是存储器映射方式，即把端口地址与存储器地址统一编址；另一种是 I/O 映射方式，即把 I/O 端口地址与存储器地址分别进行独立的编址。

1）统一编址

在这种编址方式中，I/O 端口地址和内存单元的地址是统一编址的，把 I/O 接口中的端口作为内存单元一样进行访问，不设置专门的 I/O 指令。当 CPU 访问外设时，把分配给该外设的地址码（具体到该外设接口中的某一寄存器号）送到地址总线上，然后各外设接口中的地址译码器对地址码进行译码，如果符合即是 CPU 指定的外设寄存器。

2）独立编址

在这种编址方式中，内存地址空间和 I/O 端口地址空间是相对独立的，分别单独编址。比如，在 8086 中，其内存地址范围是从 00000H 到 FFFFFH 连续的 1 MB，其 I/O 端口的地址范围从 0000H 到 FFFFH，它们互相独立，互不影响。CPU 访问内存时，由内存读/写控制线控制；访问外设时，由 I/O 读/写控制线控制，所以在指令系统中必须设置专门的 I/O 指令。当 CPU 使用 I/O 指令时，其指令的地址字段直接或间接地指示出端口地址。这些端口地址被接口电路中的地址译码器接收并进行译码，符合者就是 CPU 所指定的外设寄存器，该外设寄存器将被 CPU 访问。

由于将 I/O 端口看成内存单元，所以从原则上说，访问内存的指令均可访问外设，这给用户提供了极大的方便，但 I/O 端口占用了内存地址，相对减少了内存的可用范围。

2. 独立编址方式的端口访问

独立编址方式在 Intel 系列、Z80 系列微机及大型计算机中得到广泛应用，Intel 80x86 的 I/O

地址空间由 2^{16}（64K）个独立编址的 8 位端口组成。两个连续的 8 位端口可作为 16 位端口处理；4 个连续的 8 位端口可作为 32 位端口处理。因此，I/O 地址空间最多能提供 64K 个 8 位端口、32K 个 16 位端口、16K 个 32 位端口或总容量不超过 64 KB 的不同端口的组合。

80x86 的专用 I/O 指令 IN 和 OUT 有直接寻址和间接寻址两种类型。直接寻址 I/O 端口的寻址范围为 0000～00FFH，至多为 256 个端口地址。这时程序可以指定：

（1）编号 0～255 的 256 个 8 位端口；

（2）编号 0、2、4、…、252、254 的 128 个 16 位端口；

（3）编号 0、4、8、…、248、252 的 64 个 32 位端口。

间接寻址由 DX 寄存器间接给出 I/O 端口地址。DX 寄存器长 16 位。所以最多可寻址 2^{16} = 64K 个端口地址，这时程序可以指定：

（1）编号 0～65 535 的 65 536 个 8 位端口；

（2）编号 0、2、4、…、65 532、65 534 的 32 768 个 16 位端口；

（3）编号 0、4、8、…、65 528、65 532 的 16 384 个 32 位端口。

CPU 一次可实现字节（8 位）、字（16 位）或双字（32 位）的数据传输。与存储器中的双字一样，32 位端口应对准可被 4 整除的偶地址；与存储器中的字一样，16 位端口应对准偶地址；8 位端口可定位在偶地址，也可定位在奇地址。

5.1.4　输入/输出信息传输控制方式

主机和外设之间的信息传输控制方式，经历了由低级到高级、由简单到复杂、由集中管理到各部件分散管理的发展过程，按其发展的先后次序和主机与外设并行工作的程度，可以分为四种。

1. 程序查询方式

程序查询方式又称异步传输方式，是一种程序直接控制方式，这是主机与外设间进行信息交换的最简单方式，输入和输出完全是通过 CPU 执行程序来完成的。一旦某一外设被选中并启动之后，主机将查询这个外设的某些状态位，看其是否准备就绪？若外设未准备就绪，主机将再次查询；若外设已准备就绪，则执行一次 I/O 操作。

这种方式控制简单，但外设和主机不能同时工作，各外设之间也不能同时工作，系统效率很低。因此，仅适用于外设的数目不多，对 I/O 处理的实时要求不那么高，CPU 的操作任务比较单一，并不很忙的情况。

2. 程序中断方式

在主机启动外设后，无须等待查询，而是继续执行原来的程序；外设在做好输入/输出准备时，向主机发中断请求；主机接到请求后就暂时终止原来执行的程序，转去执行中断服务程序对外部请求进行处理；在中断处理完毕后返回原来的程序继续执行。显然，程序中断不仅适用于外围设备的输入/输出操作，也适用于对外界发生的随机事件的处理。

程序中断在信息交换方式中处于最重要的地位，它不仅允许主机和外设同时并行工作，并且允许一台主机管理多台外设，使它们同时工作。但是完成一次程序中断还需要许多辅助操作，当外设数目较多时，中断请求过分频繁，可能使 CPU 应接不暇；另外，对于一些高速外设，由于信息交换是成批的，如果处理不及时，可能会造成信息丢失，因此，它主要适用于中、低速外设。

3. 直接存储器访问（DMA）方式

DMA 方式是在内存和外设之间开辟直接的数据通路，可以进行基本上不需要 CPU 介入的内存和外设之间的信息传输，这样不仅能保证 CPU 的高效率，而且能满足高速外设的需要。

DMA 方式只能进行简单的数据传输操作，在数据块传输的起始和结束时还需 CPU 及中断系统进行预处理和后处理。

4. I/O 通道控制方式

I/O 通道控制方式是 DMA 方式的进一步发展，在系统中设有通道控制部件，每个通道挂若干外设，主机在执行 I/O 操作时，只需启动有关通道，通道将执行通道程序，从而完成 I/O 操作。

通道是一个具有特殊功能的处理器，它能独立地执行通道程序，产生相应的控制信号，实现对外设的统一管理和外设与内存之间的数据传输。但它不是一个完全独立的处理器。它要在 CPU 的 I/O 指令指挥下才能启动、停止或改变工作状态，是从属于 CPU 的一个专用处理器。

一个通道执行输入/输出过程全部由通道按照通道程序自行处理，不论交换信息多少，只打扰 CPU 两次（启动和停止时）。因此，主机、外设和通道可以并行工作，而且一个通道可以控制多台不同类型的设备。

5.2 外设接口具体实例

下面将对计算机中的常用外设接口进行介绍。

5.2.1 通用输入/输出端口（GPIO）

GPIO（general purpose input/output port）即通用输入/输出端口，就是芯片的一些引脚，这些引脚可以供使用者通过编程自由使用，PIN 脚可作为通用输入（GPI）或通用输出（GPO）或通用输入与输出（GPIO）。作为输入端口时，可以通过它们读入引脚的状态——高电平或低电平，作为输出端口时，可以通过它们输出高电平或低电平来控制连接的外围设备。

一个 GPIO 端口至少需要两个寄存器，一个做控制用的“通用 I/O 端口控制寄存器”，还有一个是存放数据的“通用 I/O 端口数据寄存器”。数据寄存器的每一位是和 GPIO 的硬件引脚对应的，而数据的传递方向是通过控制寄存器设置的，通过控制寄存器可以设置每一位引脚的数据流向。图 5-2 所示为一个基本的 GPIO 端口。

GPIO 具备低功耗、小封装、低成本等优点，因此不需要编写额外的代码、文档，不需要做任何维护工作即可快速上市。GPIO 端口不仅具有灵活的灯光控制，还可以预先确定响应时间。

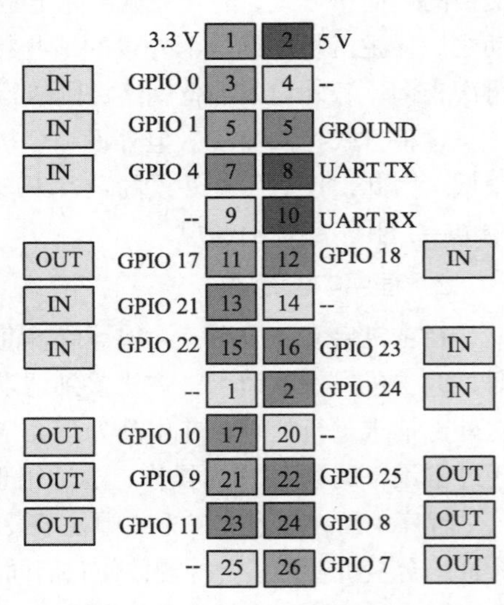

图 5-2 基本的 GPIO 端口

5.2.2　并行外设接口（PPI）

PPI（parallel peripheral interface）即并行外设接口。并行数据传输是以计算机的字长，通常是 8 位、16 位或 32 位为传输单位，利用 8 个、16 个或 32 个数据信号线一次传送一个字长的数据，这种传输需要并行接口的支持。并行接口电路有多种，Intel 8255A 是具有多种功能的可编程并行接口电路芯片，通过 8255A，CPU 可直接同外设连接，是应用最广的并行 I/O 接口芯片。8255A 结构框图如图 5-3 所示。

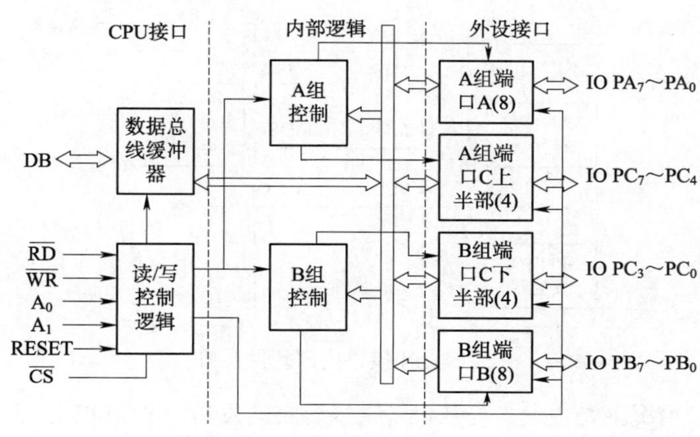

图 5-3　8255A 结构框图

8255A 有三个端口：A 口、B 口和 C 口，它们的长度都是 8 位，都可以用作数据的输入或输出。8255A 通过三种工作方式来管理输入/输出：方式 0、方式 1 和方式 2。

1）方式 0——基本输入/输出方式

方式 0 不使用联络信号，也不使用中断，A 口和 B 口可定义为输入或输出口。C 口分成两个部分（高 4 位和低 4 位），C 口的两个部分也可分别定义为输入或输出。在方式 0，所有口输出均有锁存，输入只有缓冲，无锁存，C 口还具有按位将其各位清 0 或置 1 的功能。常用于与外设无条件数据传送或接收外设的数据。

2）方式 1——选通输入/输出方式

A 口借用 C 口的一些信号线（PC_7～PC_4）用作控制和状态信号，组成 A 组；B 口借用 C 口的一些信号线（PC_3～PC_0）用作控制和状态信号，组成 B 组。方式 1 常用于中断传送和查询传送数据。

3）方式 2——双向输入/输出方式

方式 2 是 A 组独有的工作方式。外设既能在 A 口的 8 条引线上发送数据，又能接收数据。此方式也是借用 C 口的 5 条信号线作控制线和状态线，A 口的输入和输出均带有锁存。

5.2.3　串行外设接口（SPI）

SPI（serial peripheral interface）即串行外设接口，是一种同步、全双工、串行通信方式，它可以使 MCU 与各种外围设备以串行方式进行通信。外围设备可以是 Flash RAM、网络控制器、LCD 显示驱动器、A/D 转换器和 MCU 等。

SPI 接口是以主从方式工作的，这种模式通常有一个主器件和一个或多个从器件。接口包括以下四种信号：

（1）MOSI——主器件数据输出，从器件数据输入。

（2）MISO——主器件数据输入，从器件数据输出。

（3）SCLK——时钟信号，由主器件产生。

（4）SS——从器件使能信号，由主器件控制。

SPI 接口内部硬件接口如图 5-4 所示。

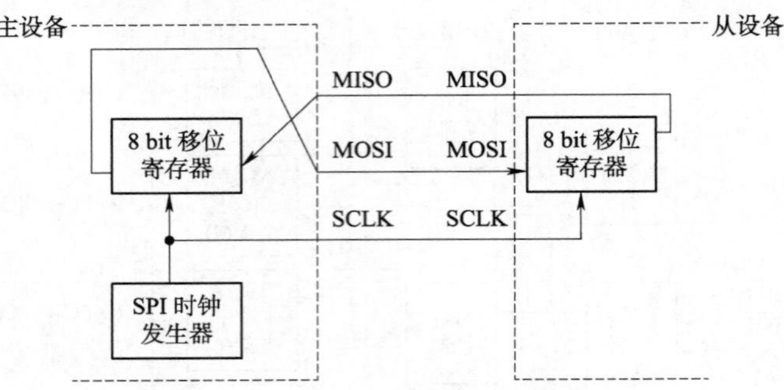

图 5-4　SPI 接口内部硬件接口

SPI 通信时典型情况下是主设备与从设备交换各自的发送字节。SPI 是通过主模块 SCLK 控制信息的交换，这意味着 SPI 在通信时可以暂停数据的交换，在需要时可以继续数据的交换（但要保证 SPI 的引脚状态没有改变）。SPI 在交换信息时总是从高位开始发送，在接收时把收到的位放在低位（bit0），每次交换一位。SPI 可以设置通信时的时钟极性（即 SCLK 空闲时的状态），也要设置 SPI 时钟边沿（怎样的时钟跳变是发送，怎样的时钟跳变是锁存），SPI 总是设置时钟边沿时发送，相反边沿锁存。

5.2.4　通用异步接收发送设备 UART

UART（universal asynchronous receiver/transmitter) 即通用异步接收发送设备。它将要传输的资料在串行通信与并行通信之间加以转换。作为把并行输入信号转成串行输出信号的芯片，UART 通常被集成于其他通信接口的连接上。作为异步串口通信协议的一种，UART 工作原理是将传输数据的每个字符一位接一位地传输。通信可以是单工、全双工或半双工。

UART 有 4 个引脚（VCC，GND，RXD，TXD），用的 TTL 电平，低电平为 0（0 V），高电平为 1（3.3 V 或以上），如图 5-5 所示。

VCC 引脚进行供电，一般是 3.3 V。GND 引脚接地，有时候 RXD 接收数据有问题，就要接上这个 pin，一般也可不接。RXD 引脚接收数据。TXD 引脚发送数据。

UART 的优点是它只使用两根线就可以在设备之间传输数据，如图 5-6 所示。在 UART 通信中，两个 UART 直接相互通信。发送 UART 1 将来自 CPU 等控制设备的并行数据转换为串行形式，并将其串行发送到接收 UART 2，接收 UART 2 将串行数据转换回接收设备的并行数据。在两个 UART 之间传输数据只需要两根线。数据从发送 UART 1 的 Tx 引脚流向接收 UART 2 的 Rx 引脚。

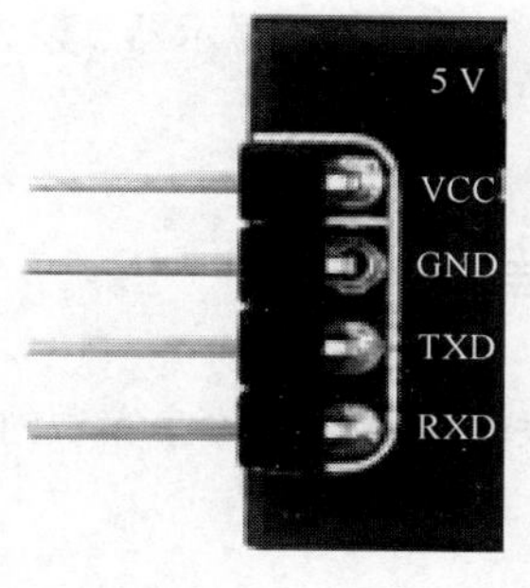

图 5-5　UART 引脚图

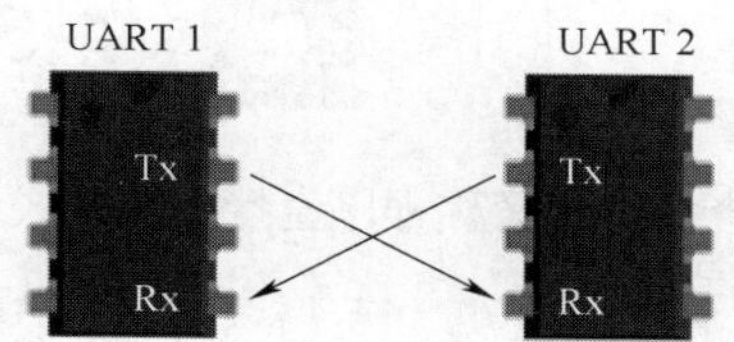

图 5-6　UART 传输数据示意图

UART 以异步方式发送数据，这意味着没有时钟信号将发送 UART 的位输出与接收 UART 的位采样同步。发送 UART 不是时钟信号，而是将开始和停止位添加到正在传输的数据包中。这些位定义数据包的开始和结束，因此接收 UART 知道何时开始读取位。当接收 UART 检测到起始位时，它开始以称为波特率的特定频率读取输入位。波特率是数据传输率的度量，以每秒位数表示。两个 UART 必须以大致相同的波特率运行。发送和接收 UART 之间的波特率只能相差 10%左右。UART 传输数据包格式如图 5-7 所示。

起始位	bit0	bit1	bit2	bit3	bit4	bit5	bit6	bit7	停止位

图 5-7　UART 传输数据包格式

其中，每个字符表示为一个帧，以逻辑低电平为起始比特，然后是数据比特，可选的奇偶校验比特，最后是一个或多个停止比特（逻辑高电平）。

UART 具体实物表现为独立的模块化芯片，或作为集成于微处理器中的周边设备。一般是 RS-232-C 规格的，与类似 Maxim 的 MAX232 之类的标准信号幅度变换芯片进行搭配，作为连接外围设备的接口。在 UART 上追加同步方式的序列信号变换电路的产品，称为 USART（universal synchronous asynchronous receiver transmitter）。

5.2.5　通用串行总线 USB

USB（universal serial bus）即通用串行总线，是连接计算机系统与外围设备的一种串口总线标准，也是一种输入/输出接口的技术规范。它只有 4 根线，2 根电源线（5 V，地线），2 根数据线（D+，D－），如图 5-8 所示。因此，信号是串行传输的，即按照传输时钟脉冲的节奏一位一位传输。

图 5-8　USB 接口

速度快是 USB 技术的突出特点之一。全速 USB 接口的最高传输率可达 12 Mbit/s，比串口快了整整 100 倍，而执行 USB2.0 标准的高速 USB 接口速率更是达到了 480 Mbit/s，最新一代 USB 3.1，传输率为 10 Gbit/s。这使得高分辨率、真彩色的大容量图像的实时传送成为可能。USB 接口支持多个不同设备的串行连接，一个 USB 接口理论上可以连接 127 个 USB 设备。连接方式也十分灵活，既可以使用串行连接，也可以使用集线器（Hub）把多个设备连接在一起，再同 PC 的 USB 接口相接。普通的使用串口、并口的设备都需要单独的供电系统，而 USB 设备则不需要。正是由于 USB 的这些特点，使其获得了广泛的应用。到目前为止，USB 已经在 PC 的多种外设上得到应用，包括扫描仪、数字照相机、数码摄像机、音频系统、显示器、输入设备等。对于广大的工程设计人员来说，USB是设计外设接口时理想的总线。

5.3 程序查询

程序查询方式又称程序直接控制方式，由 CPU 执行一段输入/输出程序来实现内存与外设之间信息的传输。

5.3.1 程序查询方式

1. 程序查询的基本思想

根据外设的不同性质，传输方式又可分为无条件传输方式和程序查询方式两种。

在无条件传输方式中，I/O端口总是准备好接收主机的输出数据，或总是准备好向主机输入数据，因而 CPU 无须查询外设的工作状态，而默认外设始终处于准备就绪状态。在 CPU 认为需要时，随时可直接利用I/O指令访问相应的I/O端口，实现与外设之间的数据交换。这种方式的优点是软、硬件结构都很简单，但要求时序配合精确，一般的外设难以满足要求。所以，只能用于简单开关量的输入/输出控制中，稍复杂一点的外设都不采用这种方式。

许多外设的工作状态是很难事先预知的，比如何时按键，打印机是否能接收新的打印输出信息等。当 CPU 与外设工作不同步时，很难确保 CPU 在执行输入操作时，外设一定是“准备好”的；而在执行输出操作时，外设一定是“缓冲器空”的。为了保证数据传输的正确进行，就要求CPU在程序中查询外设的工作状态。如果外设尚未准备就绪，CPU就循环等待，只有当外设已做好准备，CPU才能执行I/O指令进行数据传输，这就是程序查询方式。

2. 程序查询方式的工作流程

程序查询方式的工作过程大致有以下几个：

（1）预置传输参数。在传输数据之前，由CPU执行一段初始化程序，预置传输参数。传输参数包括存取数据的内存缓冲区首地址和传输数据的个数。

（2）向外设接口发出命令字。当CPU选中某台外设时，执行输出指令向外设接口发出命令字启动外设，为接收数据或发送数据做应有的操作准备。

（3）从外设接口取回状态字。CPU执行输入指令，从外设接口中取回状态字并进行测试，判断数据传输是否可以进行。

（4）查询外设标志。CPU不断查询状态标志。如果外设没有准备就绪，CPU就踏步进行等待，一直到这个外设准备就绪，并发出“外设准备就绪”信号为止。

（5）传输数据。只有外设准备好，才能实现主机与外设间的一次数据传输。输入时，CPU执行输入指令，从外设接口的数据缓冲寄存器中接收数据；输出时，CPU执行输出指令，将数据写入外设接口的数据缓冲寄存器中。

（6）判断传输是否结束。如果传输个数计数器不为0，则转第（3）步，继续传输，直到传输个数计数器为0，表示传输结束。

程序查询方式的工作流程如图 5-9 所示。其程序查询的核心如图中虚线框部分所示，真正传输数据的操作由输入或输出指令完成。

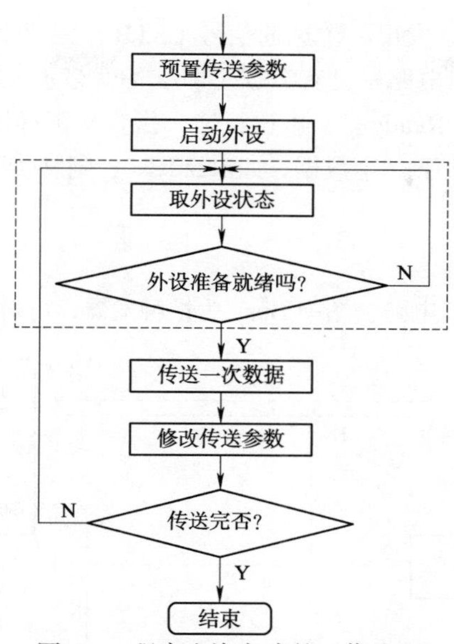

图 5-9　程序查询方式的工作流程

5.3.2　程序查询方式接口

程序查询方式是最简单、经济的 I/O 方式，只需很少的硬件。通常接口中至少有两个寄存器，一个是数据缓冲寄存器，即数据端口，用来存放与 CPU 进行传输的数据信息；另一个是供 CPU 查询的设备状态寄存器，即状态端口，这个寄存器由多个标志位组成，其中最重要的是“外设准备就绪”标志（输入或输出设备的准备就绪标志可以不是同一位）。当 CPU 得到这位标志后就进行判断，以决定下一步是继续循环等待还是进行 I/O 传输。也有些计算机仅设置状态标志触发器，其作用与设备状态寄存器相同。

1. 输入接口

图 5-10 所示为查询方式输入接口电路，图中 Ready 为准备好触发器，它对应于设备状态寄存器的 D_4 位。

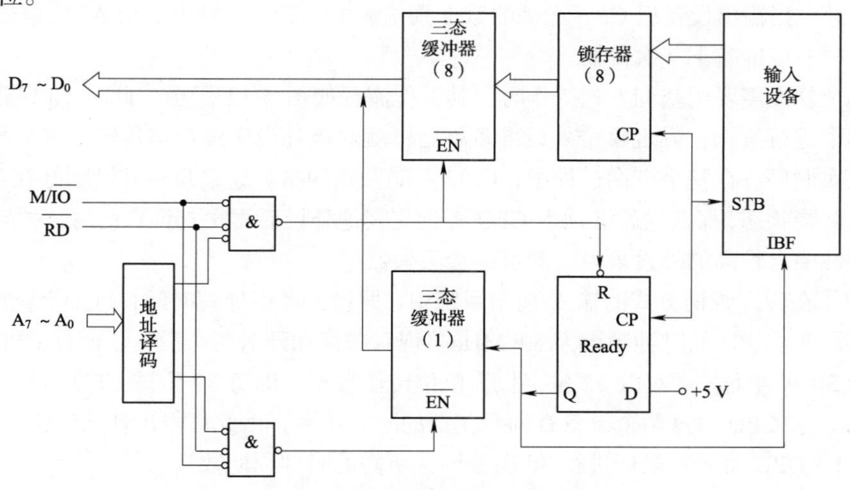

图 5-10　查询方式输入接口电路

在输入设备准备好数据时，发出一个选通信号（STB），一方面将数据送入锁存器，同时将Ready触发器置1，以表示接口电路中已有数据（即准备就绪）。CPU要从外设输入数据时，先执行输入指令读取状态字，如 Ready=1，再执行输入指令从锁存器中读取数据，同时把 Ready触发器清0。以准备从外设接收下一个数据；如Ready=0，则踏步等待，继续读取状态字，直至Ready=1为止。

2. 输出接口

图5-11为查询方式输出接口电路，图中Busy为忙触发器，可对应于设备状态寄存器的D_7位。

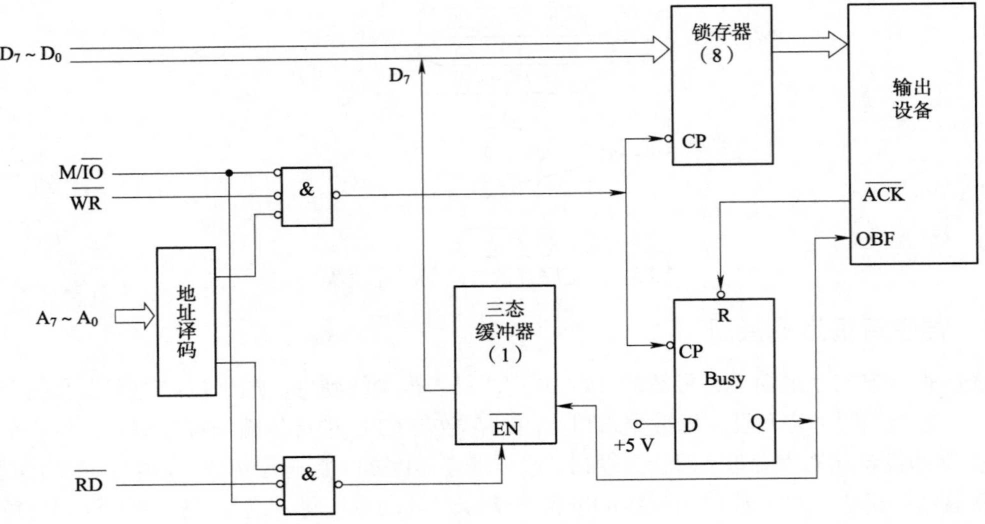

图5-11 查询方式输出接口电路

输出时，CPU首先执行输入指令读取状态字，如Busy=1，表示接口的输出锁存器是满的，CPU只能踏步等待，继续读取状态字，直至Busy=0为止；如Busy=0，表示接口的输出锁存器是空的，允许CPU向外设发送数据。此时，CPU执行输出指令，将数据送入锁存器，并将Busy触发器置“1”。当输出设备把CPU送来的数据真正输出之后，将发出一个ACK信号，使Busy触发器置“0”，以准备下一次传输。

若有多个外设需要用查询方式工作时，其工作流程如图5-12所示。此时CPU巡回检测各个外设，逐个进行查询，发现哪个外设准备就绪，就对该外设实施数据传输，然后再对下一外设查询，依次循环。在整个查询过程中，CPU不能做别的事。如果某一外设刚好在查询过自己之后才处于就绪状态，那么它就必须等CPU查询完其他外设后再次查询自己时，才能为它服务，这对于实时性要求较高的外设来说，就可能会丢失数据。

【例5-1】在程序查询方式的输入/输出系统中，假设不考虑处理时间，每一个查询操作需要100个时钟周期，CPU的时钟频率为50 MHz。现有鼠标和硬盘两个设备，而且CPU必须每秒对鼠标进行30次查询，硬盘以32位字长为单位传输数据，即每32位被CPU查询一次，传输率为2 MB/s。求CPU对这两个设备查询所花费的时间比率，由此可得出什么结论？

答：（1）CPU每秒对鼠标进行30次查询，所需的时钟周期数为

$$100\times30=3\ 000$$

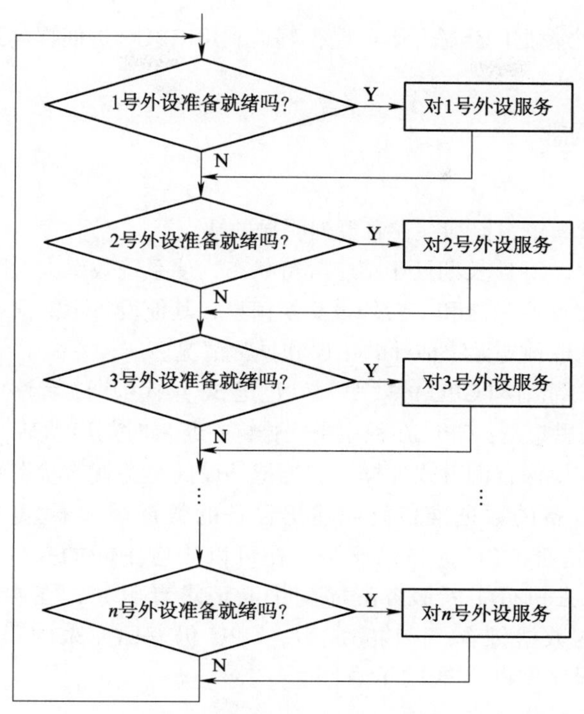

图 5-12　多个外设的查询工作流程

根据 CPU 的时钟频率为 50 MHz，即每秒 50×10^6 个时钟周期，故对鼠标的查询占用 CPU 的时间比率为

$$[3000/(50\times10^6)]\times100\%=0.006\%$$

可见，对鼠标的查询基本不影响 CPU 的性能。

（2）对于硬盘，每 32 位被 CPU 查询一次，故每秒查询

$$2\ \text{MB}/4\ \text{B}=512\ \text{K 次}$$

则每秒查询的时钟周期数为

$$100\times512\times1\,024=52.4\times10^6$$

故对磁盘的查询占用 CPU 的时间比率为

$$[(52.4\times10^6)/(50\times10^6)]\times100\%=105\%$$

可见，即使 CPU 将全部时间都用于对硬盘的查询也不能满足磁盘传输的要求，因此 CPU 一般不采用程序查询方式与磁盘交换信息。

5.4　程序中断

程序查询方式中，高速的 CPU 只能在循环中等待低速的外设完成任务后，才能进行其他工作，系统的效率低下。如果能在 CPU 发出命令后，即刻去进行其他工作，而让外设完成任务后，

再通知 CPU 进行下一个数据的传输，则可以很好地利用 CPU，进而提高系统的性能，这就引入了程序中断方式。

5.4.1 中断的基本概念

1. 中断的提出

程序查询方式虽然简单，但却存在着下列明显的缺点：

（1）在查询过程中，CPU 长期处于踏步等待状态，使系统效率大大降低。

（2）CPU 在一段时间内只能和一台外设交换信息，其他设备不能同时工作。

（3）不能发现和处理预先无法估计的错误和异常情况。

为了提高输入/输出能力和 CPU 的效率，20 世纪 50 年代中期，程序中断方式被引进计算机系统。程序中断方式的思想是：CPU 在程序中安排好在某一时刻启动某一台外设，然后 CPU 继续执行原来程序，不需要像查询方式那样一直等待外设的准备就绪状态。一旦外设完成数据传输的准备工作（输入设备的数据准备好或输出设备的数据缓冲器为空）时，便主动向 CPU 发出一个中断请求，请求 CPU 为自己服务。在可以响应中断的条件下，CPU 暂时中止正在执行的主程序，转去执行中断服务程序为中断请求者服务，在中断服务程序中完成一次 CPU 与外设之间的数据传输，传输完成后，CPU 仍返回原来的程序，从断点处继续执行。图 5-13 给出了程序中断方式的示意图。

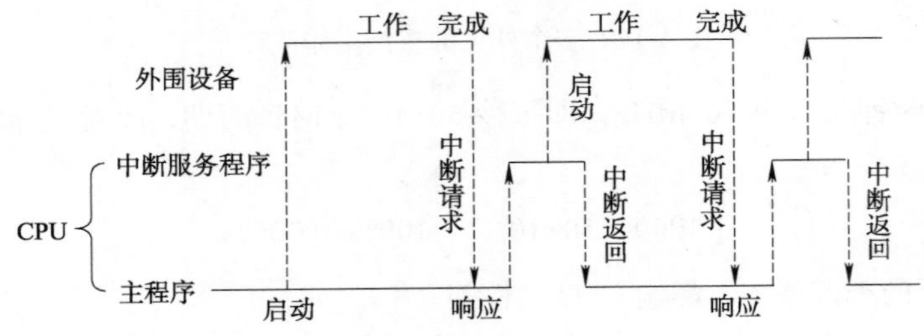

图 5-13 程序中断方式的示意图

从图 5-13 中可以看到，中断方式在一定程度上实现了 CPU 和外设的并行工作，使 CPU 的效率得到充分的发挥。不仅如此，由于中断的引入，还能使多个外设并行工作，CPU 根据需要可以启动多个外设，被启动的外设分别同时独立地工作，一旦外设准备就绪，即可向 CPU 发出中断请求，CPU 可以根据预先安排好的优先顺序，按轻重缓急处理外设与自己的数据传输。另外，计算机在运行过程中可能会发生预料不到的异常事件，如运算出错、掉电、运算结果溢出等，由于中断的引入，使计算机可以捕捉到这些故障和错误，及时予以处理。所以，现代计算机都具有中断处理的能力。

图 5-14 展示了一个简单的中断处理过程，中断的处理过程实际上是程序的切换过程，即从现行程序切换到中断服务程序，再从中断服务程序返回现行程序。CPU 每次执行中断服务程序前总要保护断点、保护现场，执行完中断服务程序返回现行程序之前又要恢复现场、恢复断点。这些中断的辅助操作都将会限制数据传输的速度。

中断系统是计算机实现中断功能的软、硬件总称。一般在 CPU 配置中断机构，在外设接口配置中断控制器，在软件上设计相应的中断服务程序。

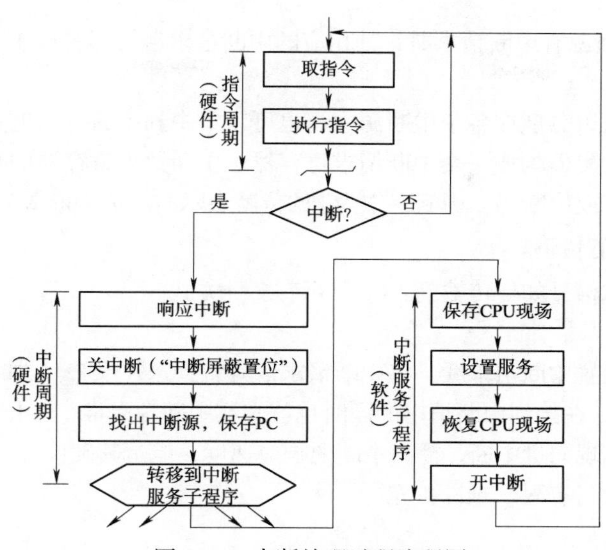

图 5-14　中断处理过程流程图

2. 中断的基本类型

1）自愿中断和强迫中断

自愿中断又称程序自中断，它不是随机产生的中断，而是在程序中安排的有关指令，这些指令可以使机器进入中断处理的过程，例如指令系统中的软中断指令 INT n。

强迫中断是随机产生的中断，不是程序安排好的。当这种中断产生后，由中断系统强迫计算机中止正在运行的程序并转入中断服务程序。

2）内中断和外中断

内中断是指由于 CPU 内部硬件或软件原因引起的中断，如单步中断、溢出中断等。

外中断是指 CPU 以外的部件引起的中断。通常，外中断又可以分为不可屏蔽中断和可屏蔽中断两种。不可屏蔽中断优先级较高，常用于应急处理，如掉电、内存读/写校验错等；而可屏蔽中断级别较低，常用于一般 I/O 设备的数据传输。

3）向量中断和非向量中断

向量中断是指那些中断服务程序的入口地址是由中断事件自己提供的中断。中断事件在提出中断请求的同时，通过硬件向主机提供中断服务程序入口地址，即向量地址。

非向量中断的中断事件不能直接提供中断服务程序的入口地址。

4）单重中断和多重中断

单重中断在 CPU 执行中断服务程序的过程中不能被再打断。

多重中断在执行某个中断服务程序的过程中，CPU 可去响应级别更高的中断请求，又称中断嵌套。多重中断表征计算机中断功能的强弱，有的计算机能实现 8 级以上的多重中断。

5.4.2　中断请求和中断判优

1. 中断源和中断请求信号

中断源是指中断请求的来源，即引起计算机中断的事件。通常，一台计算机允许存在多个中断源。由于每个中断源向 CPU 发出中断请求的时间是随机的，为了记录中断事件并区分不同的中断源，可采用具有存储功能的触发器来记录中断源，这个触发器称为中断请求触发器

（INTR）。当某一个中断源有中断请求时，其相应的中断请求触发器置成 1 状态，表示该中断源向 CPU 提出中断请求。

中断请求触发器可以分散在各个中断源中，也可以集中到中断接口电路中。在中断接口电路中，多个中断请求触发器构成一个中断请求寄存器。中断请求寄存器的每一位对应一个中断源，其内容称为中断字或中断码。中断字中为 1 的位就表示对应的中断源有中断请求。

2. 中断请求信号的传输

中断源的中断请求信号如何传输到 CPU，可有多种方式。

1）独立请求线

每个中断源单独设置中断请求线，将中断请求信号直接送往 CPU，如图 5-15（a）所示。这种方式的特点是 CPU 在接到中断请求的同时也就知道中断源是谁，其中断服务程序的入口地址在哪里。这有利于实现向量中断，提高中断的响应速度；但是其硬件代价较大，且 CPU 所能连接的中断请求线的数目有限，难以扩充。

2）公共请求线

多个中断源共用一根公共请求线，如图 5-15（b）所示。这种方式的特点是在负载允许的情况下，中断源的数目可随意扩充；但 CPU 在接到中断请求后，必须通过软件或硬件的办法来识别中断源，然后再找出中断服务程序的入口地址。

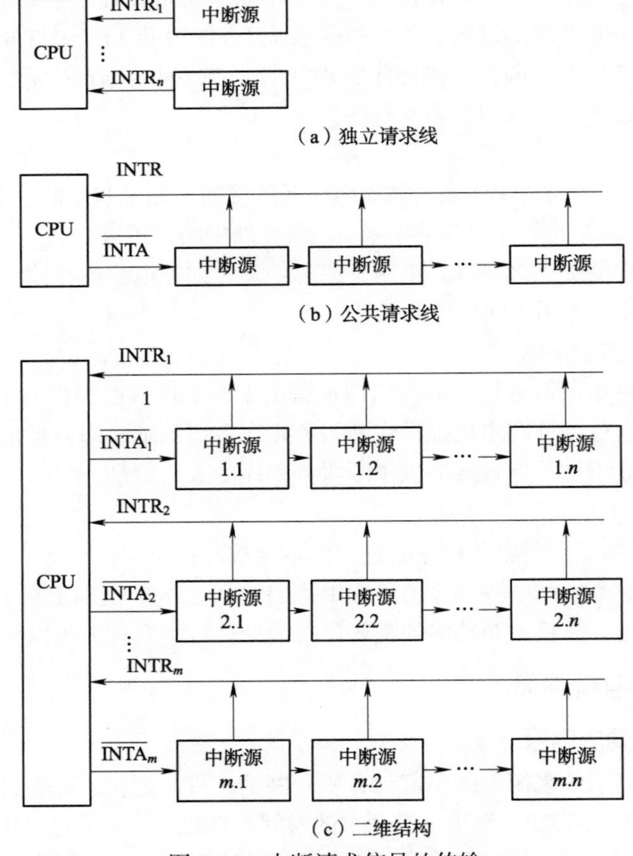

图 5-15 中断请求信号的传输

3）二维结构

综合前两种方式的优点，在中断源较多的系统中将中断请求线连成二维结构，如图 5-15（c）所示。同一优先级的中断源，采用一根公共请求线；不同请求线上的中断源优先级不同。

3. 中断优先级与判优方法

当多个中断源同时发出中断请求时，CPU 在任何瞬间只能接受一个中断源的请求。究竟首先响应哪一个中断请求呢？通常，把全部中断源按中断的性质和处理的轻重缓急安排优先级，并进行排队。

确定中断优先级的原则是，对那些提出中断请求后需要立刻处理，否则就会造成严重后果的中断源规定最高的优先级；而对那些可以延迟响应和处理的中断源规定较低的优先级。如故障中断一般优先级较高，其次是简单中断，接着才是 I/O 设备中断。

每个中断源均有一个为其服务的中断服务程序，每个中断服务程序都有与之对应的优先级。另外，CPU 正在执行的程序也有优先级。只有当某个中断源的优先级高于 CPU 现在执行程序的优先级时，才能终止 CPU 执行现在的程序。

中断判优的方法可分为下列两种：软件判优法和硬件判优电路。所谓软件判优法，就是用程序来判别优先级，这是最简单的中断判优方法。它的优点是可灵活地修改中断源的优先级，但查询、判优完全是靠程序实现的，不仅占用 CPU 时间，而且判优速度慢。

采用硬件判优电路实现中断优先级的判定可节省 CPU 时间，而且速度快，但是成本较高。

根据中断请求信号的传输方式不同，有不同的优先排队电路，常见的方案有：独立请求线的优先排队电路、公共请求线的优先排队电路等。这些排队电路的共同特点是，优先级高的中断请求将自动封锁优先级低的中断请求的处理。硬件排队电路一旦设计连接好之后，将无法改变其优先级。

5.4.3 中断响应和中断处理

1. CPU 响应中断的条件

CPU 响应中断必须满足下列条件：

1）CPU 接收到中断请求信号

首先中断源要发出中断请求，同时 CPU 还要接收到这个中断请求信号。

2）CPU 允许中断

CPU 允许中断，即开中断。CPU 内部有一个中断允许触发器（EINT），只有当 EINT=1 时，CPU 才可以响应中断源的中断请求（中断允许）；如 EINT=0，CPU 处于不允许中断状态，即使中断源有中断请求、CPU 也不响应（中断关闭）。

通常，中断允许触发器由开中断指令来置位，由关中断指令或硬件自动使其复位。

3）一条指令执行完毕

这是 CPU 响应中断请求的时间限制条件。一般情况下，CPU 在一条指令执行完毕且没有更紧迫的任务时才能响应中断请求。

2. 中断隐指令

CPU 响应中断之后，经过某些操作，转去执行中断服务程序。这些操作是由硬件直接实现的，把它称为中断隐指令。中断隐指令并不是指令系统中的一条真正的指令，它没有操作码，所以中断隐指令是一种不允许，也不可能被用户使用的特殊指令。其所完成的操作主要有：

1）保存断点

为了保证在中断服务程序执行完毕能正确返回原来的程序，必须将原来程序的断点（即程序计数器 PC 的内容）保存起来。断点可以压入堆栈，也可以存入内存的特定单元中。

2）暂不允许中断

暂不允许中断即关中断。在中断服务程序中，为了保护中断现场（即 CPU 的主要寄存器状态）期间不被新的中断所打断，必须要关中断，从而保证被中断的程序给中断服务程序执行完毕之后能接着正确地执行下去。

并不是所有的计算机都在中断隐指令中由硬件自动地关中断，也有些计算机的这一操作是由软件（中断服务程序）来实现的。

3）引出中断服务程序

引出中断服务程序的实质就是取出中断服务程序的入口地址送程序计数器。对于向量中断和非向量中断，引出中断服务程序的方法是不相同的。

3. 中断周期

以上几个基本操作在不同的计算机系统中的处理方法是各异的。通常，在组合逻辑控制的计算机中，专门设置一个中断周期来完成中断隐指令的任务。在微程序控制的计算机中，则专门安排有一段微程序来完成中断隐指令的这些操作。

假设将断点存至内存的 0#单元，且采用硬件向量中断法寻找中断服务程序的入口地址，则在中断周期内需完成如下操作：

（1）将特定地址 0 送至存储器地址寄存器，记作 0→MAR。

（2）将 PC 的内容（断点）送至 MDR，记作（PC）→MDR。

（3）向内存发写命令，启动存储器做写操作，记作 Write。

（4）将 MDR 的内容通过数据总线写入 MAR 所指示的内存单元（0#）中，记作 MDR→M（MAR）。

（5）向量地址形成部件的输出送至 PC，为取下一条指令做准备，记作向量地址→MAR。

（6）关中断，将中断允许触发器清 0，记作 0→EINT。

如果断点存入堆栈，只需将上述（1）改为堆栈指针 SP→MAR。

4. 进入中断服务程序

识别中断源的目的在于使 CPU 转入为该中断源专门设置的中断服务程序。解决这个问题的方法可以用软件，也可以用硬件，或用两者相结合的方法。

软件的方法前面已经提到，由中断隐指令控制进入一个中断总服务程序，在那里判优、寻找中断源并且转入相应的中断服务程序。这种方法方便、灵活，硬件极简单，但效率是比较低的。

下面着重讨论硬件向量中断法。当 CPU 响应某一中断请求时，硬件能自动形成并找出与该中断源对应的中断服务程序的入口地址。

向量中断的过程如图 5-16 所示。当中断源向 CPU 发出中断请求信号 INTR 之后，CPU 进行一定的判优处理。若决定响应这个中断请求，则向中断源发出中断响应信号 $\overline{\text{INTA}}$ 。中断源接

到 $\overline{\text{INTA}}$ 信号后就通过自己的向量地址形成部件向 CPU 发送向量地址，CPU 接收该向量地址之后就可转入相应的中断服务程序。

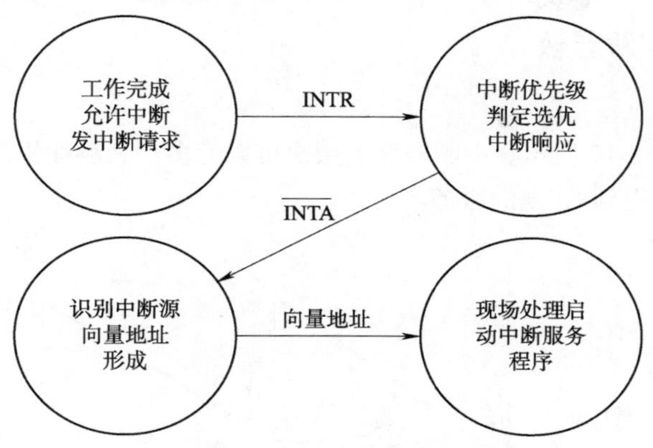

图 5-16　向量中断过程

向量地址通常有两种情况：

（1）向量地址是中断服务程序的入口地址。如果向量地址就是中断服务程序的入口地址，则 CPU 不需要再经过处理就可以进入相应的中断服务程序，Z-80 的中断方式 0 就是这种情况。各中断源在接口中由硬件电路形成一条含有中断服务程序入口地址的特殊指令（重新启动指令），从而转入相应的中断服务程序。

（2）向量地址是中断向量表的指针。如果向量地址是中断向量表的指针，则向量地址指向一个中断向量表，从中断向量表的相应单元中再取出中断服务程序的入口地址，此时中断源给出的向量地址是中断服务程序入口地址的地址。目前，大多数微型计算机都采用这种方法，Intel 8086 和 Z-80 的中断方式 2 都属于这种情况。

5. 中断现场的保护和恢复

中断现场指的是发生中断时 CPU 的主要状态，其中最重要的是断点，另外还有一些通用寄存器的状态。之所以需要保护和恢复现场的原因是因为 CPU 要先后执行两个完全不同的程序（现行程序和中断服务程序），必须进行两种程序运行状态的转换。一般来说，在中断隐指令中，CPU 硬件将自动保存断点，有些计算机还自动保存程序状态寄存器（PSW）的内容。但是，在许多应用中，要保证中断返回后原来的程序能正确地继续运行，仅保存这一两个寄存器的内容是不够的。为此，在中断服务程序开始时，应由软件去保存那些硬件没有保存，而在中断服务程序中又可能用到的寄存器（如某些通用寄存器）的内容，在中断返回之前，这些内容还应该被恢复。

现场的保护和恢复方法不外乎有纯软件和软硬件相结合两种。纯软件方法是在 CPU 响应中断后，用一系列传输指令把要保存的现场参数传输到内存某些单元中去，当中断服务程序结束后，再采用传输指令进行相反方向的传输。这种方法不需要硬件代价，但是占用了 CPU 的宝贵时间，速度较慢。现代计算机一般都先采用硬件方法来自动快速地保护和恢复部分重要的现场，其余寄存器的内容再由软件完成保护和恢复，这种方法的硬件支持是堆栈。

软硬件保护现场往往是和向量中断结合在一起使用的。先把断点和程序状态字自动压入堆栈，这就是保护旧现场；接着根据中断源送来的中断向量自动取出中断服务程序入口地址和新的程序状态字，这就是建立新现场；最后由一些指令实现对必要的通用寄存器的保护。恢复现场则是保护现场的逆处理。

5.4.4 中断嵌套与中断屏蔽

1. 中断嵌套

中断嵌套过程如图 5-17 所示。中断嵌套的层次可以有多层，越在里层的中断请求越急迫，优先级越高，因此优先得到 CPU 的服务。

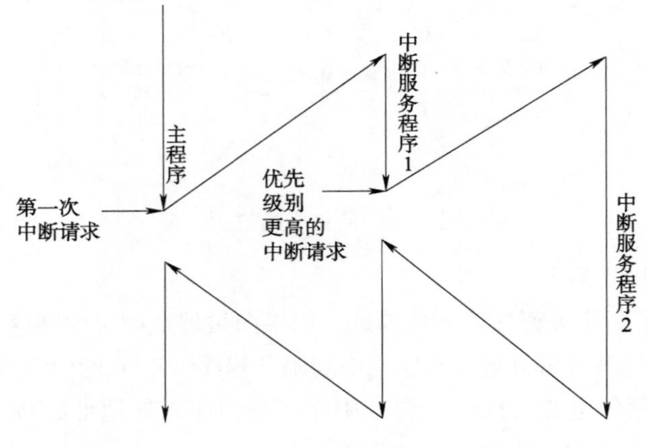

图 5-17 中断嵌套过程

要使计算机具有多重中断的能力，首先要能保护多个断点，而且先发生的中断请求的断点，先保护后恢复；后发生的中断请求的断点，后保护先恢复。堆栈的先进后出特点正好满足多重中断这一先后次序的需要。同时，在 CPU 进入某一中断服务程序之后，系统必须处于开中断状态，否则中断嵌套是不可能实现的。

2. 允许和禁止中断

允许中断还是禁止中断是用 CPU 中的中断允许触发器控制的，当中断允许触发器（EINT）被置 1，则允许中断；当中断允许触发器（EINT）被置 0，则禁止中断。

允许中断即开中断，下列情况应该开中断：

（1）已响应中断请求转向中断服务程序，在保护完中断现场之后。

（2）在中断服务程序执行完毕，即将返回被中断的程序之前。

禁止中断即关中断，下列情况应该关中断：

（1）当响应某一级中断请求，不再允许被其他中断请求打断时。

（2）在中断服务程序的保护和恢复现场之前。

3. 中断屏蔽

中断源发出中断请求之后，这个中断请求并不一定能真正送到 CPU 中，在有些情况下，可以用程序方式有选择地封锁部分中断，这就是中断屏蔽。如果给每个中断源都相应地配备一个中断屏蔽触发器（MASK），则每个中断请求信号在送往判优电路之前，还要受到屏蔽触发器的控制。当 MASK=1，表示对应中断源的请求被屏蔽，可见中断请求触发器和中断屏蔽触发器是成对出现的。在中断接口电路中，多个屏蔽触发器组成一个屏蔽寄存器，其内容称为屏蔽字或

屏蔽码，由程序来设置。屏蔽字某一位的状态将成为本中断源能否真正发出中断请求信号的必要条件之一。这样，就可实现 CPU 对中断处理的控制，使中断能在系统中合理协调地进行。中断屏蔽寄存器的作用如图 5-18 所示。具体地说，用程序设置的方法将屏蔽寄存器中的某一位置 1，则若屏蔽寄存器中的某一位置 0，才允许对应的中断请求送往 CPU。

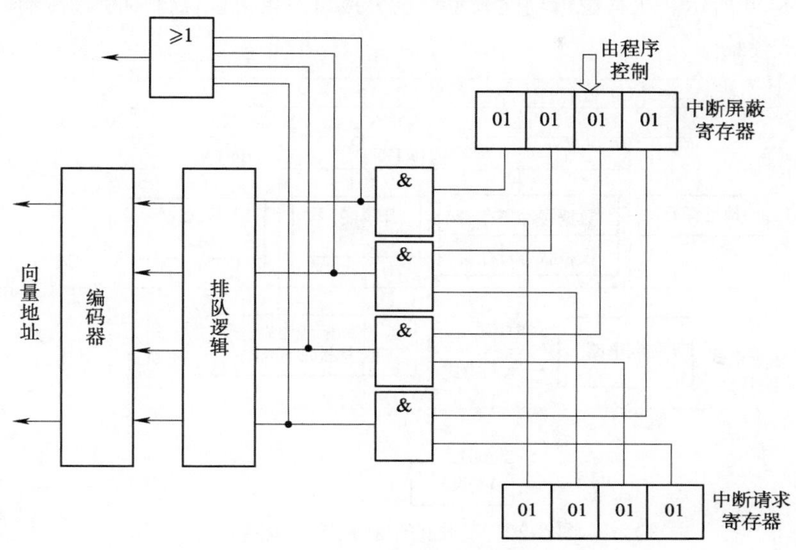

图 5-18　中断屏蔽寄存器的作用

5.4.5　中断全过程

中断全过程指从中断源发出中断请求开始，CPU 响应这个请求，现行程序被中断，转至中断服务程序，直至中断服务程序执行完毕，CPU 再返回原来的程序继续执行的整个过程。

大体上可以把中断全过程分为五个阶段：

（1）中断请求。

（2）中断判优。

（3）中断响应。

（4）中断处理。

（5）中断返回。

其中，中断处理就是执行中断服务程序。这是中断系统的核心。不同计算机系统的中断处理过程各具特色，但对多数计算机而言，其中断服务程序的流程如图 5-19 所示。

从图中可以看出，中断的全过程大致分为三个部分：准备部分、处理部分和结尾部分。

准备部分的基本功能是保护现场，对于非向量中断方式则需要确定中断源，最后开中断，允许更高级的中断请求打断低级的中断服务程序；处理部分是真正执行具体的为某个中断源服务的中断服务程序；结尾部分首先要关中断，以防止在恢复现场过程

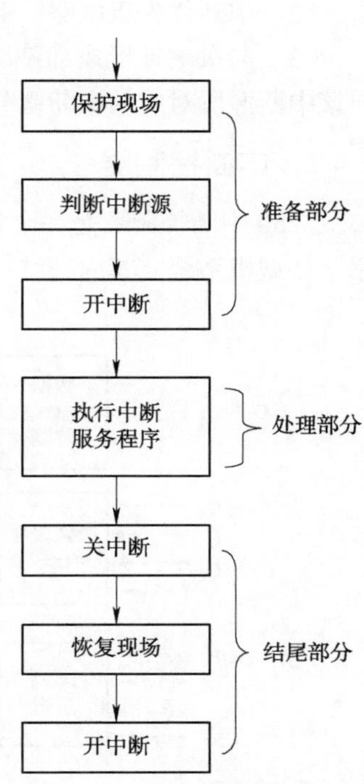

图 5-19　中断服务程序的流程

中被新的中断打断，接着恢复现场，然后开中断，以便返回原来的程序后可响应其他的中断请求。

5.4.6 程序中断接口结构

具有中断能力的外设接口是由程序查询式接口再加上中断控制机构组成的。简化的中断式接口电路如图 5-20 所示。从其逻辑功能来看，这个接口不仅可以保证中断式传输，而且也可以提供程序查询式传输。

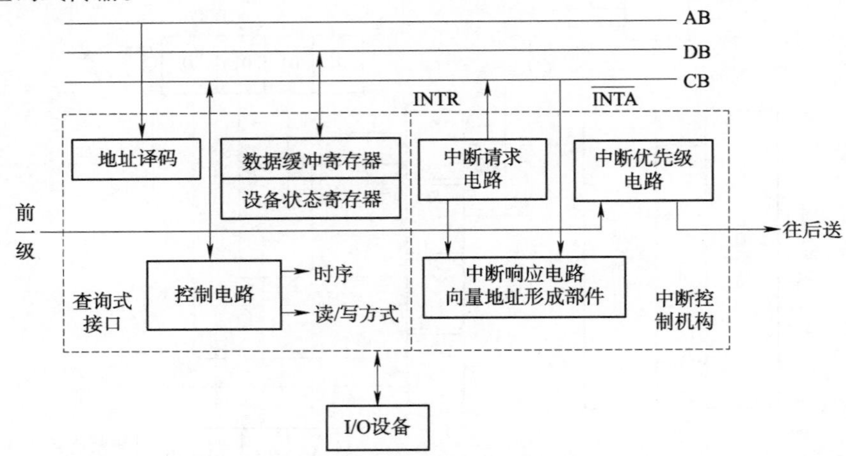

图 5-20 简化的中断式接口电路

中断接口结构至少应包括下列几个部分：

（1）中断请求电路。当中断源有请求且中断开放时，向 CPU 发中断请求信号。

（2）中断优先级电路。保证优先级最高的中断源首先获得 CPU 的服务。

（3）向量地址形成部件。用来产生向量中断时需要的向量地址，并且根据这个向量地址转向该中断源所对应的中断服务程序。

5.4.7 中断控制器

8259 中断控制器是一个集成电路芯片，它将中断接口与优先级判断等功能汇集于一身，常用于微型机系统。其内部结构如图 5-21 所示。

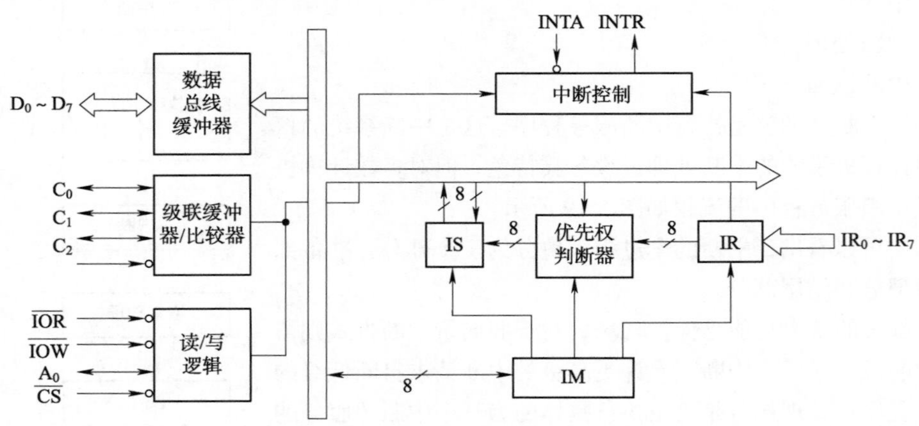

图 5-21 8259 中断控制器内部结构

8 位中断请求寄存器（IR）接受 8 个外部设备送来的中断请求，每一位对应一个设备。中断请求寄存器的各位送入优先权判断器，根据中断屏蔽寄存器（IM）各位的状态来决定最高优先级的中断请求，并将各位的状态送入中断状态寄存器（IS）。IS 保存着判优结果。由控制逻辑向 CPU 发出中断请求信号 INTR，并接受 CPU 的中断响应信号 $\overline{\text{INTA}}$。

数据缓冲器用于保存 CPU 内部总线与系统数据总线之间进行传输的数据。读/写逻辑决定数据传输的方向，其中 $\overline{\text{IOR}}$ 为读控制，$\overline{\text{IOW}}$ 为写控制，$\overline{\text{CS}}$ 为设备选择，A_0 为 I/O 端口识别。

每个 8259 中断控制器最多能控制 8 个外部中断信号，但是可以将多个 8259 进行级联，以处理多达 64 个中断请求。在这种情况下，允许有一个主中断控制器和多个从中断控制器，称为主从系统。主从控制器的级联是由级联总线 C_0、C_1、C_2 实现的，并将从控制器的中断请求 INT 连入主控制器的某个 IR 端。当有从控制器的中断请求得到响应时，主控制器将被选中的 I/O 设备的设备地址经级联总线送往从控制器的级联缓冲器，并和从控制器申请中断的 I/O 设备地址相比较，被选中的设备所在的从控制器立即向数据总线发送中断服务程序地址。

8259 的中断优先级选择方式有四种：

（1）完全嵌套方式：是一种固定优先级方式，连至 IR_0 的设备优先级最高，IR_7 的设备优先级最低。这种固定优先级方式对级别低的中断不利，在有些情况下最低级别的中断请求可能一直不能被处理。

（2）轮换优先级方式 A：每个级别的中断保证有机会被处理，将给定的中断级别处理完后，立即把它放到最低级别的位置上去。

（3）轮换优先级方式 B：要求 CPU 可在任何时间规定最低优先级，然后顺序地规定其他 IR 线上的优先级。

（4）查询方式：由 CPU 访问 8259 的中断状态寄存器，一个状态字能表示出正在请求中断的最高优先级 IR 线，并能表示出中断请求是否有效。

8259 提供了两种屏蔽方式：

（1）简单屏蔽方式：提供 8 位屏蔽字，每位对应着各自的 IR 线。被置位的任一位则禁止了对应 IR 线上的中断。

（2）特殊屏蔽方式：允许 CPU 让来自低优先级的外设中断请求去中断高优先级的服务程序。当 8 位屏蔽位的某位置 0 时，例如屏蔽字为 11001111，说明 IR_4 和 IR_5 线上的中断请求可中断任何高级别的中断服务程序。

8259 中断控制器的不同工作方式是通过编程来实现的。CPU 送出一系列的初始化控制字和操作控制字来执行选定的操作。

【例 5-2】说明调用中断服务程序和调用子程序的区别。

答：调用中断服务程序和调用子程序的区别是

（1）中断服务程序与中断时 CPU 正在运行的程序是相互独立的，它们之间没有确定的关系。子程序调用时转入的子程序与 CPU 正在执行的程序段是同一程序的两部分。

（2）除了软中断，通常中断产生都是随机的，而子程序调用是由 CALL 指令（子程序调用指令）引起的。

（3）中断服务程序的入口地址可以通过硬件向量法产生向量地址，再由向量地址找到入口地址。子程序调用的子程序入口地址是由 CALL 指令中的地址码给出的。

（4）调用中断服务程序和子程序都需保护程序断点，前者由中断隐指令完成，后者由 CALL 指令本身完成。

（5）处理中断服务程序时，对多个同时发生的中断需进行裁决，而调用子程序时一般没有这种操作。

【例 5-3】假设有一个数据采集系统，当输入数据准备好后发出 Ready 就绪信号，可向 CPU 送出 8 位数据。试设计一个中断方式的输入接口电路。要求画出逻辑框图并说明数据输入过程。

答：输入接口电路如图 5-22 所示。

图中 8 位寄存器是数据端口，用来存放数据采集系统准备好的数据，时钟信号为寄存器的打入信号。寄存器的输出经三态门至 CPU 的数据线。图中的中断请求触发器是 D 触发器，其数据端受 Ready 控制。图中的地址译码可对接口电路中数据端口（8 位寄存器）的地址进行译码，用于控制读数据（三态门控制端有效）和清 0 中断请求触发器。

数据输入过程如下：当数据采集系统已将数据送至 8 位寄存器时，发出 Ready 信号，该信号使中断请求触发器置 1，并向 CPU 发中断请求 INTR。CPU 在每条指令执行阶段结束前查询到此信号。如果响应中断，便执行中断服务程序，通过输入指令，在地址译码输出（低）、$\overline{RD}$（低）、M/$\overline{IO}$（低）的条件下，或门输出低，打开三态门，将 8 位数据读入 CPU，同时将中断请求触发器复位。

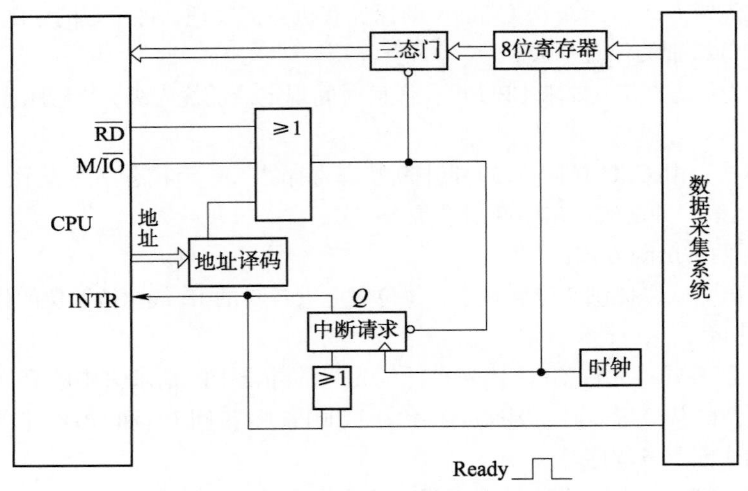

图 5-22　输入接口电路

5.5 DMA

无论程序查询还是程序中断方式，主要的工作都是由 CPU 执行程序完成的，这需要花费 CPU 时间，因此不能实现高速外设与主机的信息交换。为了将 CPU 从控制外设进行数据交换的工作中解脱出来，就需要在外围设备和主存储器之间开辟直接的数据交换的通道，这就提出了直接存储器访问方式。

5.5.1　DMA 方式的基本概念

1. DMA 方式的特点

直接存储器访问（direct memory access，DMA）方式是在外设和内存之间开辟一条“直接数据通道”，在不需要 CPU 干预也不需要软件介入的情况下在两者之间进行的高速数据传输方式。那么由谁对数据传输过程进行控制呢？实际上，在 DMA 传输方式中，对数据传输过程进行控制的硬件是 DMA 控制器。当外设需要进行数据传输时，通过 DMA 控制器向 CPU 提出 DMA 传输请求，CPU 响应之后将让出系统总线，由 DMA 控制器接管总线进行数据传输。

DMA 方式具有下列特点：

（1）它使内存与 CPU 的固定联系脱钩。内存既可被 CPU 访问，又可被外设访问。

（2）在数据块传输时，内存地址的确定、传输数据的计数等都用硬件电路直接实现。

（3）内存中要开辟专用缓冲区，及时供给和接收外设的数据。

（4）DMA 传输率快，CPU 和外设并行工作，提高了系统的效率。

（5）DMA 在传输开始前要通过程序进行预处理，结束后要通过中断方式进行后处理。

2. DMA 和中断的区别

两者的重要区别如下：

（1）中断方式是程序切换，需要保护和恢复现场；而 DMA 方式除了开始和结尾时，不占用 CPU 的任何资源。

（2）对中断请求的响应只能发生在每条指令执行完毕时；而对 DMA 请求的响应可以发生在每个机器周期结束时。

（3）中断传输过程需要 CPU 的干预；而 DMA 传输过程不需要 CPU 的干预，故数据传输速率非常高，适合于高速外设的成组数据传输。

（4）中断方式具有对异常事件的处理能力，而 DMA 方式仅局限于完成传输信息块的 I/O 操作。

3. DMA 方式的应用

DMA 方式一般应用于内存与高速外设间的简单数据传输，如高速外存储器以及其他带有局部存储器的外设、通信设备等。

对磁盘的读/写是以数据块为单位进行的，一旦找到数据块起始位置，就将连续地读/写。找到数据块起始位置的时间是随机的，与之相应，接口何时具备数据传输条件也是随机的。由于磁盘读/写速度较快，在连续读/写过程中不允许 CPU 花费过多的时间。因此，从磁盘中读出数据或往磁盘中写入数据时，一般采用 DMA 方式传输，即直接将数据由内存经数据总线输出到磁盘接口，然后写入盘片；或将数据由盘片读出到磁盘接口，然后经数据总线写入内存。

当计算机系统通过通信设备与外部通信时，常以数据块为单位进行批量传输。开始通信后，常以较快的数据传输率连续传输，因此，适于采用 DMA 方式。在不通信时，CPU 可以照常执行程序；在通信过程中仅需占用系统总线，系统开销很少。

在大批量数据采集系统中也可以采用 DMA 方式。

许多计算机系统中选用动态存储器 DRAM，并用异步方式安排刷新周期。刷新请求的提出，对主机来说是随机的。DRAM 的刷新操作可视为存储器内部的数据批量传输，因此，也可采用

DMA 方式实现，将每次刷新请求当成 DMA 请求。CPU 在刷新周期中让出系统总线，按行地址（刷新地址）访问内存，实现各芯片中的一行刷新。利用系统的 DMA 机制实现动态刷新，简化了专门的动态刷新逻辑，提高了内存的利用率。

DMA 传输是直接依靠硬件实现的，可用于快速的数据直接传输。也正是由于这一点，DMA 方式本身不能处理复杂的事物。因此，在某些场合常综合应用 DMA 方式与程序中断方式，二者互为补充。

5.5.2 DMA 控制器

DMA 接口相对于查询式接口和中断式接口来说比较复杂，习惯将 DMA 方式的接口电路称为 DMA 控制器。

1. DMA 控制器的功能

在 DMA 传输过程中，DMA 控制器将接管 CPU 的地址总线、数据总线和控制总线，CPU 的内存控制信号被禁止使用。而当 DMA 传输结束后，将恢复 CPU 的控制权利，并开始执行其操作。由此可见，DMA 控制器必须具有控制系统总线的能力，即能够像 CPU 一样输出地址信息，接收或发出控制信号，输入或输出数据信号。

DMA 控制器在外设与内存之间直接传输数据期间，完全代替 CPU 进行工作，它的主要功能有：

（1）接收外设发出的 DMA 请求，并向 CPU 发出总线请求。

（2）当 CPU 响应此总线请求，发出总线响应信号后，接管对总线的控制，进入 DMA 操作周期。

（3）确定传输数据的内存单元地址及传输长度，并能自动修改内存地址计数值和传输长度计数值。

（4）规定数据在内存与外设之间的传输方向，发出读/写或其他控制信号传输的操作。

（5）向 CPU 报告 DMA 操作的结束。

2. DMA 控制器的基本组成

图 5-23 所示为一个简单的 DMA 控制器框图。

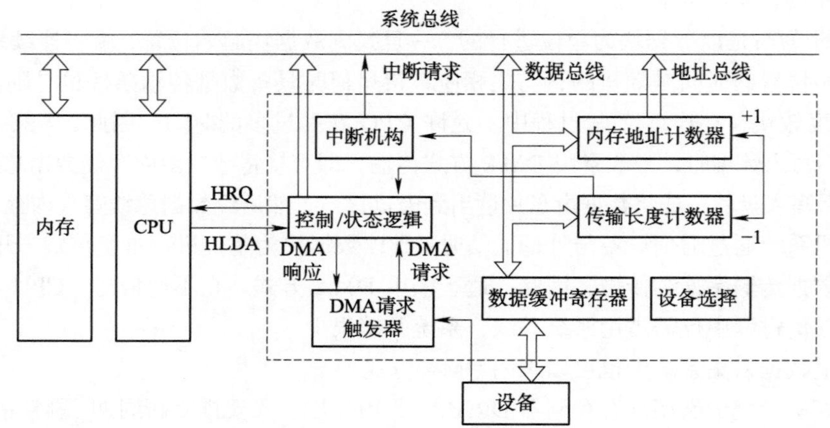

图 5-23　简单的 DMA 控制器框图

DMA 控制器由以下几部分组成：

1）内存地址计数器

用来存放内存中要交换数据的地址。该计数器的初始值为内存缓冲区的首地址，当 DMA 传输时，每传输一个数据，将地址计数器加 1，从而以增量方式给出内存中要交换的一批数据的地址，直至这批数据传输完毕为止。

2）传输长度计数器

用来记录传输数据块的长度，其初始值为传输数据的总字数或总字节数，每传输一个字或一个字节，计数器自动减 1，当其内容为 0 时表示数据已全部传输完毕。也有些 DMA 控制器中，初始时将字数或字节数求补之后送计数器，每传输一个字或一个字行，计数器加 1，当计数器溢出时，表示数据传输完毕。

3）数据缓冲寄存器

用来暂存每次传输的数据。输入时，数据由外设（如磁盘）先送往数据缓冲寄存器，再通过数据总线送到内存。反之，输出时，数据由内存通过数据总线送到数据缓冲寄存器，然后再送到外设。

4）DMA 请求触发器

每当外设准备好数据后给出一个控制信号，使 DMA 请求触发器置位。

5）控制/状态逻辑

它由控制和时序电路以及状态标志等组成，用于指定传输方向，修改传输参数，并对 DMA 请求信号和 CPU 响应信号进行协调和同步。

6）中断机构

当一个数据块传输完毕后触发中断机构，向 CPU 提出中断请求，CPU 将进行传输的结尾处理。

3. DMA 控制器的引出线

DMA 控制器必须有下列引出线。

1）地址总线

在 DMA 方式下，呈输出状态，可对内存进行地址选择。在 CPU 控制下，呈输入状态，可对 DMA 控制器中的有关寄存器进行寻址。

2）数据总线

在 DMA 方式下，用它进行数据传输；在 CPU 方式下，可对 DMA 控制器的有关寄存器进行编程。

3）四个控制数据传输方式的信号线

存储器读信号 $\overline{MEMR}$ 、存储器写信号 $\overline{MEMW}$ 、外设读信号 $\overline{IOR}$ 、外设写信号 $\overline{IOW}$ 。当数据从外设写入内存时，$\overline{MEMW}$ 和 $\overline{IOR}$ 同时有效；而当数据从内存读出送外设时，$\overline{MEMR}$ 和 $\overline{IOW}$ 同时有效。

4）DMA 控制器与外设之间的联络信号线

DMA 请求信号 DREQ（输入），是外设向 DMA 控制器提出 DMA 操作的申请信号。

DMA 响应信号 DACK（输出），是 DMA 控制器向提出 DMA 请求的外设表示的应答信号。

5）DMA 控制器与 CPU 之间的联络信号线

总线请求 HRQ（输出），是 DMA 控制器向 CPU 要求让出总线的信号。

总线响应信号 HLDA（输入），是 CPU 向 DMA 控制器表示响应总线请求的信号。

4. DMA 控制器的连接和传输

图 5-24 所示为 DMA 控制器与 CPU 及内存、外设之间的连接框图。在进行 DMA 操作之前，应先对 DMA 控制器编程。比如，确定传输数据的内存起始地址、要传输的字节数以及传输方式，是由外设将数据写入内存还是从内存将数据读出送外设。下面以外设将一个数据块写入内存的操作为例，简述 DMA 控制器的操作过程。

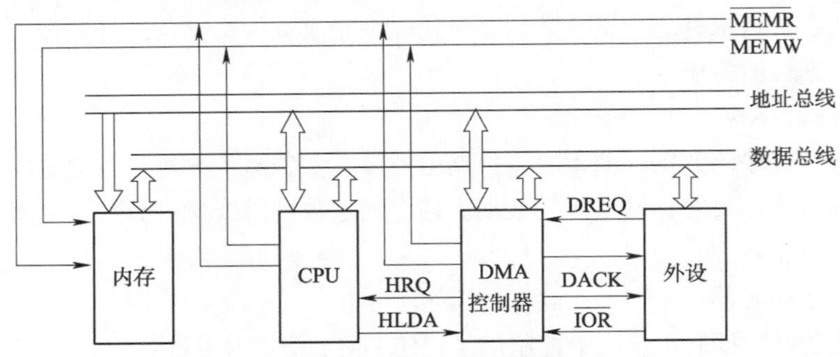

图 5-24 DMA 控制器的连接

（1）首先由外设向 DMA 控制器发出请求信号 DREQ。

（2）DMA 控制器向 CPU 发出总线请求信号 HRQ。

（3）CPU 向 DMA 控制器发出总线响应信号 HLDA，此时，DMA 控制器获取了总线的控制权。

（4）DMA 控制器向外设发出 DMA 响应信号 DACK，表示 DMA 控制器已控制了总线，允许外设与内存交换数据。

（5）DMA 控制器按内存地址计数器的内容发出地址信号作为内存地址的选择，同时内存地址计数器的内容加 1（或减 1）。

（6）DMA 控制器发出 $\overline{IOR}$ 信号到外设，将外设数据读入总线，同时发出 $\overline{MEMW}$ 信号，将数据总线的数据写入地址总线选中的内存单元。

（7）传输长度计数器减 1。

重复（5）、（6）、（7）步骤，直到字节计数器减到 0 为止，数据块的 DMA 传输方式工作宣告完成。这时，DMA 控制器的 HRQ 降为低电平，总线控制权交还 CPU。

5.5.3 DMA 传输方法与传输过程

1. DMA 传输方法

DMA 控制器通常采用以下三种方法与 CPU 共享使用内存，如图 5-25 所示。

1）CPU 停止访问内存法

这是最简单的 DMA 传输方法。这种传输方法是用 DMA 请求信号迫使 CPU 让出总线控制权。CPU 在现行机器周期执行完成之后，使其数据、地址总线处于三态，并输出总线批准信号，每次 DMA 请求获得批准，DMA 控制器获得总线控制权以后，连续占用若干个取周期（总线周

期）进行成组连续的数据传输，直至批量传输结束，DMA 控制器才把总线控制权交回 CPU。在 DMA 操作期间，CPU 处于保持状态，停止访问内存，仅能进行一些与总线无关的内部操作。图 5-25（a）是这种传输方法的时间图。这种方法只适用于高速外设的成组传输。

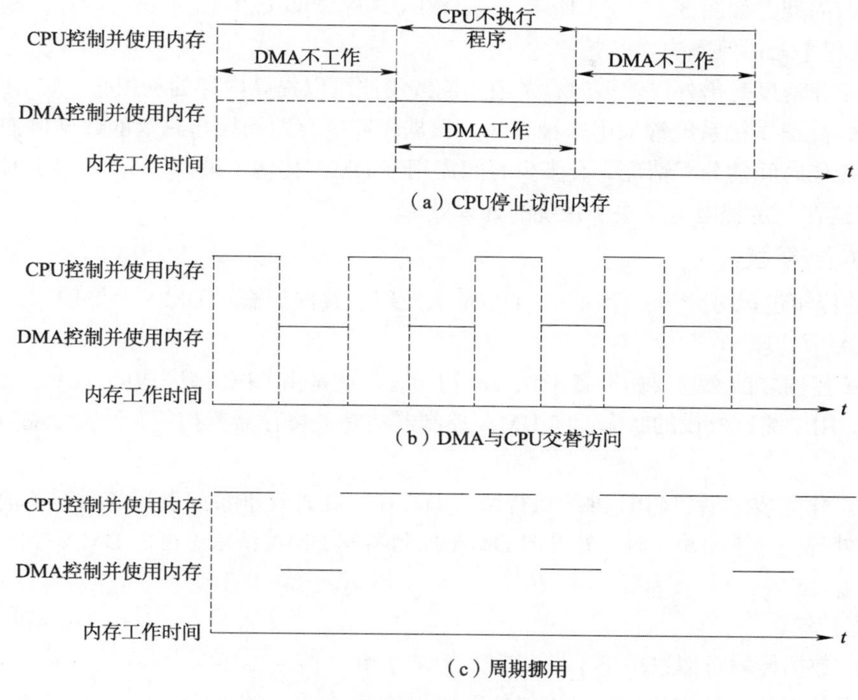

图 5-25　DMA 传输方法

当外设的数据传输率接近于内存工作速度时，或者 CPU 除了等待 DMA 传输结束并无其他事可干（例如单用户状态下的个人计算机）时，常采用这种方法。它可以减少系统总线控制权的交换次数，有利于提高输入/输出的速度。

2）DMA 与 CPU 交替访问内存法

把原来的一个存取周期分成两个时间片，一片分给 CPU，一片分给 DMA，使 CPU 和 DMA 交替地访问内存。这种方法无须申请和归还总线，使总线控制权的转移几乎不需要什么时间，所以对 DMA 传输来讲效率是很高的，而且 CPU 既不停止现行程序的运行，也不进入保持状态，在 CPU 不知不觉中便进行了 DMA 传输。

这种方法需要内存在原来的存取周期内分为两个部件服务，如果要维持 CPU 的访问内存速度不变，就要求内存的工作速度提高一倍。另外，出于大多数外设的速度都不能与 CPU 相匹配，所以供 DMA 使用的时间片可能成为空操作，将会造成一些不必要的浪费。图 5-25（b）是这种方法的时间图。

3）周期挪用法

周期挪用法又称周期窃取法，是前两种方法的折中。当外设没有 DMA 请求时，CPU 按程序要求访问内存；一旦外设有 DMA 请求并获得 CPU 批准后，CPU 让出一个周期的总线控制权，由 DMA 控制器控制系统总线，挪用一个存取周期进行一次数据传输，传输一个字节或一个字；

然后，DMA 控制器将总线控制权交回 CPU，CPU 继续进行自己的操作，等待下一个 DMA 请求的到来。重复上述过程，直至数据块传输完毕。

如果在同一时刻，发生 CPU 与 DMA 的访问内存冲突，那么优先保证 DMA 工作，而 CPU 等待一个存取周期，如图 5-25（c）所示。若 DMA 传输期间 CPU 无须访问内存，则周期挪用对 CPU 执行程序无任何影响。

当内存工作速度高出外设较多时，采用周期挪用法可以提高内存的利用率，对 CPU 的影响较小，因此，高速主机系统常采用这种方法。根据内存的存取周期与磁盘的数据传输率，可以计算出内存操作时间的分配情况，有多少时间需用于 DMA 传输（被挪用），有多少时间可用于 CPU 访存。这在一定程度上反映了系统的处理效率。

2. DMA 传输过程

DMA 的传输过程可分为三个阶段：DMA 预处理、数据传输和 DMA 后处理。

1）DMA 预处理

在 DMA 传输之前必须要做准备工作，即初始化。这是由 CPU 来完成的。CPU 首先执行几条 I/O 指令，用于测试外设的状态、向 DMA 控制器的有关寄存器置初值、设置传输方向、启动该外围设备等。

在这些工作完成之后，CPU 继续执行原来的程序，在外设准备好发送的数据（输入）或接收的数据已处理完毕（输出）时，外设向 DMA 控制器发 DMA 请求，再由 DMA 控制器向 CPU 发总线请求。

2）数据传输

DMA 的数据传输可以以单字节（或字）为基本单位，也可以以数据块为基本单位。对于以数据块为单位的传输来说，DMA 控制器占用总线后的数据输入和输出操作都是通过循环来实现的，其传输过程如图 5-26 所示。

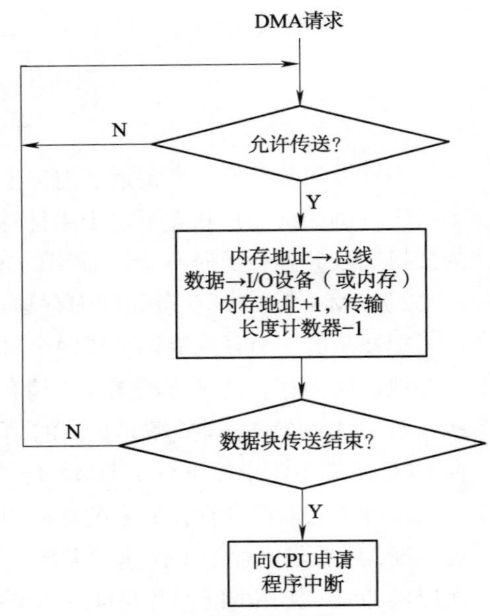

图 5-26 DMA 的数据传输过程

需要特别指出的是，图 5-26 所示的流程图不是由 CPU 执行程序实现的，而是由 DMA 控制器实现的。

3）DMA 后处理

当传输长度计数器计到 0 时，DMA 操作结束，DMA 控制器向 CPU 发中断请求，CPU 停止原来程序的执行转去执行中断服务程序，进行 DMA 结束处理工作。

5.5.4 DMA 控制器与外设的接口

图 5-27 所示为微型机中磁盘控制器的系统接口电路。以此为例对 DMA 控制器与外设之间的连接及工作过程进行分析说明。

CPU 和磁盘控制器之间的接口电路包括 DMA 控制和总线控制两部分。8257DMA 控制器提供四个独立的 DMA 通路（CH_0、CH_1、CH_2、CH_3）。每个通路各有两个 16 位寄存器（DMA 地址寄存器、字节计数寄存器），它们必须在通路使用前加以预置。DMA 地址寄存器存放被寻址

的主存首地址，字节计数寄存器存放本次 DMA 传输的字节数。此外还包含工作方式（读、写、校验）和状态寄存器。

DMA 传输前，CPU 对 8257 进行初始化，将数据在主存中的起始地址、数据字节个数、工作方式等参数送入 8257 相应的寄存器中。然后才允许磁盘控制器向 8257 发出 DMA 传输请求信号 $\overline{\text{DRQ}}$。8257 接收到 $\overline{\text{DRQ}}$ 信号后，立即发 HRQ 信号给总线控制线路，请求总线控制权。CPU 在识别到 HRQ 信号，完成当前总线周期后，发出 HLDA 响应信号，并放弃总线控制权。此时 8257 向磁盘控制器发出 DACK 回答信号，通知磁盘控制器开始 DMA 传输，并发出读/写控制信号（$\overline{\text{MEMR}}$、$\overline{\text{MEMW}}$、$\overline{\text{IOR}}$、$\overline{\text{IOW}}$），以便磁盘控制器从主存被寻址的单元读取一个字节或写入一个字节。

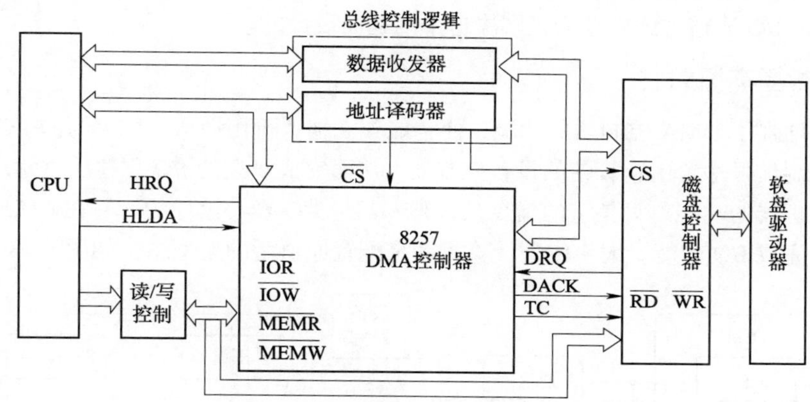

图 5-27　8257 DMA 控制器与软盘的接口

只要磁盘控制器保持对 DMA 的请求，8257 将保持对总线的控制，并顺序地重复传输，直到被指定的数据块传输完毕，此时 8257 给出终止信号（TC），通知磁盘控制器，取消 DMA 请求，并使 HRQ 为无效，放弃总线控制权。

【例 5-4】 一个 DMA 接口可采用周期窃取方式把字符传输到存储器，它支持的最大批量为 400 B。若存取周期为 100 ns，每处理一次中断需 5 μs，现有的字符设备的传输率为 9 600 bit/s。假设字符之间的传输是无间隙的，若忽略预处理所需的时间，试问采用 DMA 方式每秒因数据传输需占用处理器多少时间？如果完全采用中断方式，又需占处理器多少时间？

答： 根据字符设备的传输率为 9 600 bit/s，则每秒能传输

9 600/8 =1 200 B，即 1 200 字符

若采用 DMA 方式，传输 1 200 字符共需 1 200 个存取周期，考虑到每传 400 个字符需中断处理一次，因此 DMA 方式每秒因数据传输占用处理器的时间是

$$0.1\ \mu s\times 1\,200+5\ \mu s\times(1\,200/400)=135\ \mu s$$

若采用中断方式，每传输一个字符要申请一次中断请求，每秒因数据传输占用处理器的时间是：

$$5\ \mu s\times 1\,200=6\,000\ \mu s$$

【例 5-5】 设磁盘存储器转速为 3 000 r/min，分 8 个扇区，每扇区存储 1 KB，主存与磁盘存储器传输的宽度为 16 位。假设一条指令最长执行时间是 25 μs，是否可采用一条指令执行结束时响应 DMA 请求的方案，为什么？若不行，应采取什么方案？

答： 磁盘的转速为 3 000/60 r/s = 50 r/s。

则磁盘每秒可传输 1 KB × 8 × 50=400 KB。

根据主存与磁盘存储器的数据传输宽度为 16 位，若采用 DMA 方式，每秒需有 200 K（400 KB/2 B）次 DMA 请求，即每隔 5 μs（1/200 K）有一次 DMA 请求。如果按指令执行周期结束（25 μs）响应 DMA 请求，必然会造成数据丢失，因此必须按每个存取周期结束响应 DMA 请求的方案。

5.6 通道方式

在 DMA 方式中，对外设的管理和一些操作的控制仍需要 CPU 承担，在大、中型计算机系统中，所连接的 I/O 设备数量多，输入/输出频繁，要求整体的速度快，CPU 对外设管理的负担也越来越繁重，I/O 通道方式就是为了解决这个问题而设计的。

5.6.1 通道的基本概念

通道方式增强了 DMA 控制器的功能，使它能独立地执行用通道命令编写的 I/O 控制程序，产生相应的控制信号送给由它管辖的设备控制器，从而完成复杂的 I/O 程序。也就是说，I/O 通道已具备了处理器的功能，只是它的指令系统是专门为 I/O 操作设计的，并在 CPU 的 I/O 指令指挥下，独立完成 I/O 功能。大、中型计算机系统配置通道后的典型结构如图 5-28 所示。

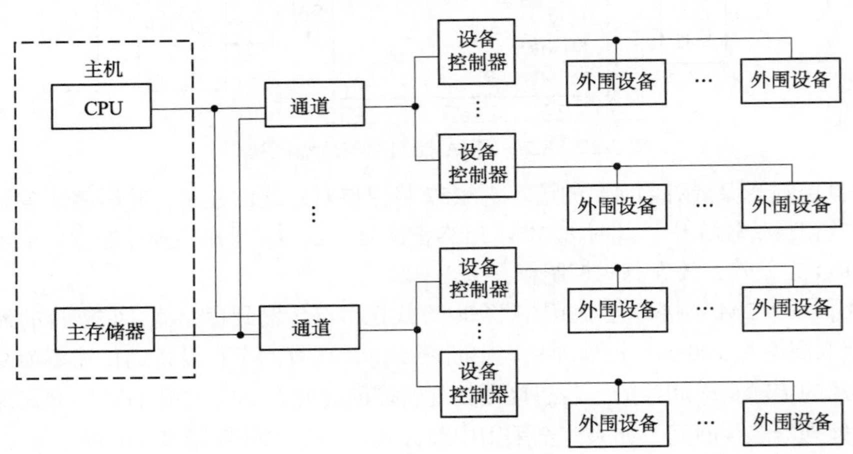

图 5-28 大、中型计算机系统配置通道后的典型结构

1. 通道控制方式与 DMA 方式的区别

通道控制方式是 DMA 方式的进一步发展，实质上，通道也是实现外设和内存之间直接交换数据的控制器。与 DMA 控制器相比，两者的主要区别在于：

（1）DMA 控制器是通过专门设计的硬件控制逻辑来实现对数据传输的控制；而通道是通过执行通道程序来实现对数据传输的控制，故通道具有更强的独立处理数据输入/输出的功能。

（2）DMA 控制器通常只能控制一台或少数几台同类设备；而一个通道则可以同时控制许多台同类或不同类的设备。

2. 通道的功能

从图 5-28 中可以看出，主机可以接若干个通道，一个通道可以接若干个设备控制器，一个设备控制器又可以接一台或多台外围设备。因此，从逻辑结构上讲，具有四级连接：主机→通道→设备控制器→外围设备。

通道是一种高级的 I/O 控制部件，它在一定的硬件基础上利用软件手段实现对 I/O 的控制和传输，更多地免去了 CPU 的介入，从而使主机和外设的并行工作程度更高。当然，通道并不能完全脱离 CPU，它还要受到 CPU 的管理，比如启动、停止等，而且通道还应该向 CPU 报告自己的状态，以便 CPU 决定下一步的处理。

通道大致应具有以下几方面的功能：

（1）接收 CPU 的 I/O 指令，按指令要求与指定的外设进行联系。

（2）从内存取出属于该通道程序的通道指令，经译码后向设备控制器和设备发送各种命令。

（3）实施内存和外设间的数据传输，如为内存或外设装配和拆卸信息，提供数据中间缓存以及指示数据存放的内存地址和传输的数据量。

（4）从外设获得设备的状态信息，形成并保存通道本身的状态信息，根据要求将这些状态信息送到内存的指定单元，供 CPU 使用。

（5）将外设的中断请求和通道本身的中断请求按次序及时报告 CPU。

3. 设备控制器的功能

通道通过执行通道程序来控制设备控制器进行数据传输操作，并以通道状态字来接收设备控制器反馈回来的外围设备状态。因此，设备控制器就是通道对外围设备实现传输控制的执行机构。设备控制器的具体任务如下：

（1）从通道接收控制信号，控制外围设备完成所要求的操作。

（2）向通道反馈外围设备的状态。

（3）将外围设备的各种不同信号转换为通道能识别的标准信号。

5.6.2　通道的类型

按照输入/输出信息的传输方式，通道可分为三种类型。

1）字节多路通道

字节多路通道是一种简单的共享通道，用于连接与管理多台低速设备、以字节交叉方式传输信息，其传输方式示意图如图 5-29 所示。字节多路通道先选择设备 A，为其传输一个字节 A_1；然后选择设备 B，传输字节 B_1；再选择设备 C，传输字节 C_1。再交叉地传输 A_2、B_2、C_2、…，所以字节多路通道的功能好比一个多路开关，交叉（轮流）地接通各台设备。

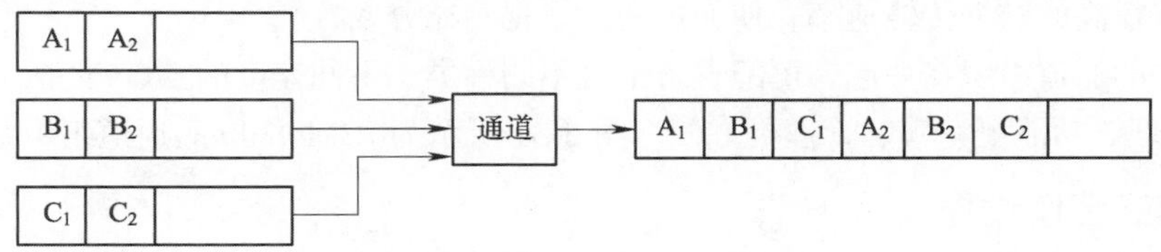

图 5-29　字节多路通道传输方式示意图

一个字节多路通道，包括多个按字节方式传输信息的子通道。每个子通道服务于一个设备控制器，每个子通道都可以独立地执行通道程序。各个子通道可以并行工作，但是，所有子通道的控制部分是公共的，各个子通道可以分时地使用。

通道不间断地、轮流地启动每个设备控制器，当通道为一个设备传输完一个字节后，就转去为另一个设备服务。当通道为某一设备传输时，其他设备可以并行地工作，准备需要传输的数据字节或处理收到的数据字节。这种轮流服务是建立在主机的速度比外设的速度高得多的基础之上的，它可以提高系统的工作效率。

通道在单位时间内传输的位数或字节数，称为通道的数据传输率或流量。它标志了计算机系统中的系统吞吐量，也表明了通道对外设的控制能力和效率。在单位时间内允许传输的最大字节数或位数，称为通道的最大数据传输率或通道极限流量，它是设计通道的依据。

2）选择通道

对于高速设备，字节多路通道显然是不合适的。选择通道又称高速通道，在物理上它也可以连接多个设备，但这些设备不能同时工作，在一段时间内通道只能选择一台设备进行数据传输，此时该设备可以独占整个通道。因此，选择通道一次只能执行一个通道程序，只有当它与内存交换完信息后，才能再选择另一台外围设备并执行该设备的通道程序。如图 5-30 所示，选择通道先选择设备 A，成组连续地传输 A_1、A_2…；当设备 A 传输完毕后，选择通道又选择通道 B，成组连续地传输 B_1、B_2…；再选择设备 C，成组连续地传输 C_1、C_2…。

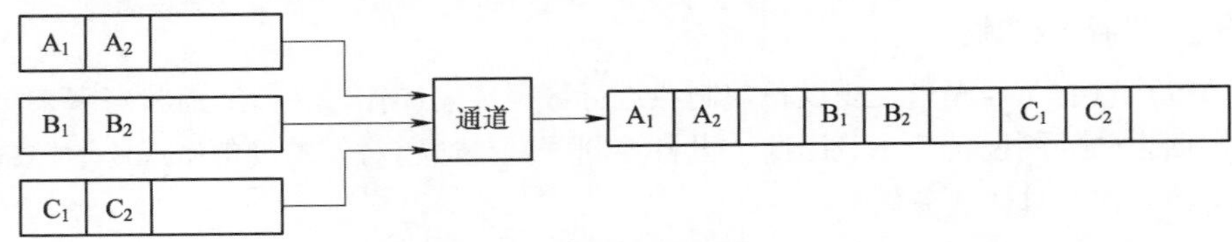

图 5-30 选择通道传输方式示意图

选择通道主要用于连接高速外设，如磁盘、磁带等，信息以成组方式高速传输。但是，在数据传输过程中还有一些辅助操作（如磁盘机的寻道等），此时会使通道处于等待状态，所以虽然选择通道具有很高的数据传输率，但整个通道的利用率并不高。

3）数组多路通道

数组多路通道是把字节多路通道和选择通道的特点结合起来的一种通道结构。它的基本思想是，当某设备进行数据传输时，通道只为该设备服务；当设备在执行辅助操作时，通道暂时断开与这个设备的连接，挂起该设备的通道程序，去为其他设备服务。

数组多路通道有多个子通道，既可以执行多路通道程序，即像字节多路通道那样，所有子通道分时共享总通道，又可以用选择通道那样的方式成组地传输数据；既具有多路并行操作的能力，又具有很高的数据传输速率，使通道的效率得到充分发挥。

三种类型的通道组织在一起，可配置若干台不同种类、不同速度的 I/O 设备，使计算机的 I/O 组织更合理、功能更完善、管理更方便。图 5-31 所示为 IBM 4300 的通道组织结构。

5.6.3 通道的工作过程

在采用通道的计算机系统中，输入/输出操作可分为两个层次：（1）主 CPU 执行 I/O 指令生成输入/输出程序。（2）通道执行所生成的程序，完成输入/输出。

在大、中型计算机中将运行操作系统称为“管态”，而将运行用户程序称为“目态”。I/O 指令属于主 CPU 的指令系统，由主 CPU 执行，但 I/O 指令并不直接负责输入/输出操作，只负责通道和外设的启动、停止、查询等操作。CPU 执行 I/O 指令将进入“管态”。在管态下由操作系统的设备管理程序负责生成输入/输出程序，交给通道运行以完成输入/输出工作。带有通道的计算机系统输入/输出过程示意图如图 5-32 所示。

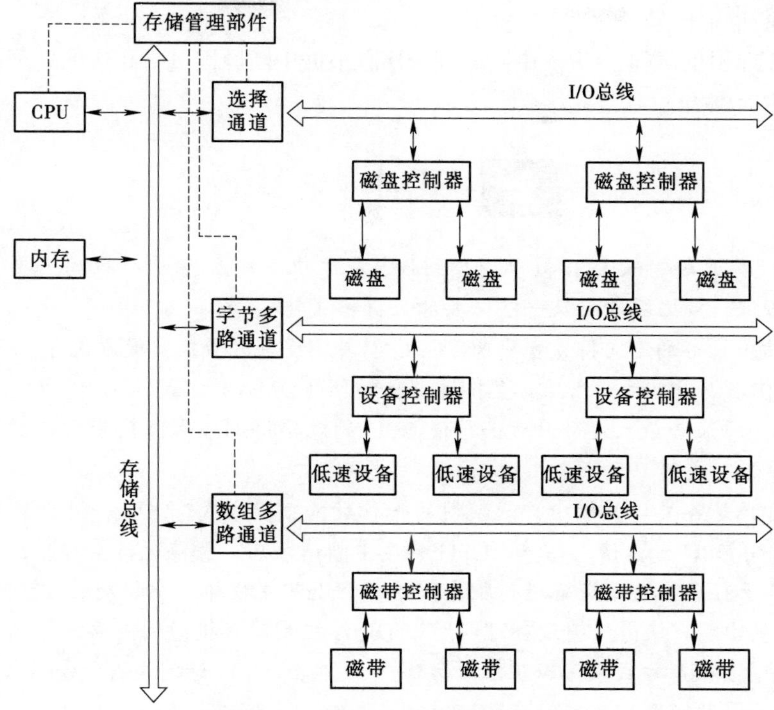

图 5-31　IBM 4300 的通道组织结构

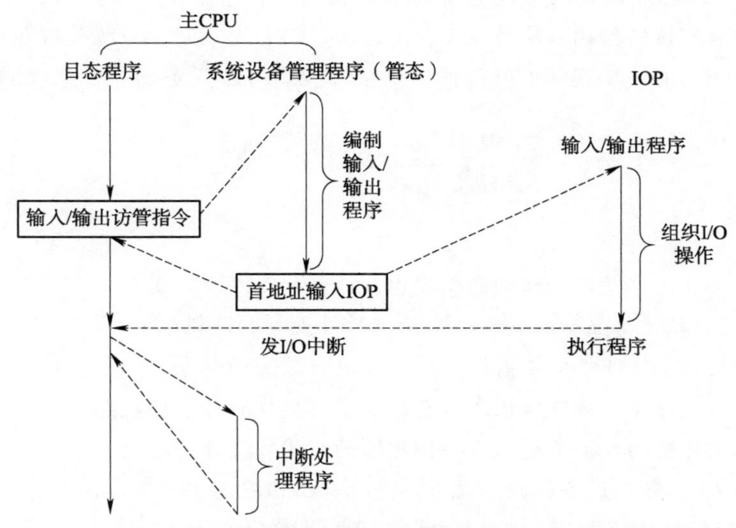

图 5-32　带有通道的计算机系统输入/输出过程示意图

（1）CPU 执行目态（用户）程序时，遇到输入/输出指令（这是一条带有参数的访管指令），便转入管态执行系统程序中的设备管理程序。

（2）设备管理程序的主要目的是根据输入/输出指令提供的参数，自动生成输入/输出程序，并将编写好的程序首地址装入通道的程序计数器，然后 CPU 返回目态程序继续工作。

（3）通道执行生成的输入/输出程序，在程序的控制下完成整个 I/O 过程。待 I/O 过程结束，向 CPU 发出中断请求信号。

（4）CPU 接到中断请求，进入中断处理程序，根据中断原因进行相应的处理，然后返回目态程序，一次输入/输出过程至此结束。

小　结

输入/输出设备通过输入/输出接口连接到计算机主机。输入/输出接口的主要功能是识别外围设备、数据通信、数据缓冲以及一些必要的数据格式转换等。

根据输入/输出设备的不同特点和要求，CPU 与外围设备的数据交换方式有以下几种：① 程序查询方式；② 程序中断方式；③ 直接存储器访问（DMA）方式；④ 通道方式。其中，第一种对 CPU 的资源浪费最大，而最后一种使 CPU 的效率得到最大限度发挥，但是需要更多的硬件支持。

程序中断方式是各类计算机中广泛使用的一种数据交换方式。当某一外设的数据准备就绪后，它“主动”向 CPU 发出请求信号，CPU 响应中断请求后，暂停运行主程序，自动转移到该设备的中断服务子程序，为该设备进行服务，结束时返回主程序。中断处理过程可以嵌套。

DMA 技术的出现，使得外围设备可以通过 DMA 控制器直接访问内存，与此同时，CPU 可以继续执行程序。DMA 方式采用以下三种方法：① 停止 CPU 访问内存；② DMA 与 CPU 交替访问内存；③ 周期挪用。

通道是一个特殊功能的处理器。它有自己的指令和程序专门负责数据输入/输出的传输控制，从而使 CPU 将“传输控制”的功能下放给通道，CPU 只负责“数据处理”功能。这样，通道与 CPU 分时使用内存，实现了 CPU 内部的数据处理与 I/O 设备的并行工作。

习　题

一、选择题

1. 以下有关 I/O 接口功能和结构的叙述中，错误的是（　　）。

   A. I/O 接口就是像显卡或网卡之类的一种外设控制逻辑

   B. CPU 可以向 I/O 接口传输用来对设备进行控制的命令

   C. CPU 可以从 I/O 接口取状态信息，以了解接口和外设的状态

   D. 主机侧传输的数据宽度与设备侧传输的数据宽度是一样的

2. 如果认为 CPU 等待设备的状态信号是处于非工作状态（即踏步状态），那么在下面几种主机与设备之间的数据传输中：（　　）主机与设备是串行工作的；（　　）主机与设备是并行工作的；（　　）主程序与设备是并行运行的。

   A. 程序查询方式　B. 程序中断方式　C. DMA 方式　D. 程序直接控制

3. 中断向量地址是（　　）。

   A. 子程序入口地址　B. 中断服务程序入口地址

C. 中断服务程序入口地址指示器　　　　D. 例行程序入口地址

4. 单级中断与多级中断的区别（　　）。

A. 单级中断只能实现单中断，而多级中断可以实现多重中断

B. 单级中断的硬件结构是一维中断，而多级中断的硬件结构是二维中断

C. 单级中断，处理机只通过一根外部中断请求线接到它的外围设备系统；而多级中断，每一个 I/O 设备都有一根专用的外部中断请求线

D. 单级中断只能处理一个中断，多级中断可以处理多个中断

5. 硬中断服务程序结束返回断点时，程序末尾要安排一条指令 IRET，它的作用是（　　）。

A. 构成中断结束命令　　　　B. 恢复断点信息并返回

C. 转移 IRET 的下一条指令　　　　D. 返回断点处

6. 下述有关程序中断 I/O 方式的叙述中，错误的是（　　）。

A. 外设中断请求时，实际上是请求 CPU 执行相应的程序来处理外设发生的相关事件

B. I/O 中断响应不可能发生在一条指令执行过程中

C. 外设的数据是和 CPU 直接交换的

D. 只要有未被屏蔽的中断请求发生，在一条指令结束后，就会进入中断响应周期

7. 下列叙述正确的是（　　）。

A. 在 DMA 周期内，CPU 不能执行程序

B. 中断发生时，CPU 首先执行入栈指令将程序计数器内容保护起来

C. 在 DMA 传输方式中，DMA 控制器每传输一个数据就窃取一个指令周期

D. 输入/输出操作的最终目的是要实现 CPU 与外设之间的数据传输

8. 采用"周期挪用"方式进行数据传输时，每传输一个数据要占用一个（　　）的时间。

A. 指令周期　　B. 机器周期　　C. 时钟周期　　D. 存储周期

9. 在采用（　　）对设备进行编址的情况下，不需要专门的 I/O 指令。

A. 统一编址法　　B. 单独编址法　　C. 两者都是　　D. 两者都不是

10. 某终端通过 RS-232 串行通信接口与主机相连，采用起止式异步通信方式。若传输速率为 1 200 bit/s，字符格式为：1 位起始位、8 位数据位、无校验位、1 位停止位。则传输 1 字节所需时间约为（　　）。

A. 6.7 ms　　B. 7.5 ms　　C. 8.3 ms　　D. 9.2 ms

二、解释术语

1. 接口、端口、统一编址、独立编址

2. 直接程序传输方式

3. 程序中断、软中断、外中断、可屏蔽中断、向量中断、单级中断

4. DMA 方式、周期挪用

5. 通道、字节多路通道、选择通道、数组多路通道

三、简答题

1. 比较通道、DMA、中断三种基本 I/O 方式的异同点。

2. 用多路 DMA 控制器控制光盘、磁盘、打印机三个设备同时工作。光盘以 20 μs 的间隔向控制器发 DMA 请求，软盘以 90 μs 的间隔向控制器发 DMA 请求，打印机以 180 μs 的间隔发

DMA 请求。请描述多路 DMA 控制器的工作过程。

3. 画出二维中断结构判优逻辑电路，包括：① 主优先级判定电路（独立请求）；② 次优先级判定电路（链式查询）。在主优先级判定电路中应考虑 CPU 程序优先级。设 CPU 执行程序的优先级分为四级（CPU7～CPU4），这个级别保存在 PSW 寄存器中（7、6、5 三位）。例如 CPU5 时，其状态为 101。

4. 某机器 CPU 中有 16 个通用寄存器，运行某中断处理程序时仅用到其中 2 个寄存器，请问响应中断而进入该中断处理程序时是否要将通用寄存器内容保存到主存中？需保存几个寄存器？

5. 一台机器有四路数据采集器，以直接程序传输方式实现数据的输入。请完成以列要求：

（1）设计接口，画出寄存器级框图。

（2）拟定相关的程序框图。

6. 某机连接四台 I/O 设备，序号由 0 到 3，允许多重中断。

（1）优先顺序为 0 到 3，分别拟定响应各设备请求后应送出的屏蔽字。

（2）若采取轮流优先策略，则屏蔽字应如何变化？

7. 某 I/O 设备的工作状态可抽象为空闲、忙、完成，CPU 发来清除命令使其进入空闲状态，启动命令使其进入“忙”状态，设备完成一次操作使其进入完成状态。若进入完成状态，且 CPU 没有对其屏蔽，则提出中断申请。试为此设计中断接口，画出逻辑图。

8. 某机用于数据采集，采集点 64 点，共占一个中断源，CPU 在响应中断后能编程访问各采集点，输入数据。试为此设计所需的中断接口，并说明 CPU 选择采集点的方法。

9. 假设有一个 16 位和两个 8 位的微处理器连接到系统总线。给定下列条件：

（1）所有的微处理器具有所需的硬件特性，用来支持各种类型的数据传输：编程控制的 I/O、中断驱动的 I/O 和 DMA。

（2）所有的微处理器有 16 位的地址总线。

（3）有两块存储板，每块容量是 64 KB，与总线相连。设计者希望尽可能地使用共享存储器。

（4）系统总线最大支持 4 根中断线和 1 根 DMA 线。

其他所需的假设条件都成立，要求：

（1）根据线数和类型给出系统总线规范。

（2）解释上述设备怎样连到系统总线上。

10. 一个 DMA 模块采用周期挪用方法把字符传输到存储器，设备的传输率是 9 600 B/s，处理器以 1×10^6 条指令/s 的速度获取指令（1 MIPS）。由于 DMA 模块，处理器将减慢多少？

11. 请分别列出存储映射 I/O 与独立 I/O 的优点和缺点。

四、思考题

1. 程序查询方式下，外设的数据直接和 CPU 交换吗？

2. 程序中断方式下，外设的数据直接和 CPU 交换吗？

第 6 章 信息表示

本章内容提要

- 定点数的表示方法；
- 浮点数的表示方法；
- 文字信息的表示；
- 其他信息的表示。

在计算机中，信息用二进制数表示，因此必须考虑如何将各种信息转换成二进制数。对于数据信息，除了要将数值转换为二进制数表示外，还必须使用二进制数来表示小数点和符号，因此就产生了数据的定点数和浮点数表示法，以及数据的机器码（包括原码、补码等）表示形式。对于非数据信息，就需要考虑如何使用 0 和 1 对其进行编码的问题。

6.1 信息的二值化

电子计算机的基础是数值 0 和数值 1，为什么要用 0 和 1 呢？因为电子计算机使用电子管来表示十种状态过于复杂，所以所有的电子计算机中只有两种基本的状态，即开和关。也就是说，电子管的两种状态决定了以电子管为基础的电子计算机采用二值来表示信息。

电子计算机通过将信息进行二值化有如下优点：

（1）电路中容易实现：当计算机工作的时候，电路通电工作，于是每个输出端就有了电压。电压的高低通过模数转换即转换成了二值：高电平是由 1 表示，低电平由 0 表示。也就是说将模拟电路转换成为数字电路。

（2）物理上最易实现存储：二值化数据在物理上最易实现存储，通过磁极的取向、表面的凹凸、光照的有无等来记录。

（3）便于进行加、减运算和计数编码。

（4）便于逻辑判断（是或非）。二值正好与逻辑命题中的“真（Ture）”“假（False）”相对应。

（5）用二值化数据具有抗干扰能力强、可靠性高等优点。因为每位数据只有高低两个状态，当受到一定程度的干扰时，仍能可靠地分辨出它是高还是低。

因此，本章将围绕代表不同种类的二值化信息表示方法进行介绍。

6.2 数值数据的表示

现在，我们理所当然地认为，数字 243 代表的是 2 个 100 加上 4 个 10，再加上 3。虽然，0 表示什么都没有。但事实上，大家都知道 1 和 10 这两个数所代表的意义有着实质性的差别。

6.2.1 位置编码系统

位置编码系统（position numbering system）所包含的基本思想是，任意数字的值都可以通过表示成某个基数（或称为底，radix）的乘幂形式。这种计数体系通常也称为权重编码系统（weighted numbering system），因为数的每一个位置都是基数的幂次方。

位置编码系统中所使用的有效数字的数目等于系统的基数的大小。例如，在十进制体系中有 10 个数字 0～9，而在三进制体系（基数是 3）中的数字为 0、1、2。任何一种计数体系（数制）中的最大的合法数字均采用基数减 1。所以，在任何基（数）小于 9 的计数体系中，8 都是非法的数字。为了区别，不同的基数采用不同的下标来表示，例如$(33)_{10}$，表示十进制 33（本书中没有下标的都假定为十进制数）。任意十进制数都可以严格地采用其他任意的整数基数制来表示。

【例 6-1】将 3 个十进制数分别表示为以 10、 3 、 2 为基数的幂指数形式。

答：$(243.51)_{10} = 2 \times 10^2+4 \times 10^1+3 \times 10^0+5 \times 10^{-1}+1 \times 10^{-2}$

$(23)_{10} = 2 \times 3^2+1 \times 3^1+2 \times 3^0 = (212)_3$

$(22)_{10} = 1 \times 2^4+0 \times 2^3+1 \times 2^2+1 \times 2^1+0 \times 2^0 =(10110)_2$

在计算机科学中，两个最重要的数制是二进制（基数为 2）和十六进制（基数为 16）。另外一个比较重要的数制是八进制（基数为 8）。二进制数只采用 0 和 1 两个数字，八进制计数体系采用 0～7 这 8 个数字，而十六进制计数体系除了 0～9 十个数字外，还使用 A、B、C、D、E 和 F 来表示数字 10～15。

6.2.2 数值在计算机中的表示

在选择计算机数值的表示方式时，应当全面考虑以下几个因素：

（1）要表示数的类型，是要表示小数、整数、实数或复数，还是它们的某种组合。不同的数据类型所需要的表示方式是不同的。

（2）可能遇到的数值范围。这将对计算机存储能力和处理能力提出相应的要求，一般来说，需要表示的数值范围越大，对存储和处理能力要求越高。

（3）数值精确度。数值精确度要求越高，则需要更多的二进制位来表示一个数值。这同样会受限于计算机的存储和处理能力。

（4）数据存储和处理所需要的硬件代价。这会对计算机的整体造价产生影响。

由于数据是存储在存储器中的，而存储器只能存储二进制位串，因此，数据的计算机表示需要解决下面的问题：正负号的表示和小数点的表示。

计算机中常用的数据表示格式有两种，一是定点格式，二是浮点格式。一般来说，定点格式容许的数值范围有限，但要求的处理硬件比较简单；而浮点格式容许的数值范围很大，但要求的处理硬件比较复杂。定点指小数点的位置固定，为了处理方便，一般分为定点纯整数和纯小数。由于所需表示的数值取值范围相差悬殊，给存储和计算带来诸多不便，因此出现了浮点运算法。浮点表示法，即小数点的位置是浮动的。其思想来源于科学计数法。

总之，数值在计算机中的表示具有如下特点：

（1）二进制表示。

（2）数据的编码化。

（3）正负号的数字化。

（4）小数点位置的约定。

（5）数据有模。

6.2.3　定点数

所谓定点数，即约定机器中所有数据的小数点位置是固定不变的。由于约定在固定的位置，小数点就不再使用记号“.”来表示。从原理上讲，小数点位置固定在哪一位都可以，但是通常将数据表示成纯小数或纯整数。

在讨论数值编码中，经常要使用真值和机器数两个概念，下面给出解释：

（1）真值：书写表示的数值，如+3、–5 等，这些数据由人识别。

（2）机器数或机器码：数值在计算机中的编码表示，为二进制数串形式，供机器使用。

数值编码的内容就是在计算机中如何把真值映射为机器码。

1. 原码表示法

在二进制数值系统中，可以仅用数字 0 和 1、负号和小数点表示任何一个数，但计算机存储和处理负号和小数点是不方便的。

很多情况需要用正负数表示，仅使用无符号整数不能满足要求。为此，要使用几个其他约定。所有这些约定都涉及将字的最高位（最左位）作为符号位对待，若最左位是 0，则为正数；若最左位是 1，则为负数。

采用一位符号位的最简单的表示法是原码表示法，又称为符号-幅值表示法。以一个 n 位数为例，最左位为符号位，其余 $n-1$ 位为整数的幅值（绝对值）。例如：

$$+18 = 00010010$$
$$-18 = 10010010$$

一般情况下，对于定点整数，原码表示的定义是

$$\begin{cases} x & (x \geqslant 0) \\ 2^n - x = 2^n + |x| & (x < 0) \end{cases}$$

对于定点小数，原码表示的定义是

$$\begin{cases} x & (x \geqslant 0) \\ 1 - x = 1 + |x| & (x < 0) \end{cases}$$

图 6-1 以 3 位定点整数原码为例，说明了原码和真值在数轴上的映射关系。3 位定点整数原码表示数的范围是–3～+3，其机器码为 000～111。

根据原码的定义，其具有如下一些性质：

（1）原码的最高位表示符号，0 为正，1 为负。

（2）0 在原码表示中不唯一，有+0、−0 之分。

（3）n 位原码总共有 2^n 种编码，共可表示 2^n-1 个数，因为 0 用了两个编码。

（4）负数的原码大于正数的原码。

（5）原码的实质是表示数值的绝对值，因此由真值转换为原码的方法是将+写成 0，−写成 1，数值位不变。

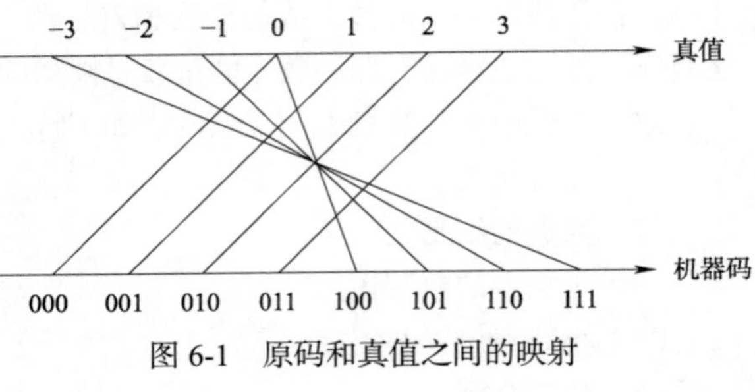

图 6-1　原码和真值之间的映射

原码表示法表示很直观，同时也便于实现乘、除法运算。但原码表示法有几个缺点，一个缺点是加减运算时既要考虑数的符号，又要考虑幅值，才能进行所要求的运算，处理较为复杂。另一缺点是，0 有两种表示

$$+0 = 00000000$$
$$-0 = 10000000$$

这样很不方便，因为它比单一表示法增加了测试零（计算机经常完成的一种操作）的困难。因为这些缺点，原码表示法很少用于 ALU 中的整数表示，而更常用的方案是补码表示法。

2. 补码表示法

补码表示法是计算机中应用最广泛的一种数据编码形式。与原码表示法类似的是，补码表示法也使用最高位作为符号位，从而很容易判断一个数是正还是负。其不同点在于其他位的解释方式。

在介绍补码之前，有必要先解释一下有模运算的概念。所谓有模运算是指在一定数值范围内进行的运算。例如，最常见的有模运算环境是钟表，因为钟表表盘上最大刻度是 12，任何运算结果都不会超过 12，超过 12 之后又成了 1。而常用的实数运算则属于无模运算。由于在计算机中采用有限的二进制位来表示数据，因此计算机中的所有运算都是有模运算。

在有模运算中，用模减一个数的结果称为该数的补数。对于有模运算来讲，减一个数等于加上该数对模的补数，补码就是按补数概念对数据进行编码的。即在补码表示法中，正数用本身来代表，而负数用其补数来代表。

对于定点整数，补码表示的定义是

$$\begin{cases} x & (x \geqslant 0) \\ 2^{n+1} + x = 2^{n+1} - |x| & (x < 0) \end{cases}$$

对于定点小数，补码表示的定义是

$$\begin{cases} x & (x \geqslant 0) \\ 2 + x = 2 - |x| & (x < 0) \end{cases}$$

下面给出一个补码的直观解释，以钟表对时为例说明补码的概念。假设现在的标准时间为 4 点整，而有一只表已经 7 点了，为了校准时间，可以采用两种方法：一是将时针退 7−4 = 3 格；一是将时针向前拨 12−3 = 9 格。这两种方法都能对准到 4 点，由此看出，减 3 和加 9 是等价的。就是说 9 是−3 对 12 的补码。

图 6-2 以 3 位定点整数补码为例，说明了补码和真值在数轴上的映射关系。3 位定点整数补码表示数的范围是–4～+3，其机器码为 000～111。

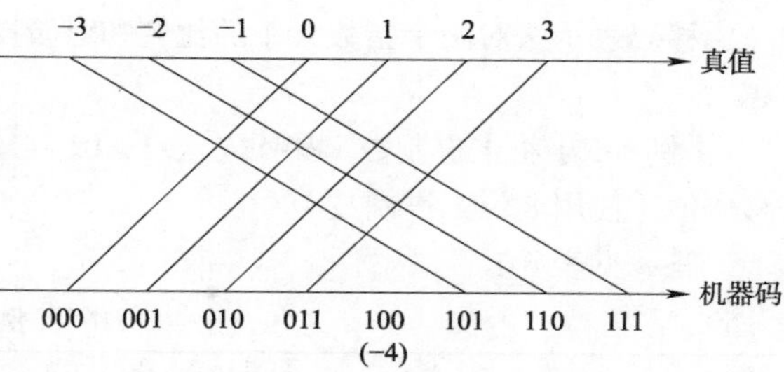

图 6-2　补码和真值之间的映射

根据补码定义，求负数的补码要减去|x|，这显然不方便。下面说明由原码表示法变成补码表示法的方法。

在定点数的反码表示法中，正数的机器码仍然等于其真值；而负数的机器码符号位为 1，尾数则将真值的各个二进制位取反。由于原码变反码很容易实现，所以用反码作为过渡，就可以很容易得到补码。

一个正整数，当用原码、反码、补码表示时，符号位都固定为 0，用二进制表示的数位值都相同，即三种表示方法完全一样。

一个负整数，符号位置 1，其余各位 0 变 1，1 变 0（即取得该负整数的反码表示），然后在最末位上加 1；还有一个方法是从低位向高位找到第一个 1，这个 1 和右边各位的 0 保持不变，左边的各高位按位取反。

虽然补码表示法看似与人们的习惯有些区别，但将会看到对于大多数重要的运算，如加法和减法，它是极其方便的。正因为如此，几乎所有的处理器都是采用此法来表示整数。

下面总结一下补码的特性：

（1）最高位表示符号，0 为正，1 为负。

（2）0 的表示唯一，即编码为全 0 的情况。

（3）补码表示法比原码表示法多表示一个数据，即最小的负数。图 6-2 中的–4（100）就是一个实例。

（4）负数补码值大于正数补码值。

（5）补码算术右移时，要将符号位复制。

（6）补码算术左移时，末位补 0 即可。

（7）定点整数补码位数扩展时，要将符号位向左复制；定点小数补码进行位数扩展时，只需要在原机器码后补 0 即可。

3. 移码表示法

移码通常用于表示浮点数的阶码。由于阶码是个 k 位的整数，假定定点整数移码形式为 $e_k e_{k-1} \cdots e_2 e_1 e_0$（最高位为符号位）时，移码的传统定义是

$$[e]_{移}=2^k+e\,,\quad 2^k>e\geqslant -2^k$$

式中，$[e]_{移}$ 为机器数；e 为真值；2^k 是一个固定的偏移值常数。

若阶码数值部分为 5 位，以 e 表示真值，则

$$[e]_{移}=2^5+e\,,\ 2^5>e\geqslant -2^5$$

例如，当正数 e =+10101 时，$[e]_{移}$ =1，10101；当负数 e =–10101 时，$[e]_{移}=2^5+e=2^5-10101$=0,01011。移码中的逗号不是小数点，而是表示左边一位是符号位。显然，移码中符号位 e_k 表示的规律与原码、补码、反码相反。

移码表示法对两个指数大小的比较和对阶操作都比较方便，因为阶码域值大者其指数值也越大。

【例 6-2】将十进制数 x（−127、−1、0、+1、+127）表示成二进制数及原码、反码、补码、移码值（使用 8 位二进制数）。

答：见表 6-1。

表 6-1　例 6-2 解答

十 进 制	二 进 制	原　码	反　码	补　码	移　码
−127	−01111111	11111111	10000000	10000001	00000001
−1	−00000001	10000001	11111110	11111111	01111111
0	00000000	10000000 00000000	11111111 00000000	00000000	10000000
+1	+00000001	00000001	00000001	00000001	10000001
+127	+01111111	01111111	01111111	01111111	11111111

4. BCD 码表示法

数字系统处理的是二进制数码，人机界面中常用十进制数进行输入和输出。为使数字系统能够传递、处理十进制数，必须把十进制数的各个数码用二进制代码的形式表示出来，这便是用二进制代码对十进制数进行编码，简称 BCD 码。BCD 码具有二进制码的形式（4 位二进制码），又有十进制数的特点（每 4 位二进制码是 1 位十进制数）。

十进制数共有 10 个数码，需要用 4 位二进制代码来表示。4 位二进制码可以有 16 种组合，而表示十进制数只需要 10 种组合，因此用 4 位二进制码来表示十进制数有多重选取方式。表 6-2 列出了三种常用的 BCD 码与其对应的十进制数。

表 6-2　三种常用的常用 BCD 码与其对应的十进制数

十 进 制 数	8421 码	余 3 码	格雷码
0	0000	0011	0000
1	0001	0100	0001
2	0010	0101	0011
3	0011	0110	0010
4	0100	0111	0110
5	0101	1000	1110
6	0110	1001	1010
7	0111	1010	1000
8	1000	1011	1100
9	1001	1100	1101

6.2.4　浮点数

使用定点表示法能表示以 0 为中心的一定范围的正、负的整数。通过重新假定小数点的位置，这种格式也能用来表示带有分数的数。但这种方法受到很大制约，它不能表示很大的整数，也不能表示很小的分数，即表示数的范围有限，这就引出了浮点数的表示方法。

1. 原理

对于十进制数，人们解除这种制约的方法是使用科学计数法（scientific notation）。976 000 000 000 000 可表示成 9.76×10^{14}，而 0.000 000 000 000 0976 可表示成 9.76×10^{-14}。实际上所做的只是动态地移动十进制小数点到一个约定位置，并使用 10 的指数来保持对此小数点的跟踪。这就允许只使用少数几个数字来表示很大范围的数。

这样的方法也能用于二进制数。以如下形式表示一个数：

$$\pm S\times B^{\pm E}$$

这样的数存储在一个二进制字的三个字段中：

（1）符号：正或负。

（2）有效数 S（significant）。

（3）指数 E（exponent）。

基值 B 是隐含的并且不需存储，因为对所有数它都是相同的。

下面通过一个例子来解释一下为什么浮点表示法可扩大数表示的范围。

假设机器中的数由 8 位二进制数表示（包括符号位），在定点机中这 8 位全部用来表示有效数字（包括符号）；在浮点机中若阶符阶码占 3 位，数符尾数占 5 位。在此情况下，若只考虑正数值，定点机小数表示的数的范围是 0.0000000～0.1111111，相当于十进制数的 0～127/128，而浮点机所能表示的数的范围是 $2^{-3}\times0.0001$～$2^{3}\times0.1111$，相当于十进制数的 1/128～7.5。显然，都用 8 位，浮点机能表示的数的范围比定点机大得多。

但两种表示法所能表示数据的个数是一样的，都是 256 个。

图 6-3 表示了一个典型的 32 位浮点格式。最左位保存数的符号（0=正，1=负）。指数值存于位 1～位 8。所用的表示法称为偏移表示法。一个称为偏移的固定值，从字段中减去，才得到真正的指数。字的最后一部分是有效数，或称为尾数（mantissa）。此例的基值被认为是 2。

0	1　　　　　　8	9　　　　　　31
符号位	偏移指数	有效数

图 6-3　典型的 32 位浮点格式

若不对浮点数的表示做出明确规定，同一个浮点数的表示就不是唯一的。例如 0.5 可以表示成 0.05×10^{1} 或 50×10^{-2} 等。为了提高数据的表示精度，当尾数的值不为 0 时，其绝对值应≥0.5，即尾数域的最高有效位应为 1，否则要以修改阶码同时左右移小数点的办法，使其变成这一要求的表示形式，这称为浮点数的规格化（normalized）表示。

当一个浮点数的尾数为 0，不论其阶码为何值，或者当阶码的值遇到比它能表示的最小值还小时，不管其尾数为何值，计算机都把该浮点数看成零值，称为机器零。

【例 6-3】假设由 S、E、M 三个域组成的一个 32 位二进制字所表示的非规格化浮点数 x，其真值表示为

$$x=(-1)^{S}\times(1.M)\times2^{E-128}$$

试问：它所表示的规格化的最大正数、最小正数、最大负数、最小负数是什么？

答：

最大正数：

0	111 1111 1	111 1111 1111 1111 1111 1111

$$x=[1+(1-2^{-23})]\times 2^{127}$$

最小正数：

0	000 0000 0	000 0000 0000 0000 0000 0000

$$x=1.0\times 2^{-128}$$

最小负数：

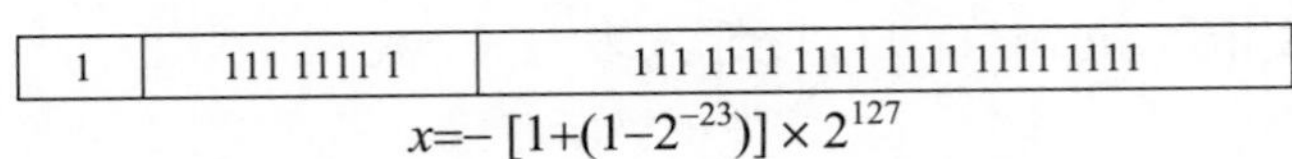

$$x=-[1+(1-2^{-23})]\times 2^{127}$$

最大负数：

1	000 0000 0	000 0000 0000 0000 0000 0000

$$x=-1.0\times 2^{-128}$$

2. 二进制浮点表示的 IEEE 标准

最重要的浮点表示法定义在 IEEE 754 标准中。开发这个标准是为了便于程序从一类处理器移植到另一类处理器上，也为了促进研究更为复杂的数值运算程序。这个标准获得广泛的认可，并已用于当代所有各类处理器和算术协处理器中。

IEEE 标准定义了 32 位的单精度和 64 位的双精度两种浮点数格式，如图 6-4 所示。它们的指数字段分别是 8 位和 11 位，隐含的基值是 2。另外，标准还定义单、双两种扩展格式，但它们的精确格式是实现相关的。扩展格式包括扩展范围（在指数字段有更多的位）和扩展精度（在有效数字段有更多的位）。扩展格式经常将用于表示运算的中间结果，扩展精度的扩展格式可减少最终结果的误差；扩展范围的扩展格式可使计算过程中上溢的机会减少。另外一方面，对于单精度浮点数的扩展格式而言，可使它能呈现双精度格式的某些优点，而又不会导致计算时间过长。一般而言，通常是精度越高，耗时越长。表 6-3 总结了四种格式的特征。

0	1　　　　8	9　　　　31
符号位S	偏移阶码E	尾数M

0	1　　　　11	12　　　　63
符号位S	偏移阶码E	尾数M

图 6-4　IEEE 754 格式

表 6-3　IEEE 754 格式参数

参　　数	单 精 度	单精度扩展	双 精 度	双精度扩展
字宽（位数）	32	≥43	64	≥79
指数宽（位数）	8	≥11	11	≥15
指数偏移	127	未指定	1 023	未指定
最大指数	127	≥1 023	1 023	≥16 383
最小指数	–126	≤–1 022	–1 022	≤–16 382
数的范围（基值 10）	10^{-38}～10^{+38}	未指定	10^{-308}～10^{+308}	未指定
有效数宽（位数）	23	≥31	52	≥63
指数数目	254	未指定	2 046	未指定
分数数目	2^{23}	未指定	2^{53}	未指定
值的数目	1.98×2^{31}	未指定	1.99×2^{63}	未指定

以 32 位单精度浮点数为例，其偏移值为 127，尾数有 1 位隐藏位，一个规格化的 32 位浮点数 x 的值可表示为

$$x = (-1)^S \times (1.M) \times 2^{E-127}$$

需要注意的是，不是 IEEE 格式的所有位样式都以通常方式解释，某些位样式用来表示特殊值。全 0（0）和全 1（单精度是 255，双精度是 2 047）这种极端指数值定义特殊值。数的分类如下：

（1）对于指数值范围在 1～254（单精度）和 1～2 046（双精度），表示了一个规格化的非零浮点数。指数是偏移的，故真正指数范围是−126～+127（单精度）和−1 022～+1 023（双精度）。一个规格化的数要求二进制小数点左边有一个 1，这位是隐藏的，给出 24 位或 53 位有效位的有效数（标准中称为分数）。

（2）0 指数与 0 分数一起表示正零或负零，取决于它的符号位。正如曾提到的，有严格的 0 值表示式是有益的。

（3）全 1 指数与 0 分数一起表示正无穷大或负无穷大，取决于它的符号位。能有无穷大表示形式也是有用的。把上溢看成一个错误条件而停止程序执行，还是把它看成是一个∞值代入程序并继续处理，这样的裁决权留给用户。

（4）0 指数与非 0 分数一起表示一个反规格化（denormalized）数。这种情况下，二进制小数点左边的隐藏位是 0 并且真指数是−126 或−1 022。数的正负取决于它的符号位。

（5）全 1 指数与非 0 分数一起给出 NaN 值，它意味着不是一个数（not a number）。非数（NaN）用来通知各种例外情况。

6.3　文字信息的表示

现代计算机不仅处理数值领域的问题，而且处理大量非数值领域的问题，非数值信息没有数值大小的概念。这样一来，必然要引入文字、字母以及某些专用符号，以便表示文字语言、逻辑语言等信息。例如人机交换信息时使用英文字母、标点符号、十进制数以及诸如$、%、+等符号。然而数字计算机只能处理二进制数据，因此，上述信息应用到计算机中时，都必须编写成二进制格式的代码，也就是字符信息用数据表示，称为符号数据。

6.3.1　字符与字符串的表示

目前国际上普遍采用的一种字符系统是 7 位的 ASCII 码（美国国家信息交换标准字符码），它包括 10 个十进制数码，26 个英文字母和一定数量的专用符号，如$、%、+、= 等，总共 128 个元素，因此二进制编码需要 7 位，加上一个偶校验位，共 8 位，刚好为 1 字节。表 6-3 列出了 7 位的 ASCII 码字符编码表。

ASCII 码规定 8 个二进制位的最高一位为 0，余下的 7 位可以给出 128 个编码，表示 128 个不同的字符。其中 95 个编码，对应着计算机终端能输入并且可以显示的 95 个字符。打印机设备也能打印这 95 个字符，如大小写各 26 个英文字母，0～9 这 10 个数字符，通用的运算符和标点符号+、－、*、\、>、=、<等。

另外的 33 个字符，其编码值为 0～31 和 127，则不对应任何一个可以显示或打印的实际字

符，它们被用作控制码，控制计算机某些外围设备的工作特性和某些计算机软件的运行情况。

ASCII 编码和 128 个字符的对应关系见表 6-4。可以看出，十进制的 8421 码可以去掉位 654 而得到。

字符串是指连续的一串字符，通常方式下，它们占用主存中连续的多个字节，每个字节存一个字符。当主存字由 2 个或 4 个字节组成时，在同一个主存字中，既可按从低位字节向高位字节的顺序存放字符串内容，也可按从高位字节向低位字节的次序存放字符串内容。这两种存放方式都是常用方式，不同的计算机可以选用其中任何一种。

表 6-4 ASCII 字符编码表

位 654→ ↓3210	000	001	010	011	100	101	110	111
0000	NUL	DLE	SP	0	@	P	`	p
0001	SOH	DC1	!	1	A	Q	a	q
0010	STX	DC2	"	2	B	R	b	r
0011	ETX	DC3	#	3	C	S	c	s
0100	EOT	DC4	$	4	D	T	d	t
0101	ENQ	NAK	%	5	E	U	e	u
0110	ACK	SYN	&	6	F	V	f	v
0111	DEL	ETB	'	7	G	W	g	w
1000	BS	CAN	(	8	H	X	h	x
1001	HT	EM	)	9	I	Y	i	y
1010	LF	SUB	*	:	J	Z	j	z
1011	VT	ESC	+	;	K	[	k	{
1100	FF	FS	,	<	L	\	l	|
1101	CR	GS	–	=	M	]	m	}
1110	SO	RS	.	>	N	^	n	～
1111	SI	US	/	?	O	_	o	DEL

6.3.2 汉字的表示

1. 汉字的输入编码

为了能直接使用西文标准键盘把汉字输入计算机，就必须为汉字设计相应的输入编码方法。当前采用的方法主要有以下三类：

（1）数字编码：常用的是国标区位码，用数字串代表一个汉字输入。区位码是将国家标准局公布的 6 763 个两级汉字分为 94 个区，每个区分 94 位，实际上把汉字表示成二维数组，每个汉字在数组中的下标就是区位码。区码和位码各两位十进制数字，因此输入一个汉字需按键四次。例如“中”字位于第 54 区 48 位，区位码为 5448。

数字编码输入的优点是无重码，且输入码与内部编码的转换比较方便，缺点是代码难以记忆。

（2）拼音码：拼音码是以汉语拼音为基础的输入方法。凡掌握汉语拼音的人，不需训练和记忆，即可使用。但汉字同音字太多，输入重码率很高，因此按拼音输入后还必须进行同音字选择，影响了输入速度。

（3）字形编码：字形编码是用汉字的形状来进行的编码。汉字总数虽多，但是由笔画组成，全部汉字的组成和笔画是有限的。因此，把汉字的笔画用字母或数字进行编码，按笔画的顺序依次输入，就能表示一个汉字。例如五笔字型编码是最有影响的一种字形编码方法。

除了上述三种编码方法之外，为了加快输入速度，在上述方法基础上，发展了词组输入、联想输入等多种快速输入方法。但是都利用了键盘进行“手动”输入。理想的输入方式是利用语音或图像识别技术“自动”将拼音或文本输入计算机内，使计算机能认识汉字，听懂汉语，并将其自动转换为机内代码表示。目前这种理想已经成为现实。

2. 汉字内码

汉字内码是用于汉字信息的存储、交换、检索等操作的机内代码，一般采用 2 字节表示。英文字符的机内代码是 7 位的 ASCII 码，当用一个字节表示时，最高位为 0。为了与英文字符能相互区别，汉字机内代码中 2 字节的最高位均规定为 1。例如，汉字操作系统 CCDOS 中使用的汉字内码是一种最高位为 1 的 2 字节内码。

有些系统中字节的最高位用于奇偶校验位，这种情况下用 3 字节表示汉字内码。

3. 汉字字模码

汉字字模码是用点阵表示的汉字字形代码，它是汉字的输出形式。

根据汉字输出的要求不同，点阵的多少也不同。简易型汉字为 16 × 16 点阵，提高型汉字为 24 × 24 点阵、32 × 32 点阵，甚至更高。因此字模点阵的信息量是很大的，所占存储空间也很大。以 16 × 16 点阵为例，每个汉字要占用 32 B，国标两级汉字要占用 256 KB，因此字模点阵只能用来构成汉字库，而不能用于机内存储。字库中存储了每个汉字的点阵代码。当显示输出或打印输出时才检索字库，输出字模点阵，得到字形。

注意：汉字的输入编码、汉字内码、字模码是计算机中用于输入、内部处理、输出三种不同用途的编码。

6.4 其他信息的表示

计算机处理的信息还包括语音、图像和图形等信息，这些信息在计算机中也必须用二进制的形式表示和处理，它们的表示在本质上同样是对信息进行二进制的编码表示问题。

6.4.1 语音的计算机表示

一般来讲，语言具备文字和语音两种属性，常用的文字信息的计算机表示方法已经介绍了，而语音是人发出的一系列气流脉冲激励声带而产生不同频率振动的结果，是一种模拟信号，它是以连续波的形式传播的，不能直接进入计算机存储，语音的计算机表示要经过以下步骤：

（1）对声音进行采样。一般由传声器、录音机等录音设备把语音信号变成频率、幅度连续变化的电流信号。它仍是一种模拟信号，不能被计算机接受，需要通过采样器每隔固定时间间隔对声音的模拟信号截取一个幅值，这个过程称为采样。采样结果得到与声音信号幅值相对应的一组离散数据值，它们包含了声音的频率、幅值等特征。

（2）量化。用专门的模/数转换电路将每一个离散值换成一个 n 位二进制表示的数字量，这是计算机能接受的数据形式，进一步编码后，就可以以声音文件送入计算机，存储在硬盘上。当计算机播放语音信息时，把声音文件中的数字信号还原成模拟信号，通过音响设备输出。

6.4.2 位图图像的计算机表示

凡人类视觉系统所感知的信息形式或人们心目中的有形想象统称为图像。例如一张彩色图片、一页书，甚至影像视频最终也是以图像形式存在的。图像信息的处理是多媒体应用技术中十分重要的组成部分，亦是当前热门研究课题。在计算机技术中对图像有不同的表示、处理和显示方法，其中基本的形式是位图图像和图形，它们也是构成活动图像的基础。本节只介绍位图图像。

由于计算机只能处理数字数据，所以把视觉形象转换为由点阵构成的用二进制表示的数字化图像，转化过程包含两个步骤：

（1）采样。将图像在二维空间上的画面分布到矩形点阵的网状结构中，阵列中的每一个点称为像素点，分别对应图像在阵列位置上的一个点，对每个点进行采样，得到每个点的灰度值（亦称量度值）。显然，阵列中有图像信息的点与无图像信息处的点灰度值不同，即或是有图像信息的各点，因为色彩、明亮层次不同其灰度值也不同。如果每个像素点的灰度值只取 0、1 两个值，图像点阵只有黑白两种情况，称为二值图像；如果允许像素点的灰度值越多，图像能表现的层次、色彩就越丰富，图像在计算机上的再现性能就越好。

（2）量化。把灰度值转换成 n 位二进制表示的数值称为量化。

一幅视觉图像经过采样与量化后，转化为由一个个离散点的二进制数组成的数字图像，这个图像称为位图图像，在实际中，图像的采集要用特殊的数字化设备，比如扫描仪，它对已有照片、图片进行扫描，扫入的图像经过上述两个步骤变成位图图像，就可以直接放入计算机存储起来了。

6.4.3 图形的计算机表示

印制电路布置图往往会包含矩形、三角形、直线、螺旋线等形状，它完全可以用一个个离散点的二进制值表示成位图图像，但是对这类图像，计算机常使用另一种处理方法：图像采集设备输入图像后对图像依据某种标准进行分析、分解，提取出具有一定意义的独立的信息单位——图元，例如一段直线、一条曲线、一个矩形、一个圆、一个电路符号等，并设计一系列指令，用指令描述一个个的图元及各图元之间的联系，于是一幅原始图像以一组有序的指令形式存入计算机。当计算机要显示一幅存储的图像时，只需读取指令、逐条解释、执行指令，就将指令描述的图元重新组合成图像输出。因为图像不是直接用画面的每一个像素点来描述，而是用图元序列描述，图像的这种表示方式称为图形，或称矢量图形。

图形是一种抽象化的图像。图形输出显示后与位图图像是一样的，但位图图像的基本元素是像素点。计算机存储的是每个像素点的量化值，占用存储空间大。图形的基本元素是图元，使用图形指令描述图元，实际上图形指令只需要知道图元的几何特征，一般能经过数学公式计算得出图元。比如一个圆，只要知道半径和圆心，执行圆的图形指令时调用相应函数就能画出圆的图形。因为画图时计算机存储的是图形指令，所以占用存储空间比位图图像小许多，但是，图形显示时要经过数学计算，占用的时间比位图图像时间要长。

6.5 校 验 码

信号在物理信道上的传输过程中，由于线路本身电气特性产生的随机噪声（又称热噪声），会引起信号幅度、频率和相位的衰减或畸变，电信号在线路上反射造成的回音效应、相邻线路间的串扰以及各种外界因素（如闪电、开关跳闸、强电磁场变化等）会造成信号失真，从而出现数据传输错误。计算机系统必须能发现（检测）这种差错，并且能采取措施纠正它，这种用于对差错进行检测与校正的技术称为差错控制。差错控制中最常用的技术就是利用差错控制编码。数据信息在向信道上发送之前，先按照某种关系附加上一定的冗余位，构成传输码然后在信道上发送。接收端收到传输码元后，检查信息位和冗余位之间的关系，就可以发现传输过程中是否有差错发生。差错控制编码又可分为检错码（error-detecting code）和纠错码（error-correcting code）。

6.5.1 奇偶校验码

奇偶校验码是通过增加冗余位来使码字中 1 的个数保持为奇数或偶数的编码方法，是一种检错码。在实际使用时又可分为垂直奇偶校验、水平奇偶校验和水平垂直奇偶校验等几种。

1. 垂直奇偶校验

垂直奇偶校验又称纵向奇偶校验，它是将要发送的整个信息块分为定长 p 位的若干段（比如说 q 段），每段后面按 1 的个数为奇数或偶数的规律加上 1 位奇偶位，如图 6-5 所示。

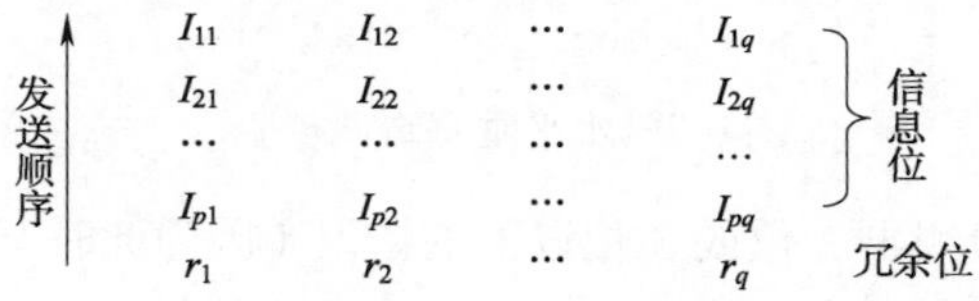

图 6-5　垂直奇偶校验

图中 pq 位信息位按列每 p 位分成一段($I_{11},I_{21},\cdots, I_{p1}, I_{12}, I_{22}, \cdots,I_{p2},\cdots, I_{1q}, I_{2q}, \cdots, I_{pq}$)，共 q 段，每段加上 1 位奇偶校验冗余位，即图中的 $r_i\ (i=1,2,\cdots,q)$。

编码规则为：

若用偶校验，则 $r_i=I_{1i}\oplus I_{2i}\oplus\cdots\oplus I_{pi}\ (i=1,2,\cdots,q)$；

若用奇校验，则 $r_i=I_{1i}\oplus I_{2i}\oplus\cdots\oplus I_{pi}\oplus 1(i=1,2,\cdots,q)$。

图中箭头给出了串行发送的顺序，即逐位先后次序为($I_{11} ,I_{21}, \cdots,I_{p1}, r_1 , I_{12}, I_{22}, \cdots, I_{p2}, r_2, \cdots, I_{1q}, I_{2q}, \cdots, I_{pq} , r_q$) 。在编码和校验过程中，用硬件方法或软件方法很容易实现上述连续串加运算，而且可以边发送边产生冗余位；同样，在接收端也可边接收边进行校验后去掉校验位。

垂直奇偶校验方法的编码效率为 $R=p/(p+1)$。垂直奇偶校验能检测出每一列中的奇数位错。对于突发错误来说，奇数位错与偶数位错的发生概率相等，因为对差错的漏检率接近 1/2。

2. 水平奇偶校验

为了降低对突发错误的漏检率，可以采用水平奇偶校验方法。水平奇偶校验又称横向奇偶校验，它是对每个信息段的相应位进行横向编码，产生一个奇偶校验冗余位，如图 6-6 所示，编码规则为：

偶校验：$r_i=I_{i1}\oplus I_{i2}\oplus\cdots\oplus I_{iq}(i=1,2,\cdots,p)$

奇校验：$r_i=I_{i1}\oplus I_{i2}\oplus\cdots\oplus I_{iq}\oplus 1(i=1,2,\cdots,p)$

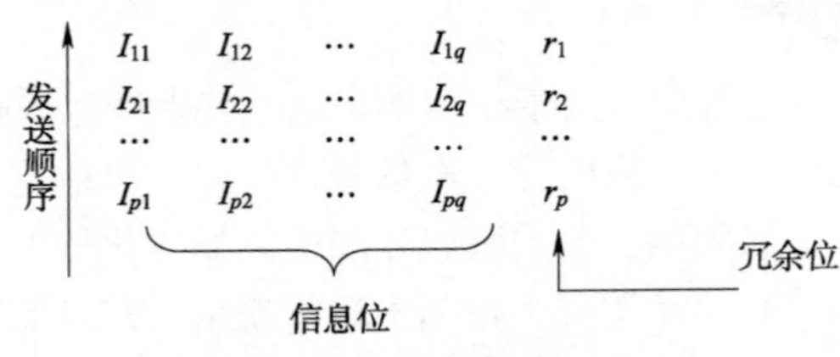

图 6-6 水平奇偶校验

3. 水平垂直奇偶校验

同时进行水平奇偶校验和垂直奇偶校验就构成水平垂直奇偶校验，又称纵横奇偶校验，如图 6-7 所示。若水平垂直都采用偶校验，则：

$r_{i,q+1}=I_{i1}\oplus I_{i2}\oplus\cdots\oplus I_{iq}\quad(i=1,2,\cdots,p)$

$r_{p+1,j}=I_{1j}\oplus I_{2j}\oplus\cdots\oplus I_{pj}\quad(j=1,2,\cdots,q)$

$r_{p+1,q+1}=I_{p+1,1}\oplus I_{p+2,2}\oplus\cdots\oplus I_{p+1,q}=I_{1,q+1}\oplus I_{2,q+2}\oplus\cdots\oplus I_{p,q+1}$

可见，水平垂直奇偶校验的编码效率为 $R=pq/[(p+1)(q+1)]$。

发送顺序 ↑				
I_{11}	I_{12}	…	I_{1q}	$r_{1,q+1}$
I_{21}	I_{22}	…	I_{2q}	$r_{2,q+1}$
…	…	…	…	…
I_{p1}	I_{p2}	…	I_{pq}	$r_{p,q+1}$
$r_{p+1,1}$	$r_{p+1,2}$	…	$r_{p+1,q}$	$r_{p+1,q+1}$

图 6-7 水平垂直奇偶校验

水平垂直奇偶校验能检测出 3 位或 3 位以下的错误（因为此时至少在某一行或列上有一位错）、奇数位错、突发长度≤p+1 的突发错以及很大一部分偶数位错。测量表明，这种方法的编码可使误码率降至原误码率的百分之一到万分之一。

水平垂直奇偶校验不仅可以检错，还可以用来纠正部分差错。例如数据块中仅存在 1 位错误时，便能确定错误的位置，从而可以纠正它。

6.5.2 循环冗余码

以奇偶校验码为代表的简单差错控制编码，虽然简单，但漏检率太高。在计算机网络和数据通信中应用最为广泛的检错码是一种漏检率低且便于实现的循环冗余码（cyclic redundancy code，CRC），CRC 又称多项式码。这是因为任何一个由二进制数位串组成的代码，都可以唯一的与一个只含有 0 和 1 两个系数的多项式建立一一对应关系。例如，代码 1010111 对应的多项式为 $X^6+X^4+X^2+X+1$，同样多项式 $X^5+X^3+X^2+X+1$ 对应的代码为 101111。

CRC 码在发送端编码和接收端校验时，都可以利用事先约定的生成多项式 $G(X)$来得到。k 位要发送的信息位可对应于一个$(k-1)$次多项式 $K(X)$，r 位冗余位对应于一个$(r-1)$次多项式 $R(X)$。由 k 位信息位后再加上 r 位冗余位组成的 $n=k+r$ 位码字则对应于一个$(n-1)$次多项式 $T(X)=X^r\times K(X)+R(X)$。例如：

信息位 1010001 对应为 $K(X)=X^6+X^4+1$。

冗余位 1101 对应为 $R(X) = X^3+X^2+1$。

码字 10100011101 对应为 $T(X) = X^4 \times K(X)+ R(X) = X^{10}+X^8+ X^4+ X^3+X^2+1$。

由信息位产生冗余位的编码过程，就是已知 $K(X)$求 $R(X)$的过程，在 CRC 码中，可以通过找到一个特定的 r 次多项式 $G(X)$(最高项 X^r 的系数为 1)来实现。用 $G(X)$去除 $X^r \times K(X)$得到的余式就是 $R(X)$。这里需要特别强调的是，这些多项式中的“+”都是模 2 加（即异或运算）。此外，这里的除法过程中用到的减法也是模 2 减法，它和模 2 加一样也是异或运算，即不考虑借位的减法。

在进行多项式除法时，只要部分余数的首位为 1 便可上商 1，否则上商 0。此后按模 2 减法求得余数，此余数即为冗余位，将其添加在信息位后便构成 CRC 码字。仍以上例中的 $K(X)=X^6+X^4+1$ 为例（即信息位为 1010001），若取 r=4，$G(X) = X^4+X^2+X+1$，则 $X^4 \times K(X)= X^{10}+X^8+ X^4$（对应的代码为 10100010000），其由模 2 除法求余式 $R(X)$的过程如下：

```
              1 0 0 1 1 1 1
        ______________________
1 0 1 1 1 / 1 0 1 0 0 0 1 0 0 0 0
            1 0 1 1 1
            ---------
              1 1 0 1 0
              1 0 1 1 1
              ---------
                1 1 0 1 0
                1 0 1 1 1
                ---------
                  1 1 0 1 0
                  1 0 1 1 1
                  ---------
                    1 1 0 1 0
                    1 0 1 1 1
                    ---------
                      1 1 0 1
```

这里最后的余数 1101 就是冗余位，而 $R(X)=X^3+X^2+1$。

由于 $R(X)$是 $G(X)$除 $X^r \times K(X)$的余式，那么必然有

$$X^r K(X)=G(X) \times Q(X)+R(X)$$

式中，$Q(X)$为商式。根据模 2 运算规则 $R(X)+R(X)=0$ 的特点，可将上式改记为

$$[X^r \times K(X)+R(X)]/G(X)=Q(X)$$

即 $T(X)/G(X)=Q(X)$。

由此可见，信道上发送的码字多项式 $T(X)= X^r \times K(X)+R(X)$，若传输过程无差错，则接收方收到的码字多项式应能被 $G(X)$整除。这是因为

$$T(X)= X^r \times K(X)+R(X)= G(X) \times Q(X)+R(X)+R(X)= G(X) \times Q(X)$$

如果传输中有差错，比如要传输码字 10100011101，由于噪声干扰，在接收端变成了 10100011011，这相当于在码字上面串加了差错模式 00000000110。差错模式中 1 的位置对应于变化了的信息位的位置。差错模式对应的多项式记为 $E(X)$，如上例 $E(X)=X^2+X$。有差错时接收端收到的不再是 $T(X)$，而是 $T(X)$与 $E(X)$的模 2 加，即

$$[T(X)+E(X)]/G(X)=T(X)/G(X)+E(X)/G(X)$$

由此可见，若 $E(X)/G(X)$不等于 0，则这种差错就能检测出来；否则 $E(X)/G(X)=0$，由于码字多项式仍能被 $G(X)$整除，就发生漏检。

按上述方法产生的循环码有如下性质。

性质 1：若 $G(X)$含有 $x+1$ 的因子，则能检测出所有奇数错。

证明：用反证法，由已知条件 $G(X)=(X+1)G'(X)$。

若 $E(X)/G(X)=0$，则 $E(X)=G(X)\times Q(X)=(X+1)G'(X)\times Q(X)$。

这里 $E(X)$是奇数位错的差错模式多项式，必含有奇数个项。由于奇数个 1 模 2 加仍为 1，所以 $E(1)=1$。

另一方面，用 1 代入上式有

$$E(1)=(1+1)G'(1)\times Q(1)=0\times G'(1)\times Q(1)=0$$

推出矛盾。所以 $E(X)/G(X)\neq 0$，即此种差错是可以检测出来的。

性质 2：若 $G(X)$中不含有 x 的因子，或者换句话讲，$G(X)$中含有常数项 1，那么能检测出所有突发长度≤r 的突发错。

证明：对于这种差错

$$E(X)=X^i+\cdots+X^j=X^j(X^{i-j}+\cdots+1)$$

其中 $i-j\leqslant r-1$。由于 $G(X)$是 r 次多项式（最高项系数为 1），且不含 x 的因子，那么肯定不能整除小于 r 次的多项式 $X^{i-j}+\cdots+1$，也不能整除 $E(X)$。即 $E(X)/G(X)\neq 0$，或者说此种差错是可检测的。

性质 3：若 $G(X)$中不含有 x 的因子，而且对任何 $0<e\leqslant n-1$ 的 e，除不尽 X^e+1，则能检测出所有的双错。

证明：双错模式对应的差错多项式为

$$E(X)=X^i+X^j=X^j(X^{i-j}+1)$$

这里 $0<i\leqslant n-1$，由已知条件可见 $E(X)/G(X)\neq 0$。证毕。

若定义一个多项式 $G(X)$的周期 e 为使 $G(X)$能除尽公式的最小正整数，那么此性质的条件可改述为 $G(X)$中不含有 x 的因子，而且周期 $e\geqslant n$。

性质 4：若 $G(X)$中不含有 x 的因子，则对突发长度为 $r+1$ 的突发错误的漏检率为 $2^{-(r-1)}$。

证明：突发长度为 $r+1$ 的突发错误对应的差错多项式为

$$E(X)=X^i+\cdots+X^j=X^j(X^{i-j}+\cdots+1)=X^j(X^r+\cdots+1)$$

这里 $X^r+\cdots+1$ 是 r 次多项式，$G(X)$也是 r 次多项式，能除尽它的唯一可能是 $X^r+\cdots+1$ 就等于 $G(X)$。只有在这种情况下，$E(X)/G(X)$余式等于 0，差错检测不出，多项式 $X^r+\cdots+1$ 中间有 $r-1$ 项，每项系数都可以是 0 或者 1，即有 $2^{(r-1)}$种不同的突发长度为 $r+1$ 的突发错误，检测不出的只有一种，故漏检率为 $1/2^{(r-1)}=2^{-(r-1)}$。

性质 5：若 $G(X)$中不含有 x 的因子，则对突发长度 b 大于 $r+1$ 的突发错误的漏检率为 2^{-r}。

综合这些性质可知：若适当选取 $G(X)$，使其含有$(x+1)$因子，常数项不为 0，且周期大于 n，那么，由此 $G(X)$作为生成多项式产生的 CRC 码可检测出所有的双错、奇数位错和突发长度小于等于 r 的突发错以及$(1-2^{-(r-1)})$的突发长度为 $r+1$ 的突发错和$(1-2^{-r})$的突发长度大于 $r+1$ 的突发错误。例如，若取 $r=16$，则能检测出所有双错、奇数位错、突发长度小于等于 16 的突发错以及 99.997%的突发长度为 17 的突发错误和 99.998%的突发长度大于等于 18 的突发错。

人们已经找到了许多周期足够大的标准生成多项式。例如：

$$CRC\text{-}12=X^{12}+X^{11}+X^{3}+X^{2}+X^{1}+1$$
$$CRC\text{-}16=X^{16}+X^{15}+X^{2}+1$$
$$CRC\text{-}CCITT=X^{16}+X^{12}+X^{5}+1$$

CRC 可以用硬件或软件很容易的实现。

6.5.3　海明码

海明码是由 R.Hamming 在 1950 年首次提出的，它是一种可以纠正一位差错的编码。

可以借用简单奇偶校验码的生成原理来说明海明码的构造方法。若 $k(=n-1)$位信息 $a_{n-1}a_{n-2}\cdots a_1$ 加上一位偶校验位 a_0，构成一个 n 位的码字 $a_{n-1}a_{n-2}\cdots a_1a_0$，则在接收端检验时，可按关系式 $S=a_{n-1}+a_{n-2}+\cdots+a_1+a_0$ 来计算。若求得 $S=0$，则表示无错；若 $S=1$，则有错。上式可称为监督关系式，S 称为校正因子。

在奇偶校验情况下，只有一个监督关系式和一个校正因子，其取值只有 0 和 1 两种情况，分别代表无错和有错两种结果，还不能指出差错所在地位置。不难设想，若增加冗余位，也即相应地增加了监督关系式和校正因子，就能区分更多的情况。如果有两个校正因子 S_1 和 S_0，则 S_1S_0 取值就有 00、01、10 或 11 共四种可能的组合，也即能区分四种不同的情况。若其中一种取值用于表示无错（如 00），则另外三种（01、10、11）便可以用来指出不同情况的差错，从而可以进一步区分是哪一位错。

设信息位为 k 位，增加 r 位冗余位，构成一个 $n=k+r$ 位的码字。若希望用 r 个监督关系式产生的 r 个校正因子来区分出错和在码字中的几个不同位置的一位错，则要求满足以下关系式

$$2^r \geqslant n+1 \text{ 或 } 2^r \geqslant k+r+1$$

以 $k=4$ 为例来说明，则要求满足上述不等式，必须 $r\geqslant3$。假设取 $r=3$，则 $n=k+r=7$，则在 4 位信息位 $a_6a_5a_4a_3$ 后面加上 3 位冗余位 $a_2a_1a_0$，构成 7 位码字 $a_6a_5a_4a_3a_2a_1a_0$，其中 a_2、a_1 和 a_0 分别由 4 位信息位中的某几位串加得到，在校验时，a_2、a_1 和 a_0 就分别和这些位串加构成三个不同的监督关系式。在不出错时，这三个关系式的值 S_2、S_1 和 S_0 全为“0”。若 a_2 错，则 $S_2=1$，则 $S_1=S_0=0$；若 a_1 错，则 $S_1=1$，而 $S_2=S_0=0$；若 a_0 错，则 $S_0=1$，而 $S_1=S_2=0$。S_2、S_1 和 S_0 的其他四种编码值可用来区分 a_3，a_4，a_5，a_6 中的一位错，其对应关系见表 6-5。

表 6-5　错码位置说明

$S_2S_1S_0$	000	001	010	100	011	101	110	111
错码位置	无错	a_0	a_1	a_2	a_3	a_4	a_5	a_6

由表 6-5 可见，a_2、a_4、a_5 或 a_6 的一位错都应使 $S_2=1$，由此可知关系监督式

$$S_2=a_2\oplus a_4\oplus a_5\oplus a_6$$

同理可得

$$S_1=a_1\oplus a_3\oplus a_5\oplus a_6$$
$$S_0=a_0\oplus a_3\oplus a_4\oplus a_6$$

在发送端编码时，信息位 a_3、a_4、a_5、a_6 的取值取决于输入信号，它们在具体的应用中有确定的值。冗余位 a_2、a_1 和 a_0 的值按监督关系式来确定，使上述三式中的 S_2、S_1 和 S_0 取值为 0，即

$$a_2\oplus a_4\oplus a_5\oplus a_6=0$$
$$a_1\oplus a_3\oplus a_5\oplus a_6=0$$

$$a_0 \oplus a_3 \oplus a_4 \oplus a_6=0$$

由此可求得

$$a_2=a_4 \oplus a_5 \oplus a_6$$

$$a_1=a_3 \oplus a_5 \oplus a_6$$

$$a_0=a_3 \oplus a_4 \oplus a_6$$

已知信息位后按上述三式即可算出各冗余位。

在接收端收到每个码字后，按监督关系式算出 S_2、S_1 和 S_0，若它们全为 0，则无错；若不全为 0，在一位错的情况下可查表 6-4 来判定是哪一位错，从而纠正。例如，码字 0010101 传输中发生一位错，在接收端收到的为 0011101，代入监督关系式可算出 $S_2=0$、$S_1=1$ 和 $S_0=1$，查表可知 $S_2S_1S_0=011$ 对应于 a_3 错，因而将 0011101 纠正为 0010101。

小　　结

计算机中的信息用二进制表示。机器数是数值数据在机器中的表示，根据小数点的位置是否浮动，可以分为定点数和浮点数。

一个定点数由符号位和数值域两部分组成。按小数点位置不同，定点数有纯小数和纯整数两种表示方法。数的真值变成机器码的方法有原码表示法、补码表示法等。

按 IEEE 754 标准，一个浮点数由符号位 S、阶码 E、尾数 M 这三个域组成。其中阶码 E 的值等于指数的真值 e 加上一个固定偏移位。

字符信息属于符号数据，是处理非数值领域的问题，国际上采用的字符系统是 7 位的 ASCII 码。

直接使用西文标准键盘输入汉字，进行处理，并显示打印汉字，是一项重大成就。为此要解决汉字的输入编码、汉字内码、字模码等几种不同用途的编码。

声音、图像和图形等信息使用计算机进行存储和处理，必须将其转换为二进制代码形式。在这个过程中，可能要用到数据的离散化和数字化。

为了提高信息的可靠性，计算机中使用校验码来检错和纠错。奇偶校验码是最简单的一种检错码，可以检查出一位或奇数位错误。海明码是一种多重奇偶校验码，具有纠错能力。CRC 码是目前广泛使用的一种纠错码，可以纠错一位。

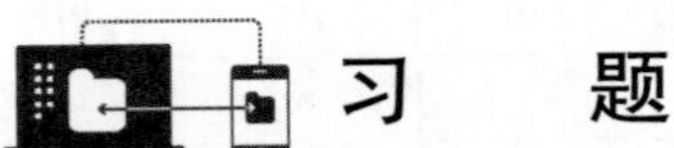

习　　题

一、选择题

1. 下列数中最大的数是（　　）。

   A. $(10011001)_2$　　B. $(227)_8$　　C. $(98)_{16}$　　D. $(152)_{10}$

2. 在机器数中，（　　）的零的表示形式是唯一的。

   A. 原码　　B. 补码　　C. 反码　　D. 原码和反码

3. 计算机系统中采用补码运算的目的是为了（　　）。

   A. 与手工运算方式保持一致　　B. 提高运算速度

   C. 简化计算机的设计　　D. 提高运算的精度

4. 定点 8 位字长的字，采用的补码形式表示 8 位二进制整数，可表示的数的范围为（　　）。

A. $-127 \sim +127$　　　　B. $-2^{127} \sim +2^{-127}$

C. $2^{127} \sim 2^{+127}$　　　　D. $-128 \sim +127$

二、解释术语

1. 定点数、浮点数
2. IEEE 754
3. BCD 码、海明码、CRC 码

三、简答题

1. 比较原码和补码表示法，说明各自的优缺点。
2. 试述浮点数规格化的目的、方法。
3. 用 8 位和 16 位二进制数写出下列各数的原码、补码表示。

（1）–35/64　（2）28　（3）–127　（4）用小数表示的–1　（5）用整数表示的–1

4. 设字长为 8，定点小数的原码表示范围和补码表示范围分别为多少？
5. 与定点表示法相比，使用浮点表示法能表示更多的值吗？
6. 以 IEEE 32 位浮点数格式表示如下的数：

（1）–5　（2）–1.5　（3）384　（4）1/16　（5）–1/32

7. 试计算采用 24×24 点阵字形的一个汉字字模码占多少字节？若存储 7 000 个这样的汉字，则汉字库需要多少字节的存储容量？
8. 声音信号为什么不能直接被计算机接受？需要通过哪几个步骤转变成二进制信号？

四、思考题

1. 数据表示形式为什么要区分定点数和浮点数？
2. 为什么在补码表示法中 0 的表示是唯一的？
3. 为什么浮点表示法存在国际标准而定点表示法没有？

第 7 章 运算方法与运算器

本章内容提要

- 定点算术运算；
- 浮点算术运算；
- 逻辑运算；
- 算术逻辑部件（ALU）。

本章主要介绍了使用机器码进行定点数、浮点数运算方法，以及与之相对应的运算器的结构。

7.1 定点加减法运算方法及实现

要进行加减法运算首先面临的一个问题就是编码的选择问题，是选择原码还是补码？若使用原码，则实现同号数相加或异号数相减时，使用加法运算即可；进行异号数相加或同号数相减时，需要进行如下步骤：

（1）先比较两个数绝对值的大小。

（2）用绝对值大的数减去绝对值小的数。

（3）结果的符号取绝对值大的符号。

综上所述，用原码进行加减运算时，数值部分和符号部分要分别处理，操作不方便。因此，计算机中广泛采用补码进行定点加减运算。其优势在于，符号同数值一同运算，一次运算同时获得结果的符号和数值；此外，使用补码可使减法运算变为加法运算，这样，运算器里只需要一个加法器就可以了。

7.1.1 补码加法

上一章已介绍了数的补码表示法，负数用补码表示后，就可以和正数一样来处理。这样，运算器里只需要一个加法器就可以了，不必为了负数的加法运算，再配一个减法器。

补码加法的要求是：运算前 X 和 Y 分别用补码形式表示，运算后得到 $X+Y$ 的补码形式，即由$[X]_补$、$[Y]_补$求$[X+Y]_补$。

补码加法按照如下公式进行运算：

$$[X+Y]_补=[X]_补+[Y]_补$$

公式的正确性可简单证明如下：

证明：以定点小数为例

$[X]_{补}+[Y]_{补}=2+X+2+Y=2+(X+Y)=[X+Y]_{补} \quad (\text{MOD } 2)$

4 位定点整数补码加法运算的具体实例如图 7-1 所示。

```
(+2) + (+3) =(+5)        (−7) + (+5) =(−2)

      0010                     1001
      0011                     0101
 ──────────────          ──────────────
   01015=+5                 11102=−2
```

图 7-1　4 位定点整数补码加法运算的具体实例

7.1.2　补码减法

与补码加法类似，补码减法的要求是：运算前 X 和 Y 分别用补码形式表示，运算后得到 $X–Y$ 的补码形式，即由$[X]_{补}$、$[Y]_{补}$求$[X–Y]_{补}$。

补码减法按照如下公式进行运算：

$$[X-Y]_{补}=[X]_{补}+[-Y]_{补}=[X]_{补}-[Y]_{补}$$

通过上式就可以说明，补码减法也被转换成了补码加法，这样就只需要加法器即可完成加减法运算。公式的正确性可简单证明如下：

证明：以定点小数为例。

根据补码加法公式，有$[X]_{补}+[-X]_{补}=[X-X]_{补}=0$，因此，有$[-X]_{补}=-[X]_{补}$。

这样就有$[X-Y]_{补}=[X+(-Y)]_{补}=[X]_{补}+[-Y]_{补}=[X]_{补}-[Y]_{补}$。

补码的减法公式还要解决一个问题，即如何由$[Y]_{补}$求$[-Y]_{补}$，根据补码定义可知，求一个数相反数的补码只需连符号在内依次按位取反，末位加 1 即可。

4 位定点整数补码减法运算的具体实例如图 7-2 所示。

```
(+3) −(−2) =(+5)         (+3) −(+4) =(−1)

      0011                     0011
      0010                     1100
 ──────────────          ──────────────
   01015=+5                 11111=−1
```

图 7-2　4 位定点整数补码减法运算的具体实例

综上所述，补码加减运算的规则可总结如下：

（1）参加运算的操作数用补码表示。

（2）补码的符号位与数值位同时进行加运算。

（3）若做加，则两数补码直接相加；若做减，将减数补码连同符号位一起按位取反，末位加 1，然后再与被减数相加。

（4）运算结果即为和/差的补码。

7.1.3　溢出处理

首先，来看图 7-3 的运算。

上述的两个运算很明显发生了错误，之所以发生错误，是因为运算结果产生了溢出。所谓溢出是指运算结果超过了机器数能表示的范围。两个正数相加，结果大于机器所能表示的最大正数，称为上溢。而两个负数相加，结果小于机器所能表示的最小负数，称为下溢。在图 7-3 中，4 位补码表示数的范围是–8～+7，而+9 和–13 均已经超出了这个范围，因而发生了溢出，第一个算式发生了上溢，而第二个算式发生了下溢。

为了保证计算的正确性，必须要对溢出进行检测。判断“溢出”是否发生，可采用两种检测方法。第一种方法是采用双符号位法（见图 7-4），这称为“变形补码”或“模 4 补码”。采用变形补码后，任何正数，两个符号位都是 0；任何负数，两个符号位都是 1，两个数相加后，其结果的符号位出现 01 或 10 两种组合时，表示发生溢出。而最高符号位永远表示结果的正确符号。

第二种溢出检测方法是采用单符号位法。当最高有效位产生进位而符号位无进位时，产生上溢；当最高有效位无进位而符号位有进位时，产生下溢。故溢出逻辑表达式为$V=C_f \oplus C_0$。

其中，C_f 为符号位产生的进位；C_0 为最高有效位产生的进位。此逻辑表达式也可用异或门实现。

在定点机中，当运算结果发生溢出时，计算机通过逻辑电路自动检查出这种溢出，并进行中断处理。

```
(+5) + (+4) =(+9)        (−7) + (−6) =(−13)
  0101                     1001
  0100                     1010
-----------              -----------
  10017=−7                 00113=+3
```

图 7-3　加减法运算溢出

```
(+0.1100) + (+0.1000)        (−0.1100) + (−0.1000)
  00.1100                      11.0100
  00.1000                      11.1000
-----------  溢出             -----------  溢出
  01.0100                      10.1100
```

图 7-4　使用双符号位判断运算溢出

7.1.4　基本的加/减法器

基本加/减法器的结构如图 7-5 所示。该加/减法器可完成二进制补码的加、减法运算，并可使用单符号位来判断运算是否溢出。

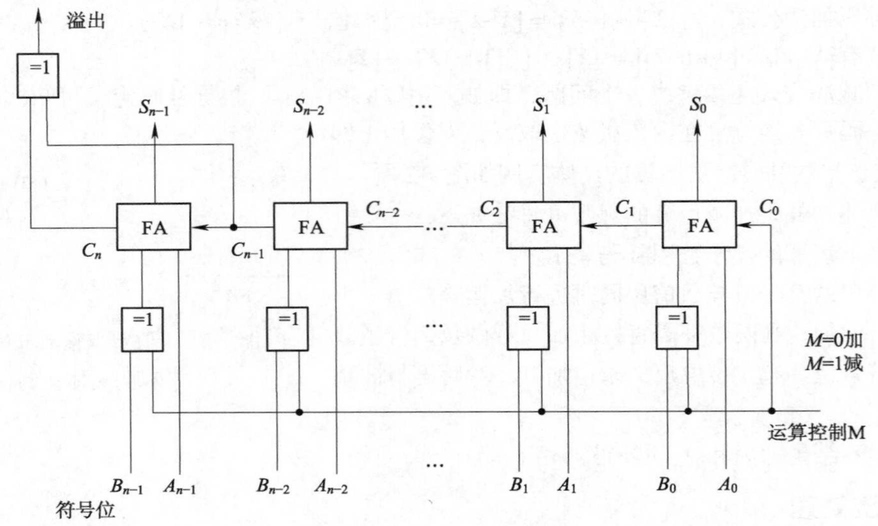

图 7-5　基本的加/减法器

图中，FA 为 1 位全加器，M 为运算控制，M=0 时做补码加法运算；M=1 时做补码减法运算。S_0 为运算结果的最低位；S_{n-2} 为运算结果的最高数值位；S_{n-1} 为运算结果的符号位。可以看到，图 7-5 采用的是单符号位法判断溢出的，溢出标志 $V = C_n \oplus C_{n-1}$。

7.2　定点乘法运算方法及实现

与加法和减法相比，无论是以硬件还是以软件来完成，乘除法都是一个复杂的操作。目前，计算机中乘除法的主要实现方式有：

（1）软件实现，指令系统中无乘除法指令。这种方式经常用在乘法使用很少的计算机中，如一些功能简单的单片机就不设置乘法指令，而采用子程序的方式实现乘法。这种方式的优点是无须额外硬件支持，缺点是乘除法运算速度慢。

（2）在加/减法器的基础上，增加左移、右移位及其他一些逻辑线路实现乘法，指令系统中设置乘除法指令。微型或小型计算机普遍采用这种方式，因为这种方式只需增加很少的硬件即可实现较为快速的乘除法。

（3）设置专用的高速阵列乘除运算器，指令系统中设置乘除法指令。大、中型计算机系统采用的方式，这类系统往往对乘法运算的性能要求很高，必须用专门的阵列运算器才可满足对性能的要求。这种方法能获得最佳的运算性能，但同时造价也是最高的。

7.2.1　原码乘法

与加减法不同，乘法运算主要是针对两个数的绝对值，而符号位的处理相对简单，只需通过一个异或逻辑即可实现。因此，在乘法运算中，原码比补码更容易实现，只需将原码的最高符号位去掉即可得到一个数的绝对值。

先讨论对绝对值，即对无符号数的乘法运算。图 7-6 给出了两个无符号数做乘法的手工运算方法。

```
       1011    被乘数（11）
   ×   1101    乘数（13）
   ————————
       1011
      0000     部分积
     1011
    1011
   ————————
   10001111    积（143）
```

图 7-6　无符号二进制乘法

由图 7-6 所示的手工乘法过程，可得到如下几点重要结论：

（1）乘法涉及部分积的生成，乘数的每一位对应一个部分积。然后，部分积相加得到最后的乘积。

（2）部分积是容易确定的。当乘数的位是 0，其部分积也是 0；当乘数的位是 1，其部分积是被乘数。

（3）部分积通过求和而得到最后乘积。为此，后面的部分积总要比它前面的部分积左移一个位置。

（4）两个 n 位二进制整数的乘法导致其积为 $2n$ 位长。

使用基本的加/减法器实现上述过程存在一定的难度。一方面，加法器一次只能实现两个操作数相加；另一方面，加法器一般只有 n 位，无法完成 $2n$ 位数同时相加。但可以改变一下使操作更有效。首先，可以边产生部分积边做加法，而不是等到最后再相加。这就取消了存储所有部分积的需求；只需要少数几个寄存器。其次，能节省某些部分积的生成时间，对于乘数的每个 1，需要加和移位两个操作；但对于每个 0，则只需要移位操作。

这样就得到了一种基于加/减法器实现乘法的方法：将被乘数左移一位相加变为部分积与被乘数相加后右移一位，将 k 个部分积同时相加转换为 k 次“累加与右移”，即每一步只求一位乘数所对应的新部分积，并与原部分积做一次累加，然后右移一次，这样操作重复 k 次，得到最后的乘积。由于这种方法使用原码最容易实现，因此被称为原码一位乘法。

图 7-7 表示了一种采用此方式的实现方案。乘数和被乘数分别装入两个寄存器（Q 和 M）。还需要第三个寄存器——寄存器 A，初始设置为 0。还需要一个 1 位寄存器 C，初始值为 0，用于保存加法可能产生的进位。

乘法器的操作如下：控制逻辑每次读乘数的一位。若 Q_0 是 1，则被乘数与寄存器 A 相加并将结果存于寄存器 A。然后，C、A 和 Q 各寄存器的所有位向右移一位，于是 C 位进入 A_{n-1}，A_0 进入 Q_{n-1}，而 Q_0 丢失。若 Q_0 是 0，则只需移位，无须完成加法。对原始的乘数每一位重复上述过程。产生的 $2n$ 位积存于 A 和 Q 寄存器。这种操作的流程图如图 7-8 所示。

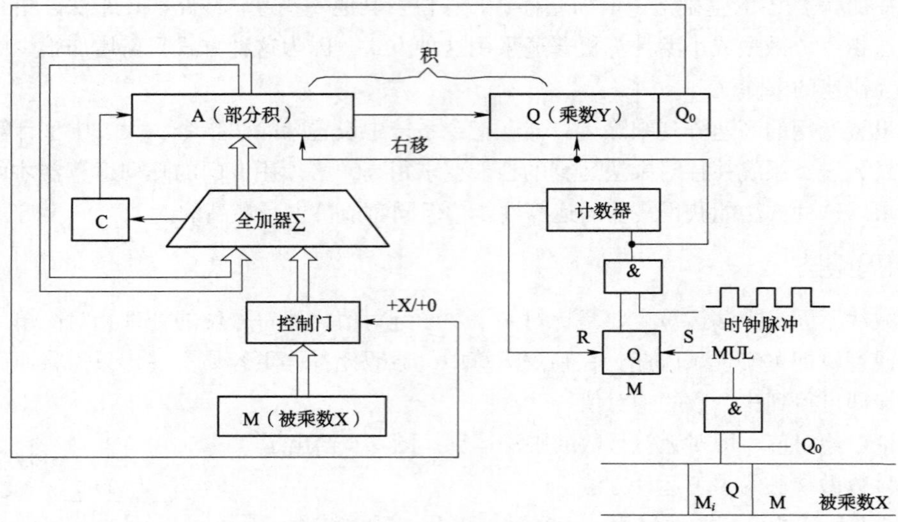

图 7-7　无符号二进制乘法实现硬件

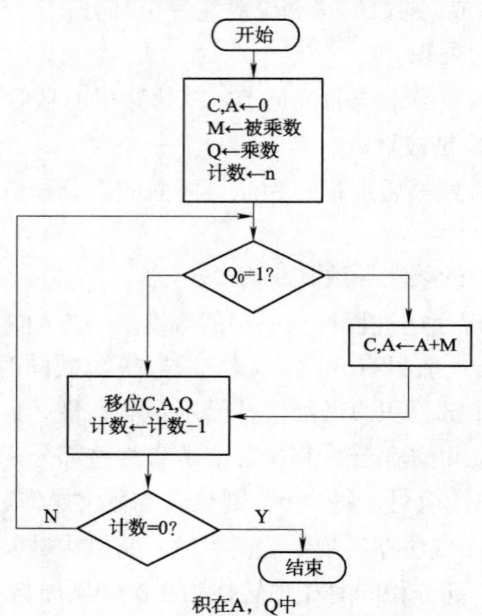

图 7-8　无符号二进制乘法流程图

【例 7-1】$x = 2$（0010），$y = 3$（0011），用原码一位乘法方法求 $x \times y$。

部　分　积	Q_0	说　　明
0000		运算开始
0010 0001 0	1	$+x$ 右移
0011 0 0001 10	1	$+x$ 右移
0001 10 0000 110	0	+0 右移
0000 110 0000 0110	0	+0 右移

$x \times y$ = 0000 0110 = 6。

7.2.2　补码一位乘法

补码表示的数能将它们看作无符号数来完成加减法运算，但这种策略不能用于乘法。如将 11（1011）乘以 13（1101）得到 143（10001111）。若将其解释为补码数，则是–5（1011）乘以–3（1101）得到的却是–113（10001111）。

解决这种问题的一个最普遍的方法是布思（Booth）算法，图 7-9 给出了该算法的框图。乘数和被乘数分别放入 Q 和 M 寄存器内。这里也有一个 1 位寄存器，逻辑上位于 Q 寄存器最低位 Q_0 的右边，并命名为 Q_{-1}。乘法的结果将出现在 A 和 Q 寄存器中。A 和 Q_{-1} 初始化为 0。与前述相同，控制逻辑也是每次扫描乘数的一位。只不过检查某一位时，它右边的一位也同时被检查。若两位相同（1-1 或 0-0），则 A、Q 和 Q_{-1} 寄存器的所有位向右移一位。若两位不同，根据两位是 0-1 或 1-0，则被乘数被加到寄存器 A 或由寄存器 A 减去，加减之后再右移。无论哪种情况，右移是这样进行的：A 的最左位，即 A_{n-1} 位，不仅要移入 A_{n-2}，而且还要保留在 A_{n-1} 中。这要求保留 A 和 Q 中的符号。这称为一种算术移位（arithmetic shift），因为它保留了符号位。

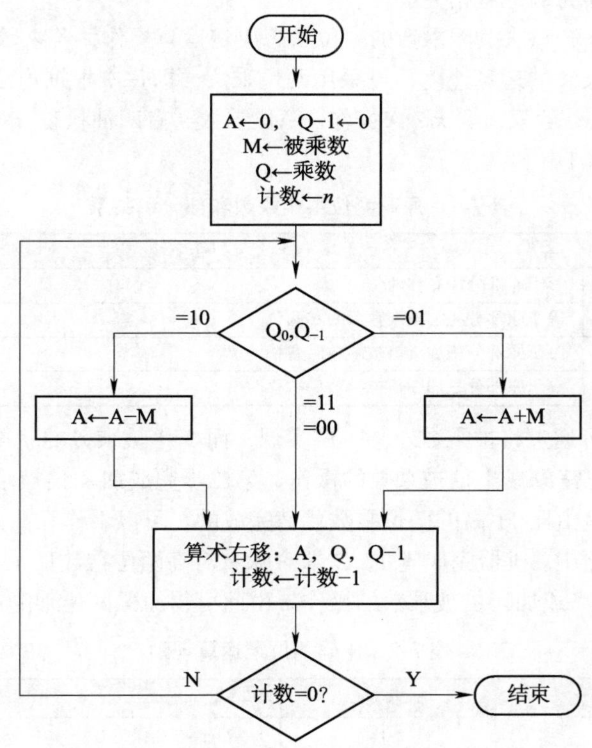

图 7-9　补码乘法的 Booth 算法

【例 7-2】 $x = -5$（1011），$y = -3$（1101），用 Booth 算法求 $x \times y$。

答： $[-x]_{补} = 0101$。

部分积	$Q_0\ Q_{-1}$	说明
0000		运算开始，初始 $Q_{-1}=0$
0101 0010 1	1 0	$+[-x]_补$ 算术右移
1101 1 1110 11	0 1	$+[x]_补$ 算术右移
0011 11 0001 111	1 0	$+[-x]_补$ 算术右移
0000 1111	1 1	直接算术右移

$[x\times y]_补 = 0000\ 1111 = +15$。

7.2.3 快速乘法

通过上述讨论可知，无论是原码一位乘法还是 Booth 算法，实现两个 n 位数相乘，都需要移位、相加减 n（或 $n-1$）次，这将带来很大的延迟，不利于高速乘法运算。

为了提高乘法的运算速度，可以采用多种方法，其中最容易实现的是将一位乘改为两位乘。一位乘的方法是每次部分积右移一位，而两位乘每次部分积右移两位，这样运算速度可提高一倍。下面以原码两位乘为例，做相关解释。

使用原码一位乘法，每次按照乘数的一位状态决定运算操作，若乘数有 k 位，则需 k 次累加与右移。为了提高乘法的运算速度，可采用两位乘法，即每次根据连续两位乘数决定本次操作，这样 k 位数的乘法一般只需要 $k/2$ 次操作。两位乘数共有四种状态，对应这四种状态的乘数和部分积的关系见表 7-1。

表 7-1 原码两位乘中乘数和部分积关系

乘数 $Q_{n-1}Q_n$	新的部分积
00	等于原部分积右移两位
01	等于原部分积加被乘数后右移两位
10	等于原部分积加 2 倍被乘数后右移两位
11	等于原部分积加 3 倍被乘数后右移两位

表中 2 倍被乘数可通过将被乘数左移一位实现，而 3 倍被乘数的获得可以分两步来完成，利用 3=4–1，第一步先完成减 1 倍被乘数的操作，第二步完成加 4 倍被乘数的操作。而加 4 倍被乘数的操作实际上是由比 11 高的两位乘数代替完成的，可以看作在高两位乘数上加 1。这个 1 可暂时存在 C_j 触发器中。机器完成置 1，C_j 即意味着对高两位乘数加 1，也即要求高两位乘数代替本两位乘数 11 来完成加 4 倍被乘数的操作。由此可得原码两位乘的运算规则，见表 7-2。

表 7-2 原码两位乘运算规则

乘数判断位 $Q_{n-1}Q_n$	标志位 C_j	操作内容
00	0	$z\rightarrow 2, \|y\|\rightarrow 2, C_j$ 保持 0
01	0	$z+\|x\|\rightarrow 2, \|y\|\rightarrow 2, C_j$ 保持 0
10	0	$z+2\|x\|\rightarrow 2, \|y\|\rightarrow 2, C_j$ 保持 0
11	0	$z-\|x\|\rightarrow 2, \|y\|\rightarrow 2, C_j$ 置 1
00	1	$z+\|x\|\rightarrow 2, \|y\|\rightarrow 2, C_j$ 置 0

续表

乘数判断位 $Q_{n-1}Q_n$	标志位 C_j	操　作　内　容
01	1	$z+2\|x\|\to 2$, $\|y\|\to 2$, C_j 置 0
10	1	$z-\|x\|\to 2$, $\|y\|\to 2$, C_j保持 1
11	1	$z\to 2$,$\|y\|\to 2$,C_j保持 1

表中 z 表示原有部分积，$|x|$表示被乘数的绝对值，$|y|$表示乘数的绝对值，→2 表示右移两位，当做$-|x|$运算时，一般采用加$[-|x|]_补$来实现。这样，参与原码两位乘运算的操作数是绝对值的补码，因此运算中右移两位的操作也必须按补码右移规则完成。尤其应注意的是，乘法过程中可能要加 2 倍被乘数，即$+[2|x|]_补$，使部分积的绝对值大于 2。为此，只有对部分积取三位符号位，且以最高符号位作为真正的符号位，才能保证运算过程正确无误。

此外，为了统一用两位乘数和一位 C_j 共同配合管理全部操作，与原码一位乘法不同的是，需在乘数（当乘数位数为偶数时）的最高位前增加两个 0。这样，当乘数最高两个有效位出现 11 时，C_j 需置 1，再与所添补的两个 0 结合呈 001 状态，以完成加$|x|$的操作（此步不必移位）。

与原码两位乘类似，也可实现补码两位乘，这里就不再赘述了。虽然两位乘可以将运算速度提高一倍，但仍不能满足高速乘法运算的要求。一种最朴素的想法是将两位乘再推广为三位乘、四位乘等，但这种方法是不实际的。因为三位以上的乘法需要的硬件复杂度过高，与性能的提升不成比例，几乎没有计算机使用三位乘。若要达到高性能的乘法运算，目前普遍采用阵列乘法器。

阵列乘法器是资源的重复设置，依靠器件的数量去换取运算速度，尽管器件的数量大，但结构十分规整，易于大规模集成线路实现。现以 5 位乘 5 位不带符号的阵列乘法器为例来说明并行阵列乘法器的基本原理。图 7-10 所示为 5 位×5 位阵列乘法器的逻辑电路图，其中 FA 是一位全加器，FA 的斜线方向为进位输出，竖线方向为和输出。

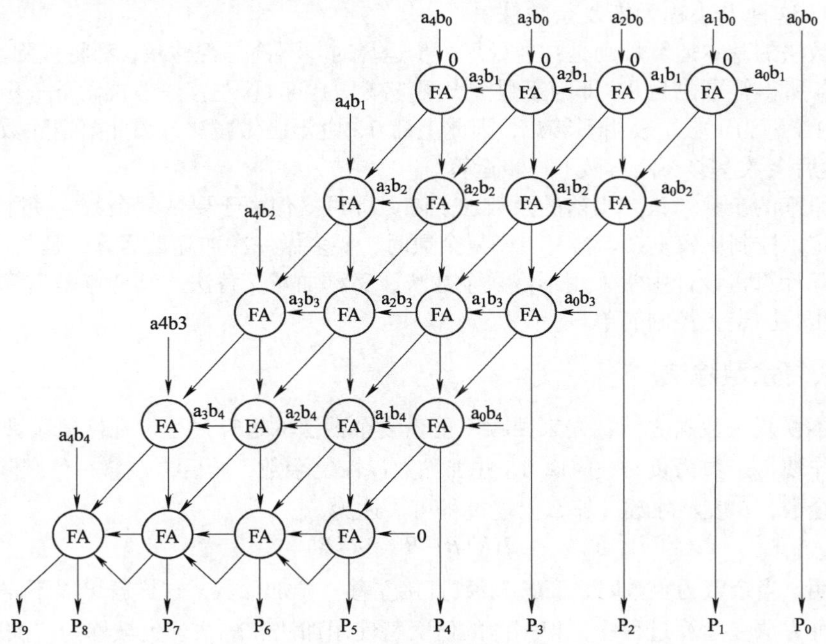

图 7-10　5 位×5 位阵列乘法器的逻辑电路图

7.3 定点除法运算方法及实现

7.3.1 恢复余数除法

除法要比乘法更复杂，但也是基于同样的通用原则。同前述一样，算法的基础是纸和笔的演算方法，并且操作涉及重复的移位和加或减。

图 7-11 表示的是一个无符号二进制整数长除的例子。首先，从左到右检查被除数的位，直到被检查的位所表示的数大于或等于除数；这被称为除数能去“除”此数。直到这个事件出现之前，一串 0 放入商中，从左到右。当事件出现时，一个 1 放入商并且由此部分被除数中减去除数。结果被称为部分余（partial remainder），由此开始除法呈现一种循环样式。在每一循环中，被除数的其他位续加到部分余上，直到结果大于或等于除数。同前，除数由这个数中减去并产生新的部分余。此过程继续下去，直到被除数的所有位都被用完。

除法在计算机中的实现和手工除法有一些区别，由于除法是乘法的逆运算，在计算机中乘法可以通过累加、右移实现，因此除法可通过左移、减来实现。再有，由于除法本身的特性，定点小数除法使用较多，后面的讨论也主要以定点小数为主。在定点小数除法中有如下要求：除数≠0；|被除数|<|除数|，这样可以保证运算结果，即商和余数，还保持是定点小数。

```
                 00001110      商
除数   1011 ) 10011101      被除数
                 1011
部分余          10001
                   1011
                    1100
                    1011
                        11      余数
```

图 7-11 无符号二进制整数除法

事实上，机器的运算过程和人毕竟不同，人会心算，一看就知道够不够减。但机器却不会心算，必须先做减法，若余数为正，才知道够减；若余数为负，才知道不够减。不够减时必须恢复原来的余数，以便再继续往下运算，这种方法称为恢复余数法。

恢复余数法的基本运算规则是：进行每一步运算时，不论是否够减，都将被除数（或余数）减去除数，若所得符号位为 0（即为正数）表明够减，上商 1，左移一位再做下一步运算；若余数符号位为 1（即为负数）表明不够减，因此上商 0，由于已做减法，因此要把除数加回去（恢复余数），然后余数左移一位再做下一步运算。

要恢复原来的余数，只要当前的余数加上除数即可。但由于要恢复余数，使除法进行过程的步数不固定，控制比较复杂。再有，恢复余数时，要多做一次加除数运算，延长了执行时间。因此，在实际计算机设计中常采用不恢复余数法，又称加减交替法。其特点是运算过程中不必恢复余数，步数固定，控制简单。

7.3.2 不恢复余数除法

在介绍不恢复余数法之前，先来回顾一下恢复余数法的运算过程。在恢复余数法中，当某次减除数操作使得余数为负时，应商 0，并加除数以恢复余数，然后再左移一位减除数，若用 R 表示某次的余数，B 表示除数，那么上述过程可表述为

$$2(R+B)-B=2R+B$$

上式表明，当余数为负数时，商0，余数直接左移一位加除数，这样就可以不需要恢复余数了。由于这种方法在运算过程中，根据商的值交替使用加法和减法，也被称为“加减交替法”。

加减交替法的规则是：当余数为正时，商 1，余数左移一位，减除数；当余数为负时，商 0，

余数左移一位，加除数。

下面总结一下使用加减交替法实现定点小数除法的步骤：

（1）判断除数是否为 0。

（2）判断被除数是否大于除数。

（3）根据每一步余数的符号，判断下次运算是做加法还是减法。

（4）最后的运算结果，余数要进行右移。

除法运算一般来讲，被除数最大可以取 $2n$ 位，除数为 n 位，商也取 n 位。

图 7-12 是实现原码加减交替除法运算的基本硬件配置框图。

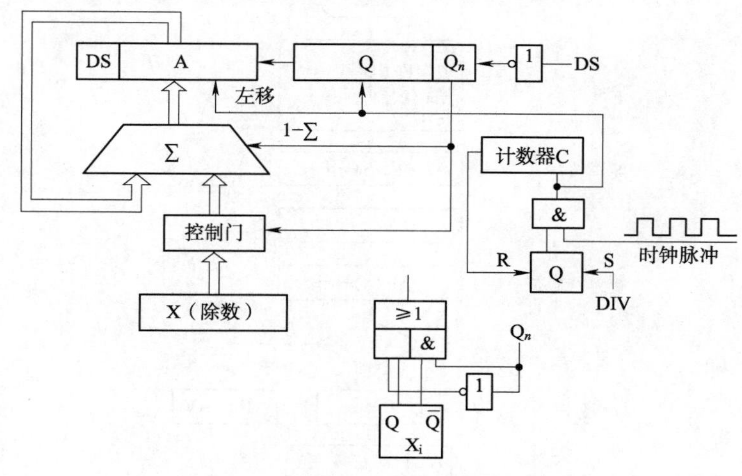

图 7-12　原码除法器

图中 A、X、Q 均为 n+1 位寄存器，其中 A 存放被除数的原码，X 存放除数的原码。移位和加控制逻辑受 Q 的末位 Q_n 控制（Q_n=1 做减法，Q_n=0 做加法），计数器 C 用于控制逐位相除的次数 n。

图 7-13 为原码加减交替除法控制流程图。

除法开始前，寄存器 Q 被清 0，准备接收商，被除数的原码放在 A 中，除数的原码放在 X 中，计数器 C 中存放除数的位数 n。除法开始后，首先通过异或运算求出商符，并存于 S。接着将被除数和除数变为绝对值，然后开始用第一次上商判断是否溢出。若溢出，则置溢出标记 V 为 1，停止运算，进行中断处理，重新选择比例因子；若无溢出，则先上商，接着 A、Q 同时左移一位，然后再根据上一次商值的状态，决定是加还是减除数，这样重复 n 次后，再上最后一次商（共上商 n+1 次），即得运算结果。

【例 7-3】 $x = 0.101001$，$y = 0.111$，求 x/y。

答： $[-y]_{补} = 1.001$。

被除数 x	0.101001		
减 y	1.001		
余数为负	1.110001	<0	q_0=0
移位	1.10001		
加 y	0.111		
余数为正	0.01101	>0	q_1=1

移位	0.1101		
减 y	1.001		
余数为负	1.1111	<0	$q_2=0$
移位	1.111		
加 y	0.111		
余数为正	0.110	>0	$q_3=1$

故得

$$商\ q = q_0.\ q_1\ q_2\ q_3 = 0.101$$
$$余数\ r = 0.000110$$

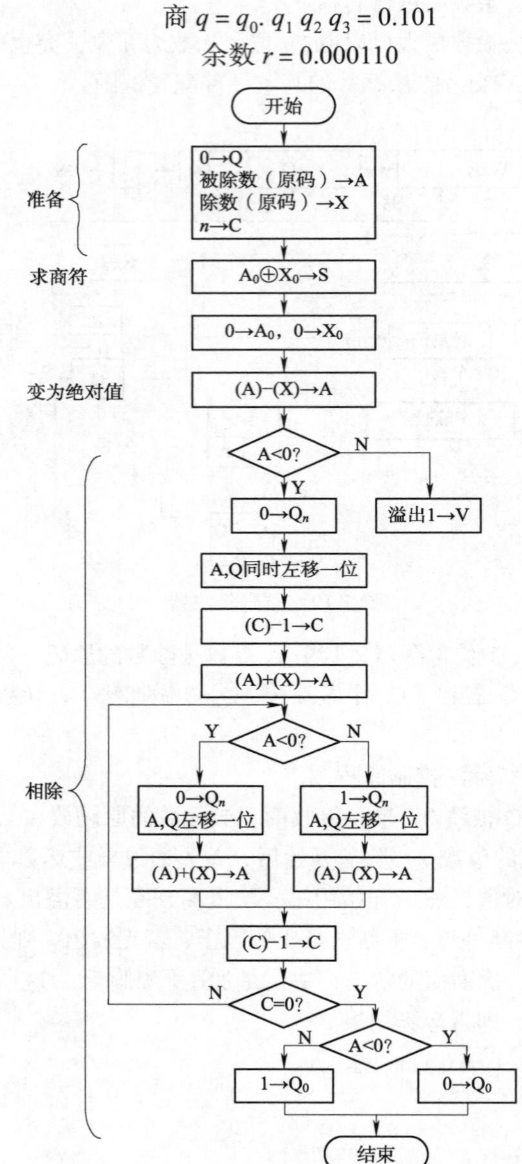

图 7-13　原码加减交替除法控制流程图

7.3.3　补码不恢复余数除法

与补码乘法类似，也可以用补码完成除法操作。补码除法也分恢复余数法和加减交替法，后者用得较多，在此只讨论加减交替法。

补码除法其符号位和数值部分是一起参加运算的，因此在算法上不像原码除法那样直观，主要需解决三个问题：第一，如何确定商值；第二，如何形成商符；第三，如何获得新的余数。

欲确定商值，必须先比较被除数和除数的大小，然后才能求得商值。补码除法的操作数均为补码，其符号又是任意的，因此要比较被除数$[x]_补$和除数$[y]_补$的大小就不能简单地用$[x]_补$减去$[y]_补$。实质上，比较$[x]_补$和$[y]_补$的大小就是比较它们所对应的绝对值的大小。同样在求商的过程中，比较余数$[R_i]_补$与除数$[y]_补$的大小，也是比较它们所对应的绝对值。这种比较的算法可归纳为以下两点：

（1）当被除数与除数同号时，做减法，若得到的余数与除数同号，表示“够减”，否则表示“不够减”。

（2）当被除数与除数异号时，做加法，若得到的余数与除数异号，表示“够减”，否则表示“不够减”。

此算法见表 7-3。

表 7-3　被除数和除数的大小比较

比较$[x]_补$与$[y]_补$的符号	求余数	比较 $[R_i]_补$与$[y]_补$的符号
同号	$[x]_补-[y]_补$	同号，表示“够减”
异号	$[x]_补+[y]_补$	异号，表示“够减”

补码除法的商也是用补码表示的，如果约定商的末位用“恒置 1”的舍入规则，那么除末位商外，其余各位的商值对正商和负商而言，上商规则是不同的。因为在负商的情况下，除末位商以外，其余任何一位的商与真值都正好相反。因此，上商的算法可归纳为以下两点：

（1）如果$[x]_补$与$[y]_补$同号，商为正，则“够减”时上商“1”。“不够减”时上商“0”（按原码规则上商）。

（2）如果$[x]_补$与$[y]_补$异号，商为负，则“够减”时上商“0”，“不够减”时上商“1”（按反码规则上商）。

结合比较规则与上商规则，使可得商值的确定办法，见表 7-4。

表 7-4　补码除法上商规则

$[x]_补$与$[y]_补$	商	$[R]_补$与$[y]_补$	商　值
同号	正	同号，表示“够减”	1
		异号，表示“不够减”	0
异号	负	异号，表示“够减”	0
		同号，表示“不够减”	1

进一步简化，商值可直接由表 7-5 确定。

表 7-5　补码除法上商简化规则

$[x]_补$与$[y]_补$	商　值
同号	1
异号	0

下面讨论商符的形成。在补码除法中，商符是在求商的过程中自动形成的。在小数定点除法中，被除数的绝对值必须小于除数的绝对值，否则商大于 1 而溢出。因此，当$[x]_补$与$[y]_补$同号

时，$[x]_补-[y]_补$所得的余数$[R_0]_补$与$[y]_补$异号，商上0，恰好与商的符号（正）一致；当$[x]_补$与$[y]_补$异号时，$[x]_补+[y]_补$所得的余数$[R_0]_补$与$[y]_补$同号，商上1，这也与商的符号（负）一致。可见，商符是在求商值过程中自动形成的。

此外，商的符号还可用来判断商是否溢出。例如，当$[x]_补$与$[y]_补$同号时，若$[R_0]_补$与$[y]_补$同号，上商1，即溢出。当$[x]_补$与$[y]_补$异号时，若$[R_0]_补$与$[y]_补$异号，上商0，即溢出。

当然，对于小数补码运算，商等于−1应该是允许的，但这需要特殊处理，为简化问题，这里不予考虑。

新余数$[R_{i+1}]_补$的获得方法与原码加减交替法极相似，其算法规则为：当$[R_0]_补$与$[y]_补$同号时，上商1，新余数$[R_{i+1}]_补=2[R_i]_补-[y]_补=2[R_i]_补+[-y]_补$；当$[R_0]_补$与$[y]_补$异号时，上商0，新余数$[R_{i+1}]_补=2[R_i]_补+[y]_补$。将此规则列于表7-6中。

表 7-6　获得余数规则

$[R]_补$与$[y]_补$	商	新余数$[R_{i+1}]_补$
同号	1	$[R_{i+1}]_补=2[R_i]_补+[-y]_补$
异号	0	$[R_{i+1}]_补=2[R_i]_补+[y]_补$

如果对商的精度没有特殊要求，一般可采用“末位恒置1”法，这种方法操作简单，易于实现，而且最大误差仅为2^{-n}。

补码加减交替法所需的硬件配置基本上与原码加减交替法所需的硬件配置相似。图7-14为补码加减交替法的控制流程。

除法开始前，Q寄存器被清0，准备接收商，被除数的补码在A中，除数的补码在x中，计数器C中存放除数的位数M。除法开始后，首先根据两操作数的符号确定是做加法还是减法，加（或减）操作后，即上第一次商（商符），然后A、Q同时左移一位，再根据商值的状态决定加或减除数，这样重复n次后，再上一次末位商1（恒置1法），即得运算结果。

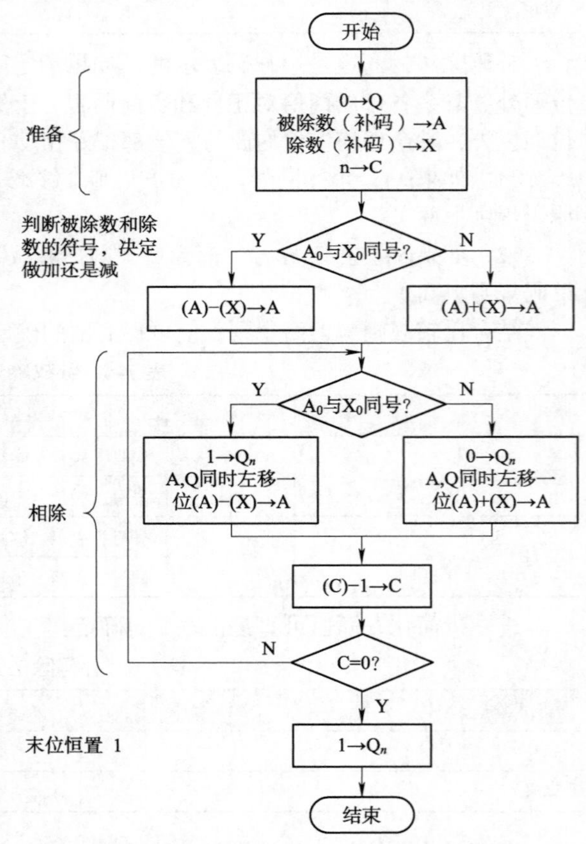

图 7-14　补码加减交替法的控制流程

在图7-14中还要补充说明几点：

（1）图中未画出补码除法溢出判断的内容。

（2）按流程图所示，多做一次加（或减）法，其实末位恒置1前，只需移位不必做加（或减）法。

（3）与原码除一样，图中均未指出对0进行检测，实际上在除法运算前，先检测被除数和除数是否为0，若被除数为0，结果即为0；若除数为0，结果为无穷大，这两种情况都无须继续做除法运算。

（4）为了节省时间，上商和移位操作可以同时进行。

7.3.4　快速除法

与快速乘法类似，要实现除法运算速度的提高也可以采用两位除的方法，但目前最广泛的方式还是使用阵列除法器。

阵列除法器的原理和基本组成与阵列乘法器类似。阵列除法器有多种形式，如不恢复余数阵列除法器、补码阵列除法器等。这里以无符号数（或原码）不恢复余数阵列除法器为例，简单说明这类除法器的原理。

图 7-15 所示为一个 4 位除 4 位的无符号数不恢复余数阵列除法器。图 7-15（a）是除法阵列中使用的可控加法/减法（CAS）单元的逻辑电路图。它有四个输出端和四个输入端。当输入线 P=0 时，CAS 做加法运算；当 P=1 时，CAS 做减法运算。在此除法阵列中，每一行所执行的操作究竟是加法还是减法，取决于前一行输出的符号与被除数的符号是否一致。当出现不够减时，部分余数相对于被除数来说要改变符号。这时应该产生一个商位 0，除数首先沿对角线右移，然后加到下一行的部分余数上。当部分余数不改变它的符号时，即产生商位 1，下一行的操作应该是减法。

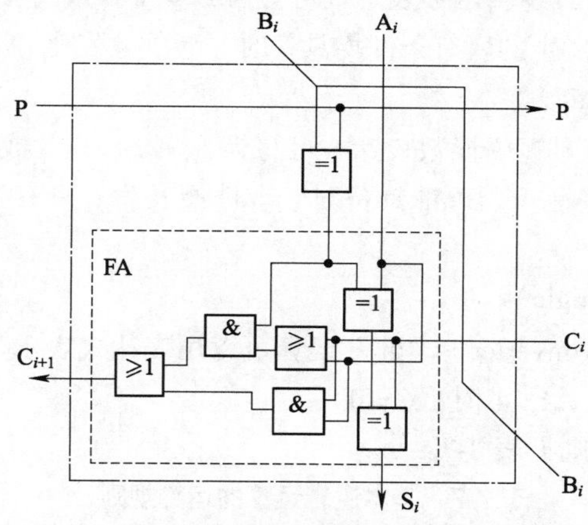

（a）可控加法/减法（CAS）单元的逻辑图

（b）4位除4位阵列除法器

图 7-15　阵列除法器

7.4 逻 辑 运 算

计算机中除了进行加、减、乘、除等基本算术运算以外，还可对两个或一个逻辑数进行逻辑运算。所谓逻辑数，是指不带符号的二进制数。利用逻辑运算可以进行两个数的比较，或者从某个数中选取某几位操作。例如，当利用计算机做过程控制时，可以利用逻辑运算对一组输入的开关量做出判断，以确定哪些开关是闭合的，哪些开关是断开的。总之，在非数值应用的领域中，逻辑运算是非常有用的。

计算机中的逻辑运算，主要是指逻辑非、逻辑加、逻辑乘、逻辑异或等基本运算。

7.4.1 基本逻辑运算

1. “与”运算（AND logic）

“与”运算又称逻辑乘，其逻辑函数表达式可写为$F = A \cdot B$或简写为$F = AB$。“与”逻辑的一般定义是：当决定一事件发生的所有条件均具备时，事件才发生；否则，事件不发生。

2. “或”运算（OR logic）

“或”运算又称逻辑加，其逻辑函数表达式可写为$F = A + B$。“或”逻辑的一般定义是：当决定一事件发生的所有条件有一个条件具备时，事件便发生；只有当条件全不具备时，事件才不发生。

3. “非”运算（NOT logic）

“非”运算即反相运算（inverter）。“非”运算可以用表达式表示为$F = \overline{A}$。“非”逻辑的运算规则为：$A = 0$时，$F = 1$； $A = 1$时，$F = 0$。

基本逻辑运算的运算规则见表 7-7。

表 7-7 基本逻辑运算的运算规则

A	*B*	*A* AND *B*	*A* OR *B*	NOT *A*
0	0	0	0	1
0	1	0	1	1
1	0	0	1	0
1	1	1	1	0

7.4.2 复合逻辑运算

在逻辑运算中，除了与、或、非三种基本运算外，广泛使用的还有与非、或非、同或、异或等运算。这些逻辑关系都是由“与”“或”“非”三种基本逻辑关系组合得到的，故称为复合逻辑。

1. “与非”逻辑（NAND logic）

“与非”逻辑是由“与”和“非”两种逻辑复合形成的。其逻辑功能可描述为：只有当输入全为 1 时，输出才为 0。

“与非”逻辑的表达式为$F = \overline{A \cdot B}$。

2. “或非”逻辑（NOR logic）

“或非”逻辑是由“或”逻辑和“非”逻辑复合形成的。其逻辑功能描述为：只要有 1 个输入为 1 时，输出即为 0；只有所有输入均为 0 时，输出方为 1。

"或非"逻辑的表达式为 $F=\overline{A+B}$。

3. **"异或"逻辑**（XOR logic）

"异或"逻辑的表达式为 $F=A\oplus B=\overline{A}B+A\overline{B}$。

"异或"运算可描述为：两个输入不同时，输出为 1；两个输入相同时，输出为 0。由于其与二进制数的加法规则一致，故"异或"运算也称为模 2 加运算。

4. **"同或"逻辑**（Exclusive-NOR logic 或 XNOR logic）

"同或"逻辑的表达式为 $F=A\odot B=AB+\overline{A}\overline{B}$。

"同或"运算可描述为：两个输入相同时，输出为 1；两个输入不同时，输出为 0。

可以将上述运算规则总结成表 7-8 的形式。

表 7-8　复合逻辑运算

A	B	A NAND B	A NOR B	A XOR B	A XNOR B
0	0	1	1	0	1
0	1	1	0	1	0
1	0	1	0	1	0
1	1	0	0	0	1

7.5　算术逻辑部件

算术逻辑部件（ALU）是计算机实际完成数据算术运算和逻辑运算的部分，是运算器的核心部件。计算机系统的其他部件：控制器、寄存器、存储器、I/O，主要是为 ALU 处理代入数据和取回运算结果。在某种意义上可以说，当研究 ALU 时，已到达计算机的核心或本质。

7.5.1　ALU 的组成

为了实现算术逻辑多功能运算，必须对全加器的功能进行扩展，具体方法是：先不将输入的 A_i、B_i 和下一位的进位数 C_i 直接进行全加，而是将 A_i 和 B_i 先组合成由控制参数 S_0、S_1、S_2、S_3 控制的组合函数 X_i 和 Y_i，如图 7-16 所示，然后再将 X_i、Y_i 和下一位进位数通过全加器进行全加。这样，不同的控制参数可以得到不同的组合函数，因而能够实现多种算术运算和逻辑运算。

下面以 74181 为例说明 ALU 的结构。74181 是一个 4 位算术逻辑单元，其框图如图 7-17 所示。图中除了 S_0～S_3 这四个控制端外，还有一个控制端 M，它是用来控制 ALU 是进行算术运算还是进行逻辑运算的。当 $M=0$ 时，进行算术操作；当 $M=1$ 时，进行逻辑操作。

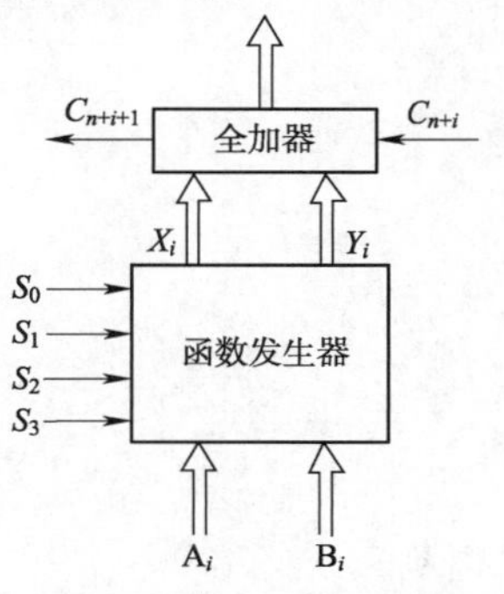

图 7-16　ALU 的逻辑结构

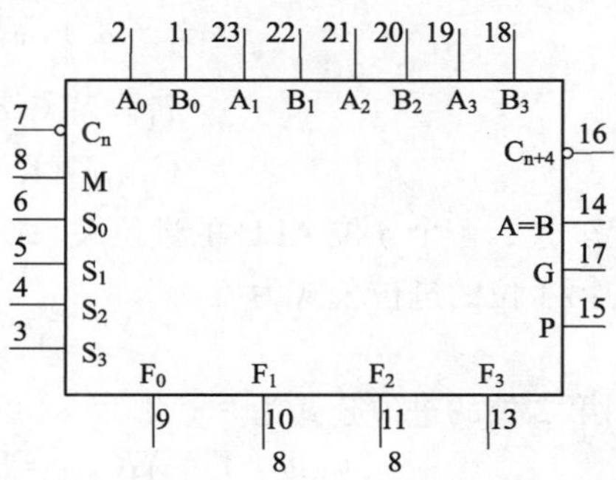

图 7-17　74181 ALU 框图

控制参数 S_0、S_1、S_2、S_3 分别控制输入 A_i 和 B_i，产生 X_i 和 Y_i 的函数。其中 Y_i 是受 S_0、S_1 控制的 A_i 和 B_i 的组合函数，而 X_i 是受 S_2、S_3 控制的 A_i 和 B_i 的组合函数，其函数关系见表 7-9。

表 7-9 控制参数与输入量

控制参数	输入量	控制参数	输入量
S_0 S_1	Y_i	S_2 S_3	X_i
0 0	$\overline{A_i}$	0 0	1
0 1	$\overline{A_i}B_i$	0 1	$\overline{A_i}+\overline{B_i}$
1 0	$\overline{A_i}\overline{B_i}$	1 0	$\overline{A_i}+B_i$
1 1	0	1 1	$\overline{A_i}$

7.5.2 先行进位的实现

通过将多个一位全加器串联在一起，可形成多位的行波进位加法器，进而构成多位 ALU。但是这种 ALU 有一个问题——串行进位，它的运算时间很长。假如加法器由 n 位全加器构成，每一位的进位延迟时间为 20 ns，那么最坏情况下，进位信号从最低位传递到最高位而最后输出稳定，至少需要 $n\times 20$ ns，这在高速计算中显然是不利的。因此，必须要解决多位 ALU 的串行进位问题。

根据表 7-7 的函数关系，可列出 X_i 和 Y_i 的逻辑表达式

$$X_i=\overline{S_2}\,\overline{S_3}+\overline{S}_2S_3(\overline{A}_i+\overline{B}_i)+S_2\overline{S}_3(\overline{A}_i+B_i)+S_2S_3\overline{A}_i$$

$$Y_i=\overline{S_0}\,\overline{S_1}\,\overline{A_i}+\overline{S}_0S_1\overline{A}_iB_i+S_0\overline{S_1}\,\overline{A_i}\,\overline{B_i}$$

进一步化简可得

$$X_i=\overline{S_3A_iB_i+S_2A_i\overline{B}_i}$$

$$Y_i=\overline{A_i+S_0B_i+S_1\overline{B}_i}$$

$$X_iY_i=Y_i \qquad X_i+Y_i=X_i$$

代入一位全加器的逻辑表达式

$$F_i=X_i\oplus Y_i\oplus C_{n+i}$$

$$C_{n+i+1}=X_iY_i+Y_iC_{n+i}+X_iC_{n+i}$$

可得 1 位 ALU 的逻辑表达式如下：

$$X_i=\overline{S_3A_iB_i+S_2A_i\overline{B}_i}$$

$$Y_i=\overline{A_i+S_0B_i+S_1\overline{B}_i}$$

$$F_i=X_i\oplus Y_i\oplus C_{n+i}$$

$$C_{n+i+1}=Y_i+X_iC_{n+i}$$

根据上述公式，一个 4 位 ALU 的进位关系如下：

第 0 位向第 1 位的进位公式为

$$C_{n+1}=Y_0+X_0C_n$$

第 1 位向第 2 位的进位公式为

$$C_{n+2}=Y_1+X_1C_{n+1}=Y_1+Y_0X_1+X_0X_1C_n$$

第 2 位向第 3 位的进位公式为

$$C_{n+3} = Y_2 + X_2 C_{n+2} = Y_2 + Y_1 X_1 + Y_0 X_1 X_2 + X_0 X_1 X_2 C_n$$

第 3 位的进位输出（即整个 4 位 ALU 的输出）公式为

$$C_{n+4} = Y_3 + X_3 C_{n+3} = Y_3 + Y_2 X_3 + Y_1 X_2 X_3 + Y_0 X_1 X_2 X_3 + X_0 X_1 X_2 X_3 C_n$$

逻辑表达式表明，这是一个先行进位逻辑。换句话说，第 0 位的进位输入 C_n 可以直接传输到最高进位上去，因而可以实现高速运算。

由于制造工艺的限制，单片 ALU 的位数不可能太多。当需要组成更多位数的 ALU 时，可以使用多片 ALU。为此还需要一个配合电路，称为先行进位发生器（CLA）。下面对其原理进行介绍。

仍以 74181 为例，上述 74181 的进位公式可改写为

$$C_{n+4} = G + PC_n$$

式中，$G = Y_3 + Y_2 X_3 + Y_1 X_2 X_3 + Y_0 X_1 X_2 X_3$；$P = X_0 X_1 X_2 X_3$。

G 称为进位发生输出，P 称为进位传输输出。如果将 4 片 74181 的 P、G 输出端送入与之配套使用的先行进位部件 74182，则可实现第二级的先行进位，即组与组之间的先行进位。其中，$G^* = G_3 + G_2 P_3 + G_1 P_1 P_2 + G_0 P_1 P_2 P_3$；$P^* = P_0 P_1 P_2 P_3$。

G^*称为成组进位发生输出，P^*称为成组进位传输输出。

图 7-18 为用 4 位 ALU 级联组成的 16 位 ALU 逻辑框图。在这个电路中使用了 4 个 74181ALU 和 1 个 74182 器件。很显然，整个 ALU 实现了全先行进位逻辑，从而使全字长 ALU 的运算时间大大缩短。

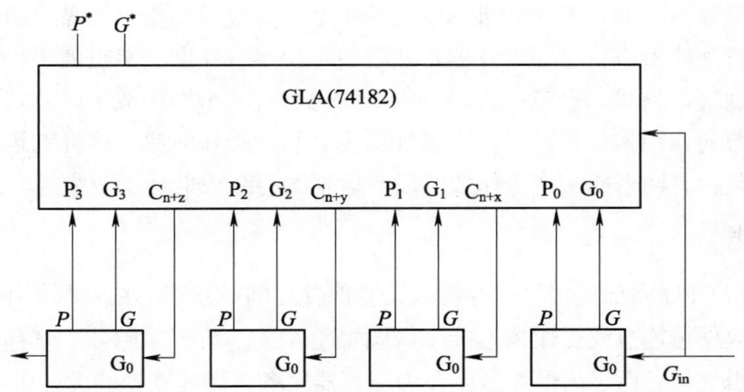

图 7-18　4 位 ALU 级联组成的 16 位 ALU 逻辑框图

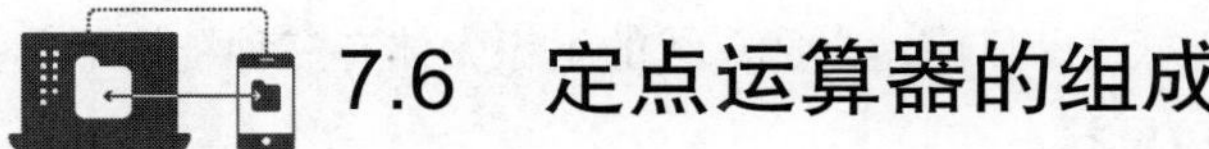

7.6 定点运算器的组成

运算器是进行数据处理的器件，它的核心部分是 ALU，除此之外还包括有存放数据的寄存器、传输数据的内部总线 IB 以及进行数据选择的多路选择器。在实际应用中，由于对计算机速度、性能、用途、价格等方面的要求不同，使得运算器逻辑组织差异很大。这些差异可归纳为以下几个方面：

1. 数据宽度

数据宽度表示运算器一次可以并行处理的二进制位数。显然数据宽度是计算机性能及复杂程度的重要标志。通常依据数据宽度将计算机分为8位机、16位机、32位机等。

2. 表示方式

数据表示方式有定点和浮点两种方式。浮点运算除了尾数的运算外，还有阶的运算。显然浮点运算器要比定点运算器复杂得多。据此常将计算机分为定点机和浮点机。此外数据的表示是二进制还是二-十进制，其运算器的组织也是不同的。

3. 运算方法

一种运算可以用多种方法实现，不同的运算方法当然有不同的逻辑组织。例如乘法运算就有原码一位乘法、原码两位乘法、补码乘法（Booth一位乘）、补码两位乘法（Booth两位乘）、阵列乘法等，其相应的逻辑结构也存在很大差异。

4. 内总线结构

运算器内部结构有单总线、双总线和三总线三种形式。总线形式不同，运算器的内部结构也就不同，使得运算的并行性也不同。

5. 指令功能

指令是计算机系统硬件的界面。计算机设计者根据速度、性能、用途等方面的要求，决定计算机指令系统的功能，从而决定了运算器的结构。指令的功能表现在两个方面，一是操作码，例如一台机器是否设置乘除指令，会使运算器的结构大不相同。如果有乘除指令，当然有相应的硬件线路支持乘除指令的实现；如果不设乘除指令，完成乘除指令就需要通过程序来实现，硬件上只要有并行加法器就行了。运算器自然要简单得多，速度当然也就慢得多。指令功能的另一方面表现在地址码格式。也就是说一个指令中包含有几个操作数字段。若操作数字段只有一个，另一操作数通常用累加器隐含，即累加器为必然的操作对象，这样的运算器结构就相对简单。若指令中包含有两个或三个操作数字段，运算器的结构也会复杂些。

7.6.1 内部总线

内部总线是指CPU内部连接各寄存器及运算部件之间的总线。在内部结构比较简单的CPU中，只设置一组数据传输总线，用来连接CPU内的ALU、阵列乘除器、寄存器、多路开关、三态缓冲器等逻辑部件。由于内部总线主要为运算器服务，而运算器的设计主要是围绕着ALU和寄存器同数据总线之间如何传输操作数和运算结果而进行的，因此内部总线也被称为ALU总线。在较复杂的CPU中，为了提高工作速度，可能设置几组总线，除了数据总线外，还设有专门传输地址信息的地址总线。目前，内部总线的组织大体有三种结构形式。

1. 单总线结构的运算器

单总线结构的运算器如图7-19（a）所示。由于所有部件都接到同一总线上，所以数据可以在任何两个寄存器之间，或者在任一个寄存器和ALU之间传输。如果具有阵列乘法器或除法器，那么它们所处的位置应与ALU相当。

对这种结构的运算器来说，在同一时间内，只能有一个操作数放在单总线上。为了把两个操作数输入ALU，需要分两次来做，而且还需要A、B两个缓冲寄存器。例如，执行一个加法

操作时，第一个操作数先放入 A 缓冲寄存器，然后再把第二个操作数放入 B 缓冲寄存器。只有两个操作数同时出现在 ALU 的两个输入端，ALU 才执行加法。当加法结果出现在单总线上时，由于输入数已保存在缓冲寄存器中，它并不会打扰输入数。

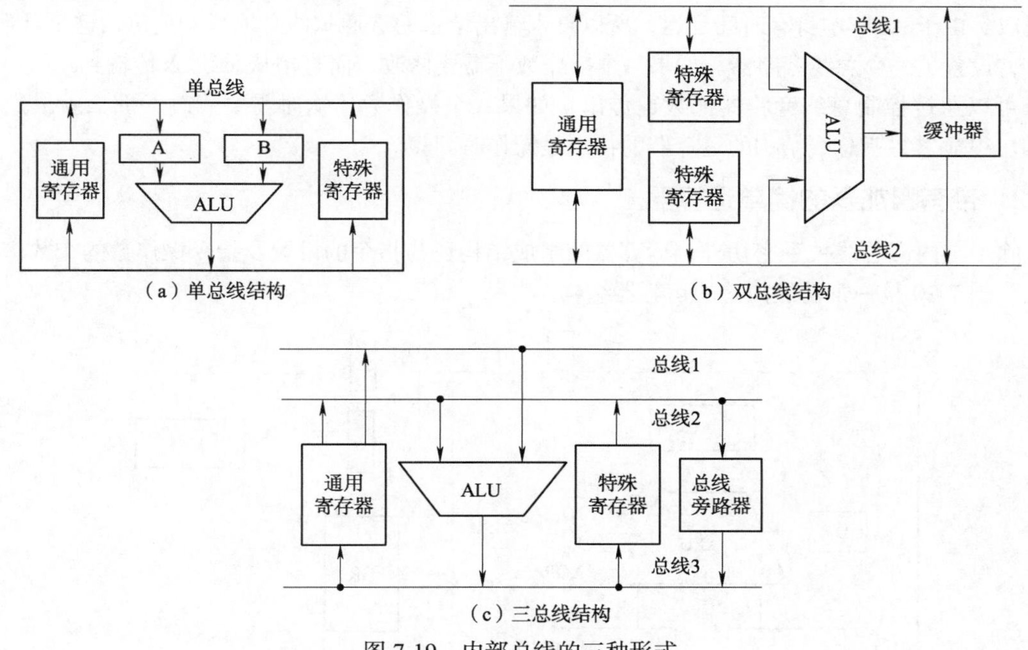

（a）单总线结构

（b）双总线结构

（c）三总线结构

图 7-19　内部总线的三种形式

然后，再做第三个传输动作，以便把加法的“和”选通到目的寄存器中。由此可见，这种结构的主要缺点是操作速度较慢。

虽然在这种结构中输入数据和操作结果需要三次串行的选通操作，但它并不会对每种指令都增加很多执行时间。例如，如果有一个输入数是从存储器来的，且运算结果又送回存储器，那么限制数据传输速度的主要因素是存储器访问时间。只有在对全都是 CPU 寄存器中的两个操作数进行操作时，单总线结构的运算器才会造成一定的时间损失。但是由于它只控制一条总线，故控制电路比较简单。

2. 双总线结构的运算器

双总线结构的运算器如图 7-19（b）所示。在这种结构中，两个操作数同时加到 ALU 进行运算，只需要一次操作控制，而且马上就可以得到运算结果。图中，两条总线各自把其数据送至 ALU 的输入端。特殊寄存器分成两组，它们分别与一条总线交换数据。这样，通用寄存器中的数就可以进入任一组特殊寄存器中去，从而使数据传输更为灵活。

ALU 的输出不能直接加到总线上去。这是因为，当形成操作结果的输出时，两条总线都被输入数占据，因而必须在 ALU 输出端设置缓冲寄存器。为此，操作的控制要分两步来完成：第一步，在 ALU 的两个输入端输入操作数，形成结果并送入缓冲寄存器；第二步，把结果送入目的寄存器。假如在总线 1、2 和 ALU 输入端之间再各加一个输入缓冲寄存器，并把两个输入数先放至这两个缓冲寄存器，那么，ALU 输出端就可以直接把操作结果送至总线 1 或总线 2 上去。

3. 三总线结构的运算器

三总线结构的运算器如图 7-19（c）所示。在三总线结构中，ALU 的两个输入端分别由两条总线供给，而 ALU 的输出则与第三条总线相连。这样，算术逻辑操作就可以在一步的控制之内完成。由于 ALU 本身有时间延迟，所以打入输出结果的选通脉冲必须考虑到包括这个延迟。另外，设置了一个总线旁路器。如果一个操作数不需要修改，而直接从总线 2 传输到总线 3，那么可以通过控制总线旁路器把数据传出；如果一个操作数传输时需要修改，那么就借助于 ALU。很显然，三总线结构的运算器的特点是操作时间短。

7.6.2 带有累加器的简单运算器

除了与内部总线关系密切外，运算器的组成结构还与指令的设置及指令操作数的个数密切相关。图 7-20 是一个功能简单的运算器结构。

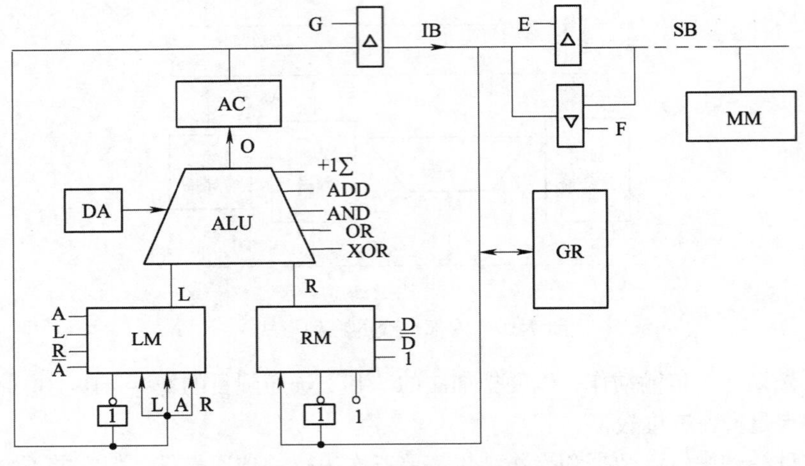

图 7-20 功能简单的运算器结构

图 7-20 的核心部件是算术逻辑部件（ALU），它可执行的逻辑运算有与、或、异或，可执行的算术运算只是加法。ALU 左面的 DA 是进行二-十进制调整的逻辑部件。ALU 的下方是左、右两个输入多路器 LM 和 RM，分别决定向 ALU 的左右输入端输入什么数据。多路器实际上是一个与或门逻辑，左多路器 LM 可将来自 AC 的数据直送、左移一位、右移一位或取反，分别用 LM(A)、LM(L)、LM(R)、LM($\overline{A}$) 表示；右多路器 RM 可将数据直送、取反或送全 1，分别用 RM(D)、RM($\overline{D}$)、RM(1)表示。ALU 的上面是累加器 AC。

AC 存储 ALU 的运算结果，同时为 ALU 的左输入端提供数据。在三态门 D 导通的情况下为单一内总线 IB，可将运算结果送到通用寄存器 GR 或 ALU 的右多路器 RM。图 7-20 的最右边是通用寄存器组 GR，它包含有若干个通用寄存器。内部总线 IB 通过三态门 E、F 与系统总线 SB 连接。这个运算器有如下特点：

（1）该运算器包括一个累加器 AC（accumulator），AC 位于运算器的输出端和一个输入端之间。这种结构意味着累加器 AC 是运算器 ALU 必然的操作数和运算结果的必然存放处，也就是如果是进行加、减、与、或等需要两个操作数的运算，累加器 AC 是其中的一个操作数。如果进行加一、减一、取反、移位等只有一个操作数的运算，这个操作数就来自于 AC。同时运算结果也存放在 AC 中。

（2）从 ALU 的总线结构看，运算器右输入端与 ALU 内部总线 IB 相连，内部总线又与通用寄存器 GR 和系统总线 SB 相连。运算器的另一个输入端只与累加器 AC 的输出端相连，可以看成是专用总线。ALU 输出端只连着 AC，而 AC 的输出端在三态门 D 导通的情况下与内部总线 IB 连接。在 D 断开的情况下，只与 ALU 的左输入端连接。因此这种结构的运算器在 D 导通的情况下为单总线结构，在 D 断开的情况下可看作是一个双总线结构。其中一个为专用总线，连接着 AC 与 ALU 的左输入端。

（3）这种运算器功能简单。在指令一级上只能完成加、减、与、或、非、异或、左移、右移、加一、减一、传输等简单运算，不能直接进行乘除运算，要完成乘除运算必须由程序实现。

7.6.3　单总线移位乘除运算器

图 7-21 所示是另一种较为常见的运算器结构。

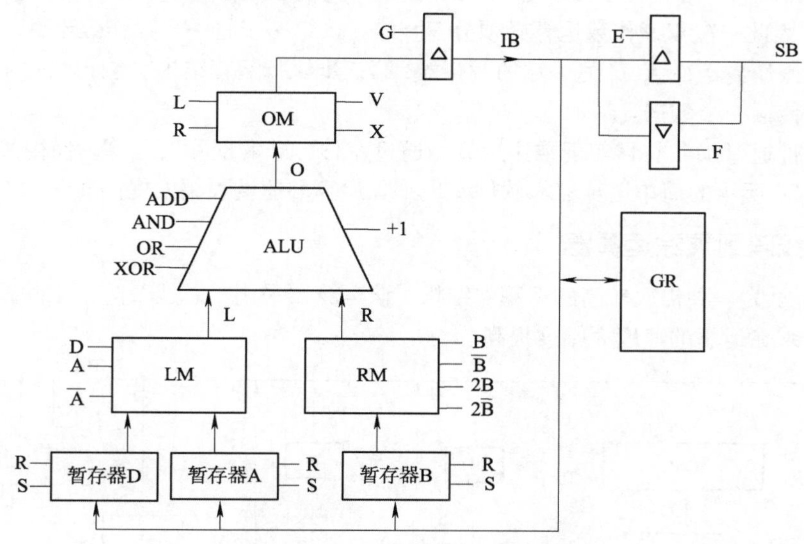

图 7-21　单总线移位乘除运算器结构

图 7-21 中的 ALU 可进行加、减、与、或、异或等运算。运算器 ALU 的两个输入端分别连接左右两个多路器 LM、RM。左多路器 LM 可选择将 D 暂存器或 A 暂存器的内容或 A 各位的非 $\overline{A}$ 加到 ALU 左输入端。其控制信号分别表示为 LM(D)、LM(A)、LM$(\overline{A})$。右多路器 RM 可选择将暂存器的内容(B)，二倍 B 的内容(2B)或 B 各位的非 $(\overline{B})$ 及各位的非的两倍 $(\overline{2B})$ 加在 ALU 的右输入端，其控制信号分别表示为 RM(B)、RM(2B)、RM$(\overline{B})$、RM$(\overline{2B})$。

暂存器 D 用来向 ALU 左输入端提供操作数，主要用于完成乘除运算。乘法开始前将 D 清零，乘法结束后存放积的高位。除法开始前需先将被除数高位存于 D 中，除法结束后 D 中内容为余数。

暂存器 A 向 ALU 的左输入端提供数据。在加法运算中用来暂存加数，在减法运算中暂存被减数，在乘法运算开始前存放乘数，乘运算结束后保存积的低位部分。除法运算前 A 中存放被除数低位，除法结束后，A 中保留商。在其他双操作运算如与、或、异或运算中存放操作数。在加一、减一指令，求非、求补、左右移位指令等单操作数指令运算中存放操作数。暂存器 A

具有左、右移位的功能。

暂存器 B 向 ALU 的右输入端提供操作数。在加、减、乘、除运算中分别暂存加数、减数、被乘数和除数。在与、或、异或等其他双操作数运算中存放另一操作数。暂存器 D、A、B 都具有清零功能 R（reset）和置全 1 功能 S（set）。

图 7-21 中上方的输出多路器 OM 用来将 ALU 的运算结果进行移位，可选择左移一位、右移一位、直送和高半字与低半字交换四种功能中的一种并分别用字母 L、R、V、X 表示。多路器 OM 的输出经三态门 G 连接内部总线 IB。图 7-21 的右侧为通用寄存器组 GR，运算器内部总线 IB 为单总线结构。最右端的两个三态门 E、F 控制将内部总线 IB 与系统总线连接。

与图 7-20 所示的功能简单的运算器结构相比，图 7-21 所示的运算器有如下几个特点：

（1）该运算器不含有累加器 AC。它属于典型的双操作数指令结构运算器。可选择任意两个操作数进行运算。不像图 7-20 所示，一个操作数只能是 AC。

（2）该运算器内部总线为单总线结构。因此在 ALU 的左右输入端设置了有寄存功能的暂存器 D、A、B，因此一次双操作数运算必须分三步进行。第一步将一个操作数送 ALU 一端暂存，第二步将另一操作数送往 ALU 另一端的暂存器，第三步执行运算结果。这样确保内部单总线 IB 在任意时刻只传输一个数据。

（3）由硬件通过加、右移实现乘法运算，通过左移、减实现除法运算。使得实现乘除运算的速度比图 7-20 所示的简单运算器靠软件实现乘除运算的速度大幅度提高。

7.6.4 三总线阵列乘除运算器

图 7-22 所示为一种档次较高的运算器结构。该运算器采用三总线及阵列乘除，使得运算的速度，特别是乘除运算的速度大幅度提高。

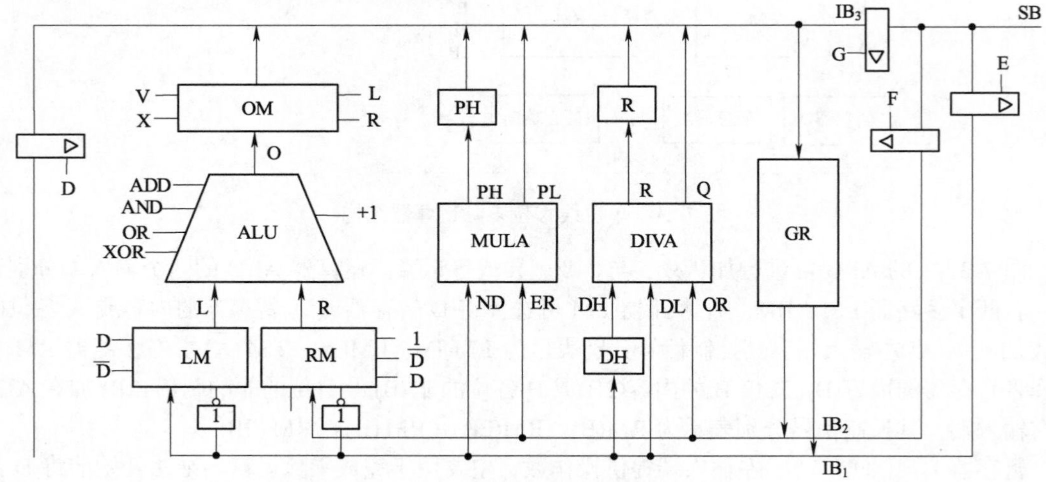

图 7-22　一种三总线阵列乘除法运算器结构

图 7-22 中最左边是进行加、减、求补、加一、减一、左右移位、逻辑与、逻辑或、逻辑非、逻辑异或等操作的运算器部件，包括一个 ALU，左、右两个输入多路器 LM 和 RM，一个输出多路器 OM。左输入多路器可选择将总线上的数据或数据的非送至 ALU 的左输入端，分别用 LM(D)和 LM($\overline{D}$)表示。右输入多路器可选择将总线上的数据或数据的非或全 1 送至 ALU 的右

输入端，分别用 RM（D）、RM($\overline{\text{D}}$)、RM(1)表示，输出多路器可选择将 ALU 的输出左移一位、右移一位，直送或高低字交换后送上内部总线 IB，分别用 OM(L)、OM(R)、OM(V)、OM(X)表示。

ALU 的右面是进行阵列乘的部件 MULA。MULA 的左、右两个输入端 ER 与 ND 分别连接 IB_1 和 IB_2，以获得被乘数和乘数。由于两个 n 位数相乘其积应为 $2n$ 位。因此，输出端设立一寄存器 PH，用以暂时存放乘积的高半部。$2n$ 位的乘积需要分两次通过 IB_3 传输。

阵列乘部件 MULA 的右面是阵列除部件 DIVA。除数由内部总线 IB_2 送至 DIVA 的 OR 端，被除数的高半部先由 IB_1 送到被除数高位暂存器 DH 存放，然后再由 IB_1 将被除数低半部送至 DIVA 的 DL 端。阵列除的商先经 IB_3 传输，余数暂时保存于余数寄存器 R，而后由 IB_3 传输。

图中最右面是通用寄存器组 GR，寄存器的输入端连接 IB_3，寄存器的输出可选择送上 IB_1 或 IB_2。系统数据总线 SB，经三态门 E、F、G 分别与内总线 IB_1、IB_2、IB_3 相连，使运算器可经三态门 E、F、G 从系统总线取得数据或向系统总线送出数据。另外，三态门 D 控制连接 IB_1 与 IB_3，使 IB_1 上的数据可不经任何操作直接经三态门 D 送到 IB_3，完成寄存器之间，或寄存器与存储器（或外设）之间的数据传输。

这种运算器的结构特点是：

（1）无累加器。运算器可由通用寄存器、存储器，或由外设端口任意选择两个操作数，在指令结构上属二地址指令或三地址指令结构。

（2）在总线结构上属三总线。两个操作数，一个运算结果通过不同的总线传输。各类操作可一步完成，使运算速度得到提高。在阵列乘部件中由于乘积为双倍字长，故设立暂存器 PH 保存乘积的高字，使得乘积的高低字通过 IB_3 分两次传输。同理，在除法中被除数可为双倍字长，故设立暂存器 DH 保存被除数的高字，使被除数分两次通过 IB_1 传输。除法的结果有商和余数，各为一个字长。故在阵列除的输出端设立余数暂存器R，暂时保存余数，使商和余数分两次通过 IB_3 传输。

（3）运算器中设立了阵列乘、除部件，极大地提高了乘、除的运算速度，是三种结构中并行程度最高，速度最快的。其代价是资源重复设置，硬件成本高。

7.7　浮点运算及浮点运算器

在第 6 章的介绍中知道，浮点数是由定点数的组合表示出来的，阶码是定点整数，尾数是定点小数。所以，浮点运算也是在定点数的基础上实现的。为保证唯一性和最长的有效数字，对浮点数运算，要求参加运算的数据和运算结果必须是规格化的。下面的浮点运算方法均是基于该前提的。

7.7.1　浮点加减法

在浮点运算中，加、减法要比乘、除法更复杂，因为它需要对齐。加、减法有四个基本阶段：

（1）0 操作数检查。

（2）比较阶码并完成对阶。

（3）尾数加减。

（4）规格化结果。

图 7-23 是一个典型的浮点加法流程图。

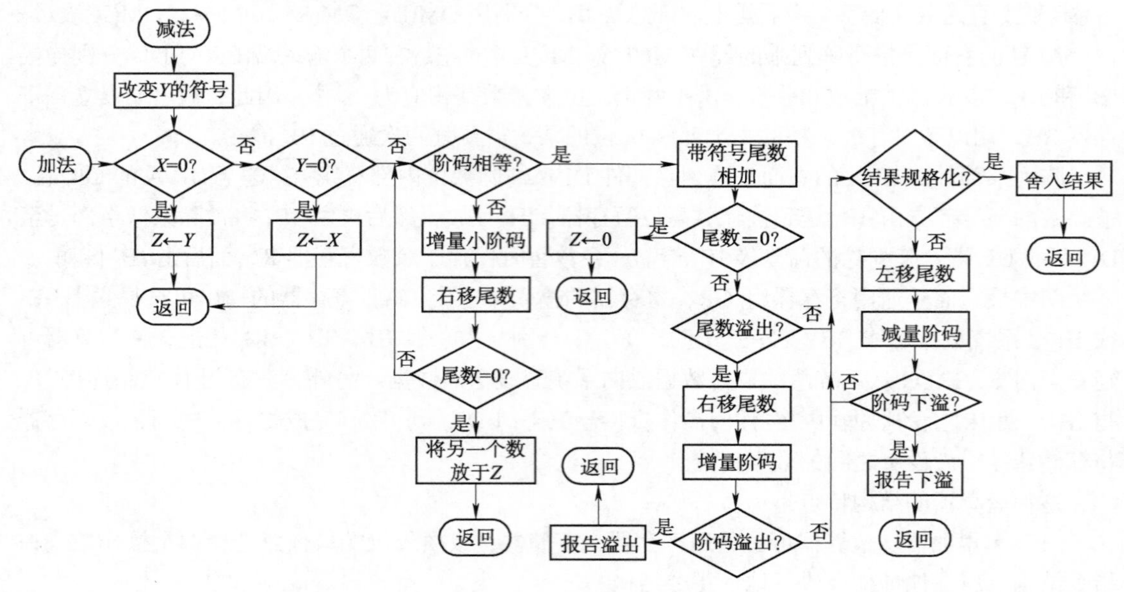

图 7-23 浮点加法和减法

第一阶段为 0 操作数检查，因为加法和减法除了改变符号外基本上是相同的，所以有一个操作数是 0，那么另一个操作数就是结果。

下一步是使两个操作数的指数相同。两浮点数进行加减，首先要看两数的阶码是否相同，即小数点位置是否对齐。若两数阶码相同，表示小数点是对齐的，就可以进行尾数的加减运算；反之，若两数阶码不同，表示小数点位置没有对齐，此时必须使两数的阶码相同，这个过程称为对阶。

要实现对阶，可以右移较小的数（增加它的指数）或左移较大的数（减少它的指数）。无论哪种操作都会导致数字丢失。一般来说，右移较小的数而丢失的数字，所造成的影响要相对小一些。因此，对阶操作规定使尾数右移，尾数右移后使阶码做相应增加，其数值保持不变。很显然，一个增加后的阶码与另一个阶码相等，所增加的阶码一定是小阶。因此在对阶时，总是使小阶向大阶看齐，即小阶的尾数向右移位（相当于小数点左移），每右移一位，其阶码加 1，直到两数的阶码相等为止，右移的位数等于阶差。

接着，两个尾数相加，包括它们的符号。因为符号可能不同，结果有可能是 0。这里也可能尾数上溢出 1 个数字，若是这样，则尾数要右移，指数增 1。作为此结果也可能指数又出现上溢，此时应暂停此操作并报告。

下一阶段是规格化结果。左移尾数直到最高有效数字为非零。每次左移都引起指数相应减量，这种情况有可能出现指数下溢。最后，必须对结果进行舍入，然后报告结果。将舍入讨论推迟到乘除法讨论之后再进行。

【例 7-4】设 $x = 2^{010} \times 0.11011011$，$y = 2^{100} \times (-0.10101100)$，求 $x+y$。

答：假设阶码、尾数均用补码表示，阶码采用双符号位，尾数采用单符号位，则它们的浮点表示分别为

$x = 00010 \quad 0.11011011$

$y = 00100\quad 1.01010100$

（1）对阶。x 的阶码小，应使 x 的尾数右移 2 位，x 的阶码加 2

$x = 00100\quad 0.00110110(11)$

其中（11）表示 x 的尾数右移 2 位后移出的最低两位数。

（2）尾数求和：

$0.00110110(11) + 1.01010100 = 1.10001010(11)$

（3）规格化处理。尾数运算结果的符号位与最高数值位为同值，应执行左规处理，结果为 1.00010101(1)，阶码为 00 011。

（4）舍入处理。采用 0 舍 1 入法处理，则应进 1，结果为 1.00010110。

（5）判断溢出。阶码符号位为 00，不溢出，故得最终结果为

$$x + y = 2^{011} \times (-0.11101010)$$

7.7.2 浮点乘除法

浮点乘除法要比加减法简单，由如下讨论可以看出。

首先考虑乘法，如图 7-24 所示。无论哪个操作数是 0。乘积即为 0。下一步是指数相加。若指数是偏移值指数形式，指数的和将会有双倍的偏移值，故应从和中减去一个偏移值。可能会出现指数上溢或下溢，此时应结束算法并报告。

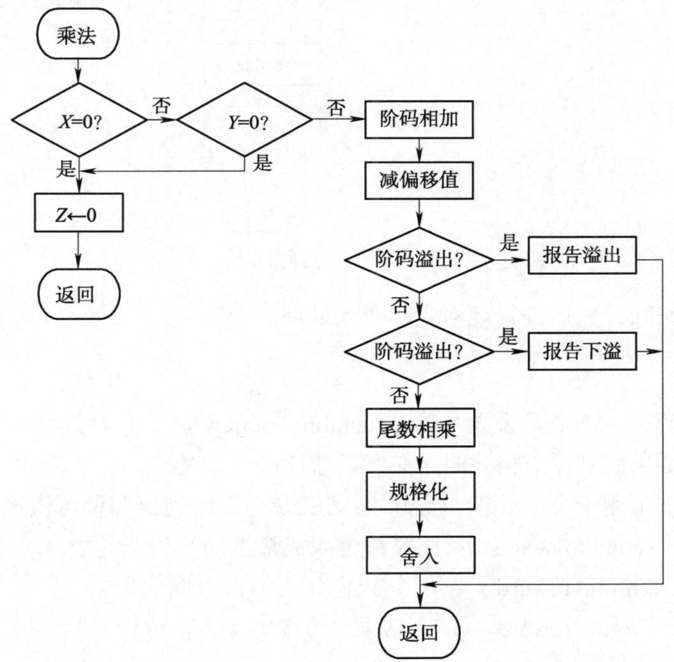

图 7-24　浮点乘法

若积的指数在一个恰当的范围内，则下一步应是有效数相乘，包括它们的符号一起考虑。有效数相乘与整数乘法的完成方式相同。积的长度将是被乘数和乘数的长度的两倍，多余的位将在舍入期间丢失掉。

得出乘积之后，下一步则是结果的规格化和舍入处理，同加、减法所做的一样。

注意：规格化可能导致指数下溢出现。

最后考虑图 7-25 所示的除法流程图。第一步是测试 0。若除数是 0，或报告出错，或认为是一个无穷大的数，取决于具体的实现。若被除数是 0，则结果是 0。下一步是被除数的指数减除数的指数，这个过程把偏移去掉了，故必须再加上偏移值，然后对指数上溢或下溢进行测试。

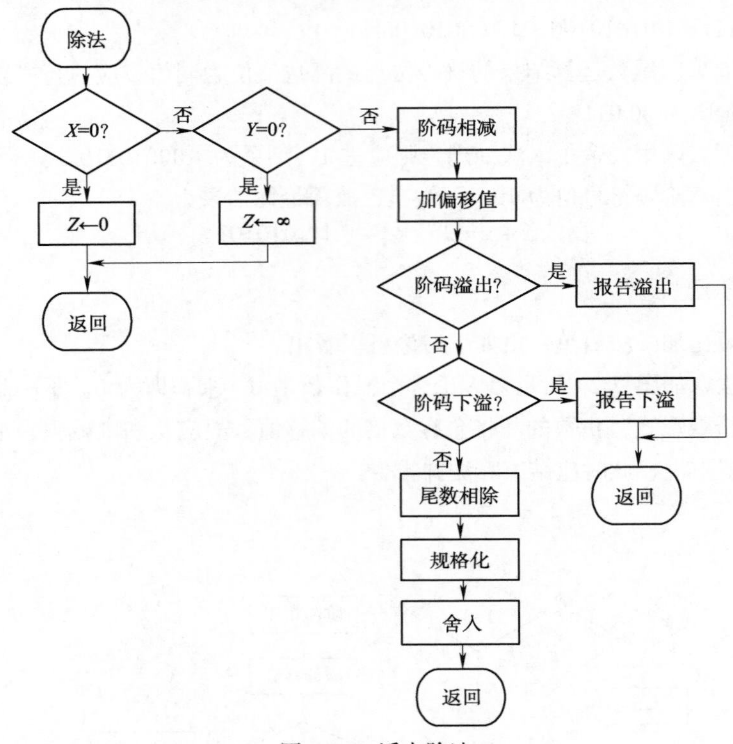

图 7-25　浮点除法

下一步是尾数相除，然后进行规格化和舍入处理。

7.7.3　舍入处理

影响结果精度的另一细节是舍入策略（rounding policy）。对有效数操作的结果通常存入更长的寄存器中。当结果回到浮点格式时，必须要排除掉多余的位。

已开发出几种技术用于舍入处理。实际上，IEEE 标准已列出四种可供选择的方法：

（1）就近舍入（round to nearest）：结果被舍入成最近的可表示的数。

（2）朝+∞舍入（round toward +∞）：结果向正无穷大方向取舍。

（3）朝−∞舍入（round toward −∞）：结果向负无穷大方向取舍。

（4）朝 0 舍入（round toward 0）：结果朝 0 取舍。

下面依次考察这些策略。就近舍入是标准列出的默认舍入方式，并将定义最靠近此超过精度结果的可表示值递交；若两个可表示的值是同等的靠近，则最低有效数位是 0 的那个值被递交。

例如，超出可保存的 23 位的多余位是 10010，则多余位的值超过了最低可表示位值的一半。

这种情况下，正确的答案是最低可表示位加 1，即进到下一个可表示的数。现在，考虑多余位是 01111。这种情况下，多余位的值小于最低可表示位值的一半。正确的答案是简单去掉多余位（截短），这具有舍到下一个可表示数的效果。

标准亦解决了多余位是 10000…这种特殊情况。此时结果位于两个可表示数值的正中间。一种可选的方法是截短，因为该操作最简单。但这个简单方法的缺点是，它会给一个计算序列带来小的但可累积的偏差效应。另一种可选方法是，基于一随机数来决定是舍还是入，于是平均而言无偏差积累效应。反对这种方法的意见是，它不能产生一个可预期的确定的结果。IEEE 采取的方法是强迫结果是偶数，若计算结果是严格位于两个可表示数的正中间，则结果的最低可表示位当前是 1，则值向上入；若当前是 0，则值向下舍。

另两个可选方法是朝正或负的无穷大方向舍入。它们在实现一种称为间隔算法（interval arithmetic）的技术中是有用的。间隔算法的含义是，在一系列浮点运算结束时，由于硬件的限制必定导致舍入，使得人们不能知道严格的答案。若对系列中每个运算做两次，一次取入，一次取舍，则结果一定保持在正确答案的上、下边界之间。如果上、下边界的范围足够窄，则得到了一个足够精确的结果。如果不是这样，则至少能知道并能完成附加的分析。

标准列出的最后一种技术是朝 0 舍入。它实际上是简单的截短，不管多余位。这确实是最简单的技术。然而，被截短值的幅值总是小于或等于更精确原值的幅值，这会在计算中产生一致的向下偏差。这是比我们讨论过的任何偏差都更为严重的偏差，因为这种偏差对任何产生非零多余位的运算都有影响。

7.7.4　浮点运算器

根据计算机进行浮点运算的频繁程度，以及对运算速度的要求，可选择下列几种方式实现浮点运算。

1. 软件实现

根据浮点加、减、乘、除的算法流程图，编写浮点四则运算子程序供用户调用这种方法适用于只有定点运算器的计算机中，即用定点运算器实现浮点运算功能。一些结构比较简单的计算机像单片机、单板机、微控制器经常采用这种方法，虽然浮点运算速度慢，但硬件结构简单，价格低廉。

2. 设置浮点运算选件

用户可根据自己的要求自由选择浮点运算部件。如应用广泛的 PC，一般只配备 80x86CPU，仅有定点运算器，可以通过调用子程序完成浮点运算，若配备浮点运算选件 80x87 协处理器，则浮点运算由浮点指令指挥浮点协处理器完成，加快浮点运算速度。

3. 使用一套运算器

使用一套运算器，既用来完成浮点运算，也用来执行定点运算。中、大型机中经常采用这种方法。

4. 浮点流水运算部件

根据浮点运算步骤，分别设置专门硬件完成某一特定的运算。如对于浮点加减，可设置四套硬件，分别完成求价差、对阶、尾数求和、规格化等操作，形成流水作业，这种方法虽然硬件成本高，但浮点运算速度明显提高，在不惜代价追求速度的场合，常采用这种方法。

根据浮点四则运算的规则，浮点运算器应包括阶码运算器和尾数运算器两部分。阶码运算器是一个定点整数运算器，能完成加减运算时的阶码比较，乘除运算时阶码相加减，对阶及规格化的阶码 ± 1 操作，结构相对简单。尾数求和运算器是一个定点小数运算器，能完成加减运算时尾数求和，以及乘除运算时尾数的乘除，另外还应有快速移位功能，以完成对阶及规格化操作，因此结构相对复杂。

下面以 80x87 浮点运算器为例，说明一个一般浮点运算器的特点和内部结构。

80x87 是美国 Intel 公司为处理浮点数等数据的算术运算和多种函数计算而设计生产的专用算术运算处理器。由于它们的算术运算是配合 80x86CPU 进行的，所以又称协处理器，其具有如下特点：

（1）以异步方式与 80386 并行工作，80x87 相当于 80386 的一个 I/O 部件，本身有它自己的指令，但不能单独使用，它只能作为主 CPU 的协处理器才能运算。因为真正的读/写主存的工作不是由 80x87 完成，而是由 80386 执行的。如果 80386 从主存读取的指令是 80x87 浮点运算指令，则它们以输出的方式把该指令送到 80x87，80x87 接受后进行译码并执行浮点运算。80x87 进行运算期间，80386 可取下一条其他指令予以执行，因而实现了并行工作。如果在 80x87 执行浮点运算指令过程中 80386 又取来了一条 80x87 指令，则 80x87 以给出"忙"的标志信号加以拒绝，使 80386 暂停向 80x87 发送命令。只有待 80x87 完成浮点运算而取消"忙"的标志信号以后，80386 才可以进行一次发送操作。

（2）可处理包括二进制浮点数、二进制整数和压缩十进制数串三大类七种数据，其中浮点数的格式符合 IEEE 754 标准。七种数据类型在寄存器中的表示如图 7-26 所示。

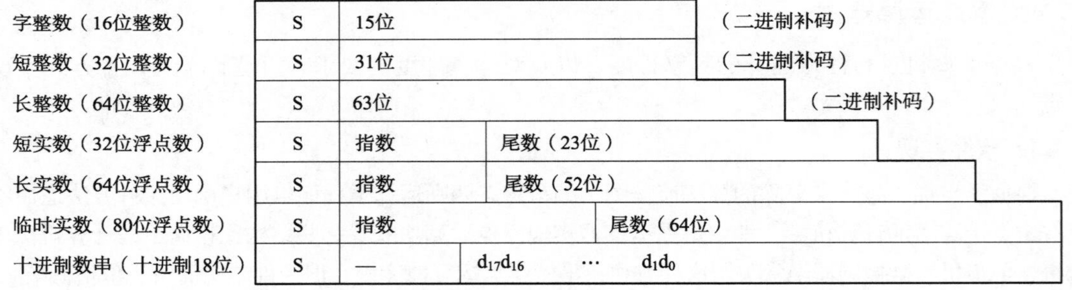

图 7-26 七种数据类型在寄存器中的表示

此处 S 为一位符号位，0 代表正，1 代表负。三种浮点数阶码的基值均为 2。阶码值用移码表示，尾数用原码表示。浮点数有 32 位、64 位、80 位三种。80x87 从存储器取数和向存储器写数时，均用 80 位的临时实数和其他 6 种数据类型执行自动转换。全部数据在 80x87 中均以 80 位临时数据的形式表示。因此 80x87 具有 80 位字长的内部结构，并有 8 个 80 位字长以"先进后出"方式管理的寄存器组，又称寄存器堆栈。

图 7-27 所示为 80x87 的内部结构逻辑框图。由图看出，它不仅仅是一个浮点运算器，还包括了执行数据运算所需要的全部控制硬件。就运算部分讲，有处理浮点数指数部分的部件和处理尾数部分的部件，还有加速移位操作的移位器路线，它们通过指数总线和小数总线与 8 个 80 位字长的寄存器堆栈相连接。这些寄存器按"先进后出"方式工作，此时栈顶被用作累加器；也可以按寄存器的编号直接访问任何一个寄存器。

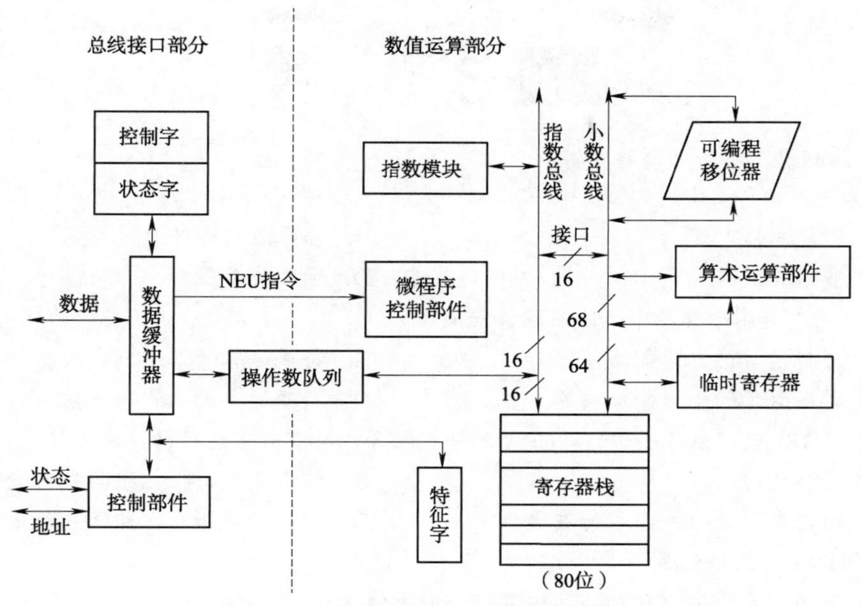

图 7-27　80x87 的内部结构逻辑框图

为了保证操作的正确执行，80x87 内部还设置了三个各为 16 位字长的寄存器，即特征寄存器、控制寄存器和状态寄存器。

特征寄存器用两位表示寄存器堆栈中每个寄存器的状态，即特征值为 00～11 的四种组合来表明相应的寄存器有正确数据、数据为 0、数据非法、无数据四种情况。

控制寄存器用于控制 80x87 的内部操作。状态寄存器用于表示 80x87 的结果处理情况，例如当“忙”标志为 1 时，表示正在执行一条浮点运算指令；为 0 则表示 80x87 空闲。状态寄存器的低 6 位指出异常错误的六种类型，与控制寄存器低 6 位相对应。当对应的控制寄存器位为 0（未屏蔽）而状态寄存器位为 1 时，因发生某种异常错误而产生中断请求。

小　结

由于补码的模除性质，定点机器数的加减法运算通常通过补码实现，补码的加减运算规则使得计算机中的减法转化成加法来实现，方便了硬件的设计。

定点数的乘法运算可以采用原码或补码实现，包括原码一位乘法、补码 Booth 乘法等串行乘法算法。定点数的除法运算也可以采用原码或补码实现，包括原码恢复余数法、原码加减交替法、补码加减交替法等除法算法。

浮点数是由定点数的组合表示出来的，所以浮点运算也是在定点机器数的基础上实现的。浮点运算器由阶码运算部件和尾数运算部件两部分构成。

为了使运算器提高速度和简化控制，采用了先行进位、阵列乘除法、流水线等并行技术措施。

定点运算器和浮点运算器的结构复杂程度有所不同。早期微型机中浮点运算器放在 CPU 芯片外部，随着高密度集成电路技术的发展，现已移至 CPU 内部。

习　题

一、选择题

1. 运算器虽由许多部件组成，但核心部分是（　　）。
   A. 数据总线　　B. 算术逻辑部件
   C. 多路开关　　D. 通用寄存器
2. 在定点二进制运算器中，减法运算一般通过（　　）来实现。
   A. 原码运算的二进制减法器　　B. 补码运算的二进制减法器
   C. 补码运算的十进制加法器　　D. 补码运算的二进制加法器
3. 4 片 74181ALU 和 1 片 74182CLA 器件相配合，具有如下进位传递功能（　　）。
   A. 行波进位　　B. 组内先行进位，组间先行进位
   C. 组内先行进位，组间行波进位　　D. 组内行波进位，组间先行进位
4. 下列说法中正确的是（　　）。
   A. 采用变形补码进行加减法运算可以避免溢出
   B. 只有定点数运算才有可能溢出，浮点运算不会溢出
   C. 只有带符号数的运算才有可能溢出
   D. 只有将两个正数相加时才有可能溢出
5. 在定点数运算中产生溢出的原因是（　　）。
   A. 运算过程中最高位产生了进位或借位
   B. 参加运算的操作超出了机器的表示范围
   C. 运算的结果的操作数超出了机器的表示范围
   D. 寄存器的位数太少，不得不舍弃最低有效位
6. 下溢指的是（　　）。
   A. 运算结果的绝对值小于机器所能表示的最小绝对值
   B. 运算结果小于机器所能表示的最小负数
   C. 运算结果小于机器所能表示的最小正数
   D. 运算结果的最低有效位产生的错误
7. 下面关于浮点运算器的描述中正确的是（　　）。
   A. 浮点运算器可使用两个独立的定点运算部件实现
   B. 阶码部件需要实现加、减、乘、除四种运算
   C. 阶码部件只进行阶码相加、相减和比较操作
   D. 尾数部件只进行乘法和除法运算

二、解释术语

1. 行波进位、先行进位
2. ALU
3. 内部总线
4. 舍入

三、简答题

1. 简述定点运算中溢出处理方法。

2. 简述浮点运算中溢出处理方法。

3. 使用补码计算 $x+y$ 和 $x-y$，同时指出结果是否溢出。

（1）$x = 0.11011$，$y = 0.00011$。

（2）$x = 0.11011$，$y = -0.10101$。

（3）$x = -0.10110$，$y = -0.00001$。

4. 设有两个十进制数：$x = -0.875 \times 2^1$，$y = 0.625 \times 2^2$，将 x、y 表示为 32 位 IEEE 754 格式，并计算 $x+y$ 和 $x-y$。

5. 利用 74181 和 74182 器件设计如下三种方案的 64 位 ALU:（1）行波进位;（2）二级行波 CLA;（3）三级 CLA。试比较三种方案的速度与集成电路片数。

6. 余 3 码编码的十进制加法规则如下：两个一位十进制数的余 3 码相加，如结果无进位，则从和数中减去 3（加 1101）；如结果有进位，则从和数中加上 3（加上 0011），即得和数的余 3 码。试设计余 3 码编码的十进制加法器单元电路。

四、思考题

1. 逻辑运算和算术运算的本质区别是什么？

2. 如何加快浮点运算的速度？

第 8 章
指令系统

本章内容提要

- 指令系统的发展与性能要求；
- 机器指令的设计要素；
- 指令格式；
- 操作数类型和操作类型；
- 指令和数据的寻址方式；
- RISC 技术。

计算机指令系统设计是否合理，直接关系到计算机硬件系统的结构，也关系到程序设计的支持程度和效率。计算机设计人员和计算机编程人员看到机器的分界面是机器指令集。以设计者的观点看，机器指令集提出了对 CPU 的功能需求；以计算机编程人员的观点看，使用机器语言（实际以汇编语言为主）的用户必须通晓机器直接支持的寄存器和存储器结构、数据类型以及 ALU 的功能。

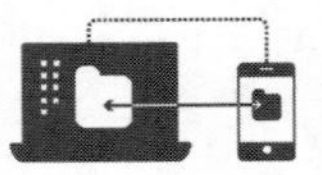

8.1 指令系统的发展与性能要求

计算机的程序是由一系列的机器指令组成的，指令就是要计算机执行某种操作的命令。从计算机组成的层次结构来说，计算机的指令有微指令、机器指令和宏指令之分。微指令是微程序级的命令，它属于硬件；宏指令是由若干条机器指令组成的软件指令，它属于软件；而机器指令则介于微指令与宏指令之间，通常简称为指令。每一条指令可完成一个独立的算术运算或逻辑运算操作。

本章所讨论的指令，是机器指令。一台计算机中所有机器指令的集合，称为这台计算机的指令系统。指令系统是表征一台计算机性能的重要因素，它的格式与功能不仅直接影响到机器的硬件结构，而且也直接影响系统软件和机器的适用范围。

8.1.1 指令系统的发展

20 世纪 50 年代，由于受器件限制，计算机的硬件结构比较简单，所支持的指令系统只有定点加减、逻辑运算、数据传输、转移等十几至几十条指令。20 世纪 60 年代后期，随着集成电路的出现，硬件功能不断增强，指令系统越来越丰富，除以上基本指令外，还设置了乘除运算、浮点运算、十进制运算、字符串处理等指令，指令数目多达一二百条，寻址方式也趋多样化。

随着集成电路的发展和计算机应用领域的不断扩大，20 世纪 60 年代后期开始出现系列计算机。所谓系列计算机，是指基本指令系统相同、基本体系结构相同的一系列计算机。如 Pentium 系列就是当前流行的一种个人机系列。一个系列往往有多种型号，但由于推出时间不同，采用器件不同，它们在结构和性能上有所差异。通常是新机种在性能和价格方面比旧机种优越。系列机解决了各机种的软件兼容问题，其必要条件是同一系列的各机种有共同的指令集，而且新推出的机种指令系统一定包含所有旧机种的全部指令。因此旧机种上运行的各种软件可以不加任何修改便在新机种上运行，大大减少了软件开发费用。

20 世纪 70 年代末期，计算机硬件结构随着 VLSI（超大规模集成电路）技术的飞速发展而越来越复杂化，大多数计算机的指令系统多达几百条。称这些计算机为复杂指令集计算机，简称 CISC。但是如此庞大的指令系统不但使计算机的研制周期变长，难以保证正确性，不易调试维护，而且由于采用了大量使用频率很低的复杂指令而造成硬件资源浪费。为此，人们又提出了便于 VLSI 技术实现的精简指令集计算机，简称 RISC。

8.1.2　指令系统的性能要求

指令系统的性能如何，决定了计算机的基本功能。因而指令系统的设计是计算机系统设计中的一个核心问题，它不仅与计算机的硬件结构紧密相关，而且直接关系到用户的使用需要。一个完善的指令系统应满足如下四方面的要求：

1. 完备性

完备性是指用汇编语言编写各种程序时，指令系统直接提供的指令足够使用，而不必用软件来实现。完备性要求指令系统丰富、功能齐全、使用方便。

一台计算机中最基本、必不可少的指令是不多的。许多指令可用最基本的指令编程来实现。例如，乘除运算指令、浮点运算指令可直接用硬件来实现，也可用基本指令编写的程序来实现。采用硬件指令的目的是提高程序执行速度，便于用户编写程序。

2. 有效性

有效性是指利用该指令系统所编写的程序能够高效率地运行。高效率主要表现在程序占据存储空间小、执行速度快。一般来说，一个功能更强、更完善的指令系统，必定有更好的有效性。

3. 规整性

规整性包括指令系统的对称性、匀齐性、指令格式和数据格式的一致性。对称性是指在指令系统中所有的寄存器和存储器单元都可同等对待，所有的指令都可使用各种寻址方式；匀齐性是指一种操作性质的指令可以支持各种数据类型，如算术运算指令可支持字节、字、双字整数的运算，十进制数运算和单、双精度浮点数运算等；指令格式和数据格式的一致性是指，指令长度和数据长度有一定的关系，以方便处理和存取。例如指令长度和数据长度通常是字节长度的整数倍。

4. 兼容性

系列机各机种之间具有相同的基本结构和共同的基本指令集，因而指令系统是兼容的，即各机种上基本软件可以通用。但由于不同机种推出的时间不同，在结构和性能上有差异，做到所有软件都完全兼容是不可能的，只能做到“向上兼容”，即低档机上运行的软件可以在高档机上运行。

8.1.3 低级语言与硬件结构的关系

计算机的程序，就是人们把需要用计算机解决的问题变换成计算机能够识别的一串指令或语句。编写程序的过程，称为程序设计，而程序设计所使用的工具则是计算机语言。

计算机语言有高级语言和低级语言之分。高级语言如 C、FORTRAN 等，其语句和用法与具体机器的指令系统无关。低级语言分机器语言（二进制语言）和汇编语言（符号语言），这两种语言都是面向机器的语言，它们和具体机器的指令系统密切相关，机器语言用指令代码编写程序，而符号语言用指令助记符来编写程序。

计算机能够直接识别和执行的唯一语言是二进制机器语言，但是人们用它来编写程序很不方便。另一方面，人们采用符号语言或高级语言编写程序，虽然给人提供了方便，但是机器却不懂这些语言。为此，必须借助汇编程序或编译程序，把符号语言或高级语言翻译成二进制码组成的机器语言。

汇编语言依赖于计算机的硬件结构和指令系统。不同的机器有不同的指令，所以用汇编语言编写的程序不能在其他类型的机器上运行。

高级语言与计算机的硬件结构及指令系统无关，在编写程序方面比汇编语言优越。但是高级语言程序“看不见”机器的硬件结构，因而不能用它来编写直接访问机器硬件资源（如某个寄存器或存储器单元）的系统软件或设备控制软件。为了克服这一缺陷，一些高级语言（如 C、FORTRAN 等）提供了与汇编语言之间的调用接口。用汇编语言编写的程序，可作为高级语言的一个外部过程或函数，利用堆栈来传递参数或参数的地址。两者的源程序通过编译或汇编生成目标文件后，利用连接程序把它们连接成可执行文件便可运行。采用这种方法，用高级语言编写程序时，若用到硬件资源，则可用汇编程序来实现。

8.2 机器指令的设计要素

CPU 的操作被它执行的指令所确定。这些指令被称为机器指令（machine instruction）或计算机指令。CPU 可完成的各类功能反映在为 CPU 定义的各类指令中。CPU 执行的各种不同指令的集合称为 CPU 的指令集（instruction set）。

8.2.1 机器指令格式

每条机器指令必定包含 CPU 执行所需的信息。机器指令设计的要素主要有：

1. **操作码**（operation code）

指定将要完成的操作类型（如 ADD、MOV 等），这些二进制代码常简称为 opcode。

2. **源操作数地址**（source operand reference）

操作会涉及一个或多个源操作数，它指明从哪里得到源操作数。

3. **目的操作数地址**（result operand reference）

它指明操作结果被存放的地方。

4. **下一条指令的地址**（next instruction reference）

告诉 CPU 这条指令执行完成后到哪里去取下一个指令。大多数情况下，将要执行的下一条指令紧跟在当前指令之后，此时指令中没有显式引用。当需要显式引用时，则指令中必须提供主存或虚拟存储器的地址。

源操作数和目的操作数一般存放在以下三个位置：

（1）主存或虚存。与下一条指令的引用一样，必须提供主存或虚存的地址。

（2）CPU 寄存器。除极少数例外，一个 CPU 总有一个或多个能被机器指令所访问的寄存器。如只有一个寄存器，对它的引用可以是隐式的；若不止一个寄存器，则每个寄存器要指定一个唯一的编号，指令提供所需寄存器的寄存器号。

（3）I/O 设备。需要 I/O 操作的指令必须指定 I/O 模块或设备的地址。

根据上述要素，可以设计出计算机的机器指令格式。机器指令格式，是机器指令用二进制代码表示的结构形式，通常由操作码字段和地址码字段组成。操作码字段表征指令的操作特性与功能，而地址码字段通常指定参与操作的操作数的地址。因此，一条指令的结构可用如下形式来表示：

操作码字段	地址码字段

机器指令格式设计的主要目标有：

（1）节省程序的存储空间。

（2）指令格式要尽量规整，减少硬件译码的复杂程度。

（3）优化后不能降低指令的执行速度。

在计算机内部，指令由一个二进制位串表示。无论是一般用户还是编程人员，都难以与机器指令二进制表示法直接打交道。于是，普遍使用的是机器指令符号表示法（symbol representation）。

操作码被缩写成助记符（memonic）来表示。普通的例子是：

（1）ADD：加。

（2）SUB：减。

（3）MPY：乘。

（4）DIV：除。

（5）LOAD：由存储器装入。

（6）STOR：存到存储器。

操作数也可用符号表示。例如，指令：

```
ADD R,Y
```

它将存储器 Y 位置中的数据值加到寄存器 R 内容上。在这个例子中，Y 是存储器某位置的地址，R 指的是一个具体寄存器。

注意：操作是对位置的内容来完成的，而不是对它的地址。

8.2.2　操作码设计

计算机指令最主要的元素是操作码（opcode），它指明即将完成的操作、源操作数和目的操作数的引用方式，以及通常隐式指明下一条指令的引用方式。操作码指定的操作，一般有如下类型：算术和逻辑运算；在两个寄存器、寄存器和存储器或两个存储器位置之间传输数据；I/O 操作；控制操作。

不同的指令用操作码字段的不同编码来表示，每一种编码代表一种指令。例如，操作码 001 可以规定为加法操作；操作码 010 可以规定为减法操作；而操作码 110 可以规定为取数操作等。

CPU 中的专门电路用来解释每个操作码，因此机器就能执行操作码所表示的操作。

组成操作码字段的位数一般取决于计算机指令系统的规模。较大的指令系统就需要更多的位数来表示每条特定的指令。例如，一个指令系统只有 8 条指令，则有 3 位操作码就够了（$2^3=8$）。如果有 32 条指令，那么就需要 5 位操作码（$2^5=32$）。一般来说，一个包含 n 位的操作码最多能够表示 2^n 条指令。

对于一个机器的指令系统，在指令字中操作码字段和地址码字段长度通常是固定的。在单片机中，由于指令字较短，为了充分利用指令字长度，指令字的操作码字段和地址码字段是不固定的，即不同类型的指令有不同的划分，以便尽可能用较短的指令字长来表示越来越多的操作种类，并在越来越大的存储空间中寻址。

操作码的表示方法通常有三种：固定长度操作码、Huffman 编码法和扩展编码法。

一般处理机的指令条数通常为几十条至几百条，用一个字节（8 位）表示，非常规整，硬件译码也很简单。在 IBM 公司生产的大中型计算机中，许多 RISC 计算机都采用固定长度操作码。固定长度操作码的主要缺点是：浪费了许多信息量，即操作码的总长度增加。典型情况下，操作码的总长度要增加 40%左右。

Huffman 编码法是 1952 年由 Huffman 首先提出的一种编码方法。开始主要用于电报报文的编码。如 26 个英文字母中，e、t 等的使用频率最高，用短码表示；q、x 等的使用频率很低，用长码表示。这样，可以缩短整个报文的长度，减少报文的传输时间。Huffman 编码法也可以用在其他许多地方。如存储空间压缩、时间压缩等。

要采用 Huffman 编码法表示操作码，必须先知道各种指令在程序中出现的概率，这通常可以通过对已有典型程序进行统计得到。

采用 Huffman 编码法能够使操作码的平均长度最短，信息的冗余量最小。然而，这种编码法所形成的操作码很不规整。这样，既不利于硬件的译码，也不利于软件的编译。另外，它也很难与地址码配合，形成有规则长度的指令编码。

在许多计算机中，采用了一种折中的方法，称为扩展编码法。这种方法是由固定长度操作码与 Huffman 编码法相结合形成的。关于这种方法的实现方式，通过下一小节的例 8-1 加以说明。

表 8-1 列出了美国 Burroughs 公司生产的 B-1700 计算机系统，分别采用 8 位定长操作码、4-6-10 扩展操作码和全 Huffman 编码时，整个操作系统所用指令的操作码总位数。从表中可以看出，改进操作码的编码方式可以节省大量的程序存储空间。

表 8-1　B-1700 计算机操作码编码方式比较

操作码编码方式	整个操作系统所用指令的操作码总位数	改进的百分比
8 位定长操作码	301 248	0
4–6–10 扩展操作码	184 966	39%
全 Huffman 编码	172 346	43%

8.2.3　地址码设计

一条指令需要的最大地址数是多少？算术和逻辑指令要求的操作数最多。所有算术和逻辑运算是一元的（一个操作数）或是二元的（两个操作数）运算。于是将最多需要两个地址来访问操作数。运算的结果必须被存储，这就需要第三个地址。最后，完成一条指令后必须取得下一条指令，这又需要指令地址。

所以，指令共需要含有四个地址段：两个操作数，一个结果，以及下一指令地址。实际上，四地址的指令极少。大多数 CPU 使用的是以下一指令地址为隐含的（由程序计数器得到）单地址、双地址或三地址的变体。

三地址的指令格式不普通，因为指令格式要容纳三个地址段，指令格式相对要长。用双地址指令完成一次二元运算，那么一个地址必须承担双重功能，既用作操作数地址又用作操作结果存放地址。

最简单的还是单地址指令。为使它能工作，第二个地址必须是隐含的。这在早先机器中是很普遍的，其隐含地址被称为累加器（AC）的 CPU 寄存器。累加器含有一个操作数并且用来保存运算结果。

对于某些指令还可能有“零地址”格式。零地址指令可用于被称为堆栈（stack）的专门的存储器组织中。堆栈位于一个已知位置，并且经常是堆栈顶部的两个元素位于 CPU 寄存器中。于是，零地址指令能访问栈顶两个元素。

每条指令的地址数目是基本的设计决策。每条指令中的地址数目越少，则指令的长度越短，指令也更原始（不需要复杂的 CPU）。另一方面，它又会使程序总的指令条数更多，而导致执行时间更长，程序也更长更复杂。

另外，在单地址指令和多地址指令之间存在一个重要分界点。对单地址指令，程序员通常只有一个通用寄存器（即累加器）可利用。对多地址指令，普遍具有多个通用寄存器可用，使得某些运算只在寄存器上即可完成。因为寄存器访问要比存储器访问快得多，从而使执行加快。为了灵活性和使用多寄存器的能力，大多数当代计算机采用了双地址和三地址指令的混合方式。

涉及每条指令地址数目选择的设计权衡，被其他因素复杂化了。还有一个地址是引用到存储器位置还是寄存器的设计考虑。因为寄存器的数目总是不太多，故寄存器引用只需要少数几位即可。还有，一个机器会有各种寻址方式，为指定这些方式也要占用指令的一位或几位。所以，大多数 CPU 设计支持多种指令格式。

下面将各种具有不同数目地址码字段的指令总结如下：

（1）零地址指令的指令字中只有操作码，而没有地址码。例如，停机指令就不需要地址码，因为停机操作不需要操作数。

（2）一地址指令常称为单操作数指令。通常，这种指令是以运算器中累加器 AC 中的数据为被操作数，指令字的地址码字段所指明的数为操作数，操作结果又放回累加器 AC 中，而累加器中原来的数随即被冲掉，其数学含义为

$$(AC)\ OP\ (A)\ \rightarrow AC$$

式中，OP 表示操作性质，如加、减、乘、除等；(AC)表示累加器 AC 中的数；(A)表示内存中地址为 A 的存储单元中的数，或者是运算器中地址为 A 的通用寄存器中的数；→表示把操作（运算）结果传输到指定的地方。

注意：地址码字段 A 指明的是操作数的地址，而不是操作数本身。

（3）二地址指令常称为双操作数指令，它有两个地址码字段 A_1 和 A_2，分别指明参与操作的两个数在内存中或运算器中通用寄存器的地址，其中地址 A_1 兼作存放操作结果的地址。其数学含义为

$$(A_1)\ OP\ (A_2) \rightarrow A_1$$

（4）三地址指令字中有三个操作数地址 A_1、A_2 和 A_3，其数学含义为

$$(A_1)\ OP\ (A_2) \rightarrow A_3$$

式中，A_1、A_2 为被操作数地址，也称为源操作数地址；A_3 为存放操作结果的地址。

同样，A_1、A_2、A_3 可以是内存中的单元地址，也可以是运算器中通用寄存器的地址。

在二地址指令格式中，从操作数的物理位置来说，又可归结为三种类型。

1）访问内存的指令

称这类指令为存储器-存储器（SS）型指令。这种指令操作时都是涉及内存单元，即参与操作的数都放在内存里。从内存某单元中取操作数，操作结果存放至内存另一单元中，因此机器执行这种指令需要多次访问内存。

2）访问寄存器的指令

称这类指令为寄存器-寄存器（RR）型指令。机器执行这类指令过程中，需要多个通用寄存器或个别专用寄存器，从寄存器中取操作数，把操作结果放到另一寄存器。机器执行寄存器-寄存器型指令的速度很快，因为执行这类指令，不需要访问内存。

3）寄存器-存储器（RS）型指令

执行此类指令时，既要访问内存单元，又要访问寄存器。

在 CISC 计算机中，一个指令系统中指令字的长度和指令中的地址结构并不是单一的，往往采用多种格式混合使用，这样可以增强指令的功能。

【例 8-1】 指令字长为 16 位，其中 4 位为基本操作码字段 OP，另外三个 4 位长的地址字段 A_1、A_2、A_3。4 位基本操作码若全部用于三地址指令，则只有 16 条指令。现在对指令的操作码进行等长（等于地址码长度）扩展。要求：三地址指令 15 条，二地址指令 15 条，一地址指令 15 条，零地址指令 16 条。

答： 扩展方法如图 8-1 所示。

	OP	A_1	A_2	A_3	
4位操作码	0000	A_1	A_2	A_3	15条三地址指令
	0001	A_1	A_2	A_3	
	⋮	⋮	⋮	⋮	
	1110	A_1	A_2	A_3	
8位操作码	1111	0000	A_2	A_3	15条二地址指令
	1111	0001	A_2	A_3	
	⋮	⋮	⋮	⋮	
	1111	1110	A_2	A_3	
12位操作码	1111	1111	0000	A_3	15条一地址指令
	1111	1111	0001	A_3	
	⋮	⋮	⋮	⋮	
	111	1111	1110	A_3	
16位操作码	1111	1111	1111	0000	16条零地址指令
	1111	1111	1111	0001	
	⋮	⋮	⋮	⋮	
	1111	1111	1111	1111	

图 8-1 扩展操作码的安排示意图

8.2.4　指令集设计

计算机设计的一个最具影响的方面是指令集的设计。指令集的设计是一件很复杂的事情，因为它影响计算机系统的诸多方面。指令集定义了 CPU 应完成的多数功能，于是它对 CPU 的实现有很大的影响，指令集也是程序员控制 CPU 的方式。于是，设计指令集时必须考虑程序员的要求。

在指令集设计的最根本出发点中，最重要的方面包括有：

（1）操作指令表（operation repertoire）：应提供多少和什么样的操作以及操作的复杂程度。

（2）数据类型（data type）：所支持的数据类型。

（3）指令格式（instruction format）：指令的（位）长度、地址数目、各个字段的大小等。

（4）寄存器（register）：能被指令访问的 CPU 寄存器数目以及它们的用途。

（5）寻址方式（addressing mode）：指定操作数地址的产生方式。

这些出发点是紧密相关的，设计指令集时必须一起考虑。

例如，BASIC 高级语言的指令

$$X=X+Y$$

这条语句是将存于 Y 的值加到存于 X 的值并将结果放入 X 中。用机器指令如何完成它？假定 X 和 Y 变量相应于位置 513 和 514。假定有一简单指令集，这个操作能以如下三条指令完成：

（1）将存储器位置 513 的内容装入一个寄存器。

（2）把存储器位置 514 的内容加到上述寄存器。

（3）将此寄存器内容存入存储器的 513 位置中。

正如所见，一条单一的 BASIC 指令可需要三条机器指令。这是高级语言和机器语言之间的典型关系。高级语言使用变量，以简明的代数形式来表达操作。而机器语言是对寄存器操作的基本形式来表达操作。

以这个简单例子给出的启示，一方面是考虑一个具体的计算机中必须包括的指令类型。计算机应有允许用户表达任何数据处理任务的一组指令。另一方面是考虑高级语言的编程能力。任何以高级语言编写的程序，都必须转换成机器语言才能执行。于是，机器指令的集合必须充分，足以表达任何高级语言的指令形式。基于这些考虑，可将指令分类成以下四类：

（1）数据处理：算术和逻辑指令。

（2）数据存储：存储器指令。

（3）数据传输：I/O 指令。

（4）控制：测试和转移指令。

算术指令提供了处理数值型数据的计算能力。逻辑（布尔）指令是对字中的位进行操作，这些位不再看成是数值位，因此提供了处理用户打算使用的任何其他数据类型的能力。这些操作主要是对 CPU 寄存器中数据执行的。因此，必须有在存储器和寄存器之间传输数据的指令。需要有 I/O 指令将程序和数据传输到存储器并将计算结果返给用户。测试指令用于测试数据字的值或计算的状况。转移指令则用于依据判定分支到另一组指令上去。

不同机器的指令系统是各不相同的。从指令的操作码功能来考虑，一个较完善的指令系统，应当包括数据传输指令、算术运算指令、逻辑运算指令、程序控制指令、输入/输出指令、字符串指令、特权指令等。

1. 数据传输指令

数据传输指令主要包括取数指令、存数指令、传输指令、成组传输指令、字节交换指令、清累加器指令、堆栈操作指令等，这类指令主要用来实现主存和寄存器之间，或寄存器和寄存器之间的数据传输。例如，通用寄存器 R 中的数存入主存，通用寄存器 R 中的数送到另一通用寄存器 R；从主存中取数至通用寄存器 R；累加器清零或主存单元清零等。

2. 算术运算指令

这类指令包括二进制定点加、减、乘、除指令，浮点加、减、乘、除指令，求反、求补指令，算术移位指令，算术比较指令，十进制加、减运算指令等。这类指令主要用于定点或浮点的算术运算，大型机中有向量运算指令，直接对整个向量或阵列进行求和、求积运算。

3. 逻辑运算指令

这类指令包括逻辑加、逻辑乘、按位加、逻辑移位等指令，主要用于无符号数的位操作、代码的转换、判断及运算。

移位指令用来对寄存器的内容实现左移、右移或循环移位。左移时，若寄存器的数看成算术数，符号位不动，其他位左移，低位补零，右移时则高位补零，这种移位称为算术移位，移位时，若寄存器的数为逻辑数，则左移或右移时，所有位一起移位，这种移位称为逻辑移位。

4. 程序控制指令

程序控制指令也称转移指令。计算机在执行程序时，通常情况下按指令计数器的现行地址顺序取指令。但有时会遇到特殊情况；机器执行到某条指令时，出现了几种不同结果，这时机器必须执行一条转移指令，根据不同结果进行转移，从而改变程序原来执行的顺序。这种转移指令称为条件转移指令。转移条件有进位标志（C）、结果为零标志（Z）、结果为负标志（N）、结果溢出标志（V）和结果奇偶标志（P）等。

除各种条件转移指令外，还有无条件转移指令、转子程序指令、返回主程序指令，中断返回指令等。

转移指令的转移地址一般采用直接寻址和相对寻址方式来确定。若用直接寻址方式，则称为绝对转移，转移地址由指令地址码部分直接给出。若采用相对寻址方式，则称为相对转移，转移地址为当前指令地址（PC 的值）和指令地址部分给出的偏移量相加之和。

5. 输入/输出指令

输入/输出指令主要用来启动外围设备，检查测试外围设备的工作状态，并实现外围设备和 CPU 之间，或外围设备与外围设备之间的信息传输。

各种不同机器的输入/输出指令差别很大。例如，有的机器指令系统中含有输入/输出指令，而有的机器指令系统中没有设置输入/输出指令。这是因为后一种情况下外围设备的寄存器和存储器单元统一编址。CPU 可以和访问内存一样地去访问外围设备。换句话说，可以使用取数、存数指令来代替输入/输出指令。

6. 字符串指令

字符串指令是一种非数值处理指令，一般包括字符串传输、字符串转换（把一种编码的字

符串转换成另一种编码的字符串）、字符串比较、字符串查找（查找字符串中某一子串）、字符串抽取（提取某一子串）、字符串替换（把某一字符串用另一字符串替换）等。这类指令在文字编辑中对大量字符串进行处理。

7. 特权指令

特权指令是指具有特殊权限的指令。由于特权指令的权限最大，若使用不当，会破坏系统和其他用户信息。因此这类指令只用于操作系统或其他系统软件，一般不直接提供给用户使用。

在多用户、多任务的计算机系统中特权指令必不可少。它主要用于系统资源的分配和管理，包括改变系统工作方式，检测用户的访问权限，修改虚拟存储器管理的段表、页表，完成任务的创建和切换等。

8. 其他指令

除以上各类指令外，还有状态寄存器置位、复位指令、测试指令、暂停指令、空操作指令以及其他一些系统控制用的特殊指令。

8.2.5　指令字长

一个指令字中包含二进制代码的位数，称为指令字长。而机器字长是指计算机能直接处理的二进制数据的位数，它决定了计算机的运算精度。机器字长通常与主存单元的位数一致。指令字长等于机器字长度的指令，称为单字长指令；指令字长等于半个机器字长度的指令，称为半字长指令；指令字长等于两个机器字长度的指令，称为双字长指令。例如，IBM370 系列，它的指令格式有 16 位（半字）、32 位（单字）的，还有 48 位（一个半字）的。在 Pentium 系列机中，指令格式也是可变的：有 8 位、16 位、32 位、64 位不等。

使用多字长指令的目的，在于提供足够的地址位来解决访问内存任何单元的寻址问题。但是使用多字长指令的一个主要缺点是必须两次或多次访问内存以取出一整条指令，这就降低了 CPU 的运算速度，同时又占用了更多的存储空间。

在一个指令系统中，如果各种指令字长是相等的，称为等长指令字结构，它们可以都是单字长指令或半字长指令。这种指令字结构简单，且指令字长是不变的。如果各种指令字长随指令功能而异，比如有的指令是单字长指令，有的指令是双字长指令，就称为变长指令字结构。这种指令字结构灵活，能充分利用指令长度，但指令的控制较复杂。

【**例 8-2**】指令格式如下，其中 OP 为操作码，试分析指令格式的特点。

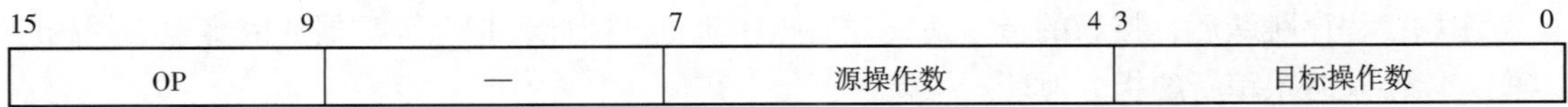

答：（1）单字长二地址指令。

（2）操作码字段 OP 可指定 2^7=128 条指令。

（3）源寄存器和目标寄存器都是通用寄存器（可分别指定 16 个），所以是 RR 型指令，两个操作数均在寄存器中。

（4）这种指令结构常用于算术逻辑运算类指令。

【**例 8-3**】指令格式如下，其中 OP 为操作码，试分析指令格式的特点。

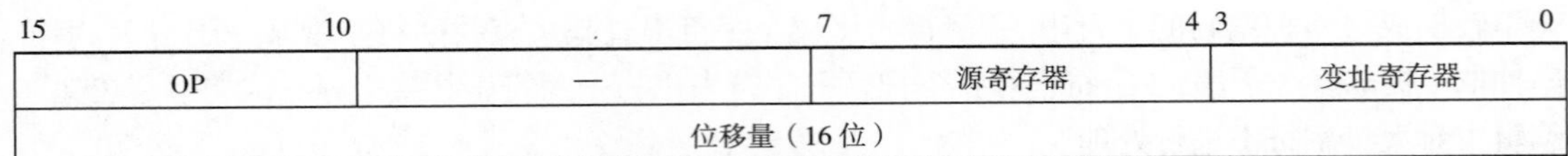

15 10	7	4 3	0
OP	—	源寄存器	变址寄存器
位移量（16 位）			

答：（1）双字长二地址指令，用于访问存储器。

（2）操作码字段 OP 可指定 2^6=64 条指令。

（3）一个操作数在源寄存器（共 16 个）中，另一个操作数在存储器中（由变址的寄存器和位移量决定），所以是 RS 型指令。

8.3 指令和操作数的寻址方式

存储器既可用来存放数据，又可用来存放指令。因此，当某个操作数或某条指令存放在某个存储单元时，其存储单元的编号，就是该操作数或指令在存储器中的地址。

在存储器中，操作数或指令字写入或读出的方式，有地址指定方式、相联存储方式和堆栈存取方式。几乎所有的计算机在内存中都采用地址指定方式，当采用地址指定方式时，形成操作数或指令地址的方式，称为寻址方式。寻址方式分为两类，即指令寻址方式和数据寻址方式，前者比较简单，后者比较复杂。值得注意的是，在传统方式设计的计算机中，内存中指令的寻址与数据的寻址是交替进行的。

8.3.1 指令的寻址方式

指令的寻址方式有两种：一种是顺序寻址方式，另一种是跳跃寻址方式。

1. 顺序寻址方式

由于指令地址在内存中按顺序安排，当执行一段程序时，通常是一条指令接一条指令的顺序进行。也就是说，从存储器取出第一条指令，然后执行这条指令；接着从存储器取出第二条指令，再执行第二条指令；接着再取出第三条指令……这种程序顺序执行的过程，称为指令的顺序寻址方式。为此，必须使用程序计数器（又称指令指针寄存器）PC 来计数指令的顺序号，该顺序号就是指令在内存中的地址。图 8-2 为指令顺序寻址方式的示意图。

2. 跳跃寻址方式

当程序转移执行的顺序时，指令的寻址就采取跳跃寻址方式。所谓跳跃，是指下一条指令的地址码不是由程序计数器给出，而是由本条指令给出。图 8-3 为指令跳跃寻址方式的示意图。

注意：程序跳跃后，按新的指令地址开始顺序执行。因此，指令计数器的内容也必须相应改变，以便及时跟踪新的指令地址。

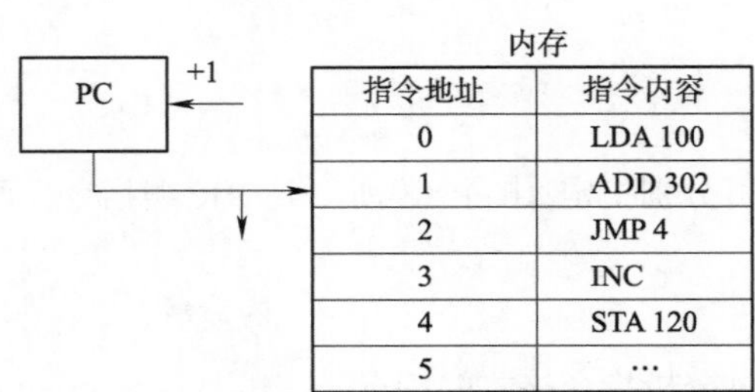

图 8-2　指令顺序寻址方式的示意图

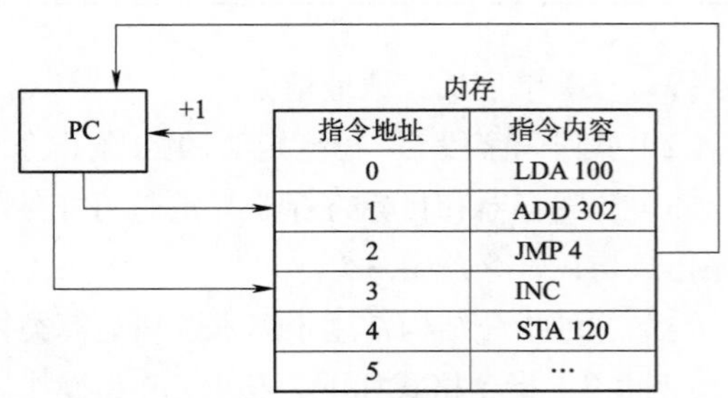

图 8-3　指令跳跃寻址方式的示意图

采用指令跳跃寻址方式，可以实现程序转移或构成循环程序，从而能缩短程序长度，或将某些程序作为公共程序引用。指令系统中的各种条件转移指令或无条件转移指令，就是为了实现指令的跳跃寻址而设置的。

8.3.2　操作数的寻址方式

形成操作数的有效地址的方法称为操作数的寻址方式。

由于指令中操作数字段的地址码是由形式地址和寻址方式特征位等组合形成，因此，一般来说，指令中所给出的地址码，并不是操作数的有效地址（EA）。

形式地址（A）也称偏移量，它是指令字结构中给定的地址量。寻址方式特征位，此处由间址位和变址位组成。如果这条指令无间址和变址的要求，那么形式地址就是操作数的有效地址。如果指令中指明要变址或间址变换，那么形式地址就不是操作数的有效地址，而要经过指定方式的变换，才能形成有效地址。因此，寻址过程就是把操作数的形式地址变换为操作数的有效地址的过程。

由于大型机、小型机、微型机和单片机结构不同，从而形成了各种不同的操作数寻址方式。下面介绍一些比较典型而常用的寻址方式。

1. 隐含寻址

这种类型的指令，不是明显地给出操作数的地址，而是在指令中隐含着操作数的地址。例如，单地址的指令格式，就不是明显地在地址字段中指出第二操作数的地址，而是规定累加器AC 作为第二操作数地址。指令格式明显指出的仅是第一操作数的地址 A。因此，累加器 AC 对单地址指令格式来说是隐含地址。

隐含寻址在指令字中减少了一个地址，因此，这种寻址方式的指令有利于缩短指令字长。

2. 立即寻址

指令的地址字段指出的不是操作数的地址，而是操作数本身，这种寻址方式称为立即寻址。即

$$操作数=A$$

立即寻址方式的特点是指令执行时间很短，因为它不需要访问内存取数，从而节省了访问内存的时间。

3. 直接寻址

直接寻址是一种基本的寻址方法，其特点是，在指令格式的地址字段中直接指出操作数在内存的地址 A。由于操作数的地址直接给出而不需要经过某种变换，所以称这种寻址方式为直接寻址方式，即

$$EA=A$$

图 8-4 是直接寻址方式的示意图。

它的优点是，寻找操作数比较简单，不需要专门计算操作数的地址，在指令的执行阶段对主存只访问一次。它的缺点是，A 的位数限制了指令的寻址范围，而且必须修改 A 的值，才能修改操作数的地址。

4. 间接寻址

间接寻址是相对于直接寻址而言的，在间接寻址的情况下，指令地址字段中的形式地址 A 不是操作数的真正地址，而是操作数有效地址所在的存储单元地址，即

$$EA=(A)$$

图 8-5 为间接寻址方式的示意图。

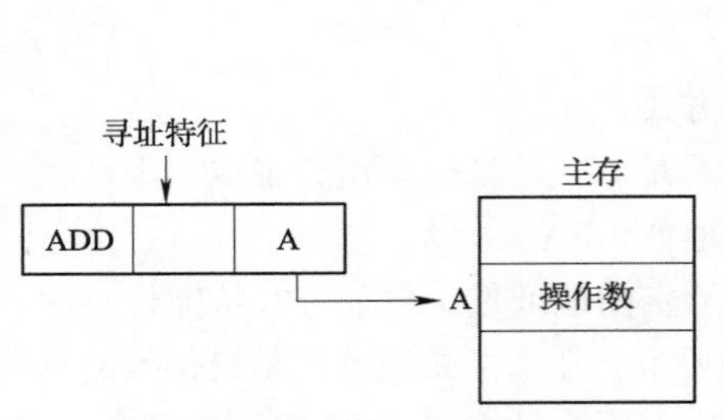

图 8-4 直接寻址方式的示意图

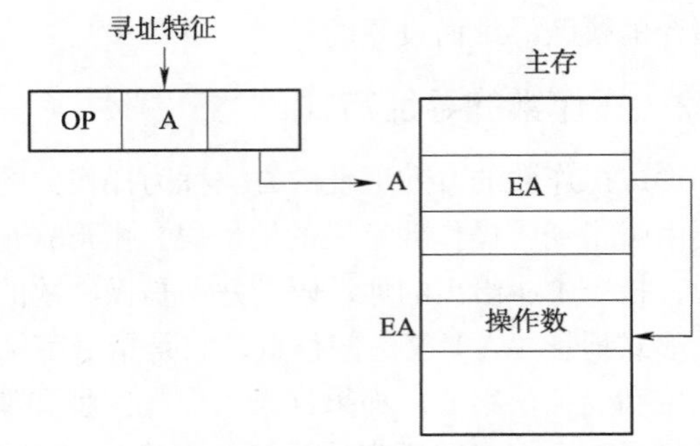

图 8-5 间接寻址方式的示意图

间接寻址与直接寻址相比的优点是，扩大了操作数的寻址范围。它的缺点是，在指令的执行阶段需要访问主存两次（一次间接）或多次（多次间接），使指令执行时间延长。

5. 寄存器寻址

当操作数不放在内存中，而是放在 CPU 的通用寄存器中时，可采用寄存器寻址方式。显然，此时指令中给出的操作数地址不是内存的地址单元号，而是通用寄存器的编号，即

$$EA=R$$

图 8-6 为寄存器寻址方式的示意图。

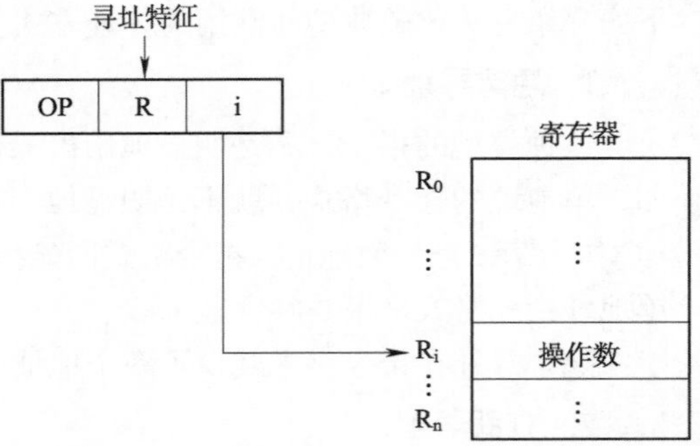

图 8-6 寄存器寻址方式的示意图

一般，寄存器的地址字段的长度是 3 位或 4 位，故能访问的通用寄存器个数为 8 个或 16 个。寄存器寻址的优点是，指令中仅需要一个较小的地址字段；不需要存储器访问，对于 CPU 内部的寄存器的存取时间远小于主存存取时间。寄存器寻址的缺点是，地址空间很有限。哪些值应保留在寄存器中，哪些值应存在存储器中，这由程序员决定。现在的 CPU 都使用多个通用寄存器，如何有效地使用它们就成为汇编语言编程人员（例如，编译器的编写者）的工作。

6. 寄存器间接寻址

寄存器间接寻址方式与寄存器寻址方式的区别在于，指令格式中的寄存器内容不是操作数，而是操作数的地址，该地址指明的操作数在内存中，即

$$EA=(R)$$

图 8-7 为寄存器间接寻址方式的示意图。

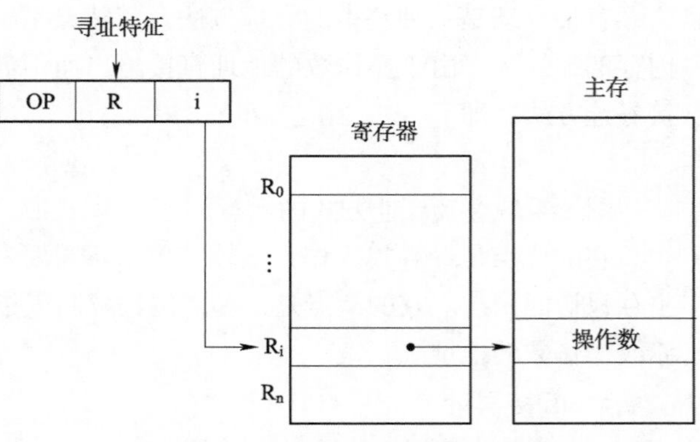

图 8-7 寄存器间接寻址方式的示意图

寄存器间接寻址的优点和不足基本上同于间接寻址。二者的地址空间限制（有限的地址范围）都通过将地址字段指向一

个容有全长地址的位置后就被克服了。另外，寄存器间接寻址比间接寻址少一次存储器访问。

7. 相对寻址

相对寻址是把程序计数器 PC 的内容加上指令格式中的形式地址 A 而形成操作数的有效地址。程序计数器的内容就是当前指令的地址。相对寻址，就是相对于当前的指令地址而言。采用相对寻址方式的好处是程序员无须用指令的绝对地址编程，因而所编程序可以放在内存任何地方，即

$$EA=(PC)+A$$

图 8-8 为相对寻址方式的示意图。

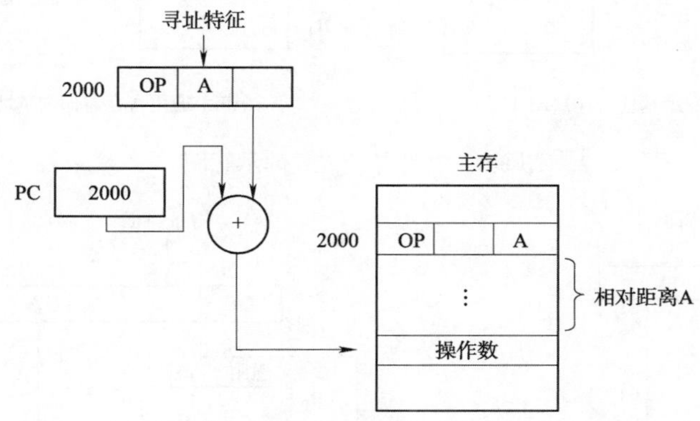

图 8-8　相对寻址方式的示意图

形式地址 A 通常称为偏移量，其值可正可负，相对于当前指令地址进行浮动，因此，无论程序在主存的哪段区域，都可以正确运行。

8. 基址寻址

在基址寻址方式中，将 CPU 中基址寄存器 BR 的内容，加上指令格式中的形式地址而形成操作数的有效地址，即

$$EA=(BR)+A$$

图 8-9 为基址寻址方式的示意图。

基址寻址方式的优点是可以扩大寻址能力。因为同形式地址相比，基址寄存器的位数可以设置得很长，从而可以在较大的存储空间中寻址。

9. 变址寻址

变址寻址方式与基址寻址方式计算有效地址的方法很相似，它把 CPU 中某个变址寄存器 IX 的内容与偏移量 A 相加来形成操作数有效地址，即

$$EA=(IX)+A$$

图 8-10 为变址寻址方式的示意图。

使用变址寻址方式的目的不在于扩大寻址空间，而在于实现程序块的规律变化。为此，必须使变址寄存器的内容实现有规律的变化（如自增 1、自减 1、乘比例系数）而不改变指令本身，从而使有效地址按变址寄存器的内容实现有规律的变化，这个特点可用于处理数组问题。

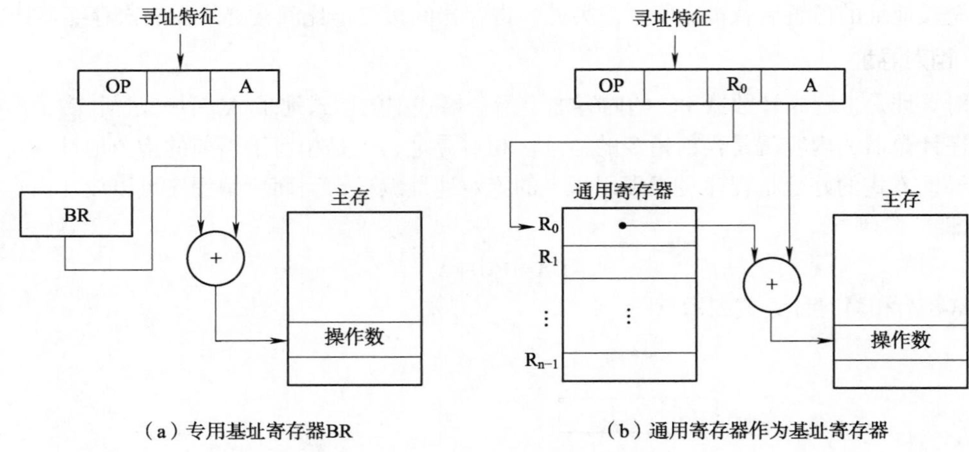

（a）专用基址寄存器BR （b）通用寄存器作为基址寄存器

图 8-9 基址寻址方式的示意图

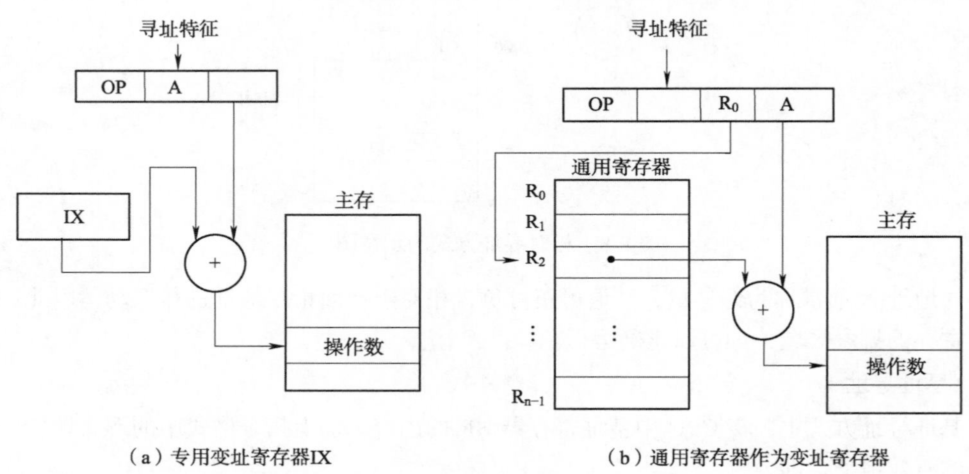

（a）专用变址寄存器IX （b）通用寄存器作为变址寄存器

图 8-10 变址寻址方式的示意图

变址寻址还可以和其他寻址方式结合使用。例如变址寻址和基址寻址合用，此时有效地址 EA 等于指令字中的形式地址 A 和变址寄存器 IX 的内容（IX）以及基址寄存器 BX 的内容（BX）相加之和，即

$$EA=A+(IX)+(BX)$$

变址寻址还可以和间址合用，形成先变址后间址或先间址后变址等寻址方式。

【例 8-4】设相对寻址的转移指令占 3 字节，第一字节为操作码，第二、三字节为相对位移量（补码表示），而且数据在存储器中采用以低字节地址为字地址的存放方式。每当 CPU 从存储器中取出一个字节时，即自动完成(PC)+ 1→PC。

若 PC 当前值为 240（十进制），要求转移到 200（十进制），则转移指令的第二、三字节的机器代码是什么？

答： PC 当前值为 240，该指令取出后 PC 值为 243，要求转移到 200，即相对位移量为 200 – 243 = – 43，转换成补码为 D5H。由于数据在存储器中采用以低字节地址为字地址的存放方式，故该转移指令的第二字节为 D5H，第三字节为 FFH。

10. **堆栈寻址**

在堆栈寻址的指令字中没有形式地址码字段，它是一种零地址指令。堆栈寻址要求计算机中设有堆栈。堆栈既可用寄存器组（称为硬堆栈）来实现，也可利用主存的一部分空间做堆栈（称为软堆栈）。堆栈的运行方式为先进后出或先进先出两种。先进后出型堆栈的操作数只能从一个口进行读或写。

以软堆栈为例，可用堆栈指针（stack point，SP）指出栈顶地址，也可用 CPU 中一个或两个寄存器作为 SP。操作数只能从栈顶地址指示的存储单元存或取。可见堆栈寻址也可视为一种隐含寻址，其操作数的地址总被隐含在 SP 中。堆栈寻址就其本质也可视为寄存器间址，因 SP 可视为寄存器，它存放着操作数的有效地址。图 8-11 所示为压栈（PUSH A）的寻址过程，图 8-12 所示为出栈（POP A）的寻址过程。

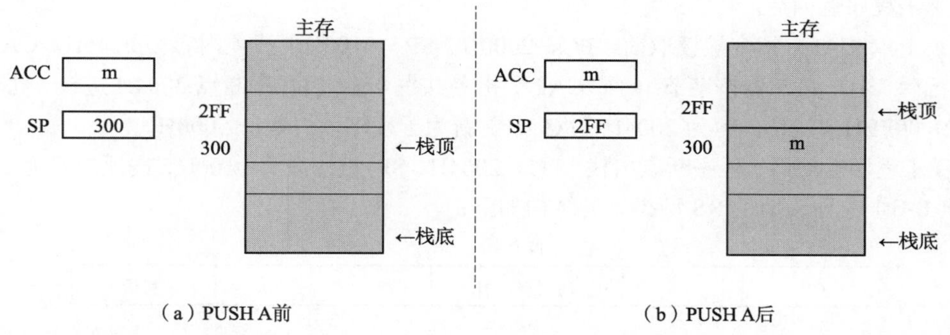

图 8-11　压栈（PUSH A）的寻址过程

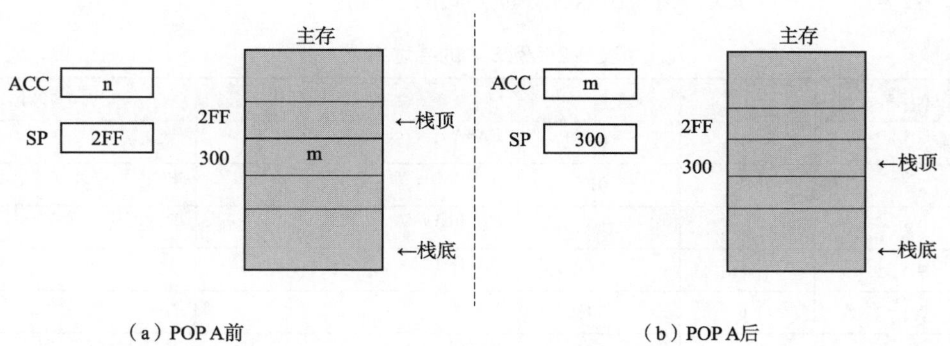

图 8-12　出栈（POP A）的寻址过程

由于 SP 始终指示着栈顶地址，因此不论是执行压栈（PUSH），还是出栈（POP），SP 的内容都需发生变化。若栈底地址大于栈顶地址，则每次进栈(SP)$-\varDelta\rightarrow$SP，每次出栈(SP)$+\varDelta\rightarrow$SP。$\varDelta$ 取值与内存编址方式有关。若按字编址，则 $\varDelta$ 取 1（见图 8-11、图 8-12）；若按字节编址，则需根据存储字长是几个字节构成才能确定 $\varDelta$。例如字长为 16 位，则 $\varDelta=2$；字长为 32 位，$\varDelta=4$。

由于当前计算机种类繁多，各类机器的寻址方式有各自特点，还有些机器的寻址方式可能本书并未提到，故读者在使用时需自行分析，以利于编程。

从高级语言角度考虑问题，机器指令的寻址方式对用户无关紧要，但一旦采用汇编语言编程，用户只有了解掌握该机的寻址方式，才能正确编程，否则程序将无法正常运行。如果读者参与机器的指令系统设计，则了解寻址方式对确定机器指令格式是不可缺少的。从另一角度来看，倘若透彻了解了机器指令的寻址方式，将会使读者进一步加深对机器内信息流程及整机工作概念的理解。

【例 8-5】一条双字长直接寻址的子程序调用指令，其第一个字为操作码和寻址特征，第二个字为地址码 5000H。假设 PC 当前值为 2000H，SP 的内容为 0100H，栈顶内容为 2746H，存储器按字节编址，而且进栈操作是先(SP)– Δ→SP，后存入数据。试回答下列几种情况下，PC、SP 及栈顶内容各为多少？

（1）CALL 指令被读取前和被执行后。

（2）子程序返回后。

答：（1）CALL 指令被读取前，PC = 2000H、SP = 0100H，栈顶内容为 2746H。CALL 指令被执行后，由于存储器按字节编址，CALL 指令共占 4 B，故程序断点 2004H 进栈，此时 SP=(SP) – 2= 00FEH，栈顶内容为 2004H，PC 被更新为子程序入口地址 5000H。

（2）子程序返回后，程序断点出栈，PC = 2004H，SP 被修改为 0100H，栈顶内容为 2746H。

【例 8-6】一种二地址 RS 型指令的结构如下：

6 位		4 位	1 位	2 位	16 位
OP	—	通用寄存器	I	X	偏移量 A

其中 I 为间接寻址表示位，X 为寻址模式位，A 为偏移量字段，通过 I、X、A 的组合，可构成表 8-2 所示的寻址方式，请写出六种寻址方式的名称。

表 8-2 例 8-7 的寻址方式

寻址方式	I	X	有效地址 EA 的算法	说 明
（1）	0	00	EA=A	—
（2）	0	01	EA=(PC) ± A	PC 为程序计数器
（3）	0	10	EA=(R_2) ± A	R_2 为变址寄存器
（4）	1	11	EA=(R_3)	—
（5）	1	00	EA=(A)	—
（6）	0	11	EA=(R_1) ± A	R_1 为基址寄存器

答：（1）直接寻址。（2）相对寻址。

（3）变址寻址。（4）寄存器间接寻址。

（5）间接寻址。（6）基址寻址。

【例 8-7】设某机配有基址寄存器和变址寄存器，采用一地址格式的指令系统，允许直接和间接寻址，且指令字长、机器字长和存储字长均为 16 位。

（1）若采用单字长指令，共能完成 105 种操作，则指令可直接寻址的范围是多少？一次间址的寻址范围是多少？画出其指令格式并说明各字段的含义。

（2）若存储字长不变，可采用什么方法直接访问容量为 16 MB 的主存？

答：（1）在单字长指令中，根据能完成 105 种操作，取操作码 7 位。因允许直接和间接寻址，且有基址寄存器和变址寄存器，故取 2 位寻址特征位，其指令格式如下：

7	2	7
OP	M	AD

其中，OP 为操作码，可完成 105 种操作；M 为寻址特征，可反映四种寻址方式；AD 为形式地址。这种指令格式可直接寻址 $2^7=128$，一次间址的寻址范围是 $2^{16}=65\,536$。

（2）容量为 16 MB 的存储器，正好与存储字长为 16 位的 8 M 存储器容量相等，即 16 MB=8 M×16 位。欲使指令直接访问 16 MB 的主存，可采用双字长指令，其操作码和寻址特征位均不变，其指令格式如下：

7	2	7
OP	M	AD_1
AD_2		

其中形式地址为 AD_1AD_2，共 7+16=23 位。2^{23}=8 M，即可直接访问主存的任一位置。

【例 8-8】某模型机共有 64 种操作，操作码位数固定，且具有以下特点：

（1）采用一地址或二地址格式。

（2）有寄存器寻址、直接寻址和相对寻址（位移量为 −128～+ 127）三种寻址方式。

（3）有 16 个通用寄存器，算术运算和逻辑运算的操作数均在寄存器中，结果也在寄存器中。

（4）取数/存数指令在通用寄存器和存储器之间传输数据。

（5）存储器容量为 1 MB，按字节编址。

要求设计算术运算和逻辑运算指令、取数/存数指令和相对转移指令的格式，并简述理由。

答：（1）算术运算和逻辑运算指令格式为“寄存器-寄存器”型，取单字长 16 位。其指令格式如下：

6	2	4	4
OP	M	R_i	R_j

其中，OP 为操作码，6 位，可实现 64 种操作；M 为寻址模式，2 位，可反映寄存器寻址、直接寻址、相对寻址；R_i 和 R_j 各取 4 位，指出源操作数和目的操作数的寄存器（共 16 个）编号。

（2）取数/存数指令格式为“寄存器-存储器”型，取双字长 32 位，其指令格式如下：

6	2	4	4
OP	M	R_i	A_1
A_2			

其中，OP 为操作码，6 位不变；M 为寻址模式，2 位不变；R_i 为 4 位，源操作数地址（存数指令）或目的操作数地址（取数指令）；A_1 和 A_2 共 20 位为存储器地址，可直接访问按字节

编址的 1 MB 存储器。

（3）相对转移指令为一地址格式，取单字长 16 位，其指令格式如下：

6	2	8
OP	M	A

其中，OP 为操作码，6 位不变；M 为寻址模式，2 位不变；A 为位移量 8 位，对应位移量为−128～+127。

【例 8-9】某机主存容量为 4 M×16 位，且存储字长等于指令字长，若该机指令系统能完成 97 种操作，操作码位数固定，且具有直接、间接、变址、基址、相对、立即等 6 种寻址方式。

（1）画出一地址指令格式并指出各字段的作用。

（2）该指令直接寻址的最大范围。

（3）一次间址和多次间址的寻址范围。

（4）立即数的范围（十进制数表示）。

（5）相对寻址的位移量（十进制数表示）。

（6）上述六种寻址方式的指令哪一种执行时间最短？哪一种最长？哪一种便于用户编制处理数组问题的程序？哪一种便于程序浮动？为什么？

（7）如何修改指令格式，使指令的直接寻址范围可扩大到 4 M？

（8）为使一条转移指令能转移到主存的任一位置，可采取什么措施？

答：（1）一地址指令格式为

OP	M	A

OP 为操作码字段，共 7 位，可反映 97 种操作；M 为寻址方式特征字段，共 3 位，可反映 6 种寻址方式；A 为形式地址字段，共 16 − 7 − 3 = 6 位。

（2）直接寻址的最大范围为 $2^6 = 64$。

（3）由于存储字长为 16 位，故一次间址的寻址范围为 2^{16}。若多次间址，需用存储字的最高位来区别是否继续间接寻址，故寻址范围为 2^{15}。

（4）立即数的范围是− 32～+ 31（有符号数）或 0～63（无符号数）。

（5）相对寻址的位移量为 − 32～+ 31。

（6）上述 6 种寻址方式中，因立即数由指令直接给出，故立即寻址的指令执行时间最短。间接寻址在指令的执行阶段要多次访存（一次间接寻址要两次访存，多次间接寻址要多次访存），故执行时间最长。变址寻址由于变址寄存器的内容由用户给定，而且在程序的执行过程中允许用户修改，而其形式地址始终不变，故变址寻址的指令便于用户编制处理数组问题的程序。相对寻址操作数的有效地址只与当前指令地址相差一定的位移量，与直接寻址相比，更有利于程序浮动。

（7）若指令的格式改为双字指令，即

OP	M	A_1
A_2		

其中，OP 占 7 位，M 占 3 位，A_1 占 6 位，A_2 占 16 位，即指令的地址字段共 16 + 6 = 22 位，则指令的直接寻址范围可扩大到 4 M。

（8）为使一条转移指令能转移到主存的任一位置，寻址范围需达到 4 M，除了采用（7）所示的格式外，还可配置 22 位的基址寄存器或 22 位的变址寄存器，使 EA = (BR) + A（BR 为 22 位的基址寄存器）或 EA = (IX)+ A（IX 为 22 位的变址寄存器），便可访问 4 M 存储空间。还可以通过 16 位的基址寄存器左移 6 位再和形式地址 A 相加，也可达到同样的效果。

8.4 RISC 与 CISC

RISC 是精简指令集计算机的英文缩写，即 reduced instruction set computer，与其对应的是 CISC，即复杂指令集计算机（complex instruction set computer）。

8.4.1 RISC 的产生和发展

计算机发展至今，机器的功能越来越强，硬件结构越来越复杂。尤其是随着集成电路技术的发展及计算机应用领域的不断扩大，计算机系统的软件价格相对而言在不断提高。为了节省开销，人们希望已开发的软件能被继承、兼容，这就希望新机种的指令系统和寻址方式一定能包含旧机种所有的指令和寻址方式。通过向上兼容不仅可降低新机种的开发周期和代价，还可吸引更多的新、老用户，于是出现了同类型的系列机。在系列机的发展过程中，致使同一系列计算机指令系统变得越来越复杂，某些机器的指令系统竟可包含几百条指令。例如 DEC 公司的 VAX-11/780 有 16 种寻址方式，9 种数据格式，303 条指令。这类机器被称为复杂指令集计算机，简称 CISC。

通常对指令系统的改进都是围绕着缩小与高级语言语义的差异和有利于操作系统的优化而进行的。由于编写编译器的任务是为每一条高级语言的语句编制一系列的机器指令，而如果机器指令能类似于高级语言的语句，显然编写编译器的任务就变得十分简单了。于是人们产生了用增加复杂指令的办法来缩短与语义的差距。后来又发现，倘若编译器过多依赖复杂指令，同样会出现新的矛盾。例如对减少机器代码、降低指令执行周期数以及为提高流水性能而优化生成代码等都是非常不利的。尤其当指令过于复杂时，机器的设计周期会很长、资金耗费会更大。如 Intel 80386 32 位机器耗资达 1.5 亿美元，开发时间长达三年多，结果正确性还很难保证，维护也很困难。最值得一提的例子是，1975 年 IBM 公司投资 10 亿美元研制的高速机器 FS 机，最终以“复杂结构不宜构成高速计算机”的结论，宣告研制失败。

为了解决这些问题，20 世纪 70 年代中期，人们开始进一步分析研究 CISC，发现一个 80-20 规律，即典型程序中 80%的语句仅仅使用处理机中 20%的指令，而且这些指令都是属于简单指令，如取数、加、转移等。这一点告诫人们，付出再大的代价增添复杂指令，也仅有 20%的使用概率，而且当执行频度高的简单指令时，因复杂指令的存在，致使执行速度也无法提高。

人们从 80-20 规律中得到启示，能否仅仅用最常用的 20%的简单指令，重新组合不常用的 80%的指令功能呢？这便引发出 RISC 技术。

1975 年 IBM 公司 John Cocke 提出了精简指令系统的设想，1982 年美国加州大学伯克利分校的研究人员，专门研究了如何有效利用 VLSI（超大规模集成电路）的有效空间。RISC 由于设计的指令条数有限，相对而言，它只需用较小的芯片空间便可制作逻辑控制电路，更多的芯片空间可用来增强处理机的性能或使其功能多样化。他们用大部分芯片空间做成寄存器，并用它们作为暂时数据存储的快速存储区，从而有效地降低了 RISC 机器在调用子程序时所需付出的时间。他们研制的 RISC Ⅰ（后来又出现 RISC Ⅱ），采用 VLSI CPU 芯片上的晶体管数量达 44 000 个，线宽为 3 μm，字长为 32 位，其中有 128 个寄存器（而用户只能见到 32 个），仅有 31 条指令，两种寻址方式，访存指令只有两条，即取数（LOAD）和存数（STORE）。其指令系统极为简单，但它们的功能已超过 VAX-11/780 和 M68000，其速度比 VAX-11/780 快了一倍。

与此同时，美国斯坦福大学 RISC 研究的课题是 MIPS（micro processor without interlocking pipeline stages），即“消除流水线各段互锁的微处理器”。他们把 IBM 公司对优化编译程序的研究与加州大学伯克利分校对 VLSI 有效空间利用的思想结合在一起，最终的研究成果后来转化为 MIPS 公司 RX000 的系列产品。IBM 公司又继其 IBM801 型机 IBM RT/PC 后，于 1990 年推出了著名的 IBM RS/6000 系列产品。加州大学伯克利分校的研究成果，最后发展成 Sun 微系统公司的 RISC 芯片，称为 SPARC（scalable processor architecture）。

到目前为止，RISC 体系结构的芯片可以说已经历了三代：第一代以 32 位数据通路为代表，支持 Cache，软件支持较少，性能与 CISC 体系结构的产品相当，如 RISC Ⅰ、MIPS、IBM801 等；第二代产品提高了集成度，增加了对多处理机系统的支持，提高了时钟频率，建立了完善的存储管理体系，软件支持系统也逐渐完善。它们已具有单指令流水线，可同时执行多条指令，每个时钟周期发出一条指令（有关流水线的概念详见 10.6 节）。如 MIPS 公司的 R3000 处理器，时钟频率为 25 MHz 和 33 MHz，集成度达 11.5 万个晶体管，字长为 32 位。第三代 RISC 产品为 64 位微处理器，采用了巨型计算机或大型计算机的设计技术——超级流水线（super pipelining）技术和超标量（superscalar）技术，提高了指令集的并行处理能力，每个时钟周期发出两条或三条指令，使 RISC 处理器的整体性能更好。如 MIPS 的 R4000 处理器采用 50 MHz 和 75 MHz 的外部时钟频率，内部时钟频率达 100 MHz 和 150 MHz，芯片集成度高达 110 万个晶体管，字长 64 位，并有 16 KB 的片内 Cache。它有 R4000PC、R4000SC 和 R4000MC 三种版本，对应不同的时钟频率，分别提供给台式系统、高性能服务器和多处理器环境下使用。

8.4.2 RISC 的主要特点及其指令系统

由上述分析可知，RISC 技术是用 20%的简单指令的组合来实现不常用的 80%的那些指令功能，但这不意味着 RISC 技术就是简单地精简其指令集。在提高性能方面，RISC 技术还采取了许多有效措施，最有效的办法就是减少指令的执行周期数。

计算机执行程序所需的时间 P 可用下式表述：

$$P = I \times C \times T$$

式中，I 是高级语言程序编译后在机器上运行的机器指令数；C 为执行每条机器指令所需的平均机器周期；T 是每个机器周期的执行时间。

表 8-3 列出了第二代 RISC 机与 CISC 机的 I、C、T 统计，其中 I、T 为比值，C 为实际周期数。

表 8-3　RISC/CISC 的 I、C、T 统计比较

项　目	I	C	T
RISC	1.2～1.4	1.3～1.7	<1
CISC	1	4～10	1

由于 RISC 指令比较简单，用这些简单指令编制出的子程序来代替 CISC 机中比较复杂的指令，因此 RISC 中的 I 比 CISC 多 20%～40%。但 RISC 的大多数指令仅用一个机器周期完成，C 的值比 CISC 小得多。而且 RISC 结构简单，完成一个操作所经过的数据通路较短，使 T 值也大大下降。因此总折算结果，RISC 的性能仍优于 CISC 2～5 倍。

由于计算机的硬件和软件在逻辑上的等效性，使得指令系统的精简成为可能。曾有人在 1956 年证明，只要用一条"把主存中指定地址的内容同累加器中的内容求差，把结果留在累加器中并存入主存原来地址中"的指令，就可以编出通用程序。

又有人提出，只要用一条"条件传输（CMOVE）"指令就可以做出一台计算机。并在 1982 年某大学做出了一台 8 位的 CMOVE 系统结构样机，称为 SIC（单指令计算机）。而且，指令系统所精简的部分可以通过其他部件以及软件（编译程序）的功能来替代，因此，实现 RISC 技术是完全可能的。

1. RISC 的主要特点

通过对 RISC 各种产品的分析，可归纳出 RISC 机应具有如下一些特点：

（1）选取使用频率较高的一些简单指令以及一些很有用但又不复杂的指令，让复杂指令的功能由频度高的简单指令的组合来实现。

（2）指令长度固定，指令格式种类少，寻址方式种类少。

（3）只有取数/存数（LOAD/STORE）指令访问存储器，其余指令的操作都在寄存器内完成。

（4）采用流水线技术，大部分指令在一个时钟周期内完成。采用超标量和超流水线技术，可使每条指令的平均执行时间小于一个时钟周期。

（5）控制器采用组合逻辑控制，不用微程序控制。

（6）CPU 中有多个通用寄存器。

（7）采用优化的编译程序。

值得注意的是，商品化的 RISC 机通常不会是纯 RISC 机，故上述这些特点不是所有 RISC 机全部具备的。

下面以 RISC Ⅱ 为例，着重分析其指令种类和指令格式。

2. RISC Ⅱ 指令系统举例

1）指令种类

RISC Ⅱ 共有 39 条指令，分为四类：

（1）寄存器-寄存器操作：移位、逻辑、算术（整数）运算等 12 条。

（2）取数/存数指令：取/存字节、半字、字等 16 条。

（3）控制转移指令：条件转移、调用/返回等 6 条。

（4）其他：存取程序状态字 PSW 和程序计数器等 5 条。

在 RISC Ⅱ 机中，有一些常用指令未被选中，但用上述这些指令并在硬件系统的辅助下，足

以实现其他一些指令的功能。例如该机约定 R_0 寄存器内容恒为 0，这样加法指令可替代寄存器间的传输指令，即

$(Rs)+(R_0)\rightarrow Rd$，替代了 $Rs\rightarrow Rd$。

加法指令还可替代清除寄存器指令，即

$(R_0)+(R_0)\rightarrow Rd$，替代了 $0\rightarrow Rd$。

减法指令可替代取负数指令，即

$(R_0)-(Rs)\rightarrow Rd$，替代了 Rd 寄存器内容取负。

此外，该机可用立即数作为一个操作数，这样当立即数取 1 时，再用加法（或减法）指令就可替代寄存器内容增 1（减 1）指令，即

$(Rs)+1\rightarrow Rd$

当立即数取–1 时，异或指令可替代求反码指令，即

$Rs\oplus(1)\rightarrow Rd$

2）指令格式

RISC 机的指令格式比较简单，寻址方式也比较少，如 RISC Ⅱ 其指令格式有两种：短立即数格式和长立即数格式。指令字长固定为 32 位，指令字中每个字段都有固定位置，如图 8-13 所示。

31～25	24	23～19	18～14	13	12～5	4～0
OP	S	DEST	rs_1	0		rs_2

（a）第二源操作数在寄存器中的短立即数格式

31～25	24	23～19	18～14	13	12～0
OP	S	DEST	rs_1	1	imm_{13}

（b）第二源操作数为 imm_{13} 的短立即数格式

31～25	24	23～19	18～0
OP	S	DEST	imm_{19}

（c）长立即数格式

图 8-13　RISC Ⅱ 指令格式

短立即数格式指令主要用于算术逻辑运算，其中第 31～25 位为操作码：两个操作数一个在 rs_1 中，另一个操作数的来源由指令的第 13 位决定。当其为 0 时，第二个操作数在寄存器中（只用第 0～4 位）；当其为 1 时，第二个操作数为 13 位的立即数 imm_{13}。运算结果存放在 DEST 所指示的寄存器中（共 32 个）。指令字中的第 24 位 S 用来表示是否需要根据运算结果置状态位，S = 1 表示置状态位。RISC Ⅱ 机有 4 个状态位，即零标志位 Z、负标志位 N、溢出标志位 V、进位标志位 C。

指令中的 DEST 字段在条件转移指令中，用第 22～19 位作为转移条件，第 23 位无用。对于图 8-13（b）所示的短立即数指令格式，其 imm_{13} 即为相对转移位移量。

长立即数指令格式主要用于相对转移指令，此时 19 位的立即数 imm_{19} 指出转移指令的相对位移量，与 13 位相比，可扩大相对于 PC 的转移距离。

对于 LOAD 指令，可根据计算所得的有效地址，从存储器中读取数据并送入 DEST 字段中指示的目的寄存器中。如短立即数指令有效地址为

$$(rs_1)+(rs_2)$$

或为

$$(rs_1)+imm_{13}$$

对于 STORE 指令，是将 DEST 字段指示的源寄存器中的数取出并存入存储器中，有效地址的计算与 LOAD 指令相同。

3. RISC 指令系统的扩充

从实用角度出发，商品化的 RISC 机，因用途不同还可扩充一些指令，例如：

（1）浮点指令。用于科学计算的 RISC 机，为提高机器速度，增设浮点指令。

（2）特权指令。为便于操作系统管理机器，为防止用户破坏机器的运行环境，设置特权指令。

（3）读后置数指令。完成读—修改—写操作，用于寄存器与存储单元交换数据等。

（4）一些简单的专用指令。如某些指令用得较多，实现起来又比较复杂，若用子程序来实现，占用较多的时间，则可考虑设置一条指令来缩短子程序执行时间。

8.4.3　RISC 和 CISC 的比较

与 CISC 机相比，RISC 机的主要优点可归纳如下：

1. 充分利用 VLSI 芯片的面积

CISC 机的控制器大多采用微程序控制，其控制存储器在 CPU 芯片内所占的面积为 50%以上（如 Motorola 公司的 MC68020 占 68%）。而 RISC 机控制器采用组合逻辑控制，其硬布线逻辑只占 CPU 芯片面积的 10%左右。可见它可将空出的面积供其他功能部件用，例如用于增加大量的通用寄存器（如 Sun 微系统公司的 SPARC 有 100 多个通用寄存器），或将存储管理部件也集成到 CPU 芯片内（如 MIPS 公司的 R2000/R3000）。以上两种芯片的集成度分别小于 10 万个和 20 万个晶体管。

随着半导体工艺技术的提高，集成度可达 100 万至几百万个晶体管，此时无论是 CISC 还是 RISC 都将多个功能部件集成在一个芯片内。但此时 RISC 已占领了市场，尤其在工作站领域占有明显的优势。

2. 提高计算机运算速度

RISC 机能提高计算机运算速度，主要反映在以下五个方面：

（1）RISC 机的指令数、寻址方式和指令格式种类较少，而且指令的编码很有规律，因此 RISC 的指令译码比 CISC 快。

（2）RISC 机内通用寄存器多，减少了访存次数，可加快运行速度。

（3）RISC 机采用寄存器窗口重叠技术，程序嵌套时不必将寄存器内容保存到存储器中，故又提高了执行速度。

（4）RISC 机采用组合逻辑控制，比采用微程序控制的 CISC 机的延迟小，缩短了 CPU 的周期。

（5）RISC 机选用精简指令集，适合于流水线工作，大多数指令在一个时钟周期内完成。

3. 便于设计，可降低成本，提高可靠性

RISC 机指令系统简单，故机器设计周期短，如美国加州大学伯克利分校的 RISC Ⅰ机从设计到芯片试制成功只用了十几个月，而 Intel 80386 处理器（CISC）的开发花了三年多的时间。

RISC 机逻辑简单，设计出错可能性小，有错时也容易发现，可靠性高。

4. 有效支持高级语言程序

RISC 机靠优化编译来更有效地支持高级语言程序。由于 RISC 指令少，寻址方式少，使编译程序容易选择更有效的指令和寻址方式。而且由于 RISC 机的通用寄存器多，可尽量安排寄存器的操作，使编译程序的代码优化效率提高。如 IBM 的研究人员发现，IBM 801（RISC 机）产生的代码大小是 IBMS/370（CISC 机）的 90%。

有些 RISC 机（如 Sun 公司的 SPARC）采用寄存器窗口重叠技术，使过程间的参数传输加快，且不必保存与恢复现场，能直接支持调用子程序和过程的高级语言程序。

此外，从指令系统兼容性看，CISC 大多能实现软件兼容，即高档机包括了低档机的全部指令，并可加以扩充。但 RISC 机简化了指令系统，指令数量少，格式也不同于老机器，因此大多数 RISC 机不能与老机器兼容。

PowerPC 是 IBM、Apple、Motorola 三家公司于 1991 年联合，用 Motorola 的芯片制造经验、Apple 的微机软件支持、IBM 的体系结构及其世界计算机市场的地位，向长期被 Intel 占据的微处理器市场挑战而开发的 RISC 产品。

PowerPC 中的 PC 意为 powerful chip，其中 Power 基于 20 世纪 80 年代后期，IBM 在其 801 小型机的基础上开发的工作站和服务器中的 Power 体系，意为 performance optimization with enhanced RISC（性能优化的增强型 RISC）。PowerPC 具有高超的性能、价廉、易仿真 CISC 指令集、可运行大量的现代 CISC 计算机应用软件，即集工作站的卓越性能、PC 的低成本及运行众多的软件等优点于一身。此外，PowerPC 扩展性强，可覆盖 PDA（个人数字助理）到多处理、超并行的中大型机，用单芯片提供整个解决方案。

多年来，计算机体系结构和组织发展的趋势是增加 CPU 的复杂性，即用更多的寻址方式及更加专门的寄存器等。RISC 的出现，象征着与这种趋势根本决裂，自然地引起了 RISC 与 CISC 的争端。随着技术不断发展，RISC 与 CISC 还不能说是截然不同的两大体系，很难对它们做出明确的评价。最近几年，RISC 与 CISC 的争端已减少了很多。原因在于这两种技术已逐渐融合。特别是芯片集成度和硬件速度的增大，RISC 系统也越来越复杂。与此同时，在努力挖掘最大性能的过程中，CISC 的设计已集中到和 RISC 相关联的主题上来，例如增加通用寄存器数以及更加强调指令流水线设计，所以很难评价它们的优越性了。

RISC 技术发展很快，有关 RISC 体系结构、RISC 流水、RISC 编译系统、RISC 和 CISC 和 VLIW（very long instruction word，超长指令字）技术的融合等方面的资料不少。读者若想深入了解，请查阅有关文献。

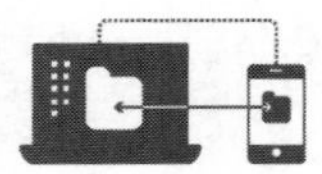

8.5 x86、ARM 和 RISC-V 汇编语言简介

汇编语言是一种面向机器的、能够充分利用计算机硬件特性的低级语言，它随机器结构的不同而不同。因此，要学会一种汇编语言，就必须首先了解与该机器有关的硬件结构。

由于机器指令是用二进制表示的，所以编写起程序来相当麻烦，写出的程序也难以阅读和调试。为了克服这些缺点，人们就想出了用助记符表示机器指令的操作码；用变量代替操作数的存放地址；在指令前冠以标号，用来代表该指令的存放地址等。这种用符号书写的、其主要操作与机器指令基本上一一对应的、并遵循一定语法规则的计算机语言就是汇编语言。用汇编语言编写的程序称为汇编源程序。由此可见，汇编语言是面向机器的语言。

一种语言可以在不同的计算机操作系统中编译运行，称这种语言是可移植的。最常见的 C++ 和 Java 等高级语言就是可移植的，只要满足一定的条件它们几乎可以在任何计算机中运行。

汇编语言是不可移植的，因为这种语言是专门为一种处理器架构所设计的。目前广为人知的不同种类的汇编语言，每一种都是基于一种处理器系列。汇编语言指令会直接与该计算机体系结构进行匹配，或者在执行使用一种被称为伪代码解释器的处理器内置程序来进行转换。

学习汇编语言的用途：

（1）编写嵌入式程序。嵌入式程序是指一些存放在专用设备中小容量存储器内的程序，例如：电话、汽车燃油和点火系统、空调控制系统、安全系统、数据采集系统、显卡、声卡、硬盘驱动器、调制解调器和打印机。

（2）处理仿真和硬件监控的实施应用程序要求精确定时和响应。高级语言不会让程序员对编译器生成的机器代码进行精确控制。汇编语言则允许程序员精确指定程序的可执行代码。

（3）计算机游戏要求软件在减少代码大小和加快执行速度方面进行高度优化。因为汇编语言允许直接访问计算机硬件。所以可以为了提高游戏速度进行手工优化。

（4）有助于形成对计算机硬件、操作系统和应用程序之间交互的全面理解。使用汇编语言可以很方便地检验从计算机体系结构和操作系统资料中获得的理论知识。

（5）一些高级语言对其数据表示进行了抽象，使得它们在执行底层任务时不是很方便。这种情况下，程序员可以调用汇编语言编写的子程序完成它们的任务。

（6）硬件制造商为销售的设备创建设备驱动程序。设备驱动程序是一种把用户操作转换为对硬件具体操作的特殊程序。

8.5.1　x86 汇编语言

Intel 公司自 1971 年开始生产微处理器，是世界上第一个生产微处理器的生产厂家，所生产的 80x86 系列微处理器一直是个人计算机的主流 CPU。该种语言是针对 Intel 80x86 微处理器的汇编语言，其指令格式如图 8-14 所示，其指令集如图 8-15 所示。

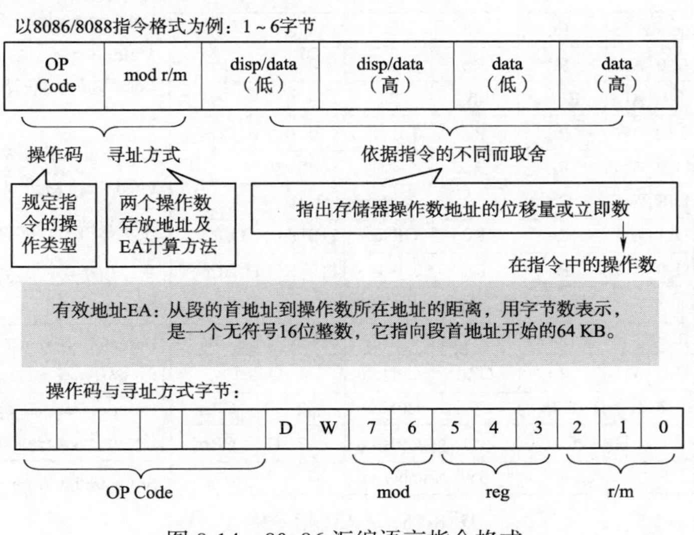

图 8-14　80x86 汇编语言指令格式

```
OPCODE              DESCRIPTION
AAA             ASCII adjust addition
AAD             ASCII adjust division
AAM             ASCII adjust multiply
AAS             ASCII adjust subtraction
ADC     dt,sc   Add with carry
ADD     dt,sc   Add
AND     dt,sc   Logical AND
CALL    proc    Call a procedure
CBW             Convert byte to word
CLC             Clear carry flag
CDL             Clear direction flag
CLI             Clear interrupt flag
CMC             Complement carry flag
CMP     dt,sc   Compare
CMPS    [dt,sc] Compare string
CMPSB     "       "          bytes
CMPSW     "       "          words
CWD             Convert word to double word
DAA             Decimal adjust addition
DAS             Decimal adjust subtraction
DEC     dt      Decrement
DIV     sc      Unsigned divide
ESC     code,sc Escape
HLT             Halt
IDIV    sc      Integer divide
IMUL    sc      Integer multiply
IN      ac,port Input from port
INC     dt      Increment
INT     type    Interrupt
INTO            Interrupt if overflow
IRET            Return from interrupt
JA      slabel  Jump if above
JAE     slabel  Jump if above or equal
JB      slabel  Jump if below
JBE     slabel  Jump if below or equal
JC      slabel  Jump if carry
JCXZ    slabel  Jump if CX is zero
JE      slabel  Jump if equal
JG      slabel  Jump if greater
JGE     slabel  Jump if greater or equal
JL      slabel  Jump if less
JLE     slabel  Jump if less or equal
JMP     label   Jump
JNA     slabel  Jump if not above
JNAE    slabel  Jump if not above or equal
JNB     slabel  Jump if not below
JNBE    slabel  Jump if below or equal
JNC     slabel  Jump if no carry
JNE     slabel  Jump if not equal
JNG     slabel  Jump if not greater
JNGE    slabel  Jump if not greater or equal
JNL     slabel  Jump if not less
JNLE    slabel  Jump if not less or equal
JNZ     slabel  Jump if not zero
JNO     slabel  Jump if not overflow
JNP     slabel  Jump if not parity
JNS     slabel  Jump if not sign
JO      slabel  Jump if overflow
JPO     slabel  Jump if parity odd
JP      slabel  Jump if parity
JPE     slabel  Jump if parity even
JS      slabel  Jump if sign
JZ      slabel  Jump if zero
LAHF            Load AH from flags
LDS     dt,sc   Load pointer using DS
LEA     dt,sc   Load effective address
LES     dt,sc   Load pointer using ES
LOCK            Lock bus
LODS    [sc]    Load string
LODSB     "       "        bytes
LODSW     "       "        words
LOOP    slabel  Loop
LOOPE   slabel  Loop if equal
LOOPZ   slabel  Loop if zero
LOOPNE  slabel  Loop if not equal
LOOPNZ  slabel  Loop if not zero
MOV     dt,sc   Move
MOVS    [dt,sc] Move string
MOVSB     "       "          bytes
MOVSW     "       "          words
MUL     sc      Unsigned multiply
NEG     dt      Negate
NOP             No operation
NOT     dt      Logical NOT
OR      dt,sc   Logical OR
OUT     port,ac output to port
POP     dt      Pop word off stack
POPF            Pop flags off stack
PUSH    sc      Push word onto stack
PUSHF           Push flags onto stack
RCL     dt,cnt  Rotate left through carry
RCR     dt,cnt  Rotate right through carry
REP             Repeat string operation
REPE            Repeat while equal
REPZ            Repeat while zero
REPNE           Repeat while not equal
REPNZ           Repeat while not zero
RET     [pop]   Return from procedure
ROL     dt,cnt  Rotate left
ROR     dt,cnt  Rotate right
SAHF            Store AH into flags
SAL     dt,cnt  Shift arithmetic left
SHL     dt,cnt  Shift logical left
SAR     dt,cnt  Shift arithmetic right
SBB     dt,sc   Subtract with borrow
SCAS    [dt]    Scan string
SCASB     "       "        byte
SCASW     "       "         word
SHR     dt,cnt  Shift logical right
STC             Set carry flag
STD             Set direction flag
STI             Set interrupt flag
STOS    [dt]    Store string
STOSB     "       "         byte
STOSW     "       "         word
SUB     dt,sc   Subtraction
TEST    dt,sc   Test (logical AND)
WAIT            Wait for 8087
XCHG    dt,sc   Exchange
XLAT    table   Translate
XLATB     "       "
XOR     dt,sc   Logical exclusive OR

Notes:
dt - destination
sc - source
label - may be near or far address
slabel - near address
```

图 8-15　80x86 汇编语言指令集

8.5.2　ARM 汇编语言

ARM 指令在机器中的表示格式是用 32 位的二进制数表示，其指令格式如图 8-16 所示。ARM 指令集可以分为数据处理指令、数据加载指令和存储指令、分支指令、程序状态寄存器（PSR）处理指令、协处理器指令和异常产生指令六大类。ARM 指令的寻址方式一般可以分为八类：立即数寻址、寄存器寻址、寄存器间接寻址、寄存器移位寻址、基址变址寻址、多寄存器寻址、相对寻址、堆栈寻址等。

<table>
<tr><td>31　28 27　　16 15　　8 7　　0</td><td>指令类型:</td></tr>
<tr><td>Cond | 0 0 | I | Opcode | S | Rn | Rd | Operand2</td><td>Data processing/PSR Transfer</td></tr>
<tr><td>Cond | 0 0 0 0 0 0 | A | S | Rd | Rn | Rs | 1 0 0 1 | Rm</td><td>Multiply</td></tr>
<tr><td>Cond | 0 0 0 0 1 | U | A | S | RdHi | RdLo | Rs | 1 0 0 1 | Rm</td><td>Long Multiply(v3M/v4 only)</td></tr>
<tr><td>Cond | 0 0 0 1 0 | B | 0 0 | Rn | Rd | 0 0 0 0 | 1 0 0 1 | Rm</td><td>Swap</td></tr>
<tr><td>Cond | 0 1 | I | P | U | B | W | L | Rn | Rd | Offset</td><td>Load/Store Byte/Word</td></tr>
<tr><td>Cond | 1 0 0 | P | U | S | W | L | Rn | Register List</td><td>Load/Store Multiple</td></tr>
<tr><td>Cond | 0 0 0 | P | U | 1 | W | L | Rn | Rd | Offset1 | 1 | S | H | 1 | Offset2</td><td>半字组传送：Immediate offset(v4 only)</td></tr>
<tr><td>Cond | 0 0 0 | P | U | 0 | W | L | Rn | Rd | 0 0 0 0 | 1 | S | H | 1 | Rm</td><td>半字组传送：Register offset(v4 only)</td></tr>
<tr><td>Cond | 1 0 1 | L | Offset</td><td>Branch</td></tr>
<tr><td>Cond | 0 0 0 1 | 0 0 1 0 | 1 1 1 1 | 1 1 1 1 | 1 1 1 1 | 0 0 0 1 | Rn</td><td>Branch Exchange (v4 only)</td></tr>
<tr><td>Cond | 1 1 0 | P | U | N | W | L | Rn | CRd | CPNum | Offset</td><td>Coprocessor data transfer</td></tr>
<tr><td>Cond | 1 1 1 0 | op1 | CRn | CRd | CPNum | op2 | 0 | CRm</td><td>Coprocessor data operation</td></tr>
<tr><td>Cond | 1 1 1 0 | op1 | L | CRn | Rd | CPNum | op2 | 1 | CRm</td><td>Coprocessor register transfer</td></tr>
<tr><td>Cond | 1 1 1 1 | SWI Number</td><td>Software interrupt</td></tr>
</table>

图 8-16　ARM 指令格式

ARM 指令格式一般如下：

```
<opcode>  {<cond>}{s}<Rd>, <Rn>{, <op2>}
格式中< >的内容是必不可少的, { }中的内容可忽略
<opcode>  表示操作码。如 ADD 表示算术加法
{<cond>}  表示指令执行的条件域。如 EQ、NE 等，默认为 AL。
{S}  决定指令的执行结果是否影响 CPSR 的值，使用该后缀则指令执行结果影响 CPSR 的值，否则不影响
<Rd>  表示目的寄存器
<Rn>  表示第一个操作数，为寄存器
<op2>  表示第二个操作数，可以是立即数、寄存器和寄存器移位操作数
```

8.5.3　RISC-V 汇编语言

RISC-V 指令集是加州大学伯克利分校设计的第五代开源 RISC ISA, V 也可以认为是允许变种（variations）和向量（vector）实现，数据的并行加速功能也是明确支持目标，是专用硬件发展的一个重要方向。RISC ISA 相对于成熟的指令集来说有开源、简捷、可扩展和后发优势等。

指令集分为基本部分和扩展部分，所有硬件实现都必须有基本部分的指令集实现，而扩展部分则是可选的。扩展部分又分为标准扩展和非标准扩展。例如，乘除法、单双精度的浮点、原子操作就在标准扩展子集中。

“I”基本整数集，其中包含整数的基本计算、Load/Store 和控制流，所有的硬件实现都必须包含这一部分。

“M”标准整数乘除法扩展集，增加整数寄存器中的乘除法指令。

“A”标准操作原子扩展集，增加对存储器的原子读、写、修改和处理器间的同步。

“F”标准单精度浮点扩展集，增加了浮点寄存器、计算指令、L/S 指令。

“D”标准双精度扩展集，扩展双精度浮点寄存器、双精度计算指令、L/S 指令。

I+M+A+F+D 被缩写为“G”，共同组成通用的标量指令。

在后续 ISA 的版本迭代过程中，RV32G 和 RV64G 总是保持不变的。

基本 RISC-V ISA 具有 32 位固定长度，并且需要 32 位地址对齐。但是也支持变长扩展，要求指令长度为 16 位整数倍，16 位地址对齐。

32 位指令最低 2 位为“11”，而 16 位变长指令可以是“00、01、10”，48 位指令低 5 位全 1，64 位指令低 6 位全 1。任何长度的指令，如果所有位全 0 或全 1，都认为是非法指令，前者跳入填满 0 的存储区域，后者通常意味着总线或存储器损坏。

另外，RISC-V 默认用小端存储系统，但非标准变种中可以支持大端或者双端存储系统。

相关专业术语：

异常：RISC-V 线程中出现了指令相关的非正常情况。

自陷：RISC-V 线程中出现了指令相关的异常情况，控制同步传输到自陷处理函数（一般在高特权环境中执行）。

中断：RISC-V 线程外异步出现了一个事件，如果需要处理则需要选择某条指令来接收，并顺序产生自陷。

基本整数子集用户可见状态为 31 个寄存器 x1 ~ x31，用来保存整数值，其中 x0 是常数 0。还有一个用户可见的寄存器 pc 用来保存当前指令的地址。

XLEN-1	0
x0/零	
x1	
x2	
x3	
…	
x30	
x31	
XLEN	

XLEN-1	0
pc	
XLEN	

图 8-17　RISC-V 用户级基本整数寄存器状态

1. 基本指令格式

四种核心指令格式（R/I/S/U），都是固定 32 位长度的指令。基于立即数的处理，还有 SB/UI 这两种指令格式的变种。

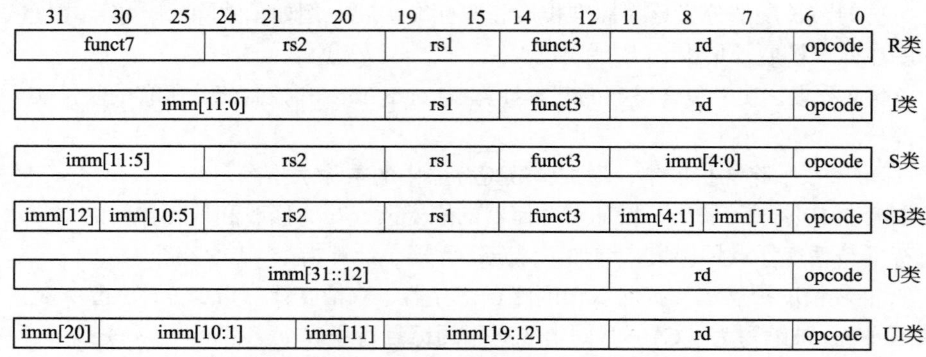

图 8-18　RISC-V 显示了立即数的基本指令格式

在所有格式中，RISC-V ISA 将源寄存器（rs1 和 rs2）和目的寄存器（rd）固定在同样的位置，以简化指令译码。在指令中，立即数被打包，朝着最左边可用位的方向，并且已分配好以减少硬件复杂度。特别地，所有立即数的符号位总是在指令的第 31 位，以方便符号扩展操作。

2. 整数计算指令

整数计算指令要么使用 I 类格式编码 R-I 操作，要么使用 R 类格式编码 R-R 操作。其目标都是 rd，不会产生异常。这里没有支持溢出检测指令，uint 加法和 int 数组边界检测用一条分支即可完成，有符号数的加法溢出检测则需要几条指令（与被加数是立即数还是变量有关）。

1）R-I 类指令

ADDI/SLTI(U)/ANDI/ORI/XORI

31　　　　20	19　　15	14　　　　12	11　　7	6　　0
imm[11:0]	rs1	funct3	rd	opcode
12	5	3	5	
I立即数[11:0]	src	ADD/SLTI[U]	dest	OP-IMM
I立即数[11:0]	src	ANDI/ORI/XORI	dest	OP-IMM

ADDI→rs1+=imm(12bit)，溢出被忽略。ADDI rd,rs1,0 ==> 伪码 mv rd, rs1。

SLTI(set less than imm)，　if(rs1<imm) rd=1; else rd=0; 其中 rs1 和 imm 都被当作有符号数。

SLTIU 功能同 SLTI，不过 rs1 和 imm 被当作无符号数。SLTIU rd,rs1,1 {if(rs1= =0)rd=1;else rd=0;} = = 汇编 SEQZ rd, rs。

ANDI、ORI、XORI 均为逻辑操作，在寄存器 rs1 和符号扩展位上的 12 bit 按位 AND、OR、XOR。比如 XORI　rd，rs1，–1 被用来按位取反 NOT rd,rs。

SLLI/SRLI/SRAI

31　　25	24　　20	19　　15	14　　12	11　　7	6　　0
imm[11:5]	imm[4:0]	rs1	funct3	rd	opcode
7	5	5	3	5	7
0000000	移位次数[4:0]	src	SLLI	dest	OP-IMM
0000000	移位次数[4:0]	src	SLLI	dest	OP-IMM
0000000	移位次数[4:0]	src	SLLI	dest	OP-IMM

rs1 被移位 imm[4:0]次，SLLI/SRLI 分别是逻辑左右移（空出来的位填 0），SRAI 是算术右移（符号位单独处理，正数填充 0，负数填充 1）。

LUI/AUIPC

31　　12	11　　7	6　　0
imm[31:12]	rd	opcode
20	5	7
U立即数[31:12]	dest	LUI
U立即数[31:12]	dest	AUIPC

LUI 用于构建 32 位常数，LUI 将 imm 放到 rd 的高 20 位，低 12 位填 0。

AUIPC（add upper immediate to pc）用 imm 构建一个偏移量的高 20 位，低 12 位填 0，并将此偏移加到 pc 上，将结果写入 rd。

AUIPC+JALR 可以将控制转移到任意 32 位相对地址，而加上一条 12 位立即数偏移的 LOAD/STORE 指令就可以访问任意 32 位 pc 相对数据地址。

2）R-R 类指令

ADD/SLT/SLTU/AND/OR/XOR/SLL/SRL/SUB/SRA

31　　25	24　　20	19　　15	14　　12	11　　7	6　　0
funct7	rs2	rs1	funct3	rd	opcode
7	5	5	3	5	7
0000000	src2	src1	ADD/SLT/SLTU	dest	OP
0000000	src2	src1	AND/OR/XOR	dest	OP
0000000	src2	src1	SLL/SRL	dest	OP
0100000	src2	src1	SUB/SRA	dest	OP

ADD/SUB 分别用于执行加减法，忽略溢出。

SLT/SLTU 分别用于执行有无符号数的比较 if（rs1<rs2）rd=1;else rd=0; 同样，STLU rd, x0,rs2 用来判定 rs2 是否为 0。

SLL/SRL/SRA 分别逻辑左右移，算术右移。被移位的是 rs1，移动 rs2 的低 5 位。

3）NOP 指令

此指令不改变任何用户的可见状态，用于 pc 地址向前推进。被编码为 ADDI x0,x0,0。

3. 控制转移指令

RV32I 提供了两类控制转移指令，无条件跳转和条件分支，并且没有在体系结构中可见的分支延迟槽。

1）无条件跳转

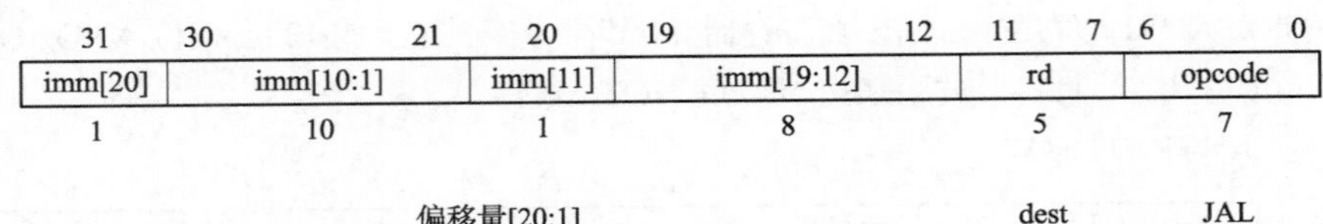

JAL 在立即数处编码了一个有符号偏移量，这个偏移量加到 pc 上后形成跳转目标地址，并将跳转指令后面指令的地址（pc+4）加载到 rd，跳转范围为±1 MB。标准软件调用约定使用寄存器 x1 来作为返回地址寄存器。

31　　　　20	19　　15	14　　12	11　　7	6　　0
imm[11:0]	rs1	funct3	rd	opcode
12	5	3	5	7
偏移量[11:0]	基址	0	dest	JALR

JALR（jump and link register）通过有符号立即数加上 rs1，然后将结果的最低位设置为 0，作为目标地址，将跳转指令后面的地址存到 rd 中。

如果目标地址没有对齐到 32 位，JAL 和 JALR 指令均会产生一个非对齐指令取址异常。

所有无条件跳转指令都是用 pc 相对寻址，有助于支持位置无关代码。JALR 可以用来跳转到任何 32 位绝对地址空间。

首先 LUI 将目标地址的高 20 位加载到 rs1 中，然后 JALR 可以加上低 12 位。事实上，绝大多数 JALR 指令的使用要么是一个立即数 0，要么就是配合 LUI 或者 AUIPC 来跳转到 32 位地址空间。

2）条件分支

所有的分支指令使用 SB 类指令格式。12 位立即数编码了以 2 字节倍数的有符号偏移量，并被加到当前 pc 上，生成目标地址。于是条件分支的范围是±4 KB。

31	30　　25	24　　20	19　　15	14　　12	11　　8	7	6　　0
imm[12]	imm[10:5]	rs2	rs1	funct3	imm[4:1]	imm[11]	opcode
1	6	5	5	3	4	1	7
偏移量[12,10:5]		src2	src1	BEQ/BNE	偏移量[11,4:1]		BRANCH
偏移量[12,10:5]		src2	src1	BLT[U]	偏移量[11,4:1]		BRANCH
偏移量[12,10:5]		src2	src1	BGE[U]	偏移量[11,4:1]		BRANCH

```
BEQ/BNQ if (rs1==/!=rs2) Jmp
BLT/BLTU if(rs1<rs2) Jmp
BGT/BLEU if (ifrs1>rs2) Jmp
```

其他的如 BGT/BGTU/BLE/BLEU 可以通过前面的比较指令组合来实现。

优化过程中，频率较大的分支放在直线位置上，频率较小的分支被放到跳转分支上，尽量减少跳转。无条件跳转应该总是用 JAL 指令而不是用永为真的条件跳转。JAL 既可以有更大的跳转范围，也不会占用分支预测器的条件预测表。

4. LOAD/STORE 指令

RV32I 中只有 LOAD 和 STORE 指令可以访问存储器，其他指令只能操作寄存器。

31–20	19–15	14–12	11–7	6–0
imm[11:0]	rs1	funct3	rd	opcode
12	5	3	5	7
偏移量[11:0]	基址	宽度	dest	LOAD

31–25	24–0	19–15	14–12	11–7	6–0
imm[11:5]	rs2	rs1	funct3	imm[4:0]	opcode
7	5	5	3	5	7
偏移量[11:5]	src	基址	宽度	偏移量[4:0]	STORE

LOAD 为 I 类格式，而 STORE 为 S 类指令格式。LOAD 类存储器地址是通过 rs1+imm（偏移来实现），都是将存储器值复制到寄存器中。

STORE 将 rs2 中的值复制到存储器中。

LW 将 32 位值复制到 rd 中，LH 从存储器中读取 16 位，然后将其符号扩展到 32 位，保存到 dr 中。LHU 指令读取存储器 16 位，然后 0 扩展到 32 位，再保存到 rd 中。LB/LBU 则是读取 8 位。SW/SH/SB 分别将寄存器 rs2 中的低 32/16/8/位写到存储器中。

LOAD 和 STORE 操作的数据地址应该与操作的数据类型长度保持地址对齐，否则会被分解成两次访问，还需要额外的同步来保证原子性。

例如：将 x2 中的 32 位指令，保存到 x3 指向的存储器中。代码如下：

```
sh x2, 0(x3)              // 将指令的低半部分保存到第一个包裹中
srli x2, x2, 16           // 将高位移动到低位，覆盖 x2
sh x2, 2(x3)              // 将高位保存到第二个包裹中
```

5. 存储器模型

RISC-V ISA 允许在单一用户地址空间中支持多个线程同时执行。每个线程拥有自己的寄存器和程序计数器，并执行一段互不相关的指令流。线程的创建和管理根据环境来定义，线程间的通信可以根据环境或者共享存储器系统来通信。RISC-V 每个线程看到自己的存储操作就好像是按照程序中顺序执行的一样。线程间的存储模型在不同线程间的存储器上操作时需要 FENCE 指令来确保某些特定的顺序。

FENCE 就是一个栅栏操作，其前后指令之间不能被乱序，可用于线程间的同步。

FENCE.I 用于同步指令和序列流，用于线程内的同步。

6. 控制状态寄存器（CSR）指令

用户级的 CSR 指令只能访问少数几个只读寄存器。

31–20	19–15	14–12	11–7	6–0
csr	rs1	funct3	rd	opcode
12	5	3	5	7
source/dest	source	CSRRW	dest	SYSTEM
source/dest	source	CSRRS	dest	SYSTEM
source/dest	source	CSRRC	dest	SYSTEM
source/dest	zimm[4:0]	CSRRWI	dest	SYSTEM
source/dest	zimm[4:0]	CSRRSI	dest	SYSTEM
source/dest	zimm[4:0]	CSRRCI	dest	SYSTEM

CSRRW（atomic read/write CSR）原子性位交换 CSR 和整数寄存器中的值。读取 CSR 中的旧值将其 0 扩展到 XLEN 位，写入整数寄存器 rd 中。rs1 中的值被写到 CSR 中。

CSRRS（atomic read and set bits in CSR）读取 CSR 的值，0 扩展到 XLEN 位，写入整数寄存器 rd 中。rs1 中的值被当作掩码指明 CSR 中哪些位置被置 1。rs1 中为 1 的位会导致 CSR 中对应的位被置 1，其他位不受影响（CSR|=rs1）。

CSRRC（atomic read and clear bits in CSR）功能同上，但是 rs1 中的值用来指明哪些位置 0，即 rs1 中为 1 的位 CSR 对应的位将会被置 0，其他位不受影响。

CSRRWI/CSRRSI/CSRRCI 分别对应上面的几条指令，但是被扩展的是 5 位立即数而不是 rs1 寄存器的值。

读取 CSR 的汇编伪指令，CSRR 被编码为 CSRRS rd,csr,x0。

写入 CSR 的汇编伪指令，CSRW 被编码为 CRSRW x0,csr,rs1。

伪指令 CSRWI csr,zimm 被编码为 CSRRWI x0,csr,zimm。

当不需要 CSR 旧值时，同时设置和清除 CSR 中的位 CSRS/CSRC csr,rs1 CSRSI/CSRCI csr,zimm

定时器和计数器：

31 — 20	19 — 15	14 — 12	11 — 7	6 — 0
csr	rs1	funct3	rd	opcode
12	5	3	5	7
RDCYCLE[H]	0	CSRRS	0	SYSTEM
RDTIME[H]	0	CSRRS	0	SYSTEM
RDINSTRET[H]	0	CSRRS	0	SYSTEM

RV32I 提供了多个用户级只读的 64 位计数器，它们被映射到一个 12 位的 CSR 地址空间中，它们可以使用 CSRRS 指令以 32 位片段的形式进行访问。

RDCYCLE 伪指令用来读取 cycle CSR 的低 XLEN 位，这个值是硬件线程开始执行以来的时钟周期数。RDCYCLEH 用于读取高 32 位。

RDTIME 读取 time CSR 的低 XLEN 位，这个数值是从过去任意时刻开始以来的在强实时时间计数值。RDTIMEH 是读取高 32 位。

RDINSTRET 读取 instret CSR 的低 XLEN 位，用于计数本硬件线程退休指令的数值。

这些计数器必须提供，而且可以被用户以较小代价访问。当然允许提供额外的寄存器以帮助性能诊断。

环境调用和断点：

31 — 20	19 — 15	14 — 12	11 — 7	6 — 0
funct12	rs1	funct3	rd	opcode
12	5	3	5	7
ECALL	0	PRIV	0	SYSTEM
EBREAK	0	PRIV	0	SYSTEM

ECALL 用于向环境（通常是操作系统）发出一个请求，系统环境 ABI 具体确定参数如何传递，但是这些参数在整数寄存器中的位置应该确定。

EBREAK 被调试器使用，用来将控制权传送回调试器。

小　　结

指令系统是计算机硬件系统的语言系统，表征了一台计算机最基本的硬件功能，为程序设计人员呈现了计算机的主要属性，它的格式与功能不仅直接影响到机器的硬件结构，而且也影响到系统软件。

在设计指令时要考虑的要素有操作码、源操作数地址、目的操作数地址和下一条指令的地址的安排。

指令格式是指令字用二进制代码表示的结构形式，通常由操作码字段和地址码字段组成。操作码字段表征指令的操作特性与功能，而地址码字段指示操作数的地址。目前多采用二地址、单地址、零地址混合方式的指令格式。指令字长度分为单字长、半字长、双字长三种形式。

寻址方式包括指令寻址和数据寻址。指令寻址方式有顺序寻址和跳跃寻址两种，由指令计数器来跟踪。在数据寻址方式中，操作数可放在专用寄存器、通用寄存器、内存和指令中。数据寻址方式有隐含寻址、立即寻址、直接寻址、间接寻址、寄存器寻址、寄存器间接寻址、相对寻址、基址寻址、变址寻址等多种。按操作数的物理位置的不同，有 RR 型和 RS 型。前者比后者执行的速度快。堆栈是一种特殊的数据寻址方式，采用“先进后出”原理。按结构不同，分为寄存器堆栈和存储器堆栈。

指令系统的设计应满足完备性、有效性、规整性和兼容性四个方面的要求。一个较完善的指令系统，应当包括数据传输类指令、算术运算类指令、逻辑运算类指令、程序控制类指令、输入/输出类指令、字符串类指令、系统控制类指令。

针对 CISC 指令系统庞大的指令集及其存在的问题，RISC 指令以它简洁、高效的特点得到了快速发展。它的最大特点是：（1）指令条数少；（2）指令长度固定，指令格式和寻址方式种类少；（3）只有取数/存数指令访问存储器，其余指令的操作均在寄存器之间进行。

习　　题

一、选择题

1. 指令系统中采用不同寻址方式的目的主要是（　　）。
   A. 实现存储程序和程序控制
   B. 缩短指令长度，扩大寻址空间，提高编程灵活性
   C. 可以直接访问外存
   D. 提供扩展操作码的可能并降低指令编码难度
2. 扩展操作码是（　　）。
   A. 操作码字段以外的辅助操作字段的代码
   B. 指令格式中不同字段设置的操作码
   C. 一种指令优化技术，即让操作码的长度随地址数的减少而增加，不同地址数的指令可以具有不同的操作码长度

D. 指扩大操作码字段的位数

3. 单地址指令中为了完成两个数的算术运算，除地址码指明的一个操作数外，另一个数常需采用（　　）。

A. 堆栈存储方式　　B. 立即寻址方式

C. 隐含寻址方式　　D. 间接寻址方式

4. 对某个寄存器中操作数的寻址方式称为（　　）寻址。

A. 直接　　B. 间接　　C. 寄存器　　D. 寄存器间接

5. 寄存器间接寻址方式中，操作数处在（　　）。

A. 通用寄存器　　B. 主存单元　　C. 程序计数器　　D. 堆栈

6. 程序控制类指令的功能是（　　）。

A. 进行算术运算和逻辑运算

B. 进行主存与 CPU 之间的数据传输

C. 进行 CPU 与 I/O 设备之间的数据传输

D. 改变程序执行的顺序

7. 指令的寻址方式有顺序和跳跃两种方式，采用跳跃寻址方式，可以实现（　　）。

A. 堆栈寻址　　B. 程序的条件转移

C. 程序的无条件转移　　D. 程序的条件转移或无条件转移

8. 下面描述汇编语言特性的句子中，概念上有错误的是（　　）。

A. 对程序员的训练来说，需要硬件知识

B. 汇编语言对机器的依赖性高

C. 汇编语言的源程序通常比高级语言源程序短小

D. 汇编语言编写的程序执行速度比高级语言快

9. 下列几项中，不符合 RISC 指令系统特点的是（　　）。

A. 指令长度固定，指令种类少

B. 寻址方式种类尽量减少，指令功能尽可能强

C. 增加寄存器的数目，以尽量减少访存次数

D. 选取使用频率最高的一些简单指令，以及很有用但不复杂的指令

二、解释术语

1. 机器指令、指令系统
2. 系列机
3. 寻址方式
4. CISC、RISC

三、简答题

1. 指令格式如下，其中 OP 为操作码，试分析指令格式的特点。

15～10	9～8	7～4	3～0
OP	—	目标寄存器	源寄存器

2. 根据操作数所在位置，指出其寻址方式：

（1）操作数在寄存器中，为（A）寻址方式。

（2）操作数地址在寄存器，为（B）寻址方式。

（3）操作数在指令中，为（C）寻址方式。

（4）操作数地址（主存）在指令中，为（D）寻址方式。

（5）操作数的地址为某一寄存器内容与位移量之和，可以是（E、F、G）寻址方式。

3. 某机主存容量为 4 M×16 位，且存储字长等于指令字长，若该机指令系统可完成 108 种操作，操作码位数固定，且具有直接、间接、变址、基址、相对、立即等 6 种寻址方式，试回答:

（1）画出一地址指令格式并指出各字段的作用。

（2）该指令直接寻址的最大范围。

（3）一次间址和多次间址的寻址范围。

（4）立即数的范围（十进制表示）。

（5）相对寻址的位移量（十进制表示）。

（6）上述六种寻址方式的指令哪一种执行时间最短？哪一种最长？为什么？哪一种便于程序浮动？哪一种最适合处理数组问题？

4. 某机器共能完成 78 种操作，若指令字长为 16 位，试问一地址格式的指令地址码可取几位？若想使指令寻址范围扩大到 2^{16}，可采用什么办法？举出三种不同例子加以说明。

5. 某机指令字长为 16 位，存储器直接寻址空间为 128 字，变址时的位移量为−64～+63，16 个通用寄存器均可作为变址寄存器。采用扩展操作码技术，设计一套指令系统格式，满足下列寻址类型的要求:

（1）直接寻址的二地址指令 3 条。

（2）变址寻址的一地址指令 6 条。

（3）寄存器寻址的二地址指令 8 条。

（4）直接寻址的一地址指令 12 条。

（5）零地址指令 32 条。

试问还有多少种代码未用？若安排寄存器寻址的一地址指令，还能容纳多少条？

6. 某机指令字长为 16 位，每个操作数的地址码为 6 位，设操作码长度固定，指令分为零地址、一地址和二地址三种格式。若零地址指令有 M 种，一地址指令有 N 种，则二地址指令最多有几种？若操作码位数可变，则二地址指令最多允许有几种？

7. 什么是 RISC？简述它的主要特点。

8. 试比较 RISC 和 CISC。

四、思考题

1. 为什么说指令系统与机器的主要功能和硬件结构之间存在着密切关系？

2. 计算机的指令系统中设置寻址方式的作用是什么？寻址方式的设置对计算机性能有何影响？

第 9 章 CPU 的结构与功能

本章内容提要

- 处理器组织;
- 寄存器组织;
- 控制器;
- 指令周期;
- 时序产生器;

计算机的基本功能是执行程序，计算机的核心组成部分是 CPU，由运算器和控制器组成。控制器根据指令指挥和协调计算机各部件有条不紊地工作，由操作控制器和时序控制器组成。根据 CPU 的基本功能设计 CPU 内部的基本部件和结构。

9.1 CPU 的组织

计算机系统的基本组成主要包括三个部分：中央处理器（CPU）、存储器和 I/O 系统，它们之间通过总线连接起来。运算器和控制器共同构成 CPU，它是计算机系统的核心。计算机接通电源后，如果没有程序，不会工作，程序必须编译成计算机所能识别的机器指令后，装入内存，才可以由计算机来自动完成取指令、译码和执行指令等任务。计算机中就是由 CPU 来完成这项工作的。

9.1.1 CPU 的功能

计算机的核心部分是中央处理单元，简称 CPU。CPU 对整个计算机系统的运行是极其重要的，它具有如下的基本功能：

（1）指令控制：程序的顺序控制称为指令控制。由于程序是一个指令序列，这些指令的相互顺序不能任意颠倒，严格按程序规定的顺序进行，因此，保证机器按顺序执行程序是 CPU 的首要任务。

（2）操作控制：一条指令的功能往往是由若干个操作信号的组合来实现的，因此，CPU 管理并产生由内存取出的每条指令的操作信号，把各种操作信号送往相应的部件，从而控制这些部件按指令的要求进行操作。

（3）时间控制：对各种操作实施时间上的定时，称为时间控制。因为在计算机中，各种指令的操作信号均受到时间的严格定时。另一方面，一条指令的整个执行过程也受到时间的严格

定时。只有这样，计算机才能有条不紊地自动工作。

（4）数据加工：所谓数据加工，就是对数据进行算术运算和逻辑运算处理。完成数据的加工处理，是 CPU 的根本任务，因为，原始信息只有经过加工处理后才能对人们有用。

总之，CPU 必须具有控制程序的顺序执行（指令控制），产生完成每条指令所需的控制命令（操作控制），对各种操作加以时间上的控制（时间控制），对数据进行算术运算和逻辑运算（数据加工）以及处理中断等功能。要完成这些功能，除了前面提到的算术逻辑部件（ALU）外，还需要有控制器和小容量的内部存储器——寄存器。控制器负责控制数据和指令移入/移出 CPU 并控制 ALU 的操作。寄存器则是用于在指令执行期间暂时保存指令和数据。

9.1.2　CPU 的基本组成

传统的 CPU 由运算器和控制器两大部分组成。随着高密度集成电路技术的发展，早期放在 CPU 芯片外部的一些逻辑功能部件，如浮点运算器、Cache 等纷纷移入 CPU 内部，因而使 CPU 的内部组成越来越复杂。

运算器由算术逻辑部件（ALU）、累加寄存器（或通用寄存器）、数据缓冲寄存器和状态条件寄存器组成，它是数据加工处理部件。相对控制器而言，运算器接受控制器的命令而进行动作，即运算器所进行的全部操作都是由控制器发出的控制信号来指挥的，所以它是执行部件。运算器有两个主要功能：

（1）执行所有的算术运算。

（2）执行所有的逻辑运算，并进行逻辑测试，如零值测试或两个值的比较。

图 9-1 为简化的 CPU 视图。

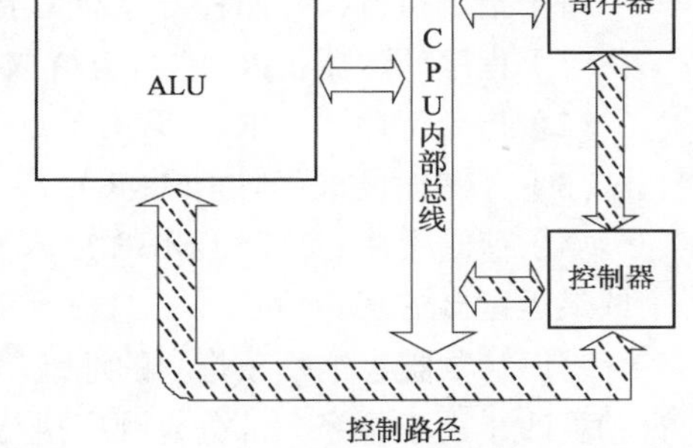

图 9-1　简化的 CPU 视图

控制器由程序计数器、指令寄存器、指令译码器、时序产生器和操作控制器组成，它是发布命令的“决策机构”，即完成协调和指挥整个计算机系统的操作。它的主要功能有：

（1）从内存中取出一条指令，并指出下一条指令在内存中的位置。

（2）对指令进行译码或测试，并产生相应的操作控制信号，以便启动规定的动作。

（3）指挥并控制 CPU、内存和输入/输出设备之间数据流动的方向。

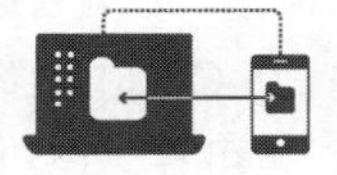

9.2　CPU 的寄存器组织

CPU 中的寄存器按功能可分为如下两类：

（1）用户可见寄存器（user-visible register）：允许机器语言或汇编语言的编程人员通过优化寄存器的使用而减少对主存的访问。

（2）控制和状态寄存器（control and status register）：用来控制 CPU 的操作并被特权的操作系统程序用于控制程序的执行。

这两类寄存器并没有一个明确的区分，但为了清楚起见，在下面的讨论中使用这种划分方式。

9.2.1 用户可见寄存器

用户可见寄存器是指可通过机器语言方式访问的寄存器。在传统的计算机设计中，只有一个通用寄存器，即累加器 AC。而当代 CPU 设计都提供了一定数量的用户可见寄存器，而不再是单一的累加器。这些用户可见寄存器可分类为：（1）通用；（2）数据；（3）地址；（4）条件代码。

通用寄存器（general purpose register）可被程序员指派各种用途。有时，它们在指令集中的使用是正交于操作的，即任何通用寄存器能为任何操作码容纳操作数。这提供了真正通用的意义。然而，常常不是这样的，而是有某些限制。例如，可能有专用于浮点操作的通用寄存器。

数据寄存器仅可用于保持数据而不能用于操作数地址的计算。

地址寄存器可以是自身有某些通用性，或是专用于某种具体的寻址方式。

条件代码（condition code）寄存器，也被称为程序状态字（program status word，PSW）寄存器，它们至少是部分用户可见的。CPU 硬件设置这些条件位作为操作的结果。例如，一个算术运算可能产生一个正的、负的、零或溢出的结果。除结果本身存于寄存器或存储器之外，一个条件代码也相应被设置。这些代码可被后面的条件转移指令所测试。

9.2.2 控制和状态寄存器

有一类寄存器在 CPU 中起着控制操作的作用。它们中的大多数是用户不可见的，某些对于控制或操作系统模式下执行的机器指令是可见的。

对于指令执行，有四种寄存器是至关重要的：

（1）程序计数器（PC）：含有待取指令的地址。

（2）指令寄存器（IR）：含有最近取来的指令。

（3）存储地址寄存器（MAR）：含有存储器位置的地址。

（4）存储缓冲寄存器（MBR）：又称存储数据寄存器（MDR），含有将被写入存储器的数据字或最近读出的字。

程序计数器容纳一条指令的地址。一般是在每次取指令之后，程序计数器的内容即被 CPU 自动更改（由于指令大部分是顺序执行，因此大部分时候执行+1 操作），故它总是指向将被执行的下一条指令。转移或跳步指令亦修改 PC 的内容。因此程序计数器的结构应当是具有寄存信息和计数两种功能的结构。

取来的指令装入指令寄存器，在那里操作码和操作数被分析。

与存储器的数据交换使用 MAR 和 MBR。在总线组织的系统中，MAR 直接与地址总线相连，MBR 直接与数据总线相连。然后，用户可见寄存器再与 MBR 交换数据。

刚才提到的四种寄存器用于 CPU 和存储器之间的数据传输。在 CPU 内，数据必须提交给 ALU 来处理。ALU 可对 MBR 和用户可见寄存器直接存取。相应地，也可在 ALU 的边界上有另外的缓冲寄存器，这些寄存器能作为 ALU 的输入和输出，并可与 MBR 和用户可见寄存器交换数据。

除上述四种寄存器外，CPU 设计都包括程序状态字（PSW）的一个或一组寄存器。PSW 一般含有条件代码加上其他状态信息。普遍包括如下字段或标志：

（1）符号（sign）：容纳最后算术运算结果的符号位。

（2）零（zero）：当结果是零时被置位。

（3）进位（carry）：若操作导致最高位有向上的进位（加法）或借位（减法）时被置位。用于多字算术运算。

（4）等于（equal）：若逻辑比较的结果相等，则置位。

（5）溢出（overflow）：用于指示算术溢出。

（6）中断允许/禁止：用于允许或禁止中断。

（7）监督（supervisor）：指出 CPU 是执行监督模式还是在用户模式。某些特权的指令只能在监督模式中执行，某些存储器区域也只能在监督模式中被访问。

可在具体 CPU 设计中找到其他有关状态和控制的寄存器。设计控制和状态寄存器组织时有几个因素需考虑。一个关键的考虑是操作系统支持。某些类型的控制信息是专门为操作系统使用的。若 CPU 设计者对将要使用的操作系统有基本的了解，则寄存器组织可被扩展，而为此操作系统定制。另一关键的考虑是控制信息在寄存器和存储器之间的分配。普遍是将存储器最前面（最低地址）的几百或几千个字用于控制目的。设计者必须确定多少控制信息应在寄存器中，多少应在存储器中。通常要在成本和速度之间进行权衡考虑。

通常把许多寄存器之间传输信息的通路称为数据通路。

作为对前面的总结，这里可以给出一个简单 CPU 的内部组成及数据通路图，如图 9-2 所示（图中 c 表示控制信号）。在这个模型中，包含上述全部的控制和状态寄存器，但其只有一个通用寄存器，即累加器 AC。通过这个简单 CPU 模型，可以很清楚地看到 CPU 的几个组成部分，即 ALU、操作控制器、时序产生器、指令译码器、程序状态字寄存器（PSW）以及通用寄存器/累加器（AC）。

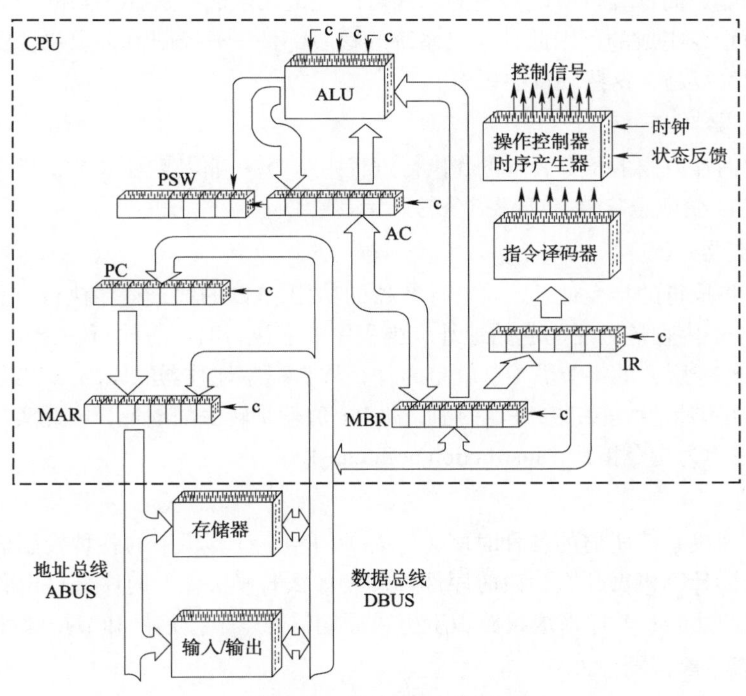

图 9-2　简单 CPU 模型

9.2.3　操作控制器和时序产生器

CPU 中的每一类寄存器完成一种特定的功能。然而信息怎样才能在各寄存器之间传输呢？也就是说，数据的流动是由什么部件控制的呢？

通常把许多寄存器之间传输信息的通路也称为数据通路。信息从什么地方开始，中间经过哪个寄存器或三态门，最后传输到哪个寄存器，都要加以控制。在各寄存器之间建立数据通路的任务，是由称为操作控制器的部件来完成的。操作控制器的功能就是根据指令操作码和时序信号，产生各种操作控制信号，以便正确地选择数据通路，把有关数据传入一个寄存器，从而完成取指令和执行指令的控制。

操作控制器产生的控制信号必须定时，为此必须有时序产生器。因为计算机高速地进行工作，每一个动作的时间是非常严格的，不能太早也不能太迟。时序产生器的作用就是对各种操作信号实施时间上的控制。

CPU 中除了上述组成部分外，还有中断系统、总线接口等其他功能部件。

9.3 控制器组织

控制器的功能是从存储器中取指令，对指令译码产生控制信号并控制计算机系统各部件有序地执行，从而实现指令的功能。为了实现控制器的这些功能，需要配备相应的器件。

9.3.1 控制器的基本组成

计算机与其他电子器件相比，最大的区别在于，其他电子器件只能完成预先设计的一种或若干种有限的功能，而计算机所能实现的功能可以说是无限的，这些无限的功能来自计算机的软件。软件是由指令组成的，因此计算机系统的核心部件——控制器必须包含能对指令进行分析处理的一套硬件设施，这些硬件主要有：

1. 指令寄存器（IR）

用来存放由内存取出的指令，在指令执行过程中指令一直保存在 IR 中。指令是控制工作的依据，IR 内容的改变就意味着一条新指令的开始。

2. 程序计数器（PC）

用来存放即将执行的指令地址，具有计数器的功能，PC 的值是程序执行位置的体现。当程序开始执行时，PC 内存储程序的起始地址。当程序顺序执行时，每执行一条指令 PC 增加一个量，这个量等于指令所含的字节数（这就是为什么称为程序计数器的原因）。当程序转移时，转移指令执行的最终结果就是要改变 PC 的值，此 PC 值就是转去的地址，以此实现转移。在有些机器中，PC 也被称为指令指针（instruction pointer，IP）。

3. 时序部件

用于产生计算机系统所需的各种时序（定时）信号。计算机中的各种控制信号都有很强的定时性。指令告诉计算机做什么，由时序部件确定什么时候去做。时序部件由脉冲源、启停线路负责时钟信号的通断；时序形成线路负责生成周期信号、节拍信号和节拍脉冲信号。

4. 程序状态字寄存器（PSW）

PSW 用来存放两类信息：一类是体现当前指令执行结果的各种状态信息。例如有无进位（CF 位）、有无溢出（OF 位）、结果正负（SF 位）、结果是否为零（ZF 位）、奇偶标志（PF 位）等；另一类是存放控制信息，例如允许中断（IF 位）、跟踪标志（TF 位）等。有些机器中将 PSW 称为标志寄存器（flag register，FR）。实际上，不同的机器其状况信息的内容和名称并不完全相同。

5. 微操作形成部件

根据 IR 的内容（指令）、PSW 的内容（状态信息）以及时序部件三方面的内容，由微操作控制形成部件产生控制整个计算机系统所需要的各种控制信号（又称微命令或微操作），操作形成方式有组合逻辑和微程序两种方式，其形成部件的结构也大不相同。根据微操作的形成方式可将控制器分为组合逻辑控制器（或硬布线控制器）和微程序控制器两大类。

9.3.2　指令执行的基本过程

程序是预先编好存放于内存的，这是"程序存储"的概念。将程序一条指令接一条指令地取出来放在控制器内分析并执行，这是"程序控制"的概念。因此程序执行的基本过程就是一个不断取指令，执行指令的过程。

指令执行过程中，只有取指令和执行指令两部分是最基本的指令执行过程，若指令涉及的操作数存放于内存还包括有取操作数阶段。

1. 取指令阶段

取指令阶段对所有指令都是相同的，它是将程序计数器（PC）的内容作为地址去读内存，将该单元的内容即指令读出送往指令寄存器（IR）。同时 PC 的内容自增，指向下一条指令，也就是说取指令是一次内存的读操作。

2. 取操作数阶段

取操作数仅针对操作数存放在内存的情况。由于寻址方式的不同（直接、间接、基址、相对、变址等），取操作数的过程也大不相同，取操作数是一次或多次内存的读操作，还可能包括操作数地址的计算（如变址、基址、相对等）。

3. 执行指令阶段

执行指令是根据指令操作码对操作数实施各种算术、逻辑及移位操作。对于结果地址在内存的，还应包括一次内存的写操作。对于转移指令或子程序调用及返回等指令，应对 PC 的内容进行更新。

9.3.3　控制器的时序系统

在日常生活中，人们学习、工作和休息都有一个相对严格的作息时间。CPU 中也有一个类似"作息时间"的东西，它称为时序信号。计算机之所以能够准确、迅速、有条不紊地工作，正是因为在 CPU 中有一个时序信号产生器。机器一旦被启动，即 CPU 开始取指令并在执行指令时，控制器就利用时钟脉冲的顺序和不同的脉冲间隔，有条理、有节奏地指挥机器的操作，规定在这个脉冲到来时做什么，在其他脉冲到来时又做什么，给计算机各部分提供工作所需的时间标志。

计算机的协调动作需要时间标志，而时间标志则是用时序信号来体现的。一般来说，控制器发出的各种控制信号都是时间因素（时序信号）和空间因素（部件位置）的函数。时序系统的作用就在于将各种控制信号严格定时，使多个控制信号在时间上相互配合完成某一功能。

1. 组合逻辑控制器的时序系统

控制器组成有组合逻辑方式和微程序方式，相应地其时序系统也有区别。组合逻辑控制器中，将时序信号分为指令周期、CPU 周期、节拍周期和节拍脉冲，其相互关系如图 9-3 所示。

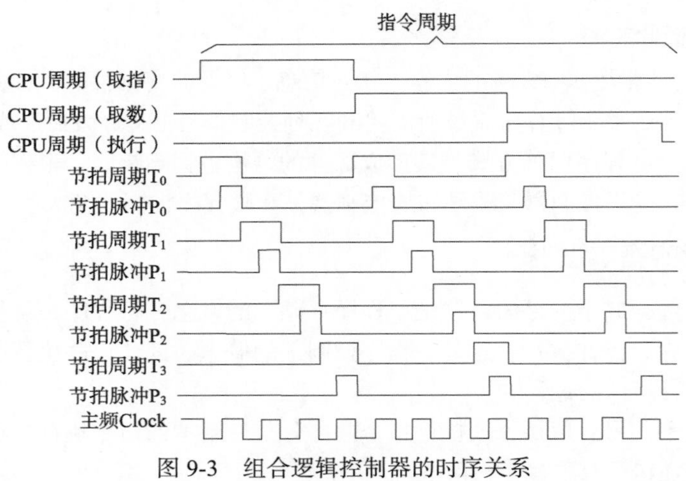

图 9-3　组合逻辑控制器的时序关系

1）指令周期

顾名思义，指令周期就是执行一条指令所需的时间，从取指令开始到结束。由于指令的功能不同、难易不同，所需的执行时间也不同。例如有的指令不需取操作数，而有的指令操作数在内存。而且因寻址方式不同花费的取数时间也不同。又如在指令执行的阶段，有的指令操作很简单（如空操作指令 NOP），而有的就很复杂（如乘除指令 MUL、DIV），因此指令周期是随指令不同而变化的，不是一个固定值。因此一般不将它作为时序的一级。

2）CPU 周期

CPU 周期是根据指令执行的基本过程划分的。根据指令执行的各个阶段将一个指令周期划分为取指令周期、取操作数周期和执行周期，CPU 周期也常称为机器周期。有些计算机间 CPU 周期的长短定义为一次内存的存取周期，例如取指周期、取数周期都是一次内存的读操作，而执行周期可能会是一次内存的写操作，无论读写操作，都必然是一次系统总线的传输操作，因此也常称为总线周期，即在这种情况下，CPU 周期=内存存取周期=总线周期。

另有一些计算机系统的 CPU 周期是根据需要而定的。由于寻址方式不同，取操作数周期可长可短，可能包括不止一个内存存取周期。另外，由于指令功能不同，执行周期也可长可短，在这种情况下，CPU 周期不是一个常量，与内存存取周期和总线周期也就不存在等量关系。

3）节拍周期

节拍周期是完成 CPU 内部一些最基本操作所需的时间。例如数据通过 ALU 完成一次逻辑运算的时间，或者数据从一个寄存器传到另一个寄存器并可靠建立的时间，在任何一个计算机系统中，节拍周期都是一个常量。在 CPU 周期固定的计算机系统中，每个 CPU 周期包含的节拍周期数是固定的，在 CPU 周期不固定的计算机系统中，每个 CPU 周期包含的节拍周期数是不固定的，但为整数。

4）节拍脉冲

有些计算机系统中节拍脉冲与节拍周期是一一对应的。当节拍周期确定后，节拍脉冲的频率便唯一地确定了。节拍脉冲通常作为触发器的打入脉冲与节拍周期相配合完成一次数据传输。在这些计算机系统中，节拍脉冲的频率就是脉冲源的频率，即机器的主频。但另有一些机器的节拍脉冲周期包含若干个节拍脉冲，在一个节拍脉冲周期中实现的操作也就要多一些。

从图 9-3 中可以看到 CPU 周期之间、节拍周期之间，没有重叠交叉也没有间隙，它们都是由系统时钟分频变化得到的。

图 9-3 中一个指令周期包含三个 CPU 周期（不取操作数的指令只有两个 CPU 周期）每个 CPU 周期又包含四个节拍周期（有些计算机系统 CPU 周期的长度并不固定，而是根据需要确定节拍周期的个数）。图 9-3 重在说明指令周期、CPU 周期、节拍周期和节拍脉冲之间的相互关系。更确切地说，应当是一个简化的关系，并非计算机实际的时序关系。

2. 微程序控制器的时序系统

与组合逻辑控制器的时序系统相比，微程序控制器的时序系统要简单得多，在微程序控制方式中，是将一条机器指令转化为一段由微指令组成的微程序。微指令的读取和执行所用的时间定义为微程序控制器的基本时序单位，称为“微周期”。也就是说，在微程序控制方式中，只有指令微周期，没有 CPU 周期。

一个指令周期由若干个微周期组成。微周期包括读取微指令和执行微指令，其中读取微指令所需时间取决于控制存储器（CM）的读出时间，而执行微指令所需的时间大致与组合逻辑控制器时序中的节拍周期相同，是以 CPU 内部寄存器到寄存器之间的数据传输，或 ALU 的一次运算所需的时间为基准。由于多数控制存储器的读出时间较长（与组合电路的延迟相比较），微程序控制方式的执行速度要低于组合逻辑控制器。

【例 9-1】什么是指令周期、机器周期和时钟周期？三者有何关系？

答：指令周期是 CPU 取出并执行一条指令所需的全部时间，即完成一条指令的时间。机器周期是所有指令执行过程中的一个基准时间，通常以存取周期作为机器周期。时钟周期是机器主频的倒数，也可称为节拍，它是控制计算机操作的最小单位时间。

一个指令周期包含若干个机器周期，一个机器周期又包含若干个时钟周期，每个指令周期内的机器周期数可以不等，每个机器周期内的时钟周期数也可以不等。

【例 9-2】能不能说机器的主频越快，机器的速度就越快？为什么？

答：不能说机器的主频越快，机器的速度就越快。因为机器的速度不仅与主频有关，还与机器周期中所含的时钟周期数以及指令周期中所含的机器周期数有关。同样主频的机器，由于机器周期所含时钟周期数不同，机器的速度也不同。机器周期中所含时钟周期数少的机器，速度更快。

此外，机器的速度还和其他很多因素有关，如主存的速度、机器是否配有 Cache、总线的数据传输率、硬盘的速度以及机器是否采用流水技术等。机器速度还可以用 MIPS（每秒执行百万条指令数）和 CPI（执行一条指令所需的时钟周期数）来衡量。

【例 9-3】设某机主频为 8 MHz，每个机器周期平均含两个时钟周期，每条指令的指令周期平均有两个半机器周期，试问该机的平均指令执行速度为多少 MIPS？若机器主频不变，但每个机器周期平均含四个时钟周期，每条指令的指令周期平均有五个机器周期，则该机的平均指令执行速度又是多少 MIPS？由此可得出什么结论？

答：根据主频为 8 MHz，得时钟周期为 1/8 MHz = 0.125 μs，机器周期为 0.125×2 μs = 0.25 μs，指令周期为 0.25×2.5 μs = 0.625 μs。

（1）平均指令执行速度为 1/0.625 = 1.6 MIPS。

（2）若机器主频不变，机器周期含四个时钟周期，每条指令平均含五个机器周期，则指令周期为 0.125×4×5 μs = 2.5 μs，故平均指令执行速度为 1/2.5 = 0.4 MIPS。

（3）可见机器的速度并不完全取决于主频。

9.3.4 控制器的基本控制方式

计算机的基本工作原理是由指令实现控制。指令的操作不仅涉及 CPU 内部，还涉及内存和 I/O 接口。另外，指令的繁简程度不同，所需要的执行时间也有很大差异。如何根据具体情况实施不同的控制，就是控制方式所需要解决的问题。根据是否有统一的时钟，控制方式可分为同步控制方式、异步控制方式和联合控制方式。

1. 同步控制方式

所谓同步控制方式，就是系统有一个统一的时钟，所有的控制信号均来自这个统一的时钟信号。前面谈到的指令周期、CPU 周期、节拍周期和节拍脉冲均来自统一的脉冲源，它们构成了组合逻辑控制器中的同步控制时序系统。

根据指令周期、CPU 周期和节拍周期的长度固定与否，同步控制方式又可分为以下几种：

1）定长指令周期

即所有的指令执行时间都相等。若指令的繁简差异很大，规定统一的指令周期，无疑会造成太多的时间浪费，因此，定长指令周期的方式很少被采用。

2）定长 CPU 周期

这种方式中各 CPU 周期都相等，一般都等于内存的存取周期。而指令周期不固定，等于整个 CPU 周期。由于寻址方式不同（直接、间接、变址等），需要访问内存的次数也不同，则根据其访问内存的目的，建立相应的 CPU 周期，访问几次内存就有几次 CPU 周期。这种方式的指令系统一般不设复杂的指令，寻址方式也比较单一。定长 CPU 周期的优点是控制比较简单，常为那些指令相差不大的简单指令系统计算机所采用。但由于各种指令的难易程度不可能完全相同，因此按照较复杂的指令确定的 CPU 周期，执行较简单的指令会造成一些时间的浪费。

3）变长 CPU 周期、定长节拍周期

这种方式的指令周期长度不固定，而且 CPU 周期也不固定，含有的节拍周期根据需要而定，与内存存取周期和总线周期没有什么固定关系。这种方式根据指令的具体要求和执行步骤，确定安排哪几个 CPU 周期，以及每个 CPU 周期中安排多少个节拍周期和节拍脉冲，可谓是一种量体裁衣的方式，不会造成时间浪费，对指令系统的设计也没有什么过多的要求。但时序系统的控制比较复杂，要根据不同情况确定每个 CPU 周期的节拍数。

4）折中方式

这种方式实际上是定长 CPU 周期和变长 CPU 周期、定长节拍周期两种方式的一个折中。它是根据指令的难易程度定出有限的几种 CPU 周期长度。能基本上满足各种复杂程度不等的指令的要求，它不像定长 CPU 周期那样要求指令系统中各种指令的难易程度相差不能太大。与变长 CPU 周期、定长节拍周期方式相比，时序系统的控制又不太复杂，这种方式也是计算机系统经常采用的方式。

以上谈到的同步控制的几种方式，均是指组合逻辑控制器，在微程序控制方式中，其时序只有指令周期和微周期。一条指令的指令周期由若干条微指令的微周期组成，微指令是根据指令需要确定的。因此，微程序控制方式与变长 CPU 周期、定长节拍周期类似，是一种量体裁衣的控制方式，但其时序控制却要简单得多。

CPU 内部操作均采用同步控制，其原因是同一芯片的材料相同，工作速度相同，片内传输线短，又有共同的脉冲源，采用同步控制是理所当然的。

2. 异步控制方式

异步控制方式中没有统一的时钟信号，各部件按自身固有的速度工作，通过应答方式进行联络，常见的应答信号有准备好 Ready 或等待 Wait 等，异步控制相对于同步控制要复杂。指令的执行不可避免地要涉及对内存的操作和对 I/O 设备的操作，它们属于计算机系统的其他部件。组成存储芯片和 I/O 设备接口的材料可能与 CPU 不同，信号传输的距离相对较远，会有传输延迟，必须按异步方式进行协调。

CPU 内部的操作采用同步方式，CPU 与内存和 I/O 设备的操作采用异步方式，这就带来一个同步方式和异步方式如何过渡、如何衔接的问题。也就是说，当内存或 I/O 设备的 Ready 信号到达 CPU 时，不可能恰好为 CPU 脉冲源的整周期或节拍的整周期，解决方法也是一种折中方案，即准同步方式。

3. 联合控制方式

联合控制方式又称为准同步方式，是介于同步异步中间的一种折中，或者说是异步方式的同步化。在准同步方式中，CPU 并不是在任何时刻立即对来自内存和 I/O 接口的应答信号做出反应，而是在一个节拍周期的结束（下一个节拍周期的开始）。也就是说，当 CPU 进行内存的读/写操作或进行 I/O 设备的数据传输时，是按同步方式插入一个节拍周期或几个节拍周期，直到内存或 I/O 设备的应答信号到达为止。准同步方式是 CPU 进行内存的读/写操作和 I/O 数据传输操作通常采用的方式，较好地解决了同步与异步的衔接问题。

9.4　时序产生器组织

前面已分析了指令周期中需要的一些典型时序。时序信号产生器的功能即是用逻辑电路来实现这些时序。

各种计算机的时序信号产生电路是不尽相同的。一般来说，大、中型计算机的时序电路比较复杂，而小、微型机的时序电路比较简单，这是因为前者涉及的操作较多，后者涉及的操作较少。另一方面，从设计操作控制器的方法来讲，硬布线控制器的时序电路比较复杂，而微程序控制器的时序电路比较简单。然而不管是哪一类，时序信号产生器最基本的构成是一样的。

9.4.1　组合逻辑控制器的时序产生器

组合逻辑控制器的时序产生器是由晶体振荡器（脉冲源）、启停控制线路、节拍脉冲信号发生器、节拍周期信号发生器和 CPU 周期信号发生器组成，如图 9-4 所示。

晶体振荡器是整个时序系统的脉冲源，一位触发器和一个与非门构成简单的启停线路（实际线路要比与非门的复杂些，应具有阻塞功能，以确保在启动、停止时不会把半个脉冲信号放出去）。

（1）节拍脉冲信号发生器：节拍脉冲信号发生器用于产生节拍脉冲 P_0、P_1、P_2、P_3（参考图 9-3）。

（2）节拍周期信号发生器：节拍周期信号发生器可由循环移位寄存器构成，也可由计数器和译码器组成，输出节拍周期信号 T_0、T_1、T_2、T_3。

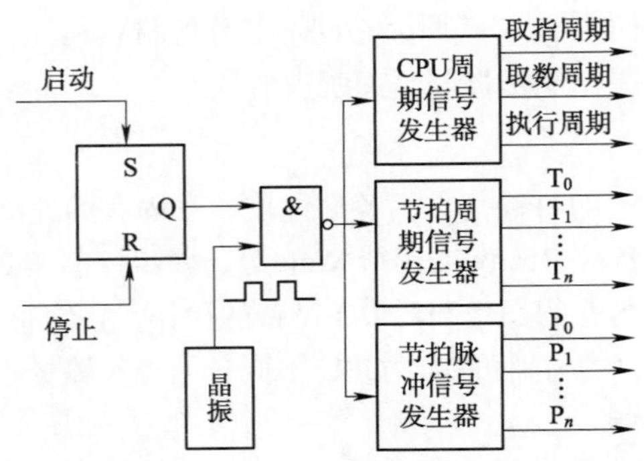

图 9-4　组合逻辑控制器的时序产生器框图

（3）CPU 周期信号发生器：CPU 周期信号一般设置单独的触发器表示，有几个 CPU 周期就设置几个触发器。例如，若某计算机系统没有取指令，取操作数和执行三个 CPU 周期，便设立三个触发器分别表示之。每个 CPU 周期状态的建立条件由控制器的微操作形成部件产生相应的建立信号，例如 1→FIC 信号表示建立取指令状态，1→FDC 信号表示建立取操作数周期状态，1→EXEC 信号表示建立执行周期状态。CPU 周期状态的建立时刻是在上一个 CPU 状态周期的最后一个节拍周期信号（或节拍脉冲信号）的下降沿建立。

9.4.2　微程序控制器的时序产生器

图 9-5 所示为微程序控制器中使用的时序信号产生器的结构图，它由时钟脉冲源、环形脉冲发生器、节拍脉冲和读/写时序译码逻辑、启停控制逻辑等部分组成。

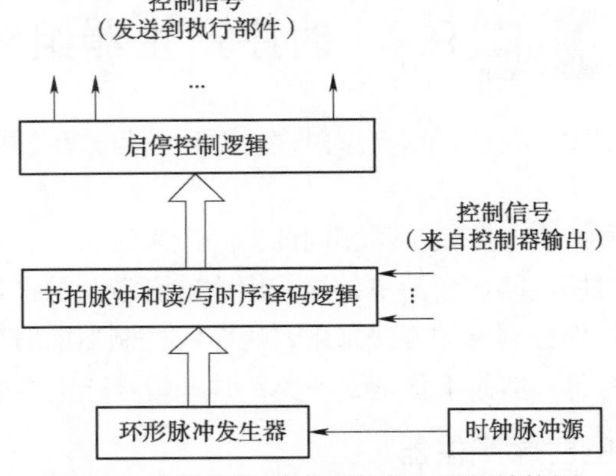

图 9-5　微程序控制器时序产生器的结构图

1. 时钟脉冲源

时钟脉冲源用来为环形脉冲发生器提供频率稳定且电平匹配的方波时钟脉冲信号。它通常由石英晶体振荡器和与非门组成的正反馈振荡电路组成，其输出送至环形脉冲发生器。

2. 环形脉冲发生器

环形脉冲发生器的作用是产生一组有序的间隔相等或不等的脉冲序列，以便通过译码电路来产生最后所需的节拍脉冲。为了在节拍脉冲上不带干扰毛刺，环形脉冲发生器通常采用循环移位寄存器形式。

3. 节拍脉冲和读/写时序的译码逻辑

节拍脉冲和读/写时序的译码逻辑根据环形脉冲发生器的输出，通过译码产生 CPU 工作所需要的节拍脉冲信号。同时，与控制器输出的控制信号配合，产生存储器/外围设备需要的控制信号。例如，由存储器发出的读/写信号（RD、WE）都是持续时间为一个 CPU 周期的节拍电位信号，而实际上它们只在某些节拍脉冲有效，因此需要译码控制。

4. 启停控制逻辑

机器一旦接通电源，就会自动产生原始的节拍脉冲信号，然而，只有在启动机器运行的情况下，才允许时序产生器发出 CPU 工作所需的节拍脉冲。为此需要由启停控制逻辑来控制节拍脉冲的发送。同样，对读/写时序信号也需要由启停逻辑加以控制。

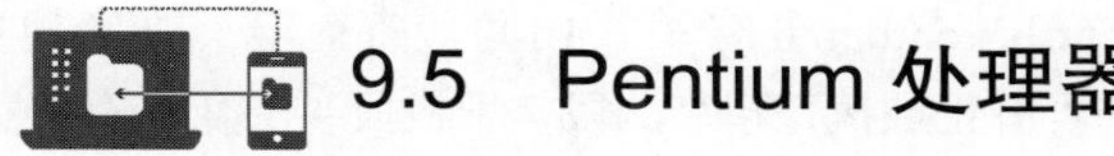

9.5 Pentium 处理器

Pentium 是 Intel 公司生产的超标量流水处理器，它代表了在复杂指令集计算机（CISC）中几十年设计努力的结晶，它采用了过去只有大型机和超级计算机中才会采用的设计原则，是 CISC 体系结构的优秀范例。

9.5.1 Pentium 的结构框图

图 9-6 所示为 PentiumⅡ处理器框图。处理器的核心由下列四个主要部件组成：

（1）取指令/译码单元（fetch/decode unit）：顺序由 Ll 指令 Cache 取程序指令，将它们译成一系列的微操作并存入指令池中。

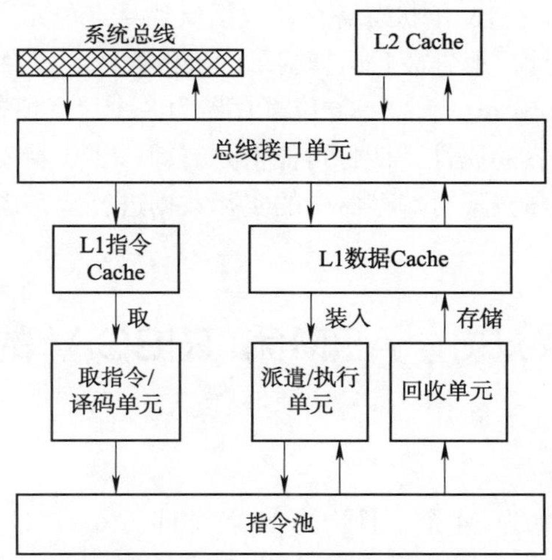

图 9-6　PentiumⅡ处理器框图

（2）指令池（instruction pool）：当前可用于执行的指令组存放于此。

（3）派遣/执行单元（dispatch/execute unit）：依据数据相关性和资源可用性调度微操作的执行，于是，微操作可按不同于所取指令流的顺序被调度执行。只要时间许可，此单元完成将来可能需要的微操作的推测执行。它由 Ll 数据 Cache 取所需数据，执行微操作，并将结果暂存于寄存器中。

（4）回收单元（retire unit）：确定何时将暂存的推测执行的结果提交到L1数据Cache和寄存器中，成为稳定状态。在回收一条执行结果之后，此单元将相应指令的微操作从指令池中删除。

9.5.2 Pentium Ⅱ的寄存器组织

Pentium Ⅱ的寄存器组织包括如下类型的寄存器：

（1）通用寄存器（general）：Pentium Ⅱ有8个32位通用寄存器。它们可被所有的Pentium Ⅱ指令类型使用，也可保持用于地址计算的操作数。此外，某些寄存器亦服务于专门目的。例如，字符串指令使用ECX、ESI和EDI寄存器的内容作为操作数，无须指令中有对这些寄存器的显式引用。

（2）段寄存器（segment）：Pentium Ⅱ有6个16位段寄存器，它们容纳索引段表的段选择符。代码段（CS）寄存器引用含有正被执行指令的段。堆栈段（SS）寄存器引用含有用户可见堆栈的段。其余的段寄存器（DS、ES、FS、GS）允许用户一次可访问多达四个分开的数据段。

（3）标志寄存器（flag）：EFLAGS寄存器容纳条件代码的各种模式位。

（4）指令指针寄存器（instruction pointer）：存有当前指令的地址。

还有一些寄存器专门用于浮点单元。

（1）数值寄存器（numeric）：每个寄存器保持扩展精度的80位浮点数。这样的寄存器有8个，它们的功能像一个堆栈，有相应的压入和弹出操作可用于指令集中。

（2）控制寄存器（control）：16位的控制寄存器含有控制浮点单元操作的各个位，包括舍入类型控制，单、双或扩展精度控制，以及禁止或允许各种异常条件的位。

（3）状态寄存器（status）：16位状态寄存器包括反映浮点单元当前状态的位，包括一个指向寄存器堆栈栈顶的3位指针，报告最后运算结果的条件代码，以及异常标志。

（4）标记字寄存器（tag word）：这个16位寄存器为8个浮点值寄存器每个保留2位标记，它们用于指示相应寄存器内容的属性。四种可能值是有效、零、特殊数（NaN、无穷、反规格化）和空。这些标记允许程序在不对寄存器中的实际数据进行复杂译码的情况下，检查数值寄存器中的内容。

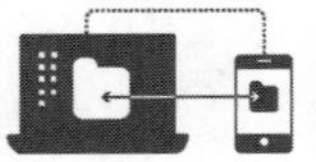

9.6 x86、ARM和RISC-V的寄存器组织

9.6.1 x86寄存器

8086 CPU中寄存器总共为14个，且均为16位，即AX、BX、CX、DX、SP、BP、SI、DI、IP、FLAG、CS、DS、SS、ES。而这14个寄存器按照一定方式又分为了通用寄存器、控制寄存器和段寄存器，如图9-7所示。

AX、BX、CX、DX称为数据寄存器：

AX（accumulator）：累加寄存器，简称累加器；

BX（base）：基址寄存器；

CX（count）：计数寄存器；

DX（data）：数据寄存器。

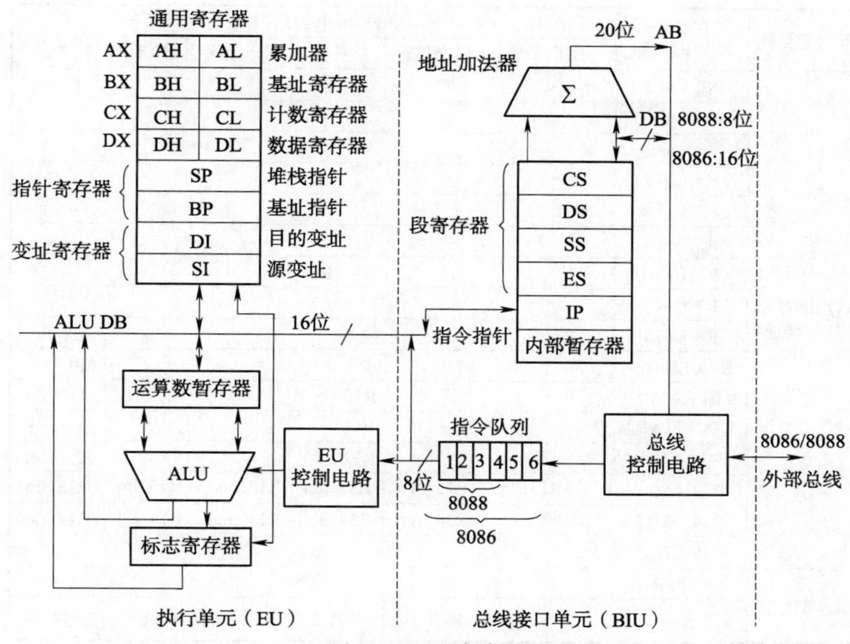

图 9-7　x86 寄存器

SP 和 BP 又称指针寄存器：

SP（stack pointer）：堆栈指针寄存器；

BP（base pointer）：基址指针寄存器；

SI 和 DI 又称变址寄存器：

SI（source index）：源变址寄存器；

DI（destination index）：目的变址寄存器。

控制寄存器：

IP（instruction pointer）：指令指针寄存器；

FLAG：标志寄存器。

段寄存器：

CS（code segment）：代码段寄存器；

DS（data segment）：数据段寄存器；

SS（stack segment）：堆栈段寄存器；

ES（extra segment）：附加段寄存器。

9.6.2　ARM 寄存器

ARM 处理器共有 37 个寄存器，如图 9-8 所示。

（1）31 个通用寄存器，包括程序计数器（PC）。这些寄存器都是 32 位的。

（2）6 个状态寄存器。这些寄存器也是 32 位的，但是只使用了其中的 12 位。

ARM 通用寄存器。通用寄存器（R0 ~ R15）可分为三类：不分组寄存器 R0～R7；分组寄存器 R8～R14；程序计数器 PC。

<table>
<tr><th rowspan="2">寄存器类别</th><th rowspan="2">寄存器在汇编中的名称</th><th colspan="6">各模式实际访问的寄存器</th></tr>
<tr><th>用户系统</th><th>管理</th><th>中止</th><th>未定义</th><th>中断</th><th>快中断</th></tr>
<tr><td rowspan="16">通用寄存器
程序计数器</td><td>R0（a1）</td><td colspan="6">R0</td></tr>
<tr><td>R1（a2）</td><td colspan="6">R1</td></tr>
<tr><td>R2（a3）</td><td colspan="6">R2</td></tr>
<tr><td>R3（a4）</td><td colspan="6">R3</td></tr>
<tr><td>R4（v1）</td><td colspan="6">R4</td></tr>
<tr><td>R5（v2）</td><td colspan="6">R5</td></tr>
<tr><td>R6（v3）</td><td colspan="6">R6</td></tr>
<tr><td>R7（v4）</td><td colspan="6">R7</td></tr>
<tr><td>R8（v5）</td><td colspan="5">R8</td><td>R8_fiq</td></tr>
<tr><td>R9（SB,v6）</td><td colspan="5">R9</td><td>R9_fiq</td></tr>
<tr><td>R10（SL,v7）</td><td colspan="5">R10</td><td>R10_fiq</td></tr>
<tr><td>R11（FP,v8）</td><td colspan="5">R11</td><td>R11_fiq</td></tr>
<tr><td>R12（IP）</td><td colspan="5">R12</td><td>R12_fiq</td></tr>
<tr><td>R13（SP）</td><td>R13</td><td>R13_svc</td><td>R13_abt</td><td>R13_und</td><td>R13_irq</td><td>R13_fiq</td></tr>
<tr><td>R14（LR）</td><td>R14</td><td>R14_svc</td><td>R14_abt</td><td>R14_und</td><td>R14_irq</td><td>R14_fiq</td></tr>
<tr><td>R15（PC）</td><td colspan="6">R15</td></tr>
<tr><td rowspan="2">状态寄存器</td><td>CPSR</td><td colspan="6">CPSR</td></tr>
<tr><td>SPSR</td><td>无</td><td>SPSR_svc</td><td>SPSR_abt</td><td>SPSR_und</td><td>SPSR_irq</td><td>SPSR_fiq</td></tr>
</table>

图 9-8 ARM 寄存器

1）不分组寄存器 R0～R7

不分组寄存器 R0～R7 在所有处理器模式下，它们每一个都访问一样的 32 位寄存器。它们是真正的通用寄存器，没有体系结构所隐含的特殊用途。

2）分组寄存器 R8～R14

分组寄存器 R8～R14 对应的物理寄存器取决于当前的处理器模式。若要访问特定的物理寄存器而不依赖当前的处理器模式，则要使用规定的名字。

寄存器 R8～R12 各有两组物理寄存器：一组为 FIQ 模式，另一组为除了 FIQ 以外的所有模式。寄存器 R8～R12 没有任何指定的特殊用途，只是在作快速中断处理时使用。寄存器 R13、R14 各对应 6 个分组的物理寄存器，1 个用于用户模式和系统模式，其他 5 个分别用于 5 种异常模式。寄存器 R13 通常用于堆栈指针，称为 SP；寄存器 R14 用于子程序链接寄存器，称为 LR。

3）程序计数器 PC

寄存器 R15 用于程序计数器（PC）。

ARM 状态寄存器。在所有处理器模式下都可以访问当前的程序状态寄存器 CPSR。CPSR 包含条件码标志、中断禁止位、当前处理器模式以及其他状态和控制信息。每种异常模式都有一个程序状态保存寄存器 SPSR。当异常出现时，SPSR 用于保存 CPSR 的状态。

CPSR 和 SPSR 的格式如下：

1）条件码标志

N、Z、C、V 大多数指令可以检测这些条件码标志以决定程序指令如何执行。

2）控制位

最低 8 位 I、F、T 和 M 位用于控制位。当异常出现时改变控制位。当处理器在特权模式下也可以由软件改变。

中断禁止位：I 置 1 则禁止 IRQ 中断；F 置 1 则禁止 FIQ 中断。

T 位：T=0 指示 ARM 执行；T=1 指示 Thumb 执行。在这些体系结构系统中，可自由地使用能在 ARM 和 Thumb 状态之间切换的指令。

模式位：M0、M1、M2、M3 和 M4（M[4:0]）是模式位，这些位决定处理器的工作模式。

3）其他位

程序状态寄存器的其他位保留，用于以后的扩展。

9.6.3　RISC-V 寄存器

RISC-V 支持 32 位或 64 位架构，32 位架构由 RV32 表示，其每个通用寄存器的宽度为 32 位；64 位架构由 RV64 表示，其每个通用寄存器的宽度为 64 位。

RISC-V 架构的整数通用寄存器组，包含 32 个（I 架构）或者 16 个（E 架构）通用整数寄存器，其中整数寄存器 0 被预留为常数 0，其他 31 个（I 架构）或者 15 个（E 架构）为普通的通用整数寄存器。

如果使用浮点模块（F 或者 D），则需要另外一个独立的浮点寄存器组，包含 32 个通用浮点寄存器。如果仅使用 F 模块的浮点指令子集，则每个通用浮点寄存器的宽度为 32 位；如果使用了 D 模块的浮点指令子集，则每个通用浮点寄存器的宽度为 64 位。

RISC-V 架构定义了一些控制和状态寄存器（control and status register, CSR），用于配置或记录一些运行的状态。CSR 寄存器是处理器内部的寄存器，使用自己的地址编码空间，与存储器寻址的地址空间无关。CSR 寄存器的访问采用专用的 CSR 指令，包括 CSRRW、CSRRS、CSRRC、CSRRWI、CSRRSI 以及 CSRRCI 指令。

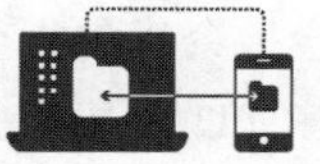

9.7　x86、ARM、RISC-V 和 MIPS 的架构比较

市场上主流的芯片架构有 x86、ARM、RISC-V 和 MIPS 四种，表 9-3 从特点，代表性的厂商，运营机构和发明时间对比了这四种架构。

表 9-3　主流 CPU 结构表

序号	架构	特点	代表性的厂商	运营机构	发明时间
1	x86	性能高、速度快、兼容性好	英特尔、AMD	英特尔	1978 年
2	ARM	成本低、低功耗	苹果、谷歌、IBM、华为	英国 ARM 公司	1983 年
3	RISC-V	模块化、极简、可拓展	三星、英伟达、西部数据	RISC-V 基金会	2014 年
4	MIPS	简洁、优化方便、高拓展性	龙芯	MIPS 科技公司	1981 年

1. x86 架构

x86 是微处理器执行的计算机语言指令集，指一个 Intel 通用计算机系列的标准编号缩写，也标识一套通用的计算机指令集合。1978 年 6 月 8 日，Intel 发布了新款 16 位微处理器 8086，也同时开创了一个新时代——x86 架构诞生了。

x86 指令集是美国 Intel 公司为其第一块 16 位 CPU（i8086）专门开发的，美国 IBM 公司 1981 年推出的世界第一台 PC 中的 CPU i8088（i8086 简化版）使用的也是 x86 指令。

随着 CPU 技术的不断发展，Intel 陆续研制出更新型的 i80386、i80486，直到今天的 Pentium 4 系列，但为了保证计算机能继续运行以往开发的各类应用程序以保护和继承丰富的软件资源，所以 Intel 公司所生产的所有 CPU 仍然继续使用 x86 指令集。

2. ARM 架构

ARM 架构是一个 32 位精简指令集处理器架构，其广泛地使用于许多嵌入式系统设计。由于节能的特点，ARM 处理器非常适用于移动通信领域，符合其主要设计目标为低耗电的特性。

如今，ARM 家族占了所有 32 位嵌入式处理器 75%的比例，使它成为占全世界最多数的 32 位架构之一。ARM 处理器可以在很多消费性电子产品上看到，从可携式装置到计算机外设甚至在导弹的弹载计算机等军用设施中都有它的存在。

ARM 和 x86 架构最显著的差别是使用的指令集不同，见表 9-4。

表 9-4　ARM 和 x86 架构对比

序　号	架　构	特　点
1	ARM	主要是面向移动、低功耗领域，因此在设计上更偏重节能、能效方面
2	x86	主要面向家用、商用领域，在性能和兼容性方面做得更好

3. RISC-V 架构

RISC-V 架构是基于精简指令集计算机（RISC）原理建立的开放指令集架构（ISA），RISC-V 是在指令集不断发展和成熟的基础上建立的全新指令。RISC-V 指令集完全开源，设计简单，易于移植 UNIX 系统，模块化设计，完整工具链，同时有大量的开源实现和流片案例，得到很多芯片公司的认可。

RISC-V 架构的起步相对较晚，但发展很快。它可以根据具体场景选择适合指令集的指令集架构。基于 RISC-V 指令集架构可以设计服务器 CPU、家用电器 CPU、工控 CPU 和比指头小的传感器中的 CPU。

4. MIPS 架构

MIPS 架构是一种采取 RISC 的处理器架构。于 1981 年出现，由 MIPS 科技公司开发并授权，它是基于一种固定长度的定期编码指令集，并采用导入/存储（Load/Store）数据模型。经改进，这种架构可支持高级语言的优化执行。其算术和逻辑运算采用三个操作数的形式，允许编译器优化复杂的表达式。

如今基于该架构的芯片广泛被使用在许多电子产品、网络设备、个人娱乐装置与商业装置上。最早的 MIPS 架构是 32 位，后期推出了 64 位版本。

小　结

CPU 是计算机的中央处理部件，具有指令控制、操作控制、时间控制、数据加工等基本功能。

早期的 CPU 由运算器和控制器两大部分组成。随着高密度集成电路技术的发展，当今的 CPU 芯片变成运算器、Cache 和控制器三大部分，其中还包括浮点运算器、存储管理部件等。

处理器中还包括用户可见的寄存器和控制/状态寄存器。用户可见寄存器是指用户使用机器

指令显式或隐式可访问的寄存器。它们可以是通用寄存器，也可以是用于定点或浮点数、地址、索引和段指针这样的专用寄存器。控制/状态寄存器用于控制 CPU 的操作，它包含各种状态和条件位。

CPU 从存储器取出一条指令并执行这条指令的时间称为指令周期。由于各种指令的操作功能不同，各种指令的指令周期是不尽相同的。划分指令周期，是设计操作控制器的重要依据。

时序信号产生器提供 CPU 周期（也称机器周期）所需的时序信号。操作控制器利用这些时序信号进行定时，有条不紊地取出一条指令并执行这条指令。

习　题

一、选择题

1. 中央处理器是指（　　）。

   A. 运算器　　B. 控制器

   C. 运算器和控制器　　D. 运算器、控制器和主存储器

2. 在 CPU 中跟踪指令后继地址的寄存器是（　　）。

   A. 主存地址寄存器　　B. 程序计数器

   C. 指令寄存器　　D. 状态条件寄存器

3. 操作控制器的功能是（　　）。

   A. 产生时序信号

   B. 从主存取出一条指令

   C. 完成指令操作码译码

   D. 从主存取出指令，完成指令操作码译码，产生有关的操作控制信号

4. 指令周期是指（　　）。

   A. CPU 从主存取出一条指令的时间

   B. CPU 执行一条指令的时间

   C. CPU 从主存取出一条指令加上执行这条指令的时间

   D. 时钟周期时间

5. 下列部件中不属于控制器的是（　　）。

   A. 指令寄存器　　B. 操作控制器

   C. 程序计数器　　D. 状态条件寄存器

6. 下列部件不属于执行部件的是（　　）。

   A. 控制器　　B. 存储器　　C. 运算器　　D. 外围设备

7. 同步控制是（　　）。

   A. 只适用于 CPU 控制的方式　　B. 只适用于外围设备控制的方式

   C. 由统一时序信号控制的方式　　D. 所有指令执行时间都相同的方式

二、解释术语

1. CPU

2. 同步控制、异步控制

3. 指令周期、主状态周期、节拍周期、微周期

三、简答题

1. CPU 由哪几个部分组成？各部分的功能是什么？

2. 一个典型的 CPU 中至少要包括哪些寄存器？

3. 某 CPU 的主频为 8 MHz，若已知每个机器周期平均包含四个时钟周期，该机的平均指令执行速度为 0.8 MIPS，试求该机的平均指令周期及每个指令周期含几个机器周期？若改用时钟周期为 0.4 μs 的 CPU 芯片，则计算机的平均指令执行速度为多少 MIPS？若要得到平均每秒 40 万次的指令执行速度，则应采用主频为多少的 CPU 芯片？

4. RISC 系统设计的关键点是什么？

四、思考题

1. 指令和数据都放在内存里，从形式上看，它们都是二进制代码，CPU 是如何区分指令字和数据字的？

2. 为什么硬布线控制器和微程序控制器采用不同的时序系统？

第 10 章

控制器的功能与设计

本章内容提要

- 微操作；
- 指令周期分析；
- CPU 控制；
- 硬布线控制器；
- 微程序控制器。

本章主要介绍控制器的功能，结合控制器的结构和指令周期的四个阶段，着重分析控制单元为完成不同指令所产生的各种操作命令，这些命令（又称控制信号）控制着计算机的所有部件有次序地完成相应的操作，以达到执行程序的目的；控制器根据其组成和工作原理可分为微程序控制器和硬布线控制器。通过控制器的设计，说明设计控制单元的思路，了解控制单元的功能，为今后设计控制单元和计算机打下初步的基础。

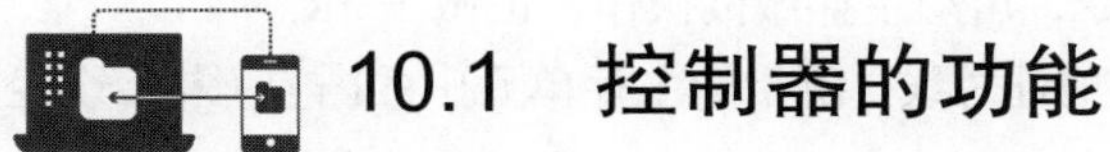

10.1 控制器的功能

10.1.1 微操作

为设计控制器，需要将机器周期进一步向下分解，每个机器周期又由一串涉及 CPU 寄存器操作的更小步骤组成，将这些步骤称为微操作（micro-operation）。前缀“微”指的是每个步骤很简单很细小。一个程序的执行由指令的顺序执行组成。每条指令执行是一个指令周期，每个指令周期由更短的 CPU 周期（如取指、间址、执行、中断）组成。每个 CPU 周期的完成又涉及一个或多个更短的操作，即微操作。

微操作在执行部件中是最基本的操作。根据数据通路的结构关系，微操作可分为相容性和互斥性两种。所谓相容性的微操作，是指在同时或同一个 CPU 周期内可以并行执行的微操作。所谓互斥性的微操作，是指不能在同时或不能在同一个 CPU 周期内并行执行的微操作。

微操作是 CPU 基本的或说是原子的操作。在下一节中将对指令周期进行分析，以说明指令周期的事件是如何被描述成微操作序列的。程序执行的组成元素如图 10-1 所示。

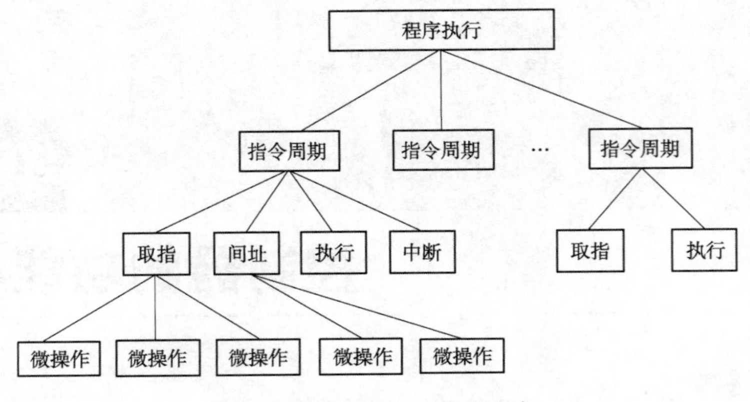

图 10-1　程序执行的组成元素

10.1.2　指令周期分析

不同的指令，所包含的 CPU 周期数也是不同的，一条指令的指令周期至少需要两个 CPU 周期，而复杂一些的指令周期，则需要更多的 CPU 周期。但进一步分析发现，完成不同指令的过程中，有些操作是相同或相似的，如取指令、取操作数地址（当间接寻址时）以及进入中断周期由中断隐指令完成的一系列操作。下面就对组成一个典型指令周期的四个 CPU 周期做进一步的分析。

在本节的讨论中，CPU 结构和寄存器组织参照第 9 章中图 9-2 的简单 CPU 模型。

1. 取指周期

所有指令的取指周期都是相同的，在这个 CPU 周期内，主要的微操作是：

（1）现行指令地址送至存储器地址寄存器，记做 PC→MAR。

（2）向主存发读命令，启动主存做读操作，记做 1→R。

（3）将 MAR（通过地址总线）所指的主存单元中的内容（指令）经数据总线读至 MBR 内，记做 M(MAR)→MBR。

（4）将 MBR 的内容送至 IR，记做 MBR→IR。

（5）形成下一条指令的地址，记做(PC)+1→PC。

2. 间址周期

间址周期完成取操作数有效地址的任务，具体操作如下：

（1）将指令的地址码部分（形式地址）送至存储器地址寄存器，记做 Ad(IR)→MAR。

（2）向主存发读命令，启动主存做读操作，记做 1→R。

（3）将 MAR（通过地址总线）所指的主存单元中的内容（有效地址）经数据总线读至 MBR 内，记做 M(MAR)→MBR。

（4）将有效地址送至指令寄存器的地址字段，记做 MBR→Ad(IR)。此操作在有些机器中可省略。

3. 执行周期

不同指令执行周期的微操作是不同的，下面分别讨论非访存指令、访存指令和转移类指令的微操作。

1）非访存指令

这类指令在执行周期不访问存储器，例如：

（1）清除累加器指令 CLA：该指令在执行阶段只完成清除累加器操作，记做 0→AC。

（2）算术右移一位指令 SHR：该指令在执行阶段只完成累加器内容算术右移一位的操作，记做 L(AC)→R(AC)，AC_0→AC_0（AC 的符号位不变）。

（3）停机指令 STP：计算机中有一运行标志触发器 G，当 G=1 时，表示机器运行；当 G=0 时，表示停机。STP 指令在执行阶段只需将运行标志触发器置 0，记做 0→G。

2）访存指令

这类指令在执行阶段都需访问存储器。为简单起见，这里只考虑直接寻址的情况，不考虑其他寻址方式，例如：

（1）加法指令：

```
ADD  X
```

该指令在执行阶段需完成累加器内容与对应于主存 X 地址单元的内容相加，结果送累加器的操作，具体操作如下：

① 将指令的地址码部分送至存储器地址寄存器，记做 Ad(IR)→MAR。

② 向主存发读命令，启动主存做读操作，记做 1→R。

③ 将 MAR（通过地址总线）所指的主存单元中的内容（操作数）经数据总线读至 MBR 内，记做 M(MAR)→MBR。

④ 给 ALU 发加命令，将 AC 的内容和 MBR 的内容相加，结果存于 AC，记做(AC)+(MBR)→AC。

当然，也有的加法指令指定两个寄存器的内容相加，如 ADD　AX　BX，该指令在执行阶段无须访存，只需完成(AX) + (BX)→AX 的操作。

（2）存数指令：

```
STA  X
```

该指令在执行阶段需将累加器 AC 的内容存于主存的 X 地址单元中，具体操作如下：

① 将指令的地址码部分送至存储器地址寄存器，记做 Ad（IR）→MAR。

② 向主存发写命令，启动主存做写操作，记做 1→W。

③ 将累加器内容送至 MBR，记做 AC→MBR。

④ 将 MBR 的内容（通过数据总线）写入到 MAR（通过地址总线）所指的主存单元中，记做 MBR→M(MAR)。

（3）取数指令：

```
LDA  X
```

该指令在执行阶段需将主存 X 地址单元的内容取至累加器 AC 中，具体操作如下：

① 指令的地址码部分送至存储器地址寄存器，记做 Ad(IR)→MAR。

② 向主存发读命令，启动主存做读操作，记做 1→R。

③ 将 MAR（通过地址总线）所指的主存单元中的内容（操作数）经数据总线读至 MBR 内，记做 M(MAR)→MBR。

④ 将 MBR 的内容送至 AC，记做 MBR→AC。

3）转移类指令

这类指令在执行阶段也不访问存储器，例如：

（1）无条件转移指令：

```
JMP  X
```

该指令在执行阶段完成将指令的地址码部分 X 送至 PC 的操作，记做 Ad(IR)→PC。

（2）条件转移（负则转）指令：

```
BAN  X
```

该指令根据上一条指令运行的结果决定下一条指令的地址，若结果为负（累加器最高位为 1，即 $A_0 = 1$），则指令的地址码送至 PC，否则程序按原顺序执行。由于在取指阶段已完成了 (PC) + 1→PC，所以当累加器结果不为负（即 $A_0 = 0$）时，就按取指阶段形成的 PC 执行，记做 A_0Ad(IR) + $\overline{A_0}$ (PC)→PC。

由此可见，不同指令在执行阶段所完成的操作是不同的。

4. 中断周期

在执行周期结束时刻，CPU 要查询是否有允许中断的中断事件发生，如果有则进入中断周期。在中断周期，由中断隐指令自动完成保护断点、寻找中断服务程序入口地址以及硬件关中断的操作。

假设程序断点存至主存的 0 地址单元，且采用硬件向量法寻找入口地址，则在中断周期需完成如下操作：

（1）将特定地址 0 送至存储器地址寄存器，记做 0→MAR。

（2）向主存发写命令，启动存储器做写操作，记做 1→W。

（3）将 PC 的内容（程序断点）送至 MBR，记做 PC→MBR。

（4）将 MBR 的内容（程序断点）通过数据总线写入 MAR（通过地址总线）所指示的主存单元（0 地址单元）中，记做 MBR→M(MAR)。

（5）向量地址形成部件的输出送至 PC，记做向量地址→PC，为下一条指令周期作准备。

（6）关中断，将允许中断触发器清 0，记做 0→EINT（该操作可直接由硬件线路完成）。

如果程序断点存入堆栈，只需将上述①改为堆栈指针 SP→MAR。

上述所有操作都是在控制单元发出的控制信号（即微操作命令）控制下完成的。

10.1.3 功能需求

在上节将 CPU 的功能分解成称为微操作的基本操作，下一目标是，确定控制器的特性。通过把 CPU 的操作分解到它的最基础级，就能严格地定义控制器必需的动作。这样，就能定义控制器的功能需求，即控制器必须完成的功能。这些功能需求的定义是设计和实现控制器的基础。

可以通过如下三个步骤分析控制器的功能：

（1）定义 CPU 的基本元素。

（2）描述 CPU 完成的微操作。

（3）确定要完成微操作，控制器必须具备的功能。

已经完成了第一步和第二步，总结 CPU 的基本组成元素是：ALU、寄存器、内部数据路径、外部数据路径、控制器。

ALU 是计算机的功能精髓。寄存器用于 CPU 内的数据存储。某些寄存器包含用于管理指令顺序化所需的状态信息（例如，程序状态字）。其他寄存器含有来自或到达 ALU、内存和 I/O 模块的数据。内部数据路径用于寄存器之间和寄存器与 ALU 之间的数据传输。外部数据路径用于将寄存器连接到内存和 I/O 模块，通常是借助于系统总线。控制器引起 CPU 内的操作发生。

程序执行由涉及这些 CPU 元素的操作组成，这些操作由微操作序列组成。所有的微操作可分为以下四种：

（1）在寄存器之间传输数据。

（2）将数据由寄存器传输到外部界面（如系统总线）。

（3）将数据由外部界面传输到寄存器。

（4）以寄存器作为输入/输出，完成算术或逻辑运算。

完成指令周期所需的各种微操作，包括执行指令集中所有指令的各种微操作，它们都属于上述类型之一。

现在，更明确地说明控制器的功能，控制器完成两项基本任务：

（1）排序：根据正在执行的程序，控制器使 CPU 以适当的顺序执行一串微操作。

（2）执行：控制器完成每个微操作。

上面是控制器所做工作的功能描述。控制器如何操作的关键是控制信号的使用。

10.1.4　控制信号

前面定义了 CPU 组成元素（ALU、寄存器、数据路径等）及其完成的微操作。为使控制器完成功能，必须具有允许确定系统状态的输入和允许控制系统行为的输出，这些是控制器的外部规范。在控制器内部，必须具有完成排序和执行功能的逻辑。控制内部操作在以后章节讨论。下面主要讨论控制器和 CPU 其他元素间的交互作用。

图 10-2 所示为输入和输出控制器的一般模型。输入是：

（1）时钟：这是控制器如何“遵守时间”（keeps time）。控制器在每个时钟脉冲完成一个（或一组同时的）微操作。这被称为处理器周期时间（processor cycle time）或时钟周期时间（clock cycle time）。

（2）指令寄存器：当前指令的操作码用于确定在执行周期内完成何种微操作。

（3）标志：控制器需要一些标志来确定 CPU 的状态和前面 ALU 操作的结果。

（4）来自系统总线的控制信号：系统总线的控制线部分输入控制器，如中断请求信号。

输出是：

（1）CPU 内的控制信号：有两类，一类用于控制数据传输路径，另一类用于启动指定的 ALU 功能。

（2）至系统总线的控制信号：至存储器的控制信号和至 I/O 模块的控制信号。

图 10-2 中引入的新要素是控制信号，它有三类，启动 ALU 功能的、控制数据路径的、外部系统总线上的或其他外部接口上的。所有这些信号最终作为二进制输入量直接送到各个逻辑门上。

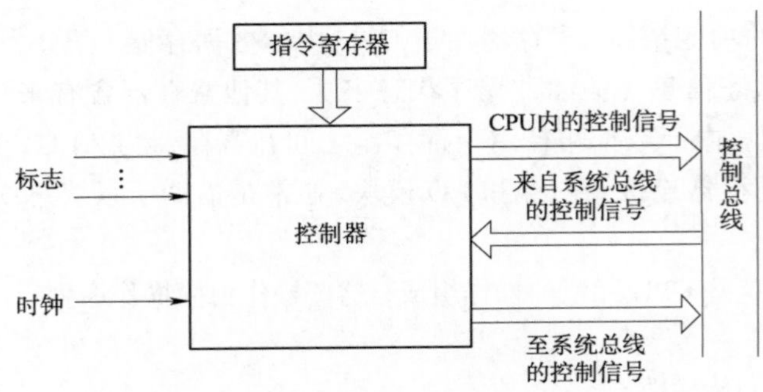

图 10-2 控制器模型

10.1.5 控制信号举例

控制单元的主要功能就是能发出各种不同的控制信号，下面以不采用 CPU 内部总线的方式和采用 CPU 内部总线的方式说明在指令周期中不同的控制信号。

1. 不采用 CPU 内部总线的方式

为说明控制器的功能，考察图 10-3 所示的例子。这是具有单一累加器的简单 CPU。给出了部件间的数据通路。控制器发出信号的控制路径未画出，但控制信号的终端用一个小圆圈指示并标记有 C_i，此控制器接收来自时钟、指令寄存器和标志的输入。每个时钟周期，控制器读所有这些输入并发出一组控制信号。控制信号送往三个不同的目标：

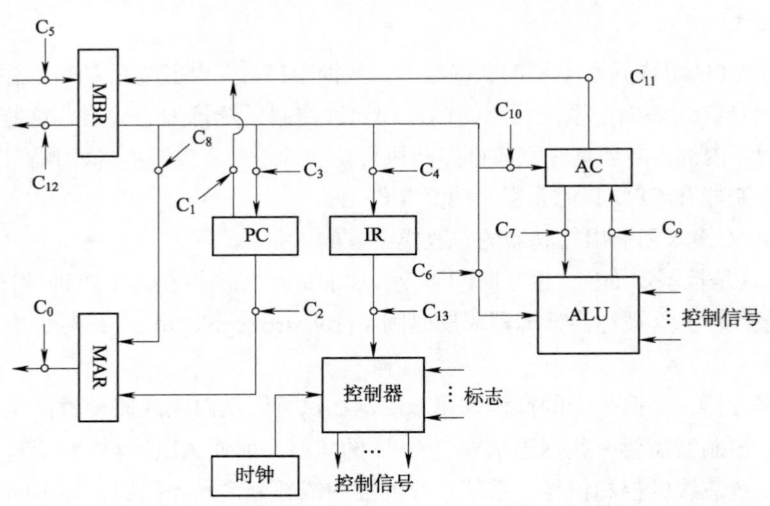

图 10-3 不采用 CPU 内部总线的数据通路和控制信号

（1）数据通路：控制器控制内部数据流。例如，取指令时，存储缓冲寄存器的内容传输到指令寄存器。为了能控制每个路径，路径上都有门（图中以圆圈指示）。来自控制器的控制信号暂时打开门以让数据通过。

（2）ALU：控制器以一组控制信号控制 ALU 的操作。这些信号作用于 ALU 内的各种逻辑装置和门。

（3）系统总线：控制器发送控制信号到系统总线的控制线上（例如，存储器读信号）。

控制器必须明确处于指令周期中的什么阶段，并且通过读输入信号，控制器发送一系列的控制信号以产生微操作。它使用时钟脉冲作为定时信号，允许事件之间有一定的时间间隔以使信号电平得以稳定。

表 10-1 表示的控制信号是前面描述过的微操作序列所需的。为了简化，增量 PC 的数据和控制路径，以及固定地址装入 PC 和 MAR 的数据和控制路径没有给出。

表 10-1　微操作和控制信号

项　　目	微　操　作	有效的控制信号
取指	t1: MAR←(PC)	C_2
	t2: MBR←M(MAR)	C_5、CR
	PC←(PC)+1	
	t3: IR←(MBR)	C_4
间址	t1: MAR←Ad(IR)	C_8
	t2: MBR←M(MAR)	C_5、CR
	t3: Ad(IR)←MBR	C_4
中断	t1: MBR←(PC)	C_1
	t2: MAR←保存_地址	
	PC←子程序_地址	
	t3: M←(MBR)	C_{12}、CW

考虑控制器的最小性是有益的。控制器是整个计算机运行的引擎。它只需知道将被执行的指令和算术、逻辑运算结果的性质（例如，正的、溢出等）。它不需要知道正在被处理的数据或得到的实际结果具体是什么。并且，它控制任何事情只是以少量的送到 CPU 内的和送到系统总线上的控制信号来实现。

2. 采用 CPU 内部总线的方式

CPU 内部的典型组织形式是内部总线，图 10-4 给出了一个使用内部单总线的 CPU 结构，图中的小圆圈代表控制信号，如 PC_i 表示总线的数据送入（in）PC，PC_o 表示 PC 的内容送出（out）到总线上。

ALU 和所有 CPU 寄存器都连接到单一内部总线上。为使数据由各寄存器送到总线上或从总线上送出，提供了门和控制信号；此外，还有另外的控制线控制数据与系统（外部）总线的交换以及 ALU 的操作。

此组织已添加了两个新寄存器，分别标记为 Y 和 Z，这是 ALU 恰当操作所需要的。当 ALU 的操作涉及两个操作数时，一个可由内部总线得到，但另一个必须要从其他地方得

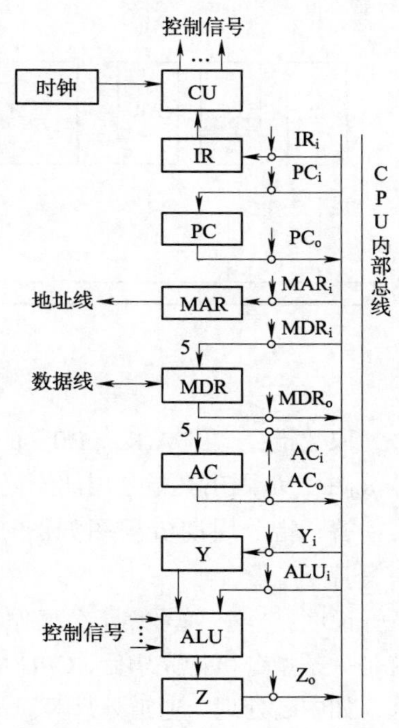

图 10-4　使用内部单总线的 CPU 结构

到。累加器 AC 能用于这个目的，但这限制了系统的灵活性，甚至 CPU 有多个通用寄存器时 AC 无法工作。寄存器 Y 提供了另一个输入的暂时存储。ALU 是一个没有内部存储的组合电路。于是，当控制信号启动一个 ALU 功能时，ALU 的输入被转换成它的输出。可见，ALU 的输出不能直接接到内部总线上，因为这个输出能立即反馈为输入。为此，寄存器 Z 提供了这个输出的暂时存储。这样安排，将存储器值加到 AC 的操作将有如下步骤：

（1）Ad(IR)→MAR ;指令的地址码字段→MAR (MAR_o)

（2）M(MAR)→MDR ;操作数从存储器中读至 MDR(MAR_o、MDR_i)

（3）MDR→Y ;MDR 内容送入 Y(MDR_o、Y_i)

（4）(AC)+(Y)→Z ;AC 累加器内容+Y 的内容送入 Z(+、AC_o)

（5）Z→AC ;Z 内容送入 AC(Z_o、AC_i)

【例 10-1】图 10-5 所示为双总线结构机器的数据通路，IR 为指令寄存器，PC 为程序计数器（具有自增功能），M 为主存（受 $R/\overline{W}$ 信号控制），AR 为地址寄存器，DR 为数据缓冲寄存器，ALU 由+、–控制信号决定完成何种操作，控制信号 G 控制的是一个门电路。另外，线上标注有控制信号，例如 Y_i 表示 Y 寄存器的输入控制信号，R_{1o} 为寄存器 R_1 的输出控制信号，未标字符的线为直通线，不受控制。

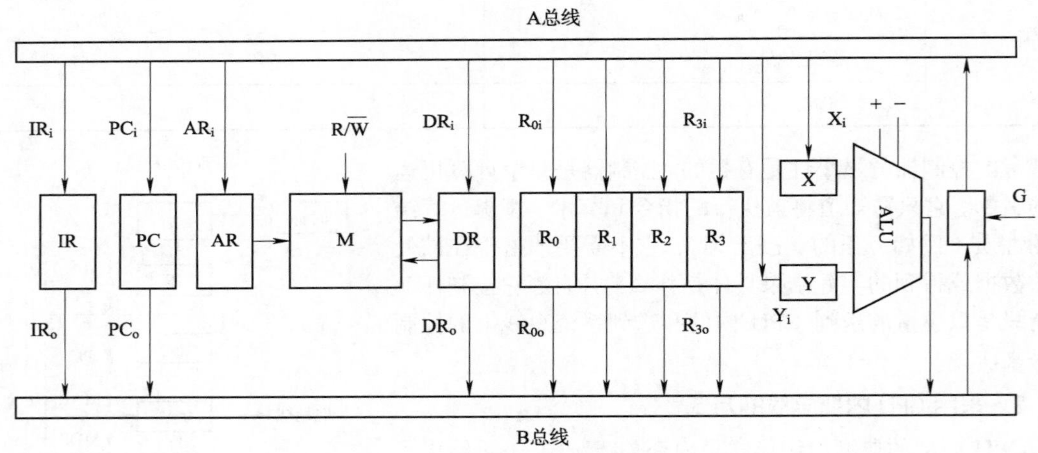

图 10-5　双总线结构机器的数据通路

取数指令“LDA(R3), R0”的含义是(R3)→R0，即将(R_3)为地址的主存单元的内容取至寄存器 R_0 中，请画出其指令周期流程图，并列出相应微操作控制信号序列。

答：指令周期流程图如图 10-6 所示，右侧表示每一个机器周期中用到的微操作控制信号序列。

说明：“～”符号表示公操作符号，表示一条指令已经执行完毕，转入公操作。所谓公操作，就是一条指令执行完毕后，CPU 所开始进行的一些操作，这些操作主要是 CPU 对外设请求的处理，如中断处理、通道处理等。如果外围设备没有向 CPU 请求交换数据，那么 CPU 又转向取下一条指令。

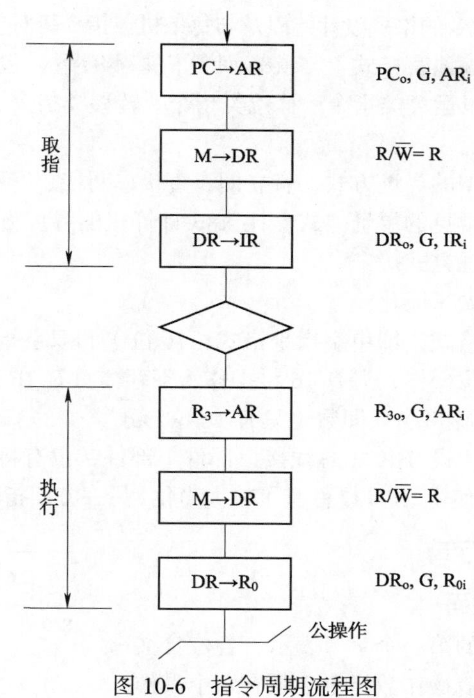

图 10-6　指令周期流程图

10.2　模型机的设计

通过前面的学习，读者对内存、运算器、指令、控制器已有了基本的了解，这一节将通过一台模型机的设计过程，了解计算机的控制器的设计过程。由于实际的计算机系统相当复杂，因此，本模型机对指令的机器语言和硬件结构做了大量简化，并尽量规整，功能上比较完备，使之具有真实机的感觉。

一台计算机的设计大致需要经过以下几个基本步骤：

1. 指令系统设计

指令是软/硬件的交界面，是计算机设计过程中必须首先要考虑的，指令系统的设计要考虑到完备性、有效性、规整性。

2. 数据通路的设计

根据指令的功能、运行速度以及价格等设计目标，确定 CPU 硬件线路，包括运算器的宽度、算术运算、逻辑运算功能设定、寄存器的设置、CPU 内部数据通路的宽度和结构等。

3. 指令流程的设计

根据 CPU 的硬件设置和结构，确定各类指令的流程，并考虑各类指令的共性，在不影响功能、速度的原则下，考虑将其共同部分尽量统一。

4. 控制器的设计

控制器有组合逻辑控制和微程序控制两种方式。若采用组合逻辑控制，需要设计控制器时序系统，并把指令流程中的每一个微操作落实到某个确定的时序中，同时尽量考虑其规整性。若采用微程序控制方式，就是考虑微指令的格式设计，以及与每条机器指令所对应的微程序的设计。

本节提出的模型机在汇编语言格式上与 x86 计算机基本一致，包括了计算机的基本指令，如各种传输类指令、算术逻辑运算类指令、移位类指令、转移类指令、子程序调用返回类指令、输入/输出类指令等。

在寻址方式上采用最典型的寻址方式，有立即、直接、间接、寄存器、寄存器间接、变址、基址、相对八种，都为一般常见的寻址方式，比 x86 计算机的寻址方式多了间接寻址，而少了基址变址方式和相对基址变址方式。

该模型机还在以下方面做了简化：

（1）指令字长只有两种格式，即单字指令格式（16 位）和双字指令格式（32 位）。

（2）运算方面去掉了 8 位操作，只有 16 位操作，寄存器只有 16 位的 AX、BX、CX、DX，而不再分为 AH、AL 等，位移量、立即数也只有 16 位形式。

（3）去掉了段寄存器，不设 BIU（总线接口部件）部件，没有将段地址与段内偏移地址错 4 位相加的地址计算，一方面使得 CPU 硬件有了较大简化，另一方面指令的机器语言也简单多了。

10.2.1 指令系统和寻址方式

1. 模型机寻址方式及编码

模型机寻址方式由指令的第一个字节表示，各位含义如图 10-7 所示。模型机规定双操作数指令必须有一个操作数来自寄存器（这与计算机基本相同），该寄存器便由第 6、5、4 位表示（见图 10-7），用 000～111 分别表示 AX、BX、CX、DX、BP、SP、SI、DI，为以后叙述方便，将该寄存器记为 Ry，第 7 位（$\bar{S}$/D）用于指明寄存器是源操作还是目的操作数。当 bit7=0，寄存器 Ry 为源操作数；bit7=1 时，寄存器 Ry 为目的操作数。第一个字节中的第 3、2、1、0 位的含义见表 10-2。

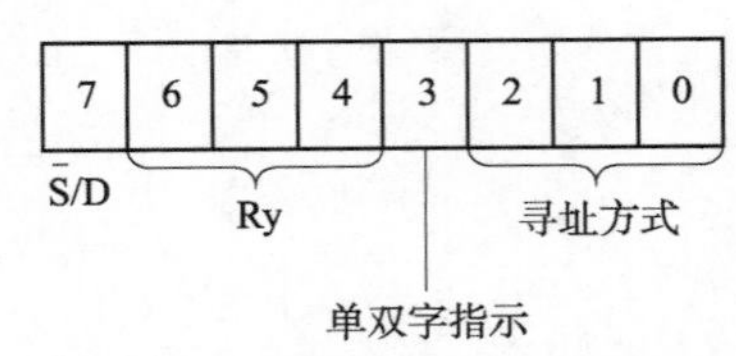

图 10-7 模型机的寻址方式及编码

表 10-2 寻址方式编码

寻址字段第 3、2、1、0 位	寻址方式及相关寄存器
0000	寄存器寻址 AX
0001	寄存器寻址 BX
0010	寄存器寻址 CX
0011	寄存器寻址 DX
0100	寄存器间接寻址 [BP]
0101	寄存器间接寻址 [BX]
0110	寄存器间接寻址 [SI]
0111	寄存器间接寻址 [DI]
1000	立即寻址，双字长指令，第二字为立即数 imm
1001	未定义
1010	直接寻址，双字长指令，第二字为 Addr
1011	间接寻址，双字长指令，第二字为[Addr]
1100	基址寻址，双字长指令，第二字为 disp，[BP+disp]
1101	相对寻址，双字长指令，第二字为 disp，[PC+disp]
1110	源变址寻址，双字长指令，第二字为 Addr，Addr+[SI]
1111	目的变址寻址，双字长指令，第二字为 Addr，Addr+[DI]

从表 10-2 中可以看出：

（1）若 bit3、2=00 时，为寄存器寻址方式，由 bit1、0 位指明具体的寄存器（AX、BX、CX、DX）。

（2）若 bit3、2=01 时，为寄存器间接寻址方式，由 bit1、0 位指明具体的间接寄存器（BP、BX、SI、DI）。

为叙述方便 bit2、1、0 指定的寄存器记为 Rx。

（3）若 bit3=0 时，指令单字长（16 位）。

（4）若 bit3=1 时，指令为双字长（32 位）。此时，指令第二字或为立即数（1000），或为直接地址（1010），或为间接地址（1011），或为基址寻址的位移量（1100），或为相对寻址的位移量（1101），或为变址寻址的起始地址（1110, 1111）。

2. 模型机的指令系统

该模型机指令有双操作数指令、单操作数指令和无操作数指令三种。

1）双操作数指令

模型机的双操作数指令有传输指令 MOV、输入/输出指令 IN/OUT、加法指令 ADD、带进位的加法指令 ADC、减法指令 SUB、带借位的减法指令 SUBB、比较指令 CMP、逻辑指令 AND、逻辑或指令 OR、逻辑异或指令 XOR 和测试指令 TEST，共计十二条，都是最基本、最常用的指令。用指令的第 15 位至第 10 位（共 6 位）来表示这些操作，$2^6=64$，远大于 12，这样做是为了模型机的机器语言尽量简单、规整和便于记忆，但在实际机型中必须考虑每一个二进制位的利用率。双操作数指令格式有两种：

	15　　10	9　8	7	6　　4	3	2　　0
单字长指令	OP	—	$\overline{S}$/D	寄存器编号	0	寻址方式

	15　　10	9　8	7	6　　4	3	2　　0	
双字长指令	OP	—	$\overline{S}$/D	寄存器编号	1	寻址方式	第一字
	imm / disp / addr						第二字

指令字中第一字节的第 3 位为 0 时，为单字指令（16 位），为 1 时为双字指令（32 位），指令的第二个字节为操作码字段，其中 15～10 位为 6 位操作码，第 9、8 位在双操作数格式中没有定义。

【例 10-2】指令 ADD AX,[BX]，源操作数采用寄存器间接寻址，为单字长指令（16 位），其机器码为

ADD	—	10000101

【例 10-3】指令 MOV CX, 1234H，源操作数为立即寻址，双字长指令（32 位），第二字为立即数，其机器码为

MOV	—	10101000
1234H		

2）单操作数指令

本模型机的单操作数指令也都由常用的、基本的指令组成，分为三类。

（1）传输指令和逻辑运算指令，这类指令有堆栈指令 PUSH/POP、子程序调用指令 CALL、加

1/减 1 指令 INC/DEC、求补指令 NEG、求反指令 NOT、带符号乘法指令 IMUL、无符号乘法指令 MUL、带符号除法指令 IDIV、无符号除法指令 DIV、换码指令 XLAT，共计十二条。与 PC 类似，乘法指令执行前，被乘数在 AX 寄存器中，指令中只指明一个乘数，故乘除指令归入单操作数指令。

（2）移位类指令，有逻辑左移（算术左移）指令 SHL（SAL）、逻辑右移（算术右移）指令 SHR（SAR）、循环左移/右移指令 ROL/ROR、带进位的循环左移/右移指令 RCL/RCR、共计八条。模型机移位类指令中只指明操作数，移位次数在指令执行前预先放入 CX 寄存器中，故将移位类指令归入单操作指令。

（3）转移类指令，这类指令有无条件转移指令 JMP、循环指令 LOOP、为零循环/不为零循环指令 LOOPZ/LOOPNZ、为零转移/不为零转移指令 JZ/JNZ、为负转移/正转移指令 JS/JNS、溢出转移/不溢出转移 JO/JNO、为偶转移/为奇转移 JP/JNP、有进位转移/无进位转移 JC/JNC、无符号数的低于转移/高于等于转移 JB/JAE、有符号数的小于转移/大于等于转移 JL/JGE、有符号数的小于等于转移/大于转移 JLE/JG、CX 寄存器为零转移 JCXZ，共计二十三条。

在指令机器语言设计中使用了扩展操作码概念，将双操作数指令格式中用以表示寄存器寻址的 bit7～bit4 作为单操作数指令操作码字段，而操作数指令的操作码字段 bit15～bit10 固定为零用以指明这是一条单操作数指令。

单操作数指令格式也有单字长指令和双字长指令两种：

	15　　10	9　　4	3	2　　0
单字长指令	000000	OP	0	寻址方式

	15　　10	9　　4	3	2　　0	
双字长指令	000000	OP	1	寻址方式	第一字
	imm / disp / addr				第二字

其中 bit3～bit0 为寻址字段，当 bit3=0 时，指定为寄存器寻址或寄存器寻址或寄存器间接寻址，这时为单字指令（16 位）；当 bit3=1 时，为双字长指令，这时指令第二字或为立即数，或为内存地址，或为位移量。

传输和逻辑运算类指令单操作数指令格式为

15　　10	9　8	7　　4	3　　0
000000	1　0	OP	寻址方式

bit9、8=10 用以表示这是传输和逻辑运算指令。

bit7～bit4 共 4 位，用以表示操作码，2^4=16>12（12 条传输、逻辑运算指令）。

【例 10-4】指令 PUSH BX 为寄存器寻址，单字长指令（16 位），其机器码为

15　　10	9　8	7　　4	3　0
000000	1　0	PUSH	0001

【例 10-5】指令 DEC 88H[BP]为基址寻址，双字长指令（32 位），其机器码为

15　　10	9　8	7　　4	3　0
000000	1　0	DEC	1100
0088H			

移位类指令格式为

15～10	9～8	7～4	3～0
000000	1 1	OP	寻址方式

bit9、8=11 用以表示这是移位类指令。

bit7～bit4 共 4 位，用以表示操作码，$2^4=16>7$（7 条移位指令）。

【例 10-6】指令 SHL [BX]为寄存器间接寻址，单字长指令（16 位），其机器码为

15～10	9～8	7～4	3～0
000000	1 1	SHL	0101

【例 10-7】指令 SAR XYZ 为直接寻址，双字长指令（32 位），其机器码为

<table>
<tr><th>15～10</th><th>9～8</th><th>7～4</th><th>3～0</th></tr>
<tr><td>000000</td><td>1 1</td><td>SAR</td><td>1010</td></tr>
<tr><td colspan="4">XYZ（直接地址）</td></tr>
</table>

转移类指令格式为

<table>
<tr><th>15～10</th><th>9</th><th>8～4</th><th>3～0</th></tr>
<tr><td>000000</td><td>0</td><td>OP</td><td>1101</td></tr>
<tr><td colspan="4">disp</td></tr>
</table>

bit9=0 用以表示这是转移类指令。

bit8～bit4 共 5 位，用以表示操作码，$2^5=32>23$（23 条转移指令）。

寻址方式字段 bit3～bit0 固定为 1101，说明模型机所有的转移指令均为相对寻址，指令为双字，第二字为位移量 disp。

【例 10-8】指令 JC LABEL 为相对 PC 寻址，双字长指令（32 位），其机器码为

<table>
<tr><th>15～10</th><th>9</th><th>8～4</th><th>3～0</th></tr>
<tr><td>000000</td><td>0</td><td>JC</td><td>1101</td></tr>
<tr><td colspan="4">disp=LABEL-（PC）</td></tr>
</table>

3）无操作数指令

无操作数指令的格式为

15～4	3～0
000000000000	OP

指令中不提供操作数，当然也没有寻址方式字段。无操作数指令格式只有单字长一种格式，并且指令字的 bit15～bit4 为全 0，标志它是一个无操作数指令。无操作数指令的个数最多为十六条。

【例 10-9】指令 RET 为单字长指令（16 位），其机器码为

15～4	3～0
000000000000	RET

10.2.2 CPU 及模型机硬件系统

模型机 CPU 及其硬件系统组成简图如图 10-8 所示。图的最下边为控制器简图，中间为运算器简图，上边为主存储器及 I/O 接口简图。

1. 系统总线

模型机系统总线采用简单的单总线结构，地址总线 AB 和数据总线 DB 宽度为 16 位，主存储器 MM、外围设备接口通过系统总线 AB、DB、CB 与 CPU 相连。CPU 内部总线 IB 通过地址寄存器 AR 与 AB 相连，并有 AR→AB 信号进行输出控制，通过数据缓冲寄存器 DR 与 DB 相连，并有 DB→DR 信号控制 DR 接收来自数据总线 DB 上的数据。模型机中假设系统总线按准同步方式工作。

CPU 内部总线 IB 也为 16 位宽的总线结构。CPU 内部各寄存器均通过三态门与 IB 连接。当 XX→IB 为高时（电平信号），将 XX 寄存器的内容送上 IB。当寄存器接收 IB 上数据时，使用 XXin（脉冲信号）将 IB 上的数据打入 XX 寄存器，内部总线 IB 为同步控制方式。每个 CPU 周期的节拍周期根据需要而定，为变长 CPU 周期。

2. 模型机控制器构成

1）程序计数器（PC）

用以指出下条指令在主存中的存放地址，CPU 正是根据 PC 的内容去主存取得指令的，因程序中指令是顺序执行的，所以 PC 有自增功能。因为指令分单字（16 位）和双字（32 位）两种格式，数据总线宽度为 16 位，故取指令时每访问一次内存 PC 就+2，其相应的控制信号为+2PC。

2）指令寄存器（IR）

用以存放现行指令，以便根据指令操作码和寻址方式完成所要求的操作。

3）程序状态字寄存器（PSW）

一方面体现当前指令执行结果的特征，即运算结果的状态，如溢出标志 OF、符号标志 SF、零标志 ZF、进位标志 CF、辅助进位标志 AF、奇偶标志 PF 等；另一方面体现对计算机系统的要求，如方向标志 DF、中断允许标志 IF 等，PSW 中的这些位参与并决定微操作的形成。

4）时序部件

计算机系统的各种微操作应当有严格的时间控制和先后顺序，时序部件用来产生各种时序信号，时序信号可分为 CPU 周期信号。节拍周期信号和节拍脉冲信号，它们都是由统一时钟 CLOCK 分频得到的。

5）微操作形成部件

用以产生指导指令执行的微控制信号，它一方面按照 IR 中指令的要求，另一方面受 PSW 中有关位的控制，再由时序部件决定其产生时间。它产生的微操作一部分用于 CPU 的内部控制，一部分用于系统总线的控制，如图 10-8 所示。该部件可以由组合逻辑方式构成，也可以由微程序方式构成。

3. 模型机运算器的构成

1）算术逻辑部件（ALU）

用以进行双操作数的算术逻辑运算，本模型机中，可执行的逻辑运算有 ADD、ADC、SUB、SUBB、IMUL、MUL、IDIV、DIV、AND、OR、XOR、CMP、TEST。

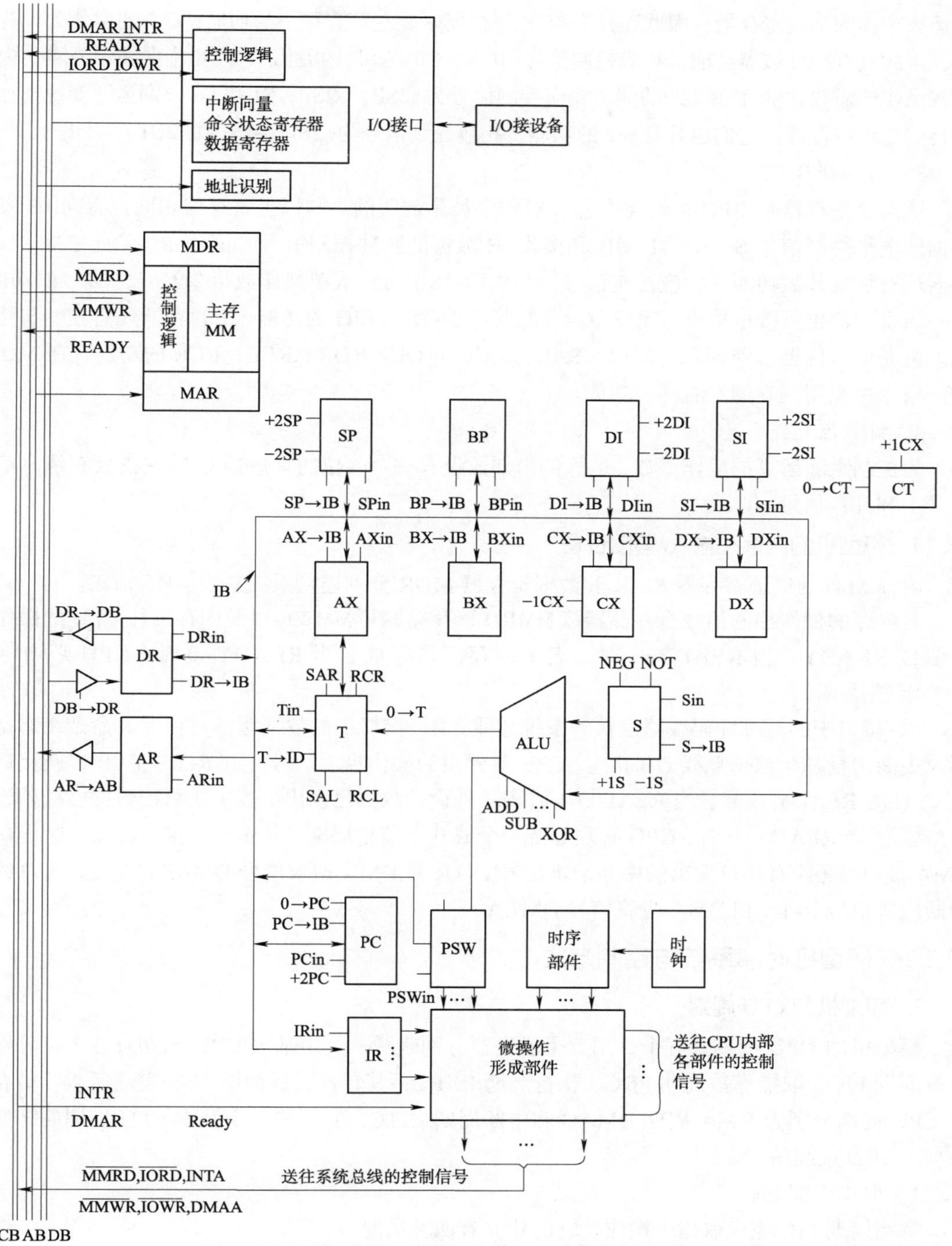

图 10-8　模型机 CPU 及硬件系统组成简图

2）通用寄存器

寄存器 AX、BX、CX、DX、SI、DI、BP、SP 均为 16 位寄存器，每个寄存器都有将其内容送上内部总线 IB 的电平控制信号 XX→IB 和接收总线数据的脉冲控制信号 XXin，由于 AX 在乘除运算中作为乘商寄存器，因此还具有与 T 暂存器一起左、右移位的功能；CX 通常作为计算器用，因此具有减计数器功能，相应控制信号–1CX；SP 为堆栈指针，它总是指向栈顶元素，由于堆栈操作的需要，SP 有 ± 2 的功能，相应控制信号为+2SP，–2SP；SI 和 DI 分别为源变址寄存器和目的变址寄存器，它们也具有 ± 2 的功能，相应控制信号为+2SI、–2SI 和+2DI、–2DI。

3）暂存器 S、T

这两个寄存器是 CPU 内部寄存器，对程序员是透明的。与以上寄存器相同也有向 IB 发送数据的电平控制信号 S→IB、T→IB 和接收 IB 数据的脉冲控制信号 Sin、Tin。除此之外，S 暂存器还有加减计数功能，相应控制信号为+1S 和–1S，可完成单操作数指令 INC、DEC 的功能，另外该寄存器也可按位取反，完成单操作数指令 NOT、NEG 的功能。T 暂存器还有左、右移功能。可完成移位类指令 SHL、SHR、SAL、SAR、ROL、ROR、RCL、RCR 的功能，在 MUL、DIV 指令中也用到它的左右移位功能。

4）计数器 CT

为控制乘除运算的操作步数，运算器内部还设有一个 4 位的计数器 CT，它需要有清零信号 0→CT 和计数信号+1CT。

4. 模型机的内存和输入/输出设备

内存 MM 的地址寄存器 MAR 和数据寄存器 MDR 分别连接系统总线 AB 和 DB。

对内存的操作控制信号有存储器读 $\overline{\text{MMRD}}$、存储器写 $\overline{\text{MMWR}}$ 以及内存发往 CPU 的操作完成信号 READY。当 READY=1 时，表示内存工作完成；当 READY=0 时，CPU 必须等待一个节拍周期。

I/O 接口中的地址译码线路连接着系统总线 AB，接口中的数据缓冲寄存器、命令状态寄存器及中断向量都与数据总线 DB 相连。CPU 对外设的操作控制信号有 IORD、IOWR 以及接口发向 CPU 的 READY 信号，当 READY=1 时表示外设的数据已发出（读）或总线数据已被外设接收（写）。当 READY=0 时，CPU 必须等待一个或几个节拍周期。若图中的接口代表中断接口或 DMA 接口，还应有接口发出的中断请求信号 INTR 和 DMA 请求信号 DMAR，以及来自总线的中断应答信号 INTA 和 DMA 应答信号 DMAA。

10.2.3 模型机时序系统与控制方式

1. 模型机的 CPU 周期

模型机的 CPU 周期共五个，用五个触发器分别表示，其中基本 CPU 周期有三个，分别为取指周期 FIC、取操作数周期 FDC、执行周期 EXEC，其转换关系如图 10-9 实线所示。另有两个 CPU 周期分别为 DMA 周期 DMAC 和中断周期 INTC，它们与三个基本 CPU 周期的转换关系如图 10-9 虚线所示。

1）取指周期 FIC

取指周期 FIC 完成取指令操作，它的建立有四种情况：

（1）Reset 信号建立，当系统刚加电或按复位键，确立 FIC 周期。

（2）指令的执行周期 EXEC 结束，且无 DMA 请求和中断请求。

（3）中断周期 INTC 的结束，且无 DMA 请求。

（4）DMA 周期 DMAC 的结束。

系统刚加电或复位前系统时钟 CLOCK 被封锁，各种时序信号和控制信号尚未产生，因

此直接用复位信号 Reset 作用于 FIC 状态触发器的 S 端，将其置 1，进入 FIC。计算机通常在复位时将程序计数器 PC 的值设置为某一常数（例如全 0），然后从这个固定地址取出第一条指令开始执行。

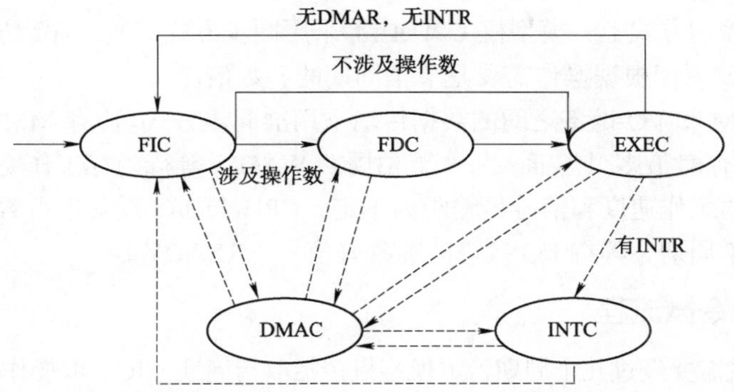

图 10-9　模型机 CPU 周期状态及变化示意图

2）取操作数周期 FDC

取操作数周期 FDC 完成操作数的读取，它的建立有两种情况：

（1）取指周期 FIC 结束，而且取出的指令涉及操作数 $IR_{15\sim9}$ 不为全 0（双操作数指令，单操作指令的传输类、逻辑类和移位类），且无 DMA 请求。

（2）FIC 结束后进入 DMAC，DMAC 结束后返回。

3）执行周期 EXEC

执行周期完成各种指令的执行操作，由于指令功能（操作码）不同，执行周期的操作也各不相同。执行周期 EXEC 的建立有三种情况：

（1）取指周期 FIC 结束，所取指令不涉及操作数 $IR_{15\sim9}=0$（转移类指令和无操作数类指令），且无 DMA 请求。

（2）取操作数周期 FDC 结束，且无 DMA 请求。

（3）DMA 周期 DMAC 结束后返回。

4）DMA 周期 DMAC

DMA 周期 DMAC 完成 DMA 传输。在 DMA 传输期间，CPU 处于等待状态，只要有 DMA 请求 DMAR，任何一个 CPU 周期末都可以进入 DMA 周期。DMA 周期结束后，依次进入下一个 CPU 周期。例如，FDC 结束时，有 DMAR，则进入 DMAC，DMAC 结束后将进入 EXEC。

5）中断周期 INTC

中断周期 INTC 要完成的工作是断点保护，根据中断向量，取得中断服务程序的入口地址装入 PC。INTC 结束将建立 FIC，INTC 的建立只有一种情况，即 EXEC 结束，有中断请求 INTR，并且无 DMA 请求及 CPU 允许中断（IF=1）。

2. 模型机的节拍周期与节拍脉冲

模型机的节拍周期长度固定，其长度等于 CPU 内部一次数据传输所需要的时间或一次算术逻辑运算所需的时间。每一个节拍周期内含有一个节拍脉冲，用来将数据装入寄存器。本模型机的 CPU 周期不固定，根据操作的需要设定节拍周期的个数，例如乘除指令的 EXEC 所需的节拍数就比较多。一个 CPU 周期内最多可产生六十四个节拍周期和六十四个节拍脉冲，每个 CPU 周期的最后一个节拍脉冲的下降沿作为下一个 CPU 周期状态的打入脉冲，作用于 CPU 周期状态触发器的 CP 端，建立下一个 CPU 周期，与此同时，这个节拍脉冲的下降沿也作为计数器的清零信号，将计数器清零，计数器从 0 开始，又开始产生下一个 CPU 周期的 T_0、T_1 等节拍周期和 P_0、P_1 等节拍脉冲。

也就是说，在控制方式上，模型机 CPU 内部采用同步方式，其时序组成变长 CPU 周期、定长节拍周期，CPU 周期根据操作需要是节拍周期的整数倍。

CPU 与内存 MM 和 I/O 设备之间的数据传输采用准同步方式。内存 MM 采用较高速的存储芯片，CPU 读/写内存时最多只需插入一个节拍周期 WAIT，等待内存工作完成。

由于 I/O 接口的工作速度和信号传输距离不定，CPU 与 I/O 设备进行数据传输时，可能插入一个或几个 WAIT 周期，等待 I/O 接口的准备好信号（READY）。

10.2.4 模型机指令微流程

一条指令的完成需要经过几个周期，本模型机包括取指周期 FIC、取操作数周期 FDC、各种执行周期 EXEC、中断响应周期 INTC 及 DMA 传输周期 DMAC。本节用流程图的方式对指令执行的各个周期作描述，并将所需的微操作落实到具体的节拍和脉冲，各指令周期具体介绍如下：

1. 取指周期 FIC

取指周期是任何指令都必须经历的第一个 CPU 周期，取指周期 FIC 微流程如图 10-10 所示。其中，图 10-10（a）采用数据方式进行描述，图 10-10（b）用控制信号进行描述，控制信号用来控制数据的流动，两个图本质上是一回事。为了节省篇幅，本章后面的其他指令流程只采用控制信号方式进行描述。

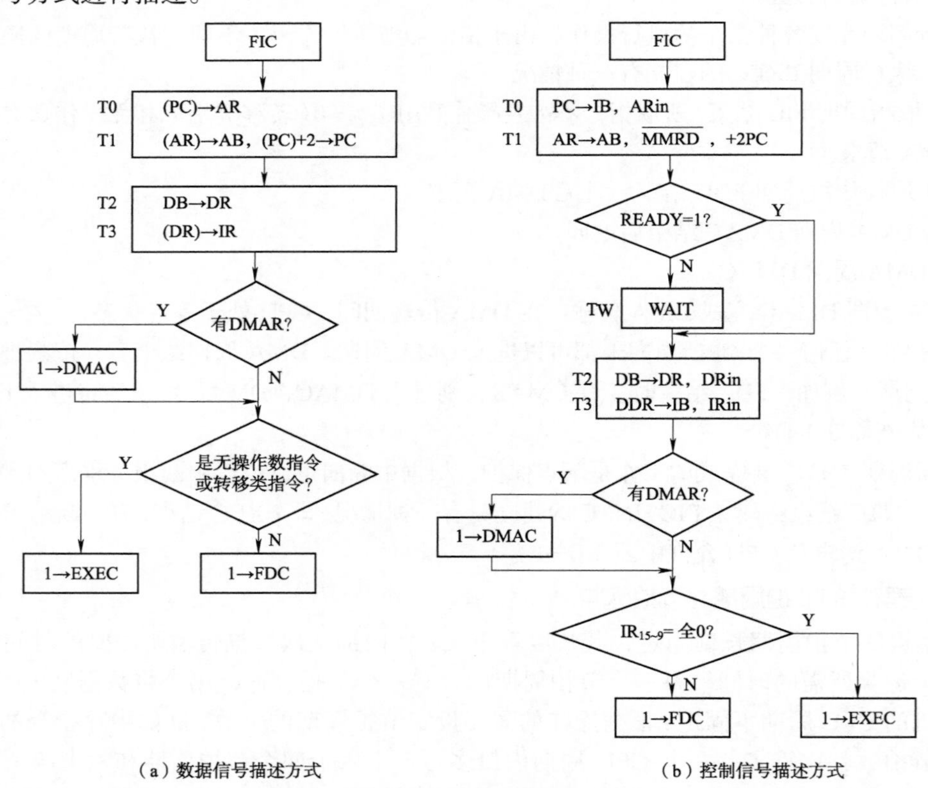

（a）数据信号描述方式 （b）控制信号描述方式

图 10-10 取指周期 FIC 微流程

指令进入 IR，标志取指周期的结束，若 $IR_{15\sim4}$=0，表明这是一个无操作数指令，直接进入执行周期 EXEC；若 $IR_{15\sim9}$=0 说明是转移类指令，也直接进入 EXEC，若是涉及操作数的双操作数指令或单操作数指令，应当进入取操作数周期 FDC。

2. 取操作数周期 FDC

取指周期结束后，若指令为双操作数指令或单操作数指令并且无 DMA 请求，则进入取操作数周期 FDC，取操作数周期 FDC 微流程如图 10-11 所示，图中 Rx 表示由指令寄存器的第 2～0 位，即 $IR_{2\sim0}$ 指定的寄存器。取操作数周期结束后，将根据指令操作码 OP 进入不同的执行周期。

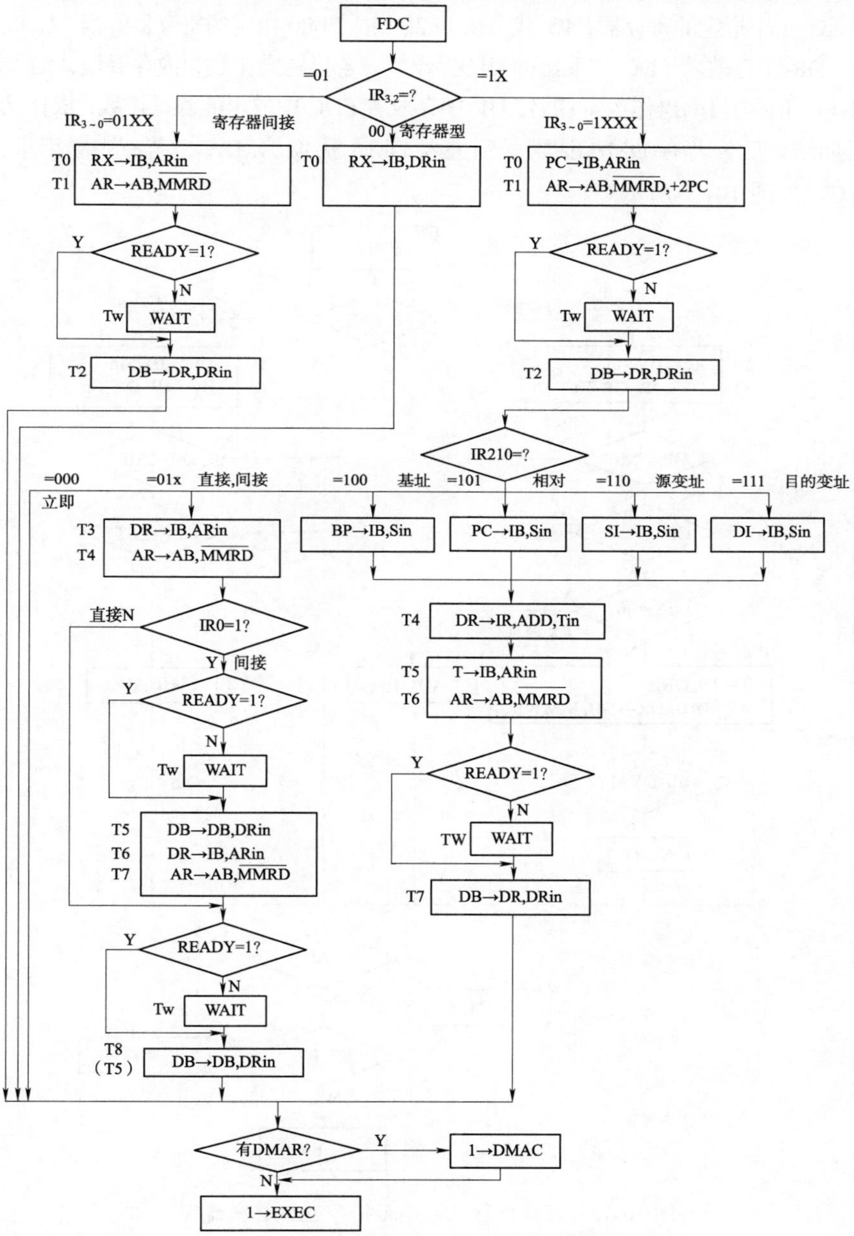

图 10-11　取操作数周期 FDC 微流程

在取操作数周期 FDC 中有两点需要注意：

（1）取操作数周期结束后，无论何种寻址方式，取得的操作数都存放于 DR 寄存器中。

（2）如果该操作数从内存取得，则取数结束后 AR 中保留该操作数在内存中的存放地址。

3. 双操作数算术逻辑指令的 EXEC

双操作数算术指令有 ADD、ADC、SUB、SUBB、CMP，逻辑运算指令有 AND、OR、XOR、TEST。其中，CMP 指令做的是减运算，TEST 指令做的是逻辑与运算，但其不同于 SUB 和 AND 指令之处是只根据运算结果置条件，并不回送运算结果。图 10-12 中的 OP 即指上述操作。图中 Ry 代表由 bit6、bit5、bit4 指定的寄存器，Rx 代表由 bit2、bit1、bit0 指定的寄存器。当 IR_7=0，Ry 为源操作数寄存器，DR 中存放着 FDC 中取出的目的操作数，若目的操作数为内存寻址，结果还需要写回内存；当 IR_7=1，Ry 为目的操作数寄存器，DR 中存放着 FDC 中取出的源操作数，操作结果写回 Ry。

执行周期结束后，若有 DMA 请求，则进入 DMA 周期 DMAC；若有中断请求，则进入中断周期 INTC，如图 10-12 所示。

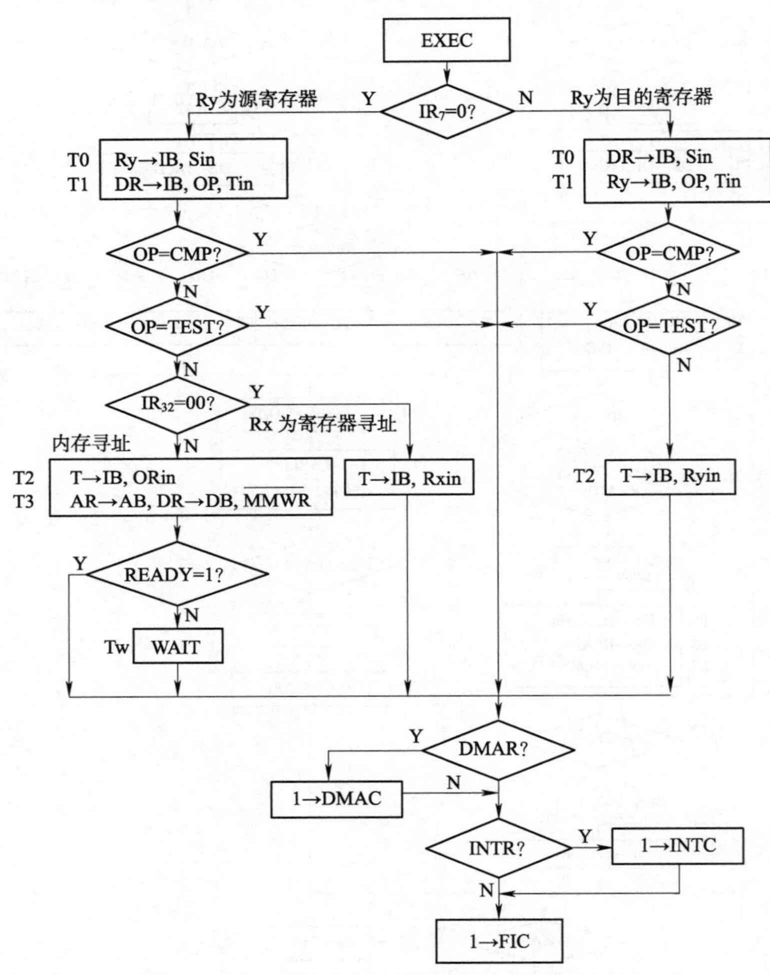

图 10-12 双操作数算术逻辑指令 EXEC 微流程

任何指令的执行周期结束后，都要检查 DMA 请求 DMAR 和中断请求 INTR，都有与图 10-12 相同的流程示意。但为了简化流程图，下面给出的执行周期流程图中与 DMAC 和 INTC 有关的流程示意图不再画出。

4. MOV 指令的 EXEC

MOV 指令的 EXEC 微流程如图 10-13 所示。

需要指出的是，当 IR_7=0 且目的操作数为非寄存器寻址方式时，例如指令 MOV [BX], AX，在取操作数周期 FDC 中取出的是目的操作数，这个操作数在 MOV 指令中是没用的，将会被寄存器中的源操作数所替代。换句话说，若为 MOV 指令，FDC 中的最后一次访问内存取得的操作数是无用的，有用的只是留在 AR 中的操作数地址。

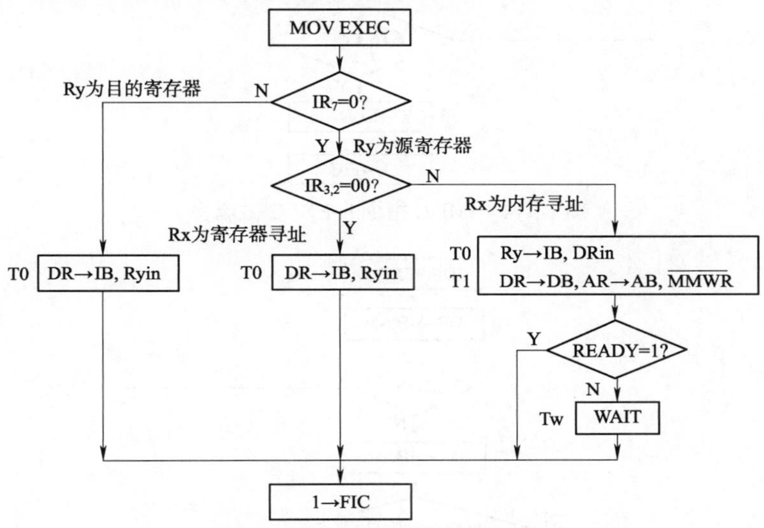

图 10-13　MOV 指令的 EXEC 微流程

5. IMUL 指令的 EXEC

IMUL 为带符号数的乘法指令，为单操作数指令，指令中只给出乘数，被乘数应预先置入 AX 中，该指令完成 16 位 × 16 位的乘法运算，其积为 32 位，积的高位存于 DX，低位存于 AX 中。该指令的 EXEC 的编制是根据 Booth 一位乘原理，其微流程如图 10-14 所示。图中的 AX_0 指 AX 寄存器的第 0 位，AX_{-1} 指 Booth 法中的附加位。由图 10-14 可知，由于操作数不同，16 次的微循环中所需要的节拍数是不同的，最少为 19 个 T，最多为 35 个 T。因为当 AX_0AX_{-1}=00 或 AX_0AX_{-1}=11 时，不做加减运算。

6. IDIV 指令的 EXEC

IDIV 为带符号数的除法指令，为单操作数指令，指令中只给出除数。该指令可完成 32 位/16 位的运算，运算前需将被除数的高 16 位放入 AX，运算结束后，商位于 AX 中，余数位于 DX 中。除法运算会产生溢出，溢出情况有二：一是当除数为零，商为无穷大，产生溢出；二是被除数大于除数，商的数值位占据符号位，产生溢出。当溢出发生时，进入 INTO 的中断周期，IDIV 指令 EXEC 的编制是根据补码加减交替法规则。由余数（被除数）和除数的符号决定操作步骤。即若两者同号，上商 1，余数左移一位减除数；若两者异号，上商 0，余数左移一位加除数。其微流程如图 10-15 所示，所需节拍数为 52。

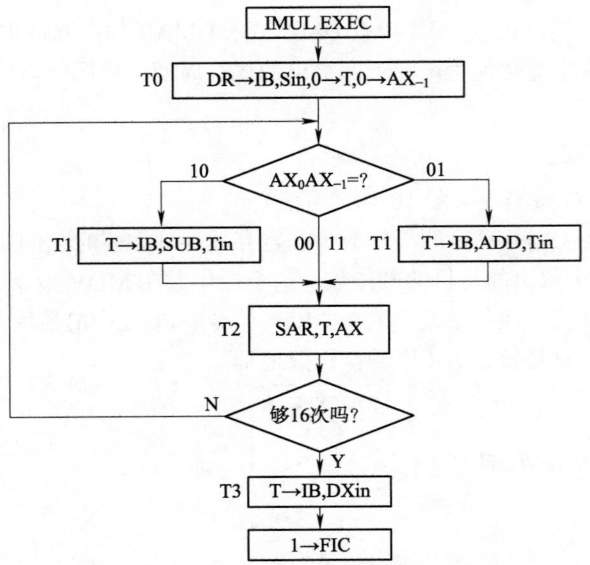

图 10-14 IMUL 指令的 EXEC 微流程

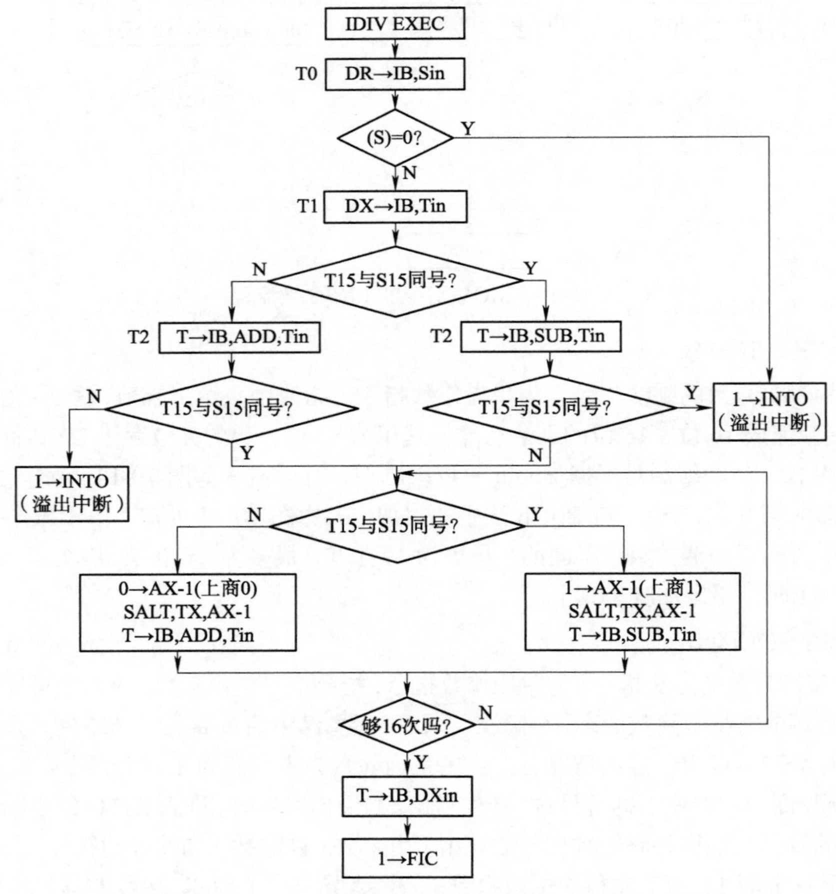

图 10-15 IDIV 指令的 EXEC 微流程

7. 输入/输出指令的 EXEC

模型机输入指令的格式为 IN AX, DX。由 DX 指定端口地址，将该端口地址寄存器的内容送入 AX，即((DX))→(AX)。模型机输出指令的格式为 OUT DX, AX。是将 AX 的内容送入由 DX 指定的端口寄存器中，即(AX)→((DX))。这两条指令固定使用通用寄存器 AX 和 DX，微流程如图 10-16 所示。

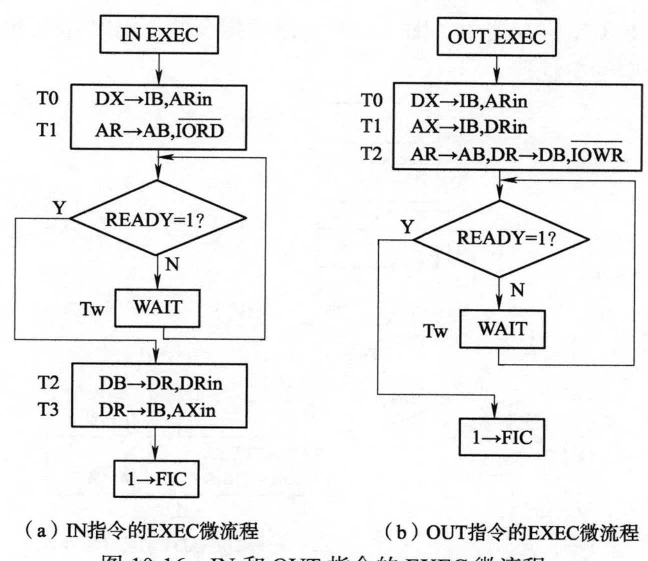

（a）IN指令的EXEC微流程　　（b）OUT指令的EXEC微流程

图 10-16　IN 和 OUT 指令的 EXEC 微流程

8. 单操作数算术逻辑指令的 EXEC

单操作数算术指令有 INC、DEC、NEG、逻辑运算指令 NOT，这一类指令的执行在暂存器 S 中进行，其 EXEC 的微流程如图 10-17 所示，图中 OP 指上述四种指令的操作码，Rx 指由 IR 的第 2、1、0 位所指定的寄存器。

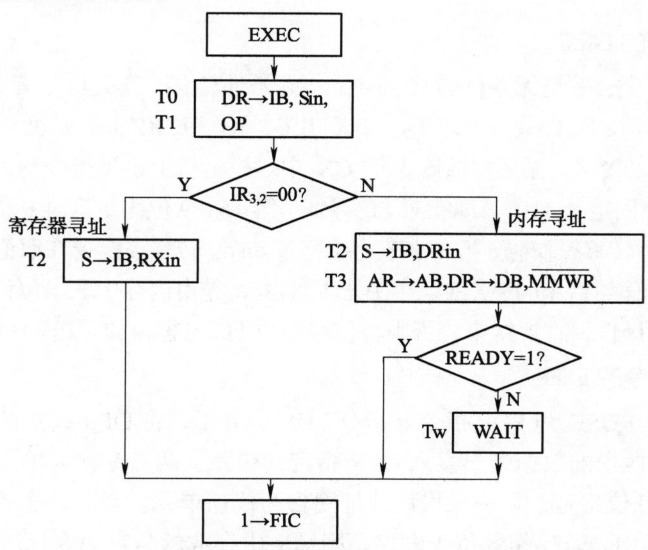

图 10-17　单操作数算术述逻辑指令的 EXEC 微流程

9. 移位类指令的 EXEC

移位类指令有 SHL、SAL、ROL、SHR、SAR、ROR、RCR，其中 SHL 与 SAL 相同，因此，对应的微操作只有七种，用 OP 表示。移位操作在暂存器 T 中进行，设模型机的移位类指令的格式为 OP OPR，其中 OPR 表示操作数，移位类指令属于单操作数指令，操作数由寻址字段的 3、2、1、0 位指明，可为除立即数外的其他任何寻址方式，用寻址字段的 3、2、1、0 位表示，移位次数隐含在 CX 寄存器中。图 10-18 为该类指令的 EXEC 微流程，其中 RX 为由 IR 的第 2、1、0 位所指定的寄存器。

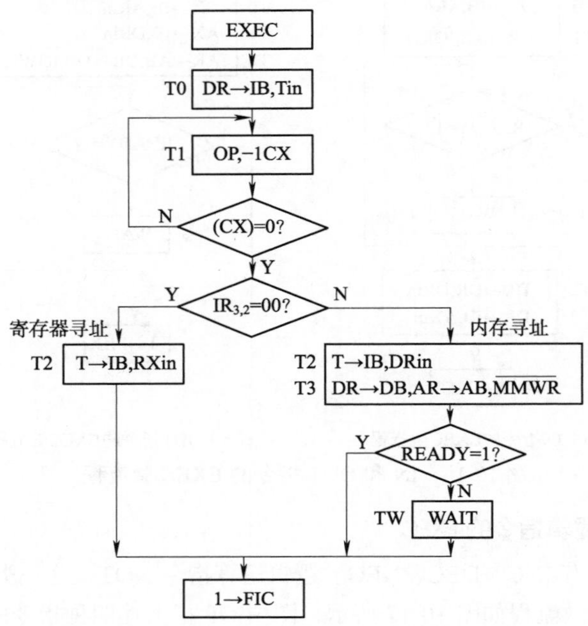

图 10-18 移位类指令的 EXEC 微流程

10. 转移类指令的 EXEC

转移类指令分三类：一是无条件转移 JMP；二是条件转移，这类指令有 JZ、JNZ、JS、JNS、JO、JNO、JP、JNP、JC、JNC、JBE、JA、JL、JLE、JG、JCXZ；三是循环指令，有三条，即 LOOP、LOOPZ、LOOPNZ，循环次数隐含于 CX 中。模型机上这类指令均为双字长指令，第一字节的 3、2、1、0 位固定为 1101，即相对 PC 寻址，第 15～9 位固定为全 0 指明为转移指令，由第 8～4 位指定是何种转移操作码，第二字节为位移量 disp。转移类指令在取值周期 FIC 结束后直接进入图 10-19 的转移类指令的 EXEC。在执行周期内，先由内存中取出位移量，若不满足转移条件，则不进行任何操作，直接结束；否则将位移量与 PC 内容相加后送入 PC，完成转移。

11. 堆栈操作指令的 EXEC

堆栈操作指令有 PUSH 和 POP 指令。指令 PUSH OPR 是将 OPR 指定的操作数压入堆栈；指令 POP OPR 是将栈顶的数据弹出存入 OPR 指定的单元。两指令均为单操作数指令，操作数由指令的 3、2、1、0 位指定，另一操作数地址隐含为栈顶单元。当取操作数周期 FDC 结束后，操作数在 DR 寄存器中。若操作数位于内存，则 AR 中存放的是它的内存地址。对于 PUSH 操作，取得操作数是必须的，但对于 POP 操作，FDC 中取得的操作数是无用的，有用的只是 AR

中指定的内存地址。PUSH 和 POP 指令的 EXEC 微流程如图 10-20 所示。其中，POP 流程中先将 AR 中存放的内存地址保护于 T 暂存器，因为 AR 在 POP 操作中要存放 SP 所指的内存地址，待读出栈顶元素后再将内存地址恢复。当然若 OPR 的寻址方式为寄存器型，这一节拍做的也是无用功。

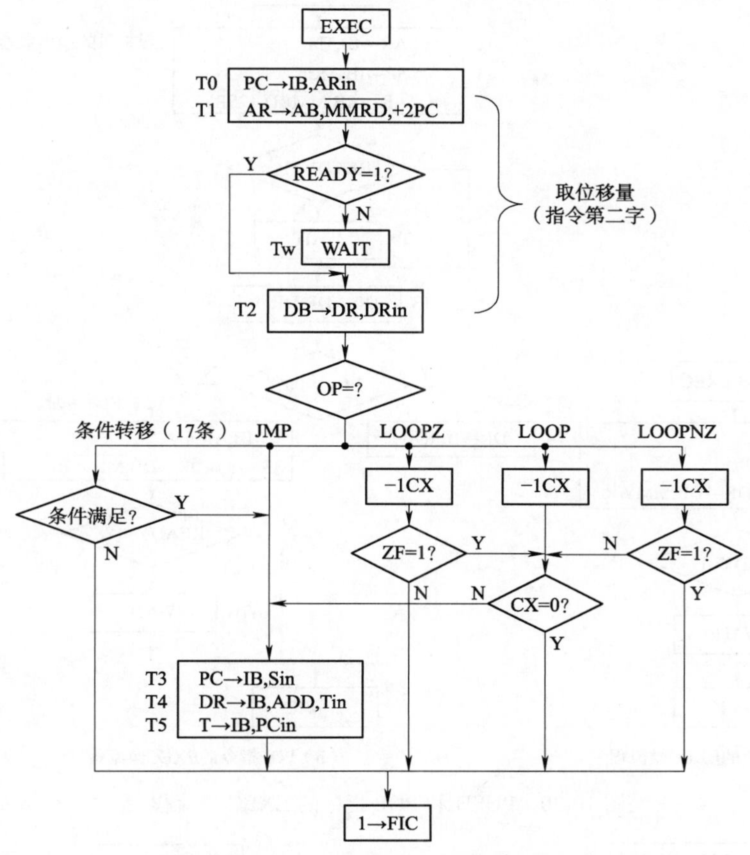

图 10-19　转移类指令的 EXEC 微流程

12. 子程序调用与返回指令的 EXEC

子程序调用指令 CALL 在模型机中设计为双字长指令，指令的第一字的 3～0 位固定为 1010，即直接寻址，第 15～4 位为 CALL 的操作码，指令的第二字为直接地址 Addr，在取数周期 FDC 中将该操作数（实际上是所调用的子程序的第一条指令）取至 DR 中，但是 CALL 指令的 EXEC 中所需要的只是子程序第一条指令所在的内存地址，该地址在 FDC 中存放于 AR 中，也就是说，在 FDC 中取得的操作数是无用的，有用的只是其地址。CALL 指令的功能是将当前 PC 内容压入堆栈保护，为此先将子程序地址（AR 中的内容）保存在 T 暂存器中，待当前 PC 压入堆栈后，再将子程序首地址装入 PC 之中，其微流程如图 10-21（a）所示。

子程序返回指令 RET 为无操作数指令，单字长。其作用与 CALL 指令正好相反，是将栈顶元素取出装入 PC 中，返回到 CALL 指令的下一条指令，其微流程如图 10-21（b）所示。

13. 中断指令与中断返回指令的 EXEC

中断是随机发生的，但中断指令是预先写入程序中的，用来实现某些系统功能调用。也就是说，中断指令的使用并无中断过程随机性的特征，其本质上属于子程序调用。但在主程序与子程序的切换方式上，采用中断服务程序的切换方式，因此将其称为“中断指令”。

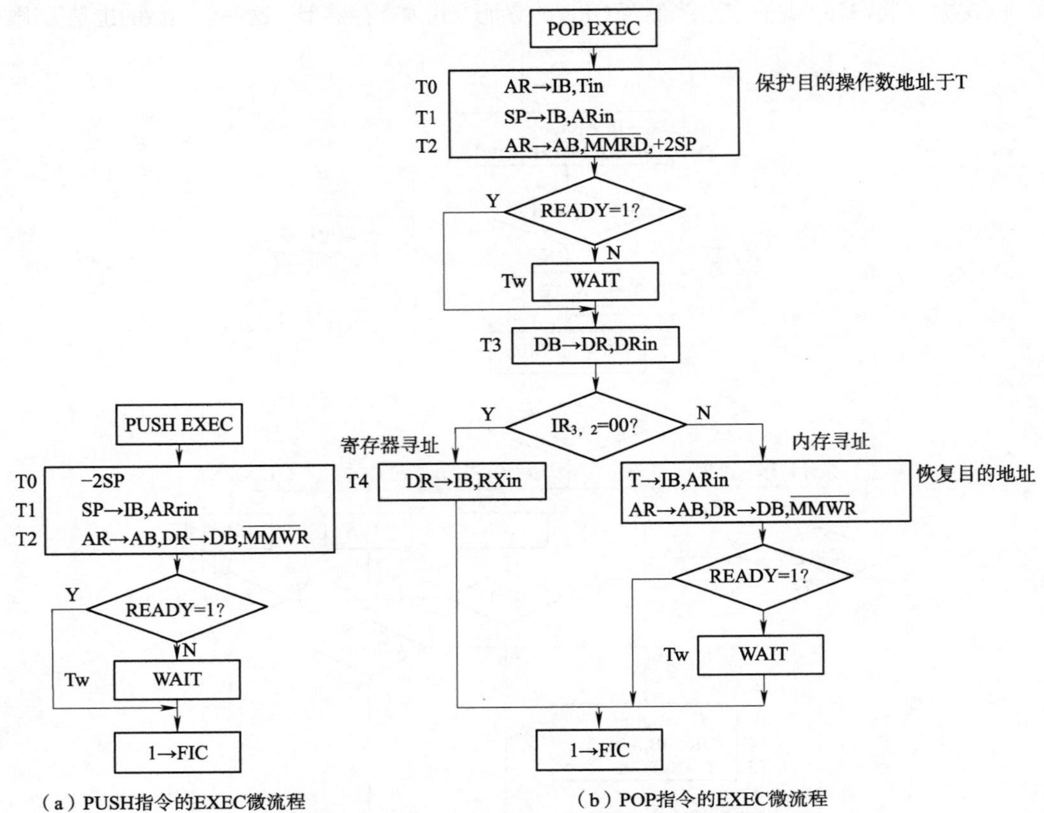

（a）PUSH指令的EXEC微流程　　（b）POP指令的EXEC微流程

图 10-20　PUSH 和 POP 指令的 EXEC 微流程

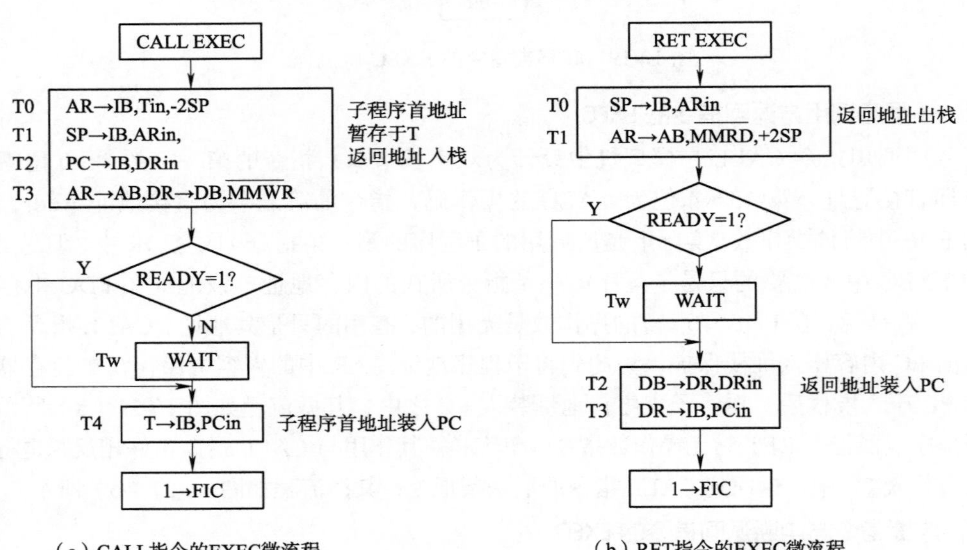

（a）CALL指令的EXEC微流程　　（b）RET指令的EXEC微流程

图 10-21　CALL 和 RET 指令的 EXEC 微流程

中断指令的格式为 INT N，其中 N 为中断类型号。在模型机中，中断指令为双字指令，其中第一指令字的 3～0 位固定为 1000，指明为立即寻址，第 15～4 位为 INT 指令的编码，指令的第二字为立即数，用以标明中断类型 N。在取操作数周期 FDC 中，该类型码已取出并存入 DR 中。INT 指令的功能是先将 PSW、PC 内容压入堆栈保护，然后将中断类型码乘以 2 作为地址，从内存中取出相应的系统功能程序入口地址并装入 PC，如图 10-22（a）所示。

中断返回指令 IRET 为无操作数的单字长指令，取指周期结束后直接进入 EXEC，IRET 的功能是弹出栈顶元素装入 PC 和 PSW，从而返回到中断指令 INT N 的下一条指令继续执行，其微流程如图 10-22（b）所示。

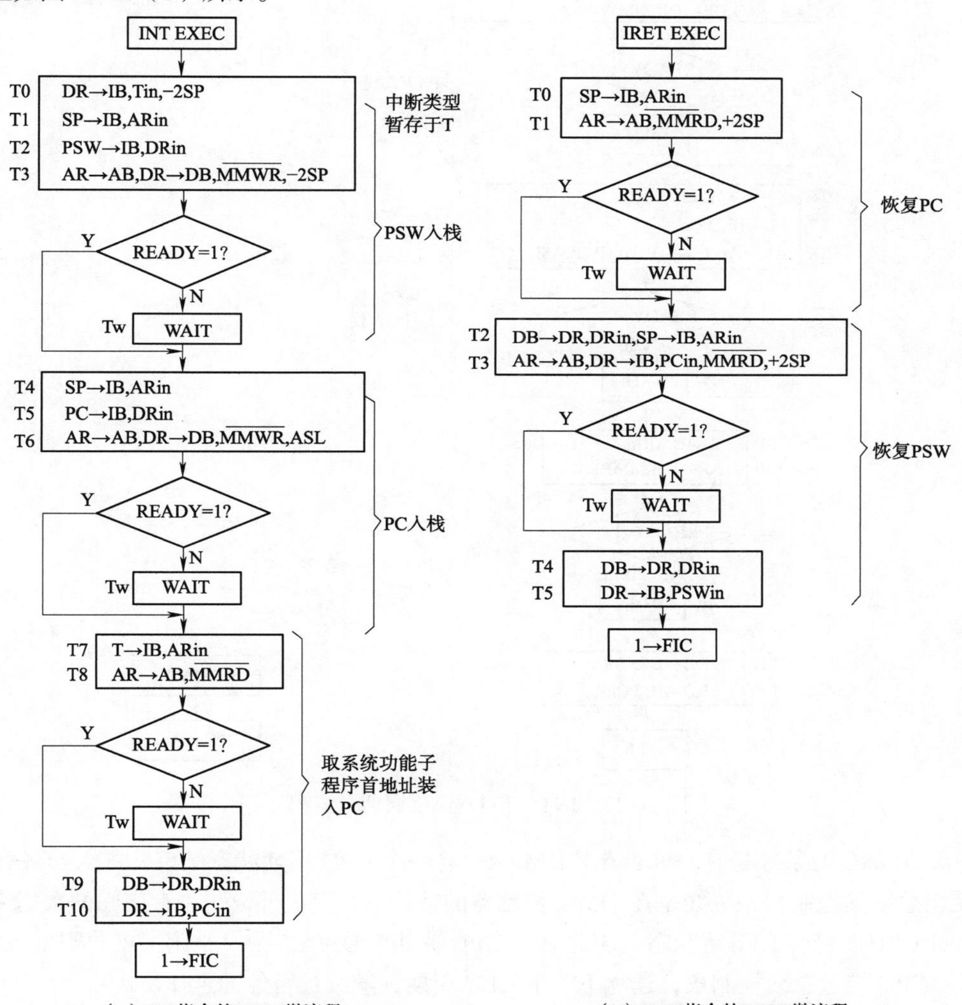

图 10-22　INT 和 IRET 指令的 EXEC 微流程

14. 中断周期 INTC 和 DMA 周期 DMAC

进入中断周期的条件有四个，只有条件同时满足时，才会进入中断周期：① 有中断请求 INTR；② CPU 允许中断；③ 无 DMA 请求 DMAR；④ 一条指令执行结束。在 INTC 中 CPU 要做的是发出中断应答信号 INTA，从数据总线上取得中断向量暂存于 T，并将中断向量乘以 2，指向中断处理程序的入口，根据中断向量取出中断服务程序入口地址装入 PC，然后进入取指周期 FIC，INTC 的微流程如图 10-23 所示，其过程与 INT 指令流程大体一致。

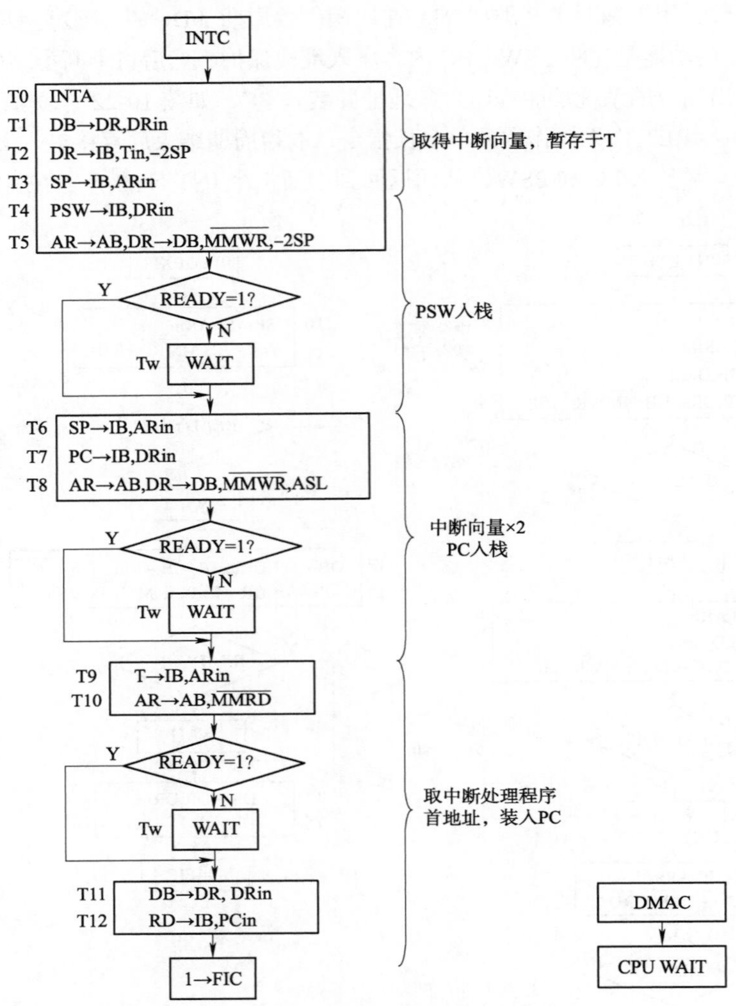

图 10-23 INTC 和 DMAC 周期微流程

进入 DMAC 的条件是有 DMA 请求 DMAR，且一个 CPU 周期状态结束。进入 DMAC 后，CPU 交出总线的控制权，总线是在 DMA 控制器的掌管下，完成外设与主存之间的数据交换，在此期间 CPU 处于空闲等待状态。因此对于 CPU 来讲，DMAC 为一空闲 CPU 周期。DMAC 结束后，CPU 接过总线控制权，建立下一个 CPU 周期，继续被暂停的工作。

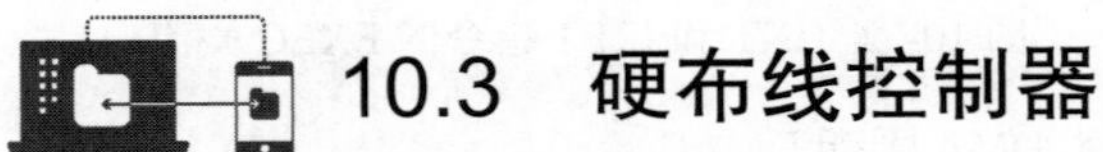

10.3 硬布线控制器

硬布线控制器是早期设计计算机的一种方法。这种方法是把控制器看成产生专门固定时序控制信号的逻辑电路，而此逻辑电路以使用最少元件和取得最高操作速度为设计目标。一旦控制部件构成后，除非重新设计和物理上对它重新布线，否则要增加新的控制功能是不可能的。

这种逻辑电路是一种由门电路和触发器构成的复杂树状网络，故称为硬布线控制器。

10.3.1　基本原理

硬布线控制器是计算机中最复杂的逻辑部件之一。当执行不同的机器指令时，通过激活一系列彼此不相同的控制信号来实现对指令的解释，其结果使得控制器往往很少有明确的结构而变得杂乱无章。结构上的这种缺陷使得硬布线控制器的设计和调试非常复杂且代价很大。正因为如此，硬布线控制器被微程序控制器所取代。但是随着新一代机器及 VLSI 技术的发展，硬布线逻辑设计思想又得到了重视。

图 10-24 所示为硬布线控制器的结构框图。控制器的输入信号来源有三个：

（1）来自指令操作码译码器的输出 I。

（2）来自执行部件的反馈信息 B。

（3）来自时序产生器的时序信号，包括节拍电位信号 M 和节拍脉冲信号 T。

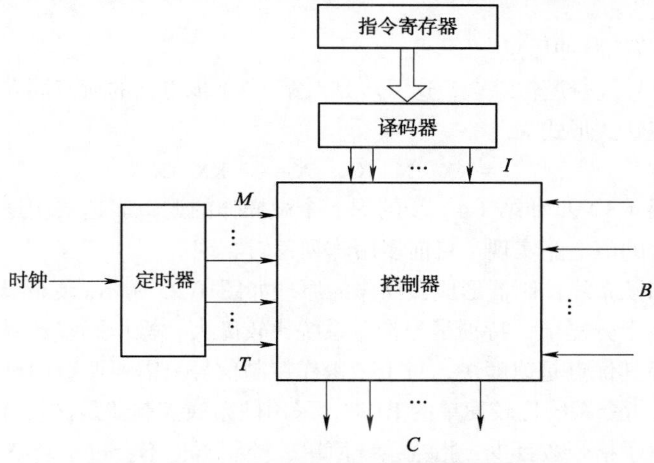

图 10-24　硬布线控制器的结构框图

控制器的输出信号就是微操作控制信号 C，它用来对执行部件进行控制。

硬布线控制器的基本原理，归纳起来可叙述为：某一微操作控制信号 C 是指令操作码译码器输出 I、时序信号（节拍电位 M、节拍脉冲 T）和状态条件信号 B 的逻辑函数，即 $C=f(I, M, T, B)$。

这个控制信号是用门电路、触发器等许多器件采用布尔代数方法来设计实现的。当机器加电工作时，某一操作控制信号 C 在某条特定指令和状态条件下，在某一序号的特定节拍电位和节拍脉冲时间间隔中起作用，从而激活这条控制信号线，对执行部件实施控制。显然，从指令流程图出发，就可以确定在指令周期中各个时刻必须激活的所有操作控制信号。

与微程序控制相比，硬布线控制的速度较快。其原因是微程序控制中每条微指令都要从控制存储器中读取一次，影响了速度，而硬布线控制主要取决于电路延迟。因此，近年来在某些超高速新型计算机结构中，又选用了硬布线控制器，或与微程序控制器混合使用。

在硬布线控制器中，某一微操作控制信号由布尔代数表达式描述的输出函数产生。因此，设计微操作控制信号的方法和过程是：根据所有机器指令流程图，寻找出产生同一个微操作信号的所有条件，并与适当的节拍电位和节拍脉冲组合，从而写出其布尔代数表达式并进行简化，然后用门电路或可编程器件来实现。

10.3.2 模型机的硬布线控制器设计

当设计好了模型机的指令系统，确定了运算器及计算机系统硬件的结构，并且在此基础上编制了各条指令的指令流程后，若按组合逻辑方式设计控制器，还要设计时序系统，然后便可开始用组合逻辑方式设计控制器了，具体的设计步骤如下：

（1）将各指令的 CPU 周期微流程用微操作表示。

（2）将指令微流程中的各个微操作落实到具体的 CPU 周期、节拍周期或节拍脉冲。

（3）对于指令流程图中出现的每一个微操作，用一个逻辑与表达式来表示。“与”项包括：

① 指令操作码的译码信息。

② 寻址方式译码信息。

③ PSW 中的状态信息或命令信息。

④ 来自内存或 I/O 接口的信息。

⑤ CPU 周期信息。

⑥ 节拍周期或节拍脉冲信息。

（4）对微操作信号进行逻辑综合，这一步是对第（3）步得到的所有同名的微操作进行逻辑或操作。最终逻辑表达式形式为

$$C_i = XX\cdots X + XX\cdots X + \cdots + XX\cdots X$$

（5）对于以上第（3）步和第（4）步的每一个微操作的逻辑表达式用逻辑器件实现。早期的计算机只能用单个的门电路实现，目前多用阵列逻辑实现。

从上述步骤可知硬布线控制器形成微操作的原理如图10-25 所示。硬布线控制器的设计过程十分烦琐，其结构也十分复杂，特别是当指令系统比较庞大，操作码多，寻址方式多时，其复杂度会成倍增加。但其优点是速度快，每个微操作控制信号只需要两级门延迟（一级与、一级或）就可产生。对于指令系统比较简单的 RISC，采用硬布线控制器是比较合适的，可以提高指令的执行速度。且由于指令数目少，指令系统简单，控制器也不会过于复杂。

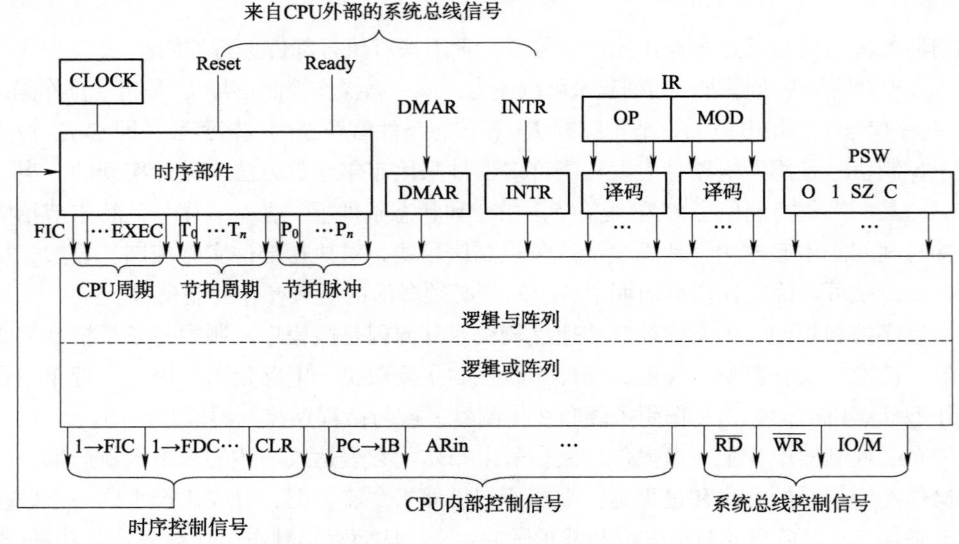

图 10-25 硬布线控制器形成微操作的原理

10.4　微程序控制器原理

1951 年，英国计算机科学家 Maurice Vincent Wilkes 最先提出了微程序（micro program）的概念。微程序控制器具有规整性、灵活性、可维护性等一系列优点，微程序设计技术是利用软件方法来设计硬件的一门技术。

10.4.1　基本思想和基本概念

微程序控制的基本思想是：微程序控制是将程序设计的思想引入硬件逻辑控制，把控制信号编码并有序地存储起来，将一条指令的执行过程替换成多条微指令的读出和控制的过程，这样做使得控制器的设计变得容易并且控制器的结构也十分规整，查错也很容易。若要扩充指令的功能或增加新指令，只要修改被扩充的指令的微程序或重新设计一段微程序就可以了，大大简化了系列机的设计。

但微程序控制也有缺点：每条指令的执行都需要若干次存储器的读操作，使得指令的执行速度比硬布线控制方式慢很多。

下面对微程序控制中常用的术语做简单介绍。

1. 微命令

微命令是构成控制信号序列的最小单位，通常是指那些能直接作用于某部件控制门的命令，如打开或关闭某部件通路的控制门的电位以及某寄存器、触发器的打入脉冲等。微命令由控制部件通过控制总线向执行部件发出。

微操作是由微命令控制实现的最基本的操作。微命令是微操作的控制信号，微操作是微命令的执行过程。在计算机内部实质上是同一个信号，对控制部件为微命令，对执行部件为微操作。很多情况下两者常常不加区分。

2. 微指令

体现微操作控制信号及执行顺序的一串二进制编码，称为微指令。其中，体现微操作控制信号的部分称为微命令字段，另一部分体现微指令的执行顺序，称为下（或次）地址 NA 字段。

3. 微周期

读出并执行一条微指令所需要的时间称为一个微周期。

4. 微程序

一系列微指令的有序集合，称为微程序。

一条典型微指令的基本格式如图 10-26 所示，主要由操作控制字段（又称为微操作字段）和顺序控制字段组成，顺序控制字段由条件字段和微指令地址（又称为下地址）字段组成。

微操作	条件	微指令地址

图 10-26　微指令的基本格式

10.4.2　微程序控制器组成

微程序控制器主要由控制存储器、微指令寄存器和地址转移逻辑三大部分组成，其中微指令寄存器分为微地址寄存器 μAR 和微命令寄存器 μIR 两部分，如图 10-27 所示。

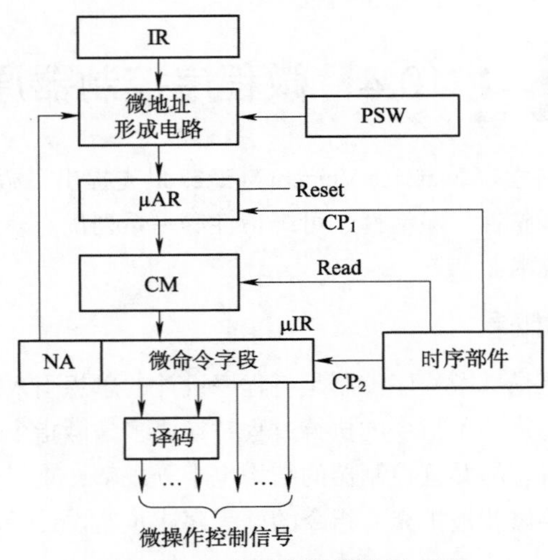

图 10-27　微程序控制器原理图

1. **控制存储器（CM）**

CM 是微程序控制器的核心，存放着与所有机器指令对应的微程序。由于微程序执行时只需要读出，不能写入，因此 CM 为 ROM 器件。为了解决微程序控制器速度慢的不足，CM 通常选择高速器件。

2. **微地址寄存器（μAR）**

当读取微指令时，用来存放其微地址部分。

3. **微指令寄存器（μIR）**

用来存放由 CM 中读出的微指令。微指令由两部分组成：一部分为微命令字段，这部分是经过译码（或不译码）产生 CPU 所需的所有微操作控制信号；另一部分给出与下条微指令地址有关的信息，用以形成下条微指令的地址。

4. **微地址形成线路**

依据指令寄存器 IR 中的操作码和寻址方式，微指令寄存器μIR 的次地址 NA 字段提供的次地址，外部复位信号 Reset，以及程序状态字 PSW 中的有关信息（在条件转移时将起作用），产生微指令的地址。

5. **时序部件**

提供时序信号，与组合逻辑方式相比，微程序控制方式的时序要简单得多，它的基本单位是微周期。指令周期由若干个微周期组成。

【例 10-10】说明机器指令与微指令之间的关系。

答：（1）机器指令是计算机硬件向用户提供的界面，是用户编程的基本单位；微指令是硬件设计人员用于实现机器指令的，是微程序的基本单位，是一系列微命令的组合。

（2）一条机器指令对应一个微程序，这个微程序是由若干条微指令序列组成的。因此，一条机器指令的功能是由若干条微指令组成的序列来实现的。简言之，一条机器指令所完成的操作划分成若干条微指令来完成，由微指令进行解释和执行。

（3）从指令与微指令、程序与微程序、地址与微地址的一一对应关系来看，前者与内存储

器有关，后者与控制存储器有关。

（4）执行一条指令所需要的时间称为指令周期，而执行一条微指令的时间称为微指令周期。在微程序控制器中，为了简化设计，可让微指令周期时间与 CPU 周期时间恰好相等。

10.4.3　微指令编码

微指令编码设计是在总体性能和价格的要求下在机器指令系统和CPU数据通路的基础上进行的，追求的目标是：

（1）微指令的宽度尽量短，这意味着减少 CM 的容量。

（2）微程序尽量短，这不但意味着指令的执行速度高，而且也意味着 CM 的容量小。

微指令包括微命令部分和次地址部分，本节主要介绍几种常见的微命令编码方式。

1. 直接控制方式

这种方法是对机器中的每一个微命令都用一个确定二进制位予以表示，该位为 1 表示选用该命令；为 0 表示不选用，如图 10-28（a）所示。这种方式简单、直观，只要读出微指令，便得到微命令，不需要译码，因此速度快，而且多个微命令位可以同时为 1，并行性好。

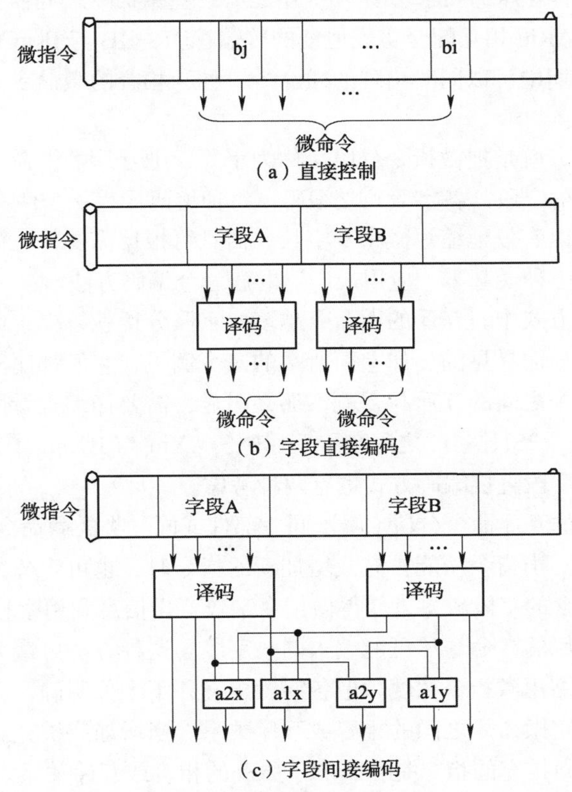

图 10-28　微指令编码方式图示

但这种方式最致命的缺点是微指令过宽，如图 10-8 所示简化的模型机中有几十个微命令，一般的计算机更是多达几百个。另一方面，一条微指令中一般只需有限的几个微命令（若 IB 为单总线则微命令就更少），也就是说在几十，甚至几百个二进制命令位中，只有少数几位为 1，其余绝大多数命令位都为 0，显然这是一种资源的浪费。因此，完全使用这种方式是不合理的，只能在微指令编码中被部分采用。

要想使微指令宽度减小，编码是有效的方式。若某控制器具有 M 个微命令，所需的二进制编码位数 n 为

$$n \geqslant \log_2 M$$

但将所有的微命令如此编码，每次译码只能得到一个微命令，而完成任何一个操作都需要几个微命令相互配合，例如 PC→IB,ARin 等。显然这种编码方式在实际中是行不通的，但编码的思想却是有意义的。

2. 字段直接编码方式

在图 10-8 模型机中所示的微命令中，有些微命令是不可能同时出现的，例如，图中 IB 为单总线，因此，所有 XX→IB 的命令不允许同时出现，最多只能有一个，主存 MM 的读/写命令 MMRD 和 MMWR 也不可能同时出现，T 暂存器的七种移位操作也不会同时出现。凡是在同一微周期中不可能同时出现的微命令，称为互斥的微命令。把互斥的微命令集中起来同时译码，只能有一个入选，正符合互斥的要求。图 10-8 中还有一些微命令之间需要相互配合来实现某一控制，例如 PC→IB 与 ARin 相互配合实现地址的传输，DR→IB 与 IRin 相互配合来实现指令的传输。凡是在同一微周期中可以同时出现的微命令，称为相容的微命令。显然，相容的微命令不能放在一起译码。

所谓字段直接编码，就是把微指令分段，称为字段，把互斥的微命令编在同一字段，而把相容的微命令编在不同的字段。各字段独立编码，每种编码代表一个微命令，如图 10-28（b）所示。字段直接编码可以有效地缩短微指令字长，而且可根据需要保证微命令间相互配合和一定的并行控制能力，是一种最基本、应用最广泛的微命令编码方法。

显然字段直接编码方式中，互斥的微命令越多，字段分得就越少，微指令宽度就越短。有些微命令的互斥关系是显而易见的，如上面所举的三个例子，它们都属于同一功能部件或同一类型操作，而有些微命令之间的互斥与否就不那么明显，需要仔细查看所有的指令流程才能确定，例如+2PC 与+2SP、+2SI、−1C 之间是否互斥呢？AXin 与 BXin、CXin 是否互斥呢？就需要仔细推敲了，相应的字段直接编码方式也有两种考虑。

一种考虑是按明显的互斥命令分段（属于同一部件或同一类的微命令），这种方法字段含义明确，便于设计和查错。当指令功能扩充或增加新的指令时，也可十分方便地修改或设计新的微程序，但微指令字包含的字段较多，使得微指令字较宽，信息利用率较低。

另一种考虑是将互斥的微命令尽可能编入同一字段。这种方法可最大限度地减少微命令所包含的字段数，有效地缩短微指令宽度，但各字段含义并不十分明确，微指令设计时需要仔细查看所有指令流程以确定微命令之间的相容或互斥关系。当增加或扩充新的机器指令时，同样要查看和考虑新增加或新扩充的指令是否影响了原有的相容或互斥关系。

还需要一提的是，在字段直接编码方式中，每个字段要安排一个码用来表示没有任何操作，这是必须的，否则将无法使该段无任何操作。因此，n 位二进制组成的字段最多可安排 2^n-1 种互斥的操作。

3. 字段间接编码方式

字段间接编码是在字段直接编码的基础上，进一步压缩微指令字宽度的一种编码方式。在

这种方式中，一个字段译码后的微命令还需要由另一字段的微命令加以解释，才能形成最终的微命令，这就是间接的含义。例如，图 10-28（c）中，字段 A 发出 a1 微命令，其确切含义经字段 B 的 bx 解释为 a1x，经 by 解释为 a1y，分别代表两个不同的微操作命令，同理，字段 A 发出的 a2 微命令又分别被解释为 a2x 和 a2y。这些微命令之间当然都是互斥的。

字段间接编码常用来将属于不同部件或不同类型但互斥的微命令编入同一字段，可有效减少微指令字长宽度，使得微指令中的字段进一步减少，编码的效率进一步提高，但是在获得上述好处的同时，有可能使得微指令的并行能力下降，并增加译码线路的复杂性，这都意味着执行速度的降低。因此，字段间接编码方式通常只作为字段直接编码方式的一种辅助手段，对那些使用频度不高的微指令采用此法。

除了以上三种基本编码方式外，还有其他一些编码方式。例如：（1）在微指令中设置常数字段，为某个寄存器或某个操作提供常数。（2）由机器指令的操作码对微命令做出解释或由寻址方式编码对微命令进行解释。（3）由微地址参与微命令的解释等。

无论什么编码方式，其追求的目标是共同的：（1）提高编码效率，压缩微指令的宽度。（2）保持微命令必需的并行性。（3）硬件线路尽可能简单。

【例 10-11】某机的微指令格式中，共有 8 个控制字段，每个字段可分别激活 5、8、3、16、1、7、25、4 个控制信号。分别采用直接编码和字段直接编码方式设计微指令的操作控制字段，并说明两种方式的操作控制字段各取几位。

答：（1）采用直接编码方式，微指令的操作控制字段的总位数等于控制信号数，即

$$5+8+3+16+1+7+25+4=69$$

（2）采用字段直接编码方式，需要的控制位少。根据题目给出的 10 个控制字段及各段可激活的控制信号数，再加上每个控制字段至少要留一个码字表示不激活任何一条控制线，即微指令的 8 个控制字段分别需给出 6、9、4、17、2、8、26、5 种状态，对应 3、4、2、5、1、3、5、3 位。故微指令的操作控制字段的总位数为

$$3+4+2+5+1+3+5+3=26$$

10.4.4　微地址形成

由前面的学习已经知道，程序的执行大部分为顺序执行，因此在 CPU 中设立程序计数器（PC），根据 PC 的内容，取出一条指令，同时 PC 自增指向下一条指令的位置。若需要实现转移，由转移类指令完成。对于大多数情况为顺序执行的程序来讲，设立PC 和转移指令无疑是一个最好的选择。

而微指令的执行情况有所不同。任何一条指令都要取指令，取指令的操作对任何指令都是相同的，其次任何一条单操作数指令和双操作数指令都要取操作数，取数的操作与指令（操作码）无关，只由寻址方式来决定。若将这些相同的操作（如取指令操作、取操作数操作）在每条指令的微程序中都重复存储，必然加大控存的容量，显然是不可取的。合理的做法是将这些共同的操作只存储一次，由各条指令共同使用。这就意味着在微程序中，转移是经常发生的，为了适应这种频繁的转移，通常在每条微指令中都设置次地址部分，用以指明下一条指令地址的产生方式和具体地址，次地址部分包括次地址 NA 字段和次地址控制 NAC 字段两部分。

次地址（next address，NA）用以标出下一条微指令的地址（例如无条件转移时）。次地址控制字段（next address control，NAC）用以指示下一条微指令地址的产生方式。这些方式包括：

（1）顺序执行。次地址 NA 为当前微指令地址加 1，类似程序中使用 PC 一样。

（2）无条件转移。当微指令的地址不连续时采用无条件转移，这时转向地址由次地址 NA 字段指明。而次地址控制字段 NAC 指明下地址产生方式为无条件转移。

（3）条件转移。根据某个条件的成立与否选择执行不同的微指令序列，即当某条件成立时，转向由次地址 NA 字段指明的微地址，反之则选择μAR+1，顺序执行。这些条件比较多，例如机器指令是否具有操作数（单操作数或双操作数指令），以决定是否执行取数操作；寻址方式是直接还是间接，以决定是否要再一次访问内存；根据是否有中断请求，以决定是转入中断周期还是下条指令的取指周期；移位操作中根据 CX 的值是否已成为零，以决定是否继续执行移位操作等。条件转移中的条件通常由次地址控制 NAC 字段予以说明。

（4）多分支转移。当微程序执行到某些点需要根据某些情况执行三种及三种以上不同的微操作时，靠多分支转移实现。

再有一个问题是微地址寄存器首地址的产生。任何指令的执行必须从取指令开始，因此应使μAR 的起始地址为取指令微程序段第一条微指令的地址，比如控制存储器 CM 的 1 号单元，这可由开机时 CPU 的复位命令 Reset 将μAR 置为 1。

10.4.5 微指令格式

微指令的编译方法是决定微指令格式的主要因素。考虑到速度、成本等原因，在设计计算机时采用不同的编译法。因此，微指令格式大体分成两类：水平型微指令和垂直型微指令。

1. 水平型微指令

一次能定义并执行多个并行操作微命令的微指令，称为水平型微指令。前面对微指令的介绍，大部分是针对水平型微指令的。按照控制字段的编码方式不同，水平型微指令又分为三种：第一种是全水平型（不译码）微指令，第二种是字段译码水平型微指令，第三种是直接和译码相混合的水平型微指令。

2. 垂直型微指令

微指令中设置微操作码字段，采用微操作码编译法，由微操作码规定指令的功能，称为垂直型微指令。

垂直型微指令的结构类似于机器指令的结构。它有操作码，在一条微指令中只有 1～2 个微操作命令，每条微指令的功能简单，因此，实现一条机器指令的微程序要比水平型微指令编写的微程序长得多。它是采用较长的微程序结构去换取较短的微指令结构。

3. 水平型微指令与垂直型微指令的比较

（1）水平型微指令并行操作能力强，效率高，灵活性强，垂直型微指令则较差。

在一条水平型微指令中，设置有控制信息传输通路（门）以及进行所有操作的微指令，因此在进行微程序设计时，可以同时定义比较多的并行操作的微指令，来控制尽可能多的并行信息传输，从而使水平型微指令具有效率高及灵活性强的优点。

在一条垂直型微指令中，一般只能完成一个操作，控制一两个信息传输通路，因此微指令的并行操作能力低，效率低。

（2）水平型微指令执行一条指令的时间短，垂直型微指令执行时间长。

因为水平型微指令的并行操作能力强，因此与垂直型微指令相比，可以用较少的微指令数

来实现一条指令的功能，从而缩短了指令的执行时间。而且当执行一条微指令时，水平型微指令的微命令一般直接控制对象，而垂直型微指令要经过译码，会影响速度。

（3）由水平型微指令解释指令的微程序，有微指令字较长而微程序短的特点。垂直型微指令则相反，微指令字比较短而微程序长。

（4）水平型微指令用户难以掌握，而垂直型微指令与机器指令比较相似，相对来说，比较容易掌握。

水平型微指令与机器指令差别很大，一般需要对机器的结构、数据通路、时序系统以及微命令很精通才能设计。垂直型微指令的设计思想在 Pentium4 和安腾系列 CPU 中得到了应用。

【例 10-12】某机共有 52 个微操作控制信号，构成 5 个相斥类的微命令组，各组分别包含 5、8、2、15、22 个微命令。已知可判定的外部条件有 2 个，微指令字长为 28 位。

（1）按水平型微指令格式设计微指令，要求微指令的下地址字段直接给出后续微指令地址。

（2）指出控制存储器的容量。

答：（1）根据 5 个相斥类的微命令组，各组分别包含 5、8、2、15、22 个微命令，考虑到每组必须增加一种不发命令的情况，条件测试字段应包含一种不转移的情况，则 5 个控制字段分别需给出 6、9、3、16、23 种状态，对应 3、4、2、4、5 位（共 18 位），条件测试字段取 2 位。根据微指令字长为 28 位，则下地址字段取 28–18–2 = 8 位，其微指令格式如图 10-29 所示。

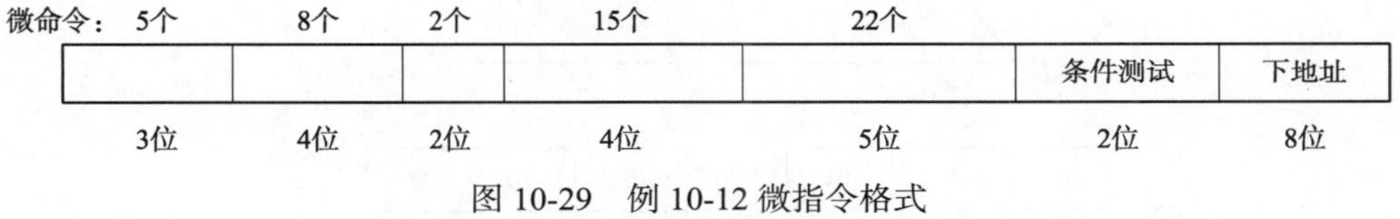

图 10-29　例 10-12 微指令格式

（2）根据下地址字段为 8 位，微指令字长为 28 位，可得控制存储器的容量为 256 × 28 位。

10.4.6　动态微程序设计和毫微程序设计

微程序设计技术有静态微程序设计和动态微程序设计。对应于一台计算机的机器指令只有一组微程序，这一组微程序设计好之后，一般无须改变而且也不好改变，这种微程序设计技术称为静态微程序设计，适用于指令系统固定不变的情况。

如果采用 EPROM 作为控制存储器，可以通过改变微指令和微程序来改变机器的指令系统，这种微程序设计技术称为动态微程序设计。动态微程序设计由于可以根据需要改变微指令和微程序，因此可以在一台计算机上实现不同类型的指令系统，利于仿真，可以扩展机器的功能。

毫微程序设计可以看成是解释微指令的，类似于机器指令与微程序之间的关系。组成毫微程序的毫微指令用来解释微指令，毫微指令和微指令的关系就好比微指令和机器指令的关系。采用毫微程序设计计算机的优点是用少量的控制存储器空间来达到高度的并行。

10.4.7　微程序的时序控制

微程序控制器的基本时序单位是微周期，微周期是一条微指令执行所需的时间。一条微指令的执行时间包括两部分：一部分是从控制存储器 CM 中读出时间，另一部分是微指令执行所需要的时间，这个时间包括微命令的译码时间和 CPU 内部数据通路的传输时间。由于不必设立取指周期、取数周期、执行周期等 CPU 周期，因此微程序控制器的时序系统要比组合逻辑控制器的时序系统简单得多。

根据取微指令和执行微指令两部分时间的不同安排可将微指令的执行分为串行和并行两种方式。在串行方式中，取微指令与执行微指令是串行的，一个微周期等于这两部分之和。执行微指令的时间与组合逻辑方式中的节拍周期大体相当。由于包含有取微指令的时间，因此微程序控制方式中的基本时序单位——微周期要大于组合逻辑控制方式中的节拍周期，使得指令的执行速度下降。

在并行方式中，使用时间重叠技术，使得微周期就等于微指令的执行时间。可以大大提高指令的执行速度，但由于有些微条件转移的条件是指令执行后的某些状态条件，而这些条件在微指令刚取出时不可能形成，如判断 CX 寄存器是否减为 0，将使预取下条微指令变得复杂化。

【例 10-13】如图 10-30 所示，某一简单运算器数据通路，以“余 3 码加法”指令为例，详细说明一下微程序控制器的工作过程。

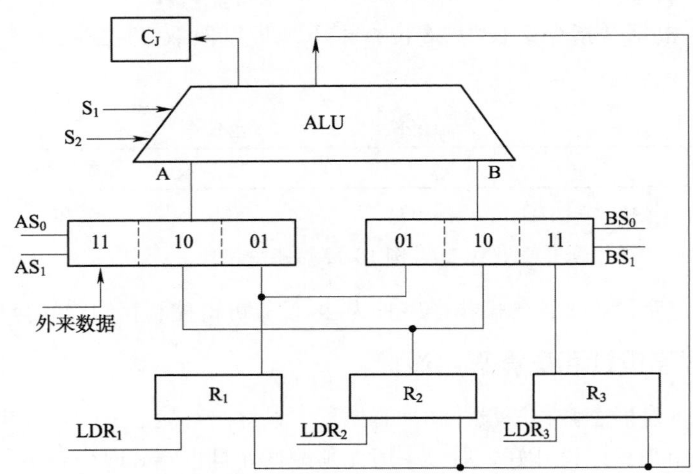

图 10-30 简单运算器数据通路图

答：“余 3 码加法”指令的功能完成两个用余 3 码表示的一位十进制数的加法，其结果仍然用余 3 码表示。余 3 码编码的十进制加法规则如下：两个一位十进制数的余 3 码相加，如结果无进位，则从和数中减去 3；如结果有进位，则从和数中加上 3，即得和数的余 3 码。

如图 10-30 所示，图中 R_1、R_2、R_3 是三个寄存器，A 和 B 是两个三选一的多路开关，通路的选择分别是 AS_0、AS_1 和 BS_0、BS_1 端控制，例如 $BS_0BS_1 = 11$ 时，选择 R_3；$BS_0BS_1 = 01$，选择 R_1。S_1、S_2 是 ALU 的两个操作控制端，其功能如下：

$S_1S_2 = 00$ 时，ALU 输出 = A；

$S_1S_2 = 01$ 时，ALU 输出 = A+B；

$S_1S_2 = 10$ 时，ALU 输出 = A−B；

$S_1S_2 = 11$ 时，ALU 输出 = $A \oplus B$。

再假定需运算的两个数 a 和 b 分别存放在寄存器 R_1 和 R_2 中，R_3 中存放修正量 3（0011）。

首先，设计该系统的微指令格式。从简化设计考虑，系统采用水平型微指令格式，用直接控制方式，微指令地址 3 位（μAR_1～μAR_3），条件字段 2 位（P_1、P_2）。

2 位	2 位	2 位	3 位	2 位	3 位
AS_0 AS_1	S_1 S_2	BS_0 BS_1	LDR_1 LDR_2 LDR_3	P_1 P_2	μAR_1 μAR_2 μAR_3

P_1 为操作码判别，即根据指令的操作码找到下一条微指令地址。

当 $P_2 = 0$ 时，直接用 μAR_1～μAR_3 形成下一个微地址。

当 $P_2 = 1$ 时，对 μAR_3 进行修改后形成下一个微地址。

然后，再来设计微指令的流程。在进行微程序的设计时，经常使用框图语言来表示一条指令的指令周期。一个方框代表一个 CPU 周期，方框中的内容表示数据通路的操作或某种控制操作。除了方框以外，还需要一个菱形符号，它通常用来表示某种判别或测试，不过时间上它依附于紧接它的前面一个方框的 CPU 周期，而不单独占用一个 CPU 周期。在方框图的末尾还有一个“⌐”符号，称它为公操作符号。这个符号表示一条指令已经执行完毕，转入公操作。所谓公操作，就是一条指令执行完毕后，CPU 所开始进行的一些操作，这些操作主要是 CPU 对外设请求的处理，如中断处理、通道处理等。

余 3 码加法指令的框图如图 10-31 所示。

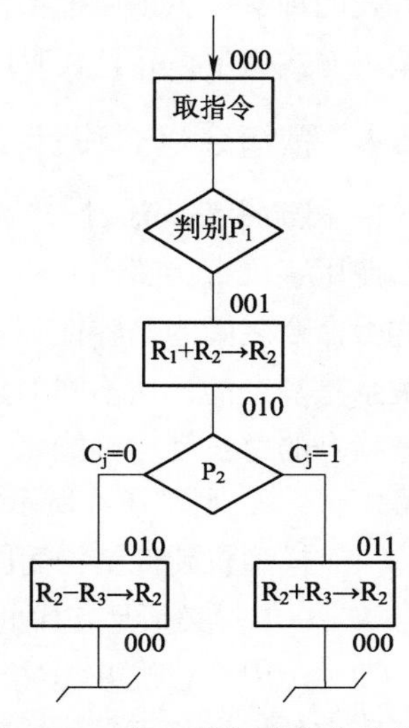

图 10-31　余 3 码加法指令的框图

通过图 10-31 可知，完成该指令总共需要三个 CPU 周期，四条微指令，各条微指令的微地址标在方框的右上角。

第一条微指令，即微地址为 000 的微指令是一条取指令的微指令。由于在例子当中，并不是一个完整的 CPU 结构，因此，取指令的微指令的具体形式无法给出。这条微指令的任务有三个：一是从内存取出一条机器指令，并将指令放到指令寄存器；二是对程序计数器加 1，做好取下一条机器指令的准备；三是对机器指令的操作码用 P_1 进行判别测试，然后修改微地址寄存器内容，给出下一条微指令的地址。

第二条微指令是执行两个寄存器相加的操作。因此，发出的微操作信号有 R_1→A、R_2→B、+、LDR_2。除此之外，条件字段为 P_2 判别，即根据 C_j 的值来断定下一条微指令的地址。在本例当中，若 $C_j = 0$，执行地址为 010 的微指令，若 $C_j = 1$，则执行地址为 011 的微指令。其微指令的具体格式如下：

001：	01	01	10	010	01	010

地址为 010 的微指令是进行运算修正的微指令，它实现对 R_2 寄存器的减 3 操作。该微指令发出的微操作信号有 R_2→A、−、R_3→B、LDR_2。条件字段为 00，代表不进行测试，直接执行地址为 000 的微指令，即取指令的微指令。其微指令的具体格式如下：

010：	10	10	11	010	00	000

地址为 011 的微指令的含义与上一条微指令类似，其微指令的具体格式如下：

011:	10	01	11	010	00	000

10.5 模型机微程序控制器设计

本节按微程序控制原理对图 10-8 所示模型机进行微程序控制器的设计，以加深对微程序控制方式的理解。为了使模型机的微程序控制器相对简单，在微命令编码方式上以常用的字段直接编码方式为主，并且在时序控制上采用串行控制方式。

10.5.1 微指令格式设计

1. 微命令编码设计

使用字段直接编码方式，首要的问题是找出哪些微命令是互斥的，哪些微命令是相容的。有些微命令之间的相容性和互斥性是显而易见的，有些则不明显。微命令之间的相容性或互斥性关系是复杂的，从不同的角度考虑可能会有不同的字段划分办法。一个好的字段划分应当使得微指令的总长度尽可能短，同时，微命令的并行性最好，也就是说，该指令格式编出的微程序最短。下面对图 10-8 所示模型机中微命令的相容、互斥性做简单分析。

（1）模型机硬件结构简图中，CPU 内部为单总线结构，因此，凡是将数据送到内部总线的信号 XX→IB，必须是互斥的。

（2）由内部总线 IB 上接收数据的信号 XXin 却并不存在互斥关系，但其相容性也需查看模型机所有的指令流程后才能确定。但由于两个寄存器同时从 IB 上获得同一数据的可能性并不大，因此，可先将其编入同一字段。

（3）同一部件的同一类操作，肯定是互斥的。例如 ALU 的各种操作 ADD、ADC、SUB、AND 等；内存的读/写操作之间，都是互斥的。

（4）ALU 中进行的是双操作数的算术逻辑运算，S 中进行的是单操作数的逻辑运算，T 中进行的是移位操作。一条指令不可能同时要求进行这三类运算，因此，这三类操作之间存在互斥关系，可考虑归入一个字段。

（5）在字段 XX→IB 中增加两条通用命令 Rx→IB 和 Ry→IB。在字段 XXin 中增加两条通用微命令 Rxin 和 Ryin，其中 Rx 由指令寄存器的第 2～0 位指明，Ry 由指令寄存器第 6～4 位指明。这四条通用微命令与寄存器编码字段的译码信号共同作用产生具体的微命令，如 AX→IB,AXin 等。这样做的目的是使微指令流程只与寻址方式有关而与具体使用哪个寄存器无关。达到简化微程序设计的目的。引入通用微命令后，原有的具体微命令仍然保留，其原因是有些指令隐含使用某个特定的寄存器。

此外，还可以根据指令系统的功能分析出其他微操作之间相容和互斥的关系，以达到缩短微命令字段长度的目的。经过调整，设计出的微指令格式如图 10-32 所示，微命令占用 25 位。

4位	4位	2位	2位	5位
XX→IB	XXin	DR	AR	各类算逻运算
0：NOP	0：NOP	0：NOP	0：NOP	00：NOP
1：AX→IB	1：AXin	1：DR→DB	1：AR→AB	01：ADD
2：BX→IB	2：BXin	2：DB→DR	2：ARin	02：ADC
3：CX→IB	3：CXin		3：IRin	03：SUB
4：DX→IB	4：DXin			04：SUBB
5：SI→IB	5：SIin			05：AND
6：DI→IB	6：DIin			06：OR
7：BP→IB	7：BPin			07：XOR
8：SP→IB	8：SPin			08：SAL
9：S→IB	9：Sin			09：SAR
A：T→IB	A：Tin			0A：SHR
B：PC→IB	B：PCin			0B：ROL
C：PSW→IB	C：PSWin			0C：ROR
D：DR→IB	D：DRin			0D：RCL
E：Rx→IB	E：Rxin			0E：RCR
F：Ry→IB	F：Ryin			0F：0→T
				10：INC
				11：DEC
				12：NEG
				13：NOT
				15：+2SI
				16：−2SI

4位	4位	9位	4位
各类计数	其他微操作	次地址NA	NAC
0：NOP	0：NOP		
1：+2DI	1：MMRD		
2：−2DI	2：MMWR		
3：+2SP	3：IORD		
4：−2SP	4：IOWR		
5：+2PC	5：INTA		
6：0→PC	6：DMAA		
7：−1CX	7：0→AX_{-1}		
8：+1CT	8：1→AX_{-1}		
9：0→CT			

图 10-32　模型机微指令格式

2. 模型机微指令次地址字段设计

模型机微程序需占控制存储器单元约为 512 个，故次地址字段 NA 应当为 9 位，微程序地址空间分配见表 10-3。

表 10-3 模型机微程序地址空间分配

微程序功能	地址分配
取指令及取操作数	000H～020H
双操作数算术逻辑指令执行（9 条）	021H～06FH
MOV 指令执行	070H～077H
IMUL 指令执行	078H～07FH
IDIV 指令执行	080H～08FH
IN/OUT 指令执行	090H～097H
单操作数算术逻辑指令执行（5 条）	098H～0AFH
移位类指令执行（7 条）	0B0H～0DFH
PUSH/POP 指令执行	0E0H～0EFH
CALL/RET 指令执行	0F0H～0FFH
转移及循环类指令执行	100H～10FH
中断周期隐指令	110H～11FH
IRET 指令执行	120H～128H
…	…

次程序控制字段 NAC 安排 4 位，因此最多可以有 16 种次地址形成方式，其含义见表 10-4。

表 10-4 模型机次地址控制字段 NAC 设计

NAC 编码（H）	次地址产生方式
0	顺序
1	无条件转移
2	当 READY 信号到后，无条件转移
3	两分支：若(CT)≠0，转移；若(CT)=0，顺序（用于乘除法运算控制步数）
4	两分支：$IR_{15\sim9}$为全 0（无操作数指令或转移类指令）转移；$IR_{15\sim9}$≠0（单、双操作数指令）顺序
5	多分支：NA→μAR，$IR_{3、2}$→$μAR_{3、2}$（按寻址方式多路转移）
6	多分支：NA→μAR，$IR_{2、1、0}$→$μAR_{2、1、0}$（按寻址方式多路转移）
7	多分支：按指令操作码 OP 实现多路转移
8	两分支：IR_7=0（R_y为源寄存器），转移；IR_7=1（R_y为目的寄存器），顺序
9	两分支：$IR_{3、2}$≠00（R_x为内存寻址），转移；$IR_{3、2}$=00（R_x为寄存器寻址），顺序
A	两分支：若(CX)≠0，转移；(CX)=0，顺序
B	多分支：补码乘法（Booth 算法）中，根据 AX_0、AX_{-1}的值实现三路转移
C	两分支：补码除法（加减交替）中，若余数与除数同号，转移；若余数与除数异号，顺序

续表

NAC 编码（H）	次地址产生方式
D	两分支：NA→μAR_0，μAR_0由指令操作码，状态标志 PSW（S、Z、O、C）和 CX 共同决定是否转移
E	两分支：检测中断请求 INTR，若 INTR=0，转移；若 INTR=1，顺序
F	未用

在模型机微指令格式中，数据传输控制类微命令占 1、2、3、4 这 4 个字段，操作类命令占 5、6、7 这 3 个字段，次地址字段 NAC 占 9 位，次地址控制字段 NAC 占 4 位，微指令总宽度为 38 位。

10.5.2 模型机微程序设计

微指令设计好后便可开始微程序的设计，设计的依据是图 10-10～图 10-23 所示的指令微流程，其中包括有取指令微流程、取操作数微流程、各种指令的执行微流程和中断隐指令微流程，各微流程之间的衔接关系如图 10-33 所示。

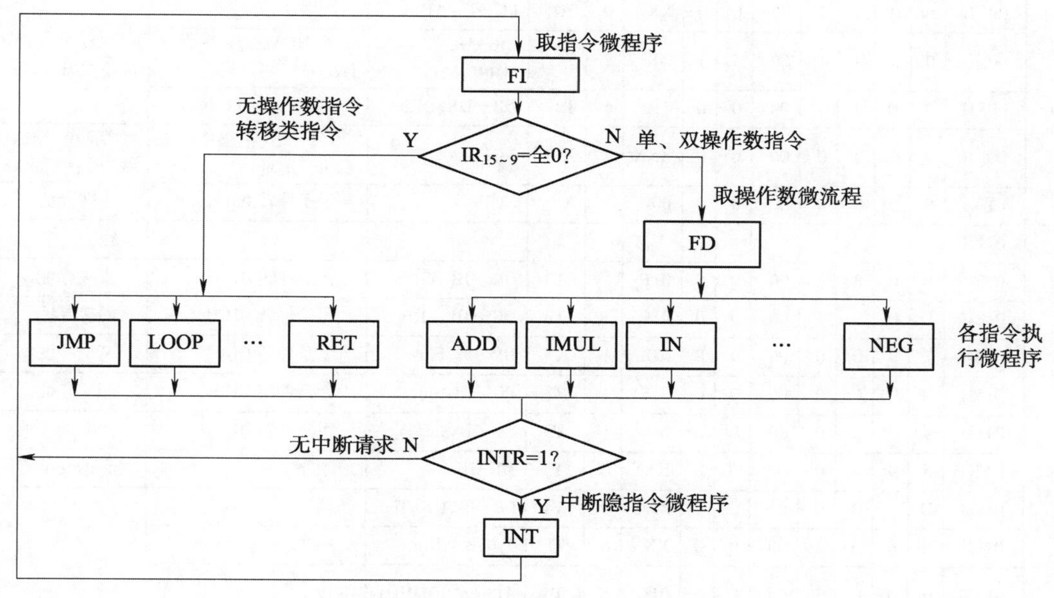

图 10-33 模型机微程序总框图

1. 取指令及取操作数微程序

表 10-5 是取指令和取操作数的微程序。表中除了标出微地址和微指令外，还标有微指令编码所代表的微操作和对应的节拍数，以及次地址形成方式的说明。读者可参考取指令微流程 FIC 和取微操作数流程 FDC 的内容。

表 10-5 取指令及取操作数微程序

功能	微地址	微指令									节拍	代表微操作	次地址控制	说明
取数	000H	E	D	0	0	00	0	0	00F	1	T0	Rx→IB, DRin	无条件转 00FH	寄存器寻址
取指令	001H	B	0	0	2	00	0	0	XXX	0	T0	PC→IB, ARin	顺序	
	002H	0	0	0	1	00	5	1	003	2	T1	AR→AB,MMRD, +2PC	等 READY 到后无条件转移	
	003H	0	D	2	0	00	0	0	009	1	T2	DB→DR, DRin	无条件转 009H	
取数	004H	E	0	0	2	00	0	0	XXX	0	T0	Rx→IB, ARin	顺序	
	005H	0	0	0	1	00	0	1	006	2	T1	AR→AB,MMRD	等 READY 到后无条件转移	
	006H	0	D	2	0	00	0	0	00F	1	T2	DB→DR, DRin	无条件转 00FH	
空	007H													空
取数	008H	B	0	0	2	00	0	0	00D	1		PC→IB, ARin	无条件转 00DH	
取指令	009H	D	0	0	3	00	0	0	00B	4	T3	DR→IB, IRin	两分支：$IR_{15\sim9}$=全 0，转移；$IR_{15\sim9}\neq 0$，顺序	
	00AH	0	0	0	0	00	0	0	000	5	X	NOP	多分支：$IR_{3、2}\to\mu AR_{3、2}$	转向单、双操作数指令取数
	00BH	0	0	0	0	00	0	0	000	7	X	NOP	多分支：由操作码决定执行地址	转向无操作数或转移类指令执行入口
取操作数微程序	00CH	B	0	0	2	00	0	0	XXX	0	T0	PC→IB, ARin	顺序	取双字长指令的第二字
	00DH	0	0	0	1	00	5	1	00E	2	T1	AR→AB, MMRD, +2PC	等 READY 到后无条件转移	
	00EH	0	D	2	0	00	0	0	010	6	T2	DB→DR, DRin	多分支：$IR_{2、1、0}\to\mu AR_{2、1、0}$	
	00FH	0	0	0	0	00	0	0	XXX	7	X	NOP	多分支：由操作码决定执行地址	转向单、双操作数指令执行入口
	010H	0	0	0	0	00	0	0	00F	1	X	NOP	无条件转 00FH	立即寻址
取操作数微程序	011H													空
	012H	D	0	0	2	00	0	0	01F	1	T3	DR→IB, ARin	无条件转 01FH	直接寻址
	013H	D	0	0	2	00	0	0	01C	1	T3	DR→IB, ARin	无条件转 01CH	间接寻址
	014H	7	9	0	0	00	0	0	018	1	T3	BP→IB, Sin	无条件转 018H	基址寻址
	015H	B	9	0	0	00	0	0	018	1	T3	PC→IB, Sin	无条件转 018H	相对寻址
	016H	5	9	0	0	00	0	0	018	1	T3	SI→IB, Sin	无条件转 018H	源变址寻址
	017H	6	9	0	0	00	0	0	XXX	0	T3	DI→IB, Sin	顺序	目的变址寻址
	018H	D	A	0	0	01	0	0	XXX	0	T4	DR→IB, ADD, Tin	顺序	
	019H	A	0	0	2	00	0	0	XXX	0	T5	T→IB, ARin	顺序	
	01AH	0	0	0	1	00	0	1	01B	2	T6	AR→AB, MMRD	等READY到后无条件转移	
	01BH	0	D	2	0	00	0	0	00F	1	T7	DR→DB, DRin	无条件转 00FH	
	01CH	0	0	0	1	00	0	1	01D	2	T4	AR→AB, MMRD	等READY到后无条件转移	
	01DH	0	D	2	0	00	0	0	XXX	0	T5	DR→DB, DRin	顺序	
	01EH	D	0	0	2	00	0	0	XXX	0	T6	DR→IB, ARin	顺序	
	01FH	0	0	0	1	00	0	1	01B	2	T7	AR→AB, MMRD	等READY到后无条件转至 01BH	

注：表中 X 代表任意值，下同。

2. 双操作数算术逻辑指令执行阶段微程序

双操作数算术逻辑指令执行阶段微程序举了 SUB 和 CMP 的两条指令例子，见表 10-6。可参考双操作数算术逻辑指令 EXEC 微流程的内容。各指令执行阶段的微程序运行完毕，均转入微地址 110H。

表 10-6　双操作数算术逻辑指令执行阶段微程序示例

功能	微地址	微			指			令			节拍	代表微操作	次地址控制	说明
指令 SUB 执行阶段微程序	030H	0	0	0	0	00	0	0	034	8	X	NOP	两分支：IR_7= 0，转移；IR_7= 1，顺序	判断减数
	031H	D	9	0	0	00	0	0	XXX	0	T0	DR→IB, Sin	顺序	Ry 为目的
	032H	F	A	0	0	03	0	0	XXX	0	T1	Ry→IB, SUB, Tin	顺序	
	033H	A	F	0	0	00	0	0	110	1	T2	T→IB, Ryin	无条件转至 110H 检测中断	
	034H	F	9	0	0	00	0	0	XXX	0	T0	Ry→IB, Sin	顺序	Rx 为目的
	035H	D	A	0	0	03	0	0	037	9	T1	DR→IB, SUB, Tin	两分支：$IR_{3、2}$≠00，转移；$IR_{3、2}$=00，顺序	
	036H	A	E	0	0	00	0	0	110	1	T2	T→IB, Rxin	无条件转至 110H 检测中断	Rx 为寄存器寻址
	037H	A	D	0	0	00	0	0	XXX	0	T2	T→IB, DRin	顺序	Rx 为内存寻址
	038H	0	0	1	1	00	0	2	110	2	T3	AR → AB, DR → DB, MMWR	等 READY 到后无条件转至 110H	
指令 CMP 执行阶段微程序	039H	0	0	0	0	00	0	0	03C	8	X	NOP	两分支:IR_7= 0,转移;IR_7= 1，顺序	判断减数
	03AH	D	9	0	0	00	0	0	XXX	0	T0	DR→IB, Sin	顺序	Ry 为被减数
	03BH	F	A	0	0	03	0	0	110	1	T1	Ry→IB,SUB, Tin	无条件转至 110H 检测中断	
	03CH	F	9	0	0	00	0	0	XXX	0	T0	Ry→IB, Sin	顺序	Rx 为被减数
	03DH	D	A	0	0	03	0	0	110	1	T1	DR→IB, SUB, Tin	无条件转至 110H 检测中断	

3. 乘法 IMUL 指令执行阶段微程序

乘法 IMUL 指令执行阶段微程序见表 10-7。可参考 IMUL 指令 EXEC 微流程的内容。

表 10-7　乘法 IMUL 指令执行阶段微程序

功能	微地址	微			指			令			节拍	代表微操作	次地址控制	说明
乘法 IMUL 指令执行阶段微程序	07BH	D	9	0	0	0F	9	7	XXX	0	T0	DR → IB, Sin,0 → T,0→AX_{-1},0→CT	顺序	被乘数→S，计数器、部分积、附加位清零
乘法 IMUL 指令执行阶段微程序	07CH	0	0	0	0	00	0	0	07C	B	X	NOP	根据 AX0，AX_{-1} 四种状态实现三分支	Booth 乘法运算法则
	07DH	A	A	0	0	01	0	0	07F	1	T1	T→IB, ADD, Tin	无条件转移	
	07EH	A	A	0	0	03	0	0	07F	1	T1	T→IB, SUB, Tin	无条件转移	
	07FH	0	0	0	0	09	8	0	XXX	0	T2	SAR(T, AX, AX_{-1}), +1CT	顺序	
	080H	0	0	0	0	00	0	0	07C	3	X	NOP	两分支：（CT）=0，转移；（CT）≠0，顺序	
	081H	A	4	0	0	00	0	0	110	1	T3	T→IB, DXin	无条件转至 110H	转至 110H，检测中断

4. 单操作数算术逻辑指令执行阶段微程序

单操作数算术逻辑指令以 NEG 指令的微程序为例，见表 10-8。可参考单操作数算术逻辑指令 EXEC 微流程图的内容。

表 10-8 NEG 指令执行阶段微程序

功能	微地址	微			指			令				节拍	代表微操作	次地址控制	说明
NEG 指令执行阶段微程序	098H	D	9	0	0	00	0	0	XXX	0		T0	DR→IB, Sin	顺序	
	099H	0	0	0	0	12	0	0	09B	9		T1	NEG	两分支：$IR_{3、2}$≠00，转移；$IR_{3、2}$=00，顺序	
	09AH	9	E	0	0	00	0	0	110	1		T2	S→IB, RXin	无条件转至 110H 检测中断	
	09BH	9	D	0	0	00	0	0	XXX	0		T2	S→IB, DRin	顺序	寄存器寻址
	09CH	0	0	1	1	00	0	2	110	2		T3	AR→AB, DR→IB, MMWR	等 READY 到后无条件转至 110H	内存寻址

5. 移位类指令执行阶段微程序

移位类指令以算术左移 SAL 指令的微程序为例，见表 10-9。可参考转移类指令 EXEC 微流程的内容。

表 10-9 SAL 指令执行阶段微程序

功能	微地址	微			指			令			节拍	代表微操作	次地址控制	说明
SAL 指令执行阶段微程序	0B0H	D	A	0	0	00	0	0	XXX	0	T0	DR→IB, Tin	顺序	
	0B1H	0	0	0	0	08	7	0	0B1	A	T1	SAL, −1CX	两分支：(CX)≠00，转移；(CX)=00，顺序	
	0B2H	0	0	0	0	00	0	0	0B4	9	X	NOP	两分支：$IR_{3、2}$≠00，转移；$IR_{3、2}$=00，顺序	
	0B3H	A	E	0	0	00	0	0	110	1	T2	T→IB, RXin	无条件转至 110H 检测中断	寄存器寻址
	0B4H	A	D	0	0	00	0	0	XXX	0	T2	T→IB, DRin	顺序	内存寻址
	0B5H	0	0	1	1	00	0	2	110	2	T3	AR→AB, DR→DB, MMWR	等 READY 到后无条件转至 110H	

6. 转移类指令执行阶段微程序

转移类指令执行阶段微程序见表 10-10。读者可参考转移类指令 EXEC 微流程的内容。

表 10-10 转移类指令执行阶段微程序

功能	微地址	微			指			令			节拍	代表微操作	次地址控制	说明
转移类指令执行阶段微程序	101H	B	0	0	2	00	0	0	XXX	0	T0	PC→IB, ARin	顺序	取位移量
	102H	0	0	0	1	00	5	1	103	2	T1	AR→AB, MMRD, +2PC	等 READY 到后转移	
	103H	0	D	2	0	00	0	0	104	D	T2	DB→DR, DRin	两分支：NA→μAR_0，μAR_0由 OP、PSW 和 CX 共同决定是否转移	条件判断
	104H	0	0	0	0	00	0	0	110	1		NOP	无条件转至 110H 检测中断	指令不转移
	105H	B	9	0	0	00	0	0	XXX	0	T3	PC→IB, Sin	顺序	指令转移
	106H	D	A	0	0	01	0	0	XXX	0	T4	DR→IB, ADD, Tin	顺序	
	107H	A	B	0	0	00	0	0	110	1	T5	T→IB, PCin	无条件转至 110H 检测中断	

7. 中断隐指令微程序

该微程序第一条微指令的地址为 110H，任何一条指令执行完毕都要无条件转向这里，这条微指令的功能是判断有无中断请求。若无中断请求则转入 001H，开始下一条指令的取指指令操作；若有则开始中断隐指令的操作。表 10-11 即为该微程序，读者可结合 INTC 周期微流程的内容。该程序的最后一条微指令结束后也无条件转向 001H 开始取指令。

表 10-11　中断隐指令微程序

功能	微地址	微指令									节拍	代表微操作	次地址控制	说明
中断隐指令微程序	110H	0	0	0	0	00	0	0	001	E	X	NOP	两分支：有中断，顺序；无中断，转移	
	111H	0	0	0	0	00	0	5	XXX	0	T0	INTA	顺序	取中断向量，暂存于 T
	112H	0	D	2	0	00	0	0	XXX	0	T1	DB→DR, DRin	顺序	
	113H	D	A	0	0	00	4	0	XXX	0	T2	DB→IB, Tin, −2SP	顺序	
	114H	8	0	0	2	00	0	0	XXX	0	T3	SP→IB, ARin	顺序	将 PSW 压入堆栈保护
	115H	C	D	0	0	00	0	0	XXX	0	T4	PSW→IB, DRin	顺序	
	116H	0	0	1	1	00	4	2	117	2	T5	AR→AB, DR→DB, MMWR, −2SP	等 READY 到后转 117H	
	117H	8	0	0	2	00	0	0	XXX	0	T6	SP→IB, ARin	顺序	将 PC 压入堆栈保护，向量 VA×2
	118H	B	D	0	0	00	0	0	XXX	0	T7	PC→IB, DRin	顺序	
	119H	0	0	1	1	08	0	2	11A	2	T8	AR→AB, DR→DB, MMWR, SAL	等 READY 到后转 11AH	
	11AH	A	0	0	2	00	0	0	XXX	0	T9	T→IB, ARin	顺序	取中断处理程序首地址，装入 PC
	11BH	0	0	0	1	00	0	1	11C	2	T10	AR→AB, MMRD	等 READY 到后转 11CH	
	11CH	0	D	2	0	00	0	0	XXX	0	T11	DB→DR, DRin	顺序	
	11DH	D	B	0	0	00	0	0	001	1	T12	DR→DB, PCin	无条件转取指令	

小　结

控制器是计算机硬件的核心部件，它根据机器指令来产生指令执行时所需要的操作控制信号，协调、控制计算机的各个部件有序地工作。指令的执行阶段由其操作码决定，通过分析指令的各种微操作，从而形成控制器的设计思路。

一条指令的执行涉及一系列的通称为 CPU 周期的子步骤。例如，一条指令的执行可由取指、间址、执行和中断周期所组成。每个周期又是由一系列更基本的操作，称为微操作组成。一个单一的微操作可完成寄存器间的一次传输，寄存器与外部总线间的传输，或一个简单的 ALU 操作。CPU 正是通过微操作实现对执行部件的控制。

CPU 内部的典型组织形式是内部总线，根据对计算机速度、价格等不同要求，其内部总线的形式也不同，主要的三种内部总线形式为：单总线结构、双总线结构和三总线结构。

控制器的设计方法有两种：硬布线控制器和微程序控制器设计方法。硬布线控制器的基本思想是，某一微操作控制信号是指令操作码译码输出、时序信号和状态条件信号的逻辑函数，即用布尔代数写出逻辑表达式，然后用门电路、触发器等器件实现，硬布线控制器的优点是速度快，但是设计复杂、烦琐，适合于 RISC 结构。微程序设计技术是利用软件方法设计控制器的一门技术，具有规整性、灵活性、可维护性等一系列优点，适合于 CISC 结构。

习　题

一、选择题

1. CPU 中控制器的功能是（　　）。
   A. 产生时序信号
   B. 从主存取出一条指令
   C. 完成指令操作码译码
   D. 从主存取出指令，完成指令操作码译码，并产生有关的操作控制信号，以解释执行该指令
2. 下面有关 CPU 的寄存器的描述中，正确的是（　　）。
   A. CPU 中的所有寄存器都可以被用户程序使用
   B. 一个寄存器不可能既做数据寄存器，又做地址寄存器
   C. 程序计数器用来存放指令
   D. 地址寄存器的位数一般和存储器地址寄存器的位数一样
3. 下面有关程序计数器（PC）的叙述中，错误的是（　　）。
   A. PC 用来存放下一条将要执行的指令的地址
   B. 在执行转移型指令时，PC 的值一定被修改为目标指令的地址
   C. 在指令顺序执行时，PC 的值总是自动加上当前指令的长度
   D. PC 的位数一般和存储器地址寄存器（MAR）的位数一样
4. 指令周期是指（　　）。
   A. CPU 从主存取出一条指令的时间
   B. CPU 执行一条指令的时间
   C. CPU 从主存取出一条指令加上 CPU 执行这条指令的时间
   D. 在 CPU 内部，数据从一个寄存器传输到另一个寄存器的时间
5. 下面有关指令周期的叙述中，错误的是（　　）。
   A. 指令周期的第一个子周期一定是取指子周期
   B. 乘法指令的执行子周期和加法指令的执行子周期一样长
   C. 在有间接寻址方式的指令周期中，至少访问两次内存
   D. 在一条指令执行结束、取下条指令之前查询是否有中断发生
6. 以下有关机器周期的叙述中，错误的是（　　）。
   A. 通常把通过一次总线事务访问一次主存或 I/O 的时间定为一个机器周期
   B. 一个指令周期包含多个机器周期
   C. 不同的指令周期所包含的机器周期数可能不同
   D. 每个指令周期都包含一个中断响应机器周期
7. 以下句子中，正确的是（　　）。

A. 一条指令的取出阶段需要一个 CPU 周期时间

B. 一条指令的取出阶段需要两个 CPU 周期时间

C. 一条指令的执行阶段需要至少一个 CPU 周期时间

D. 一条指令的执行阶段需要至少两个 CPU 周期时间

8. 微程序控制器的基本思想是，将微操作控制信号按一定规则进行编码，形成（　　），存放到一个只读存储器里。当机器运行时，一条又一条地读出它们，从而产生全机所需要的各种操作控制信号，使相应部件执行所规定的操作。

A. 微操作　　B. 微程序　　C. 微指令　　D. 微地址

9. 一条机器指令是由若干条（　　）组成的序列来实现的，而机器指令的总和便可实现整个指令系统。

A. 微操作　　B. 微指令　　C. 指令　　D. 微程序

10. 相对于硬布线控制器，微程序控制器的优点在于（　　）。

A. 速度较快　　B. 结构比较规整

C. 复杂性和非标准化程度较低　　D. 增加或修改指令较为容易

二、解释术语

1. 微命令、微指令、微程序

2. 水平型微指令、垂直型微指令

三、简答题

1. 控制单元的功能是什么？其输入受什么控制？

2. 能不能说机器的主频越快，机器的速度就越快？为什么？

3. 有一 ALU 不能做减法，但它能加两个输入寄存器并能对两个寄存器的各位取逻辑反。数是以 2 的补码形式存储的。请列出实现减法控制器必须完成的微操作。

4. 假定图 10-3 中的沿总线和通过 ALU 的传播延迟分别是 20 ns 和 100 ns。由总线将数据复制到寄存器需要 10 ns。计算下述操作所用时间:

（1）从一个寄存器到另一个寄存器传输数据。

（2）增量程序计数器。

5. 若使用图 10-4 的 CPU 完成 AC 与一个数相加操作，写出下列情况下的微操作序列:

（1）该数为一个立即数。

（2）该数为直接寻址的操作数。

（3）该数为间接寻址的操作数。

6. 参照图 10-5，双总线结构的机器，IR 为指令寄存器，PC 为程序计数器（具有自增功能），M 为主存（受 R/W 信号控制），AR 为主存地址寄存器，DR 为数据缓冲寄存器，ALU 由 +、- 控制信号决定可完成何种操作，控制信号 G 控制的是一个门电路。另外，线上标注有控制信号，例如 Yi 表示 Y 寄存器的输入控制信号，Rio 为寄存器 Ri 的输出控制信号。未标注的线为直通线，不受控制。

指令 SUB R1, R3 完成(R3)−(R1)→R3 的功能操作，指令“STA R1,（R2）”的含义是将寄存器 R1 的内容传输至(R2)为地址的存储单元中，画出上述指令周期流程图，并列出相应的微操作控制信号序列。

7. 若使用图 10-34 的 CPU 完成 AC 与一个数相加操作，写出下列情况下的微操作序列：

（1）该数为一个立即数。

（2）该数为直接寻址的操作数。

（3）该数为间接寻址的操作数。

8. 某计算机有如下部件：ALU，移位器，主存 M，主存数据寄存器 MDR，主存地址寄存器 MAR，指令寄存器 IR，通用寄存器 R_0～R_3，暂存器 C 和 D，如图 10-35 所示。

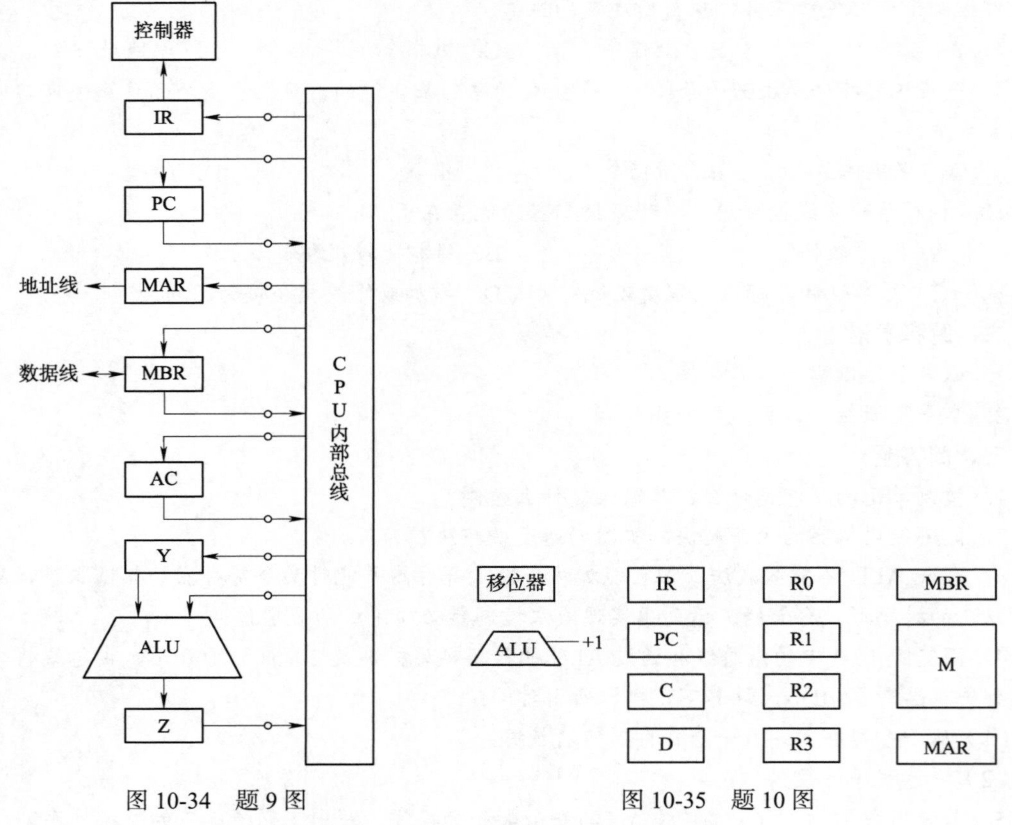

图 10-34　题 9 图　　　　图 10-35　题 10 图

（1）请将各逻辑部件组成一个数据通路，并标明数据流向。

（2）画出 ADD R1，(R2)+指令的指令周期流程图，指令功能是 (R1)+((R2))→R1。

9. 某微程序控制器中，采用水平型直接控制（编码）方式的微指令格式，后续微指令地址由微指令的下地址字段给出。已知机器共有 28 个微命令，6 个互斥的可判定的外部条件，控制存储器的容量为 512×40 位。试设计其微指令格式，并说明理由。

10. 某机共有 52 个微操作控制信号，构成 5 个相斥类的微命令组，各组分别包含 5、8、2、15、22 个微命令。已知可判定的外部条件有两个，微指令字长 28 位。

（1）按水平型微指令格式设计微指令，要求微指令的下地址字段直接给出后续微指令地址。

（2）指出控制存储器的容量。

11. 已知某机采用微程序控制方式，控制存储器容量为 512×48 位。微程序可在整个控制存储器中实现转移，控制微程序转移的条件共有四个，微指令采用水平型格式，后继微指令地址采用断定方式。问：

（1）微指令的三个字段分别应为多少位？

（2）画出对应这种微指令格式的微程序控制器逻辑框图。

12. 某机有五条微指令，每条微指令发出的控制信号见表 10-12。采用直接控制方式设计微指令的控制字段，要求其位数最少，而且保持微指令本身的并行性。

表 10-12　微指令发出的控制信号

微指令	激活的控制信号									
	a	b	c	d	e	f	g	h	i	j
I_1	√		√		√		√		√	
I_2	√	√		√		√		√		√
I_3	√			√	√	√				
I_4	√									
I_5	√			√						√

四、思考题

CPU 除了执行指令外，还做什么事情？

第 11 章

指令流水线

本章内容提要

- 流水线分类;
- 流水线性能分析;
- 流水线相关问题。

现流行的并行技术大都可以从三个方面实现：资源重复，如多核；资源共享，如 CPU 分时技术；时间重叠，如流水线技术。

11.1 时 间 重 叠

为了对计算机技术中的流水线有清晰的认识，先来看一个产品生产流水线的例子。

某产品的生产需要四道工序，该产品生产车间以前只有一个工人，一套生产该产品的机器。该工人工作 8 h，可以生产 120 件产品。现在车间负责人希望将产品日产量提高到 480 件。最简单的方法是，再雇佣三名工人，购进三套机器设备。但可以看到另一种更加节约开支的方法：将原来的生产过程按照四道工序分离开来，使得每道工序用时 1 min；这时四名工人每人可以负责一道工序，如此工作 8 h。

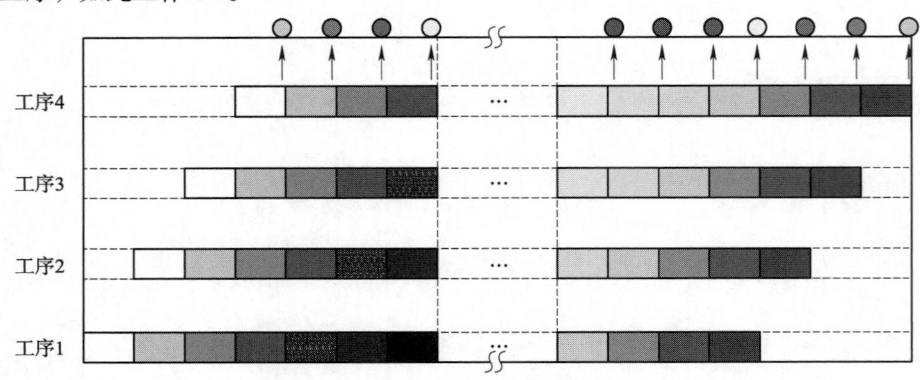

图 11-1　产品流水线

从图 11-1 中可以直观地看出来，工人工作 8 h，实际上是重复了 480 次某道工序，综合四名工人的工作成果，就是生产了 480 件产品。

这类流水线工作的主要特点是：每件产品的单位加工时间不变，但是将操作时间重叠，使得每件产品的产出时间缩短。可以将这类例子引申到计算机技术中。例如，将一条指令的解释过程分解为“分析”和“执行”两个子过程。这两个子过程在独立的部件上实现。指令分析器不必等待指令执行完成后才读入下一条指令，只需要完成“分析”这个子过程，并将结果送入执行器去“执行”时，就可以读入下一条指令。假设两个子过程的用时相同，那么处理器的速度将会提高一倍。

所谓流水线技术，是指将一个重复的时序过程分解成为若干个子过程，而每一个子过程都可有效地在其专用功能段上与其他子过程同时执行。

流水线技术的特点是流水线过程由多个相互关联的子过程组成，每个子过程称为流水线的“级”或“段”。流水线的段数可以称为流水线的“深度”或“流水深度”。各个功能段所需时间应尽量相同，可以避免流水线的“堵塞”和“断流”，这个时间一般为一个时钟周期或机器周期。流水线需要有“通过时间”（第一个任务流出结果所需的时间），在此之后流水过程才进入稳定工作状态，即每一个时钟周期产生一个“结果”。流水技术适合于大量重复的时序过程，只有输入端能连续地提供任务，流水线的效率才会充分发挥。

对比一下指令执行的三种方式，可以看出流水线方式的优点。指令执行的三种控制方式有单周期、多周期和流水方式。单周期处理机模型一个周期完成一个指令（每个周期是等长的），指令长度可能不一样，会造成很大的浪费。多周期处理机模型，将一个指令的完成划分成若干个周期来实现。流水模型通过时间重叠，在同一时间段内同时执行多条指令，三种方式如图 11-2 所示。

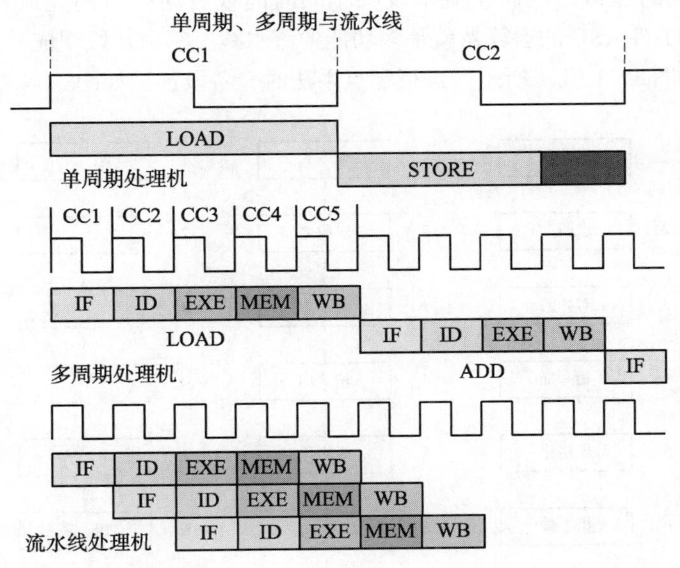

图 11-2 指令执行的三种方式

为了描述流水线的工作过程，一般使用流水线的时空图。时空图从时间和空间两个方面描述了流水线的工作过程。时空图中，横坐标代表时间，纵坐标代表流水线的各个段。下面以浮点加法流水线的时空图为例来说明，如图 11-3 所示。

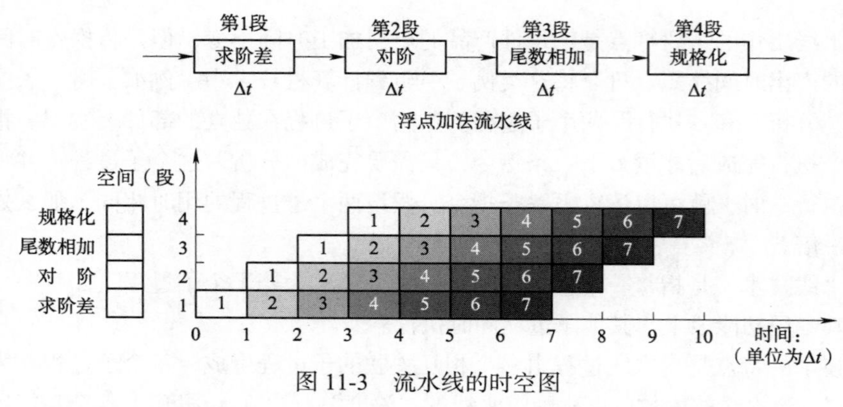

图 11-3　流水线的时空图

11.2　流水线的分类及性能指标

11.2.1　流水线的分类

一般来说流水线可以分为如下几种类型：

1. 单功能流水线和多功能流水线

这是按照流水线所完成的功能来划分的。所谓单功能流水线指的是只能完成一种固定功能的流水线。要完成多种功能，可采用多个单功能的流水线。而多功能流水线，指的是流水线的各段可以进行不同的连接，从而使流水线在不同时间或者同一时间完成不同的功能。例如图 11-4（a）所示的 TI ASC 的运算器就是多功能的流水线，它由八段组成，进行浮点加、减运算时，各段连接如图 11-4（b）所示。进行定点乘法时，各段连接如图 11-4（c）所示。

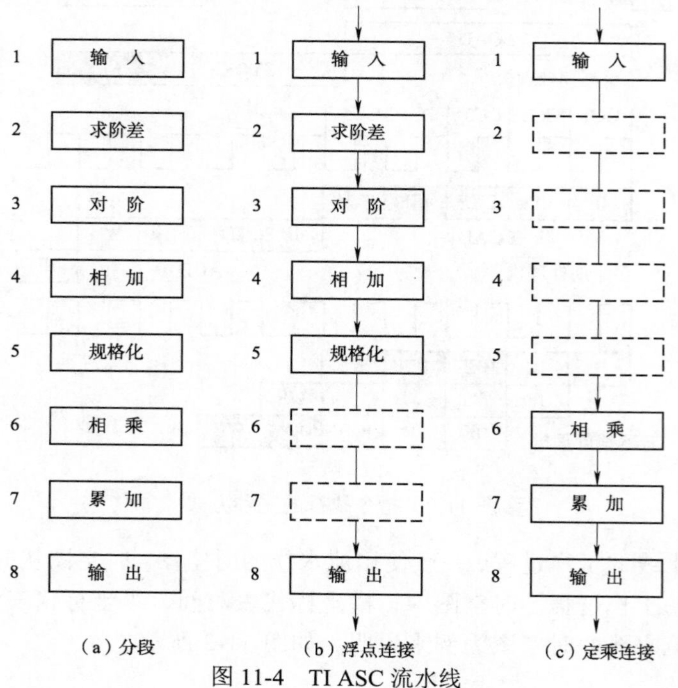

图 11-4　TI ASC 流水线

2. 静态流水线和动态流水线

这是按照同一时间内各段的连接方式来分类的。静态流水线指的是，同一时间内，流水线的各段只能按同一种功能的连接方式工作。上例 ASC 的八段就属于静态流水线，只能进行加减运算或者定乘运算。因此在静态流水线中，只有当输入端是一串相同的运算操作时，流水的效率才能发挥。而动态流水线指的是，同一时间内，某些段正在实现某种操作（如定乘）而另外一些段却在实现另一种运算（如浮点加法）。这样不同类型的操作也可以进行流水处理。然而动态流水线对于控制的要求是很高的。目前绝大多数的流水线是静态流水线。

从图 11-5 给出的静态和动态流水线的时空图，可以清晰地看到两种流水方式的不同。假设该流水线要先做几个浮点加法，然后再做一批定点乘法。

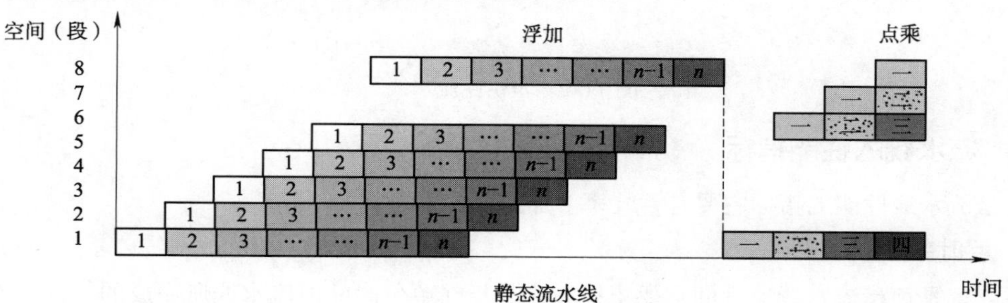

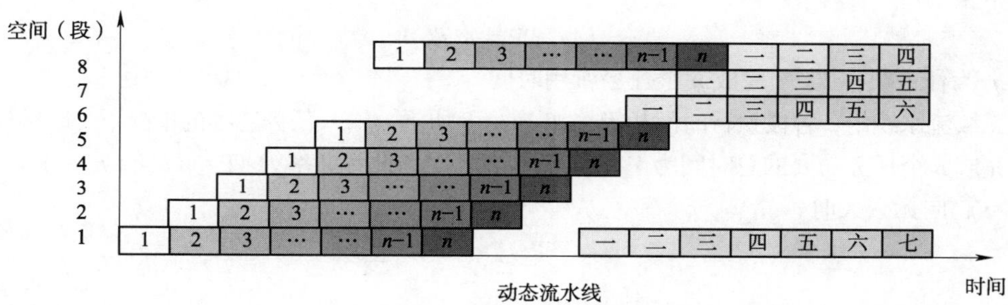

图 11-5　静态和动态流水线的时空图

3. 部件级、处理机级及处理机间流水线

这是按照流水的级别来进行分类的。部件级流水线又称运算操作流水线，它是把处理机的运算逻辑部件分段，使得各种数据类型的操作能够进行流水。处理机级流水线又称指令流水线，它是把解释指令的过程按照流水方式处理。处理机要处理的主要时序过程就是解释指令的过程。按照流水方式进行，可以使处理机重叠地解释多条指令。处理机间流水线又称宏流水线。它是由两个以上的处理机串行地对同一数据流进行处理，每个处理机完成一项任务。

4. 标量流水处理机和向量流水处理机

这是按照数据的表示来进行分类的。标量流水处理机指的是，处理机不具有向量数据的表示，仅对标量数据进行流水处理。类似的，向量流水处理机指的是，处理机具有向量数据的表示，通过向量指令对向量的各元素进行处理。

5. 线性流水线和非线性流水线

这是按照流水线中是否有反馈回路来进行分类的。线性流水线指的是，流水线的各段串行连接，没有反馈回路，如图 11-6 所示。而非线性流水线指的是，流水线中除有串行连接的通路外，还有反馈回路，如图 11-7 所示。非线性流水线的输出端经常不在最后一个功能段，而可能从中间的任意一个功能段输出。

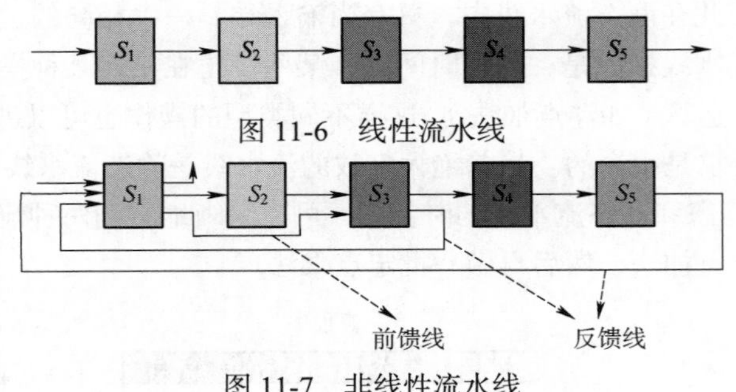

图 11-6　线性流水线

图 11-7　非线性流水线

11.2.2　流水线的性能指标

衡量流水线性能的指标主要是吞吐率、加速比和效率。

1. 吞吐率

吞吐率是衡量流水线速度的重要指标。它是指在单位时间内流水线所完成的任务数或输出结果的数量。

$$TP = n/Tk$$

式中，n 为任务数；Tk 为完成 n 个任务所用时间。

在 k 级流水线中，各段执行时间相等，如图 11-8 所示。输入任务连续的情况下，时钟周期为 Δt，则完成 n 个任务需要的总时间为 $T_k = (k + n - 1)\,\Delta t$，因此吞吐率为 $TP = n / (k + n - 1)\,\Delta t$。

当 n 趋向无穷大时，

$$TP_{max} = 1 / \Delta t$$

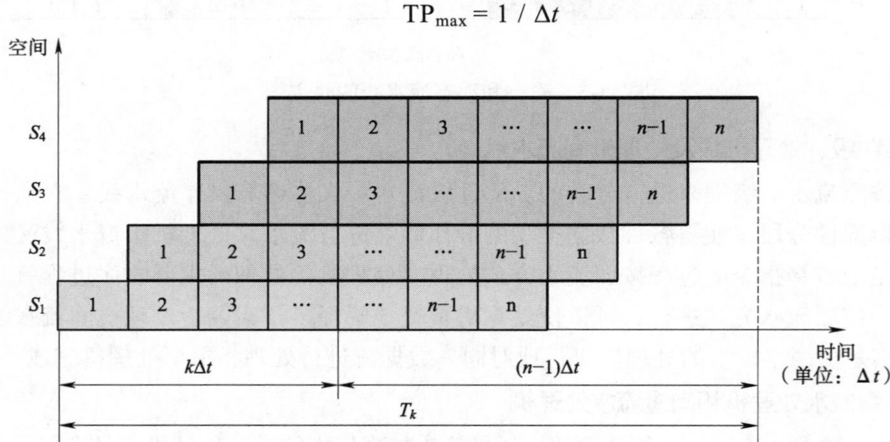

图 11-8　流水线各段执行时间都相等的情况

各段执行时间不等时，如图 11-9 所示，一条五段的流水线，S_1、S_2、S_3、S_5 各段的时间为 Δt，S_4 的时间为 $3\Delta t$（瓶颈段），在流水线中会存在“瓶颈”段，导致性能下降。对于“瓶颈”段可以采用重复设置，如图 11-10 所示；或者细分，如图 11-11 所示的方法来解决。

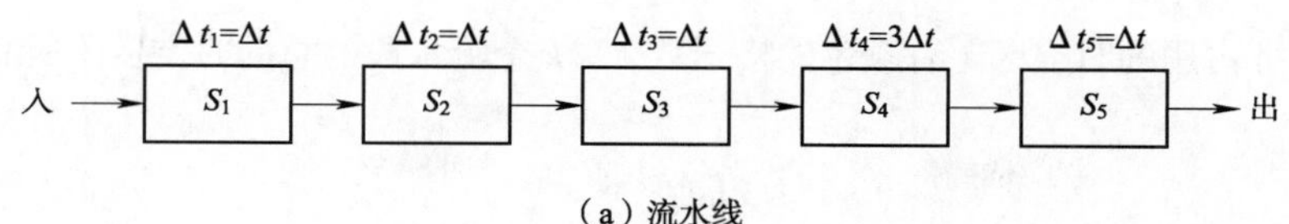

（a）流水线

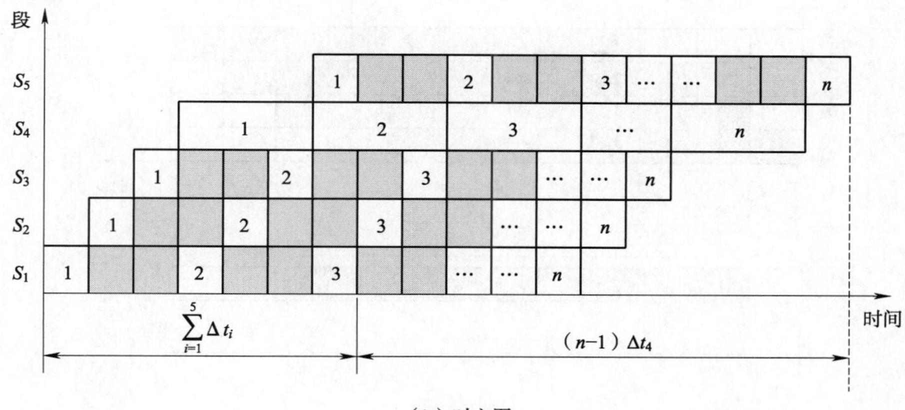

（b）时空图

图 11-9　流水线各段执行时间不相等的情况

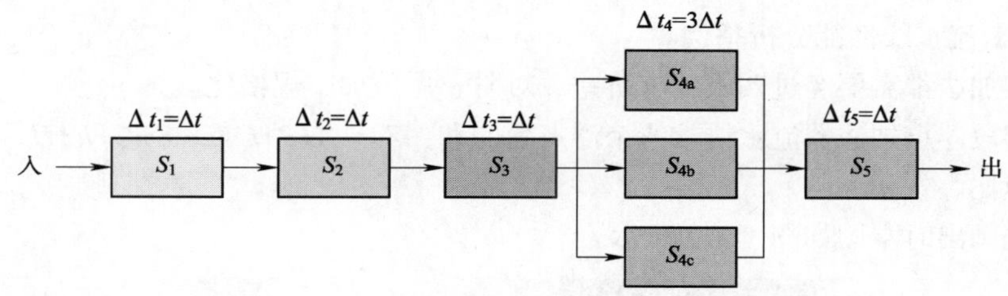

图 11-10　流水线瓶颈段重复设置

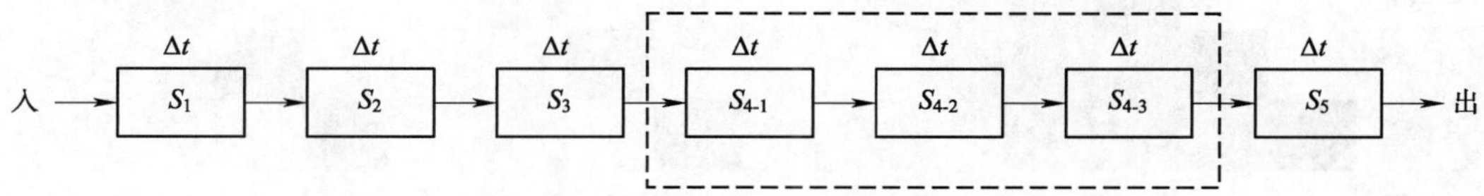

图 11-11　流水线瓶颈段细分

2. 加速比

流水线的加速比是指完成一批任务，不使用流水线时间与使用流水线所用的时间之比。

$$S=\text{顺序执行时间 } T_0 / \text{ 流水线执行时间 } T_{\text{k}}$$

设一条 k 级流水线，各段执行时间相等，执行 n 个任务，输入任务连续的情况下

$$S=kn\Delta t/[(k+n-1)\Delta t]=kn/(k+n-1)$$

当 n 趋向无穷大时

$$S=k$$

3. 效率

效率（efficiency）指流水线的设备利用率。在时空图上，流水线的效率定义为 n 个任务时间占用的时空区，与 k 个功能段总的时空之比，如图 11-12 所示。

$E=n$ 个任务占用的时空区（有颜色的格子数）/ k 个流水段的总的时空区（所有格子数）= $n\Delta t_0 / kT_k$

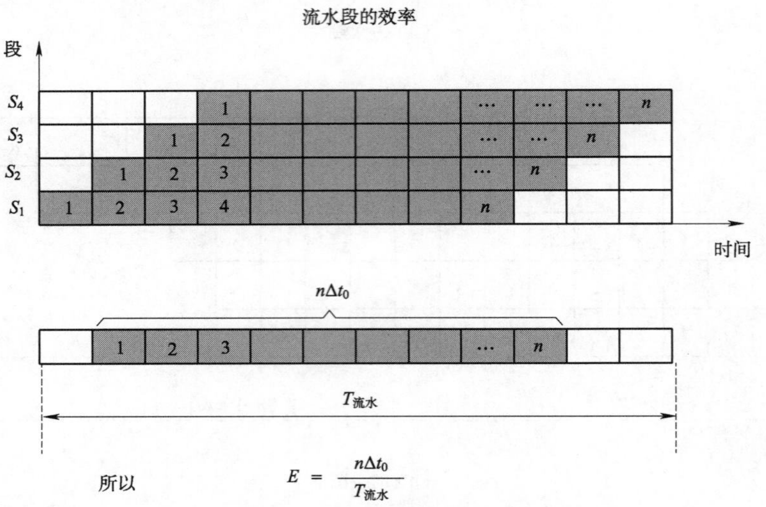

图 11-12 流水线的效率计算

【例 11-1】流水线性能分析举例。

每个浮点加法都需要经过四级：求阶差、对阶、尾数加、规格化。

用一条四段浮点加法器流水线求八个浮点数的和：$Z = A+B+C+D+E+G+F+H$，求流水线的吞吐率、加速比、效率。

答：首先画出时空图如图 11-13 所示。

规格化															
尾数和															
对 阶															
求阶差															
周期数	1	2	3	4	5	6	7	8	9	10	11	12	13	14	15
加 数	A	C	E	G		$A+B$		$E+F$							
加 数	B	D	F	H		$C+D$		$G+H$							
结 果	$A+B$	$C+D$	$E+F$	$G+H$		$ABCD$ 和		$EFGH$ 和				总和			

图 11-13 流水线时空图分析

吞吐率：$TP = n / T_k = 7 / (15\,\Delta t) = 0.47 / \Delta t$。

加速比：$S = 4 \times 7 / (15) = 1.87$。

效 率：$E = 7 \times 4 / (15 \times 4) = 0.47$。

【例11-2】$(a_1+b_1)(a_2+b_2)(a_3+b_3)(a_4+b_4)$ 在静态、双功能（加法和乘法）流水线上实现，如图 11-14 所示。

求流水线的吞吐率、加速比、效率。

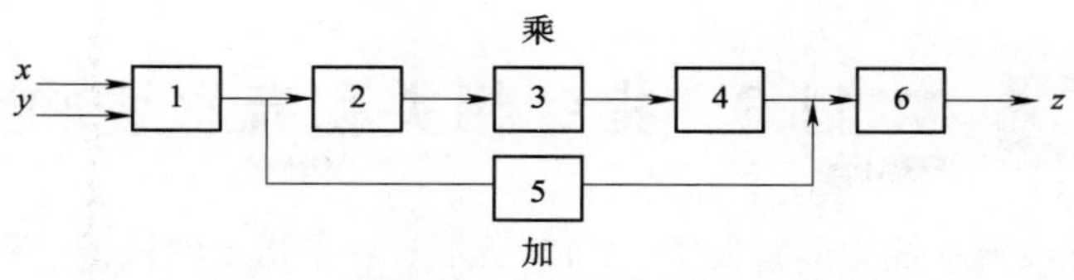

图 11-14　流水线结构

答：计算顺序为 $x_1=a_1+b_1$，$x_2=a_2+b_2, x_3=a_3+b_3, x_4=a_4+b_4$；$y_1=x_1\times x_2, y_2=x_3\times x_4$；$z=y_1\times y_2$

首先画出时空图，如图 11-15（错误画法）所示：

在同一段流水线实现两个不同功能时不能发生重叠

周期数	1	2	3	4	5	6	7	8	9	10	11	12	13	14	15	16	17
加　数	a_1	a_2	a_3	a_4	x_1		x_3					y_1					
加　数	b_1	b_2	b_3	b_4	x_2		x_4					y_2					
结　果	x_1	x_2	x_3	x_4	y_1		y_2					z					

图 11-15　流水线错误画法

图 11-16 是正确画法：

吞吐率：$\mathrm{TP} = n / T_k = 7 / (17\Delta t)$。

加速比：$S = (4\times 3 + 3\times 5) / (17) = 1.88$。

效　率：$E = (4\times 3 + 3\times 5) / (17\times 6) = 0.264$。

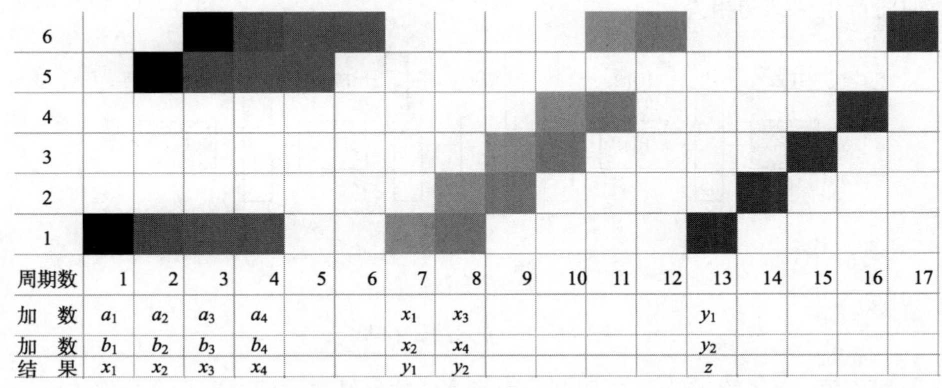

图 11-16　流水线正确画法

4. 有关流水线性能的若干问题

流水线并不能减少（而且一般是增加）单条指令的执行时间，但却能提高吞吐率。适当增加流水线的深度（段数）可以提高流水线的性能。流水线的深度（段数）受限于流水线的延迟和流水线的额外开销。如果流水线中的指令相互独立，则可以充分发挥流水线的性能。但在实际中，指令间可能会是相互依赖，这会降低流水线的性能。

11.3 指令相关和流水线冲突

以一条经典的五段流水线为例，如图 11-17 所示。一条指令的执行过程分为五个周期。取指令周期（IF），以程序计数器 PC 中的内容作为地址，从存储器中取出指令并放入指令寄存器 IR；同时 PC 值加 4（假设每条指令占 4 字节），指向顺序的下一条指令。指令译码/读寄存器周期（ID），对指令进行译码，并用 IR 中的寄存器地址去访问通用寄存器组，读出所需的操作数。执行/有效地址计算周期（EX），不同指令所进行的操作不同。LOAD 和 STORE 指令，ALU 把指令中所指定的寄存器的内容与偏移量相加，形成访存有效地址。寄存器-寄存器 ALU 指令，ALU 按照操作码指定的操作对从通用寄存器组中读出的数据进行运算。寄存器-立即数 ALU 指令，ALU 按照操作码指定的操作对从通用寄存器组中读出的操作数和指令中给出的立即数进行运算。分支指令，ALU 把指令中给出的偏移量与 PC 值相加，形成转移目标的地址。同时，对在前一个周期读出的操作数进行判断，确定分支是否成功。存储器访问/分支完成周期（MEM），该周期处理的指令只有 LOAD、STORE 和分支指令，其他类型的指令在此周期不做任何操作。LOAD 指令，用上一个周期计算出的有效地址从存储器中读出相应的数据；STORE 指令，把指定的数据写入这个有效地址所指出的存储器单元。分支指令，分支“成功”，就把转移目标地址送入 PC。分支指令执行完成。写回周期（WB），ALU 运算指令和 LOAD 指令在这个周期把结果数据写入通用寄存器组。ALU 运算指令，结果数据来自 ALU。LOAD 指令，结果数据来自存储器。

在这个实现方案中，分支指令需要四个时钟周期（如果把分支指令的执行提前到 ID 周期，则只需要两个周期）；STORE 指令需要四个周期；其他指令需要五个周期才能完成。

一般来说，流水线中的相关主要分为以下三种类型：

（1）结构相关：当指令在重叠执行过程中，硬件资源满足不了指令重叠执行的要求，发生资源冲突时将产生“结构相关”。

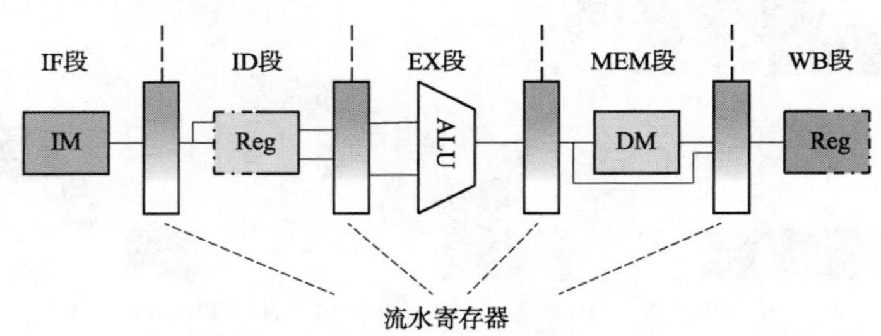

图 11-17 流水线寄存器

（2）数据相关：当一条指令需要用到前面指令的执行结果，而这些指令均在流水线中重叠执行时，就可能引起“数据相关”。

（3）控制相关：当流水线遇到分支指令和其他会改变 PC 值的指令时就会发生“控制相关”。一旦流水线中出现相关，必然会给指令在流水线中的顺利执行带来许多问题，如果不能很好地解决相关问题，轻则影响流水线的性能，重则导致错误的执行结果。消除相关的基本方法是让流水线暂停执行某些指令，而继续执行其他一些指令。

在本章中解决相关问题的一些方法中约定：当一条指令被暂停时，在该暂停指令之后发射

的所有指令都要被暂停，而在该暂停指令之前发射的指令仍可继续进行；在暂停期间，流水线不会取新的指令。本节将针对上述三种类型的相关进行讨论。

（1）结构相关。如果某些指令组合在流水线中重叠执行时产生了资源冲突，那么称该流水线有结构相关。为了能够在流水线中顺利执行指令的所有可能组合,而不发生结构相关,通常需要采用流水化功能单元的方法或资源重复的方法。

如果某种指令组合因为资源冲突而不能正常执行，则称该处理机有结构冲突（比如说，两条指令在同一周期同时访问内存，如图 11-18 所示）。常见的导致结构相关的原因：功能部件不是完全流水、资源份数不够。

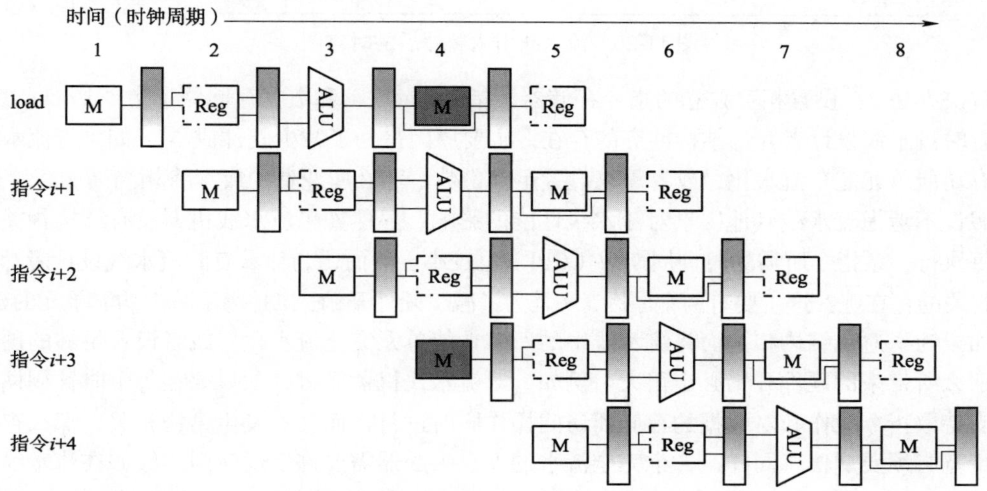

图 11-18　流水线结构相关

有些流水线处理机只有一个存储器，将数据和指令放在一起，访存指令会导致访存冲突。

解决办法 1：插入暂停周期（“流水线气泡”或“气泡”），如图 11-19、图 11-20 所示。

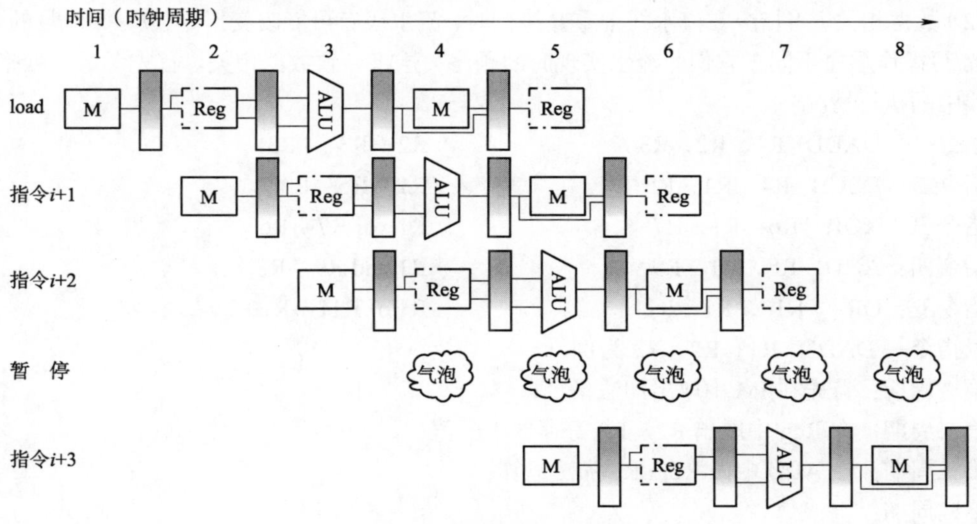

图 11-19　流水线插入气泡

指令编号	时钟周期									
	1	2	3	4	5	6	7	8	9	10
指令i	IF	ID	EX	MEM	WB					
指令i+1		IF	ID	EX	MEM	WB				
指令i+2			IF	ID	EX	MEM	WB	WB		
指令i+3				stall	IF	ID	EX	MEM	WB	
指令i+4						IF	ID	EX	MEM	WB
指令i+5							IF	ID	EX	MEM

图 11-20　流水线引入暂停后的时空图

解决办法 2：设置相互独立的指令存储器（指令 Cache）和数据存储器（指令 Cache）。

有时流水线设计者允许结构冲突的存在。主要原因是为了减少硬件成本。 如果把流水线中的所有功能单元完全流水化，或者重复设置足够份数，那么所花费的成本将相当高。

假设不考虑流水线其他因素对流水线性能的影响，显然如果流水线机器没有结构相关，那么其每执行一条指令所需的时钟周期数（CPI）也较小。然而，为什么有时流水线设计者却允许结构相关的存在呢？这主要有两个原因，一是为了减少硬件开销，二是为了减少功能单元的延迟。

如果为了避免结构相关而将流水线中的所有功能单元完全流水化，或者设置足够的硬件资源，那么所带来的硬件开销必定很大。例如，对流水线机器而言，如果要在每个时钟周期内，能够支持取指令操作和对数据的存储器访问操作同时进行，而又不发生结构相关，那么存储总线的带宽必须要加倍。同样，一个完全流水的浮点乘法器需要许多逻辑门。假如在流水线中结构相关并不是经常发生，那么就不值得为了避免结构相关而增加大量的硬件开销。

另外，完全可以设计出比完全流水化功能单元具有更短延迟时间的非流水化和不完全流水化的功能单元，如 CDC 7600 和 MIPS R2010 的浮点功能单元就选择了具有较短延迟，而又不是完全流水化的设计方法。

（2）数据相关。当指令在流水线中重叠执行时，流水线有可能改变指令读/写操作数的顺序，使得读/写操作顺序不同于它们非流水实现时的顺序，这将导致数据相关。首先考虑下列指令在流水线中的执行情况：

指令一：DADD　R1，R2，R3　　R2 + R3 → R3
指令二：DSUB　R4，R1，R5　　R1 − R5→R4
指令三：XOR　R6，R1，R7　　R1 xor R7→R6
指令四：AND　R8，R1，R9　　R1 and R9→R8
指令五：OR　R10，R1，R11　　R1 or R11→R10

以指令一 DADD　R1，R2，R3 为例，

第一周期：首先在 IM 中取出加法指令；

第二周期：在 Reg 中取出 R2、R3 寄存器中的值；

第三周期：在 ALU 中做 R2 + R3 加法运算；

第四周期：空；

第五周期：将 R2 + R3 的结果写回 R1 寄存器中；

如图 11-21 所示。

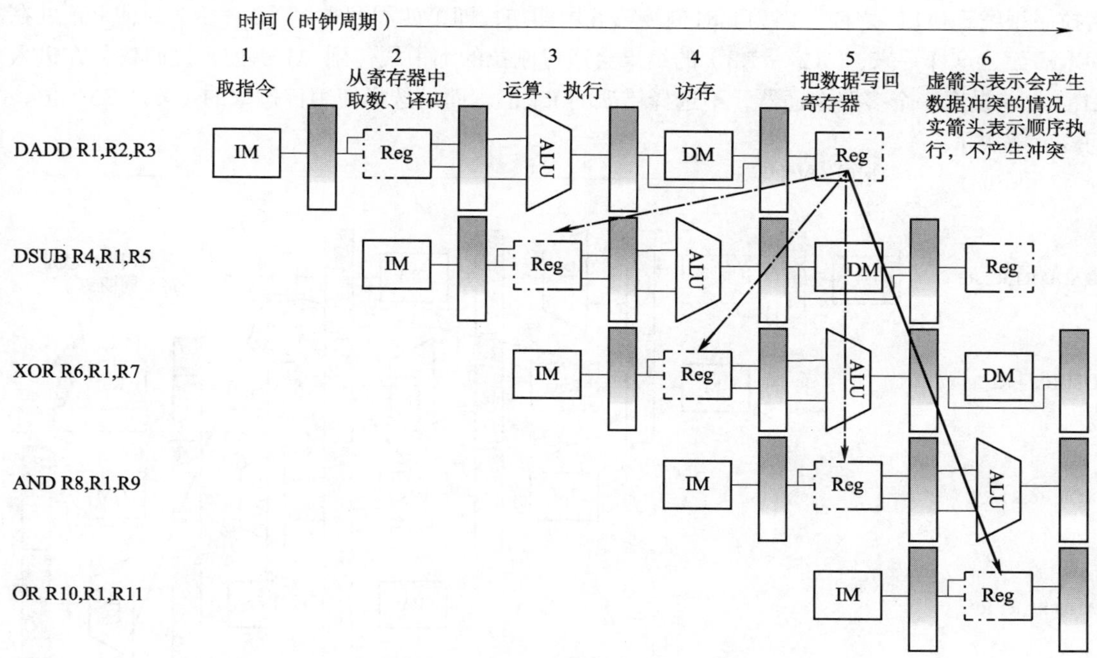

图 11-21　流水线定向路径

很显然，寄存器 R1 的正确数据是在第一条指令执行到第五周期才产生的，而后面四条指令都用到了直到第五周期才产生的 R1 数据，但是有些指令（指令二、指令三、指令四）不到第五周期就需要使用 R1 的数据（如指令二的减法指令在第二周期就需要使用 R1 的数据），这显然是不合理的，会产生数据冲突。下面逐个情况讨论数据冲突及其解决办法：

同一个周期数据冲突的情况：以指令四 AND　R8，R1，R9 为例，在第五周期，第一条指令 R2 + R3 结果正准备写入 R1 中，但是此时第四条指令现在就需要使用 R1（此时 R1 的值还不是 R1 + R2），显然会出现问题。

解决办法：利用寄存器读写数据非常快的特点，无论是从存储器中读还是写入存储器往往都用不了一个完整周期（事实上半个周期就足够完成寄存器的读写操作），所以可以设计规定：上升沿写数据，下降沿读（取）数据。这样一来，在第五周期的上升沿（即第五周期初时刻）将 R2 + R3 的结果写入 R1 寄存器中，在第五周期下降沿（第五周期末）从 R1 寄存器中取出数据的方法解决此类数据冲突的问题。

在 R1 写入寄存器的前一个周期（第四周期）就需要使用 R1 数据的情况，如指令三（XOR　R6，R1，R7），这种情况显然不适合利用上述解决办法解决。但是可以换一个角度，虽然这个时候没有任何办法在 Reg 中取出正确的 R1 值，但是可以从 ALU 部件下手，因为从 Reg 取出 R1 数据最终目的就是计算 R1 XOR R7，实际上就是计算（R2 + R3）XOR R7，所以只要保证输入 ALU 中的数据是（R2 +R3）就可以了，那如何使（R2 + R3）的结果输入 ALU 参与（R2 + R3）XOR R7 运算呢？

解决办法：采用数据定向路径技术解决。如图 11-22 所示（实线所示）。在第五周期初，对于指令三来说，从 Reg 读出的错误的 R1 的值即将进入 ALU 中参与 XOR 运算，此时，从 DM 后拉一根线到 ALU 之前，因为此时刻（第五周期初，即第四周期末）(R2 + R3)的结果正处在 DM 后面，这样一来，（R2 + R3）的结果会通过刚拉的那根线传到 ALU 前，这时候，在进入 ALU 之前设置一个多路选通器，不选择错误的 R1 值，而是选择使用传过来的（R2 +R3）值，问题就解决了。

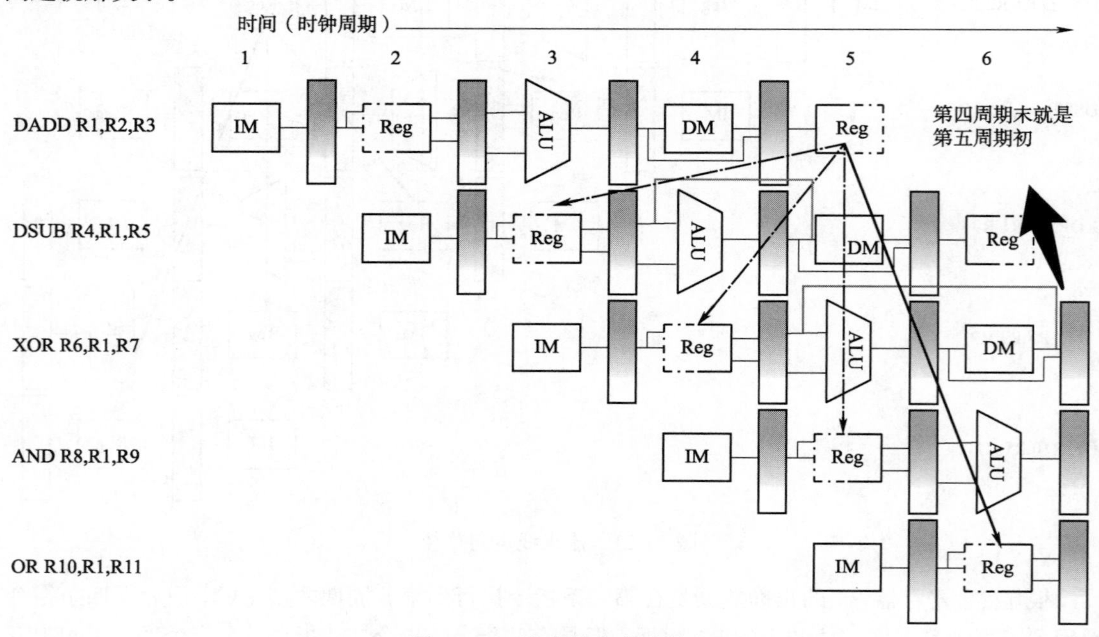

图 11-22　流水线定向路径

同理，对于指令二（DSUB　R4，R1，R5），在第四周期初要用到（R2+R3）的值，可以从 DM 前（或者 ALU 后）拉一根线到 ALU 前，如实线所示，同样可以解决问题。

综上所述，对于数据冲突来说，可以通过定向技术减少数据冲突引起的停顿（定向技术也称为旁路或短路）。但是并不是所有的数据冲突都可以用定向技术来解决，例如：

```
LD    R1，0（R2）
DADD  R4，R1，R5
AND   R6，R1，R7
XOR   R8，R1，R9
```

解决办法：增加流水线互锁硬件，插入“暂停”（气泡），如图 11-23、图 11-24 所示。

（3）控制相关。在 DLX 流水线上执行分支指令时，PC 值有两种可能的变化情况。一种是 PC 值发生改变（为分支转移的目标地址）；另一种是 PC 值保持正常（等于其当前值加 4）。如果一条分支指令将 PC 值改变为分支转移的目标地址，那么称分支转移“成功”；如果分支转移条件不成立，PC 值保持正常，称分支转移“失败”。

处理分支指令最简单的方法是，在流水线中检测到某条指令是分支指令，就暂停执行该分支指令之后的所有指令，直到分支指令到达流水线的 MEM 段，确定了新的 PC 值为止。当然不希望在流水线还没有确定某条指令是分支指令之前就暂停执行指令，所以对分支指令而言，当流水线完成其译码操作（ID 段）之后才会暂停执行其后继指令。

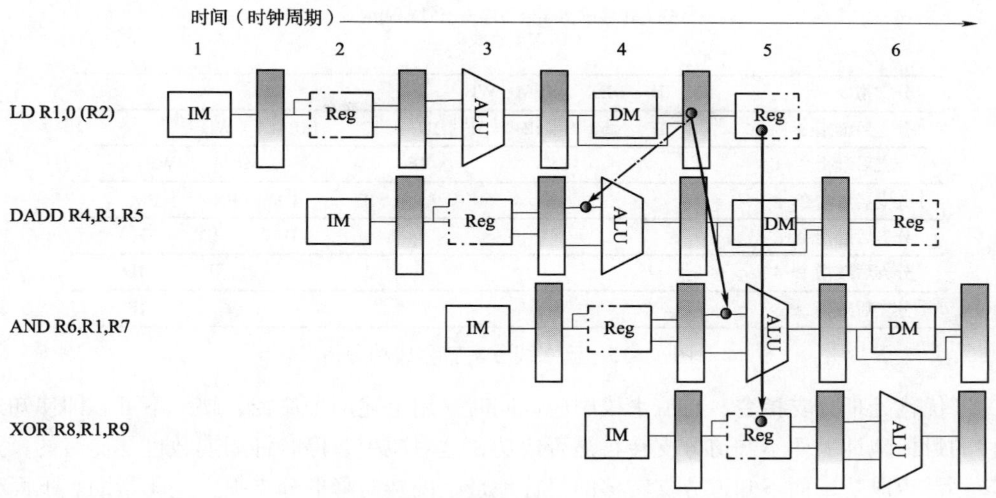

图 11-23　无法将 LD 指令的结果定向到 DADD 指令

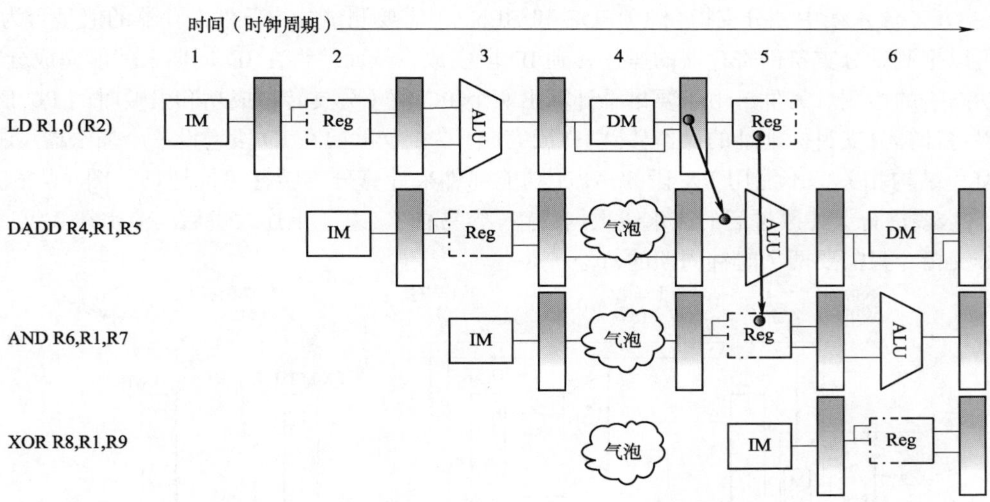

图 11-24　流水线互锁机制插入气泡后的执行过程

根据上述处理分支指令的方法，可以得到如图 11-25 所示的流水线时空图。从图中可以看出，在流水线中插入了两个暂停周期，当分支指令在 MEM 段确定新的 PC 值后，流水线作废分支直接后继指令的 IF 周期（相当于一个暂停周期），按照新的有效 PC 值取指令。显然，分支指令给流水线带来了三个时钟周期的暂停。

如前所述，如果流水线处理每条分支指令，都要暂停三个时钟周期，这必然会给流水线的性能带来相当大的损失。比如，假设分支指令在目标代码中出现的频率是 30%，流水线理想的 CPI 为 1，那么具有上述暂停的流水线只能达到理想加速比的一半，所以降低分支损失对充分发挥流水线的效率十分关键。

减少流水线处理分支指令时的暂停时钟周期数有两种途径:

（1）在流水线中尽早判断出分支转移是否成功。

（2）尽早计算出分支转移成功时的 PC 值（即分支的目标地址）。

分支转移成功导致暂停三个时钟周期
（DLX流水线）

分支指令	IF	ID	EX	MEM	WB					
分支后继指令		IF	stall	stall	IF	ID	EX	MEM	WB	
分支后继指令+1						IF	ID	EX	MEM	WB
分支后继指令+2							IF	ID	EX	MEM
分支后继指令+3								IF	ID	EX
分支后继指令+4									IF	ID
分支后继指令+5										IF

图 11-25　流水线分支转移成功分析

为了优化处理分支指令，在流水线中应该同时采用上述两种途径，缺一不可。即使知道分支转移的目标地址，而不知道分支转移是否成功，这对减少暂停时钟周期数也是徒劳的；知道分支转移是否成功，而不知道分支转移的目标地址，同样对降低分支损失毫无帮助。下面看看如何基于这些思想，从硬件上改进 DLX 流水线，达到降低分支损失的目的。

在 DLX 流水线中，分支指令（BEQZ 和 BENZ）需要测试分支条件寄存器的值是否为 0，所以可以把测试分支条件寄存器的操作移到 ID 段完成，从而使得在 ID 周期末就能完成分支转移成功与否的检测。另外，由于要尽早计算出两个 PC 值（分支转移成功和失败时的 PC 值），也可以将计算分支目标地址的操作移到 ID 段完成。为此，需要在 ID 段增设一个加法器。**注意：**为了避免结构相关，不能用 EX 段的 ALU 功能部件来计算分支转移目标地址。图 11-26 是对 DLX 流水线进行上述改进后的流水线数据通路。容易看出，基于上述改进后的流水线数据通路，处理分支指令只需要两个时钟周期的暂停。

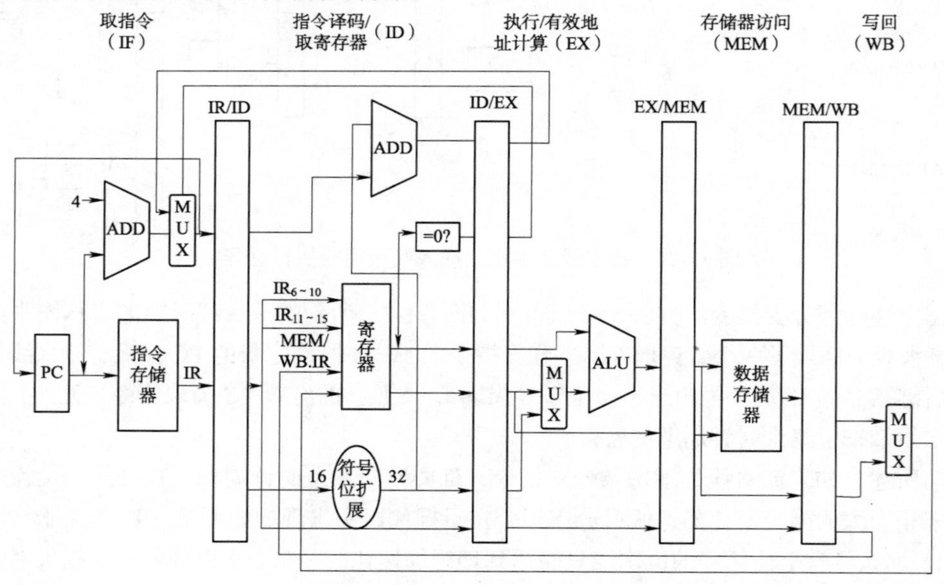

图 11-26　流水线优化

减少流水线分支损失的第一种方法是“冻结”或“排空”流水线，该方法在流水线中停住或删除分支后的指令，直到知道转移目标地址。第二种方法是假设分支失败，该方法流水线继续照常流动，就像没发生什么。在知道分支结果之前，分支指令后的指令不能改变机器状态，或者改变了之后能够回退。若分支失败，则照常执行；否则，从转移目标处开始取指令执行。第三种方法是假设分支成功，该方法假设分支转移成功，并开始从分支目标地址处取指令执行。起作用的前提：先知道分支目标地址，后知道分支是否成功。对 DLX 流水线没有任何好处。第二和第三种方法如图 11-27 所示。第四种方法是延迟分支（delayed branch），该方法把分支开销为 n 的分支指令看成是延迟长度为 n 的分支指令，其后紧跟有 n 个延迟槽。流水线遇到分支指令时，按正常方式处理，顺带执行延迟槽中的指令，从而减少分支开销。图 11-27 展示了具有一个分支延迟槽的 DLX 流水线的执行过程。分支延迟槽中的指令“掩盖”了流水线原来必须插入的暂停周期。该方法还可以进行分支延迟指令的调度（通过编译器），具体方法是在延迟槽中放入有用的指令，有三种调度方法：从前调度（最好）、从目标处调度和从失败处调度，具体如图 11-28 所示。

DLX流水线的执行过程（具有一个分支延迟槽）

分支失败的情况

分支指令（失败）	IF	ID	EX	MEM	WB				
分支延迟指令 i+1		IF	ID	EX	MEM	WB			
分支延迟指令 i+2			IF	ID	EX	MEM	WB		
分支延迟指令 i+3				IF	ID	EX	MEM	WB	
分支延迟指令 i+4					IF	ID	EX	MEM	WB

分支成功的情况

分支指令（成功）	IF	ID	EX	MEM	WB				
延迟分支指令（j+1）		IF	ID	EX	MEM	WB			
分支目标指令 j			IF	ID	EX	MEM	WB		
分支目标指令 j+1				IF	ID	EX	MEM	WB	
分支目标指令 j+2					IF	ID	EX	MEM	WB

图 11-27　流水线分支延迟槽

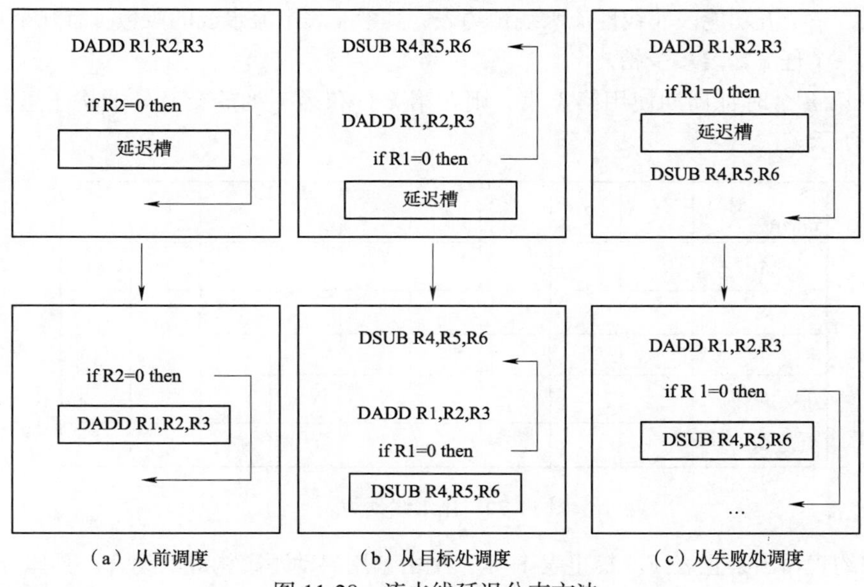

（a）从前调度　（b）从目标处调度　（c）从失败处调度

图 11-28　流水线延迟分支方法

11.4 非线性流水线及调度方法

非线性流水线因为段间设置有反馈回路，一个任务在流水的全过程中，可能会多次通过同一段或越过某些段，如图 11-29 所示。这样，如果每拍向流水线送入一个新的任务，将会发生多个任务争用同一功能段的使用冲突现象。

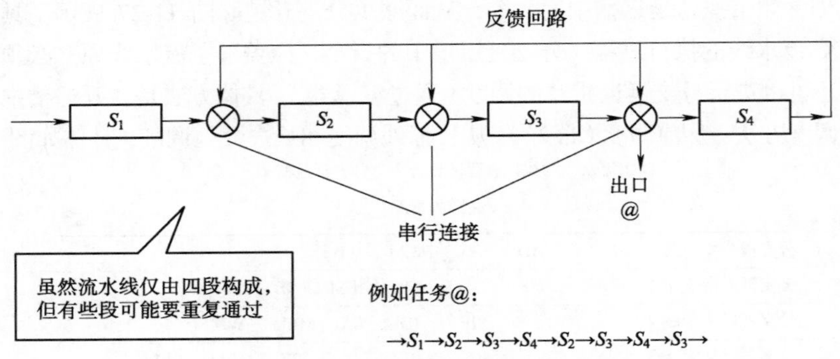

图 11-29 非线性流水线

流水线调度要解决的问题：究竟间隔几拍送入下一个任务，才既不发生功能段使用冲突，又能使流水线有较高的吞吐率和效率。

非线性单功能流水线的任务优化调度和控制方法。向一条非线性流水线的输入端连续输入两个任务，它们的最小时间间隔称为该非线性流水线的启动距离。会引起非线性流水线功能段使用冲突的启动距离则称为禁用启动距离。启动距离和禁用启动距离一般都用时钟周期数来表示，是一个正整数。

非线性流水线预约表：横向（向右），时间（一般用时钟周期表示）；纵向（向下），流水线的段。例如，一个五功能段非线性流水线预约表，其中 k 表示流水线的段数（有几个功能段）n 表示每完成一个任务需要多少拍。

如果在第 n 个时钟周期使用第 k 段，则在第 k 行和第 n 列的交叉处的格子里有一个√，如图 11-30 所示。

功能段 \ 时间	1	2	3	4	5	6	7	8	9
S_1	√								√
S_2		√	√					√	
S_3				√					
S_4					√	√			
S_5							√	√	

图 11-30 流水线预约表

根据预约表写出禁止表 F。禁止表 F 是一个由禁用启动距离构成的集合。具体方法是对于

预约表的每一行的任何一对√，用它们所在的列号相减（大的减小的），列出各种可能的差值，然后删除相同的，剩下的就是禁止表的元素。 在上例中，第一行的差值只有一个为 8；第二行的差值有三个为 1，5，6；第 3 行只有一个√，没有差值；第 4 和第 5 行的差值都只有一个为 1；其禁止表是 F={1，5，6，8}。

根据禁止表 F 写出初始冲突向量 C_0（进行从一个集合到一个二进制位串的变换）冲突向量 C 是一个 N 位的二进制位串。设 C_0=（$c_Nc_{N-1}\ldots c_i\ldots c_2c_1$），则 c_i=0，允许间隔 i 个时钟周期后送入后续任务；c_i=1，不允许间隔 i 个时钟周期后送入后续任务。对于上面的例子，F={1，5，6，8}；C_0=（10110001）。

根据初始冲突向量 C_0 画出状态转换图。当第一个任务流入流水线后，初始冲突向量 C_0 决定了下一个任务需间隔多少个时钟周期才可以流入。在第二个任务流入流水线后，新的冲突向量是怎样的呢？假设第二个任务是在与第一个任务间隔 j 个时钟周期流入，这时，由于第一个任务已经在流水线中前进了 j 个时钟周期，其相应的禁止表中各元素的值都应该减去 j，并丢弃小于或等于 0 的值。对冲突向量来说，就是逻辑右移 j 位（左边补 0）。在冲突向量上，就是对它们的冲突向量进行“或”运算。

$$SHR^{(j)}(C_0)\vee C_0$$

式中，$SHR^{(j)}$表示逻辑右移 j 位。

推广到更一般的情况。假设，C_k 为当前的冲突向量，j 为允许的时间间隔，则新的冲突向量为

$$SHR^{(j)}(C_k)\vee C_0$$

对于所有允许的时间间隔都按上述步骤求出其新的冲突向量，并且把新的冲突向量作为当前冲突向量，反复使用上述步骤，直到不再产生新的冲突向量为止。从初始冲突向量 C_0 出发，反复应用上述步骤，可以求得所有的冲突向量以及产生这些向量所对应的时间间隔。由此可以画出用冲突向量表示的流水线状态转移图。有向弧表示状态转移的方向，弧上的数字表示引入后续任务（从而产生新的冲突向量）所用的时间间隔（时钟周期数）。对于上面的例子 C_0=（10110001）；引入后续任务可用的时间间隔为 2、3、4、7 个时钟周期，如果采用 2，则新的冲突向量为（00101100）∨（10110001）=（10111101）；如果采用 3，则新的冲突向量为（00010110）∨（10110001）=（10110111）；如果采用 4，则新的冲突向量为（00001011）∨（10110001）=（10111011）；如果采用 7，则新的冲突向量为（00000001）∨（10110001）=（10110001）。对于新向量（10111101），其可用的时间间隔为 2 个和 7 个时钟周期。用类似上面的方法，可以求出其后续的冲突向量分别为（10111101）和（10110001）。对于其他新向量，也照此处理。在此基础上，画出状态转移示意图，如图 11-31 所示。

根据流水线状态转移示意图写出最优调度方案。根据流水线状态转移示意图，由初始状态出发，任何一个闭合回路即为一种调度方案。列出所有可能的调度方案，计算出每种方案的平均时间间隔，从中找出其最小者即为最优调度方案。上例中，各种调度方案及其平均间隔时间如下：最佳方案为（3，4）平均间隔时间为 3.5 个时钟周期（吞吐率最高）。方案（3，4）是一种不等时间间隔的调度方案，与等时间间隔的调度方案相比，在控制上要复杂得多。

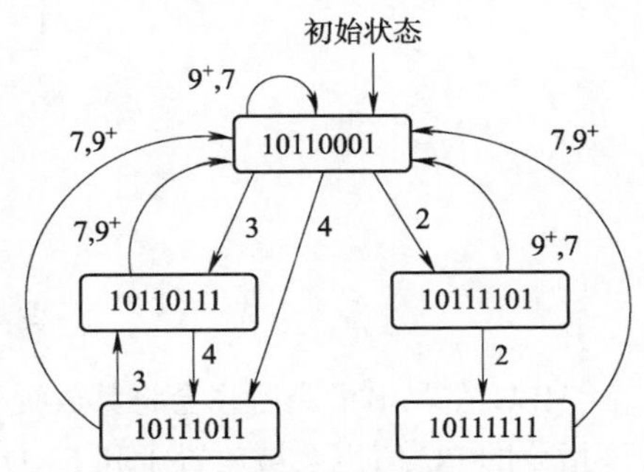

图 11-31　流水线状态转移示意图

为了简化控制，也可以采用等间隔时间的调度方案，但吞吐率和效率往往会下降不少。在上述例子中，等时间间隔的方案只有一个为（7），其吞吐率下降了一半。

11.5 蜂鸟 E200 流水线结构与冲突

蜂鸟 E200 系列处理器是由中国资深研发团队开发的开源 RISC-V 处理器核，侧重于低成本、低功耗的嵌入式领域，支持从 RV32EC 到 RV32GC 的多种指令集，具有两级流水线深度，功耗和性能指标优于目前主流的商用 ARM Cortex-M 系列处理器。该处理器核使用 Verilog 语言编写，具有良好的可读性，且具备完整的文档（均为中文），配套 SoC、FPGA 原型平台和 GDB 交互调试功能，能够很容易地应用到具体产品中去。蜂鸟 E200 主要面向极低功耗与极小面积的场景，非常适合于替代传统的 8051 内核或者 Cortex-M 系列内核应用于 IoT（internet of things，物联网）或其他低功耗场景。同时，蜂鸟 E200 作为结构精简的处理器核，可谓“蜂鸟虽小，五脏俱全”，源代码全部公开，文档翔实，非常适合作为大中专院校师生学习 RISC-V 处理器设计（使用 Verilog 语言）的教学或自学案例。

E200 系列处理器核采用两级流水线结构，如图 11-32 所示。采用非严格意义的二级流水线结构，流水线的第一级为“取值”（由 IFU 完成）、“译码”（由 EXU 完成）、“执行”（由 EXU 完成）和“写回”（由 WB 完成），它们均处于同一个时钟周期，位于流水线的第二级。“访存”（由 LSU 完成）阶段处于 EXU 之后的第三级流水线，但是 LSU 写回的结果仍然需要通过 WB 模块写回通用寄存器组。严格来说，蜂鸟 E200 是一个变长流水线结构。IFU 单元的工作原理如图 11-33 所示。主要功能为

（1）对取回的指令进行简单译码（Mini-Decode）。

（2）简单的分支预测（Simple-BPU）。

（3）生成取值的 PC（PC 生成）。

（4）根据 PC 的地址访问 ITCM 或 BIU（地址判断和 ICB 总线控制）。

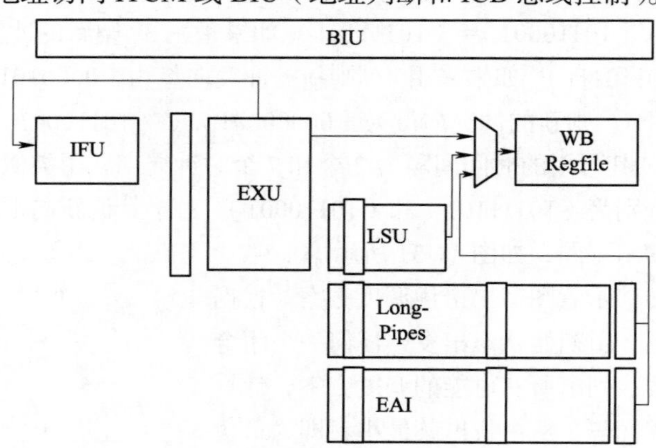

图 11-32 蜂鸟处理器流水线

IFU 在取出指令后，会将其放置于和 EXU 单元接口的 IR（instruction register）寄存器中。该指令的 PC 值也会被放置于和 EXU 单元接口的 PC 寄存器中。EXU 单元将使用此 IR 和 PC 进行后续的执行操作。蜂鸟 E200 系列处理器假定绝大多数取值都发生在 ITCM 中，这种假定具有

合理性。在一个周期内完成指令读取（假设从 ITCM 中取值）、部分译码、分值预测和生成下一条待取指令的 PC 等连贯操作。

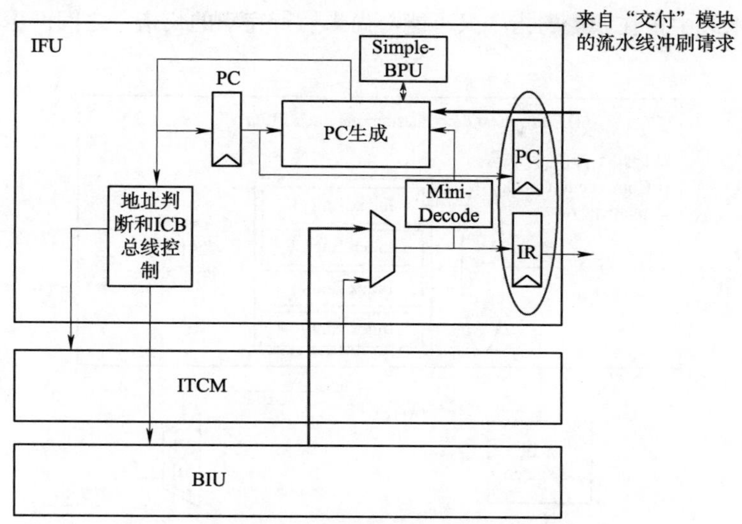

图 11-33　蜂鸟处理器 IFU 单元

执行是处理器微架构中的核心阶段。RISC-V 架构追求简化硬件，具体对于执行而言，RISC-V 架构的如下特点可大幅简化其硬件实现：整数指令都是双操作数；规整的指令编码格式；精简的指令个数；简洁的 16 位指令。其执行单元内部结构如图 11-34 所示。

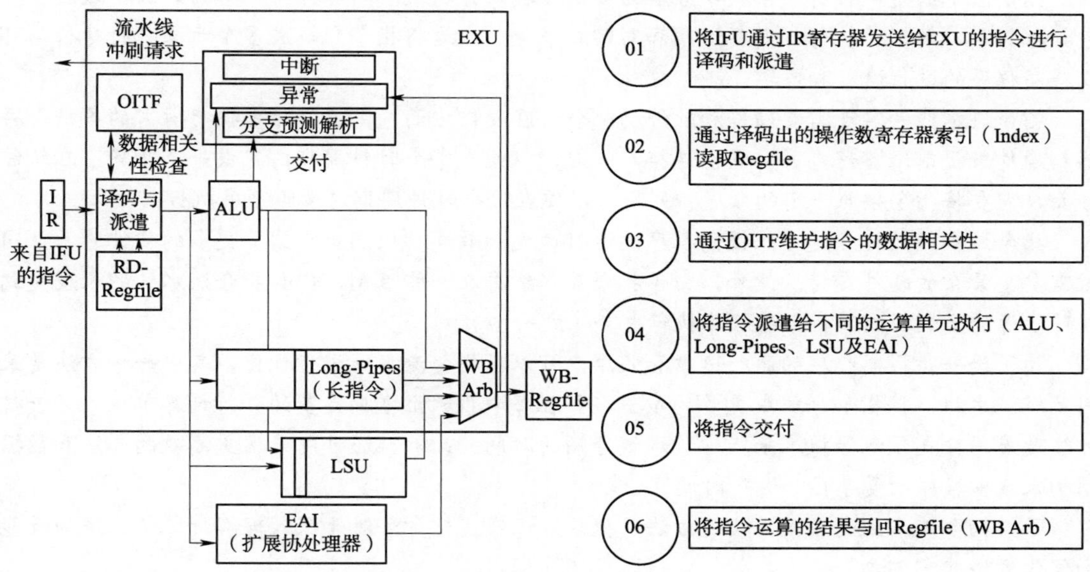

图 11-34　蜂鸟处理器执行单元内部结构

蜂鸟处理器解决流水线冲突的方式如图 11-35 所示。通过 valid-ready 握手模式将指令派遣给 ALU，每次派遣一条长指令，则会在 OITF 中分配一个表项，每次派遣指令，将本指令的操作数索引同OTIF各表项进行对比，存在冲突则阻塞指令派遣。解决流水线冲突的方法有两种：一是资源冲突，通过valid-ready握手行为，阻塞指令派遣；二是数据冲突（RAW、WAR、WAW），蜂鸟E200的流水线中正在派遣的指令只可能与尚未执行完毕的长指令之间产生RAW和WAW相关性。

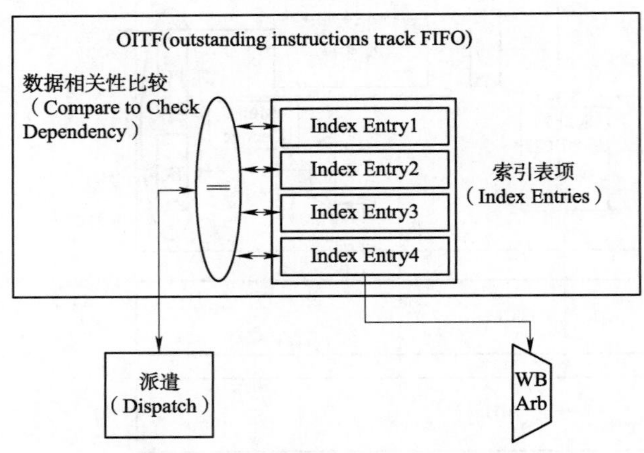

图 11-35　蜂鸟处理器流水线冲突解决

小　结

指令流水线是一种将一条指令分解为多个步骤，并将这些步骤并行执行的方法。这些步骤包括取指令、解码、执行、内存访问和写回结果等。通过将指令分解成多个步骤并行执行，可以提高程序的运行速度和效率。

指令流水线的实现需要硬件和软件的配合。在硬件方面，需要将指令执行所需的各种寄存器和操作数提前准备好，并将它们连接在一起，以便在每个时钟周期内完成一个步骤。在软件方面，需要将指令按照一定的顺序排列好，以便在每个时钟周期内按照顺序执行。

指令流水线的优点是可以提高程序的运行速度和效率。缺点是它需要更多的硬件资源，同时需要更复杂的软件支持。此外，由于指令流水线存在一些限制，例如指令流水线的长度受到硬件资源的限制，同时指令的顺序执行也会受到一些影响。

为了进一步提高程序的运行速度和效率，可以对指令流水线进行优化。其中一种方法是采用多级流水线，将指令分解成更多的步骤，并在每个步骤上增加更多的并行计算单元。另一种方法是采用分支预测等技术来减少流水线停顿的时间。此外，还可以采用更高效的算法和数据结构来减少程序的复杂性和运行时间。

了解指令流水线的原理、实现方法、优缺点以及优化方法对于深入理解计算机系统的性能和优化方法非常重要。

习　题

1. 指令流水线是一种将一条指令分解为多个步骤，并将这些步骤并行执行的方法。以下关于指令流水线的说法中，正确的是（　　）。

A. 指令流水线可以缩短一条指令的执行时间

B. 实现指令流水线并不需要增加额外的硬件

C. 指令流水线可以提高指令执行的吞吐率

D. 理想情况下，每个时钟内都有一条指令在指令流水线中完成

2. 下列给出的指令系统特点中，有利于实现指令流水线的是（　　）。

I. 指令格式规整且长度一致

II. 指令和数据按边界对齐存储

III. 只有 Load/ Store 指令才能对操作数进行存储访问

A. 仅 I、II　　B. 仅 II、III　　C. 仅 I、III　　D. I、II、III

3. 在计算机体系结构中，流水线是一种重要的技术，它可以提高指令的执行速度。以下关于流水线相关性的说法中，正确的是（　　）。

A. 在非阻塞流水线中，当指令 B 依赖于指令 A 的结果时，指令 B 会被延迟

B. 在非阻塞流水线中，当指令 B 依赖于指令 A 的结果时，指令 B 会在指令 A 之前进入流水线

C. 在阻塞流水线中，当指令 B 依赖于指令 A 的结果时，指令 B 会被延迟

D. 在阻塞流水线中，当指令 B 依赖于指令 A 的结果时，指令 B 会在指令 A 之前进入流水线

4.（　　）不是流水线停顿的原因。

A. 数据异常　　B. 控制流异常　　C. 缓存不命中　　D. 计算错误

5. 下列关于流水线相关性的说法正确的是（　　）。

A. 所有数据相关都能通过转发得到解决

B. 可以通过调整指令顺序和插入 nop 指令消除所有的数据相关

C. 五段流水线中 Load-Use 数据相关不会引起一个时钟周期的阻塞

D. 一条分支指令与紧随其后的一条 ALU 运算指令肯定会发生数据相关

6. 有一条流水线如下所示：

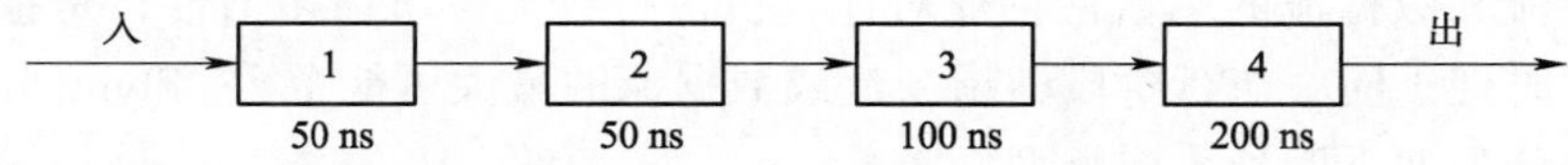

求连续输入 10 条指令，该流水线的实际吞吐率和效率。

该流水线的瓶颈在哪一段？请采取两种不同的措施消除此“瓶颈”。对于所给出的新流水线，计算连续输入 10 条指令时，其实际吞吐率和效率。

7. 一条流水线由四段组成，其中每当流经第三段时，总要在该段循环一次才能流到第四段。如果每段经过一次的时间都是 Δt，问：

当在流水线的输入端每 Δt 时间输入任务时，该流水线会发生什么情况？

此流水线的实际吞吐率为多少？如果每 $2\Delta t$ 输入一个任务，连续处理 10 个任务的实际吞吐率和效率是多少？

当每段时间不变时，如何提高该流水线的吞吐率？仍连续处理 10 个任务时，其吞吐率提高多少？

第 12 章 并行计算系统

随着电子器件的发展，计算机的处理能力有显著提高。但是，仅仅依靠器件的进展而达到的速度提高，远不能满足现代科学、技术、工程和其他许多领域对高速运算能力的需要。这就要求人们改进计算机体系结构，采用各种并行处理技术，以便大幅度地提高处理速度。

目前，并行技术的并行粒度由小到大主要分为：指令级并行、超标量与超流水线、多核心技术和多处理机技术。本章内容主要介绍单处理机系统中所使用的并行技术，即指令级并行、超标量与超流水线和多核心技术。这些技术都在一定程度上对原有的冯·诺依曼结构进行了改进，形成了并行计算机体系结构。对于并行计算机的体系结构描述，较为公认的是 Flynn 分类。

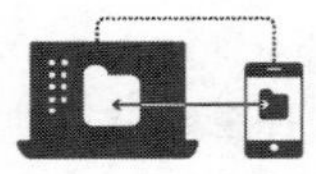

12.1 计算机体系结构的 Flynn 分类

最流行的计算机体系结构分类方法是 1966 年 M. J. Flynn 提出的 Flynn 分类模型，尽管该模型较为简单，但从今天的角度看这个模型仍然很有价值。Flynn 分类的方法是基于信息流的多倍性。所谓多倍性是指在系统性能的瓶颈部件上同时处于同样执行阶段的指令和数据的最大可能个数。处理器中存在着两种信息流：指令流和数据流。指令流被定义为由处理器部件完成的指令序列；数据流被定义为在存储器和处理部件间的数据通信。根据多处理器中指令流和数据流的多倍性特征对计算机进行分类。所谓多倍性，是指在系统性能瓶颈部件上同时处于同一执行阶段的指令流或数据流的最大可能个数。Flynn 分类模型将计算机体系结构分为如下四种不同类型：

（1）单指令流单数据流（SISD）。

（2）单指令流多数据流（SIMD）。

（3）多指令流单数据流（MISD）。

（4）多指令流多数据流（MIMD）。

传统单处理器的冯·诺依曼型计算机被归为 SISD 系统。并行计算机可以归为 SIMD 或 MIMD 系统。当并行机中只有一个控制部件且所有的处理器以同步的方式执行相同的指令时，就被归类为 SIMD。当每个处理器都有自己的控制部件且能针对不同的数据执行不同的指令时，就被归类为 MIMD。MISD 指相同的数据流经过不同的指令处理器，至今还没有这种类型的商用系统。一些学者认为，流水机（及脉动阵列计算机）可以作为 MISD 的例子。图 12-1～图 12-3 所示分别为 SISD、SIMD 和 MIMD 的结构图。

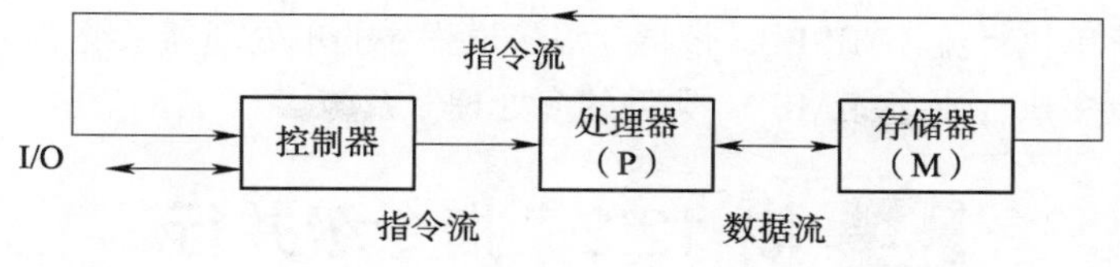

图 12-1　SISD 结构图

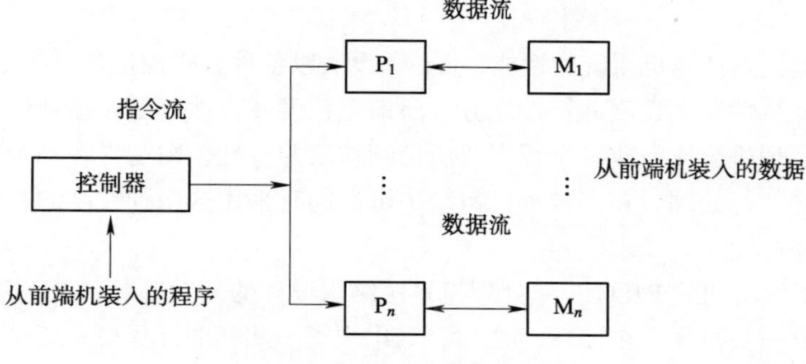

图 12-2　SIMD 结构图

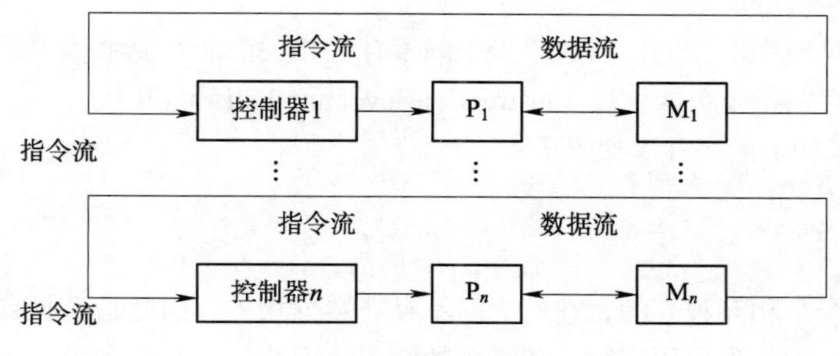

图 12-3　MIMD 结构图

目前,大部分并行计算机的结构均选择 MIMD 模型。本章内容的重点也是介绍 MIMD 模型,其主要原因可总结如下:

（1）MIMD 灵活性强。在必要的软件和硬件支持下，MIMD 既能工作于单用户多处理器方式为单一应用程序提供高性能(向量处理器除外，且目前使用向量处理器的 MIMD 很少)，又可作为同时运行多个任务的多道程序多处理器系统使用，甚至可以提供这两种任务相结合的应用。

（2）MIMD 能够充分利用现有微处理器的性价比优势。实际上，当今几乎所有的商用多处理器系统所使用的微处理器与工作站及单处理器服务器所使用的微处理器都是相同的。此外，多核芯片通过复制方式可以有效降低单处理器内核的设计成本。

与 Flynn 分类法相似的是 Kuck 分类模型，由 David J.Kuck 在 1978 年提出。Kuck 分类法用指令流、执行流和多倍性来描述计算机系统特征，但其强调执行流的概念，而不是数据流。Kuck 分类将计算机分为:

（1）单指令流单执行流（SISE)，典型的单处理器系统。

（2）单指令流多执行流（SIME)，与 SIMD 类似。

（3）多指令流单执行流（MISE），带指令级多道程序的单处理器系统。

（4）多指令流多执行流（MIME），典型的多处理器系统。

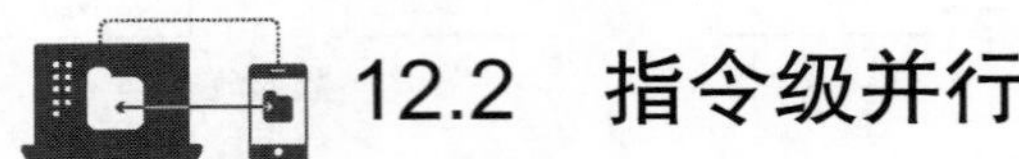

12.2 指令级并行

12.2.1 简介

从系统结构上提高计算机系统的性能，就必须设法以各种方式挖掘计算机工作中的并行性。并行性有粗粒度并行性和细粒度并行性之分。所谓粗粒度并行性，是在多处理机上分别运行多个进程，由多台处理机合作完成一个程序。所谓细粒度并行性，则是指在一个进程中进行指令一级或操作一级的并行处理。在多处理机系统中可以同时采用这两种粒度的并行性，在单处理机上则用细粒度并行性。

20 世纪 80 年代出现的 RISC 是单处理机系统结构设计的一大进展。RISC 的设计目标是每个时钟周期内完成一条指令。在 RISC 之后，又出现了一些新的计算机系统结构的设计，突破了每个时钟周期完成一条指令的指标。其基本思路是挖掘指令级的并行度，使单处理机达到一个时钟周期完成多条指令。

程序中的指令是顺序安排的，当这些指令间不存在相关而能在流水线中通过时间重叠方法来并行执行时，则存在指令级并行性（instruction-level parallelism，ILP）。

【例 12-1】考虑如下两个程序代码段：

```
LOAD R0, M(A)        |        ADD  R3, R2, R1
ADD  R3, R2, R1      |        SUB  R4, R3, R5
SUB  R4, R5, R6      |        STORE  M(B),R4
```

左边的三条指令是相互独立的，它们之间不存在数据相关，因此指令具有并行性。反之，右边的三条指令中，第二条要用到第一条指令的结果，而第三条又用到第二条指令的结果，因此它们之间没有并行性。

衡量指令级并行性的一个指标是 CPI，它定义为流水线中执行一条指令所需的机器周期数。例如 RISC 处理机中，大多数指令的 CPI = 1，但有些复杂指令需要几个机器周期才能完成，它们的 CPI > 1。显然，要提高指令级并行性，追求 CPI < 1 自然成为人们努力的目标。

指令流水处理机比传统的串行处理机有较高的吞吐率，其原因在于多条指令可在流水线的不同段中同时进行操作，即实现了指令级的并行性。但要进一步提高流水线的吞吐率，必须使 CPI < 1，即需要开发指令级并行度 ILP，它定义为在一个时钟周期内流水线上流出的指令数。

不能使 CPI < 1 的直接原因是流水线每次只能流出一条指令。反之，如果每个时钟周期只流出一条指令，CPI 就不可能小于 1。要做到 CPI < 1 的指标，就需要在一个时钟周期内流出多条指令。因此，需要用指令级并行度来描述这种特性。

超标量（superscalar）、超流水线（superpipelining）和超标量超流水线（superscalar superpipeling）三种处理机在一个时钟周期内可以执行完成多条指令，即它们的 ILP > 1。如果用一台 k 段流水线的普通 RISC 标量流水处理机做比较基准，则四种不同类型处理机的性能比较见表 12-1。

表 12-1　四种不同类型处理机的性能比较

性能	机器类型			
	普通标量处理机	超标量处理机	超流水线处理机	超标量超流水线处理机
机器流水线周期	1 个时钟周期	1 个时钟周期	$1/n$ 个时钟周期	$1/n$ 个时钟周期
同时发射指令条数	1 条	m 条	1 条	m 条
指令级并行度（ILP）	1	m	n	mn

在目前的微处理机中，大多数属于超标量处理机。例如，Intel 公司的 i860、i960、Pentium，Motorola 公司的 MC88110，IBM 公司的 Power 6000，Sun 公司的 Super SPARC 等都是超标量处理机。SGI 公司的 MIPSR 4000、R5000、R10000 等都是超流水线处理机。DEC 公司的 Alpha 是超标量超流水线处理机。

12.2.2　动态调度算法

要利用指令级并行性，必须清楚哪些指令是可以并行执行的。如果两条指令是可以并行的，那么它们可以在流水线上同时执行而不会造成停顿，这里假设流水线资源是充足的（不存在任何资源冲突），如果两条指令是相关的，那么它们是不可并行的，虽然有时它们可以部分地重叠执行。因此，最重要的问题是要判断指令之间是否存在相关关系。

解决数据相关的指令调度技术分为：静态指令调度和动态指令调度。

静态指令调度（static scheduling）是由优化的编译程序来完成的，其基本思想是重排指令序列，拉开具有数据相关的有关指令间的距离。由于是用编译程序判测潜在的数据相关，并在程序运行之前完成调度，故称为静态指令调度。

动态指令调度是由硬件在程序实际运行时实施的。其基本思想是对指令流水线互锁控制进一步改进，能实时地判断出是否有 WR、RW、WW 相关存在，利用硬件绕过或防止这些相关的出错，并允许多条指令在具有多功能部件的执行段中并行操作，从而提高流水线的利用率且减少停顿现象。

动态调度算法有 CDC 记分牌法和 Tomasulo 算法。前者采用集中控制的办法处理数据相关，后者采用分散控制的办法处理数据相关。前者曾用于 CDC 6600 计算机上，后者曾用于 IBM 360/91 计算机上。

1.　CDC 记分牌法

记分牌技术的目标：在资源充足时，尽可能早地执行没有数据阻塞的指令，达到每个时钟周期执行一条指令。如果某条指令被暂停，而后面的指令与流水线中正在执行的或被暂停的指令不相关，那么这条指令可以继续流出并执行下去。记分牌电路负责记录资源的使用，并负责相关检测，控制指令的流出和执行。

假设 CDC 6600 处理机的七段指令流水线模型，如图 12-4 所示。

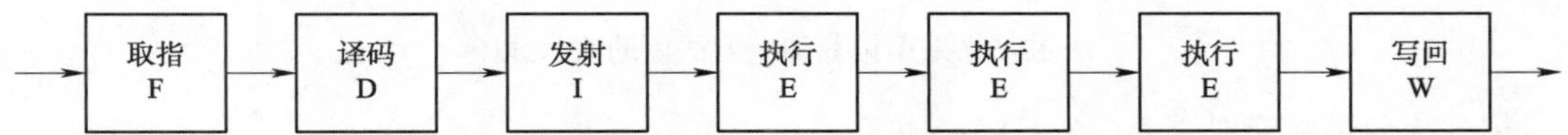

图 12-4　CDC 6600 处理机的七段指令流水线模型

这条七段指令流水线有如下限制：

（1）为提高流水线的时钟频率，将执行段划分成三段，但此三段中间不能停顿。换句话说，逻辑上是一个使用三个时钟周期的执行段。

（2）执行存储器存取的 LOAD/STORE 部件、加法器、乘法器等都是执行段的多功能部件。

（3）存储器存/取执行时都需要三个时钟，因为存储器也采用流水方式，故相邻两次存储器存/取操作只要延迟一个时钟（即不同时启动），就无资源冲突。

（4）每个功能部件都有自己的“写回”部件，只要不向同一目标同时写回就不产生冲突。

（5）它的发射段，除读取寄存器操作数（允许与前面指令的 W 段重叠）外，能预约资源和提供流水线的控制互锁。即当它判定一条指令所需的功能部件可用，而且需要寄存器操作数时寄存器已经就绪，则读取寄存器操作数并进入 E 段。所谓“发射”，就是向执行段的进入。

假设有 A、B、C、D 四个存储器操作数，要求完成$(A\times B)+(C+D)$的运算，程序如下：

```
I1  LOAD  R1, M(A)
I2  LOAD  R2, M(B)
I3  MUL   R5, R1, R2
I4  LOAD  R3, M(C)
I5  LOAD  R4, M(D)
I6  ADD   R2, R3, R4
I7  ADD   R2, R2, R5
```

以上指令序列的原流水线如图 12-5 所示。

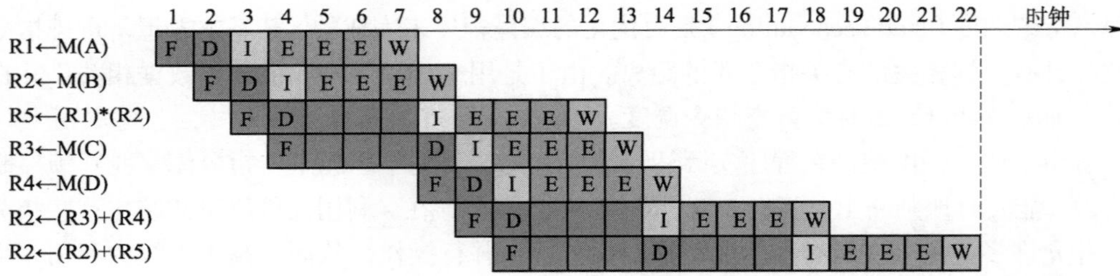

图 12-5 指令序列的原流水线

CDC 6600 是一种多功能部件的处理机。它的 CPU 包含十个功能部件、一个指令栈和一个记分牌。其指令流水线的七段结构如图 12-6 所示。

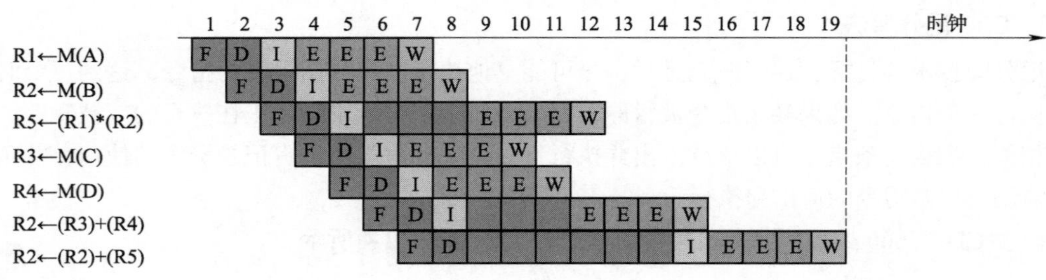

图 12-6 采用记分牌调度法后的流水线

记分牌记录并管理如下三张表格：

（1）指令状态表。它登记已取指到指令流水线的各条指令的状态：是否已完成发射、是否已取完操作数、是否已完成执行、是否已完成写回。

（2）功能部件状态表。每一个功能部件占有一个表项，登记是否“忙”、目的寄存器名、源寄存器名等是否就绪。

（3）目标寄存器表。每一个寄存器与预约使用它作为目标寄存器的功能部件（ID）相联系，一个寄存器只能作为一个功能部件而不能同时作为两个功能部件的目标寄存器。

记分牌随时监督并不断修改这些表格，规定了一些定向逻辑。这些操作体现在指令调度上，主要有以下三点：

（1）流水线发射（I）段的功能有所变化。一条译码后的指令若它所需的功能部件可用，并且目标寄存器也不是其他功能部件已预约的目标寄存器，那么这条指令就可发射，否则等待直到条件满足再发射。这样首先杜绝了 WW 相关。至于取寄存器操作数已不是 I 段必须完成的功能了，能取即取，不能取可在执行段完成取操作，这样会使流水线停顿减少。

（2）在取寄存器操作数时要判测是否有 WR 相关。若先前发射出的指令以某寄存器为目标寄存器，则只有该指令向目标寄存器写入后（目标寄存器表中此项清除），此寄存器才作为其他指令的源寄存器就绪，从而消除 WR 相关。

（3）在写回（W）段要判测是否有 RW 相关。先前发射出的指令若以本指令预定的目标寄存器为源寄存器，而还没有读取，则本指令的写回操作要推迟，直到 RW 相关清除再写回。因为指令是按序发射，并按发射顺序登记在指令状态表中，故指令发射的先后顺序容易断定。

所列的原来程序，通过使用记分牌调度的七段流水线情况，如图 12-6 所示。将图 12-6 与图 12-5 比较，可以看出：流水线停顿减少了，总计所需时钟数由 22 减少到 19；乘法指令要比它后面的两条 LOAD 指令完成在后，即按序发射但不按序完成，这已是一种类似数据流的驱动机制了。

2. Tomasulo 算法

该算法首次在 IBM 360/91 上使用（CDC 6600 推出三年后），主要目标是在没有专用编译器的情况下，提高系统性能。

Tomasulo 算法将记分牌的关键部分和寄存器换名技术结合在一起，其基本核心是通过寄存器换名来消除“写后写”和“先读后写”相关可能引发的流水线阻塞。

Tomasulo 算法的基本思想：只要操作数有效，就将其取到保留站，避免指令流出时才到寄存器中取数据，这就使得即将执行的指令从相应的保留站中取得操作数，而不是从寄存器中。指令的执行结果也是直接送到等待数据的其他保留站中去。因而，对于连续的寄存器写，只有最后一个才真正更新寄存器中的内容。一条指令流出时，存放操作数的寄存器名被换成为对应于该寄存器保留站的名称（编号）。

当指令所需要的操作数就绪之后才开始执行指令，就可以避免写读冲突，而通过寄存器重命名可以避免由名字相关引起的读写冲突和写写冲突。寄存器重命名是对那些相关目标寄存器（包括前面指令正在读或写的寄存器）重新命名，使得乱序执行的写操作不会影响需要写入以前值的指令的正确执行。

为了更好地了解采用寄存器重命名技术消除读写冲突和写写冲突的原理，可以看下面一段代码：

```
DIV.D   F0,  F2,  F4
ADD.D   F6,  F0,  F8
S.D     F6,  0  (R1)
```

```
SUB.D   F8,  F10,  F14
MUL.D   F6,  F10,  F8
```

在上面的代码中，ADD.D 和 SUB.D 之间存在反相关关系，ADD.D 和 MUL.D 之间是输出相关，它们可能造成两种冲突：由 ADD.D 使用 F8 产生的读写冲突和由 ADD.D 晚于 MUL.D 完成产生的写写冲突。这里还有三处数据相关：DIV.D 与 ADD.D，SUB.D 与 MUL.D 以及 ADD.D 与 S.D。

所有名字相关都能通过寄存器重命名来消除，简单地讲，假设存在两个暂存寄存器 S 和 T，使用 S 和 T 改写以上代码就可以消除这些相关性：

```
DIV.D   F0, F2,      F4
ADD.D   S,  F0,      F8
S.D     S,  0 (R1)
SUB.D   T,  F10,     F14
MUL.D   F6, F10,     T
```

接下来所有使用 F8 的地方必须用 T 来代替，在这个代码段里，所有的重命名过程都可以通过编译器来完成，不过以后使用 F8 的地方都需要一个复杂的编译器或者硬件支持，因为在上述代码段和以后使用 F8 的地方之间可能存在一些复杂的分支语句，将会看到 Tomasulo 算法会很好地解决跨分支重命名的问题。

在 Tomasulo 算法中，寄存器重命名的功能是通过保留站来实现的。保留站中缓存即将要发射的指令所需要的操作数，其工作的基本思想是尽可能早地取得并缓存一个操作数，以避免必须读操作数时才去寄存器中读取的情况。此外，即将执行的指令也会由保留站取得所需要的操作数。当出现多个操作写同一个寄存器时，只允许最后一个写操作更新寄存器。在指令发射之后，它所需要的操作数对应的寄存器也将换成保留站的名字，这一过程就是寄存器重命名技术，由于可以使用比真正的寄存器还要多的保留站，因此可以消除原先编译器所不能消除的冲突。

使用保留站与集中式寄存器文件相比有两个重要的特点。第一，冲突检测和执行控制是分布式的，每一个功能部件的保留站控制部件中指令的执行时间。第二，结果将从保留站所缓存的地方直接送到功能部件中，而不是通过寄存器传送，为此使用了一条公共结果总线。该总线使所有的等待读操作数的功能部件可以同时取到该数据（在 IBM 360/91 中，这条总线又称公共数据总线，CDB）。**注意**：在拥有多个执行部件和每个时钟发射多条指令的流水线中需要多条结果数据总线。

图 12-7 给出基于 Tomasulo 算法的 MIPS 处理器的基本结构，该结构包括浮点部件和载入——存储部件，但是没有给出执行控制状态表。保留站中保存着已经发射并等待在功能部件中去执行的指令，或者是指令所需要的源操作数（这里可能是具体的操作数的值，也可能是提供操作数的保留站编号）。指令从指令单元送至指令队列中，以先进先出（FIFO）的方式发射，保留站中保存了运算符和操作数，及检测和解决冲突所需要的信息。读数缓冲器有三个功能：负责保存有效地址的各个部分直到地址计算完成，监视正在等待访问内存的其他需求，对于已经执行完成的访问存储器操作，等待保存 CDB 上出现的结果。同样，写数缓冲器也要保存那些有效地址的各个部分直到地址计算完成。保留正在等待数据值的内存目标地址，保留地址的值直到内存单元可以使用，所有从浮点（FP）部件和读数部件出来的结果均送至 CDB，从而可以至浮点寄存器堆、保留站及数缓冲器中。浮点加法器具有加法和减法的功能，浮点则实现乘法和除法运算。

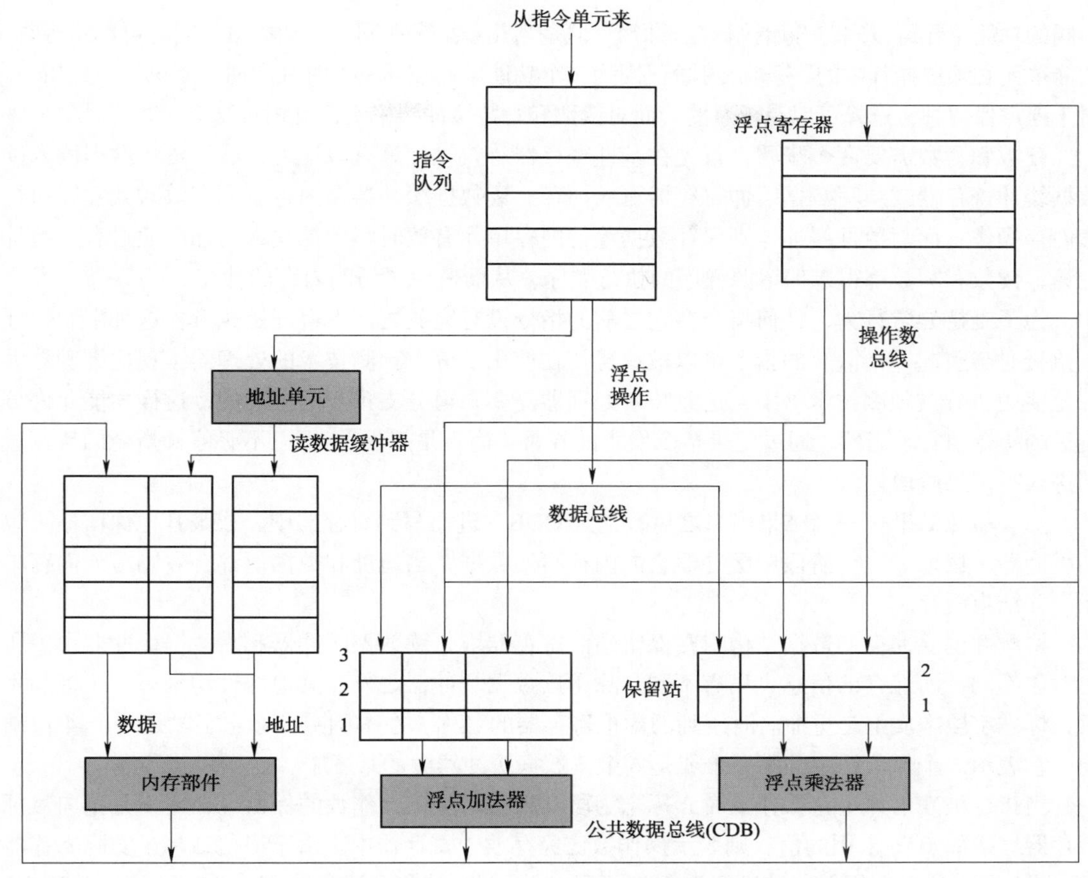

图 12-7　基于 Tomasulo 算法的 MIPS 处理器的基本结构

在读数据缓冲器和写数据缓冲器中保存着从内存读出或即将写到内存中去的数据或数据地址，它们的工作方式与保留站一样，因此，没有必要时就不特意区分它们。浮点寄存器通过一组总线连接到功能部件上，并通过一条总线连到写数据缓冲器中，所有功能部件和存储器中出来的结果均被送到公共数据总线上，并到达所有需要该操作数的地方（读数据缓冲器例外），所有的缓冲器和保留站均设置标志字段，这些标志主要用于冲突控制机制。

指令运行需要经过三个阶段：

（1）发射——从浮点运算队列中取得一条指令，这些指令按照先进先出（FIFO）的方式保留在队列中，以保持数据流的正确性。若指令的操作数已经准备好，而保留站中还有空位置，则发射该指令至保留站中，并把寄存器中已有的操作数也送至保留站中。如果没有多余的保留站，则说明发生了资源冲突，该指令只好等待保留站或缓冲器出现空闲。如果指令的操作数还不在寄存器里，则跟踪产生操作数的功能单元。在发射阶段还进行寄存器重命名工作，以消除读写冲突和写写冲突。

（2）执行——若还有操作数没有准备好，则监视公用数据总线（CDB），等待源操作数。操作数计算出来之后就被放到相应的保留站中。当指令所需要的源操作数均就绪之后，就可以执行该运算。由于这里的指令需要等待操作数就绪后才能执行，所以读冲突不会产生。**注意：**虽然不同的功能单元可以同时开始执行几条指令，但是当几条指令在同一个功能单元同时可以执行时，功能单元必须选择其中的一条指令执行，因为一个功能单元在同一个时钟同期只能执行一条指令。对于浮点保留站，选择可以是任意的，而对读数和写数缓冲器来说，就相对复杂一些。

读数和写数需要两个步骤：首先在基址寄存器有效时计算有效地址，然后再将数据读入读数据缓冲寄存器或从写数据缓冲寄存器写入内存。读数据缓冲器在内存单元有效时就立即执行读内存操作，而写数据缓冲器则保存数据等待内存单元有效时将数据写入内存。通过有效地址计算，读数和写数都得以保留源程序的执行顺序，从而避免了访问内存的冲突。

为了维持异常行为，任何指令在它之前的指令没有完成之前不得开始执行，这种限制保证了执行时会引起异常嵌套的指令可以被执行。在使用了分支预测技术的处理器（现代处理器大部分使用了分支预测技术）中，这意味着处理器需要知道分支预测是正确的，这样才能允许分支后的指令执行。当然，通过记录指令发生的异常（而不是产生），可以不必停顿指令的执行直到进入写结果阶段。

（3）写回结果——当结果出来之后，送到 CDB，进而写到寄存器中，或被其他保留站（包括缓冲器）读取。这个阶段中缓冲器会向内存写回数据，当地址和数据值都有效则写入内存单元，并结束缓存。

检测并消除冲突的数据结构附在保留站、寄存器堆、读数据缓冲器和写数据缓冲器中。所附对象不同，所保存的信息也稍有不同，除了读数据缓冲器之外，其他部件均带有一个标志字段，标志字段本质上是重命名时用到的虚拟寄存器的名称。在本例中，标志字段是一个 4 位结构，它表示 5 个保留站中的某一个或是 6 个读数据缓冲器中的某一个。

当指令被发射并等待操作数时，标志字段会指向产生该操作数的保留号，而不是指向目标寄存器。诸如 0 等未用的值，则表示操作数已经存放于寄存器中。由于保留站多于实际寄存器的数量，所以通过使用保留站进行重命名，可以减少写写冲突和读写冲突。在 Tomasulo 算法中，保留站作为扩展的虚拟寄存器使用。

Tomasulo 算法中的标志字段指向的是产生所需要结果的缓冲器部件或功能部件，而不再是寄存器名。指令发射到保留站之后，寄存器名即将被抛弃。每一个保留站有八个字段：

（1）OP——对源操作数 S_1 和 S_2 所做运算。

（2）QJ、QK——产生相应源操作数的保留站，若值为 0 则表示 V_j 或 V_k 中的值是有效的，或是不需要的。

（3）V_j、V_k——源操作数的值。**注意**：每次操作，V 字段或 Q 字段两者仅有一个是有效的。载入操作中 V_k 字段用来保存位移量字段。

（4）A——载入和存储时计算内存地址的信息。一开始，指令的立即数字段被保存在这里。地址计算后，这里保存的是有效地址。

（5）Busy——指示该保留站及相关的功能部件正在使用。

（6）Q_i——保存保留站号。在该保留站进行的运算，其结果值将存入该寄存器中。若 Q_i 为空（或 0），则表示当前不会有运算结果要存到寄存器中。对于寄存器，意味着该值只是寄存器中的内容。

读数和写数缓冲器还各自要求一个 A 指示字段，用于在第一步执行结束后保存有效地址的结果。

下面分析几个有助于理解动态调度算法工作原理的例子。

【例 12-2】考虑只有第一条 LOAD 指令完成并写回结果时，状态表中信息是怎样的？

```
L.D    F6,  34(R2)
L.D    F2,  45(R3)
MUL.D  F0,  F2, F4
SUB.D  F8,  F2, F6
DIV.D  F10, F0, F6
ADD.D  F6,  F8, F2
```

答：图 12-8 给出保留站、读数缓冲器、写数缓冲器及寄存器的标志信息。所有指令都已经发射，只有第一条 LOAD 指令已经执行完成并把结果送至 CDB 中，保留站及寄存器标志均已设置完成。第二条 LOAD 指令已经完成有效地址计算，正在等待从内存单元读出数据。用 Regs 数组表示寄存器堆，用 Mem[ ]表示内存。注意到一个操作数在任何时候均可以由 Q 字段或 V 字段具体确定。**注意**：已经发射出去的加法指令在 WB 阶段有一个读写冲突，它已经发射，并且应该在除法指令初始化之前完成。跟在指令名 add、mult 和 load 之后的数字代表该保留站的标志字段——Add1 是第一个加法部件取得结果的标志。这里还加进了指令状态表，其作用是帮助理解算法原理，它不是实际硬件的一部分。在每发射一条指令之后，运算操作的状态都保存在保留站中。

指令	指令状态		
	发射	执行	写回结果
L.D F6 , 34 (R2)	√	√	√
L.D F2 , 45 (R3)	√	√	
MUL.D F0 , F2 , F4	√		
SUB.D F8 , F6 , F2	√		
DIV.D F10 , F0 , F6	√		
ADD.D F6 , F8 , F2	√		

保留站

站名	忙	操作	V_j V_k	Q_i	Q_k	A
Load1	否					
Load2	是	LOAD				45+Regs[R3]
Add1	是	SUB	Mem[34 + Regs[R2]]	Load2		
Add2	是	ADD		Add1	Load2	
Add3	否					
Mult1	是	MUL	Regs[F4]	Load2		
Mult2	是	DIV	Mem[34 + Regs[R2]]	Mult1		

寄存器状态

字段名	F0	F2	F4	F6	F8	F10	F12	…	F30
Qi	Mult1	Load2		Add2	Add1	Mult2			

图 12-8　给出保留站、读数缓冲器、写数缓冲器及寄存器的标志信息

与其他更早、更简单的算法相比，Tomasulo 算法的主要优点在于：

（1）分布式冲突检测机制。来自分布式的保留站结构和 CDB 的使用，如果多条指令等待同

一个结果，且每条指令均已经读到另一个操作数，那么 CDB 的广播机制可以使得这些指令能够同时得到这个操作数，并同时开始运行。而使用集中式寄存器堆中，等待着的指令只能通过使用寄存器去读取所需要的寄存器中的值。

（2）消除了写写和读写冲突造成的停顿。实际上是在保留站中，寄存器重命名技术操作数尽可能早地存入保留站中，从而消除写写和读写冲突。例如，在图 12-8 的代码中，ADD.D 和 DIV.D 已经同时发射，虽然它们存在涉及 F6 的读写相关。在这里，两种方法均可以消除这种冲突。第一，如果为 DIV.D 提供操作数的指令已经执行完成，那么 Vk 就会保存该结果，从而允许 DIV.D 独立于 ADD.D 执行。第二，如果 L.D 尚未完成，那么 Qk 便会指向 Load1 保留站。DIV.D 也可独立于 ADD.D 执行。这样，无论如何，ADD.D 都能够发射并执行。任何使用 DIV.D 结果的指令均指向保留站，这也使得 ADD.D 可以在 DIV.D 之前执行结束并把结果存回寄存器而不影响 DIV.D 的执行。下面还将简要地讨论一下写写冲突的消除。在此之前不妨先看一下上述例子是如何继续执行的。

在该例子中做如下假设：加法 2 个时钟周期，乘法 10 个时钟周期，除法 40 个时钟周期。

【例 12-3】在上例的代码中，考察当代码执行到 MUL.D 准备写回结果时，各状态表中的信息。

答：如图 12-9 所示，ADD.D 和 DIV.D 之间的读写冲突不再阻碍流水线正常运行，ADD.D 可以早于 DIV.D 执行完成。**注意：**即使取数到 F6 的指令有可能被延迟，但是把运算结果写入 F6 的加法操作还是会正确执行的，而且不会引起写写冲突。

指令	指令状态		
	发射	执行	写回结果
L.D F6, 34 (R2)	√	√	√
L.D F2 , 45 (R3)	√	√	√
MUL.D F0 , F2 , F4	√	√	
SUB.D F8 , F6 , F2	√	√	√
DIV.D F10 , F0 , F6	√		
ADD.D F6 , F8 , F2	√	√	√

保留站

站名	忙	操作	V_j	V_k	Q_i	Q_k	A
Load1	否						
Load2	是						
Add1	是						
Add2	是						
Add3	否						
Mult1	是	MUL	Mem[45 + Regs[R3]]	Regs[F4]			
Mult2	是	DIV		Men[34 + Regs]R2]]	Mult1		

寄存器状态

字段名	F0	F2	F4	F6	F8	F10	F12	…	F30
Qi	Mult1						Mult2		

图 12-9 代码执行到 MUL.D 准备写回结果时，各状态表中的信息

为了更好地了解采用动态寄存器重命名技术消除写写和读写冲突，分析以下循环程序。程序的功能是使数组元素都乘以一个标量值（F2 中的）。

```
Loop:  L.D       F0,  0 (R1)
       MUL.D     F4,  F0, F2
       S.D       F4,  0 (R1)
       DADDUI    R1,  R1, -8
       BNE       R1,  R2, Loop;   如果 R1≠R2 则转移
```

如果预测分支转移成功，那么使用保留站技术可以让这个循环同时有多个循环体执行。做到这一点不用改变程序代码，因为实际上循环已经由硬件动态展开了，其机制就是通过寄存器重命名技术从逻辑上扩展了可能寄存器的数量。

假定循环程序已经发射了两个循环体的指令，只是还没有 LOAD、STORE 或其他操作已经执行完成。图 12-10 给出了保留站、寄存器状态表及读数缓冲器和写数缓冲器在此时的状态信息（忽略了定点 ALU 操作，并假定预测分支转移成功）。此时尚未有指令执行完成，且流水线已经有两个活动循环体指令的情况。乘法部件所对应的保留站表示这个乘法部件所需要的一个操作数的来源是 LOAD 要取的值，写数缓冲器中则指示出即将要存入存储器中的数值是乘法操作的结果。系统达到这个状态之后，就可以保持 CPI 接近于 1.0，始终有两个循环体在流水线中执行，此时假定乘法可在 4 个时钟周期内完成，将在本章后面部分看到，当采用多指令发射技术后，Tomasulo 算法能在 1 个时钟周期内执行完成多于一条指令。

在分别访问不同地址的前提下，LOAD 和 STORE 指令可以不按顺序，安全有效地执行完成，如果正在等待读取数据的地址与要写入的某个地址正好相等，则会发生如下情况：

（1）如果在源程序中 LOAD 指令先于 STORE 指令，则交换它们的执行顺序会导致读写冲突。

（2）如果在源程序中 STORE 指令先于 LOAD 指令，则交换它们的执行顺序会导致写读冲突。

同样，交换两个写入同一地址的 STORE 指令将导致写写冲突。

因此，要确认某一时刻是否可以发射一条 LOAD 指令，可以检查是否有未完成的 STORE 指令地址与 LOAD 指令地址重合来确定。同样，STORE 指令也要等到没有对同一地址进行操作的其他前驱 STORE 或 LOAD 指令的情况下才能执行。

要发现这种冲突，处理器需要比较存储操作的所有存储器地址。一个简单但并非必要的优化办法是保证处理器按照源程序的顺序执行指令（不过，LOAD 指令之间可以自由排序）。

首先考虑 LOAD 指令。如果按源程序顺序计算有效地址，当 LOAD 指令完成有效地址计算后，就可以通过检查所有活动的 STORE 缓冲器中的 A 字段，看是否有地址冲突。如果 LOAD 指令的地址与任一处有冲突，则停止发送 LOAD 指令，直到冲突结束（在这些方案中，当不能判定 LOAD 与 STORE 有没有冲突时，可以绕过 STORE 先执行 LOAD 操作，从而减少写读冲突的延时）。

STORE 操作与此类似，只是处理器必须对 LOAD 缓冲器和 STORE 缓冲器都进行冲突检查，因为 STORE 操作之间的冲突不像其他冲突那样可能通过重排序解决，除了这种地址的动态二义性消去之外，还可以采用编译器技术来解决的方案。

Tomasulo 算法的缺陷是其复杂性——需要大量的硬件，特别是每个保留站都要有一个相关联的复杂控制逻辑的高速缓存。由于使用的是单条总线（CDB），所以反过来会限制性能的提高。

即使可能增加到 CDB，但是增加 CDB 即意味着需要增加与流水线中所在硬件的连接，包括保留站。具体说来，每增加一条 CDB，所有用到的字段标志硬件资源都必须翻一番。

指令	所属循环体	指令状态		
		发射	执行	写回结果
L.D F0 , 0(R1)	1	√	√	
MUL.D F4 , F0 , F2	1	√		
S.D F4 , 0(R1)	1	√		
L.D F0, 0(R1)	2	√	√	
MUL.D F4 , F0, F2	2	√		
S.D F4, 0(R1)	2	√		

保留站							
站名	忙	操作	V_j	V_k	Q_i	Q_k	A
读数1	是	LOAD					$Regs[R_1] + 0$
读数2	是	LOAD					$Regs[R_1] –8$
加法1	否						
加法2	否						
加法3	否						
乘法1	是	MUL		Regs[F2]	Load1		
乘法2	是	MUL		Regs[F2]	Load2		
存数1	是	STORE	Regs[R1]			Mult1	
存数2	是	STORE	Regs[R1]–8			Mult2	

寄存器状态									
域名	F0	F2	F4	F6	F8	F10	F12	……	F30
Qi	Load2		Mult2						

图 12-10 保留站、寄存器状态表及读数缓冲器和写数缓冲器的状态信息

Tomasulo 算法中运用了两种不同的技术：寄存器重命名技术和源操作数的缓存技术。源操作缓存技术解决了读写冲突，使操作数一旦在寄存器中有效即可使用。通过寄存器重命名及缓存结果直到其他对寄存器原先数据的引用，可以消除读写冲突。

Tomasulo 算法对于在代码调度方面存在困难或是寄存器缺乏的系统结构有着很大的吸引力。对于希望没有专门的流水线编译器也能得到高性能的人来说也是如此。另一方面，对于单发射流水线，Tomasulo 算法比起编译器调度所带来的好处会少于实现起来所需要的成本，但是处理器在发射能力方面的提高是硬件猜测的基础，将使寄存器重命名和动态高度技术越来越重要。

12.2.3 指令级并行的编译技术

编译技术可以提高流水线和多发射处理器性能，由优化的编译程序来完成，其基本思想是重排指令序列，拉开具有数据相关的有关指令间的距离。

要保持一条流水线是充满的，就要去检测可以流水重叠的不相关的指令序列，并加以重叠。为了避免流水线的停顿，要事先找出指令代码中相关的指令加以分离，使其相隔的时钟周期正好等于原来指令在流水线中的延迟时间。一个编译器进行这方面调度的能力既依赖于程序中可开发的指令级并行性，又依赖于流水线中功能单元的延迟时间。

采用标准的五段定点流水线［取指令周期（IF）、指令译码/读寄存器周期（ID）、执行/有效地址周期（EX）、访问存储器（MEM）、写回周期（WB）］，分支指令有一个时钟周期的延迟，并且假设功能单元都是完全流水线化的或是重复设置的（即可以与流水线的深度相同），所以，任何一种类型的操作都可以在一个时钟周期内发射而不存在资源冲突。浮点数操作间的数据相关关系如图 12-11 所示。

产生结果的指令类型	使用结果的指令类型	延迟的时钟周期
浮点 ALU 操作	另一个浮点 ALU 操作	3
浮点 ALU 操作	双精度 store 操作	2
双精度 load 操作	浮点 ALU 操作	1
双精度 load 操作	双精度 store 操作	0

图 12-11　浮点数操作间的数据相关关系

下面是一个实现给数组各元素加一个标量值的简单循环程序，将会看到循环展开是如何提高指令级并行度的。

```
for (i=100; i>0; i=i-1)
    x[i]=x[i]+s;
```

可以看出，循环中的每个循环体是相互独立的，都可以并行执行。

先把代码转换成 MIPS 汇编语言。在下面的代码段中，R1 存放数组元素的地址，开始时在最高地址 F2 中存放增量 S。R2 的值事先被计算出来了，所以 8（R2）是要操作的最后一个元素。

没有经过优化的 MIPS 代码如下：

```
Loop: L.D        F0,0(R1)    ; F0=数组元素
      ADD.D      F4,F0.F2    ; 加标量到 F2 中
      S.D        F4,0(R1)    ; 保存结果
      DADDUI     R1,R1,#-8   ; 数组指针递减
                               8 个字节（一个双字）
      BNE        R1,R2,Loop  ; R1! =R2 则转移
```

现在可以观察这个循环程序是如何在一个有着图 12-4 所示延迟时间的 MIPS 流水线中被调度执行的。

【例 12-4】考虑所有的停顿和空闲等待时钟周期，写出这个循环程序在 MIPS 上调度之前和调度之后的执行过程。调度优化既要考虑浮点操作的延迟时间，也要考虑分支转移的延迟时间。

答：未经任何调度的循环程序的执行过程为

```
                                发射的时钟周期
Loop:  L.D       F0,0(R1)           1
       停顿                         2
       ADD.D     F4,F0,F2           3
       停顿                         4
       停顿                         5
       S.D       F4,0(R1)           6
```

```
        DADDUI     R1,R1,#-8        7
        停顿                         8
        BNE        R1,R2,Loop       9
        停顿                         10
```

由此可知，执行每个循环体需要 10 个时钟周期。而经过调度之后的循环程序只有一个时钟周期的停顿：

```
Loop:  L.D         F0,0(R1)
       DADDUI      R1,R1,#-8
       ADD.D       F4,F0,F2
       停顿
       BNE         R1,R2,Loop  ; 延迟转移
       S.D         F4,8(R1)    ; 修改并与 DADDUI 交换
```

每个循环体的执行时间由 10 个时钟周期减少到 6 个时钟周期。ADD.D 之后的停顿是由 S.D 引起的。

为了优化分支转移引起的延迟，编译器必须通过改变存储指令 S.D 的目标地址来交换指令 DADDUI 和 S.D，从而达到消除转移延迟的目的，这时 S.D 中的地址由 0（R1）变成了 8（R1）。这点变化并非微不足道，因为大部分编译器在看到 S.D 指令相关于 DADDUI 指令时，会拒绝进行交换。一个很好的编译器才会考虑到这些关系，从而交换这两条指令。从指令 L.D 到 ADD.D 继而到 S.D 的相关链决定了循环体的时钟周期数，由于相关和流水线的延迟，这个相关链起码要执行 6 个时钟周期。

上个例子中，每 6 个时钟周期完成一个循环体，并存储一个数组元素，而其中针对数组元素的实际操作（LOAD，ADD 和 STORE）只用了 3 个时钟周期，另外 3 个时钟周期是循环开销——DADDUI 和 BNE 及一次停顿。要想减少这 3 个时钟周期的影响，在循环体中需要有更多循环开销指令之外的其他有效操作。

一个简单的方案是循环展开，这样，相对于分支转移和循环开销指令就有更多的有效指令在一个循环体中执行。这种方法可以通过简单的多次复制循环体代码，并调整循环终止代码而得到。

循环展开也可以用来改进调度效果。由于它消去了分支操作，从而使不同循环体的指令能被调度到一起。在这个例子中，要消除 LOAD 操作延迟所造成的停顿，可以增加循环中不相关的指令，从而使编译器能够把这些指令填充至 LOAD 操作所产生的延迟槽中。如果只是简单地复制循环展开的指令，那么，相同寄存器的使用冲突将导致循环不能被有效地优化调度。为此，需要为展开的每个循环体分配不同的寄存器，这就增加了所需寄存器的数目。

【例 12-5】将循环程序每次展开四个循环体，假定 R1 初始时是 32 的倍数，即循环次数是 4 的倍数，要求消除所有冗余计算，且不重复使用寄存器。

答：归并 DADDUI 指令，去掉多余的 BNE 指令之后，展开的循环程序如下。**注意**：R2 的值必须被设置，这样 32（R2）指向最后四个元素的首地址。

```
Loop:   L.D        F0,0(R1)
        ADD.D      F4,F0,F2
        S.D        F4,0(R1)       ;去掉 DADDUI 和 BNE
        L.D        F6,-8(R1)
        ADD.D      F8,F6,F2       ;去掉 DADDUI 和 BNE
```

```
          S.D        F8,-8(R1)
          L.D        F10,-16(R1)
          ADD.D      F12,F10,F2        ;去掉 DADDUI 和 BNE
          S.D        F12,-16(R1)
          L.D        F14,-24(R1)
          ADD.D      F16,F14,F2
          S.D        F16,-24(R1)
          DADDUI     R1,R1,#-32
          BNE        R1,R2,Loop
```

展开后的程序去掉了三个分支转移及三次 R1 寄存器的减 8 操作，LOAD 指令和 STORE 指令的地址也经过了相应的变换，使 DADDUI 指令中的 R1 经归并后能被正确执行。这种优化并不像看上去那么简单，它需要经过符号替换和化简。在未调度之前，每个操作后面都跟着一个相关的操作，导致流水线中频频出现停顿。上述循环程序需运行 28 个时钟周期——每个 L.D 操作之后有一个停顿，每个 ADD.D 操作 2 个时钟周期，DADDUI 操作 1 个时钟周期，分支转移 1 个时钟周期，另外还有 14 条指令的发射周期——平均每个循环体需 7 个时钟周期。虽然这种展开方式比原来程序经过调度之后运行慢，但是对展开进行调度之后的情况则不同。通常在编译阶段展开的循环，可以通过优化编译器发现并去掉许多冗余操作。

在实际程序中，通常不知道循环的上界。假设循环次数是 n，每次展开 k 个循环体。这样生成的将是一组连续的循环程序而不仅仅是一个展开的循环。第一个循环程序代码的形式与原始循环程序相同，执行 $n \bmod k$ 次。第二个循环程序是由执行 n/k 次的外循环包围的已展开的循环体。如果 n 比较大，那么大部分执行时间会用于展开的循环体。

在上例中，通过循环展开消除了一些冗余的指令，提高了循环执行的性能，尽管这样展开显著增加了代码量。如果对以上代码进行流水线调度，性能会有多大的提高呢？

【例 12-6】写出经过调度优化的循环展开的例子，流水线的延迟（见图 12-11）。

答：

```
Loop:     L.D        F0,0(R1)
          L.D        F6,-8(R1)
          L.D        F10.-16(R1)
          L.D        F14,-24(R1)
          ADD.D      F4,F0,F2
          ADD.D      F8,F6,F2
          ADD.D      F12,F10.F2
          ADD.D      F16,F14,F2
          S.D        F4,0(R1)
          S.D        F8,-8(R1)
          DADDUI     R1,R1,#-32
          S.D        F12,16(R1)
          BNE        R1,R2,Loop
          S.D        F16,8(R1)       ; 8 - 32 = -24
```

这个循环程序每一个展开的循环体只执行 14 个时钟周期，其中每一个单位循环执行 3.5 个时钟周期，少于调度之前的 7 个时钟周期，也少于没有展开而经过优化调度之后的 6 个时钟周期。

对循环展开之后的程序进行调度，与直接对原始循环进行调度相比有很大的性能提高，这是因为循环展开使大量的计算可以通过调度来减少原先的停顿影响。从上述代码中可以看出，代码中已经没有停顿。进行这种调度需要识别程序中的 STORE 指令和 LOAD 指令是独立不相关的，从而可以相互交换。

12.3 超标量与超流水线

有的处理机一个时钟周期只能发射一条指令。每个时钟周期只取一条指令，只对一条指令进行译码，只执行一条指令，只写回一个运算结果。这样的处理机称为单发射处理机。有的处理机一个时钟周期可以发射多条指令，一个时钟周期可以取多条指令，对多条指令进行译码，执行多条指令，写回多个运算结果。单发射处理机中各种功能部件只要有一套就够了，一套可能是多个或只有一个，但它的功能可以不同。比如执行部件可以有多个，比如乘法部件、加法部件等。而对于多发射处理机要有多个取指令部件、多个译码部件、多个执行部件、多个写回部件。可以通过下面的时空图来更好地理解单发射和多发射，如图 12-12 所示。

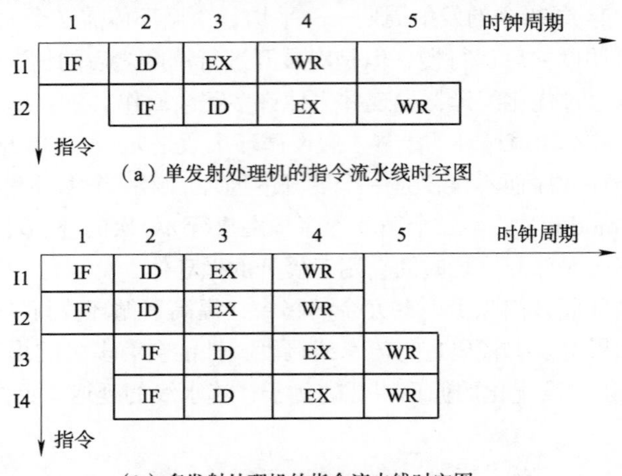

（a）单发射处理机的指令流水线时空图

（b）多发射处理机的指令流水线时空图

图 12-12　单发射与多发射处理机的指令执行时空图

从图中可以看出：两者最大的不同就是每个时钟周期发射的指令条数不同。多发射的执行速度也大大提高，当单发射执行完三条指令时多发射处理机已经执行完了九条指令。目前大多数的处理机采用多发射。例如，PentiumⅢ每个时钟周期可以发射三条指令而 PentiumⅣ每个时钟周期可以发射四条指令。当然，多发射处理机比单发射处理机的控制也要复杂得多。

通常，把一个时钟周期内能够同时发射多条指令的处理机称为超标量处理机。

12.3.1 超标量处理机

超标量机器最早在 1987 年提出，它是为改善标量指令执行性能而设计的机器。在当前大多数的处理器设计中，都引入了超标量设计技术。典型的超标量处理机有 IBM RS6000、PowerPC601，Intel 公司的 i860、i960 系列机，Sun 公司和 Motorola 公司也有自己的超标量处理机。

在超标量处理机中有多条指令同时发射，到底这些指令是如何执行的？即超标量流水线是如何调度的？指令发射是指启动指令进入执行阶段的过程；指令发射策略是指指令发射所使用

的协议或规则。当指令按程序的顺序发射时称为顺序发射，有时候会把某些指令推后发射，而把某些指令提前发射，这称为乱序发射。同理，指令的完成也就有顺序完成和乱序完成。如果相互组合应该有四种调度方式：

（1）顺序发射顺序完成。

（2）顺序发射乱序完成。

（3）乱序发射乱序完成。

（4）乱序发射顺序完成。

其中，最后一种一般的处理机当中一般不会采用，因为那样不仅效率低下，控制也变得更复杂。通过下面的例子来说明前三种方法：

```
I1   LOAD   R1  A
I2   ADD    R2  R1
I3   ADD    R3  R4
I4   MUL    R4  R5
I5   LOAD   R6  B
I6   MUL    R6  R7
```

这六条指令中 I1 和 I2 有 RAW 相关，I3 和 I4 有 WAR 相关，I5 和 I6 有 WAW 和 RAW 相关。

1. 顺序发射顺序完成

顺序发射顺序完成的流水线时空图如图 12-13 所示。

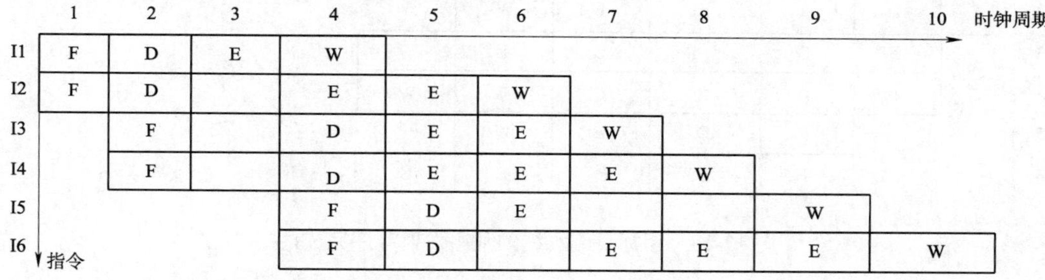

图 12-13　超标量流水线的顺序发射顺序完成

因为是顺序发射，在第一周期先发射第一和第二两条指令。由于指令 I1 与指令 I2 之间有 RAW 数据相关，指令 I2 在流水线 2 中要等待一个时钟周期才能从流水线 1 中通过专用数据通路得到数据；因此，指令 I2 在流水线 2 中译码（D_2）完成之后要等待一个时钟周期才能进入浮点加法部件中执行。类似的情况也存在于 I5 和 I6 之间。I3 和 I4 有 WAR 相关，但按序发射，即使 I3 和 I4 并行操作也不会导致错误。I5 和 I6 有 WAW 相关，只要 I6 的完成在 I5 之后也不会出错。实际上，I5 已经在时钟周期 6 完成，但是一直推迟到时钟周期 9 才写回，这样做是为了保持顺序完成。

从时空图中可以看出，采用顺序发射顺序完成的调度方法，六条指令共用了 10 个时钟周期才完成。其中，除了流水线的装入和排空部分之外，还有 6 个空闲的时钟周期。在这 6 个空闲的时钟周期中，有两个时钟周期实际上是为了维持顺序完成才插入的。

2. 顺序发射乱序完成

指令进入流水线的时候仍然是顺序进入，但是允许它乱序出流水线。它的时空图如图 12-14 所示。

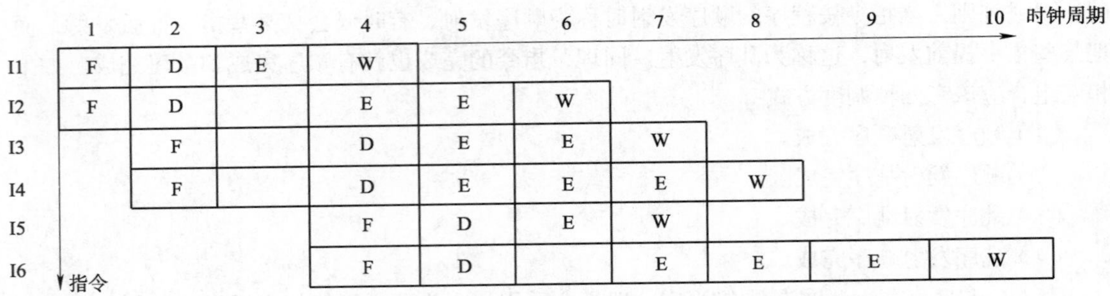

图 12-14 超标量流水线的顺序发射乱序完成

它与顺序发射顺序完成相比没有了因为维持顺序完成而造成的延迟。与顺序发射顺序完成调度方法相比，少了两个空闲时钟周期。虽然总的执行时间仍然是 10 个时钟周期，但 Load/Store 部件的利用率提高了。

3. 乱序发射乱序完成

乱序发射乱序完成的流水线时空图如图 12-15 所示。

指令	1	2	3	4	5	6	7	8	9
I1	F	D	E	W					
I2	F	D		E	E	W			
I3		F	D		E	E	W		
I4		F	D	E	E	E	W		
I5			F	D	E	W			
I6			F	D		E	E	E	W

图 12-15 超标量流水线的乱序发射乱序完成

在前面介绍的顺序发射顺序完成和顺序发射乱序完成这两种方法中都没有采用先行指令窗口。如果要采用乱序发射的指令调度方法，就必须要使用先行指令窗口。以这种组织，处理器译码一条指令后就将它放入指令窗口，只要缓冲栈不满就继续取和译码后续的指令。指令由指令窗口发射到执行段，只要指令所需的功能部件是可用的且无冲突或相关性阻碍这条指令的执行，那么这条指令即可发射出去，与取指或译码的顺序无关。

I2 停顿一个时钟周期才发射是因为它与 I2 之间存在 RAW 相关，I3 停顿一个时钟周期才发射是因为它与 I2 之间存在资源冲突，I6 停顿一个时钟周期才发射是因为它与 I5 之间存在 RAW 相关。除这些之外，流水线再无停顿现象。现在，I4 在 I3 之前发射，I5 在 I4、I3 之前完成，这已经是乱序发射乱序完成了。各种资源冲突和数据相关都已经清除，六条指令完成只需 9 个时钟周期，节省了 1 个时钟周期。

目前，这三种方式的发射在处理机中都有采用，乱序发射乱序完成的方法也有采用但是很少。

图 12-16 给出一种由 Motorola 公司生产的一种先进超标量处理机，称为 MC88110。它有 10 个操作部件，其中 2 个整数部件可以作 32 位的整数运算，也包括地址运算等。整数操作是单周

期执行，完成一条整数运算指令用一条四个功能段的流水线，包括取指令 IF、指令译码 ID、执行指令 EX 和写回运算结果 WB，每个时钟周期可以完成两条整数指令。浮点运算是 80 位字长的，包括浮点加、减、乘、除和求浮点平方根等 16 条指令。浮点加法部件和乘法部件都采用三级流水线，每个时钟周期可以完成一条乘法指令和一条浮点加法指令；而且对单精度、双精度及扩展双精度指令的执行速度都一样快。两个专用的图形处理部件可以直接对图形的像素进行处理，它与浮点操作部件一起，提供高性能的三维图形处理能力，共有 9 条专门的图形处理指令。

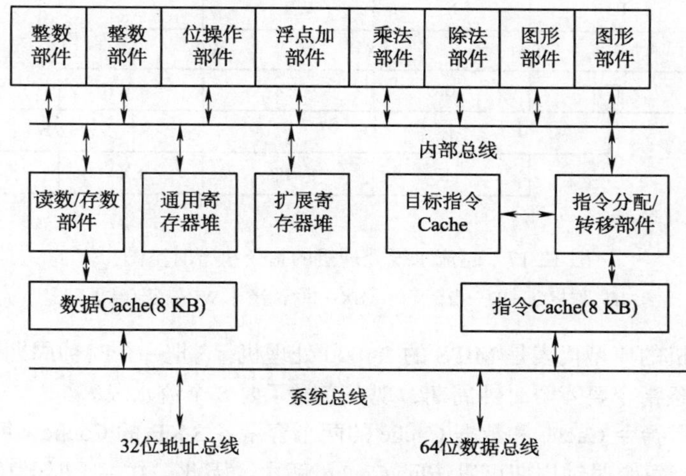

图 12-16　超标量处理机 MC88110

MC88110 有三个 Cache：指令 Cache、数据 Cache 和一个转移目标指令 Cache。指令 Cache 和数据 Cache 分别存放指令和数据。专门设置的转移目标指令 Cache 是为了减少转移指令对流水线的影响。当遇到条件转移指令时，在指令 Cache 和目标指令 Cache 中分别存放两路分支上的有关指令；并且，指令分配部件在每个时钟周期分别从指令 Cache 和目标指令 Cache 中各取出两条指令来同时进行译码；最后，根据形成的条件码决定把哪一路分支上的指令送到操作部件中去。

12.3.2　超流水线处理机

超流水线处理机就是在一个基本时钟周期内分时发射多条指令的处理机。具体地讲，在一般标量流水线处理机中，通常把一条指令的执行过程分解为“取指令”、“译码”、“执行”和“写回”四级流水线。如果把其中的每级流水线再细分，例如可以再分解为两级延迟时间更短的流水线，则一条指令的执行过程就要经过八级流水线。这样，在一个基本时钟周期内就能够“取指令”、“译码”、“执行”和“写回”各两条指令。

超标量处理机一个时钟周期发射的指令的条数称为并行度。一个并行度为 n 的超流水线处理机在一个时钟周期内可以发射 n 条指令，也就是每隔 $1/n$ 个时钟周期就发射一条指令。采用超流水线技术比采用超标量技术节省了大量的硬件。因为超标量处理机一个时钟周期同时发射多条指令，经过一个周期再同时发射多条指令。这样就需要有多套硬件来保障，假如一个周期发射三条指令就要有三套同样的硬件来保障指令的发射。超流水线则不同，它采用的是时间并行，只需增加少量的硬件，通过各硬件的重叠工作来提高处理机的性能。下面来看一下超流水线处理机的指令执行时空图。

图 12-17 只是原理上的指令执行时空图，实际上，有的功能段可以分解的流水级多些，有的功能段分解的流水级少些，还有的功能段不用再细分。例如图中的“译码（ID）”功能段，可以再细分为“译码”流水级、“取第一个操作数”流水级、“取第二个操作数”流水级等；而“写回结果”功能段一般不再细分。

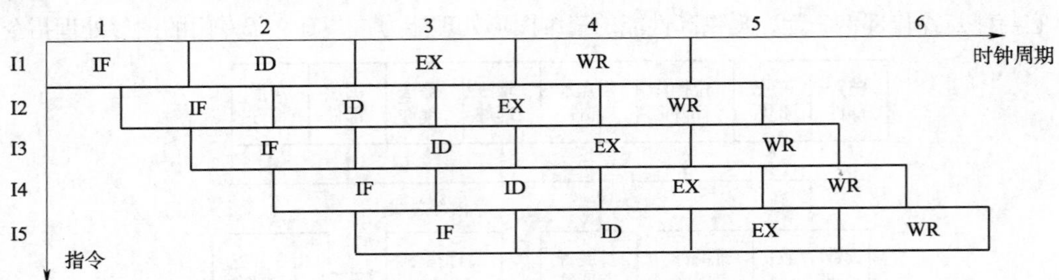

图 12-17 超流水线处理机的指令执行时空图

IF—取指令；ID—指令译码；EX—执行指令；WB—写回结果

超流水线处理机的典型代表是 MIPS 的 R4000 处理机。它把一个时钟周期分为两个流水段。这样原来每执行一条指令要 4 个时钟周期，现在变成了要 8 个流水段。

R4000 芯片内有指令 Cache 和数据 Cache 的两个容量各 8 KB 的 Cache，每个 Cache 的数据宽度为 64 位。由于每个时钟周期可以访问 Cache 两次，因此，在一个时钟周期内可以从指令 Cache 中读出两条指令，从数据 Cache 中读出或写入两个数据。

MIPS R4000 的处理部件包括整数部件和浮点部件。整数部件是 R4000 的核心处理部件，它主要包括一个通用寄存器堆（包含 32 个 32 位寄存器）、一个算术逻辑部件（ALU）、一个专用的乘法/除法部件。浮点部件包括一个浮点通用寄存器堆和一个执行部件。整数部件和浮点部件共同协作可以完成取指令，整数的译码和执行，浮点数的加法、减法、乘法、除法以及求平方根，定点与浮点的比较等操作。

MIPS R4000 指令流水线有八级，流水线操作如图 12-18 所示。

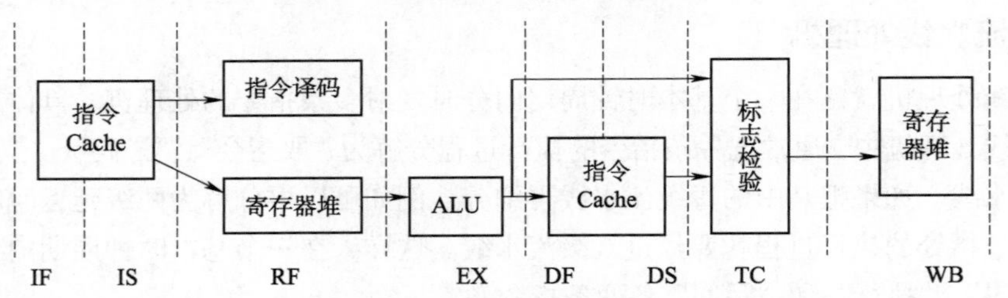

图 12-18 MIPS R4000 处理机的流水线操作

IF—取第一条指令；IS—取第二条指令；RF—读寄存器堆、指令译码；EX—执行指令；

DF—取第一个数据；DS—取第二个数据；TC—数据标志检验；WB—写回结果

指令 Cache 占用两个流水线周期，就是要经过两个流水线周期才能读出指令，然后指令开始译码和读寄存器，然后用一个周期就可以完成 ALU 操作，再通过两个流水线周期完成数据 Cache 的读写，用一个周期完成标志的检验，最后用一个周期完成写寄存器。

下面来比较一下超标量处理机和超流水线处理机的性能。

为了便于比较，把单流水线普通标量处理机的指令级并行度记作（1，1），超标量处理机的指令级并行度记作$(m，1)$，超流水线处理机的并行度记作$(1，n)$。

在理想情况下，N 条没有资源冲突、没有数据相关和控制相关的指令在单流水线普通标量处理机上的执行时间为

$$T(1,1)=(k+N-1)\Delta t \tag{12-1}$$

式中，k 是流水线的级数；Δt 是一个时钟周期的时间长度。

如果把相同的 N 条指令在一台每个时钟周期发射 m 条指令的超标量处理机上执行，所需要的时间为

$$T(m,1)=\left(k+\frac{N-m}{m}\right)\Delta t \tag{12-2}$$

而在一条超流水线处理机上所需的时间是

$$T(1,n)=\left(k+\frac{N-1}{n}\right)\Delta t$$

因此，超标量处理机相对于单流水线普通标量处理机的加速比为

$$S(m,1)=\frac{T(1,1)}{T(m,1)}=\frac{m(k+N-1)}{N+m(k-1)} \tag{12-3}$$

超流水线处理机相对于单流水线普通标量处理机的加速比为

$$S(1,n)=\frac{T(1,1)}{T(1,n)}=\frac{n(k+N-1)}{nk+N-1} \tag{12-4}$$

当 $N\to\infty$ 时，在没有资源冲突，没有数据相关和控制相关的理想情况下，超标量处理机的加速比最大值为

$$S(m,1)_{\max}=m \tag{12-5}$$

超流水线的加速比最大值为

$$S(1,n)_{\max}=n \tag{12-6}$$

下面来看一个简单的例子。

【例12-7】现有 12 个任务需要进入流水线，流水线的功能段都为 4 个，流经每个功能段的时间相同，设为Δt。现在计算在下列情况下完成 12 个任务分别需要多少时间？

（1）单发射基准流水线。

（2）超标量流水线，每个时钟周期可以发射 3 条指令。

（3）超流水线，每个时钟周期可以分时发射 3 次，每次可以发射 3 条指令。

答：由上面给出的公式，可以很容易地算出完成 12 个任务分别花费的时间是多少。

$$T(1,1)=(4+12-1)\,\Delta t=15\Delta t$$

$$T(3,1)=\left(4+\frac{12-3}{3}\right)\Delta t=7\Delta t$$

$$T(1,3)=\left(4+\frac{12-1}{3}\right)\Delta t=\frac{23}{3}\Delta t$$

12.3.3 超标量超流水线处理机

从指令级并行性来看，超标量处理机主要开发空间并行性，依靠重复设置的操作部件上同时执行多个操作来提高程序的执行速度。而超流水线处理机则主要开发时间并行性，在同一个操作部件上重叠多个操作，通过使用较快时钟周期的深度流水线来加快程序的执行速度。

为了进一步提高指令级并行度，可以把超标量技术与超流水线技术结合在一起，这就是超标量超流水线处理机。图 12-19 表示它的指令执行时空图。它在一个时钟周期内要发射指令 m 次，每次发射指令 n 条，故每个时钟周期中总共发射指令 mn 条。

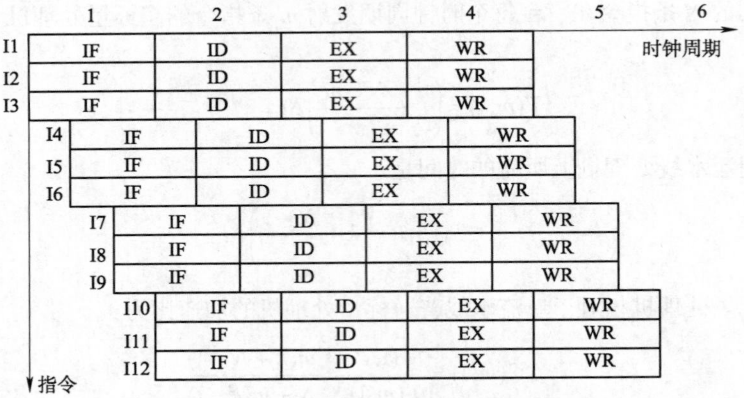

时钟周期：1 2 3 4 5 6

指令				
I1	IF	ID	EX	WR
I2	IF	ID	EX	WR
I3	IF	ID	EX	WR
I4	IF	ID	EX	WR
I5	IF	ID	EX	WR
I6	IF	ID	EX	WR
I7	IF	ID	EX	WR
I8	IF	ID	EX	WR
I9	IF	ID	EX	WR
I10	IF	ID	EX	WR
I11	IF	ID	EX	WR
I12	IF	ID	EX	WR

图 12-19 超标量超流水线处理机的指令执行时空图

IF—取指令；ID—指令译码；EX—执行指令；WR—写回结果

在图 12-19 中，每个时钟周期分为 3 个流水线周期，每个流水线周期发射 3 条指令。从图 12-19 中看出，每个时钟周期能够发射并执行完成 12 条指令。因此，在理想情况下，超标量超流水线处理机执行程序的速度应该是超标量处理机和超流水线处理机执行程序速度的乘积。

超标量超流水线处理机性能：

在理想情况下，N 条指令在单流水线普通标量处理机上的执行时间为

$$T(1,1)=(k+N-1)\Delta t$$

在一台指令级并行度为(m, n)的超标量超流水线处理机上，连续执行 N 条没有数据相关和控制相关的指令所需的时间为

$$T(m,n)=\left(k'+\frac{N-m}{mn}\right)\Delta t \tag{12-7}$$

式中，k'是指令流水线的流水段（时钟周期数），而不是流水线级数。

式（12-7）中第一项是执行开始 m 条指令所需要的时间，而第二项是执行其余 $N-m$ 条指令所需要的时间。此时，每一个时钟周期执行完成 mn 条指令，也就是每一个流水线周期执行完成 m 条指令。

超标量超流水线处理机相对于单流水线标量处理机的加速比为

$$S(m,n)=\frac{T(1,1)}{T(m,n)}=\frac{mn(k+N-1)}{mnk+N-m} \tag{12-8}$$

当 $N\to\infty$ 时，在理想情况下，加速比最大值为

$$S(m,n)_{\max}=mn$$

12.3.4　超线程

超线程（hyper threading，HT）是 Intel 研发的一种技术，于 2002 年发布。超线程技术原先只应用于 Xeon 处理器中，当时称为“Super-Threading”。之后陆续应用在 Pentium 4 HT 中。早期代号为 Jackson。

超线程技术把多线程处理器内部的两个逻辑内核模拟成两个物理芯片，让单个处理器就能使用线程级的并行计算，进而兼容多线程操作系统和软件。超线程技术充分利用空闲 CPU 资源，在相同时间内完成更多工作。虽然采用超线程技术能够同时执行两个线程，当两个线程同时需要某个资源时，其中一个线程必须让出资源暂时挂起，直到这些资源空闲以后才能继续。因此，超线程的性能并不等于两个 CPU 的性能。而且，超线程技术的 CPU 需要芯片组、操作系统和应用软件的支持，才能比较理想地发挥该项技术的优势。

在一般的流水线中，每个单位时间内一个单运行流水线的 CPU 只能处理一个线程，如果想要在一单位时间内处理超过一个线程是不可能的，除非是有两个 CPU 的实体单元。Intel 的多线程技术是在 CPU 内部仅复制必要的资源，让两个线程可同时运行；在一单位时间内处理两个线程的工作，模拟实体双核心、双线程运作。

Intel 自 Pentium 开始引入超标量、乱序发射、大量的寄存器及寄存器重命名、多指令解码器、预测运行等特性，这些特性的原理是让 CPU 拥有大量资源，并可以预先运行及并行运行指令，以增加指令运行效率，可是在现实中这些资源经常闲置。为了有效利用这些资源，就干脆再增加一些资源来运行第二个线程，让这些闲置资源可执行另一个线程，而且 CPU 只要增加少数资源就可以模拟成两个线程运作。

Pentium4 处理器需多加一个 Logical CPU Pointer（逻辑处理单元）。因此 Pentium4 HT 的半导体裸片（die）的面积比以往的 P4 增大了 5%。而其余部分如 ALU（整数运算单元）、FPU（浮点运算单元）、L2 Cache（二级缓存）并未增加，且是共享的，如图 12-20 所示。

图 12-20　超线程技术

12.4　静态多发射——VLIW 方法

超标量处理器在运行时要确定发射的指令条数。静态调度的超标量处理器必须检查要发射的指令间以及与已发射的指令间的相关性，必须要求高效的编译器支持才能达到较好的性能。动态调度的超标量处理器所需要的编译器支持相对较少，单硬件开销大。

第一代多发射处理机采用了 VLIW 结构，即超常指令字（very long instruction word）结构。由编译程序在编译时找出指令间潜在的并行性，进行适当调度安排，把多个能并行执行的操作组合在一起，成为一条具有多个操作段的超长指令。由这条超长指令去控制 VLIW 处理机中多个互相独立工作的功能部件，每个操作段控制一个功能部件，相当于同时执行多条指令。

VLIW 处理机更依赖编译器的支持，编译器不仅要尽可能减少由于数据冲突带来的停顿，而且要将指令封装成发射包，是一种单指令多操作码多数据的系统结构。VLIW 的字长与机器中的执行部件数有关。一般说，对于每一个执行部件需要有一个长度为 16～32 位的操作段，因此 VLIW 处理的指令字长度在 100～1 000 位之间。典型的机器有 Cydrome 公司 Cydra 5（1989 年），飞利浦公司的 TM-1（1996 年）。

VLIW 处理机用一条长指令实现多个操作的并行执行，以减少对存储器的访问。并行操作主要是在流水的执行阶段进行的，如图 12-21 所示，在执行阶段可并行执行 3 个操作，相当于指令级并行度为 3。

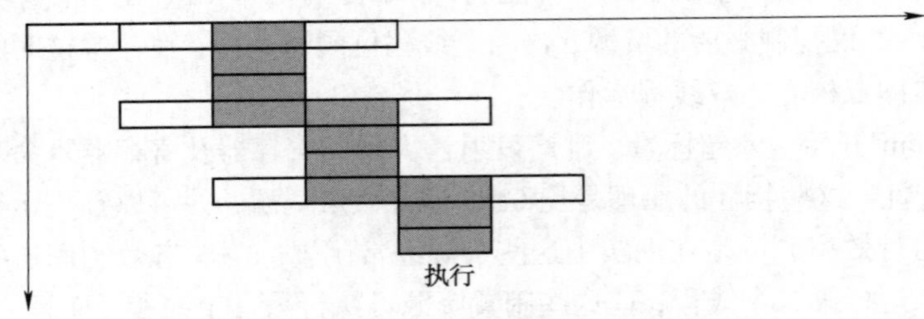

图 12-21　超长指令字处理机的时空图

VLIW 处理机的主要特点是：

（1）超长指令字的生成是由编译器来完成的，由它将串行的操作序列合并为可并行执行的指令序列，以最大限度实现操作并行性。

（2）单一的控制流，只有一个控制器，每个时钟周期启动一条长指令。

（3）超长指令字被分成多个控制字段，每个字段直接独立地控制每个功能部件。

（4）含有大量的数据通路和功能部件。由于编译器在编译时间已解决可能出现的数据相关和资源冲突，故控制硬件比较简单。

12.4.1　VLIW 处理机的结构模型

图12-22 所示为 VLIW 处理机的结构模型，它含有两个存取部件（LD/ST）、一个浮点加部件（FADD）、一个浮点乘部件（FMUL）。所有功能部件均由同一时钟驱动，在同一时刻控制每个功能部件的操作字段组成一个超长指令字。显然，指令字长度和功能部件数有关。超长指令字的生成是由编译器来完成的，它将串行的操作序列合并为可并行执行的指令序列，以最大限度实现操作的并行性。

例如：假设要执行以下赋值语句

C = A + B

K = I + J

L = M – K

Q = C × K

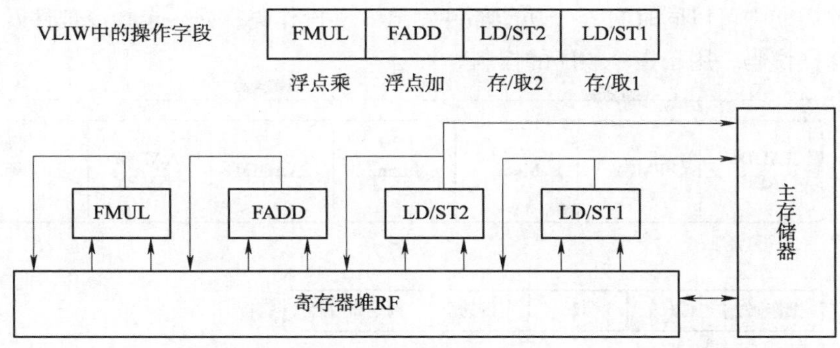

图 12-22　VLIW 处理机的结构模型

如果按串行操作进行，那么所有的指令序列见表 12-2。

表 12-2　串行操作指令序列

源 代 码	操 作 性 质	所 需 周 期
C=A+B	Load A Load B C=A+B Store C	1 1 1 1
K=I+J	Load I Load J K=I+J Store K	1 1 1 1
L=M−N	Load M L=M−N Store L	1 1 1
Q=C*K	Q=C*K Store Q	2 1

假设 Load 和 Store 指令以及 FADD 操作需 1 个周期完成，而 FMUL 操作需 2 个周期完成，则表 12-2 中的指令串行操作共需 14 个周期。

若采用表调度的编译方法，则可将原来的 13 条指令序列，压缩成 6 条长字指令。此时完成同样的操作，仅需 6 个周期。表 12-3 中列出了 VLIW 操作的表调度情况。可以省出两个存取部件，浮点加部件、浮点乘部件可以并行操作。另外，浮点乘运算需两个周期，因此运算结果 Q 只能在第 6 个周期中写入存储器。

表 12-3　VLIW 操作的表调度情况

Load A	Load B		
Load I	Load J	C=A+B	
Load M	Load C	K=I+J	
	Store K	L=M−K	Q=C*K
	Store L		
Store Q			

12.4.2　典型处理机结构

Cydra 5 处理机采用了超长指令字。图 12-23 给出了它的多操作码（MultiOp）指令格式。一条超长指令有 32 B（256 位），分成 7 个操作段，如图 12-23（a）所示。每段对应一个操作，即在每个机器周期中可以同时向 6 个功能部件发出 6 种操作码；向一个指令部件发出转移操作码或条件转移操作码，用于指令顺序的控制。

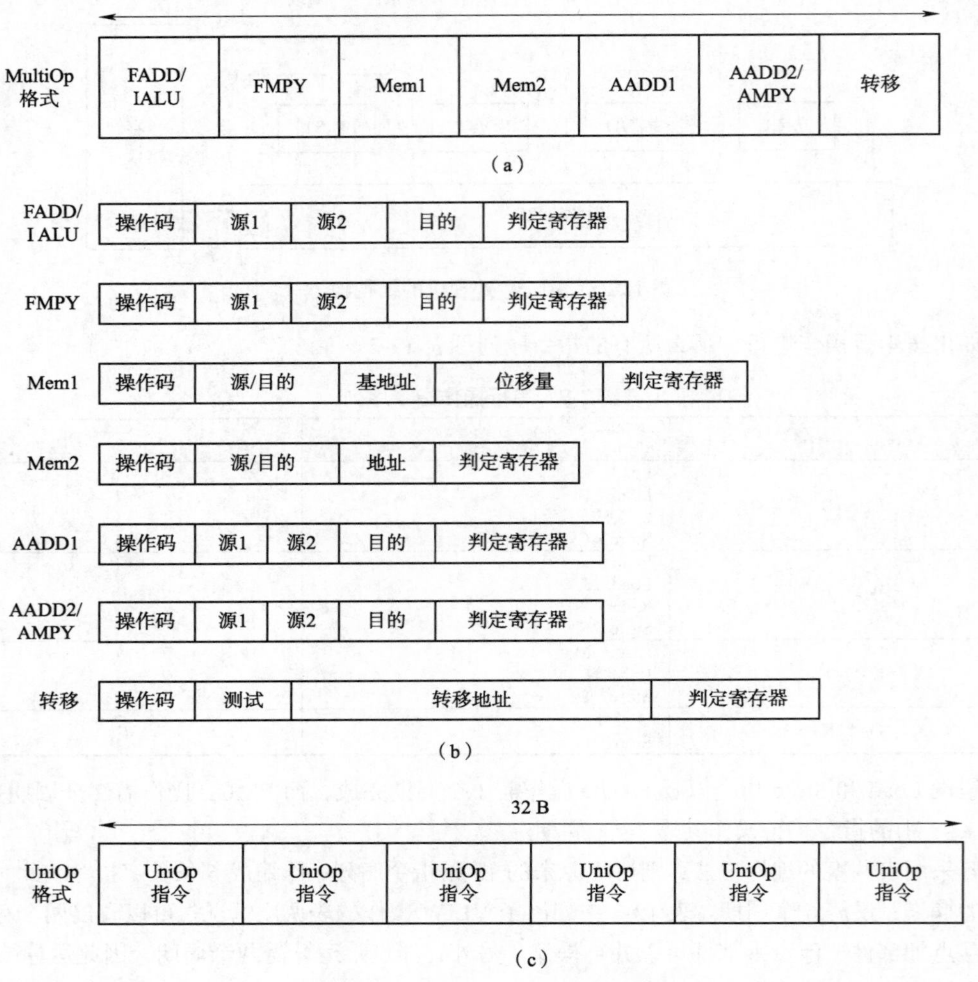

图 12-23　Cydra 5 的指令格式

图 12-24（b）给出了 7 个操作段的内容，它们对应于处理机的 7 个功能部件。其中，前 4 个对应于 4 个功能部件流水线，它们是 FADD/IALU（浮点加法器/整数算术逻辑部件）、FMPY（浮点/整数乘法器）、Meml（存储器端口 1）、Mem2（存储器端口 2）。第 5、6 操作段对应于两个地址计算流水线，它们是 AADD1（地址加法器）和 AADD2/AMPY（地址加法器/乘法器）。第 7 个操作段对应于指令和杂项寄存器部件。每个操作段的典型格式中有 1 个操作码、2 个源寄存器描述码、1 个目的寄存器描述码、1 个判定寄存器描述码。

MultiOp 格式的有效性取决于：程序本身的特点；编译程序是否能有效地抽调出能并行执行的操作。如果遇到并行性很低的计算，MultiOp 格式会浪费存储器空间和处理机能力。为此，另外设有一种 UniOp（单操作码）的指令格式，它在 256 位中可以容纳 6 条单操作码指令，每条指令长 40 位，如图 12-23（c）所示。通过编译调度 6 条单操作码指令，使处理机尽可能在一个周期中获得并行操作。

Cydra 5 处理机的组成框图如图 12-24 所示。它包含三个主要子系统，即执行部件、指令部件和系统存储器控制器。处理机通过存储器接口与系统存储器相连接。系统存储器是双端口存储器。

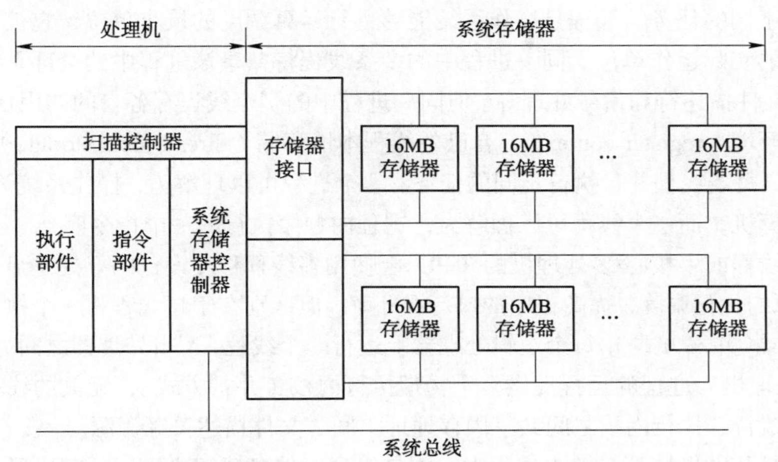

图 12-24　Cydra 5 处理机的组成框图

12.5　多核心技术

多核心（multicore）技术是指在单个芯片（chip）内集成两个或多个完整的计算引擎（内核）。多核心技术是超标量和 VLIW 技术的进一步发展。超标量结构使用多个功能部件同时执行多条指令，实现指令级的并行（instruction-level parallelism，ILP）。但其控制逻辑复杂，实现困难。研究表明，超标量结构的 ILP 一般不超过 8。VLIW 结构使用多个相同功能部件执行一条超长的指令，但也有两大问题：编译技术支持和二进制兼容问题。

处理器设计的一个重要方向是对现有软件提供更多的支持，主流应用需要处理器具备同时执行更多条指令的能力，但是从单一线程中已经不太可能提取更多的并行性，主要有以下两个方面的原因：一是不断增加的芯片面积提高了生产成本；二是设计和验证所花费的时间变得更长。在处理器结构上，更复杂化的设计也只能得到有限的性能提高。对单一控制线程的依赖限制了多数应用的并行性，而主流应用，如在线数据库事务处理（online database transaction）与网络服务（如 Web 服务器）等，一般都具有较高的线程级并行性（thread-level parallelism，TLP）。为此，出现了两种新型体系结构：单芯片多核心处理器与多处理机系统，这两种体系结构可以充分利用这些应用的指令级并行性和线程级并行性，从而显著提高了这些应用的性能。

下面先简单介绍一下主流应用所使用的多线程技术。

12.5.1　进程与线程

按照操作系统的定义，进程（process）是计算机中的程序关于某数据集合上的一次运行活动，是操作系统进行资源分配和调度的基本单位。在早期的操作系统中并没有线程的概念，进程是拥有资源和独立运行的最小单位，也是程序执行的最小单位。随着计算机的发展，对 CPU 的要求越来越高，进程之间的切换开销较大，已经无法满足越来越复杂的程序的要求，线程概念被提出。

线程（thread）指的是进程中一个单一顺序的控制流，一个进程中可以并发多个线程，每条线程并行执行不同的任务。线程是操作系统能够进行运算调度的最小单位，它被包含在进程之中，是进程中的实际运作单位。同一进程中的多条线程将共享该进程中的全部系统资源，如虚拟地址空间、文件描述符和信号处理等。但同一进程中的多个线程有各自的调用栈（call stack），自己的寄存器环境（register context），自己的线程本地存储（thread-local storage）。一个进程可以有很多线程，每条线程并行执行不同的任务。一个进程可以理解为，操作系统为用户创建的、一个逻辑的计算机；而一个线程可以理解为，进程内顺序执行的一个指令序列。

在支持超线程或多核心/多处理机的 CPU 上使用多线程程序设计的好处是显而易见的，即支持 CPU 资源的优化调度，提高程序的执行吞吐率。但区别在于超线程将一个执行内核模拟成多个逻辑处理器（并发方式），每个逻辑处理器上运行一个线程，逻辑处理器之间分享执行内核；而多核心/多处理机为进程的运行提供多个物理执行内核（并行方式），无关的线程在不同的执行内核上并行执行，执行内核之间共享内存地址空间、文件描述符等资源。

并发方式是几件事情都在解决过程中，不是等到一件事情解决之后再解决另一件事情。通过并发，提高了公用资源的利用率，但也会出现资源的争用问题，如何合理安排对公用资源的使用成为关键。并行方式是同时解决几件事情，每件事情分别由不同的实体（人、计算机等）解决，事情 A 和 B 分别使用不同的资源，A 和 B 是两个独立的子问题。通过并行，缩短了整个问题的解决周期，如何寻找到无关的子问题成为关键。并行是并发的一种特例，并行的事件之间，没有公用资源。在某些情况下，并发的问题可以转换成并行的问题，如可通过增加系统资源将并发转换为并行，其中 multicore 代替 hyper-threading 是一个非常典型的实例。此外，通过改进算法也可将一部分并发问题转换为并行问题。从这个意义上说，多核心/多处理机体系结构更有助于提高线程执行的效率。

12.5.2 多核处理器体系结构

多核处理器较为学术的名称为片上多处理器（chip multiprocessor，CMP），即基于单个半导体芯片上拥有两个或多个功能完整的处理核心，多核心通常共享二或三级 Cache。核心的设计简单、功耗低。CMP 可分为同构多核和异构多核。计算内核相同，地位对等的称为同构多核；计算内核不同，地位不对等的称为异构多核，异构多核多采用“主处理核+协处理核”的设计。目前，用于桌面及服务器系统的处理器大多采用同构内核，移动设备处理采用异构内核的居多。

多年来，计算机体系结构设计在单线程性能方面已取得重大的进展。为提高单线程性能，采用了各种微体系结构技术，如超标量、乱序发射、超流水技术等。但近年来，通过这些技术并未获得更好的性能。能量和存储延时问题，已经成为提高单线程性能的障碍，从而导致一些高频率芯片方案已被取消。根据工程经验，能量消耗大约与主频成三次方关系。处理器能量的消耗已经到了现有技术的极限，对于有足够多线程的应用存在如下关系：加倍并发线程的数目，能量消耗×2；减半线程的工作频率，能量消耗/8，故获得同等性能，能量仅为原来的 1/4。因此，为优化线程运行而设计的多核处理器，成为处理器设计的主流。多核处理器相对于单核，在性能、功耗和成本上的对比见表 12-4。

表 12-4　处理器设计的均衡因素

项目	单核处理器	多核处理器
性能	仅靠主频驱动	由主频和每时钟周期所执行的指令数来实现
功耗	主频超过 2 GHz 时，功耗超过 100 W	平衡性能与功耗
成本	封装和测试占总成本的 25%～50%，I/O 通常占晶片面积的 15%～20%	多核共享封装和 I/O，总成本下降

多核处理的一般性架构如图 12-25 所示。

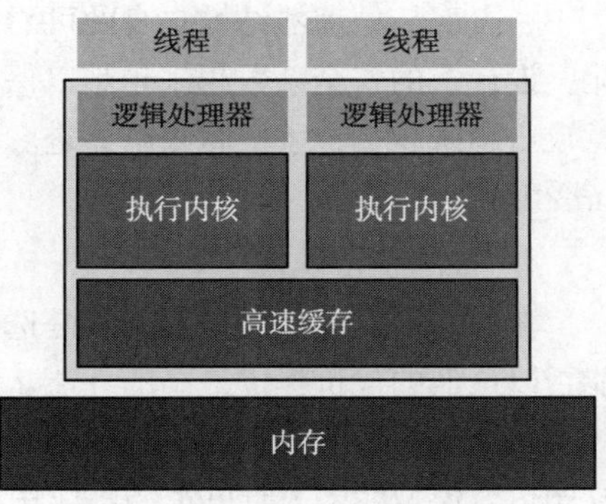

图 12-25　多核处理的一般性架构

目前，多核处理器的设计还存在一些问题和挑战：

1. 核结构研究

CMP 的构成分成同构和异构两类，同构是指内部核的结构是相同的，而异构是指内部的核结构是不同的。从理论上来看似乎异构微处理器的结构具有更好的性能，但核所用的指令系统对系统的实现也是很重要的，多核之间采用相同的指令系统还是不同的指令系统，能否运行操作系统等，也将是研究的内容之一。

2. Cache 设计

处理器和主存间的速度差距必须使用多级 Cache 来缓解。CMP 采用共享 L2 Cache 的 CMP 结构，即每个处理器核心拥有私有的一级 Cache，且所有处理器核心共享 L2 Cache。Cache 自身的体系结构设计也直接关系到系统整体性能。但是在 CMP 结构中，共享 Cache 或独有 Cache 孰优孰劣、需不需要在一块芯片上建立多级 Cache，以及建立几级 Cache 等，对整个芯片的尺寸、功耗、布局、性能以及运行效率等都有很大的影响。此外，多级 Cache 又引发一致性问题。

3. 核间通信技术

总线共享 Cache 结构是指每个核心拥有共享的 L2 或 L3 Cache，用于保存比较常用的数据，并通过连接核心的总线进行通信。这种系统的优点是结构简单，通信速度高，缺点是基于总线的结构可扩展性较差。基于片上互连的结构是指每个核心具有独立的处理单元和 Cache，各个核心通过交叉开关或片上网络等方式连接在一起。各个核心间通过消息通信。这种结构的优点是可扩展性好，数据带宽有保证，缺点是硬件结构复杂且软件改动较大。

4. 总线设计

传统微处理器中，Cache 不命中或访存事件都会对 CPU 的执行效率产生负面影响，而总线接口单元（BIU）的工作效率会决定此影响的程度。当多个核心同时要求访问内存或多个核心内私有 Cache 同时出现 Cache 不命中事件时，BIU 对这多个访问请求的仲裁机制以及对外存储访问的转换机制的效率决定了 CMP 系统的整体性能。

5. 低功耗设计

低功耗和热优化设计已经成为微处理器研究中的核心问题。CMP 的多核心结构决定了其相关的功耗研究是至关重要的课题。同时，在操作系统级、算法级、结构级、电路级等多个层次上研究。每个层次的低功耗设计方法实现的效果不同——抽象层次越高，功耗和温度降低的效果越明显。

6. 存储器墙

为了使芯片内核充分工作，最起码的要求是芯片能提供与芯片性能相匹配的存储器带宽。同样，系统也必须有能提供高带宽的存储器。所以，芯片对封装的要求也越来越高。虽然封装的引脚数每年以一定比例的数目提升，但还不能完全解决问题，而且还带来了成本提高的问题。因此，怎样提供一个高带宽、低延迟的接口带宽，是必须解决的一个重要问题。

7. 可靠性及安全性设计

一方面，处理器结构自身的可靠性低下。由于超微细化与时钟设计的高速化、低电源电压化，设计上的安全系数越来越难以保证，故障的发生率逐渐走高。另一方面，来自第三方的恶意攻击越来越多，手段越来越先进。现在，可靠性与安全性的提高在计算机体系结构研究领域备受瞩目。

8. 程序执行模型

多核处理器设计的首要问题是选择程序执行模型。程序执行模型的适用性决定多核处理器能否以最低的代价提供最高的性能。当目标机器是多核体系结构时，产生的问题是：多核体系结构如何支持重要的程序执行模型？是否有其他的程序执行模型更适于多核的体系结构？这些程序执行模型能多大程度上满足应用的需要并为用户所接受？

9. 操作系统设计

多核的中断处理和单核有很大不同。多核的各处理器之间需要通过中断方式进行通信，所以多个处理器之间的本地中断控制器和负责仲裁各核之间中断分配的全局中断控制器也需要封装在芯片内部。另外，多核 CPU 是一个多任务系统，不同任务会竞争共享资源，因此需要系统提供同步与互斥机制。

10. 多核编译技术

未来多核芯片的设计走向尚处于不甚明朗的状态，多核编译器不能坐等硬件设计成型。应该立足于各种不同的体系结构的假定，通过程序分析和模拟实验，找出通用的优化技术，比较不同体系结构的特别要求和实际效率，以此来指导体系结构设计。

12.5.3 多核处理器实例

1. Intel Core i7

Intel Core i7 是一个同构多核处理器，于 2008 年 11 月推出，实现了四个 x86 SMT（simulate multi-threading，同步多线程技术）计算核，每个计算核带一个专用的 L2 Cache，一个共享的 L3 Cache，如图 12-26 所示。在 Core i7 中，每个核拥有自己的专用 L2 Cache，四个核共享一个 8 MB 的 L3 Cache。为了使 Cache 更加高效地工作，使用了预取机制。在这种机制中，硬件检测内存的访问模式，推测马上要用到的数据，并提前装入 Cache 中。

Core i7 芯片支持两种片外通信方式：通过 DDR3 主存控制器的通信和通过高速路径互连的通信。Core i7 将 DDR3 主存控制器集成到了片内，去掉了前端总线。这个接口支持三个信道，每个信道为 8 字节宽，总宽度为 192 位，总数据传输率可达 32 Gbit/s。高速路径互连（quick path

interconnect，QPI）是一个电气互连规范，基于一致性协议和点对点链路，用于 Intel 处理器和芯片组互连。通过其互连的处理器之间能高速通信，每秒可进行 6.4 G 次传送，每次传送 16 位，带宽达到 12.8 GB/s。由于 QPI 链路是双向的，总带宽可达到 25.6 GB/s。

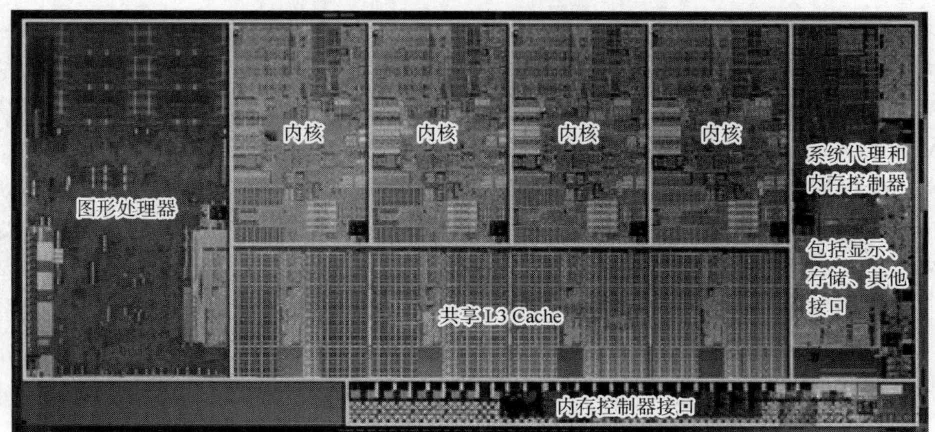

图 12-26　Intel Core i7 微结构

2. ARM big.LITTLE

big.LITTLE 是 ARM 设计的一种异构多核处理器的架构，旨在为适当的作业分配恰当的处理器核心。它将最高性能的 ARM CPU 与最高效的 ARM CPU 结合到一个处理器子系统中，与当今业内最优秀的系统相比，不仅性能更高，能耗也更低。通过 big.LITTLE 处理，可根据性能要求，将软件工作负载动态、快速迁移至适当的 CPU。这种软件负载平衡操作非常快，对于用户来说完全是无缝的。通过为每项任务选择最佳处理器，big.LITTLE 可以使处理器在处理低工作负载和后台任务时减少 70%甚至更多的能耗，在处理中等强度工作负载时减少 50%的能耗，同时仍能提供高性能内核的峰值性能。其中，big 指高性能核心，其计算性能高但功耗高；LITTLE 指高效核心，其功耗较低。这种技术非常适合应用于对功耗比较敏感的移动设备中。其微结构如图 12-27 所示。

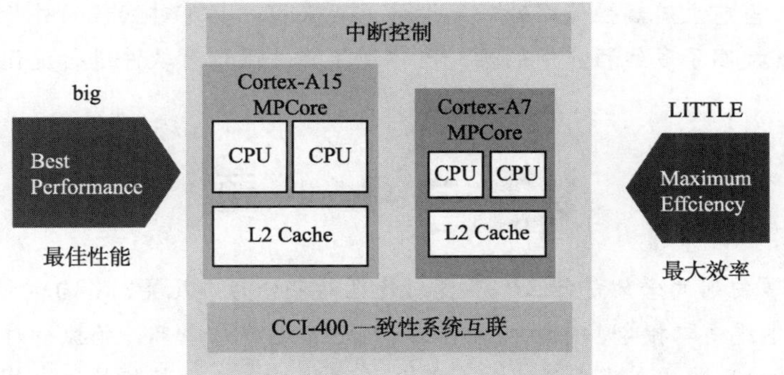

图 12-27　ARM big.LITTLE 微结构

在 big.LITTLE 系统中，无论大小核处理器在架构上都是相同的。例如 ARM Cortex-A15 和 ARM Cortex-A7 都实现了完整的 ARM v7A 架构，包括虚拟化和大型物理地址扩展。 因此，所有的指令在 Cortex-A15 和 Cortex-A7 上运行都是“结构一致”（architecturally consistent）相同的，除了两者性能差别导致的执行时间不同。Cortex-A15 和 Cortex-A7 特性集实现的定义也是类似的。因此，两个处理器都可以被配置为拥有 1～4 个核，并且都在处理器集群内部集成了一个 L2 Cache。另外，由于两个处理器都支持AMBA-4定义的片中总线，故可以使用CoreLink CCI-400内部总线进行连接。

Cortex-A15 和 Cortex-A7 两者之间的差异主要体现在微架构（micro-architectures）中。Cortex-A7 是一个有序、非对称、双发射（超标量）处理器，其流水线长度在 8～10 级之间。Cortex-A15 是一个乱序、三发射（超标量）处理器，其流水线长度在 15～24 级之间。对于一条指令来说，执行其所消耗的能量有一部分是与其经历的流水线长度有关的。所以，Cortex-A15 和 Cortex-A7 之间的功耗差别很大程度与他们流水线长度有关。（当然，流水线越长，指令中可重叠的部分越多，CPU 性能也越高。）

总的来说，Cortex-A15 与 Cortex-A7 在微结构中采用了不同的倾向。Cortex-A15 偏重性能，而 Cortex-A7 会牺牲性能来提高能源效率。这两种架构的 L2 Cache 设计是这种折中倾向的一个很好例子。通过在 Cortex-A15 和 Cortex-A7 之间共享一个 L2 Cache，可以使两者进行互补。

小　　结

单处理机系统中所使用的并行技术主要包括：指令级并行、超标量与超流水线和多核心技术。这些技术都在一定程度上对原有的冯·诺依曼结构进行了改进，形成了并行计算机体系结构。

对并行计算机的分类方法比较公认的是 Flynn 分类。Flynn 分类模型将计算机体系结构分为四种不同类型：单指令流单数据流（SISD）、单指令流多数据流（SIMD）、多指令流单数据流（MISD）和多指令流多数据流（MIMD）。

指令级并行的主要思想是挖掘指令级的并行度，使单处理机达到一个时钟周期完成多条指令执行的目的。要实现该目的，最重要的问题是要判断指令之间是否存在相关关系。

超标量、超流水线和 VLIW 均是对传统流水线的进一步改进，在时间重叠的基础上增加了空间重叠，通过冗余硬件来换取更高的指令执行效率。

多核心技术被当前主流高性能微处理器设计广泛采用，其可对线程的并行执行提供更高效的硬件支持，显著提高了多线程应用的性能，体现了硬件设计对软件进行优化这一现代计算机设计思路。

习　　题

1. 单发射、多发射的含义是什么？多发射处理器可分为哪几类？各自的结构特点？

2. 设指令流水线由取指令、分析和执行三个部件组成，每个部件的执行时间为 Δt，连续流入十六条指令。请分别画出单发射流水线和指令并行度 ILP=4 的超标量流水线的时空图，并分别计算单发射流水线和超标量流水线的加速比。

3. 推动多核处理器研发的主要驱动力有哪些？

第 13 章 多处理机系统

多处理机系统（multiprocessor system）是指多个处理机及存储器模块构成的并行计算系统，简称多机系统。多机系统是将多个 VLSI（超大规模集成电路）工艺集成的微处理机芯片结合在一起，由多个处理机并行工作以达到所需的高速度，因此多机系统实际上是并行处理技术和 VLSI 技术相结合的产物。目前，高性能计算平台的构建依然主要依赖多处理机系统。

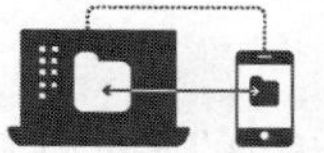

13.1 并行计算机结构模型

从历史的发展看，并行计算机结构模型可分为六类：

（1）单指令多数据流机 SIMD（single-instruction multiple-data）。

（2）并行向量处理器 PVP（parallel vector processor）。

（3）对称多处理机 SMP（symmetric multiprocessor）。

（4）大规模并行处理机 MPP（massively parallel processor）。

（5）分布式共享存储 DSM（distributed shared memory）多处理机。

（6）工作站集群 COW（cluster of workstation）。

其中 SIMD 即为 Flynn 分类中的单指令流多数据流计算机，且多为专用计算机，其余五类均属 Flynn 分类中的 MIMD 系统。SIMD 系统的结构图前面已经介绍过了，后五种并行机的结构图如图 13-1～图 13-5 所示。

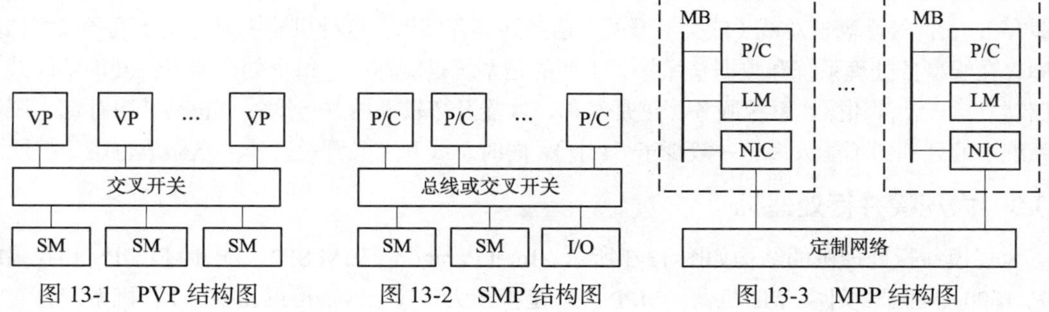

图 13-1　PVP 结构图　　图 13-2　SMP 结构图　　图 13-3　MPP 结构图

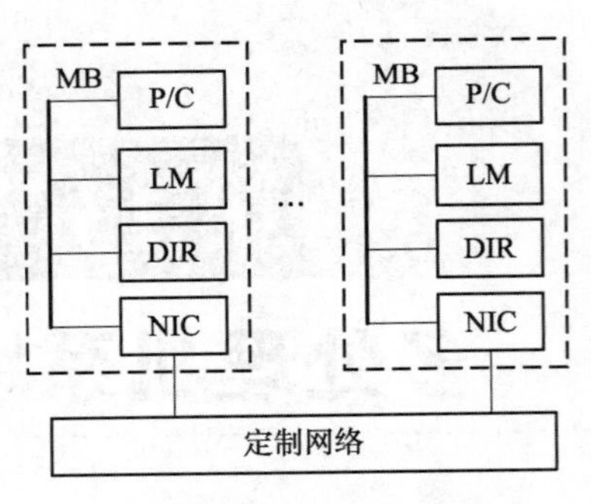

图 13-4　DSM 结构图

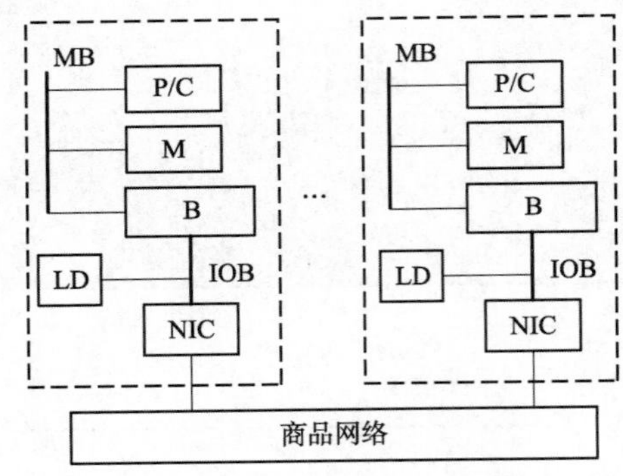

图 13-5　COW 结构图

图中，VP 表示向量处理器（vector processor）；P/C 表示微处理器和高速缓存（microprocessor/cache）；SM 表示共享存储器（shared memory）；LM 表示本地存储器（local memory）；M 表示主存储器（memory）；MB 表示存储总线（memory bus）；IOB 表示 I/O 总线（I/O bus）；DIR 代表高速缓存目录；B 代表 Bridge，即存储总线和 I/O 总线间的接口；NIC 是网络接口卡（network interface card）；LD 表示本地磁盘（local disk）。

13.1.1　并行向量处理机

PVP 是由多个向量处理器（VP）构成的能够并行处理多个向量的多处理机，又称多向量机。典型的并行向量处理机的结构如图 13-1 所示。其典型代表是 Cray 系列、NEC SX4 等，我国的银河-Ⅰ型（峰值速度 1 亿次/s）和银河-Ⅱ型（峰值速度 10 亿次/s）也属此类型。

在 PVP 系统中，包含了少量的高性能计算专门设计定制的向量处理器（VP），每个至少具有 1G FLOPS 的处理能力。系统中使用了专门设计的高带宽的交叉开关网络，能够同时实现任意节点间互连，将 VP 连向共享存储器模块，存储器可以每秒兆字节的速度向处理器提供数据。这样的机器通常不使用高速缓存，而是使用大量的向量寄存器和指令缓冲器。

PVP 属于 MIMD 类型机，对于处理特定的向量计算有很高的速度，但其通用性较差（主要受限于专用的向量处理器），基本上是专机专用。

13.1.2　对称多处理机

对称多处理机的结构如图 13-2 所示。IBM R50、SGI Power Challenge、DEC Alpha 服务器 8400 和我国曙光一号等都是这种类型的机器。SMP 系统使用商品微处理器（具有片上或外置高速缓存），它们经由高速总线（或交叉开关）连向共享存储器。这种机器主要应用于商务，例如数据库、在线事务处理系统和数据仓库等。重要的是系统是对称的，每个处理器可等同地访问共享存储器、I/O 设备和操作系统服务。正是对称，才能开拓较高的并行度；也正是共享存储，限制了系统中的处理器不能太多（一般少于 64 个），同时总线和交叉开关互连一旦做成也难于扩展。

13.1.3　大规模并行处理机

大规模并行处理机的结构如图 13-3 所示。Intel Paragon、IBM SP2、Intel TFLOPS 和我国的曙光-1000 等都是这种类型的机器。MPP 一般是指超大型（very large scale）计算机系统，它具有如下特性：

（1）处理节点采用商品微处理器。

（2）系统中有物理上的分布存储器。

（3）采用高通信带宽和低延迟的互连网络（专门设计和定制的）。

（4）能扩展至成百上千个处理器。

（5）异步的 MIMD 机器，程序由多个进程组成，每个都有其私有地址空间，进程间采用传递消息相互作用。

MPP 的主要应用是科学计算、工程模拟和信号处理等以计算为主的领域。

13.1.4　分布式共享存储多处理机

分布式共享存储多处理机的结构如图 13-4 所示。Stanford DASH、Cray T 3D 和 SGI/Gray Origin 2000 等属于此类结构。高速缓存目录 DIR 用以支持分布高速缓存的一致性。DSM 和 SMP 的主要差别是，DSM 在物理上有分布在各节点中的本地存储器，从而形成了一个共享的存储器。对用户而言，系统硬件和软件提供了一个单地址的编程空间。DSM 相对于 MPP 的优势是编程较容易。

13.1.5　工作站集群

工作站集群结构如图 13-5 所示。Berkeley NOW、Alpha Farm、Digital TruCluster 等都是 COW 结构。在有些情况下，集群往往是低成本的变形的 MPP。COW 的重要界限和特征是：

（1）COW 的每个节点都是一个完整的工作站（不包括监视器、键盘、鼠标等外围设备），这样的节点称为“无头工作站”，一个节点也可以是一台 PC 或 SMP。

（2）各节点通过一种低成本的商品网络（如以太网、Myrinet 或 InfiniBand 等）互连，但也有少量商用集群也使用定制网络。

（3）各节点内有本地磁盘，MPP 节点内一般没有。

（4）节点内的网络接口是连接到 I/O 总线上的，而 MPP 内的网络接口是连到处理节点的存储总线上的。

（5）每个节点上均驻留一个完整的操作系统，而 MPP 中通常只是个微核，COW 的操作系统与单机操作系统相同，只需附加上一个软件层，以支持单一系统映像、并行度、通信和负载平衡等。

现今，MPP 和 COW 之间的界线越来越模糊。例如，一般认为 IBM SP2 是 MPP 系统，但除了用作通信网络的专用高性能开关网络外，它却有一个集群体系结构。集群相对于 MPP 有性能/价格比高的优势，集群正成为开发可扩展并行计算机的趋势。

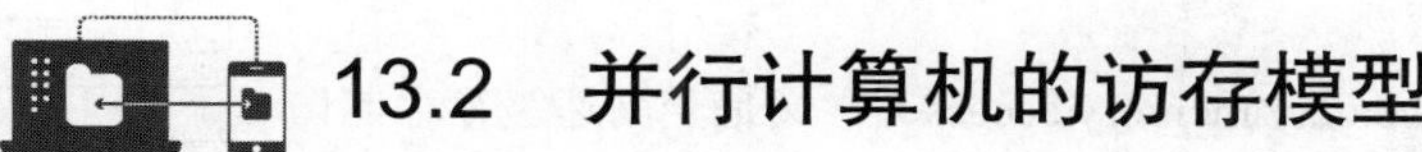

13.2　并行计算机的访存模型

并行计算机的访存模型即并行机访问其存储器的方式，是体现并行机特性的一个重要方面。

13.2.1　UMA

UMA（uniform memory access）含义是均匀存储访问。图 13-6 所示为 UMA 访存模型，其特点是：

（1）物理存储器被所有处理器均匀共享。

（2）所有处理器访问任何存储字的时间均相同（即为均匀存储访问名称的由来）。

（3）每个处理器可带私有高速缓存。

（4）外围设备也可以一定形式共享。

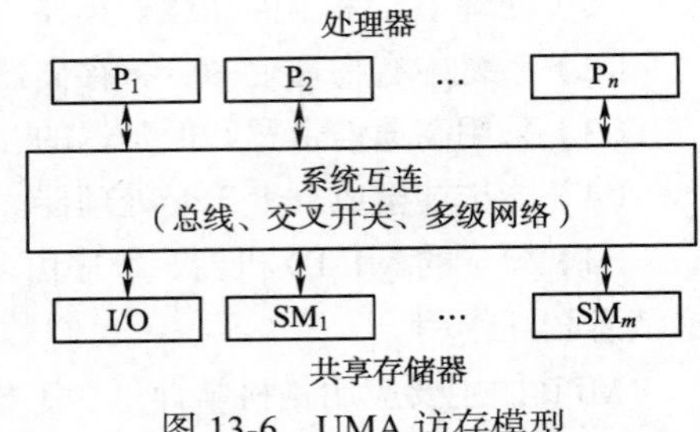

图 13-6　UMA 访存模型

这种系统由于高度共享资源，而称为紧耦合系统（tightly coupled system）。当所有的处理器都能等同地访问所有 I/O 设备，能同样地运行执行程序（如操作系统内核和 I/O 服务程序等）时，称为对称多处理机 SMP；如果只有一台或一组处理器（称为主处理器），它能执行操作系统并能操纵 I/O，而其余的处理器无 I/O 能力（称为从处理器），只在主处理器的监控之下执行用户代码，这时称为非对称多处理机。一般而言，UMA 结构适于通用或分时应用。

13.2.2　NUMA

NUMA（non-uniform memory access）含义是非均匀存储访问。图 13-7 所示为 NUMA 访存模型，其中图 13-7（a）为共享本地存储器模型，图 13-7（b）为层次式机群模型。NUMA 的特点是：

（1）被共享的存储器在物理上是分布在所有的处理器中的，其所有本地存储器的集合就组成了全局地址空间。

（2）处理器访问存储器的时间是不一样的。访问本地存储器 LM 或群内共享存储器 CSM 较快，而访问外地的存储器或全局共享存储器 GSM 较慢（即非均匀存储访问名称的由来）。

（3）每台处理器可带私有高速缓存，且外设也可以某种形式共享。

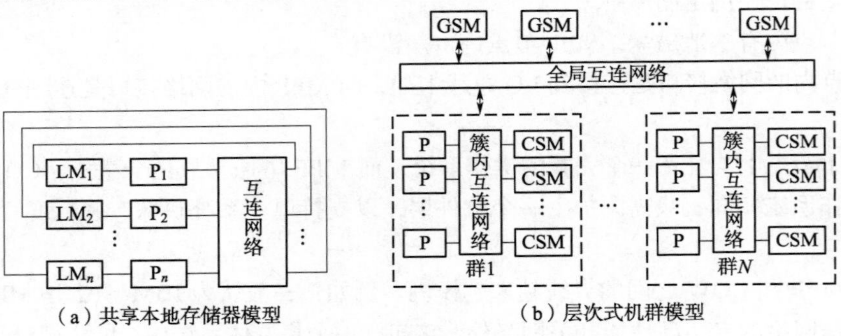

（a）共享本地存储器模型　（b）层次式机群模型

图 13-7　NUMA 访存模型

13.2.3　COMA

COMA（cache only memory access）含义是全高速缓存存储访问。图 13-8 所示为 COMA 模型，它是 NUMA 的一种特例。其特点是：

（1）各处理器节点中没有存储层次结构，全部由高速缓存组成全局地址空间。

（2）利用分布的高速缓存目录 D 进行远程高速缓存的访问。

（3）COMA 中的高速缓存容量一般都大于二级高速缓存容量。

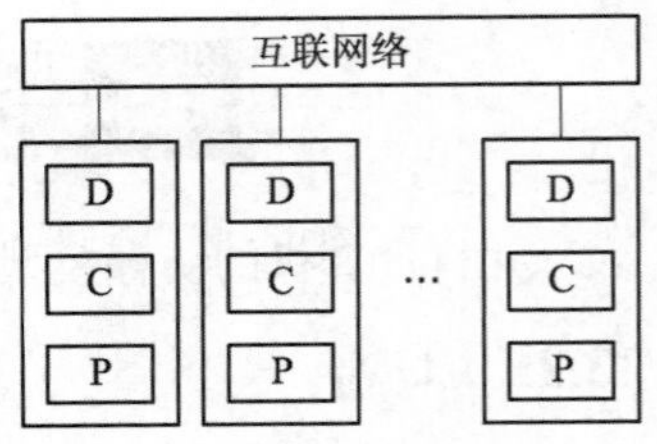

图 13-8　COMA 访存模型

（4）使用 COMA 时，数据开始时可任意分配，在运行时它最终会被迁移到要用到的地方。

这种结构的机器实例有瑞典计算机科学研究所的 DDM 和 Kendall Square Research 公司的 KSR1 等。

13.2.4　CC-NUMA

CC-NUMA（coherent cache non-uniform memory access）的含义是高速缓存一致性的非均匀存储访问。图 13-9 所示为 CC-NUMA 访存模型，它实际上是将一些 SMP 机器作为一个单节点而彼此连接起来所形成的一个较大的系统。其特点是：

（1）大多数基于 CC-NUMA 模型的并行计算机使用基于目录的高速缓存一致性协议。

（2）保留 SMP 结构易于编程优点的同时，也改善了常规 SMP 的可扩展性。

（3）CC-NUMA 是分布共享存储的 DSM 多处理机系统经常采用的访存模型。

CC-NUMA 最显著的优点是程序员无须明确地在节点上分配数据，系统的硬件和软件开始时自动在各节点分配数据，在运行期间，高速缓存一致性硬件会自动地将数据迁移至要用到它的地方。

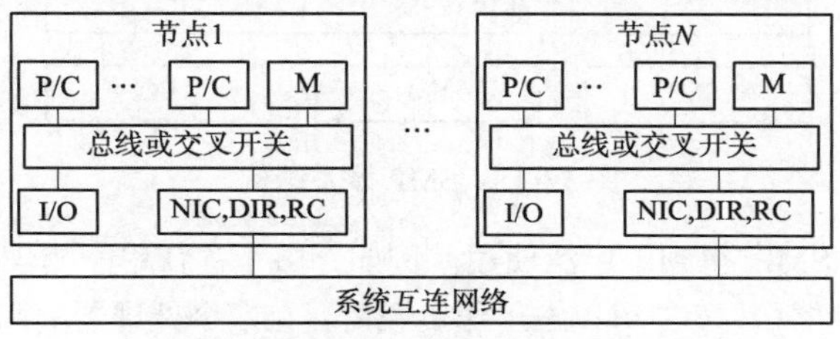

图 13-9　CC-NUMA 访存模型

13.2.5　NORMA

NORMA（no-remote memory access）的含义是非远程存储访问，即该模型不支持任何形式的远程存储访问。在一个分布存储的多处理器系统中，如果所有的存储器都是私有的，仅能供自己的处理器所访问时，其访存模型就被称为 NORMA。图 13-10 所示为 NORMA 访存模型，系统由多个计算节点通过消息传递互连网络连接而成，每个节点都是一台由处理器、本地存储器和（或）I/O 设备组成的自治计算机。NORMA 的特点是：

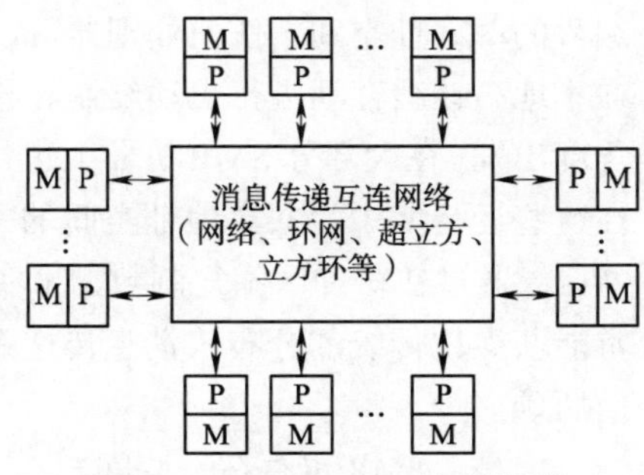

图 13-10　NORMA 访存模型

（1）所有存储器是私有的。

（2）绝大多数 NORMA 都不支持远程存储器的访问。

（3）在 DSM（分布式共享存储）中，NORMA 就消失了。

大规模并行处理机（MPP）和工作站集群（COW）是 NORMA 的典型应用。

13.3　主流并行计算机系统

13.3.1　SMP

对称多处理机（symmetric multiprocessor，SMP）结构在现今的并行计算机系统中普遍被采用，并且已经越来越多地出现在商业应用中。同时，SMP 机器也越来越多地作为一个构造模块，用来构造更大规模的系统。下面总结一下 SMP 的结构及特性。

如图 13-11 所示，SMP 系统使用商用微处理器，通常具有片上或外置高速缓存，它们经由高速总线（或交叉开关）连向共享存储器。这种 SMP 结构具有以下一些优点。

（1）对称性。系统中任何处理器均可以对称地访问任何存储单元和 I/O 设备，且具有相同的访存时间，采用 UMA 存储访问模型。

（2）单一物理地址空间。所有处理器的存储单元按单一地址空间编址。

（3）高速缓存及其一致性。多级高速缓存可支持数据局部性，且其一致性由硬件来实现。

（4）低通信延迟。处理器间的通信用简单的存储器读/写指令来完成。而基于消息传递的并行计算机需要多条指令和 I/O 操作才能实现发送/接收操作。

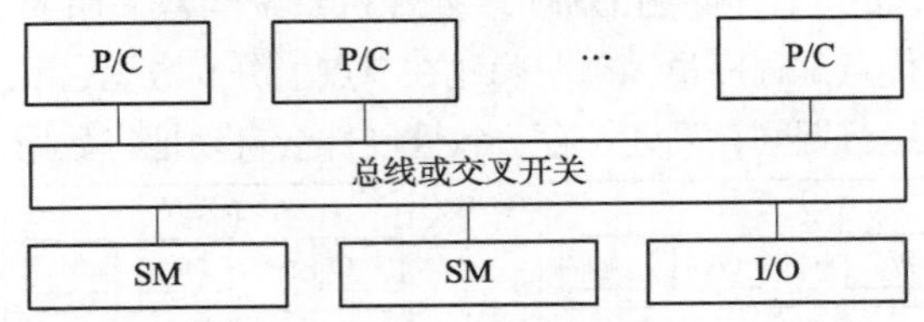

图 13-11　SMP 体系结构

正是这些特性使得 SMP 得到了广泛使用。例如，由于存在单一物理地址空间，只需要一个 OS 副本驻留在共享存储器中，OS 可以按工作负载情况在多个处理器上调度进程，从而易于达到动态负载平衡和有效地利用系统资源。这一点使得它非常适合作为对吞吐率要求很高的服务器。

从分层角度来看，SMP 机器的硬件直接支持共享地址空间编程模型。由于存在类似于串行编程的单地址空间，任何处理器可以用普通的读/写指令来高效地存取共享数据，并且共享数据在本地高速缓存间进行自动复制和移动，使得 SMP 对并行编程具有很大吸引力。从可移植性的角度出发，在大部分 SMP 机器上也可实现消息传递编程模型。这通常是通过一些运行库的支持，在这些运行库中将共享地址空间的一部分指派给每个进程，同时显式地给每个进程指定消息缓冲区，通过在缓冲区间复制数据来实现 send/receive 操作。由于它们不需要操作系统的干预，通常能获得比传统的分布式消息传递系统更好的消息传递性能，当然前提是共享总线不会成为通信瓶颈。

但是，SMP 也存在一些问题：

（1）欠可靠。在 SMP 系统中，存在大量的单点，如总线、共享存储器、OS 等，容易产生单点失效问题，任何部件失效均会造成系统崩溃，这是 SMP 系统的最大问题。

（2）通信延迟问题。作为优势之一，SMP 比基于消息传递的并行系统，如 MPP，单次通信延迟要低。但由于 SMP 大部分基于总线通信，且有多个处理器共享总线，竞争总线的使用权带来的延迟变得相当可观，一般为数百个处理器周期，长者可达数千个周期。这就限制了 SMP 能够使用处理器的数目。

（3）慢速增加的带宽。根据摩尔定律，微处理器的性能每隔 18 个月提高一倍，而主存和磁盘容量大约每 3 年增加 4 倍，而 SMP 存储器总线带宽每 3 年只增加 2 倍，I/O 总线带宽增加速率则更慢。存储器带宽的增长跟不上处理器速度或存储容量的步伐，这进一步限制了 SMP 系统的规模。

（4）扩展性问题。基于总线的通信限制了 SMP 最大的处理器数。为了增大系统的规模，可改用交叉开关连接，或改用 CC-NUMA 或集群结构。

SMP 系统的主要特征是共享，系统中所有资源（CPU、内存、I/O 等）都是共享的。也正是由于这种特征，导致了 SMP 系统的主要问题，那就是它的扩展能力非常有限：每一个共享的环节都可能造成 SMP 扩展时的瓶颈；对 SMP 而言，最受限制的是内存，每个 CPU 必须通过相同的内存总线访问相同的内存资源；随着 CPU 数量的增加，内存访问冲突将迅速增加，造成 CPU 资源的浪费，CPU 性能的有效性将大大降低。

上述问题的存在并没有影响 SMP 系统的商业应用，基于总线互连的商用 SMP 服务器仍是现今最成功的并行计算机系统之一，并占了并行计算机很大的市场。它经常工作在网络环境中，所以其安全性、集成能力和易于管理显得更为重要。表 13-1 给出了几种典型的商用 SMP 系统及其相关参数，通过该表也可印证前面关于 SMP 系统的论述。

表 13-1　典型的商用 SMP 系统

系统特性	DEC Alpha server 84005/440	HP9000/T600	IBM RS600/R40	Sun Ultra Enterprise 6000	SGI Power Challenge XL
处理器数目	12	12	8	30	36
处理器类型	437 MHz Alpha21164	180 MHz PA8000	112 MHz PowerPC 604	167 MHz UltraSPARC I	195 MHz MIPS R10000
处理器片外 Cache 容量/MB	4	8	1	512	4
最大主存容量/GB	28	16	2	30	16
互连网络及带宽	BUS 2.1 GB/s	BUS 960 MB/s	BUS + Cross bar 1.8 GB/s	BUS + Cross bar 2.6 GB/s	BUS 1.2 GB/s
外存容量/GB	192	168	38	63	144
I/O 通道	12 PCI，每个 133 MB/s	N/A	2 MCA，每个 160 MB/s	30 Sbus，每个 200 MB/s	6 Power Channel 每个 Channel 支持 2 个 HIO 槽
I/O 槽	144 PCI 槽	112 HP-PB 槽	15MCA	45 Sbus 槽	12HIO 槽
I/O 带宽	1.2 GB/s	1 GB/s	320 MB/s	2.6 GB/s	每个 HIO 槽 320 MB/s

13.3.2　MPP

由于 SMP 在扩展能力上的限制，人们开始探究如何进行有效的扩展从而构建大型系统的技术，其中 MPP（massively parallel processor）就是这种努力下的结果之一。MPP 并没有一个明确的定义，典型的 MPP 系统中包含成百上千乃至上万个处理器，并用专用的高速互联网络把大量的计算节点连接在一起，组成大型计算机系统，进行并行处理。这里需要注意的是，这里的“计算节点”并不只是处理器，计算节点内包含除了 CPU 外的其他私有的资源，如总线，内存等，这点与 SMP 不同。与 SMP 不同之处还包括访存模型，典型的 MPP 系统采用 NORMA 模型。

由于 MPP 系统包含的计算节点数很多，因此可以达到很高的峰值速度。其中包括 IBM ASCI White（8 192 个处理器），Intel ASCI Red（9 632 个处理器），IBM ASCI Blue Pacific（5 808 个处理器），SGI ASCI Blue Mountain（6 144 个处理器）、IBM SP POWER3（1 336 个处理器）、Cray T3E1200（1 084 个处理器）等。20 世纪 80 年代后期，MPP 架构开始兴起，一度成为高性能计算机的中坚力量，在 2001 年左右的 TOP500 排名中占统治地位。时至今日，尽管集群系统的出现使得研发 MPP 系统的数量不断萎缩，但在 TOP500 中的前 10 名中，MPP 系统依然占据优势。

典型的 MPP 结构如图 13-12 所示，其主要特征有：

（1）由数百个乃至数千个计算节点和 I/O 节点组成，这些节点由局部网卡（NIC）通过高性能互连网络相互连接。

（2）每个节点相对独立，并拥有一个或多个微处理器（P/C）。这些微处理器均配备有局部 Cache，并通过局部总线或互连网络与局部内存模块和 I/O 设备相连接。

（3）MPP 的各个节点均拥有不同的操作系统映像。一般情况下，用户可以将作业提交给作业管理系统，由它负责调度当前最空闲、最有效的计算节点来执行该作业。但是，MPP 也允许用户登录到某个特定的节点，或在某些特定的节点上运行作业。

（4）各个节点间的内存模块相互独立，且不存在全局内存单元的统一硬件编址。一般情况下，各个节点只能直接访问自身的局部内存模块，如果要求直接访问其他节点的局部内存模块，则必须有操作系统的特殊软件支持。

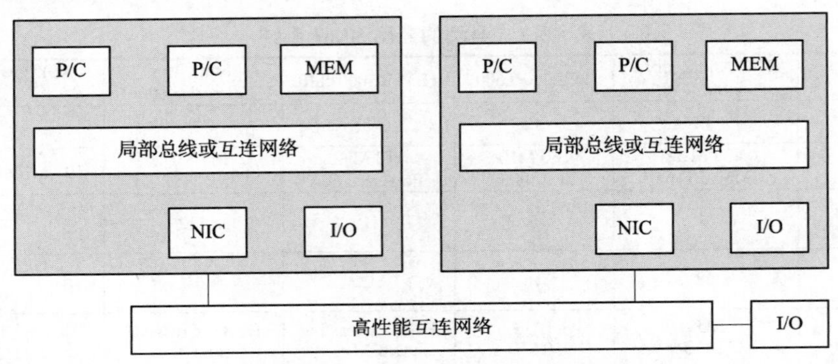

图 13-12　典型的 MPP 体系结构

按存储结构的不同，MPP 又可以分为两类：分布式存储大规模并行机（DM-MPP）、多台 SMP 或 DSM 并行机通过高性能互连网络相互连接的大规模集群（SMP-MPP 或 DSM-MPP）：

（1）DM-MPP。每个节点仅包含一个微处理器，早期的 MPP 均属于这一类。例如 CRAY T3D、CRAY T3E、Intel Paragon、IBM SP-2、YH-3 等。

（2）SMP-MPP。每个节点是一台 SMP 并行机，例如当前位于 TOP500 排名前列的多台 MPP 并行机均属于这一类，其中包括 IBM ASCI White、Intel ASCI Red、IBM Blue Pacific 等。

（3）DSM-MPP。每个节点是一台 DSM 并行机，其典型代表为包含 6 144 台处理器的 ASCI Blue Mountain MPP 并行机，它由 48 台 Origin 2000 构成，其中每台含 128 个微处理器。

尽管 MPP 已经成了高性能的代名词，但是 MPP 也存在一些固有问题，其中较为主要的问题有：

（1）通信效率问题。在处理器数目很多的情况下，通信开销是影响系统加速比的重要因素。因此，MPP 往往使用专门设计的高带宽、低延迟互连网络。

（2）可靠性问题。MPP 包含有大量的处理器等硬件，这使得系统发生故障的概率大大增加。据估计，一台有 1 000 个处理器的 MPP，每天至少有一个处理器失效。因此 MPP 必须使用高可用性技术，使得失效的部件不致导致整个系统的崩溃。同时，失效的处理器在失效前完成的任务能够得以保存以便其他节点能够继续进行处理。

（3）成本问题。大量的计算节点，专用的高带宽、低延迟互连网络，使得 MPP 的成本很容

易就达到几千万美元。MPP 项目的研发往往耗资巨大，主要由各国政府资助，很少有商业公司涉足，MPP 系统也主要用于专业领域，也很少有商用 MPP 系统出现。

MPP 巨大的计算能力来源于大量的处理器，它的许多问题和技术困难也与此有关，例如通信困难，成本高等。MPP 可达到很高的峰值速度，但由于通信、算法等原因，持续速度通常只有峰值速度的 3%～10%。

表 13-2 列出了几个典型的 MPP 系统及相关参数。

表 13-2 典型的 MPP 系统及相关参数

系统	Intel/Sandia ASCI Option Red	IBM SP2	SGI/Cray Origin2000
一个大型样机配置	9 072 个处理器，1.8TFLOPS（NSL）	400 个处理器，100 GFLOPS（MHPCC）	128 个处理器，51 GFLOPS（NCSA）
问世日期	1996 年 12 月	1994 年 9 月	1996 年 10 月
处理器类型	200 MHz, 200 MFLOPS Pentium Pro	67 MHz, 267 MFLOPS POWER2	200 MHz，400 MFLOPS MIPS R10000
节点体系结构和数据存储器	2 个处理器，32～256 MB 主存，共享磁盘	1 个处理器，64 MB～2 GB 本地主存，1～14.5 GB 本地磁盘	2 个处理器，64～256 MB 分布共享主存和共享磁盘
互连网络和主存模型	分离两维网孔，NORMA	多级网络，NORMA	胖超立方体网络，CC-NUMA
节点操作系统	轻量级内核（LWK）	完全 AIX（IBM UNIX）	微内核 Cellular IRIX
自然编程机制	基于 PUMA Portals 的 MPI	MPI 和 PVM	Power C，Power Fortran
其他编程模型	Nx，PVM，HPF	HPF，Linda	MPI，PVM

13.3.3 集群系统

集群（cluster）是全体计算机（节点）的集合，这些节点由高性能网络或局域网在物理上连接在一起。典型情况，每个节点是一台 SMP 服务器、工作站或 PC 计算机。所有的集群节点必须能够协同工作，像一台 MPP 一样对外提供计算服务。

图 13-13 给出了一个集群系统的概念性体系结构，解释如下：

（1）集群节点。集群的每个节点是一台完整的计算机，都有自己的处理器、Cache、存储器、磁盘以及部分 I/O 设备。另外，每个节点上都有一个完整的，同单机系统一样的操作系统。一个节点可以包含多个处理器，但一般只有一份操作系统副本。

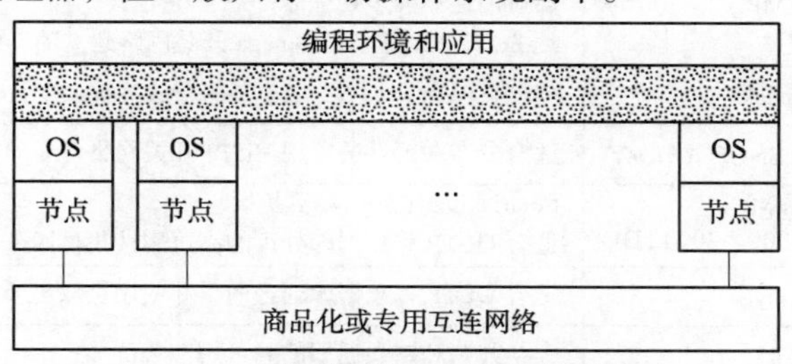

图 13-13 集群系统的概念性体系结构

（2）单一系统映像。与分布式系统不同，一个集群系统是一个单一的计算资源。对外表现的单一性主要借助单一系统映像（single system image，SSI）技术来实现。SSI 使得集群容易使用和管理。目前，大多数的商用集群还不能达到完全的 SSI 程度。

（3）集群互连网络。由于成本方面的影响，集群中的节点通常以商品网络作为互连网络，如以太网、FDDI 等，同时采用标准协议实现节点间的通信，如 TCP/IP。目前，已经出现了一些专门用于构造集群系统的商品互连网络，如 Myrinet、InfiniBand 等，这些网络可使集群系统获得更好的通信性能。同时，也有少量集群系统使用专用的互连网络。

（4）可用性。集群提供了一个使用低成本增强系统可用性的解决方案。目前，高可用性系统基本上都是基于集群系统构建的。

（5）更好的性能。在很多领域，集群可以提供更高的性能，典型的两种方式是增加系统吞吐量和提高计算性能。如果一个具有 n 个节点的集群，每个节点可为 m 个用户服务，则整个集群可为 mn 个用户服务；通过相应的并行算法，集群可以用最短的时间完成一个大型应用。

当然，集群系统也有明显的不足之处，主要体现在以下两个方面：

（1）通信性能。尽管使用商品网络可以降低集群系统的造价，使其获得很高的性能/价格比，但商品网络的通信性能有限，往往满足不了一些对通信性能要求高的领域。若使用专用的高性能网络，则又会增加集群成本。

（2）并行应用性能的提升。集群系统可以通过增加节点来达到更高的峰值运算速度，但运行在其上的并行应用并不能不加修改而获得更佳的性能。造成这种现象的主要原因是，用于集群的并行编程环境还不能实现自动的数据分配和负载均衡。

尽管集群在通信性能、计算性能和使用方便程度等方面还有待提高，但它以其他并行机无法比拟的性能/价格比，近年来已经成了高性能并行计算中的一支不可忽视的重要力量。从 2003 年开始，TOP500 排名中的集群系统数量已经跃升到了第一位，并且前 20 位的计算机中，集群的数目也在不断增加。

表 13-3 给出了一些典型商用集群系统的实例。

表 13-3 典型商用集群系统

公 司	系 统 名	描 述
DEC	VMS 集群 TruCluster NT 集群	VMS 的高可用性集群； SMP 服务器的 UNIX 集群； 基于 Windows NT 的 Alpha 集群
HP	Apollo 9000 集群 MC/ServiceGuard	计算集群； 用于 NT 集群解决方案的 HP NetServer
IBM	Sysplex HACMP SP	用于商业批处理和 OLTP 的共享磁盘主机集群； 高可用性集群多处理器； 用 POWER2 节点和 Omega 开关网络建立的工作站集群，用作可扩展 MPP
Microsoft	Wolfpack	集群化 Windows NT 服务器的开放标准
SGI	POWER CHALLENGE ARRAY	适合分布并行性的、用 HiPPI 开关网络建立的、可扩展的 SMP 服务器集群
Sun	Solaris MC SPARC Cluster 1000、2000 PDB	Solaris Sun 工作站集群扩展； 适合 OLTP 和数据库处理的高可用性集群服务器
Tandem	Himalaya	适合 OLTP 和数据库处理的，并使用全双工节点的高可扩展和容错集群
Marathon	MIAL2	完全冗余和错误返回的高可用性集群

13.3.4 主流并行计算机系统的比较

表 13-4 中列出了 SMP、MPP、集群比较系统的一些特征，为了有一个更为直观的感觉，在

表的最后一列，还给出典型分布式系统在相应特征中的表现。通过该表，可以进一步加深对前面内容的理解。

表 13-4　SMP、MPP、集群和分布式系统的比较

系统特征	SMP	MPP	集　群	分布式系统
节点数量（典型值）	≤O(10)	O(100)～O(1 000)	≤O(100)	O(10)～O(1000)
节点复杂性	中粒度或细粒度	细粒度或中粒度	中粒度或粗粒度	宽范围
节点间通信	共享存储器	消息传递或共享变量（有 DSM 时）	消息传递	共享文件、RPC、消息传递
作业调度	单运行队列	主机单机运行队列	协作多队列	独立多队列
SSI 支持	永远	部分	希望	不
节点操作系统复制数目和类型	1（整体）	N 个微核和 1 个主机操作系统	N（希望为同构的）	N（异构）
地址空间	单	多（有 DSM 视为单）	多	多
节点间安全性	不必要	不必要	若无屏蔽则需要安全保障	需要安全保障
所有权	单机构	单机构	单或多机构	多机构
网络协议	非标准	非标准	标准或非标准	标准
系统可用性	通常低	低到中	高可用或容错	中
性能衡量	周转时间	吞吐率或周转时间	吞吐率或周转时间	响应时间

13.4　高性能计算机

计算机自诞生到现在，人们对计算机运算能力的追求永无止境。同时，许多诸如仿真、设计、决策、虚拟现实等高精尖应用领域对计算能力的极大需求，使得高性能计算（high performace computing，HPC）和高端计算（high end computing，HEC）技术出现并有了长足的发展，构造高性能计算机就成为该技术的核心内容。

高性能计算机并没有一个严格的定义，只要是运算速度非常快的计算机都可以称为高性能计算机。为了达到高性能，仅从器件方面的改进是很难满足要求的，现代的高性能计算机普遍采用并行处理技术。“高性能计算机”逐渐成了并行计算机的代名词，尽管这种说法并不很严格，但得到了广泛的认可。

目前的高性能计算机通常是将数百甚至几千个处理器结合起来做并行计算，广泛应用于大数据量的计算环境中，如核武器模拟、天气预报、航空航天探测、密码破译、基因研究、工业过程优化、环保、在线银行、飞机和汽车设计等，是很多重要领域必不可少的运算工具，曾一度被视为国家综合实力的一个重要衡量指标。

1983 年，中国第一台被命名为银河的亿次巨型电子计算机历经 5 年研制在国防科技大学诞生。它的研制成功向全世界宣布中国成了继美、日等国之后，能够独立设计和制造超级计算机的国家。

1992 年，国防科技大学研制出银河-Ⅱ巨型机，如图 13-14 所示，峰值速度达每秒 10 亿次，它填补了我国通用并行巨型机的空白。在研制过程中，国防科技大学做到了研制与开发同时进行。他们和国家气象中心合作开发的中期数值天气预报软件系统，经过在“银河-Ⅱ”计算机上试算，获得了令人满意的结果。试算还表明，石油、地震、核能、航天航空等领域的大规模数据，均能在“银河-Ⅱ”上进行高速处理。

1993 年，曙光一号正式诞生，成为中国第一台自主研发的全对称紧耦合共享存储多处理机系统，如图 13-15 所示，这是国内首个基于超大规模集成电路的通用微处理器芯片和标准 UNIX 操作系统设计开发的并行计算机，机器定点速度可以达到每秒 6.4 亿次，主存容量为 768 MB。

图 13-14　银河巨型机

图 13-15　曙光一号

1995 年，曙光公司又推出了曙光1000，峰值速度达每秒 25 亿次浮点运算，实际运算速度上了每秒 10 亿次浮点运算这一高性能台阶。

1997 年，国防科技大学研制成功银河-Ⅲ百亿次并行巨型计算机系统，峰值性能为每秒 130 亿次浮点运算。

1997—1999 年，曙光公司先后在市场上推出曙光 1000A、曙光 2000-Ⅰ、曙光 2000-Ⅱ超级服务器，峰值计算速度突破每秒 1 000 亿次浮点运算。

1999 年，国家并行计算机工程技术研究中心研制的神威Ⅰ计算机，峰值运算速度达每秒 3 840 亿次，已在国家气象中心投入使用。

2004 年，由中科院计算所、曙光公司、上海超级计算中心共同研发制造的曙光 4000A，实现了每秒 10 万亿次运算速度，这是第一台进入世界前十名的中国高性能计算机。

2008 年，深腾 7000 成为国内第一个实际性能突破每秒百万亿次的异构机群系统，Linpack 性能突破每秒 106.5 万亿次。

2009 年 10 月 29 日，中国首台千万亿次超级计算机天河一号诞生。这台超级计算机以每秒 1 206 万亿次的峰值速度，使中国成为继美国之后世界上第二个能够研制千万亿次超级计算机的国家。

2010 年 5 月，我国具有自主知识产权的、第一台实测性能超千万亿次的星云超级计算机在曙光公司天津产业基地研制成功，如图 13-16 所示。在第 35 届超级计算机 TOP500 评比中，星云高居亚军位置，一举创造了中国在这项排行榜上的傲人新纪录，同时中国天河一号排在第七位。这样，中国不但打破了美国在该排行榜中对前三名的长期垄断，也第一次在前十名中占据了两个席位。

2010 年 11 月，国防科技大学研制的天河一号以峰值速度每秒 4 700 万亿次、实际速度每秒 2 566 万亿次的优越性能，在第 36 届国际超级计算机 TOP500 排行榜上位居世界第一，中国超算首次站上了世界超算之巅，如图 13-17 所示。

图 13-16　曙光星云

图 13-17　天河一号

2011 年 10 月 27 日，神威蓝光在国家超级计算机济南中心安装完成，这是中国首台全部采用国产处理器和系统软件构建的千万亿次计算机系统，标志着中国成为继美国、日本之后第三个能够采用自主处理器构建千万亿次计算机的国家。

2013 年 6 月 17 日，在最新公布的全球超级计算机 TOP500 排行强榜中，国防科技大学研制的天河二号以每秒 5.49 亿次的浮点运算速度，成为全球最快的超级计算机，如图 13-18 所示。

2013 年 11 月 18 日，国防科技大学研制的天河二号继续问鼎全球超级计算机 500 强排行榜榜首，在速度上比排名第二的来自美国的泰坦快近一倍。

2014 年 6 月 23 日，中国的天河二号超级计算机连续三次获得全球超级计算机 500 强排行榜冠军。

2015 年，中国天河二号继续蝉联全球超级计算机 TOP500 冠军，每秒可执行 33.86 千万亿次的浮点运算。天河二号超级计算机系统由 170 个机柜组成，其中包括 125 个计算机柜、8 个服务机柜、13 个通信机柜以及 24 个存储机柜，总内存 1 400 万亿字节，总存储量 12 400 万亿字节，处理器由 32 000 个 Xeon E5 主处理器和 48 000 个 Xeon Phi 协处理器构成，共 312 万个计算核心。

在 2016 年 6 月 20 日公布的世界超级计算机 TOP500 榜单中，我国的神威・太湖之光凭借 93 petaflops（每秒千万亿次浮点运算）的运算能力成功夺得冠军，这也使中国超级计算机上榜总数首次超过美国名列第一。神威・太湖之光的运算速度比上次榜单冠军（来自我国的天河二号）快出近两倍，其效率也提高了三倍，如图 13-19 所示。更重要的一点是，神威・太湖之光采用了 40 960 颗我国自主知识产权的神威 26010 芯片。

图 13-18　天河二号

图 13-19　神威・太湖之光

2017 年 11 月，在国际“TOP500”组织公布的超级计算机榜单中，中国“神威・太湖之光”和“天河二号”第四个携手夺得前两名，超越美国。

小结

多处理机技术起步较早，到目前为止已经出现了多种较为成熟的结构模型，如单指令多数据流机 SIMD（single-instruction multiple-data）、并行向量处理机 PVP（parallel vector processor）、对称多处理机 SMP（symmetric multiprocessor）、大规模并行处理机 MPP（massively parallel processor）、工作站机群 COW（cluster of workstation）和分布式共享存储 DSM（distributed shared memory）多处理机。

对应不同的体系结构模型，访存模型也主要分为：均匀存储访问 UMA（uniform memory access）、非均匀存储访问 NUMA（non-uniform memory access）、全高速缓存存储访问 COMA（cache only memory access）、高速缓存一致性的非均匀存储访问 CC-NUMA（coherent cache non-uniform memory access）和非远程存储访问 NORMA（no-remote memory access）。

高性能计算机是典型的多处理机系统，它利用各种先进计算技术，以获得最高的运算能力为目标。高性能计算机是很多重要领域必不可少的运算工具，是国家综合实力的一个重要衡量指标。我国在高性能计算机的设计领域已取得了辉煌的成绩。

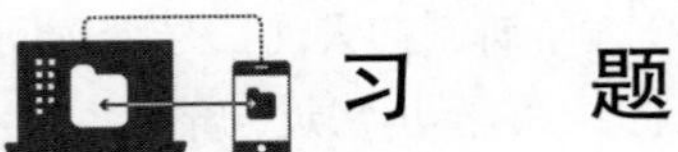

习题

1. 常见的多机系统体系结构有哪些？
2. 多机系统的访存模型有哪些？各自有什么特点？与多机系统的体系结构的关系是什么？
3. 共享存储器通信与消息传递通信各自有哪些主要优点？
4. 多核架构和多机系统的联系与差别是什么？
5. 推动高性能计算机发展的动力是什么？

第 14 章 计算机性能量化评价方法

怎样评测一台计算机的性能，与测试者所处的角度有关。计算机用户说机器很快，往往是因为程序运行时间少；而计算中心管理员说机器很快，则往往是因为在一段时间里它能够完成更多的任务。用户关心的是响应时间，即从事件开始到结束之间的时间，也称为执行时间；而管理员关心的是如何提高吞吐量（throughput），即在单位时间内所能完成的工作量。

14.1 基本性能指标计算

要全面衡量一台计算机的性能，要考虑多种指标，而且不同用途的计算机其侧重点也有所不同。先回顾一下前面介绍的计算机基本性能指标及相应的计算方法。

14.1.1 机器字长

机器字长是指 CPU 一次能处理数据的位数，它标志着计算机的计算精度。位数越多，精度越高，但硬件成本也越高，因为它决定着寄存器、运算部件、数据总线等的位数。为适应不同需要，应较好地协调计算精度与成本的关系。

机器字长与数据字长间虽无绝对固定的关系，但也有一定程度的对应关系。指令系统功能的强弱与机器字长有关，这一点在传统的小型机中较为明显。

一个字符可用 8 位代码（称为 1 字节）表示。为了更灵活地处理字符这类信息，大多数计算机既可以按全字长处理数据，又可按字节（8 位）处理数据。

目前微型计算机的机器字长有 8 位、16 位、32 位几种档次，最新推出的微处理器已达 64 位。超级小型机以 32 位为主，更高档计算机以 64 位为主。

14.1.2 存储容量

存储容量包含主存和外存的容量。

主存储器是 CPU 可以直接访问的存储器，需要执行的程序与需要处理的数据就放在主存之中。主存容量大则可以运行比较复杂的程序，并可存入大量信息，利用更加完善的软件支持环境。所以，计算机处理能力的大小在很大程度上取决于主存容量的大小。

存储容量表示存储器中存放二进制代码的总数，具体表示有两种方法。

1. 字节数

每个存储单元有 8 位，称为 1 字节，相应地用字节数表示存储容量的大小。微型计算机多采用字节为单位，如 IBM PC/P4 的主存容量值为 512 MB（B 是 Byte 的缩写，表示 1 字节，1 KB = 1 024 B，1 MB = 1 KB × 1 KB，即 1 024 KB）。如某计算机外存硬盘的容量是 60 GB（1 GB=1 KB × 1 MB）。

2. **单元数（字数）× 位数**

有些计算机的主存储器按字编址，即每个单元存放一个字。在表示存储容量时，标明这个存储器有多少个单元，每个单元多少位，例如 64 K × 16 位，表示有 64 K 个存储单元，每个存储单元有 16 位。

外存容量一般是指计算机系统中联机运行的外存储器容量。由于操作系统、编译程序及众多的软件资源往往存放在外存之中，需用时再调入主存运行。在批处理、多道程序方式中，也常将各用户待执行的程序、数据以作业形式先放在外存中，再陆续调入主存运行。所以，联机外存容量也是一项重要指标，一般以字节数表示。

14.1.3 运算速度

计算机的运算速度与许多因素有关，如机器的主频、执行什么样的操作、主存本身的速度（主存速度快，取指、取数就快）等都有关。早期用完成一次加法或乘法所需的时间来衡量运算速度，这很不合理。要衡量计算机的运算速度，必须综合考虑每条指令的执行时间以及它们在全部操作中所占的百分比。

现在一般采用单位时间内执行指令的平均条数来衡量，用 MIPS（million instruction per second）作为计量单位，即每秒执行百万条指令。如某机每秒能执行 1 000 万条指令，记作 10 MIPS。也有用 CPI（cycle per instruction）作为计量单位，即执行一条指令所需的时钟周期（主频的倒数）数，也有用 FLOPS（floating point operation per second）作为计量单位，即每秒浮点运算次数来衡量运算速度。

MIPS 表示每秒百万条指令数。对于一个给定的程序，MIPS 定义为

$$\text{MIPS}=\frac{\text{指令条数}}{\text{执行时间}\times 10^6}=\frac{\text{时钟频率}}{\text{CPI}\times 10^6}$$

程序的执行时间为

$$T=\frac{\text{指令条数}}{\text{MIPS}\times 10^6}$$

既然 MIPS 是单位时间内的执行次数，所以机器越快，MIPS 越高。这一点是比较容易理解的，尤其是对于用户来说。

但是 MIPS 有三方面的缺陷：

（1）MIPS 依赖于指令集，所以用 MIPS 来比较指令集不同的机器的性能的好坏是很不准确的。

（2）在同一台机器上，MIPS 因程序而异，有时变化是很大的。

（3）MIPS 可能与性能相反。其典型例子就是可选硬件浮点运算部件的机器。因为浮点运算远远慢于整数运算，所以很多机器提供了可选的硬件浮点运算部件，但是软件实现浮点运算的 MIPS 高，然而硬件实现浮点运算的时间少，这时 MIPS 与机器性能恰好相反。类似的情况在具有优化功能的编译器中也可发现。

MFLOPS 表示每秒百万次浮点操作次数。

$$\text{MFLOPS} = \frac{\text{程序中浮点操作次数}}{\text{执行时间} \times 10^6}$$

显然，MFLOPS 取决于机器和程序两个方面，所以 MFLOPS 只能用来衡量机器浮点运算操作的性能，而不能体现机器的整体性能。例如编译程序，不管机器的性能多好，它的 MFLOPS 都不会太高。

然而，因为 MFLOPS 是基于操作而不是基于指令的，所以它可以用来比较两种不同的机器。因为同一程序在不同的机器上执行的指令可能不同，但执行的浮点运算却是完全相同的。然而 MFLOPS 也并非可靠，因为不同机器上浮点运算集不同，例如 CRAY-2 没有除法指令，而 Motorola 68882 却有。另外，MFLOPS 还依赖于操作类型。例如浮点加要远远快于浮点除。但各程序的 MFLOPS 值并不能反映机器的性能。所以，MFLOPS 也不是一个十分有用的替代标准。

14.2　性能计算模型

在研究多处理器计算模型时，假设一个给定的计算可以被分割成并发的任务在多处理器上同时执行。重点讨论计算模型中的两个参数加速比和效率。两个参数的定义采用如下方法：

一个并行系统的加速比可定义为，由单处理器求解一个给定任务实例所需时间与由 n 个处理器组成的并行系统求解同一实例所需时间的比值。在本节中，用 $S(n)$表示加速比。

效率 $E(n)$被定义为加速比与处理器数 n 的比值，即 $E(n) = S(n)/n$。效率是对每个处理器可获得加速的度量，可用来衡量多个处理器的利用率。$E(n)$的取值在 0 与 1 之间。

14.2.1　理想模型

在这一模型中，假设一个给定的任务可以被分成 n 个相等的子任务，其中每一个可由一个处理器加以执行。若 t_s 是使用单处理器执行整个任务所需的时间，则每个处理器执行子任务所需的时间为 $t_m = t_s/n$。因此，根据这一模型，所有处理器同时执行它们的子任务，所以执行整个任务所需的时间是 $t_m = t_s/n$。根据加速比定义，在本模型中，加速比 $S(n)$可由下式得到

$$S(n) = \frac{t_s}{t_m} = \frac{t_s}{t_s / n} = n$$

上面的公式表明，按照理想模型，使用 n 个处理器所导致的加速比与所使用的处理器数 n 相等。根据效率定义可知，本模型的效率 $E(n) = 1$。

14.2.2　考虑通信开销的模型

上面的模型中忽略了一个重要因素，即通信开销，这是由于处理器在执行它们的子任务时进行通信和可能交换数据所需的时间。假定因通信开销所导致的时间称为 t_c，则每个处理器执行子任务所需的实际时间，也是整个任务所需要的时间为 $t_m = t_s/n + t_c$。根据加速比定义，在本模型中，加速比 $S(n)$可由下式得到

$$S(n) = \frac{t_s}{t_m} = \frac{t_s}{t_s / n + t_c} = \frac{n}{1 + n \cdot \dfrac{t_c}{t_s}}$$

上面公式的值将影响并行系统加速比的值。考虑下面三种情况：

（1）若 $t_c << t_s$，则加速比近似等于 n。

（2）若 $t_c >> t_s$，则加速比近似等于 $t_s/t_c << 1$。

（3）若 $t_c = t_s$，则加速比为 $\frac{n}{1+n}$。当 $n >> 1$ 时，近似为 1。

本模型的效率可用下面的公式来表示

$$E(n) = \frac{1}{1 + n \cdot \frac{t_c}{t_s}}$$

虽然上述两个模型非常简单，但它却是不现实的。因为它是基于这样的假设，即一个给定任务可被分割成一些相等的子任务，它们可被许多处理器并行执行。但是在这里必须指出实际算法含有的某些（串行）部分不能在处理器间划分，这些（串行）部分必须在单个处理器上执行。

一个实际的计算模型应假设在给定的任务（程序）中存在不可分割的（串行）部分，这就是下一个模型的基础。

14.2.3 具有串行部分的模型

在这一模型中，假设给定任务的一部分 f 不可分成并发子任务，而余下的部分 $1-f$ 可以分成并发子任务。这样，在 n 个处理器上执行任务的时间是 $t_m = ft_s + (1-f)(t_s/n)$，所以加速比由下式得到

$$S(n) = \frac{t_s}{t_m} = \frac{t_s}{ft_s + (1-f)\frac{t_s}{n}} = \frac{n}{1+(n-1)f}$$

按照此方程式，由于使用 n 个处理器的潜在加速比主要取决于不能分割的代码部分。若任务（程序）完全是串行的，即 $f=1$，则不管使用多少个处理器都不能获得加速。这一原理就是著名的 Amdahl 定律。按照这一定律可以注意到，一个并行系统能够获得的最大加速比是 $\lim_{n\to\infty} S(n) = 1/f$。因此，根据 Amdahl 定律，一个并行算法对顺序算法的性能（速度）改善不是由所使用的处理器数决定的，而是取决于该算法不能并行化的部分。Amdahl 定律指出了不管所使用的处理器数为多少，采用并行体系结构的潜在有效性具有内在的限制。一段时间以来，由于 Amdahl 定律的引导，研究者们相信使用并行体系结构不可能使加速获得幅度可观的增加。

现在讨论在给定计算中包含不可并行化的部分 f 的情况下，通信开销对加速比的影响。如前所述，通信开销应包含在处理时间中。在将通信开销考虑在内后，加速比就由下式给定

$$S(n) = \frac{t_s}{t_m} = \frac{t_s}{ft_s + (1-f)\frac{t_s}{n} + t_c} = \frac{n}{(n-1)f + 1 + n\frac{t_c}{t_s}}$$

在此条件下，能够达到的最大加速比为

$$\lim_{n\to\infty} S(n) = \lim_{n\to\infty} \frac{n}{(n-1)f + 1 + n\frac{t_c}{t_s}} = \frac{1}{f + \frac{t_c}{t_s}}$$

上面的公式表明，最大加速比不是由所使用的并行处理器数目决定的，而是由不可并行化部分和通信开销共同决定的。

下面讨论在此模型下效率的问题。根据效率的定义，无通信开销（$E_1(n)$）和有通信开销（$E_2(n)$）情况下的效率可计算如下：

$$E_1(n)=\frac{1}{1+(n-1)f}$$

$$E_2(n)=\frac{1}{(n-1)f+1+n\dfrac{t_c}{t_s}}$$

最后要强调的一点是，必须注意在一个并行体系结构中处理器必须保持一定程度的效率。但是当处理器数目增加时，要有效使用处理器就会变得很难，为了保持一定程度的处理器效率，在串行计算部分和所使用的处理器数之间必须要满足上述效率公式。

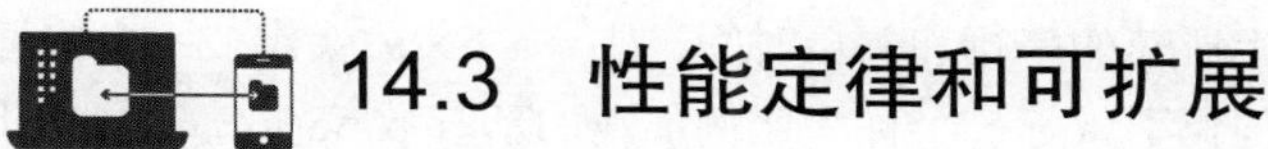

14.3 性能定律和可扩展性评价

14.3.1 Grosch 定律

早在 20 世纪 40 年代末，H. Grosch 就研究了计算机系统能力 P 和它的成本 C 之间的关系。他提出了一个假设，即 $P=K\times C^s$，其中 s 和 K 是正常数。Grosch 进一步假设 s 的值将接近 2。简单地讲，Grosch 定律意味着计算机系统能力的增加正比于它的成本的二次方，可将系统成本表示为 $C=\sqrt{P/K}$，这里假定 s=2。

根据 Grosch 定律，为了销售一台贵一倍的计算机，它的速度必须四倍于原来的速度，换句话说，要使计算机便宜一半，则计算速度必须为原来的四分之一。随着计算技术的进展，显然 Grosch 定律已不再适用，随着时间的推移，人们可构建出更快、更便宜的计算机。

14.3.2 Amdahl 定律

Amdahl 定律指出，并行系统的加速比可由下式确定：

$$S(n)=\frac{n}{1+(n-1)f}\text{，而}\lim_{n\to\infty}S(n)=\frac{1}{f}$$

与 Grosch 定律类似，Amdahl 定律强调性能改善的内在限制，认为系统能够达到的最大加速比只和不能够并行执行的部分所占比例有关，而和使用多少个处理器无关。因此，Amdahl 定律对构造大规模的并行计算机系统持悲观态度，因为只要串行比例为 5%，那么不论增加多少处理器，加速比最多也只能达到 20。

但这里有一个问题值得去研究，即按照 Amdahl 定律，f 是固定的，它不随求解问题的规模 n 的增大而增大，但是在实际中已观察到某些实际并行算法的 f 部分是 n 的函数。假定 f 部分是 n 的一个函数且满足 $\lim_{n\to\infty}f(n)=0$，那么就有

$$\lim_{n\to\infty}S(n)=\lim_{n\to\infty}\frac{n}{1+(n-1)f(n)}=n$$

显然，这与 Amdahl 定律相矛盾。由此可见，对大规模问题的求解达到线性加速是可能的，只要给定 $\lim_{n\to\infty} f(n)=0$，而这在实际的应用中已经能够做到了。例如，美国 Sandia 国家实验室的研究人员已经展示了在使用 1 024 个处理器的超立方体多处理机系统求解许多工程问题时可达到线性加速。

14.3.3 Gustafson-Barsis 定律

1988 年，Sandia 国家实验室的 Gustafson 和 Barsis 研究了 Amdahl 定律和由数百个处理器组成的并行体系结构能够获得实质性的性能改进这样的事实之间的悖论。在提出他们的定律时，Gustafson 意识到在一个给定的算法中，不可分任务的部分可能事先无法知道。他们认为在实际情形中，问题规模随处理器数 n 的增多而增大。这一点与 Amdahl 定律的前提相矛盾。Amdahl 定律假设花费在可并行执行的程序部分 $1-f$ 的时间值是独立于处理器数 n 的。Gustafson 和 Barsis 假设，当使用更为强大的处理器时，求解问题趋向于利用增加的资源。他们发现算法的并行部分，而不是串行部分，以第一近似值形式随问题的规模增大而按比例增大。他们假设，若 s 和 p 分别代表在一个并行系统上所花的串行和并行时间，则 $s+p\times n$ 就代表一个串行处理器完成该计算所需的时间。为此，他们引入了一个称为比例加速的新参数 $SS(n)$，它可由下式计算得到：

$$SS(n)=\frac{s+p\times n}{s+p}=s+(1-s)\times n=n+(1-n)\times s$$

该式表明所生成的函数是一条斜率为 $1-n$ 的直线。这就清楚地表明要达到比 Amdahl 加速公式所暗示的更高效的并行性能是可能的，甚至能较容易地做到。因此在度量加速比时，应该使求解问题的规模随处理器数目成比例地增长，而不应固定求解问题的规模。

14.3.4 并行体系结构的可扩展性

评价并行系统性能的指标，除了加速比以外，并行计算的可扩展性（scalability）也是主要性能指标之一。可扩展性最简朴的含义是在确定的应用背景下，计算机系统（或算法或编程等）性能随处理器数的增加而按比例提高的能力。现今它已成为并行处理中一个重要的研究问题，被越来越广泛地用来描述并行算法（并行程序）能否有效利用可扩充的处理器数的能力。

一个并行体系结构，如果能扩展（或缩小）成一个更大（或更小）的系统，并线性地增加（或降低）它的性能（或成本），则称为是可扩展的。这一通用定义表明了两个扩展方向，即增大一个系统以改善性能和缩小系统以获取更高的性价比和/或可承担性。除非另有说明，在本节中我们的讨论假设扩展是按比例增大系统。在这样的前提下，可扩展性用来衡量系统提供性能增加的能力，如速度随系统规模增大而增加。换句话说，可扩展性是系统有效利用所增加的处理资源能力的反映。在实际中，一个系统的可扩展性可以以不同形式加以表现。这些形式包括速度、效率、规模、应用和异构性。

就速度而言，可扩展系统能够随处理器数目增加的比例增加它的速度。例如考虑在一个 4 立方体（n=16）并行系统中相加 m 个数的情况。为简单起见，假设 m 是 n 的倍数。另外还假设最初每个处理器有 m/n 个数存放在它自己的局部存储器中。该加法按如下步骤进行

（1）处理器用 m/n 步顺序地完成对自己所拥有数的相加。加法操作在所有处理器中同时完成。

（2）每一对相邻的处理器将它们的结果传送到它们中的一个，随后将通信得到的结果加到它的本地结果。

（3）重复步骤（2）log n 次，直到加的最后结果存储到一个处理器中。

假设每个计算和通信需要一个单位时间，则对 m 个数相加所需时间为 $T_p = m/n + 2\times\log n$ 。回忆可知单处理器上完成相同的操作所需时间为 $T_s=m$。所以加速比可由下式给定

$$S = \frac{m}{m/n + 2\times\log n}$$

表 14-1 给出了不同 m 和 n 值的加速 S，从表中可以看出，对于相同的处理器数 n，问题规模越大，即 m 值越大，加速比 S 的值在不断增加，这是可扩展并行系统的一个特性。

表 14-1　加速比变化情况

项目	n=2	n=4	n=8	n=16	n=32
m =64	1.88	3.2	4.57	5.33	5.33
m =128	1.94	3.55	5.82	8.00	9.14
m =256	1.97	3.76	6.74	10.67	14.23
m =512	1.98	3.88	7.31	12.8	19.70
m =1 024	1.99	3.94	7.64	14.23	24.38

就效率而言，一个并行系统可以认为是可扩展的，若它的效率在处理器数增加时（此时假设问题规模也同时增大）能保持固定。例如，考虑在一个 n 立方体上求解上面 m 个数的相加问题,并行系统的效率为 $E = S/n = m/(m + 2n\times\log n)$ 。表 14-2 给出了 m 和 n 取不同值时的效率 E。表中的值表明对于相同的处理器数 n，当求解问题的规模 m 增加时，就可以达到更高的效率。但是，当处理器数 n 增加时，效率就将持续减小。根据这两点，只要同时增加问题规模 m 和处理器数 n，就应该能使效率保持固定，这是可扩展并行系统的另一个特性。

表 14-2　效率变化情况

项目	n=2	n=4	n=8	n=16	n=32
m =64	0.94	0.8	0.57	0.33	0.167
m =128	0.97	0.888	0.73	0.5	0.285
m =256	0.985	0.94	0.84	0.67	0.444
m =512	0.99	0.97	0.91	0.8	0.62
m =1 024	0.995	0.985	0.955	0.89	0.76

要注意的是，并行系统可扩展性的（优劣）程度是由问题规模 m 相对于处理器数 n 所必须增长的速率所确定的。当处理器数增加时，为了保持固定的效率，问题规模必须以相同速率增长。例如，在一个高可扩展性的并行系统中，为了保持固定的效率，问题规模需以相对于 n 的增长速度线性增长。然而在一个可扩展性较差的可扩展系统中，为了保持固定的效率，问题规模需以相对于 n 的增长速度指数增长。

如前所述，在 n 立方体上对 m 个数进行相加时，每个处理器完成并行执行所花的时间由 $m/n + 2\times\log n$ 给定。在这个时间中，实际花在计算上的时间大约是 m/n，而其余时间 T_{oh} 是如进程间通信等的开销。可使用以下的关系得到 T_{oh}，即

$$T_{oh} = n\times T_p - T_s$$

上式的含义是 n 个处理器执行程序花费的总时间要比串行执行多多少，多的部分即额外开销。例如，前面加法问题的所有开销为 $T_{oh}=2n\times\log n$。可以注意到，运行在单处理器上的顺序程序没有这样的开销。现在可以将效率表达式重写为 $E=m/(m+T_{oh})$，由此可推得方程 $m=E/(1-E)T_{oh}$。再一次考虑用立方体相加 m 个数的问题，该问题的规模为

$$m=2\times\frac{E}{1-E}\times n\times\log n=Kn\times\log n=\Theta(n\log n)$$

为了使效率 E 保持固定，问题规模 m 相对于处理器数 n 需要增长速率的函数，称为并行系统的等效率函数（isoefficiency function），它可用来衡量系统的可扩展性。高可扩展并行系统的等效率函数为线性函数或亚线性函数，而较差的可扩展并行系统则具有增长较快的等效率函数，如指数函数。理论上讲，一个并行系统只要存在一个等效率函数，则是可扩展的，否则，该系统就是不可扩展的，但从实际角度出发，等效率函数是线性或亚线性的，系统才是可扩展的。Gustafson 已经证明，在 1 024 个处理器上通过扩展问题规模 m 可获得接近线性的加速比。

在讨论了可扩展并行系统的加速比和效率后，现在来讨论它们的关系。在一开始时就指出通常由于处理器数的增加而造成的并行系统的加速（增益）将导致效率降低（代价）。为了研究加速比和效率的实际行为，首先需要引入一个新的，称为平均并行性的参数（Q）。该参数被定义为在指定并行软件（程序）执行期间处于忙状态的平均处理器数，假定有数目不受限制的可用处理器。平均并行性还有这样一个等价的定义，当有数目不受限制的可用处理器时，并行系统能达到的加速比。已经证实，一旦确定了 Q，则在一个 n 处理器系统上，可得到如下的有关加速比和效率的约束关系式

$$S(n)\geqslant\frac{nQ}{n+Q-1},\quad \lim_{Q\to\infty}S(n)=n,\quad \lim_{n\to\infty}S(n)=Q$$

$$E(n)\geqslant\frac{Q}{n+Q-1}$$

以上两式表明，获得的最大可能加速部分 $S(n)/Q$ 和获得的效率之和，必须总是超过 1。还需要注意的是，在给定某个平均并行性 Q 后，为达到指定的加速所需的效率（代价）将由 $E(n)\geqslant\dfrac{Q-S(n)}{Q-1}$ 给定。所以，可以说一个并行系统的平均并行性 Q 确定了有关加速和效率两者的折中。

除了上面的可扩展性指标，还有一些为某些研究者所使用的其他非传统指标。下面将对这些指标分别进行解释。

规模可扩展性衡量一个系统能提供的最大处理器数。例如，IBM SP2 的规模可扩展性是 512。

应用可扩展性是指在一个扩展版本的系统上，运行性能改进的应用软件的能力。例如，考虑一个用做数据库服务器的有 n 个处理器的系统，它每秒能完成 10 000 个事务处理。若在使用了加倍的处理器后，它每秒能完成的事务处理增加到 20 000 个，则称该系统具有应用可扩展性。

代可扩展性是指系统通过使用下一代（快速）元件进行扩展的能力。代可扩展性最明显的例子是 IBM PC。用户能升级系统（硬件/软件）且能运行在原来系统上生成的代码，不需要在已升级的系统中改变该代码。

异构可扩展性是指能用由不同厂商所提供的硬件和软件组件进行扩展的能力。例如，在 IBM 的并行运行环境下，一个并行程序无须改变就可以运行在任何 RS6000 节点的网络上，节点可以是低端的 PowerPC，或是高端的 SP2 节点。

在 Gordon Bell 对并行系统可扩展性的具有远见的论断中，他指出为了使一个并行系统能够存活，必须满足五个要求。这些要求是规模可扩展性、代可扩展性、空间可扩展性、兼容性以及竞争性。可以看到，其中有三个长期性的要求必须利用不同形式的可扩展性。

从以上的介绍可以看到，可扩展性，不管它的形式如何，都是任何并行系统所期望的一个特性。这是因为它能保证，只要在程序中有足够的并行性，则速度等性能总能通过增加附加的硬件资源得到改进，且无须改变程序。由于它的重要性，现在已经出现了进化设计的趋向，称为可扩展性设计（design for scalability，DFS），这种设计建议将可扩展性作为一个主要的设计目标。有两种方法已进化为 DFS，它们是过度设计和向后兼容性设计。使用第一种方法时，系统被设计成具有附加的特性，以应对未来系统的扩展。这种方法的一个例子是现代处理器的设计具有 64 位地址，即 2^{64} 字节的地址空间，而目前的主流操作系统，包括很多的 UNIX，只支持 32 位的地址空间。对存储器空间的过度设计，将使未来向 64 位操作系统的过渡，只需对系统做最少的改变就可完成。DFS 的另一种形式是向后兼容性，该方法考虑了系统规模缩小的需求。向后兼容性允许已扩展的组件（硬件或软件）可以使用在原先的和缩小的系统中。例如，一个新处理器应能执行由老处理器生成的代码。与此类似，操作系统的新版本应保留它以前版本的所有有用的功能，使得在老版本下运行的应用软件必定能在新版本下运行。

14.4　基准测试程序

计算机性能包含很多主观因素，计算机的使用者才是评论机器性能的最佳人选。他们评价系统的方法是在该系统上运行由许多程序及操作系统命令组成的实际任务，然后去比较它的执行时间。然而，这种方法不具有可重复性和通用性，很少有条件能这么做。只能靠一些模拟手段来评价机器的性能，其中最常用的就是基准测试程序（benchmark）。

基准测试程序集是指使用一组专门设计的整数或浮点数程序，去测试待测计算机系统性能的不同方面。基准测试程序应被设计成能为高性能计算机系统提供一个客观、公正、全面的评价标准，但真正做到上述几点并非易事，其中涉及的因素很多，包括硬件、体系结构、编译技术、编程环境、测试程序等。

下面对几种经常使用的基准测试程序集做简单介绍。

14.4.1　Linpack

Linpack 是线性系统软件包（linear system package）的缩写，是国际上最流行的用于测试高性能计算机系统浮点性能的基准测试程序。20 世纪 70 年代中期开始，国际上曾开发过一批基于 FORTRAN 语言的求解线性代数方程组的子程序，并于 1979 年正式发布了 Linpack 包。因为线性代数方程组在各个领域中被广泛应用，所以该软件包就自然成为测试各种机器性能的基准测试程序。Linpack 测试的基准是用 IEEE 754 双精度 64 位字长的子程序求解 100 阶线性方程组的速度，测试结果以 MFLOPS 或 GFLOPS 为单位给出。Linpack 也被广泛地应用于实际计算中，用来分析和求解线性方程组和线性最小二乘法问题。

Linpack 通过对高性能计算机采用高斯消元法求解一元 N 次稠密线性代数方程组的测试，评价高性能计算机的浮点性能。Linpack 测试包括三类：Linpack100、Linpack1000 和 HPL。Linpack100 求解规模为 100 阶的稠密线性代数方程组，它只允许采用编译优化选项进行优化，不得更改代码，甚至代码中的注释也不得修改。Linpack1000 要求求解 1000 阶的线性代数方程组，达到指定的精度要求，可以在不改变计算量的前提下做算法和代码上的优化。HPL 即 high performance Linpack，又称高度并行计算基准测试，它对数组大小 N 没有限制，求解问题的规模可以改变，除基本算法（计算量）不可改变外，可以采用其他任何优化方法。前两种测试运行规模较小，已不是很适合现代计算机的发展。HPL 是针对现代并行计算机提出的测试方式。用户在不修改任意测试程序的基础上，可以调节问题规模大小（矩阵大小）、使用 CPU 数目、使用各种优化方法等来执行该测试程序，以获取最佳的性能。

Linpack 主要的特点如下：

（1）率先开创了力学分析软件的制作。

（2）建立了将来数学软件比较的标准。

（3）提供软件链接库，允许使用者加以修正以便处理特殊问题。

（4）兼顾了对各计算机系统的通用性，并提供高效率的运算。

到目前为止，Linpack 还是广泛地应用于解决各种数学和工程问题。也由于它高效率的运算，使得其他几种数学软件，例如 IMSL、MATLAB 纷纷加以引用来处理矩阵问题，所以足见其在科学计算上有举足轻重的地位。

此外，全球高性能计算机排名网站 TOP500 仍以执行 Linpack 测试的峰值运算速度作为排名依据。之所以选择 Linpack，主要是因为它使用广泛而且它的指标几乎可以在所有参加测试的系统上得到。虽然这些指标并不反映给定系统的全部系统性能，但可以作为对系统峰值性能的一个修正。

使用 Linpack 基准测试一般需要和收集的信息包括：

（1）R_{peak} 是系统的最大理论峰值性能，以 GFLOPS 表示。

（2）N_{max} 给出有最高 GFLOPS 值的矩阵规模或问题规模。

（3）R_{max} 在 N_{max} 规定的问题规模下，达到的最大运算速度，用 GFLOPS 表示。

尽管 Linpack 作为测试程序现在仍然很有生命力，但作为求解线性代数问题的软件包已经有些落伍了。1992 年推出了代替 Linpack 及 EisPACK（特征值软件包）的 LAPACK（Linear Algebra PACKage），它使用了数值线性代数中最新、最精确的算法，同时采用了将大型矩阵分解成小块矩阵的方法，从而可有效地使用存储器。LAPACK 是 Oak Ridge 国家实验室、加州大学戴维斯分校和伊利诺伊大学等联合开发的线性代数函数库，用于在不同高性能计算环境上高效求解数值线性代数问题。LAPACK 采用标准 Fortran 77 编写。LAPACK 支持实型和复型数据类型，完全支持单精度和双精度计算。LAPACK 可以在向量机、高性能超标量工作站和共享存储多处理机上高效运行，也可以在各种类型的单机（PC、工作站、大型机）上获得满意的结果。

ScaLAPACK（Scalable LAPACK）是 LAPACK 的增强版，主要为可扩展的、分布存储的并行计算机而设计。ScaLAPACK 支持稠密和带状矩阵上的各类操作，诸如乘法、转置和分解等。

ScaLAPACK 是美国能源部 DOE2000 支持开发的 20 多个 ACTS 工具箱之一，由 Oak Ridge 国家实验室、加州大学伯克利分校和伊利诺伊大学等联合开发，主要是在分布式存储环境运行的线性代数库。

ScaLAPACK 是 LAPACK 的并行扩展。ScaLAPACK 被设计为具有高效率、可移植性、可扩展性、可靠性、灵活性和易用性，它可以在任何有 BLAS 和 BLACS 的机器上运行， 同时支持 PVM 和 MPI。ScaLAPACK 现在使用基于 SPMD 模型的 Fortran 77 编写，采用显式消息传递进行处理器间通信。

ScaLAPACK 可用于求解线性方程系统、线性最小二乘问题和奇异值问题。与 LAPACK 类似，ScaLAPACK 基于块划分算法实现。ScaLAPACK 的基本组成部分包括 PBLAS（并行 BLAS）和 BLACS 。BLACS 用于进程间的通信。

ScaLAPACK 包括了三类函数：

（1）驱动函数（driver routine）用于求解标准类型的问题，每个驱动函数调用一系列计算函数。

（2）计算函数（computational routine）用于执行特定的计算任务，作为整体，计算函数比驱动函数可以承担的任务范围更广。

（3）辅助函数（auxiliary routine）执行固定的子任务或一般的底层计算，很多辅助函数可以被数值分析者和软件开发者使用。

14.4.2　SPEC

随着计算机技术的飞速发展，计算机性能评测问题越来越受到人们的普遍关注。特别是厂商和用户都希望有一个标准、客观、公正的评测工具。在此背景下，一个非营利性组织——美国标准性能评价协会（standard performance evaluation corporation，SPEC）于 1988 年应运而生。SPEC 的基准测试程序全部选自实际的应用程序，提供标准、公正并可在各种硬件结构间进行高强度计算性能比较的方法。它所发布的测试结果已经成为世界公认的计算机性能评价标准之一。与 Linpack 有所不同，SPEC 是一个合成（综合）的基准测试程序集，既包括浮点数运算测试，也包括整数运算测试。

SPEC 发表的第一套标准化测试基准程序是 SPEC89，于 1989 年发布，提供处理器高强度计算性能的标准测试，代替了之前一直使用的模糊而混乱的 MIPS 和 Mflops 评价标准：SPEC89 又演化出两个测试程序集：SPECmark 测量 10 个程序的执行速率，而 SPECthruput 考察系统的吞吐率。由于其结果很不尽人意，1992 年它被 SPEC92 代替。

SPEC92 由两套测试程序组成：CINT92 和 CFP92。CINT92 由 6 个测试整数性能的 C 程序组成（见表 14-3），而 CFP92 则由 14 个测试浮点性能的 C 和 Fortran 程序组成（见表 14-4）。

表 14-3　SPEC92 整数程序

程　序	描　述
compress	压缩/解压缩工具
espresso	化简布尔函数的程序
gcc	GNU 编译器
eqntott	逻辑设计程序
sc	电子表格程序
li	Lisp 解释器

表 14-4　SPEC92 浮点程序

程　序	描述/领域
alvinn	神经网络/机器人
doduce	核反应堆模拟/物理学
ear	耳朵模拟/医学
fpppp	电子积分/化学
hydro2d	喷气计算/天体物理
mdljdp2	运动方程/化学（双精度）
mdljsp2	运动方程/化学（单精度）
nasa7	浮点内核
ora	光线跟踪/光学
spice	电路模拟器/电路设计
su2cor	粒子质量/量子物理学
swm256	水方程求解器/模拟
tomcatv	网格生成程序
wave5	麦克斯韦方程式求解器

在 SPEC92 中，SPECratio 代表实际执行指定程序时间和预先确定的参照时间（通常取 VAX 11/780 的执行时间）两者的比值。另外，SPEC92 使用 SPECint92 测试结果的几何平均值作为 CINT92 中程序的 SPECratio；类似地，使用 SPECfp92 测试结果的几何平均值作为 CFP92 中程序的 SPECratio。在使用 SPEC 进行性能度量时，必须遵循三个主要步骤：建立工具、准备辅助文件和运行基准测试程序集。工具用来编译、运行和评估基准测试程序。编译信息，如优化标志和改变源代码的访问，被保留在 Makefile 包装器和配置文件中。然后使用工具和辅助文件编译和执行代码，并计算 SPEC 指标。

对 SPEC92 的主要质疑体现在使用几何平均来获得所有程序的平均时间比率，因为仅仅一个程序的巨大改进就能导致几何平均值的显著膨胀。这导致 SPEC95 的出现。

1995 年 10 月，SPEC 宣布推出 SPEC95，并于 1996 年 9 月全面替代了 SPEC92。SPEC95 由两个极耗 CPU 资源的应用组成：一组 8 个整数程序的 CINT95 和一组 10 个浮点数程序的 CFP95。根据 SPEC 规定，所有公布的 SPEC95 的性能结果将以 40 MHz 的 SUN SPARC Station10/40 作为参照机，其性能指数定为 1.0，给出的性能结果是与该参照机的比值。换句话说，如果 SPECint95 的测试结果是 5.0，那就意味着这个被测试的系统在整数运算方面比基准系统快 5 倍。在 SPEC95 中所使用的每一个指标，是特定（基准测试程序）组中聚合、全面的基准测试程序，并通过取各个基准测试程序评分的几何平均值获得。在给出性能结果时，SPEC95 取速度指标衡量执行单个基准调试程序的评分，而吞吐量指标衡量的是执行多个基准测试程序的评分。

SPECfp 是取 CFP95 的 10 个基准测试程序的几何平均速率得到的，其中每个基准测试程序用强优化进行编译。每个基准测试程序的速率是通过运行多个基准测试程序副本一星期后得到的，然后相对于 SUN SPARC Station10/40 正则化执行时间。

在 2000 年 6 月 30 日，SPEC 撤销了 SPEC95，代之以 SPEC CPU2000。新的基准测试程序

集总共由 26 个基准测试程序组成（12 个整数和 14 个浮点基准测试程序)。其中有 19 个应用程序从来没有在以前的 SPEC 集中出现过。

2007 年 2 月，SPEC 又推出 SPEC CPU2006 来代替 SPEC CPU2000。

小　结

如何评测一台计算机的性能，是一个复杂且无法给出标准答案的问题。因为计算机的性能与其使用者、价格、软件、应用范围等多种因素密切相关。在计算机发展的过程中也出现了一些性能指标，尝试从某些角度揭示计算机的性能，如字长、存储容量、定点运算性能、浮点运算性能等，但这些性能指标都不能完整地评价一台计算机的性能。

对计算机性能的另一个研究角度是建立理论模型，给出性能计算模型，总结性能定律，从而给出一些量化的性能评价标准。但理论模型与实际应用间还是存在一些差别，使得这些模型只能在一定程度上反映计算机性能变化的规律。

在实践当中，人们通常使用基准测试程序（benchmark）集评价计算机性能。基准测试程序集是指使用一组专门设计的整数或浮点数程序，去测试待测计算机系统性能的不同方面。尽管这种方法得出的结论不能保证准确无误，但在工程实践中还是有一定的意义。

习　题

1. 什么是机器字长，它对计算机性能的影响体现在哪些方面？

2. 计算机的存储容量包含哪些方面？与计算机性能有哪些关系？

3. 将计算机系统中某一功能的处理速度提高 20 倍，若该功能的处理时间仅占系统运行时间的 40%，则采用该改进方法后能使整个系统的性能提高多少？